엔지니어를 위한

창의공학설계

나보균 · 노영주 · 윤정현 · 이보경 · 정인호 · 한익주 편역

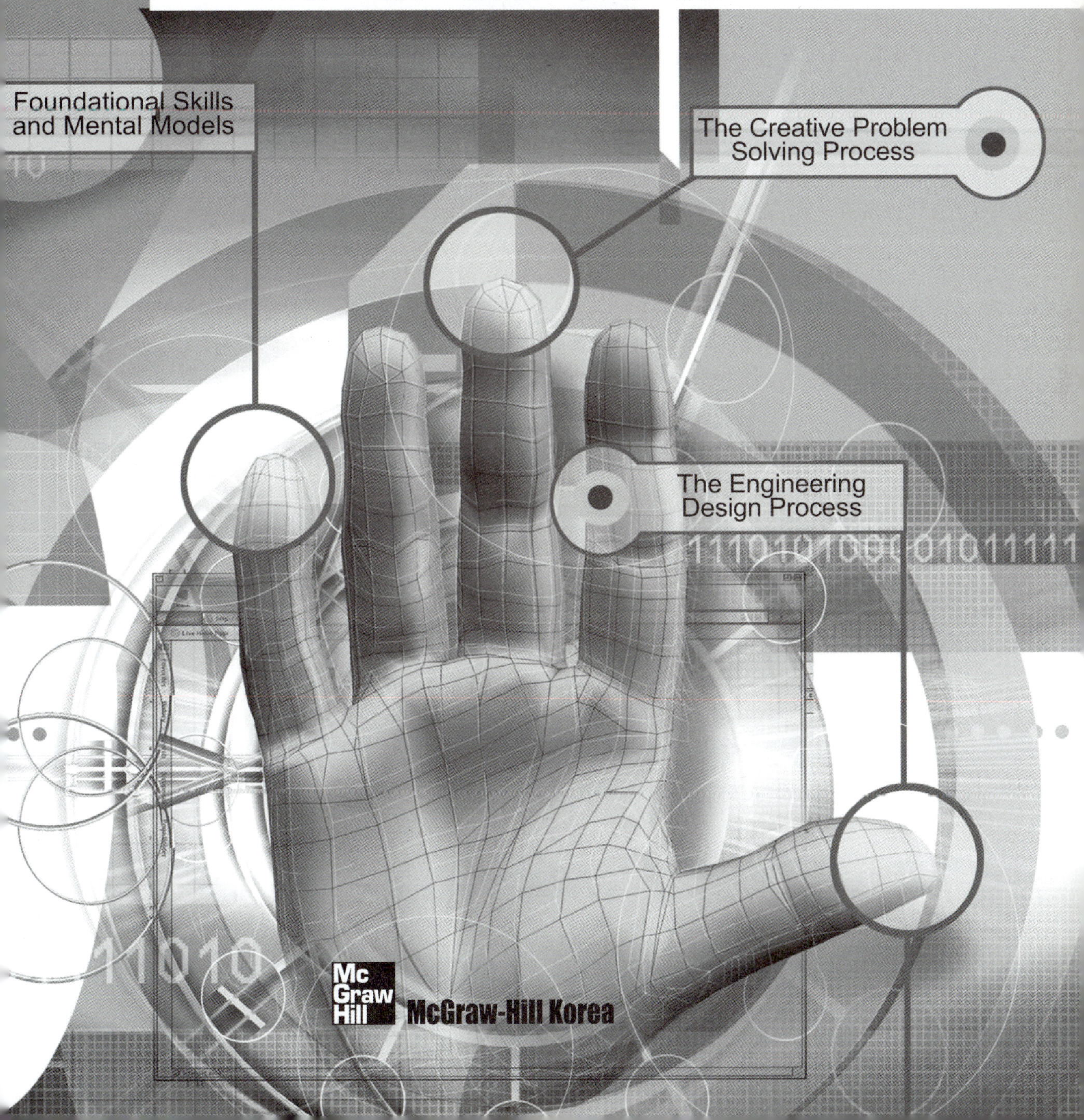

McGraw-Hill Korea

The McGraw·Hill Companies

Higher Education

Creative Problem Solving and Engineering Design

4 5 6 7 8 9 0 MH-KOREA 20 12

Original: Creative Problem Solving and Engineering Design

Korean ISBN 89-6055-079-5 93560
978-89-6055-079-7

Printed in Korea

엔지니어를 위한 창의공학 설계

편 역 / 나보균, 노영주, 윤정현, 이보경, 정인호, 한익주
발행처 / 한국맥그로힐(주)
주 소 / 서울시 마포구 서교동 376-12
지우 B/D 2F
전 화 / (02)325-2351
발행인 / 채정태

발행일 / 2008년 8월 8일 1쇄
2012년 8월 24일 4쇄
등록번호 / 제 10-1734호(1999.3.29)

ISBN: 89-6055-079-5
978-89-6055-079-7
판매처 / 홍릉과학출판사
문 의 / 02) 999-2274
가 격 / 20,000원

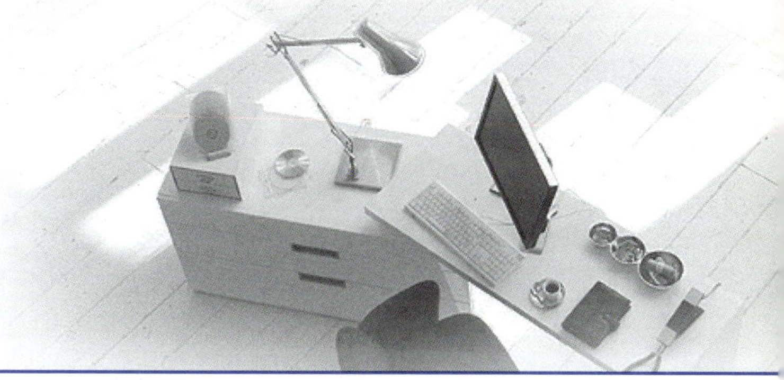

서 문

"창의성(creativity)"이란 단어는 오늘날 유치원에서부터 대학에 이르기까지 그 중요성이 무척 상소되고 있습니다만, 많은 대학교의 학생들조차 창조나 작가와 관련된 듯 생각하고 있고 "혁신(innovation)"이란 단어에 대한 명확한 뜻을 알고 그 의미를 경험해 보지 못한 듯합니다. "공학적"이며 "공학적인 문제" 그리고 그 "해결과정" 등 여러분이 공학도로서 학문을 배우고자 한다면 수많은 시간을 동해 경험하게 될, 또 수 없이 많은 횟수를 듣게 될 단어들이며 그 단어들의 의미를 되새기게 될 것 입니다. 이 책 한권을 읽는 시간은 비록 짧은 시간이지만 여러분들이 이미 경험한 사람들이 느끼고 겪은 과정들을 통해 빠른 배움의 길을 택한다면 충분히 넉넉한 시간이 되리라 봅니다.

여러분은 도대체 왜 창의적 공학설계가 그 중요성면에서 점차 더욱 강조되고 있다고 보십니까? 그 동안 서구 문명은 산업혁명이란 공업화의 물결을 타고, 즉, 경제적 대량생산을 통한 제품 생산을 이루어, 보다 많은 인류에게 풍요로운 삶을 제공하는 기틀을 다져왔습니다. 많은 공장의 노동자들은 매일 같은 일을 반복하며, 개인의 인격이나 새로운 아이디어 제공 또는 그 사람이 소속한 조직의 화합보다는 그 개인의 숙련도와 노동 시간에 얼마나 충실하였나가 그 사람의 존재 가치와 급료를 결정하는 방식이었습니다. 일부의 나라들이 공업화의 독점적 위치에 있을 경우는 이러한 방식이 아무런 문제를 만들지 않았었습니다. 하지만 많은 유럽 국가들과 아시아 국가들에 많은 공업화가 이루어져 하나의 세계화됨을 부르짖는 현대에서는 어떤 조직이 보다 소비자가 원하는 제품을 생산하느냐에 따라 경쟁에서 승리하는 극단적 경쟁 시대로 돌변하였습니다. 즉, 많은 조직에서 비슷한 성능의 대량 생산 방식에 의한 제품을 생산하게 되었으며 서로 최종 사용자에게 자기의 제품을 판매하기 위해 제품생산에서 판매까지 모든 공정에서 경쟁을 하게 되었습니다. 또한 주문자 상표 방식(OEM)에 의한 최저의 생산가격으로 생산, 제품의 상표만을 관리하여, 항상 최상의 제품을 공급하는 경우가 등장하게 되었습니다. 이런 경쟁시대에 살아남는 조직은 과연 어떠한 조직의 관리 방법과 운영 방식에 의해 이끌어지고 있는지 살펴볼 필요가 있습니다.

그렇다면 과연 대학교의 교육과정은 이러한 사회 변화로부터 격리되어 있다고 생각하십니까? 점차 극단적 경쟁의 체제 사회인 미국을 중심으로 대학 교육의 변화가 필요함을 인식하게 되었습니다. 대부분의 사회 조직은 경쟁 시대에 필요한 사원을 자체 교육에 의해 인재를 만들기 보단 이미 인재가 되어 즉시 현장에 투입될 수 있는 사원을 요구하게 되었습니다. 그러므로 각 미국의 공과대학들은 현장의 공학적 문제들을 해결하고 공학적 설계 방법을 따를 수 있는 공학도를 배출하도록 요구 되어졌습니다. 단순히 수학적 공학적인 문제를 도식화하는 인재보다는 근본적 공학 문제를 인식하고 그 해결 방안을 모색하며, 팀원과 원만한 관계를 유지하며, 공학적 설계 방식에 따라 업무를 진행할 수 있는 새로운 교육방식이 도입되었습니다. 학생들은 학기말 과제에 보다 현실적이어야 되며 모든 과제를 수행하는 과정이 팀 중심으로 개편되었습니다. 이러한 변화를 이룬 대학은 뛰어난 신입생들로 캠퍼스가 넘쳐나며 계속 경쟁력을 갖춘 졸업생들을 배출하여 사회의 지도적 위치에서 자신들의 뛰어난 역량을 발휘하였습니다.

한국도 그동안 많은 경제적 신화를 이루며 공업화가 급속히 많은 분야에 걸쳐 경쟁력을 갖추게 되었습니다. 세계의 기업경쟁력에서 우수한 능력을 보유한 기업들이 한국에 등장하기 시작하였습니다. 특히, 전자나 정보통신 등의 분야에서도 두드러지게 높은 경쟁력을 갖춘 기업이 나타나게 되었습니다. 한국 민족의 높은 교육열에 기초하여 다른 선진국의 산업화 방식을 도입하여 빠른 시간에 산업화가 이루어지다 보니 많은 문제들이 발생하게 되었으며, 또한 저임금 고노동의 공업화 방식에서 벗어나 효율적인 산업국가로 발돋움하기 위해서는 모방이나 암기식 위주의 교육에서 벗어나 최근 선진국에서 개발되고 있는 새로운 교육방식을 도입하게 되었습니다. 물론 학생들도 지금까지의 교육방식에서 벗어나 새로운 방식에 길들여지기까지 많은 어려움이 예상되지만 점차 바뀌어져야만 한다고 말씀드리고 싶습니다. 대부분의 과목이 중간고사와 기말고사위주의 시험에 의한 성적 평가 보다는 학습한 내용을 기반으로 스스로 문제를 찾아내고 해결하는 과정을 수립하여 실행하는 능력을 중요시 하게 될 것입니다.

수 세기 동안 동양에서 중요시되었던 철학적 의미로 "눈치껏" 또는

“적당히 중간만”이라는 주의가 팽배해온 것 또한 사실입니다. 이러한 사상에 힘입어 많은 사람들이 평등하다는 생각을 갖게 되었으며 도덕적으로 사회적인 문제에 서구 문명국가들 보다는 사회 규범과 윤리가 잘 지켜져 왔습니다. 하지만 창의성을 발휘하여 현실에서 존재하지 않고 또 한발 앞서 미래를 예측하는 면에서는 결코 우호적 사상이라 볼 수 없습니다. 많은 세계적 경쟁력을 갖춘 한국의 기업이 계속적으로 경쟁력을 지키기 위해서 새로운 페러다임의 사원을 모집하려 하며, 더 이상 경쟁에서 뒤처지는 기업들은 한국에 존재할 수 없게 되었으며 다른 국가로 이전하여 대학을 졸업하는 학생들은 엄청난 취업 전쟁을 겪게 되었습니다. 심지어 공개 채용 시험에서 즉흥적인 과제를 제시하여 그 사람의 문제인식이나 해결과정 제시 그리고 태도와 팀원 간의 의사소통 등을 살펴보는 등의 방식이 도입되고 있는 실정입니다.

이에 본 교재는 전기 전자 그리고 컴퓨터 관련 분야의 공과 대학에서 공부를 하고 있는 학생들에게 창의성, 공학적 문제, 문제해결 과정 수립과 실행, 그리고 공학적 설계의 여러 방식과 예제를 통하여 관련 산업 분야에서 발생할 수 있을 것 같은 모든 상황에 창의적으로 대처하여 혁신(innovation)적인 결과를 만들어 낼 수 있는 능력을 갖춘 공학도가 배출될 수 있도록 하나의 지식이 되고자 하는 마음입니다.

끝으로 이 책이 나오기까지 처음 아이디어를 제시하였을 때 실행될 수 있도록 결단을 내려 주시고 많은 자료들을 제공하여 주시어 헤아릴 수 없는 공을 들여 주신 한국 맥그로힐(주)의 윤도경님께 편자를 대표하여 무한한 감사를 드립니다. 더불어 연구년 중에 아이들의 교육과 본인의 연구에 바쁜 나날을 보내면서도 한편으로 본 책을 발간하도록 여러 면에서 도와준 집사람에게도 감사의 말을 전하고자 합니다.

2008년 7월 휴스턴에서

나보균

차 례

01 Part

Foundational Skills and Mental Models

얘들아! 방금 생각난 건데 만약 우리가
각자의 재능을 하나의 창의적 일로
묶어 낸다면, 우리가 새로운 세계를
발견해 낼지 누가 알겠어.
D.K.

01

Chapter

창의적 문제 해결 개론

- 이 책을 공부하는 이유. 창의적 문제 해결 능력의 이득.
- 비전과 개관-현재 처해진 상황에서 최선의 길을 택할 수 있게 해주는 지도.
- 주요 개념에 대한 정의 : 창의성, 문제해결, 패러다임 전환.
- 보다 쉬운 학습법에 도움이 되는 힌트.
- 심화학습 : 참고문헌, 연습문제, 복습, 실천사항 점검목록

이 책을 공부하는 이유-기본 핵심사항

현대인은 급격하게 변화하는 세계에서 살고 있고, 창의적 사고는 변화의 시기에 적응과 성공에 이르게 하는 열쇠다. 이러한 변화의 시기에는 최적의 문제해결과 제품 설계나 혁신을 위한 평상시의 접근 방식과 일상적인 방법들은 적합하지 않으며 팀워크와 원활한 의사소통, 그리고 비용과 일정 같은 제한점들을 고려한 탐구심과 유연성, 아이디어 적용과 합성 그리고 건설적인 평가 등을 북돋우는 체제가 필요하다. 창의적 문제 해결은 다양한 도구와 사고 기술들을 적용하는 이런 개념 중의 하나이다. 창의적 문제 해결에서는 종합적인 사고와 다양한 사람들의 능력들이 사용된다. 궁극적으로, 창의적 문제 해결은 어떤 조직의 성패(사업이나, 하나의 작업이나, 복잡한 설계 작업 등 어떤 연관된 일)에 결정적으로 중요하다.

현재의 산업체들은 위에서 언급한 변화의 선봉의 위치에 있는 반면에 현재 교육 체계의 굳어진 구조 때문에 대부분의 교육 행정가나 교수, 교사들은 이러한 변화의 긴급한 필요성을 인식하지 못하고 있다. 예를 들어, 보잉사는 21세기에 필요한 공학교육의 내용을 앞서 가기 위하여 공과 대학들과 협력하였으며, 그림 1.1과 같이 그들의 비전을 제시하였다. 이 그림을 현재 행해지고 있거나 행해졌던 공학교육과 잠시 비교해보자. 그림에서 제시된 기초기술이나 기본능력 개발도구 중에서 현재의 공학교육에서 가르치는 게 있는가?

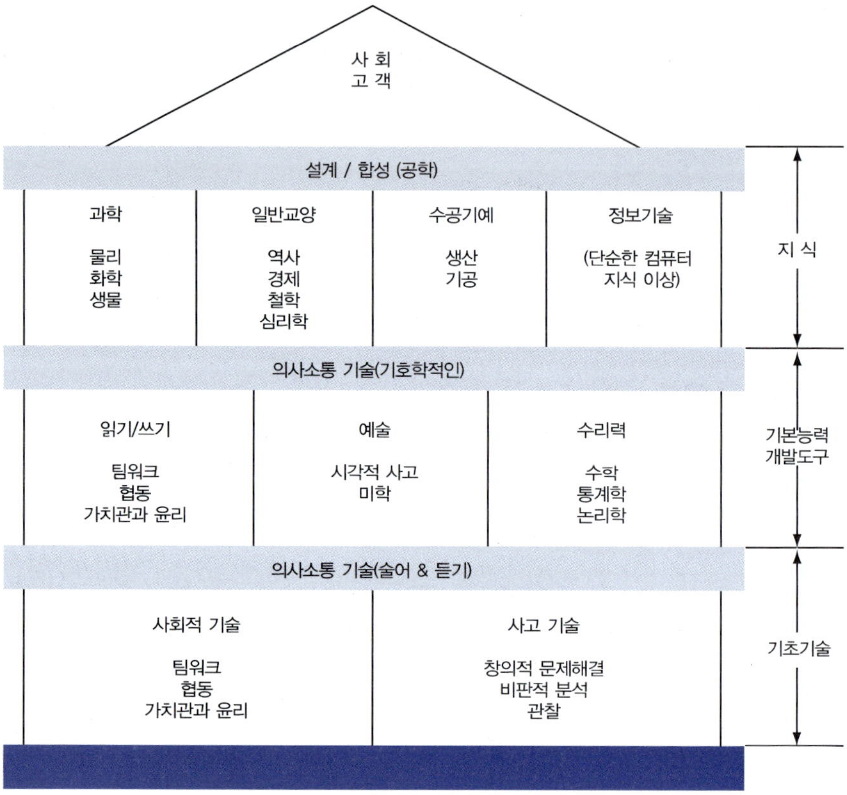

그림 1.1 여러 공학도를 위해 제시된 학습 구성
공학교육 진흥을 위한 산업체의 역할에 관한 2차 보잉-대학 워크샵을 위한 보잉사의 보고서 초안(10-24-94): J.H. McMaster와 B.J. White

한 사람의 천성은 산천 보다 변하기 어렵다.
(고대 중국 격언)

과거에는 공학교육 과정에 입학하는 학생은 수학과 물리에 튼튼한 기초를 가지고 있어야 잘 준비된 학생으로 여겨졌다. 전부는 아니더라도 대부분의 기초기술이나 기본능력 개발도구는 중·고등 과정에서 직접 가르쳐지지 않기 때문에 무시되어 왔다.

유감스럽게도, 많은 기초기술과 기본능력 개발도구 교육은 학생들이 졸업하여 산업체에서 일을 시작할 때 까지 여전히 무시되어지고 있다. 졸업 무렵의 학생이라면 약간의 과학과 교양과목 그리고 많은 절차적 공학 분석 교육을 배웠고, 공학 졸업설계 과정에서 팀워크에 대해 소개 정도를 받았을 것이다. 이 책은 기초기술을 배우는 것과 이를 실제 공학설계에 응용하는 것의 차이를 극복할 수 있도록 구성되어 있다:

- 강사는 이런 기술을 교과 과정이나 강의 내용에 포함할 수 있게 해 줄 것이다.

표 1.1 공학교육 졸업생이 갖추어야 할 ABET 요구 사항

1. 수학, 공학 및 과학 지식을 응용할 수 있는 능력
2. 자료를 해석하고 분석할 수 있는 능력과 실험을 계획하고 수행할 수 있는 능력
3. 요구된 필요조건에 맞추어 시스템과 요소, 절차를 설계할 수 있는 능력
4. 학제간 팀을 이루어 협동할 수 있는 능력
5. 공학 문제들을 규명하고, 공식화하고, 해결할 수 있는 능력
6. 작업적, 도덕적 책임에 대한 이해
7. 효과적으로 의사를 전달할 수 있는 능력
8. 전세계 사회구조 상황에서 공학적 해결 방법의 영향력을 이해하는데 필요한 교육
9. 평생교육의 필요성에 대한 인식과 참여할 수 있는 능력
10. 동시대의 관심 주제들에 대한 지식
11. 공학 실무에 필요한 기술, 방법 및 최신 공학도구를 사용할 수 있는 능력

- 학생은 이런 기술을 정식 교과 과목이나 스스로의 학습을 통하여 배울 수 있을 것이다.
- 첨단 기술 환경에서 일하는 엔지니어나 기술자들은 실제 현장에서 이런 기술을 개발하거나 적용할 수 있을 것이다. 그렇게 하면 이 혁신적인 책은 변화하는 세계에시 필요한 평생 교육의 방책이 된다.

1997년 11월 미국공학기술인증위원회(ABET: Accreditation Board for Engineering and Technology)는 공학교육 프로그램 인증을 위한 ABET 기준 2000을 승인하였다. 새로운 기준은 학생들이 이수한 교과목에 기초한 규범적인 집계(bean-counting) 방식을 탈피해서 학생들이 무엇을 알고 있고, 실제 작업현장에서 어떻게 성공적으로 일을 하는지의 성과지표(outcome)에 의해 평가되는, 보다 광범위한 접근 방법으로의 주요하고, 매우 의미있는 전환을 반영하고 있다. 공학교육 프로그램은 모든 졸업생들이 표 1.1에 나열된 지식과 능력을 모두 가지고 있다는 것을 보여야만 한다.

이 책은 창의적 사고의 소개(제 1 부)와 창의적 문제 해결의 소개(제 2 부) 그리고 소개된 원리들을 바탕으로 하는(제 3 부)공학 설계로 구성되어 있다. 이 책을 이용한 원리를 실제 경험에 바탕해 효과적으로 학습하기 위해서 독자들은 능동적인 연습문제 풀이와 예제 학습이 필요하다 - 연습문제 풀이와 예제 학습을 위해서는 자기 자신의 두뇌 사고적인 노력과 다른 사람들의 마음과 생각과의 상호 작용이 필요하다. 그러므로, 이 책의 학습을 즐기기 위해서는 열린 마음과 약간의 호기심, 그리고 기꺼운 열정과 의사소통이 준비되어야 한다.

일단 창의적 문제 해결 기술을 이용하기 시작하면 기대하지 못한 주요한 이득을 얻게 될 것이다. 가능한 몇 가지를 나열해 보겠다.

- 창의적 문제 해결을 이용하여 현재의 공학교육의 많은 단점들을 극복할 수 있다. 현재의 학교 시스템은 초등학교 처음부터 대학교육까지 전 과정에서 지식 축적을 위한 사고의 이용에 주력한다. 이 시스템에서는 소위 공식 대입(plug-and-chug)이라 불리는 "요리책 방법(알려진 대로 따라하는 방법)"으로 문제 해결을 하도록 가르쳐 왔다. 하지만 창의적 문제 해결은 새로운 아이디어를 생각해내고 이를 현실로 만들어 내는 놀라운 두뇌의 힘을 개발할 수 있게 해주어 일생 동안 계속적인 학습 능력 증진을 할 수 있게 해준다.
- 창의적 문제 해결 기술은 가정에서나 여가 생활 그리고 다른 이들과의 모든 사회 생활에서 사용되어 보다 풍부한 생활을 할 수 있게 해준다. 또한, 모험과 경이 그리고 즐거움을 느껴 활기찬 생활을 할 수 있게 해준다. 창의적 문제 해결로 얻는 새로운 아이디어와 혁신적인 해결책들은 "예전에 항상 해 왔던 방법"에 의한 아이디어와 해결책과 비교하여 독창적이며 종종 보다 향상된 것들일 것이다.

"고장나지 않았으면 고치지 말라"라는 말을 "고장나지 않았으면 더욱 좋게 만들어라"라는 말로 바꾸어 생각할 수 있게 될 것이다.

- 창의적 문제 해결 덕분에 고용주는 단순한 기술 경쟁력 외에 창의적 사고와 팀워크 및 의사소통 기술 등의 보다 많은 부가 가치를 얻게 될 것이다. 창의적 문제 해결에서는 다른 이들과 협력함으로써, 사용자의 요구사항을 식별하고, 목적을 설정하고, 그리고 문제에 대한 최선의 해결책을 찾을 수 있다. 그러므로 창의적 문제 해결은 작업 현장을 활기 넘치게 하고 변화를 주도할 힘을 제공한다.
- 계산기와 컴퓨터의 사용이 광범위하게 사용되면서, 많은 문제들은 깊게 생각할 필요 없이 일상적으로 해결되고 있다. 이런 까닭으로 컴퓨터는 익숙하게 사용되었던 문제해결의 기술이 복잡한 문제의 해결에서도 사용될 수 있게 해준다고 흔히 여겨진다. 하지만, 컴퓨터의 강력한 계산 능력을 적절히 이용하기 위해서는 인간은 창의적 문제 해결 능력을 실체적으로 확장하여야 한다. 탐구하고, 발명하고, 발견하고, 창조하기 위하여 인간의 두뇌를 (즉, 컴퓨터가 할 수 없는 창의적 사고를 위해) 사용할 때 인간 자신의 생산성은 증진될 것이다.
- 창의적 문제 해결을 이용하는 사람은 자신이 속해 있는 사회나 전 세계적인 시장을 고려한 상황하의 복잡한 기술적, 사회적 문제에 대한 보다 나은 해결책을 도입하고 찾아 내어 회사나 자신의 사업 또는 사회 조직 등에 도움을 줄 수 있다. 그러므로 세계의 모든 고객을 진정으로

만족시키는 제품이나 어떤 일을 이루어 내는 방법(어떤 문화에 기술적으로 어울리는 제품과 개개인이나 사회 전체의 생활을 향상시키는 환경)을 창조해 낼 수 있을 것이다.

3분 활동 1.1 : 문제

다른 두 사람과 함께, 옛날 방식으로는 해서는 해결할 수 없기 때문에 창의적인 접근 방법이 필요한 문제를 최근 뉴스 중에서 브레인스토밍하고 메모해 놓아라. 창의적 문제 해결을 이용하기 좋은 어떤 개인적인 문제들도 생각해 놓아라.

큰 그림 : 비전과 개관

거의 모든 사람은 태어 날 때부터 창의적이라고 여겨지지만, 어릴 때 경험을 통해 많은 사람들은 자신의 창의성을 숨겨야 한다는 것을 배워 왔었다. 대부분의 개인이나 단체에 있어, 잠재되어 있는 창의성은 밖으로 들어 난 것이나 이루어 낸 것 보다 훨씬 크다. 이 책은 이런 창의성에 잠겨진 자물쇠를 풀고 개발하고 길러 내는 방법을 보여 줄 것이다. 은유적으로 말해서 이 책은 온갖 지도와 도구로 가득 찬 가방과 같다 — 귀중한 보물을 찾아내고자 한다면 이것들을 이용하여야 한다.

이 책은 크게보면 세 부분으로 나눠 진다. 제1부에서는 창의적 문제 해결과 공학설계에서 사용되는 기초적인 모델과 사고 도구들이 설명된다. 제2부에서는 창의적 문제 해결의 절차를 적절한 순서에 따라 자세히 서술한다. 그리고 제3부에서는 독자들은 자신의 직업과 경력 개발에 현재 필요한 것에 가장 어울리는 주제들을 골라 중점적으로 학습할 수 있다. 그림 1.2에는 각 장과 이 책의 주제 사이의 주요 상호 관계가 나와 있다.

> **3 *R*을 보완하는 팀워크와 창의적 문제 해결을 가르치는 이런 교육 방법에 찬사를 보낸다. "전방위적 사고(Whole-brain approach)" 기술을 가진 엔지니어가 있다면 나는 그를 고용하겠다. 모든 학생들이 책에서 가르치는 기술을 갖추고 산업 현장에 온다면 국가적으로 큰 이득이 될 것이다.**
>
> John Faust, 미국 Ohio주의 Toledo시에 있는, Fortune지 선정 상위 500개 기업 중 하나의 Engineering Mangcr, 그의 딸이 힉생과 학부형을 위해 개발된 예비학부 교육과정의 창의적 문제 해결 프로그램을 교육받았다.

제1부 – 기초능력과 지능모형. 본서의 맥락과 잇점, 그리고 주요 정의를 소개한 후, 시각화에 대해 초점을 맞춘다: 설계와 입체 모델링에 필요한 관찰과 공간 지각기술을 배우게 된다. 여기서는 다음과 같은 세 가지 지능모형을 알아 본다.

(1) 허만(Herrmann)의 두뇌우성에 관한 사분면 모델 또는 인지방법
(2) 지식 창조 모델 (Knowledge creation model)
(3) 창의적 문제 해결 모델

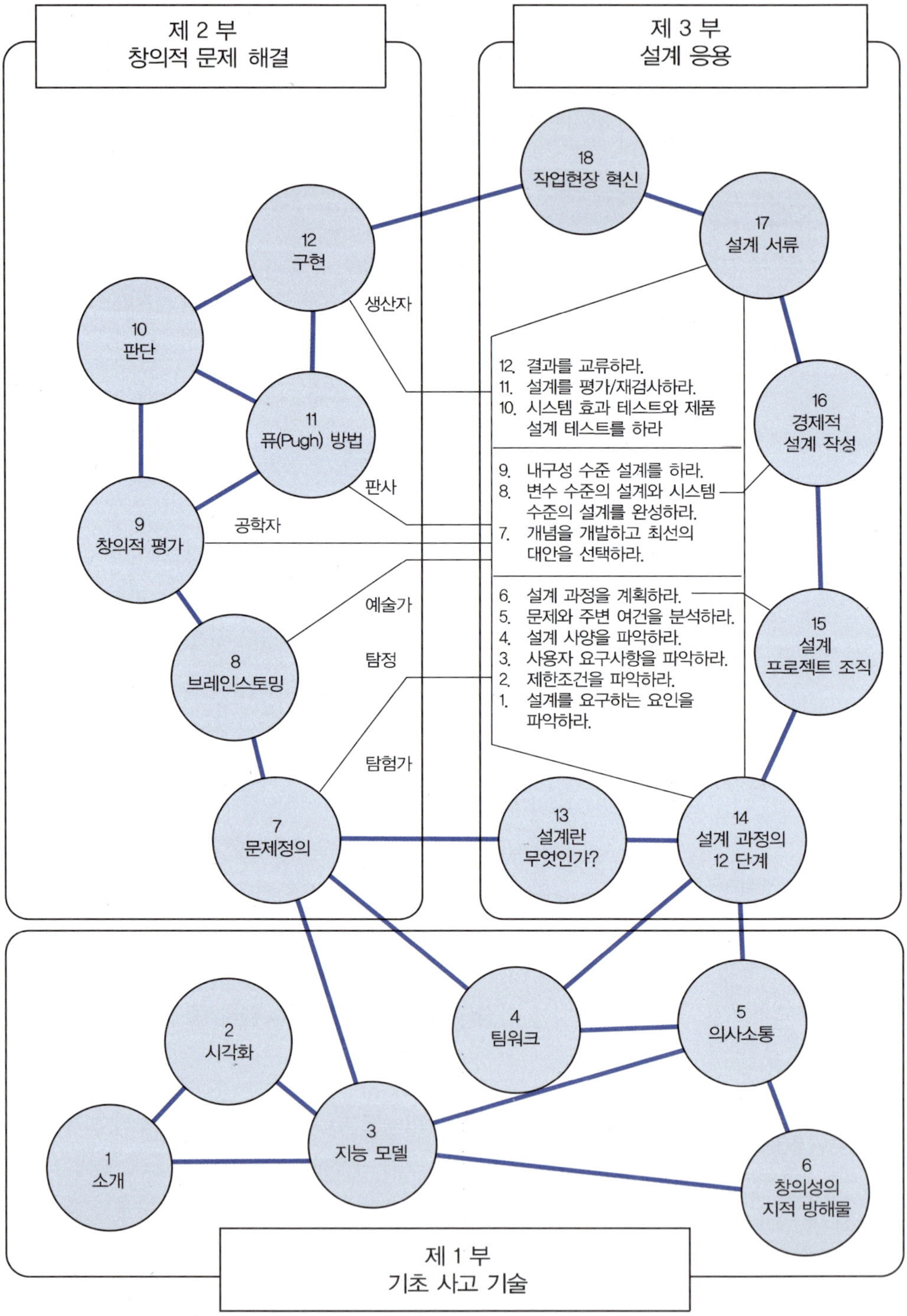

그림 1.2 사고 기술과 창의적 문제 해결 및 공학설계의 주요상호 관계*

* 역자주 : 번역서에서는 제 3 부 설계 응용 부분이 제외 되었음.

각 모델간의 연관성과 어떻게 이들 모델들이 팀워크나 의사소통 그리고 조직 행동양식을 향상시키는지 설명할 것이다. 각 장에서는 성공적인 공학설계 팀을 어떻게 조직하고 관리할 것인지 그리고 팀에 필요한 의사소통 기술의 응용은 어떻게 할 것인지가 설명한다. 또한, 어떻게 창의성을 가로막는 정신적 장벽(Mental block)을 극복할 것인지도 배우게 될 것이다.

제 2 부 – 창의적 문제 해결 절차. 창의적 문제 해결의 각 단계들은 특정 사고기술 또는 사고방식에 대한 은유들과 관련되어 있다. 어떻게 "탐험가" 또는 "탐정"의 사고방식을 적용하여 현실 문제를 찾아내고 정의하는지 배우게 될 것이다. "예술가"의 사고방식을 이용하여 브레인스토밍하므로써 많은 아이디어를 생각해 낼 수 있을 것이다. "공학자"의 사고방식으로 이런 아이디어를 종합적으로 좋게 만들거나 현실성있게 엮어 낼 수 있을 것이다. 그리고, "판사"의 사고방식으로 최적의 해결법을 결정하게 될 것이다. 이런 사고방식들과 관련된 가치관, 윤리 및 비판적 사고와 같은 주제가 논의 될 것이며 그 다음에 창의적 설계 개념의 평가와 최적화에 이용되는 퓨(Pugh)의 반복 방법이 소개될 것이다. 마지막으로 선택된 최선의 해결법을 실제 작업으로 바꾸는데, "생산자"의 사고 방식을 어떻게 적용할 것인지 알아 볼 것이다.

제 3 부 – 공학적 설계의 기본 과정. 그동안에 학습했던 창의적 문제 해결 사고를 바탕으로 효과적인 디자이너가 되는 것을 도와주고 전문적인 관행을 이해하고 디자인 프로젝트를 실행하는 지침을 제공한다.

주요 개념 정의

창의성은 아이디어와 사람들 그리고 주변 환경과 상호 작용을 하면서 일어나는 상상과 가능성를 다루는 것이고 이를 통해 새롭고 의미있는 상호 연관 관계를 찾아내고 결과를 얻는 것이다.

여기서는 이 책에서 사용되는 키워드들의 명확하고 공유해야 할 정의를 설명한다. 먼저, 창의성(Creativity)과 문제해결(Problem solving), 패러다임 전환(Paradigm shift)을 살펴본다.

창의성이란 무엇인가?

창의성이란 말은 다양한 생각을 떠오르게 한다. 창의성을 북돋우는 것은 우리 외부나 환경에 있는 것들일까? 혹은, 창의성은 기본적으로 사람의 내부에서 만들어지는 정신적 사고의 진행일까? 창의성이 의미를 가지기 위해서는 반드시 실체적인 결과(예를 들면 제품이나 응용 결과)가 있어야 하는 것일까? 이 책에서는 위에 언급된 세 가지 사항을 모두 창의성을 생각할 때 고려되어야 할 사항으로 정의된다. 창의성의 여러 고려 사항을 상징적 의미들로 표현하는 것은 매우 재미있는 일이다. 이 책 여기저기서 그런 예들을 볼 수 있을 것이다. 이 주제에 친숙해지면 독자들도 자기 자신만의 창의성에 대한 정의를 생각해 낼 수 있을 것이다.

"*창의적인 두뇌*(*The Creative Brain*)"의 저자인 *네드 허만*(*Ned Herrmann*)은 창의성을 의식적인 그리고 무의식적인 정신적 사고의 진행(즉 전방위적인 사고의 진행)으로 보았다. 창의성을 그는 다음과 같이 정의하였다:

> 내가 생각하기에는 창의성이란 온전한 의미에서 어떤 아이디어를 생각해내고 이를 외부로 드러내어 명시하는(즉, 결과로 무엇인가 구체적인 것이 만들어 져야 하는) 것이다. 창의력을 강화하기 위해서는 아이디어를 생각해낸 사람은 이를 응용하여 경험을 통한 자신과 타인의 반응을 살펴 볼 수 있는 어떤 결과물을 만들어야 하고, 이를 가지고 자신의 창의력을 보강할 수 있어야 한다. 자기 자신과 타인들이 창의적 시도에 보내는 찬사로 해서 더욱 더 창의적이 될 수 있다.

만약 창의적 아이디어의 적용 결과로 영구적인 변화가 이루어진다면, 혁신이 이루어졌다고 할 수 있다. 지난 천 년간 기술 혁신의 발전을 살펴보면, 머나 먼 다른 지역에서 어떤 발명이나 진보가 이루어졌다는 소식을 들었다는 것이 시발점이 되어 전혀 다른 문화에서 창의성과 혁신의 꽃이 피워지는 것을 수없이 볼 수 있다(참고문헌 1.6). 고립되어 있으면 창의성이란 거의 발휘될 수 없다. 창의성은 타인의 사고방식과 아이디어, 발명들이 필요하다. 그러므로 가장 큰 관점에서는 창의성이란 문제해결에서 개발된 해결책이 얼마나 좋은 것인지에 따라 평해진다고 할 수 있다.

> 창의적 문제 해결이란 새로운 아이디어를 이용하여 만족스럽지 못한 어떤 상황을 변화시켜 개선하는 도구로 볼 수 있다. 그러나 이런 변화가 영구적인 것이 되게 하길 원한다면 (즉, 본질적인 혁신을 원한다면) 변화에 대한 저항을 극복하여야 한다. 이런 저항을 극복하는 것은 매우 어려운 일이고 이 책은 이것을 염두에 두고 작성되었다.

경제 현장에서는 많은 관리자들이 혁신이란 단어가 보다 사용하기 편하기 때문에 창의성과 혁신이 같은 의미로 혼용된다. 이 두 단어의 가장 큰 차이 중 하나는 창의성의 특징 중 하나인 독창성(Originality)이다. 혁신은 하나의 창의적 아이디어에서 만들어 질 수도 있으나 여러 개의 창의적 아이디어들을 기발한 방법으로 묶어서 만들 수도 있다. 앞으로 이 책에 나오겠지만, 창의성과 혁신에서 필요로 하는 사고방식들은 서로 다르다: 창의성은 기본적으로 "예술가"의 사고방식에 속하고, 혁신은 "공학자"의 사고방식에 속한다. 창의적 문제 해결에서는 이 두 가지 모두를 훈련하고 경험할 기회가 있을 것이다.

표 1.2 여러 분야의 문제해결 기법

과학적 방법	창의적 사고	폴리아 방법	분석적 사고	팀 문제해결	창의적 문제 해결
과학	심리학	수학	공학	산업체	여러 분야의 문제
귀납적 자료 분석과 가설	자원 탐색	무엇이 문제인가(정의)?	시스템을 정의하고 스케치한다. 무엇을 모르는지 규명한다.	1. 팀 접근 방법 사용 2. 자료 수집; 문제 정의	1. 문제 정의; 경향과 주변 고려 상황의 탐색; 자료 수집과 분석
귀납적으로 가능한 해법을 찾음	배양 - 가능한 것들을 배양	해법을 계획	문제의 모델링	3. 비상 상황 처리 4. 근본 원인 파악	2. 아이디어 창출 → 여러 아이디어 3. 창의적 아이디어 평가 → 보다 나은 아이디어
다른 해법을 테스트해본다.	설명 - 해법에 대한 명확한 결정	대안 파악	분석과 테스트 수행	5. 수정 작업을 테스트하고 최선의 작업 계획을 고안	4. 아이디어 판단과 결정 → 최선의 해법
최선의 해법을 구현한다.	검증과 수정	계획을 수행. 결과 확인	최종 결과 평가	6. 계획의 구현 7. 문제 재발 예방 8. 팀에 대한 치하	5. 해법의 구현과 후속조치. 무엇을 배웠는가?

5분 활동 1.2 : 문제 해결

간단한 하나의 문장으로 문제해결을 위해 자신이 가장 자주 사용하는 방법을 서술하라. 수업 중이거나 단체로 공부하고 있다면, 자신의 방법을 옆 자리의 한 두 명에게 알려 줘라. 그리고 자신의 방법을 표 1.2에 있는 기법들과 비교해 보아라.

문제해결

문제란 것은 올바르게 되지 않고 있는 어떤 일이나 선생님이 학생들에게 주어 주는 과제만이 아니고 특별한 변화에 의해 개선될 수 있는 어떤 일을 말한다. 자신의 일생에서 가장 소중한 사람에게 제일 좋은 선물이 뭘까 찾아내는 것도 하나의 문제다. 문제란 어떤 특정한 요구조건을 만족시키는 어떤 일을 설계하고 만들고 발명하는 것이라고 할 수 있다. 또는 어떤 조직을 관리하거나 어떤 서비스를 제공하는데 보다 나은 방법을 찾아내는 것일 수도 있다. 제 7 장에서는, 어떤 문제에서 하나의 국면이 외부에서 보기에 보다 명확하겠지만, 문제에는 두 국면을 가지고 있다는 것이 이야기될 것이다. 즉, 어려움(또는 위험)과 기회(또는 도전)의 두 가지 국면이다. 비상 상황이라면 기회의 국면은 간과되기 쉽지만 위기를 다룰 때야말로 지속적인 개선을 보장하는 정책을 도입하거나 진정한 혁신을 이끌 근본적인 창의적 변화를 할 수 있는 기회이다.

학교에서 배운 문제해결 방법들을 생각해 보면, 수학과 과학 과목을 통해 보통 분석적 사고에 대한 어느 정도의 훈련은 할 수 있다. 어쩌면 학생들의 영어 작문 실력을 향상시키려 창의적 문제 해결이나 브레인스토밍을 가르치는 특별한 영어 선생님한테서 배웠을 수도 있다. 추정되기를, 일생에서 일어나는 모든 문제의 약 80%가 창의적 사고를 가지고 해법을 찾아야 하는 문제라고 한다. 창의적 문제 해결 절차에는 총 세 가지 유형의 사고 방법들(분석적 사고, 창의적 사고, 비판적 사고)이 필요하다. 창의적 문제 해결에서는 이 세 가지 사고유형을 문제를 잘 해결하기 위한 가장 적절한 순서로 적용한다.

과학적 방법(Scientific Method)은 하나의 가설을 도출하기 위해 귀납적 자료 분석을 이용한다. 예를 들어 트럭의 브레이크를 생산하는 사업을 한다고 가정하자. 브레이크 생산에 비교적 짧은 시간 내에 파손되는 브레이크가 생산된다는 문제가 있다고 하자. 자료를 검토해 본 결과, 브레이크 디스크 회전판의 과열이 문제를 일으킨다는 가설을 도출해 내었다. 해결책으로 회전판이 쉽게 냉각될 수 있도록 구멍과 지느러미 형태를 일부 구조로 가지는 여러 브레이크를 설계하였다. 이 브레이크 모형들을 가지고 일련의 테스트를 거친 후 가장 문제를 잘 해결하는 모형을 브레이크 설계에 채택했다. 과학적 방법의 한 가지 흥미로운 특징은 도출된 가설을 부정하는 자료에 주의하여야 한다는 것이다. 실제 결과를 얻는 과정에서 일반인에게 잘 인식되지도 않고 알려지지도 않는 많은 시행착오(직관과 아이디어의 융합)들을 겪게 되지만 과학적 방법으로 얻어진 문제해결의 실제 결과는 해결책이 발견된 후에야 발표된다.

그래험 월러스(Graham Wallas)와 같은 연구자에 따르면, 심리학자들은 **창조적 사고**(Creative Thinking)를 먼저 사용할 수 있는 자원과 정보를 탐색하는 것에서 시작하는 절차로 이해하고 있다. 그러고 나서 사람들은 명확한 해결책이 갑자기 떠오를 때까지 마음의 무의식적인 생각 중에 아이디어와 가능성을 키워간다고 한다. 이것은 하나의 "아하"(무엇인가 새로운 것을 알게 될 때 나오는 감탄사) 현상이라 할 수 있다. 찾은 해법은 의식적인 생각을 이용하여 검증되고 현실적으로 사용할 수 있게 수정된다.

물론, 생각 중에 가장 먼저 떠오른 아이디어가 항상 우수한 아이디어가 아닐 수 있으므로 판단을 하기 전에 여러 다른 아이디어들을 떠올려 보는 방법이 훨씬 좋은 해법을 만들어 낸다.

Mater artium necessitas.
필요는 발명의 어머니.
(고대 격언)

조지 폴리아(George Polya)는 **수학적 문제해결**(Solving Mathematical Problems)을 위한 절차 단계들을 고안하였다. 먼저, "무엇이 문제인가?"를 자신에게 물어 본다. 그러고 나서 해법을 계획하고 그런 결론에 도달하는 방법에 대한 다른 대안들을 조사해 본다. 최종적으로 계획된 해법을 실행해 보고 나온 결과를 확인해 본다. 현재의 학교 교육 어느 과정에선가는 이 방법을 가르치고 있다. 하지만 전후관계를 고려하고, 전체론적이고 직관적인 사고를 수용하지 않는 이런 분석적 접근 방법이 어울리지 않는 전혀 다른 종류의 문제를 해결하는데 있어서는 이 방법을 사용하는 것은 매우 어렵다.

공학적 문제해결(Engineering Problem Solving)에서는 전체 시스템을 정의와 스케치하고 적절한 물리법칙을 적용하기 전에 시스템의 주요 요소들을 규명한다. 전자 공학에서는 전자회로를 그리고, 기계 공학에서는 자유물체도(Free-Body Diagram)을 그린다. 열역학에서는 검사 체적을 이용하여 전체 시스템을 정의한다. 그런 다음, 알고 있는 수치와 모르는 수치들을 따로 따로 나열하고 문제를 수학적으로 모델링한다. 컴퓨터를 이용한 공학에서는 이런 절차가 그래픽으로 처리된다. 다음에는 수학적 모델을 분석한다. 모델과 모델링할 때 만들어진 가정의 정확성을 결정하기 위해 테스트를 거쳐야 한다. 검토가 필요한 다른 사항으로는 단위와 결과의 "타당성(Reasonableness)"이 있다. 이것은 결과가 어느 정도의 크기를 가져야 하는가를 짧은 시간 내에 대략적으로 추정하는데 많은 도움이 된다. 앞에서 언급된 디스크 브레이크 회전판의 과열 문제를 공학적 분석으로 해결하려 한다면, 디스크 회전판의 가열과 냉각, 내부 스트레스들이 수학적 공식으로 모델링되고 테스트를 거쳐 확인될 수 있다. 현재 산업 현장에서는 제품의 설계와 테스팅을 최적화하는 실험을 설계하는 타구치(Taguchi) 방법과 같은 도구들이 사용되고 있다.

창의적 문제 해결은 창의적 사고를 할 수 있는 기본틀을 제공한다.

대기업에서는 **팀 접근 방법**(Team Approach)에 기초한 기업 고유의 문제 해결 방법들을 개발해 놓았다. 이러한 방법들은 문제를 일으킨 근본 원인을 찾기 위해 먼저 데이터를 수집하고 수정 활동을 고안해 내는데 주안점을 두고 있다. 이런 팀에는 창의적 문제 해결을 훈련받은 사람이 거의 없기 때문에 분석적인 사고가 대부분 이용된다. 분석적인 방법은 엔진내의 "잡음(Clank)"를 찾아내어 고치는 것 같은 문제에는 매우 유용하다. 그러나 분석적인 방법은 창의적 사고를 요하는 혁신적인 설계의 고안이나 현장에서 일어나는 문제를 전후 사정을 고려하여 해결하는 데는 적합하지 않다. 예를 들어 분석적인 방법으로는 정류기(Rectifier)의 손상을 막기 위해 열을 보다 효율적으로 발산하는 교류발전기(Alternator)의 설계는 할 수 있으나 주위 공기 흐름으로 냉각될 수 있게 열에 민감한 정류기를 교류발전기 외부에 위치하게 하는 설계는 창의적 사고의 결과물이다. 창의적 문제 해결방법을 이용한다면 교류를 직류로 바꾸는 새로운 방법을 찾아낼 수도 있을 것이다.

창의적 문제해결(Creative Problem Solving)은 서로 다른 사고방식에 관련된 다섯 가지 단계로 이루어져 있다. 이 단계들은 하나의 발산적인(Divergent) 사고와 이를 따르는 하나의 수렴적인(Convergent) 사고로 이루어진 일련의 연속적인 절차로 이루어진다. "탐험가"로서 문제의 주변 상황을 브레인스톰하고, "탐정"으로서 문제에 대한 정보를 가능한 한 많이 수집하고 데이터를 분석하고 분석결과를 주요 원인이나 요인으로 요약해내고 긍정적인 목표로 이루어진 문제 정의로 완결한다. 그 다음 발산적인 사고를 하는 "예술가"로서 "무모하거나 무리해(Wild and Crazy)" 보이더라도 많은 아이디어를 얻기 위해 브레인스톰한다. "공학자"로서 앞에서 궁리해낸 아이디어들을 상세히 다듬어 보기 위해 우선 발산적인 사고를 사용하고나서 보다 낫고 현실적인 해법을 찾기 위해 아이디어 융합(Synthesis)과 집중(Convergence)을 한다. "판사"로서 판별기준을 조사하기 위해 발산적인 사고를 한 다음, 결점을 극복한 최종 아이디어를 건설적으로 개선해 낸다. 다음 단계에서는 구현을 위한 최선의 아이디어 결정을 위한 수렴적 사고가 필요하다. 구현은 그 자체로서 창의적 문제 해결을 필요로 하는 완전 새로운 문제라 할 수 있다. 그러므로 "생산자"로서 구현을 할 때는 위에서 언급한 창의적 문제 해결의 발산적 사고와 수렴적 사고로 번갈아 이어지는 일련의 과정을 되풀이해야 한다. 표 1.2에 창의적 문제 해결의 모든 다섯 개 과정이 표현되어 있다. 절차에 나타난 각 단계는 하나의 열려 있는 도구 상자와 같다. 이 상자는 문제의 유형과 목표, 고려사항 그리고 사용 가능한 시간과 자원, 팀 멤버들의 경험과 훈련 정도, 조직 문화 등에 따라 절차 자체를 향상시킬 수 있고 최적의 결과를 얻을 수 있는 여러 다양한 기술로 채워 질 수 있다.

> **발산적 사고란 탐색하고 사고의 폭을 넓혀서 많은 가능성과 방향을 고려하려는 노력이다.**
> **수렴적 사고란 여러 개의 가능성 중에 가장 의미있거나 유망한 것을 찾기 위해 차단하거나, 선별하여 한 개나 몇 개 만 남기려는 노력이다.**
> Scott G. Isaksen and Donald J. Treffinger

변화와 패러다임 전환

만약 변화가 중요하지 않다면, 창의적 사고기술은 필요없을 것이다. 변화에 대해 한번 생각해보자. 변화는 자연스러운 생의 한 부분이다. 사람은 유년기, 아동기, 사춘기, 주요 직업 활동을 동반하는 성숙한 성인기, 결혼, 새로운 가족의 탄생, 자녀들의 독립, 배우자와의 사별, 은퇴 후 계획 등 급격한 변화를 거듭 경험하게 된다. 그러나 최근에 와서는 사회적 기술적 변화가 굉장하게 증가하고 있다. 표 1.3은 세계와 미국에서의 일상 생활에 영향 미친 최근 30년간 일어난 변화들을 나열한 것이다. 아마 더 많은 변화를 생각해 낼 수 있을 것이다.

반대되는 방향에서 생각해 보면, 거의 또는 전혀 변화하지 않는 것들

표 1.3 1970년 이후 세계에서 일어난 주요 변화

- 인류는 진정하게 "지구 우주선(Spaceship Earth)"에 타고 있다. 예를 들면 지구적인 환경 문제: 산성비, 오존층 파괴, 지구 온난화, 열대 우림 보존 문제, (대양을 포함한) 물 문제, 멸종 위기 생물, 자원의 재사용, 폐기물 처리 등
- 어떤 에너지를 사용할 것인가의 문제: 석유에는 환경적인 문제, 경제적인 문제, 정치적 비용 문제가 있다; 원자력은 안전 문제, 노후한 발전소 문제, 방사능 폐기물 문제, 법규, 연구, 발전소의 퇴출 등에 따른 비용 문제를 가지고 있다. 석탄은 사람의 건강과 환경에 악영향을 끼친다.
- 유럽과 환태평양권 국가(특히 일본과 한국)들이 전 세계적인 생산 공장이 되었고 미국의 생산량은 급격히 떨어졌다. 세계 경제는 서로 긴밀하게 연결되어 있다.
- 종합 품질 관리 덕분에 생산의 혁명이 일어났다: 제로 결점이 현재의 표준이다; 지속적인 개선을 통해 혁신이 이루어진다.
- 개인 컴퓨터와 인터넷을 적당한 가격에 폭넓게 사용할 수 있다. 인공위성이 전 세계 어디에서나 실시간 통신이 가능해지게 했다; 정보가 주요자원이 되었다.
- 여성이 직장에서나 사회생활에 주요한 인력이 되었다. 노동조합의 힘은 약화되었다. 소수인종의 권리가 광범위하게 보장되었다.
- 민족주의가 강화되었다; 공산주의는 붕괴되었다. 개발 도상 국가들이 (정치적으로 경제적으로) 전세계적인 영향력을 가지게 되었다. 테러리즘에 국경이 없어졌다. 미국, 영국, 독일, 중동을 제외한 대규모 인구 이동이 이루어 졌다. 많은 나라에서 농촌에서 도시로 인구 이동이 이루어져 환경적 사회적 문제를 일으켰다.
- 혼인비율의 감소와 TV 프로그램, 권위(경찰, 부모, 법원, 교사, 정부 등)에 대한 부정 그리고 증가하는 마약 사용, 아동 학대, 폭력적인 범죄 등에서 가치관의 상실을 볼 수 있다.
- 첨단 건강 프로그램을 받을 수 있으나 이런 프로그램에 참여하거나 건강 보험을 받는 것에는 많은 비용이 들어 쉽지 않다. AIDS, 동성애, 낙태권리 등은 어려운 사회적 문제다. 운동, 저지방 식품, 금연 확대 등이 주요한 일이 되었다.
- 비디오 게임, 비디오 테이프, TV, 냉방기, 인스턴스 식품 등이 가정 생활과 여가 생활, 이웃간 관계를 바꾸어 놓았다. CNN과 값싸진 항공 여행이 세계를 극적으로 좁혀 놓았다.
- 고등학교(심지어는 대학) 졸업이 직업을 보장하지 못하게 되었다. 성공적인 기업이라도 다운사이징(Downsizing)이 피고용자들의 자리를 위협하고 있다.

변화에 적응할 수 있는 자에게 상을 주고, 변화에 적응 못하거나 하려 하지 않는 자들을 벌주는 경제 환경이 시작되고 있다.

Cordell Reid, 수석 부사장, Commonwealth Edison Company, Chicago

도 있다. 인간 사회에서는 변화하는 것 보다 처음 원래 정해진 대로 있는 것이 훨씬 중요한 것들도 있다. 예를 들면 미합중국 헌법 같은 경우이다. 하지만 이런 헌법에도, 사회 문화를 떠받치는 가치들이 바뀌어 감에 따라 수정 헌법이나 대법원 판례들에 따라 기본적인 수정을 가해야 했었다. 야구의 시합규칙 처럼(물론, 초기 야구에서는 사구가 아니라 7개의 볼이 들어 와야 걸어 나갔지만) 거의 바뀌지 않는 것들도 있다. 어떤 발명은 지퍼의 경우처럼 더 이상의 개선이 필요하지 않은 것들도 있다. 학교나 대학 시스템에서 보듯이, 변화하는 세계에서 더 이상 잘 작동하지도 못하면서 변화를 거부하는 기관들도 있다. 미국 산업체들은 1980년대에 고객의 요구를 만족시키고 고품질의 제품을 생산하는 방향으로 변화를 추구하는 것이 매우 더뎠다. 또한, 창의적 아이디어는 변화를 요구하기 때문에 창의적 아이디어를 받아들이고 실현하는 것은 진짜 전투처럼 힘든 일이다. 진짜 위기가 닥쳐서 변화를 강요받기 전이라면 왜 이렇게 변화는 거부당하는 것일까?

조엘 바커(Joel Barker)는 그의 "*미래의 발견: 패러다임 사업*(*Discovering the Future: The Business of Paradigms*)"라는 비디오에서 이런 저항에 대해 고전적인 묘사를 하고 있다. 바커의 표현을 요약하면

> 스위스의 손목시계 산업은 1970년대에 전세계 손목시계 시장의 65%를 차지하고 있었고, 순익의 80%를 차지하고 있었다. 그러나 1979년부터 1982년까지 스위스 손목시계 산업의 취업 인구는 65,000명에서 15,000명으로 감소하였고 시장 점유율은 10% 이하로 떨어졌다. 왜 이런 급격한 하락이 일어났을까? 답은 물론 전자손목시계의 출현이다. 누가 전자 손목시계를 발명했는지 아는가? 스위스 노이샤뗄(Neuchatel)에 있는 연방 손목시계 연구 센터에 있던 한 팀의 연구자들이 1967년에 전자 손목시계의 원형을 만들어 냈다. 그러나 그들이 자신들의 원형을 스위스 시계 생산업자들에게 보여 줬을 때, 그들은 특허를 신청하는 대신 이 아이디어를 물리쳐 버렸다. 다음 해 이 원형이 전시되었을 때, 세이코 사람들은 그 가능성을 알아보았다. 지금 현재 어느 나라가 손목시계의 시장 점유율이 가장 높은지 알겠는가?

패러다임이란 어떤 경계를 정의하는 법칙과 법규들의 집합이다. 이런 법칙과 법규들은 그것들을 가지고 해결한 문제에 따라 평가되기 때문에 그 패러다임의 경계 안에서 패러다임은 성공에 도움이 된다.

조엘 바커(Joel Barker), 미래학자

왜 스위스 손목시계 생산업자들은 이 발명품의 잠재력을 알아보지 못했을까? 잡지 포춘(Fortune)의 1980년 1월 14일 판에 다음 내용이 나왔다.

> 생산업자들은 시계 산업의 가장 커다란 기술적 변화중의 하나 즉, 전자시계에 적응하기를 사절했다. 스위스 회사들은 전통적인 기술에 너무 집착하여 이 전자 혁명이 제공하는 기회를 알 수 없었거나 알려고도 하지 않았다. 이것은 기득권이 혁신을 방해하는 전형적인 예라 할 수 있다.

조엘 바커는 스위스 시계 사업에 일어난 일을 패러다임 전환의 실패로 설명한다. 오랜 성공적인 스위스 시계제조 패러다임이 시계 산업의 다른 대안을 인지하지 못하도록 하였다는 것이다. 패러다임은 어떤 게임이 벌어지고 있으며, (그렇게 명시되지는 않더라도) 어떤 "법칙"에 따라 게임을 하면 성공할 수 있는지 알려 준다. 패러다임이 전환될 때는 미래의 비전과 가능한 대안들을 못 알아보게 할 수 있기 때문에 과거의 성공은 미래의 성공의 장애물이 될 수 있다. 패러다임이 전환할 때는 모든 사람이 똑같이 아무 것도 없는 상태에서 출발하는 것이다.

문제해결의 도구로서 패러다임은 그림 1.3과 같은 전형적인 S-곡선의 라이프 사이클을 가진다. 초기 단계(A 부분)에서는 학습곡선과 소수의 선구자적인 사람들만 그 패러다임을 사용하기 때문에 문제 해결의 속도가 느리다. 최대 단계(B 부분)에 오면, 패러다임의 경험이 늘어나서, 패러다임이 보다 정교해지고, 정확해지면 해결 되리라고 희망적으로 생각되는 몇가지 "불가능한" 문제들을 제외하고는 패러다임을 이용한 문제 해결은 매우 성공적이 되며 그 방법은 잘 확립되게 된다. 마지막 단계(C 부분)에서는 이 단계에서 다루는 문제들이 훨씬 어렵기 때문만이 아니고, 결과로 나오는 해법들이 외부 요소들의 변화들 때문에 변화된 주변 여건에 더 이상 맞지 않기 때문에 그 패러다임으로 문제를 해결하는 것이 비용도 많이 들고, 시간도 많이 들고, 만족스럽지 못하게 된다.

해결할 수 없고 다루기 힘든 문제들 때문에 불편과 불안감이 일어난다. 이런 분위기는 현재 패러다임이 아직 유용하고 그 분야의 대부분의 문제를 잘 해결하더라도, 현재 패러다임을 즐겨 사용하지 않는 사람(아웃사이더: outsider)들에게 새로운 패러다임을 찾아보게 한다. 그림 1.3에서 보이는 얇은 수직선들은 이런 시기에 보이는 아웃사이더들의 창의적 사고들이다. 소위 패러다임 전환자(Paradigm Shifter)라 불릴 수 있는 사람들이 새로운 방법으로 문제를 성공적으로 해결하기 시작하면 새로운 패러다임과 변화를 채용하는 사람들 즉, 패러다임 선구자(Paradigm Pioneer)들이 이 대열에 참여하게 된다. 이런 전환은 계속해서 시간을 두고 일어나게 되며 그림에서 수평선들로 표시된 부분이다. 그 후 새로운 패러다임을 이용한 문제해결은 또 다른 S-곡선을 이루게 된다. 새로운 패러다임으로의 도약에 걸리는 시간이 더 오래 지연될수

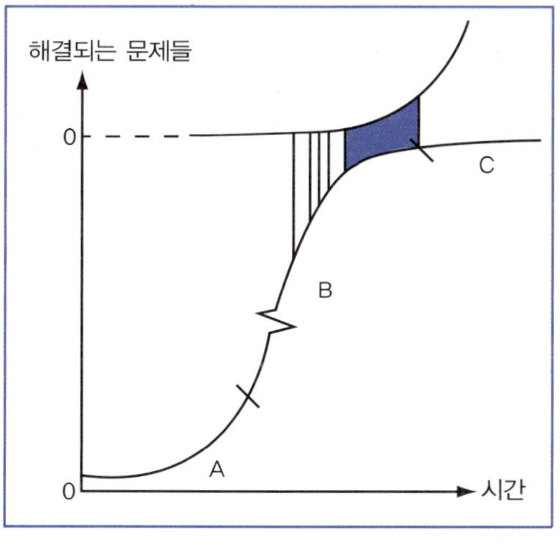

그림 1.3 패러다임 라이프 사이클 곡선

록 전환을 이루는데 드는 비용은 더 크게 되고, 경쟁에서 성공할 확률은 더 떨어진다. 현대의 급격히 변화하는 세계에서는 제때 그리고 유익한 패러다임 전환을 할 기회를 잡을 시간이 더욱 짧아졌다고 할 수 있다.

몇 가지 예

새로운 과학적 진리는 반대자들을 납득시키거나 그들을 계몽해서가 아니고 반대자들이 사망하여 사라지고 새로운 진리에 익숙한 다음 세대들이 성장하기 때문에 성공의 개가를 얻게 된다.
맥스 플랑(Max Planck), 양자이론의 창시자

학생들 중 숙제를 작성할 때 손으로 작성하는 학생들이 있는데 그들은 워드 프로세서라는 새로운 보고서 작성 패러다임을 사용하는 학생들과 경쟁하고 있다. 워드 프로세서를 사용하는 학생들은 열 배 이상 다시 작성할 수 있는데다가 워드 프로세서의 철자나 문법 확인과 같은 도구를 사용하여 훨씬 좋은 보고서를 작성할 수 있다. 만약 모든 내용 등이 같더라도 워드 프로세서로 작성된 보고서가 읽기 쉬워서 평가하는데 시간이 덜 들기 때문에 교사들은 이런 보고서에 더 좋은 점수를 줄 수밖에 없을 것이다. 워드프로세서를 사용할 때 교정을 보거나 논리를 검증하기 쉽기 때문에 손으로 작성된 좋은 보고서라 할지라도 새로운 패러다임을 이용하여 훨씬 나아질 수 있다. 새로운 기술을 익히는데 시간이 걸리기 때문에 손으로 작성하다가 워드 프로세서를 사용하게 되면, 효율이 처음에는 떨어질 수 있다. 그러나 시간이 지나면서 얻게 되는 이득은 시간의 절약 정도가 아니라 보다 훌륭한 (더 이상 그저 새로운 표준을 따르는 정도가 아니고 새로운 수준으로 영역을 넓혀가는) 보고서를 작성할 수 있다는 것이다. 단순한 쓰기가 아니고 데스크탑(Desktop) 출판 수준까지 수준이 올라가게 된다.

패러다임 전환의 몇 가지 예는 매우 충격적이다. 몇 가지 단계를 거친 개발의 예를 그림 1.4에서 볼 수 있다. 실시간 통신에서 보면, 큰소리로 말하거나 연기를 사용하거나 북소리로 연락하거나 깃발 신호를 사용하

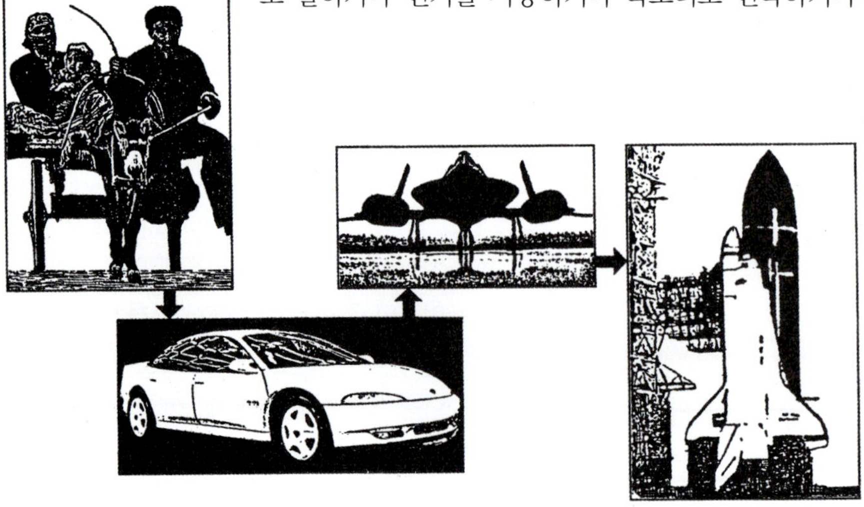

그림 1.4 패러다임전환의 예

던 것이 전선이나 광섬유, 통신위성을 통해 전신, 전화, 팩스, 실시간 영상 등과 같은 전자적 신호를 주고받는 것으로 바뀐 패러다임 전환 덕분에 점점 더 증가하는 상세함과 정확성을 가진 메시지를 점점 더 먼 거리에 보내는 것이 가능해 졌다. 패러다임 전환은 지속적인 개선과는 그 범위의 수준에서 다르다. 아무리 힘세고 빠른 이 백 마리의 말이 함께 끌게 하더라도, 이 숫자 정도면 현대 보통 자동차 엔진의 마력수와 같기는 하지만, 마차를 정지 상태에서 팔십 킬로미터의 속도로 5초 내에 달리게 할 수는 없다. 지속적인 개선이 새로운 아이디어를 인지하고 패러다임 전환자나 선구자가 될 마음의 준비를 하게 해준다는 지속적 개선의 이점이 종종 무시되기는 하지만 혁신은 패러다임의 전환을 의미한다.

5분 활동 1.3 : 패러다임 전환

독자의 관심사에 따라 다음 중 한 가지를 택해 수행하라.

a. 교사나 동료 학생과 함께, 독자가 속한 사회공동체의 교육 체제가 그림 1.3의 패러다임 곡선의 어느 위치에 속하는지 토론해라. "법칙"을 따르지 않는 사람들의 어설프지만 그럴싸한 생각이나 획기적인 생각에 의해 새로운 패러다임이 발견된 적이 있는가? 이런 새로운 패러다임을 패러다임 선구자들의 경우 이미 사용하고 있는가?
b. 같은 작업 현장에 있는 동료와 함께, 지난 십년간 독자의 조직에서 일어난 패러다임 전환을 찾아라. 어떤 일이 있었는지 토론해라. 변화에 쓸모있는 요소가 무엇인지 말해 보라.
c. 다른 사람들과 함께, 예를 들어 가정용 팩스나 고속 인터넷 처럼 개인적인 생활에 큰 영향을 미친 기술과 혁신 분야를 선정하라. 패러다임 전환 곡선을 그려 놓고 선정된 주제가 곡선의 어디에 위치하는지 표시하라. 만약 A 부분에 있다면 패러다임을 전환하는 데 어떤 장점과 단점이 있는지 토론하라. 만약 B 부분에 위치한다면, 새로운 패러다임과 어떻게 새로운 패러다임이 발견될 수 있는지 토론하라. C 부분에 위치한다면, 이미 선구자들은 활용하고 있는 새로운 패러다임으로 전환하기 위해 어떤 변화가 필요한지 토론하라.

패러다임 전환의 모든 단계에 있어 창의적 생각이 가장 주요하다. 창의성은 패러다임 전환자와 그들의 아이디어에서 찾아 볼 수 있다. 패러다임 선구자가 되기 위해서는 위험을 감수하고 방향을 전환하고 비전을 따라가기 위해서는 유연성과 변화에 대한 거부감이 없어야 하기 때문에 새로운 법칙을 이용할 수 있어야 하고 창의적으로 생각해야 한다. 창의적 생각은 다른 사람들의 좋은 아이디어를 인지할 수 있게 해주고 그 아이디어를 지원하여 아이디어가 줄 기회를 잡을 수 있게 해준다. 조엘 바커는 창의적 사고와 패러다임 전환에 대해 수류탄 제조 회사의 예를 이야기한다(참고문헌 1.1). 회사 사장은 자동차의 에어백이 "충격에 점화 폭발"한다는 것을 주목했다. 그는 자신의 회사의 전문분야를 에어백에 응용할 수 있다는 것을 인식하고 있었다. 일년 내에 1995년에 회사의 엔지니어들은 50불 미만의 자동차 에어백 촉발장치(Trigger)를 개발하였다. 촉발장치는 그때까지의 자동차 에어백에서는 약 600불 쯤 하는 가장 비싼 장치였다. 디트로이트의 한 자동차 회사의 엔지니어들에게 이 혁신적인 촉발장치를 발표했을 때, 수류탄 회사 사람들이 받았을 관심을 짐작이나 할 수 있을까? 이들은 세계의 관심있는 다른 곳(일본의 도요타나 영국의 재규어)에 여기저기를 다니게 되었다.

패러다임 전환을 인식할 수 없게 만드는 완고한 생각을 가지지 않도록 예방하기 위해서 조엘 바커가 제시한 패러다임 전환에 대한 질문을 자기 자신에게 자주 하는 습관을 만들 필요가 있다.

> 무엇이 내 분야나 조직에서 현재 불가능할까? 만약 그게 가능해진다면 내가 하는 일이 근본적으로 바뀔까?

이런 방식으로 자신의 학교 생활이나 직장 생활을 바라보라. 경향과 변화 때문에 놀라거나 경향과 변화를 놓치는 일은 없을 것이다. 이렇게 하면 패러다임 선구자가 되어 혁신이 줄 혜택의 기회를 이용할 준비가 갖추어 질 것이다.

각 장의 구성과 학습에 도움이 되는 힌트

이 책의 전체적인 구성과 주요 아이디어의 소개는 앞에서 소개되었고 이제 보다 용이한 학습을 위해 각 장이 어떻게 구성되었는지 설명하겠다.

어떤 일을 잘 하려고 배우거나, 고난을 마주하고 견디어 내거나, 역할 모델을 보고 배우거나, 실수로부터 배우거나, 수업에서 배우거나, 십 대 청소년이나 회사 중역 누구라도 배움이란 것이 어렵기는 매한가지다.

Michael M. Lomardo, Center of Creative Leadership, Greensboro, North Carolina

각 장은 대략 세 시간에서 다섯 시간 정도의 학습이 필요하게 구성되었다. 각 장은 학습 목표와 개인적인 학습 동기를 유발할 수 있는 질문으로 시작한다. 그리고 가능하면 은유와 유추 그리고 주제에 대한 정보와 함께 주요 개념이 소개된다. 실제적인 내용 이해를 향상시키기 위해 예제와 단시간의 활동 과제가 본문 사이사이에 나올 것이다. 참고문헌과 복습, 실천사항 점검목록과 함께 새로 배운 내용을 적용해 보고 직접 수행한 경험을 얻을 수 있도록 연습문제들이 제공된다. 왜 이 책이 이와 같은 순서로 학습 모드를 구성하였는지는 제3장에서 설명되는 지식 창조 모델

(knowledge-creation model)을 알고 나면 잘 이해가 될 것이다.

혼자서 이 책을 공부한다면, 체크 표시(✓)가 있는 최소한의 연습문제와 단시간 활동은 해보기를 강력히 권한다. 심화된 연습문제는 한 쌍의 별(★ ... ★)로 쌓여져 표시되었으며 추가적인 시간이 필요로 하겠지만 보다 심층적인 생각과 확장된 학습의 기회를 제공할 것이다.

독자가 일반적인 독서에 그치지 않고 능동적인 사고 모드로 전환하여 이 책을 학습할 수 있도록 다음과 같은 세 가지 장치를 마련하였다.

1. 본문 중에 여러 질문이 나타날 것이다. 다음 문장을 읽기 전에 어떻게 답할 것인지 생각해 보고 넘어 가도록 하라.
2. 각 쪽의 왼 쪽 여백에 각종 삽화, 설명, 하이라이트, 인용들이 실려 있는데 보다 나은 학습과 기억을 위해 본문의 내용과 이들, 보충자료를 연관시켜 학습하기를 권한다. 그리고 남은 왼 쪽 여백은 독자 자신의 설명, 질문, 스케치 등을 위해 활용할 수 있을 것이다.
3. 단기 활동으로 제시되는 간단한 학습 내용을 제시된 시간에 맞출 수 있게 시간을 재가면서 놓치지 말고 하도록 하라. 제시된 활동이나 토론은 바로 학습 효과를 높일 수 있도록 설계되었으니 시간을 내어 꼭 해보도록 하라. 배움이 학교에서 이루어지는 교육만으로 구획이 나누어지는 것이 아니고 평생 필요한 것이니 만큼, 이 책에 나오는 많은 과제들은 학구적이고 사회적 관점을 모두 통합하여 구성되었다. 가능하다면 두 명 정도의 친구나 가족 또는 동료들과 함께 이 책을 학습하라. 그러면 이 책의 4장에서 소개되는 팀워크에 대해 보다 많이 배우게 될 것이다.

질문 – 훌륭한 학습 도구

어떤 주제에 대해 공부하거나 독서를 할 때 그 주제에 관한 질문을 생각해보라. 책의 여백이나 연습장에 질문을 메모해 놔라. 다음 며칠 내에 질문의 답을 우연히 알게 된다면 자신의 마음이 그 답을 잘 이해할 준비가 얼마나 잘 되어 있는지에 깜짝 놀랄 것이다.

주어진 질문에 대한 답이 떠오르지 않는다면, 다른 사람들이나 책이나 각종 인쇄물 또는 인터넷 같은 자원들을 탐색해 보라.

집중력을 높여서 학습 능력과 학습 내용 유지 능력을 높이고 싶으면, 강의나 책의 한 장이 끝날 때 마다 다음 같은 질문을 해보는 습관을 가지도록 해라

1. 무엇이 배운 것 중에 가장 주요한 개념인가?
2. 무엇이 아직도 답을 알 수 없는 주요한 질문인가?

배운다는 것은 새로운 형태의 노동이다.
Shoshana Zuboff, Harvard Business School의 Organizational behavior and human resource management의 교수

경고!

여러분의 인생이 이제까지와 똑같기를 바란다면 이 책을 읽지도 이 책에서 배우지도 마라. 왜냐하면 창의적으로 생각하게 되면 여러분의 인생이 바뀔 것이기 때문이다.

참고문헌

21 세기에는 평생 교육의 습관을 개발해 놓는 것이 직업적 기술과 성공 그리고 취업에 있어서 주요한 열쇠가 될 것이다. 고등학교 때라면 학생들에게 어떤 주제를 확실히 배우게 하는 것은 교사의 책임이라고 학생들은 생각한다. 대학에서는 유능한 교강사들이 흥미롭고 도전심이 일어나게 어떤 주제를 강의해 준다. 또 교수들은 그런 주제들에 대해 잘 알고 있어야 하고 새로운 지식과 응용법을 발견하는 것도 그들의 책임이다. 하지만, 배우고, 배움의 방법을 찾고, 교재를 사서 학습하고, 컴퓨터 실습실이나 소프트웨어, 세미나, 특강, (아주 쉬운 교과목이 아닌) 보다 들어 볼만한 가치가 있는 강좌 등을 찾아내는 것은 기본적으로 학생 자신의 책임이다. 좋은 학습 습관을 가지고 있지 못하다면 바로 고쳐라! 학교내에서 학습, 연구 또는 작문 등에 도움이 되는 기관을 찾아 가라. 학습 방법에 대한 가이드북이나 비디오를 검토해보라. 좋은 습관을 길러라.

교재는 처음 나올 때 그대로의 상태를 유지해야 되는 물건이 아니고, 사용하고, 밑줄도 긋고, 형광펜으로 마크도 하고, 주석도 쓰고 해야 하는 물건이다.
이렇게 추가된 부가가치가 책을 당신의 보물창고나 친구로 만들어 줄 것이다.

이 책의 각 장에 소개된 주제에 대해 보다 잘 알고 싶으면 간단한 설명과 같이 소개된 각 장 끝의 참고문헌을 읽기를 권한다. 만약 책읽기에 익숙하지 않으면, 도서관이나 책 가게에서 관련된 비디오를 빌려라. 그리고 권하건대 되도록 빨리 독서에 관련된 강좌를 신청하라.

참고문헌

1.1 ✓ Joel A. Barker, *Future Edge: Discovering the New Paradigms of Success*, Morrow, New York, 1992. 이 책은 저자의 *Discovering the Future*(*The Business of Paradigms* and *The Power of Vision*, Charthouse International Learning Corporation, 221 RiverRidge Circle,

생존을 위해 필수적인 것 중에 하나는 융통성과 불명확함에 대한 인내력 그리고 잘 파악해 갈수록 문제가 풀려가며, 복잡함에서 이득을 얻고 성숙해 지게 해주는 이슈들에 맞서는 창의력이다.

Hunter Lovins, president and executive director, Rocky Mountains Institute, Snowmass, Colorado

Shoshana Zuboff, Harvard Business School의 Organizational behavior and human resource management의 교수

Burnsville, Minnesota 55337)라는 두질의 연작 비디오에서 발췌된 변화에 대한 저항을 극복하는 법과 혁신적인 환경을 조성하는 법에 대한 강렬한 메시지들을 담고 있다. 언급된 두개의 비디오는 대학내 또는 주변의 도서점이나 대기업의 자료실에서 찾을 수 있을 것이다.

1.2 John. Fabian, *Creative Thinking & Problem Solving*, Lewis Publishers, Chelsea, Michigan, 1990. 이 책은 과학자, 엔지니어, 프로젝트 리더를 타깃으로 했다. 여기서 소개되는 혁신적인 문제 해결의 발견 절차는 타깃 정의, 대안 탐색, 적합성 검토, 실천의 네 가지 단계로 나누어서 본교재와 다른 프레임워크와 어휘를 사용하여 창의적 문제 해결을 서술한다.

1.3 Scott G. Isaksen and Donald J. Treffinger, Creative Problem Solving: *The Basic Course*, Bearly Limited, Buffalo, New York, 1985. 이 책은 창의적 문제 해결의 다섯 가지 단계(혼돈과 사실 찾기, 문제 찾기, 아이디어 찾기, 해결책 찾기, 승인 찾기)가 보이는 발산적인 사고와 수렴적 사고의 순환에 중점을 두고 있다. 또 창의성과 문제해결 분야의 연구와 발전에 대한 간단한 역사적 기록을 담고 있다.

1.4 ✓ Raymond B. Landis, *Studying Engineering: A Road Map to a Rewarding Career*, Discovery Press, Burbank, California, 1995. 이 책으로 학생들은 어떻게 수학, 과학 및 공학 과목에서 뛰어난 학술적 성공을 거두기 위한 전략과 성공적인 엔지니어가 되기 위해 필요한 행동거지와 태도의 개발에 대해 학습할 수 있다.

1.5 Don Koberg and Jim Bagnall, *All New Universal Traveler*, Kaufmann, Los Altos, California, 1981. 이 책에는 여행자의 비유로 설명된 창의적 아이디어와 문제 해결 방법, 목표 달성 과정 등에 대한 풍요로울 정도로 많은 내용이 들어 있다.

1.6 ✓ Arnold Pacey, *Technology in World Civilization - A Thousand-Year History*, MIT Press, Cambridge, Massachusetts, 1990. 이 흥미로운 책의 내용은 여러 문화에서 나타난 기술 개발에 대한 탐사이다. 대규모 산업이나 생존 기술 모두에 필요한 창의적 사고와 혁신으로 이끌어 주는 이질 문화 간의 아이디어 교류에 대해 토론한다.

연습문제

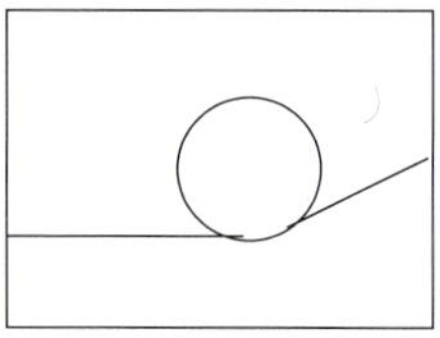

1.1 ✓ **진단 퀴즈 : 자신이 얼마나 창의적인지 알아보기**

a. (1) 수학문제나 (2) "일상생활의" 문제를 해결하기 위해 자신이 가장 자주 사용하는 방법을 간단히 설명해보라.

b. 창의적 사고나 브레인스톰에 대해 전에 받은 교육이나 훈련이 있으면 간단히 요약 설명하라.

c. 왼쪽 그림을 보고 생각나는 것이 무엇인가? 한 개 이상의 답을 하여도 된다.

1.2 ✓ **목표 정하기**

이 책으로 무엇을 배우게 될 것 같은가? 창의적 문제 해결 기술을 배워 얻고자 하는 개인적 이득의 리스트를 작성하라. 또한 (일 년 이내의) 단기 목표의 리스트와 (5-10년 정도의) 장기 목표의 리스트를 작성하라. 리스트는 균형 잡힌 모든(영적인, 가정내의, 직업상의, 사회적인, 자기 자신의 자아에 대한, 건강에 대한, 여가 생활에 관한, 경제적인) 관점을 포함하여야 한다. 이제 자신의 일주일 일정을 생각해 보고 이 책을 공부하고 문제를 실천해 볼 충분한 시간을 가지고 있다고 생각하는지 답하라. 자신이 정한 장기적 목표와 단기적 목표를 실행하는데 관련된 활동을 자신의 일주일 일정에 포함시켜 놓았는가? 힌트 : 제12장의 관리에 대한 절을 참조하라.

1.3 **이름표와 로고**

자기 자신과 자신이 관심사에 의미를 가지는 어떤 일을 표시하기 위한 설계 또는 기호로 이름표나 로고 등을 디자인해 보라.

1.4 **창의성 게시판**

몇 주나 몇 개월에 걸쳐 창의적 사고를 보여 주거나 배움에 대해 긍정적인 메시지를 전하는 만화, 우스개 이야기, 재담에 관한 게시판을 만들어 보라.

1.5 **창의성과 배움에 대한 외부 자료**

일주일 동안 이 장에 설명된 주제에 관련된 무엇인가를 집중해서 찾으려 해봐라. 교육의 품질에 관련해 정부가 어떤 일을 하려고 한다는 뉴스를 TV에서 들어 보는 것은 어떨까? 학교에서 이루어지고 있는 창의적 학습 프로그램에 관한 기사를 신문이나 잡지에서 찾아

보는 것은 어떻겠는가? 학습에 미치는 컴퓨터의 영향에 관한 토론에 참석해 보는 것은 어떨까? 다니는 대학에서 교과과정 개편이 이루어지는지 알아보라? 인터넷에서 이런 것을 찾아보는 것도 매력적인 방법이다.

1.6 Tinker Toy™로 발명하기 (그룹 프로젝트)

준비할 것 : Tinker Toy조각을 한 자루 가득 준비하라. 서너 명으로 그룹들을 만들어라. 각 그룹에 되도록 많이 돌아가게 한 손 가득 씩 임의의 Tinker Toy 조각들을 나눠 줘라.

해야 할 과제 : 20분 안에 각 그룹은 두 개의 움직이는 부분을 가지는 제품을 만들고 그 제품에 이름을 붙이고 시판 설명회를 준비하라. 이제 각 그룹은 결과를 서로 설명해라. 그리고 각 그룹은 5분 정도 시간을 가지고 전체 과정을 간단히 요약하라.

제1장 – 주요개념 복습 및 실천사항 점검

본서의 목적: 급격히 변화하는 현시대에서 성공하기 위해서는 창의적 사고 기술이 필요하다. 엔지니어는 혁신을 위해 그리고 설계와 생산 문제를 해결하기 위해 창의적 사고가 필요하다. 본서는 바로 손안에 쥔 것 같은 지식을 얻을 수 있는 많은 응용법을 가진 사고력과 공학 설계를 증진시키는 보물 상자와 같은 실천적인 책이다. 이 책을 읽는데 필요한 것은 단지 열린 마음과 열심히 하겠다는 의지뿐이다. 이 책을 공부하면 갇혀 있던 창의적이고 혁신적인 사고를 배우거나 또는 해방시킬 수 있다.

창의적 문제 해결의 이점 창의적 문제 해결은 현재 교육의 여러 단점을 보완하는데 필요하다. 개인적인 이점은 의사소통과 팀워크 기술을 배움으로써 얻는 풍성한 생활과 성공적인 경력이다. 또한 전 지구적 공동사회로 보면 창의적 문제 해결은 경제적, 사회적, 환경적인 여러 심각한 문제에 대해 최적의 해결책을 제공할 수 있다.

Jeder Tag muss das Denken Verandern.
매일매일 자신의 생각을 바꿔라.
Hans Erni, Swiss artist, 85회 생일날 인터뷰에서

창의성 창의성은 아이디어와 사람들 그리고 주변 환경과 상호 작용을 하면서 일어나는 상상과 가능성를 다루는 것이고 이를 통해 새롭고 의미 있는 상호 연관 관계를 찾아내고 결과를 얻는 것이다. 이런 과정의 결과는 더 많은 창의성을 북돋우는 제품이나 응용법이다. 이런 현상은 개개인에게

또는 상호 작용하는 팀 안에서 그리고 서로 다른 문화간의 아이디어 전파에서 이루어질 수 있다.

문제해결 수학이나, 과학, 산업체나 공학적 방법들은 분석적인 반면에 (심리학에서 파생된) 창의적 사고는 무의식의 처리 과정이다. 창의적 문제해결은 이런 모든 방법들의 모든 사항들을 고려하면서, 문제를 정의하고, 여러 아이디어를 창출하고, 보다 낫고 더 현실적인 아이디어를 합성해 내고, 최선의 해결책을 찾아내고, 해결책을 실제 행동으로 옮기는 의도적으로 번갈아 가며 발산적 사고와 수렴적 사고의 반복으로 이루어져 있다.

패러다임 전환 패러다임이란 어떤 경계를 정의하는 법칙과 법규들의 집합이다. 이런 법칙과 법규들은 그들을 가지고 해결한 문제에 따라 평가되기 때문에 그 패러다임의 경계 안에서 패러다임은 성공에 도움이 된다 (Joel Barker). 성공적인 사람들은 종종 변화에 저항하거나 패러다임의 전환을 인지하지 못한다. 새로운 패러다임을 찾아 볼 최고의 시간은 지금 사용하는 패러다임이 아직 유용할 때이다. 창의적 사고를 통해, 패러다임 전환자(paradigm shifter)는 "불가능해 보이는" 문제를 해결하는 새로운 아이디어를 만들어 낸다. 창의적 사고를 통해, 패러다임 선구자(paradigm pioneer)들은 이런 새로운 아이디어의 가치를 알아보고, 위험을 감수하며 그 새로운 아이디어에 적응한다.

학습이란 단순한 지식 습득 수준 이상의, 지식의 의미와 중요성, 한계를 알아서 새로운 지식을 창출하는, 개발과 변화 그리고 성장과 관련된 개개인의 자발적인 활동이다.

James S. Pepitone, Future Taining, 1995

실천사항 점검목록

- 평생 배워라! 배움은 평생 해야 할 일이고, 의무이고, 임무이자 모험이다. 새로운 지식과 능력을 발견하고, 실천하고, 응용하라.
- "무엇이 내 분야나 조직에서 현재 불가능할까? 만약 그게 가능해진다면 내가 하는 일이 근본적으로 바뀔까?"라는 패러다임 전환용 질문을 한 달에 한번, 다른 사람들과 같이 브레인스톰하여 답을 구해 보라. 아이디어를 메모해 놓아라.
- 또한 자신의 단기 목표와 장기 목표를 메모해 놓고, 한 달에 한번 얼마나 진전되었는지 평가해 보라. 달력에 이 점검 목록 항목들을 정기적으로 확인할 일정을 적어 놓아라.
- 왼쪽 여백의 James Pepitone의 학습에 대한 정의를 보고 정규 학습 과정이나 취미 활동 또는 종교 활동에서 그런 수준까지 최근에 배운 일 두 가지를 나열해 보라. 그 수준 정도는 되도록 매일 적어도 15분 정도는 어떤 일의 학습을 해라.

02

Chapter

지능모델

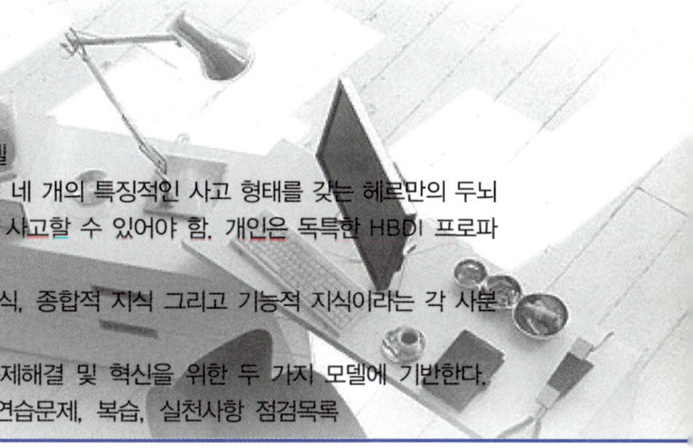

- 학습과 의사소통 및 팀웍과 관련된 지능모델
- 분석적, 연속적, 대인관계적 그리고 상상적인 네 개의 특징적인 사고 형태를 갖는 헤르만의 두뇌 우성 모델. 엔지니어는 모든 네 가지 모드로 사고할 수 있어야 함. 개인은 독특한 HBDI 프로파일을 갖는다.
- 지식 창출 모델은 공감하는 지식, 개념적 지식, 종합적 지식 그리고 기능적 지식이라는 각 사분면을 순회한다.
- 창의적인 문제해결은 개인, 팀과 조직의 문제해결 및 혁신을 위한 두 가지 모델에 기반한다.
- 심화학습: 참고문헌, 사고 선호도 평가 및 연습문제, 복습, 실천사항 점검목록

개요와 목적

지능모델은 강력한 사고도구이고 은유이다. 그림 2.1에 나타낸 것과 같이 앞으로 논의하게 될 세 개의 지능 모델 - 두뇌우성, 지식창출 및 창의적 문제 해결 - 은 다리의 교각처럼 엔지니어링의 모든 면을 뒷받침한다. 지능모델이 조직 내에서 공유되고 이해되면 의사소통과 팀웍이 향상되고, 지식창출과 혁신이 가속되며, 지식과 정보의 관리가 개선되고 더 나은 공학설계와 문제해결을 할 수 있도록 한다. 이들은 급변하는 세계에서, 세계적으로 경쟁력있는 성공적인 상품과 서비스를 제공하기 위한 핵심 요소들이다. 그림 2.2는 그림 2.1의 교각의 분해도이며 세 개의 지능모델이 서로 어떻게 관련이 있는가를 나타낸다. 이번 장에서는 두뇌우성의 4분면 모델을 상세히 설명한다. 왜냐하면 다른 두 모델이 이것에 기초하기 때문이다. 지식창출모델과 이것을 학습과 조직변화에 적용한 것은 다음에 살펴보며 이것에 이어서 창의적인 문제해결의 요약이 나온다. 이 모델을 팀웍에 적용한 것이 4장에 나오며 5장은 의사소통에 적용한 내용이다.

오늘날 공학적인 성공에는 최신의 기술 능력 이상이 필요하다. 이것은 의사소통 능력, 팀웍, 창의적 사고, 빠른 학습 그리고 다양성을 평가할 수 있는 능력이다.

George D. Peterson, executive director of ABET, 1997

학습, 의사소통, 팀웍 그리고 조직적인 기능 내에 존재하는 많은 문제들이 특별한 사고유형에 대한 이해나 인식 부족, 지식창출 순환과정에서의 생략된 단계 그리고 창의적인 문제해결 기법의 부재로 인한 것임을 추적해 낼 수 있다.

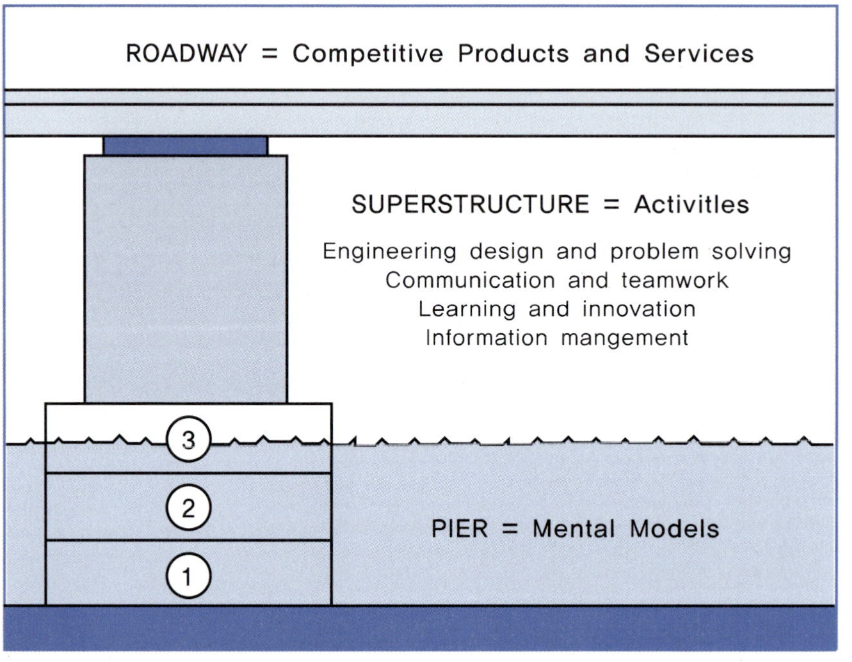

그림 2.1 팀과 조직의 기능을 뒷받침하는 지능 모델의 핵심 역할

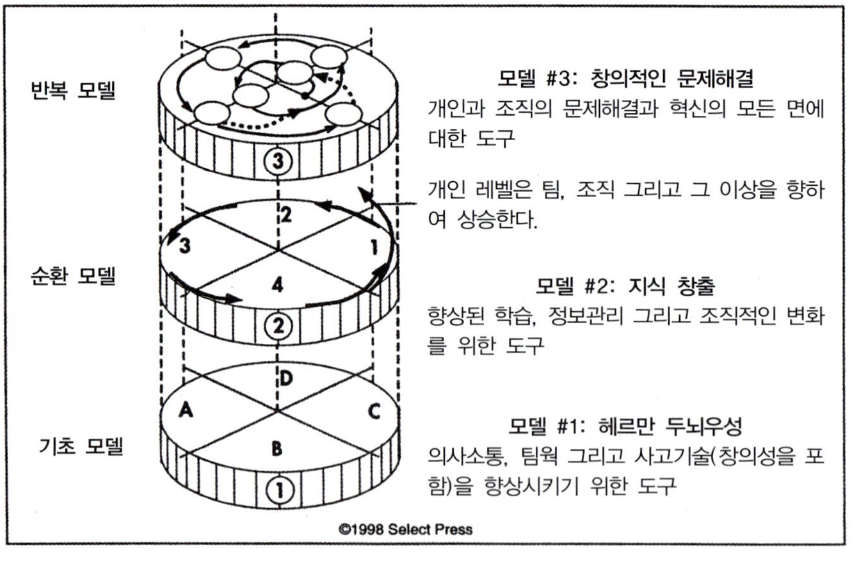

그림 2.2 3가지 지능모델간의 관계. 프로세스의 연속적인 진행 방향은 각 모델의 논의에서 설명한다.

헤르만의 두뇌우성 모델

이전 장에서 수학 및 언어적 사고와 시각 및 감각적 사고를 비교하였을 때 독특하고 아마도 친숙하지 않은 사고능력마다 서로 다른 지능언어가 필요하다는 것을 알 수 있었는가? 우리가 선호하는 사고방식에 따라 문제해결, 창의성 그리고 다른 사람과의 의사소통에 대한 접근방식이 특정된다. 예를 들면 한 사람은 사용가능한 데이터에 기반하여 이성적이고 논리적인 결정을 하기 전에 상황을 주의 깊게 분석할 것이고, 다른 사람은 같은 상황을 더욱 넓은 관점에서 바라보고 대안을 찾을 것이다. 앞 사람은 매우 상세하고 주의 깊은 단계를 밟아 나갈 것이고 뒷 사람은 이 문제를 다른 사람과 의논하고 문제를 직관적으로 풀게 될 것이다. 이들이 사용하는 특별한 절차는 성공적인 경험에 기초하는 것이다. 이제 당신을 더욱 효과적인 사고자 그리고 문제 해결자가 되도록 하는 사고선호 모델에 대하여 알아보도록 하자.

우리 대부분은 있는 그대로의 세상을 본다고 여긴다.
네드 헤르만

두뇌우성

네드 헤르만(Ned Herrmann)은 물리학 학위를 받았고 GE(General Electric)의 물리 프로그램의 초기 멤버로 고용되었다. 처음 맡은 업무에서 회사는 그를 엔지니어로 전환시키려고 하였다. 그는 회사생활 내내 이러한 시도에 저항하였다. 인간 두뇌의 창조성에 대한 수년간의 연구에서 그는, 두뇌가 그것이 기능하는 방식으로 전문화 된다는 것을 깨달았다. 이러한 전문화 모드는 각각 자신만의 언어, 가치 그리고 인식방법을 갖는 네 개의 구분되는 사분면으로 은유적으로 조직화될 수 있다. 각 개인은 이러한 모드들이 독자적으로 혼합되어 있으며 하나 이상의 강한 우세를 갖는다. 어느 방향으로 사고하는 우세가 강할수록 반대편 모드에 대한 우리의 불편함은 커지게 된다. "반대편" 사람들은 세상을 자신만의 안경으로 보기 때문에 다른 사람들과의 의사소통과 이해에 커다란 어려움을 갖는다. 더 나은 방법은 없을까? 네드 헤르만은 각 두뇌 모드가 그것이 수행하도록 설계된 일에 잘 맞는다는 것을 알아냈다. 우리의 학교시스템은 순차적인 사고 기법에 과도하게 집중되어 있기 때문에 창의적인 능력은 교사들, 마음씨 좋은 가족 그리고 고용주들 때문에 방해받게 된다. 단지 필요한 것은 모든 사고능력에 대한 균형과 올바른 인식이다. 우리는 전뇌를 사용한 사고와 문제해결 능력들을 어떻게 사용하고 종합하여야 하는지 반드시 배워야 한다.

왜 어떤 사람은 그렇게 똑똑하면서 동시에 우둔할 수 있을까? 어떻게 특정한 정신적인 활동은 그렇게 잘 하면서 또 동시에 다른 성신적인 활동은 그렇게 못할 수 있을까?
Henry Mintzberg, management professor at McGill Unversity, Harvard Business Review, July 1976

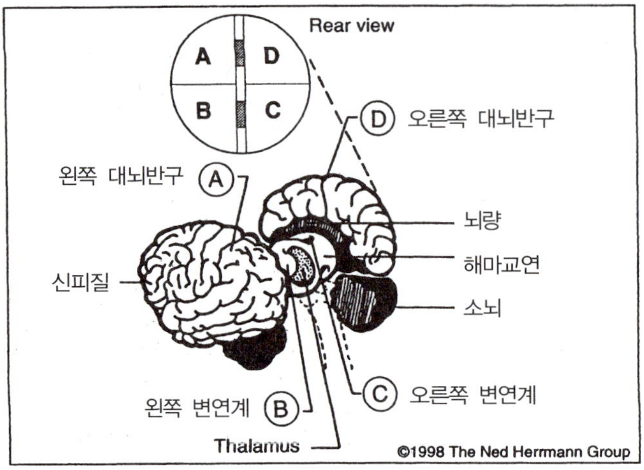

그림 2.3 네 개의 사분면 모델은 어떻게 실제 두뇌와 관련되는가.

사분면 두뇌우성모델의 기원을 알기 위해서는 실제 두뇌를 시각화할 필요가 있다. 대부분의 사람들은 전체 반구를 좌뇌와 우뇌로 구분하는 것에 익숙하다. 엄밀하게 말하면 이 대뇌 반구들이 두뇌의 80%를 차지한다. 각 대뇌반구는 그 안에 자리잡고 있는 분리된 구조를 갖는데 이것은 각 변연계의 대응하는 절반이다. 변연계는 입력정보를 기억장소에 전달함으로써 학습에 중대한 역할을 한다. 그림 2.3은 인간두뇌의 단면도와 이것에 대응하는 네드 헤르만의 4분면 개념을 보여준다.

대뇌반구는 대뇌반구 사이에서 통신을 수행하는 섬유로 연결되어있다. 연관된 섬유는 각 반구 안의 서로 다른 전문화된 영역을 연결하는 복잡한 네트워크를 형성한다. 두 변연엽(limbic lobe)는 해마교연(hippocampal commissure)을 통해서 연결되고 두 개의 대뇌반구는 2억에서 3억개의 축색돌기 섬유(axonic fiber)를 포함하는 뇌량(corpus callosum)에 의해 연결된다. 두뇌의 한부분이 활발하게 생각 중일때 다른 부분들은 더욱 더 휴면(idle)모드로 들어가게 되서 전문화된 사고 업무를 방해하지 않도록 한다. 그렇지만 복잡한 문제를 풀 때는 하나 이상의 사고 기술이 관여하게 되어 두뇌는 대뇌반구 내에서 또는 서로 다른 반대편 대뇌반구 사이의 서로 다른 특정영역 간에서 매우 빠른 속도로 신호를 앞뒤로 주고받도록 스위치할 수 있다.

각자는 각 개인마다 독특한 자신만이 선호하는 방식으로 사고하고 행동한다. 이러한 우성적인 사고 형태는 가족, 교육, 일 그리고 사회 환경과 상호작용하는 타고난 성격의 결과이다.
두뇌의 어떤 부분도 다른 부분으로부터의 입력에 의하여 자극 받거나 버틸때 만큼 스스로 충분하거나 창의적으로 활동하지는 않는다.
Ned Herrmann

네드 헤르만은 두뇌 전문화에 기반을 둔 사고의 선호를 진단하기 위한 방법을 찾아보았는데 그의 목적에 맞는 적절한 도구를 찾을 수 없었다. 그래서 그는, 이제는 Herrmann Brain Dominance Instrument(HBDI TM)으로 알려진 자신만의 방법을 개발했다. 이 방법은 120개의 질문에 대한 답을 노스 캐롤라이나 주에 있는 Herrmann Interantional 본부에서 평가하여 결과를 수치와 그래픽 프로파일로 나타낸다. 뇌 연구의 최신 진보는 그림 2.3과 2.4에 나타낸 것과 같이 두뇌를 좌우 반구 그리고 대뇌와 변연계로 분할하여 최종적으로 그림 4개로 구분되 사분면이 되는 "서술적인" 은유모델의 타당성을 입증한 것이다. 수백만의 HBDI를 관리하면서

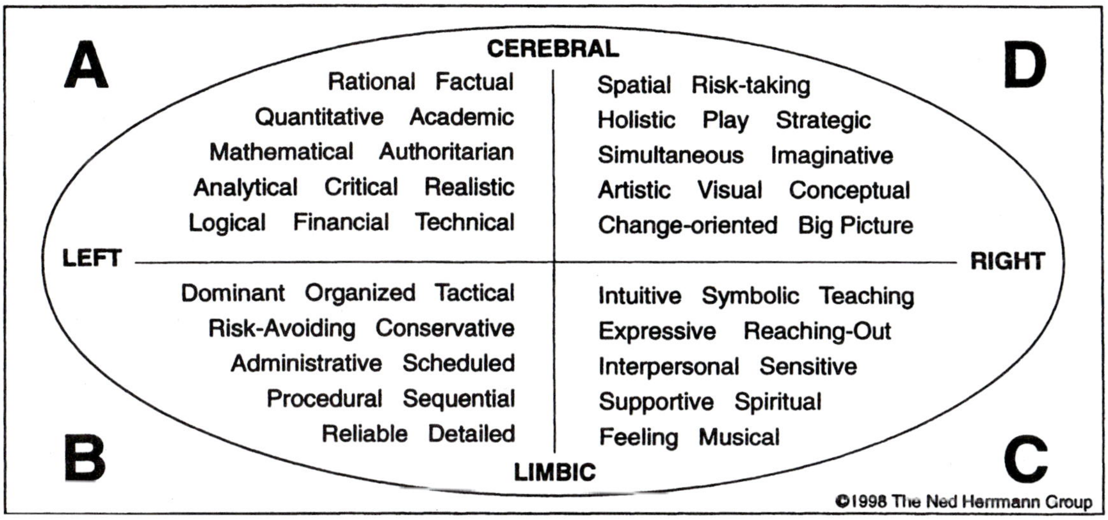

그림 2.4 헤르만 두뇌우성 모델의 사고 특성과 "단서들"

네드 헤르만은 이제 20만개에 달하는 개인 프로파일을 보유하고 있다. 그의 딸인 앤(Ann Herrman)은 개인적으로 HBDI의 관리, 평가 그리고 해석에 있어 기술의 품질과 신뢰도를 보장하기위하여 사람들을 훈련시키고 인증한다.

사분면 모델이 실제 두뇌의 영역에 기반하여 조직되긴 하였지만 이것은 은유적인 모델이다—최신의 영상기술로 가장 간단한 사고일지라도 이에 관련된 두뇌의 복잡도, 미묘함 그리고 다양성을 볼 수 있다. 현재까지 이 모델은 우리가 어떻게 생각하는지를 명확하게 하는데 유용하고 다중우성을 허용하는 모델이다.

공대 교수들의 일반적인 평균 헤르만 두뇌 우세 프로파일은 그림 2.5와 같다. 가장 안쪽 영역(3번 원)으로 떨어지는 특정한 사분면의 점수는 가장 낮은 선호도(아마도 회피)를 나타낸다. 다음 영역(2번 원)은 편안한 사용을 나타내며 더욱 밖으로 나간 점수는 그 사고 모드에 대한 강한 선호도를 의미한다. 따라서 HBDI 프로파일은 한번에 개인 또는 그룹의 선호 정도를 한 눈에 알 수 있도록 한다. 사분면의 낮은 점수는 우리가 이 방향으로 생각할 수 없다는 것을 의미하는 것이 아니라 선택의 순간에 다른 쪽 모드를 선호함을 의미한다. 만일 학생들이 매우 열심히 노력한다면 그들이 피하고자 하는 경향이 있는 모드에 해당하는 사고와 관련된 주제에 대해서도 최고 학점을 받을 수 있다. 역으로 말하면 강한 선호도를 갖고 있다는 것이 우리가 어떻게 하면 좋은 사고자가 되는가를 알고 있다는 것을 의미하는 것이 아니라 강한 우세를 갖는 영역에서 적성을 개발하는

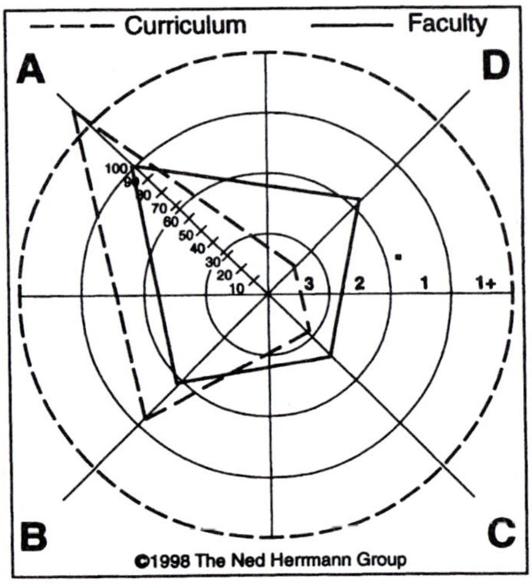

그림 2.5 공대교수의 전형적인 평균 HBDI 프로파일과 기계공학 교과과정의 표본 프로파일

것이 쉽다는 것을 의미하는 것이다. 그림 2.5의 끊어진 선은 특정한 시간(점선)에 어떤 교수 그룹이 가르친 공학 교과과정의 표본 프로파일을 나타낸다. 표본 수업에서는 과제를 수행하기 위하여 요구되는 사고, 문서의 내용, 개인의 일생의 사업 또는 관리 철학 내지는 문화가 사분면 헤르만 모델로 분석하였다.

다음 절에서는 사람들이 어떻게 학습하는가 그리고 어떻게 이러한 능력들을 강화하는가 하는 관점에서 각 사분면의 특성을 예시한다. 강력한 회피와 마찬가지로 강력한 선호는 개인의 행위에서 관찰할 수 있는 "단서들"로 표현할 수 있다. 공학자에게 함의하는 바를 각 절로 구분하여 논의하도록 한다.

분석적인 A 사분면 사고의 특징

A 사분면의 사고는 사실에 입각한, 분석적, 정량적, 기술적, 논리적, 이성적 그리고 비평적이다. 기술적인 하드웨어, 이 사고는 분석적인 문제 해결 그리고 논리와 이성에 기반한 결정내리기를 다루는 것과 같이 자료를 분석하고 위험을 평가하고 통계, 금융 예산과 계산을 다룬다. A 사분면의 문화는 물질적, 학구적 그리고 권위적이다. 그들은 성과 위주이며 성과 구동(performance-driven)적이다. A 사분면 사고자의 예로는 스타트랙의 미스터 스팍(Spock)이 있으며 다른 사람들로는 여론조사의 조지 갤럽(George Gallup), 세상에서 제일 높은 IQ의 소유자로 알려진 마릴린 새반트(Marulyn Vos Savant)가 있다.

A 사분면의 사고를 선호하는 사람은 대수, 미적분, 회계학 같은 과목과 함께 과학, 공학 기술과 같은 특정 직업 선호도 또한 높다. 대부분의 교과서는 A 사분면 모드로 기술되어 있다. 법률가, 공학자, 전산 과학자, 분석가, 기술자, 은행원 그리고 외과의사 들이 일반적으로 A 사분면의 강한 선호도를 보인다. A 사분면 사고자는 "본질" 또는 "사실 접근" 또는 "비판적 해석"에 대한 이야기를 한다. 그들은 "계산기" 또는 "기계 인간" 또는 "지식인(경멸적)"처럼 말한다(그리고 C 사분면 회피가 수반될 때는 "쌀쌀한 인간"처럼). A 사분면 사고자가 선호하는 학습활동을 표 2.1에 나열한다.

내가 원하는 것은 사실이다. 이 소년 소녀들에게 사실만을 가르쳐라, 사실만이 삶에 요구된다. 사실이 아닌 것은 심지도 말고 사실이 아닌 모든 것을 뽑아버려라.

Mr. Gradgrind in Charles Dickens, Hard Times, 1854

표 2.1 "A 사분면" 학습 활동과 행동

- 자료와 정보를 찾기; 도서관 탐색하기
- 틀 안에서 논리적으로 자료를 조직화하기(상세하게는 아님)
- 정보를 제공하는 강의를 수강하기
- 교과서 읽기 - 대부분의 교과서는 A 사분면 사고자를 위하여 쓰여짐
- 예제 문제와 해법을 분석(학습)하기
- 아이디어로 사고하기(이성적으로 또는 비평적으로)
- 과학적 방법을 사용하여 연구하기
- 가설을 세운 후 그것이 사실인지 확인하기
- 사실, 범주 그리고 논리적 이유에 기반을 두고 아이디어 평가하기
- 기술적인 그리고 재정적인 사례 연구하기
- 컴퓨터가 어떻게 작동하는지 알기; 수학과 정보 처리에 컴퓨터 사용하기
- 사람과 사회문제보다는 하드웨어나 물건을 다루기
- 미래의 가능성보다는 실제적이고 현재적인 일 다루기
- 물건들의 값을 알기
- 과학기술의 산물 (다리나 기계 등)을 학습하려고 다른 문화권을 여행하기

1분활동 2.1 : A 사분면 학습

표 2.1에서 쉬워 보이거나 즐겁게 할 수 있는 항목에 동그라미를 하라.

예제 사고의 선호가 어휘로 표현된다는 것을 보여주기 위하여 공대 1학년 학생 수업중 하나에서 사용하는 짧은 연습문제를 이용하겠다. 우리는 학생들을 학습 선호도에 따라 그룹을 짓고 각 그룹 당 5명이 되도록 하였다. 학생들은 이 연습문제를 할 당시에 헤르만 모델에 대한 지식이 전혀 없었다. 이 그룹에 대한 사고 프로파일은 교육과정 중에 얻은 실제 HBDI 프로파일 결과이다. 과제는 5분 안에 "공학자는 무엇인가"에 대한 정의를 차트에 적는 것이었다. A 그룹의 결과는 그림 2.6과 같다. A 사분면의 단어와 구가 "기술적인, 어떻게 물건이 작동하는가, 실제 정보 그리고 큰 돈 벌기"임을 주목하자. 이 그룹은 사실들을 썼다. 이들은 정확한 문법이나 멋진 문장 배열과 같은 세세한 부분에 관심이 없었다.

연습 많은 공학자들이 A 사분면에 대한 강한 선호를 갖는다. 만약 당신이 A 사분면 사고자가 아닌데 이 모드의 사고를 개발하고 싶으면 무엇을 해야 할까? 수학, 과학, 그리고 특별히 공학 분석 강좌들(그리고 숙제들)로 A 사분면 사고를 발달시킬 수 있다. 우리는 우리의 연구에서 많은 학생들이 그들의 공학 교과 과정들을 통하여 그들의 A 사분면 선호가 증진된다

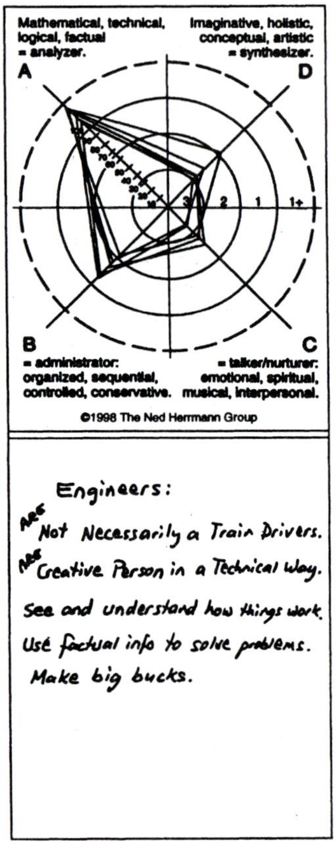

그림 2.6 팀 프로파일 그리고 A 사분면 "엔지니어의 정의"

표 2.2 A 사분면 사고 연습을 위한 활동

- 일, 배움 또는 학습 목표를 정의하기
- 당신이 아직까지 전혀 모르는 주제에 대한 자료와 정보를 모으기
- 자주 사용하는 기계에 대한 내용을 읽어 실제로 어떻게 작동하는지 발견하기
- 고장난 작은 기구의 문제점을 진단하기
- 현재의 기술적 문제 상황을 그것의 전체 부분으로 들어가서 분석하기
- 최근의 충동적인 결정을 되돌아보고 그것의 이성적 논리적인 면을 확인하기
- 출마한 정치인을 분석하기 - 그들은 이슈에 대하여 어떠한 관점을 가지고 있는가?
- 은퇴를 대비한 투자모임이나 재정계획에 참여하기
- 논리퍼즐이나 게임 즐기기; 체스
- 컴퓨터의 분석 소프트웨어 툴이나 스프레드시트의 사용법 배우기
- 그룹 의사결정 과정에서 악당의 대변자 역을 하기
- 좋아하는 TV 프로그램, 영화, 시, 연극, 책, 노래 예술작품에 대하여 논리적 추론에 근거한 비평쓰기

는 것을 발견하였다. "탐정"과 "판사"를 위한 이 책 2부 연습문제들로 A 사분면 사고 기술을 발달시킬 수 있다. 표 2.2는 특별히 수학과는 관련 없는 A 사분면 활동의 다양함을 나열한다. 표 2.2, 2.4, 2.6 그리고 2.8에 있는 많은 연습문제들은 네드 헤르만이 그의 "개인의 성장과 계발 계획(ⓒ 1989 Ned Herrmann)"에서 추천한 것이다.

연속적인 B 사분면 사고의 특성

B 사분면의 사고는 조직적이고, 연속적이고, 제어되고, 계획되고, 보수적이고, 구조적이고, 상세하고, 자제되고 영속적이다. 이것은 경영, 전술적 계획, 절차, 조직화된 방식, 보호, 해법의 실행, 현상유지 그리고 실험결과 믿을 만한 것들을 다룬다. 이것의 문화는 전통적이고 관료적이며 신뢰성이 있다. 이것은 생산지향적이며 과제주도형이다. 미연방수사국(FBI) 국장이었던 에드가 후버(Edgar Hoover), 독일제국의 총리였던 오토 폰 비스마르크(Otto von Bismark) 그리고 인디언 추장 제로니모(Geronimo)가 B 사분

1분활동 2.2 : B 사분면 학습

표 2.3에서 쉬워 보이거나 즐겁게 할 수 있는 항목에 동그라미를 하라.

표 2.3 "B 사분면"학습 활동과 행동

- 즉흥적으로 행동하기 보다는 주의 깊게 지침을 따른다.
- 깔끔하고 성실하게 자세하게 과제 문제 풀기
- 결점이나 단점을 찾기 위해 이론과 절차를 시험하기
- 단계를 따라 실험과제 수행하기
- 실험과제 수행 결과에 따라 순차적인 보고서 작성하기
- 사용법 설명 소프트웨어를 이용한 컴퓨터 사용
- 학습한 지식의 실제 사용법 발견하기 - 이론만으로는 충분하지 않음
- 프로젝트와 스케줄을 계획하고 계획과 정해진 시간에 따라 실행하기
- 상세한 강의를 듣기
- 상세하고 포괄적인 노트 가지기
- 일상적인 환경 하에서 확정된 스케줄에 따라 학습하기
- 세세한 예산 잡기
- 자주 반복함으로써 새로운 기술 익히기
- 조직과 절차에 대하여 알아보기 위하여 현장 둘러보기
- 프로젝트에 대한 "어떻게" 매뉴얼 작성하기

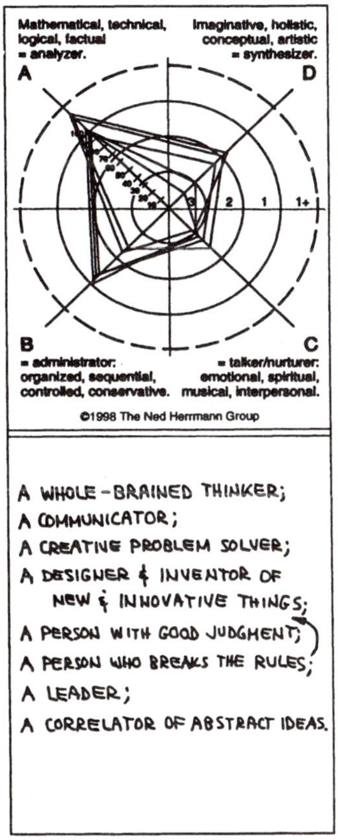

그림 2.7 팀 프로파일 그리고 B 사분면 "엔지니어의 정의"

면 사고자의 예이다.

B 사분면의 사고를 선호하는 사람은 그들의 교과과정이 잘 구조화되고 연속적으로 조직화되어있는 것을 원한다. 계획입안자, 관료, 행정가, 회계장부담당자들이 대개 B 사분면 사고 선호를 보인다. B 사분면 사고 모드가 우세한 사람들은 "우리는 항상 이런 방법으로 해왔다" 거나 "법과 질서" 또는 "자기 수양" 또는 "안전한 행동"에 관하여 말한다. 그들은 "현학자" 또는 "성미가 까다로운 사람" 또는 "힘써 공부하는 사람"인 것처럼 말한다. B 사분면 사고자가 선호하는 학습 활동은 표 2.3과 같다. B 사분면의 행동은 시간의 관점에서 알아채기 쉽다 - 이 사람들은 스케쥴에 집착하고 자기와 같은 종류의 규율을 갖고 있지 않은 사람들을 불쾌하게 여긴다. 이 점은 시간에 대한 센스가 없는 D 사분면 사고자와 문제를 일으키는 원인이 될 수 있다.

> **순서를 정하고 단순화하는 것이 어떤 주제를 정복하기 위한 첫 걸음이다 – 사실상의 적은 무지이다.**
>
> Thomas Mann, The Magic Mountain, 1924

예제 그림 2.7은 "B에 치우친" 이라고 이름 붙인 공학도 그룹의 과제 결과를 나타낸다. 구두점을 포함하여 표현의 명확한 구조와 일관성에 주목하자. 이 그룹은 작업을 하기 전에 스스로 멤버를 조직화한 유일한 그룹이다. 이들은 리더와 서기를 뽑았다. 이들은 그들의 작업을 검토했고 그들이 쓴 문장의 시제를 교정하였다. 정확한 문법과 철자 같은 것에도 신중한 주의를 기울였다. 이들을 특징짓는 단어는 "격식의 파괴" 와 "지도자"이다. 비록 이 그룹이 강한 A 사분면 우세를 보이지만 B 사분면 사고가 이와 같은 익숙하지 않은 문제-해결 상황에서는 우선권을 갖게 된다. 토론을 종결

표 2.4 B 사분면 사고를 연습하기 위한 활동들

- 복잡한 조리법의 지시를 따라 새로운 음식 만들기
- 새로운 것을 배우기 위하여 "프로그램된 학습" 소프트웨어 사용하기
- 각 단계를 상세하게 기술하는 것에 의한 프로젝트 계획 세우기; 이것을 실행하기
- 지시에 따라 모델 키트나 모듈로 된 가구를 조립하기
- 개인 예산 세우기, 한 달 동안의 모든 지출을 추적하기
- 개인 재산 목록 준비하기; 안전예금 함에 넣기
- 당신의 서류와 편지을 위한 파일 시스템 준비하기
- 당신의 책상 서랍과 옷장 정리하기
- 당신의 기록, 디스크, 책, 사진 그리고 다른 소장품들을 정리하기
- 당신의 은행, 신용카드 청구서 또는 달 마다오는 청구서서 실수찾기
- 하루 종일 시간 지키기. 시간 관리에 대하여 읽고 그 충고를 따르고, 마지막 세부사항까지 지키기
- 제조공장을 방문하여 상품이 어떻게 만들어지는지 관찰하기

하고 그들의 과제를 빨리 끝낸다는 것이 B 사분면 팀의 속성이다.

연습 많은 공학자들은 B 사분면 사고에 강한 선호도를 갖는다. 그렇지만 평균적으로 보면 이들은 그들의 A 사분면 우세만큼 두드러지지는 않는다. 단순암기식 문제해결이 강조되어 온 전통적인 공학 교과과정으로 많은 학생들의 B 사분면 선호도가 증가되어 왔다. 또한 B 사분면 사고는 많은 강사들이 선호하는 강습 스타일이었다. B 사분면의 기술이 부족하지만 높은 재능을 가진 사람들은 단순히 그들의 훌륭한 아이디어가 구현되기에 필요한 세세함에 신경쓰지 못하기 때문에 성공적이지 못할 수 있다. B 사분면의 사고를 충분할 정도로 개발하는 것은 - 그리고 가장 적절하게 언제 이것을 적용할지 판단하는 것은 - 다른 사고 사분면의 효용성을 증진시킬 수 있다. B 사분면의 사고를 회피하면서 이 능력을 개발하려면 무엇을 해야 하는가? 부기 수업이 좋은 훈련이 될 수 있다. "생산자"에 관한 이 책 2부의 계획입안 실습문제와 표 2.4의 활동들로 B 사분면 기술을 개발할 수 있다.

상호간의 C 사분면 사고의 특성

C 사분면의 사고는 감각적이고, 운동감각적, 감성적, 사람 중심적 그리고 상징적이다. 이것은 감정의 인식, 몸의 감각, 정신적 가치, 음악, 팀웍, 교육, 인간관계 그리고 의사소통을 다룬다. 간호사, 사회 노동자, 교사, 트레이너 그리고 유아가 있는 어머니가 보통 강한 C 사분면 선호도를 갖는 HBDI 프로파일을 나타낸다. C 사분면의 문화는 인간중심적, 협력적이고

> **아이디어는 시각적 감각으로 감정을 전달하는 반면 감정은 소리로 아이디어를 전달하기 때문에 더 직관적이며 따라서 더 강력하다.**
>
> Alfred North Whitehead

정신적이다. 이들은 가치-위주 그리고 감각-지향적이다. 힌두 사회개혁가인 마하트마 간디(Mahatma Gandhi), 중국인 철학자 노자(Lao Tsu), 마틴 루터 킹(Martin Luther King, Jr.) 박사 그리고 다이아나 비(Princess Diana)가 강한 C 사분면 인간을 대표한다.

C 사분면 사고를 선호하는 사람은 학교수업에서 사회 과학, 음악, 춤, 그리고 고도로 숙련된 스포츠와 같은 특정한 과목에 호감을 갖는다. 그들은 혼자 일하기보다는 그룹 활동에 참여하길 원하기 때문에 그들이 가장 편안해하는 사고 모드를 위한 전형적인 공학수업에서는 거의 흥미를 느끼지 않는다. 교사, 간호사, 상담원, 사회 복지가, 그리고 음악가가 일반적으로 강한 C 사분면 사고 선호도를 갖는다. 비록 음악가나 작곡가가 악보를 분석하고 연주를 할 때는 A 사분면 사고가 개입되기는 하지만. C 사분면 사고가 우세한 사람은 "가족" 또는 "팀" 또는 "개인의 성장" 그리고 "가치"에 대하여 말한다. 진부하게 말하면, 그들은 "피흘리는 심장"을 가진 사람 또는 "부드럽게 접촉"하는 사람 그리고 "말 많은"사람으로 보인다. 표 2.5는 C 사분면 사고자가 선호하는 학습활동의 목록이다.

표 2.5 C 사분면 사고를 연습하기 위한 활동들

- 다른 사람의 말을 경청하고 아이디어와 직관을 공유하기
- "왜"라고 질문하고 개인적인 의미를 찾는 것에 의해 자기 동기를 부여함
- 책의 서문을 읽어 저자의 목적을 파악하기
- 감각적인 입력으로부터 배우기 - 움직임, 느낌, 냄새 맡기, 맛보기, 듣기
- 접촉과 도구 또는 물체의 사용에 의한 즉각적인 실제적인 학습하기
- 그룹 학습 기회와 그룹 토의 이용하기
- 자세히는 아니지만 감정과 영적인 가치를 기록하는 일지 유지하기
- 연기하기 - 상상이 아닌 감정에서 우러나는 실제적인 행위가 중요함
- 사람 지향적으로 현장 여행하기
- 다른 문화권의 사람들을 만나러 여행하여 그들이 어떻게 살고 있는지 알아보기
- 음악을 들으며 공부하기 또는 기억력을 향상시키기 위하여 랩송 부르기
- 사람 지향적인 케이스 스터디 이용하기
- 다른 사람의 권리와 관점을 존중하기; 물건이 아니라 사람이 중요함
- 다른 사람을 가르침으로써 배우기
- 바디 랭귀지 단서를 사용하기 위하여 음악보다는 영상을 선호하기

1분활동 2.3 : C 사분면 학습

표 2.5에서 쉬워 보이거나 즐겁게 할 수 있는 항목에 동그라미를 하라.

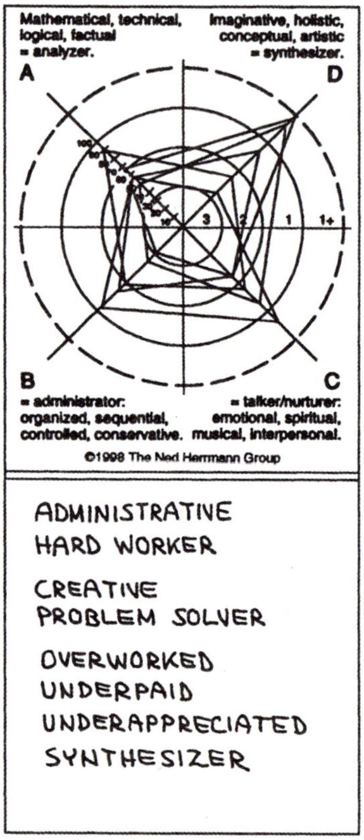

그림 2.8 팀 프로파일 그리고 C 사분면 "엔지니어의 정의"

예제 C 그룹 공대생들의 실습에 대한 결과는 그림 2.8과 같다. 이 팀은 "업무가 과중된, 보수가 적은, 저평가된"과 같은 감정이 실린 표현을 사용하였다. 그들의 관심은 사람에 집중되었고 사회적인 관계가 중요하다. 이 그룹은 많은 이야기를 하였고 아이디어를 적는데 시간을 다 써버렸다. 강한 D 사분면 선호도가 존재함에도 불구하고 C 사분면 사고의 행동 특성이 눈에 띄는 것은 아마도 C 사분면 사고자들이 함께 일할 때 발휘되는 상호 보강뿐만 아니라 강한 대인관계 솜씨 때문일 것이다. 공학 분야에서 강한 C 사분면 우세를 보이는 학생은 드물고 이 모드를 학습하기 위한 기회도 거의 없다. 깔끔한 발표와 문법의 조화를 보면 이 그룹에 상한 B 사분면 사고지의 영향이 보인다.

실습 ABET은 팀웍과 의사소통기술을 강조하므로 공학 교수진과 공학 학생들은 C 사분면 사고를 개발하기위한 특별한 주의를 기울여야 한다. 만일 C 사분면 사고는 하고 싶어 하지 않으면서 이러한 능력과 태도를 개발하려면 무엇을 해야 할까. 표 2.6에 아이디어 목록을 적어놓았다. 우리는 연구를 통하여 창의적인 문제해결 수업의 조교가 된 공대생들이 예외 없이 그들의 C 사분면 사고 선호도가 증가되는 것을 발견하였다.

표 2.6 C 사분면 사고를 연습하기 위한 활동들

- 대화 시 대부분의 시간을 다른 사람의 의견을 경청하는데 쓰기
- 새로운 야외활동이나 팀 스포츠에 참여하기
- 어린이가 원하는 방식으로 놀아주기
- 다른 사람이 당신에게 해준 것을 생각해보고 그들에 감사를 표할 방법을 찾아보기
- 자신이 속한 공동체에서 자원봉사하기; 지역의 동물 보호소, 연장자를 도와주기, 후견인 되기, 동네 순찰, 청소년 야구리그, 환경 활동 그룹 또는 이웃돕기 단체 등
- 자신의 정신을 탐험하기. 종교적인 연대감에 활동적이 되기
- 성가대나 남성 4부 합창에 참가하기. 노래를 작곡하고 불러줄 사람을 찾기
- 전에는 맛보지 못했던 야채나 과일 맛보기 또는 허브를 길러 사용해보기
- 꽃 기르기; 향기로운 부케를 만들어 외로운 사람에게 갖다 주기
- 수공예품, 색깔 악세서리를 이용하여 특별한 방 분위기를 만들기
- 어떻게 의사소통을 하고 감정 표현을 더 잘할 수 있는가에 대한 세미나에 참석하기
- 가족 식사 만들기 - 특별한 축하를 할 만한 가슴에 와 닿는 이유 만들어내기
- 악기를 "신나게" 연주하기; 새로운 스타일의 음악을 즐기는 것을 배우기
- 수치스럽거나 죄의식 없이 눈물 흘리는 것을 인정하기
- 친구와 함께하기(직접 또는 이메일); 화제 거리에 대한 감정을 공유하기

이 책에서는 모든 팀 활동, 의사소통 실습, "탐험가", "예술가" 그리고 "생산자"의 사고방식 안에 있는 몇 과제가 C 사분면 사고를 위한 실습 기회를 제공할 것이다.

상상적인 D 사분면 사고의 특성

D 사분면의 사고는 시각적, 총체적, 혁신적, 은유적, 창의적, 상상적, 종합적, 개념적, 공간적이며 유연하고 직관적이다. 이것은 미래, 가능성, 통합, 놀이, 꿈, 비젼, 전략적 계획, 더 넓은 배경, 사업가 기질, 변화 그리고 혁신을 논한다. D 사분면의 문화는 탐험적이고 사업적이며 발명적이고 미래지향적이다. 이것은 신나고 위험 위주이며 독립적이다. 현대 화가 파블로 피카소(Pablo Picasso), 르네상스 시대의 화가, 조각가, 건축가이며 과학자인 레오나르도 다 빈치(Leonardo da Vinch), 물리학자 알버트 아인쉬타인(Albert Einstein) 그리고 항공분야의 개척자인 아멜리아 이어하트(Amelia Earhart)가 강한 D 사분면 사고자의 대표적인 예이다.

일반적이고 실제적으로 어른들은 사실에 관한 일에 대하여는 공정하게 정확하다. 이것이 바로 그들이 간절히 찾던 상상력의 고귀한 선물 안에 있는 것이다.

Kenneth Grahame, The Golden Age, 1895

D 사분면의 사고를 선호하는 사람들은 기하, 디자인, 시, 건축 뿐만 아니라 그림이나 조각같은 예술분야 교과목을 즐긴다. D 사분면 학생들은 "예술"과 공학 직업의 발명적인 면에 끌린다. 사업가, 탐험가, 예술가 그리고 극작가가 D 사분면 사고를 강하게 선호하며 의약, 물리 그리고 공학분야의 연구개발에 참여중인 과학자들도 그럴 수 있다. D 사분면 사고가 우세한 사람은 "아이디어 내기" 나 "큰 그림" 또는 "첨단" 그리고 "혁신"에

표 2.7 D 사분면의 학습 활동과 행위

- 새로운 주제에서 세세한 것 대신 큰 그림과 흐름을 찾는다.
- 학습을 더 흥미롭게 만들려고 활동적으로 참여하여 주도권을 쥔다.
- 모의실험을 하고 만일 이렇다면 어떻게 될까 묻는다.
- 강의에 시각자료를 활용한다. 학습할 때 말 보다 그림을 선호한다.
- 답이 없는 문제를 풀면서 몇 가지 가능한 해답을 찾아본다.
- 문제의 아름다움과 해답의 우아함에 감탄한다.
- 브레인스토밍을 이끈다. - 팀이 아니라 엉뚱한 아이디어가 중요하다.
- 아이디어와 가능성을 실험하고 다룬다.
- 다른 문화권으로 여행을 가서 모험하고 새로운 장소를 탐험한다.
- 경향에 대하여 생각한다.
- 미래에 대하여 생각해보고 장기적인 목표를 세운다.
- 해답을 찾기 위해 사실이나 논리가 아니고 직관을 따른다.
- 아이디어나 정보를 종합하여 새로운 것에 다가간다.
- 미래지향적인 케이스 논의를 한다.
- 그냥 재미로 어떤 것을 하는데 있어 절차에 따르지 말고 다른 방법을 시도해본다.

대하여 이야기한다. 그들은 "뜬 구름 같은", "자유로운", "비현실적인 몽상가"처럼 이야기한다. 표 2.7은 D 사분면 사고자가 선호하는 학습 활동 목록이다.

1분활동 2.4 : D 사분면 학습

표 2.7에서 쉬워 보이거나 즐겁게 할 수 있는 항목에 동그라미를 하라.

D 사분면의 사고선호도를 강하게 갖는 많은 사람들은 그들을 낙담하게 했던 교육 시스템이 행한 모든 것들에도 불구하고 살아남아 왔다. 그들은 다르고, 이상하고, 기묘하고 또는 미치기조차한 국외자처럼 느꼈을 것이다. 자기방어적으로 그들은 시비조의 태도를 발전시켜 왔거나 혼자 즐기는 방법을 배워왔을 수도 있다. 그들은 스스로 동기를 부여하고 팀을 이루어 활동하기 힘든 다른 사람으로 변해갔다. 강한 D 사분면의 사람은 좌뇌가 우세한 그룹의 멤버들을 연결하여 주는 언어와 "종족"을 이해하지 못할지도 모른다. 그러나 그들은 창조적인 아이디가 환영받고 교육되는 환경에서는 번성하게 될 것이다.

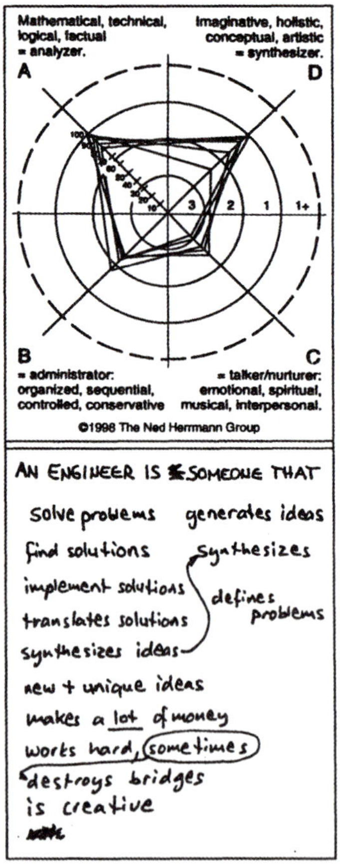

그림 2.9 팀 프로파일 그리고 D 사분면 "엔지니어의 정의"

예제 그림 2.9는 공대 학생 중에서 D 사분면에 치우친 그룹의 실습 결과를 나타낸다. 전형적인 D 사분면 사고자로서, 이 팀은 "시간이 다 될 때까지" 작업을 계속했다. 몇 번의 주의 끝에 수업에 돌아왔을 때 그들은 브레인스토밍을 계속하지 못해 눈에 띄게 상기되어 있었다. 그들의 답안지를 슬쩍 보았음에도 이 그룹은 다르게 행동했다는 것을 알 수 있었다. 답안지 전체에 걸쳐 많은 아이디어를 냈고 그들의 마음을 바꾸었으며 답을 화살표로 연결을 하였고 밑줄을 쳤고 그중 몇 가지는 그들의 학급 동료들은 이해할 수 없기 때문에 설명문을 달기까지 하였다. 문장에서 "somtimes"는 "working hard"에 속한 것이 아니라 "destroying bridge"에 속한다. 요약하면 이들은 어떤 구조적인 생각 없이 브레인스토밍하여 아이디어를 냈으며 문법에도 많은 문제가 있다. 그들은 "엔지니어는 가끔 다리를 파괴한다"와 같은 가장 별난 아이디어를 냈다. 그들의 A 사분면 우세의 강점을 "큰 돈 벌기"에서 볼 수 있다. 그러나 공식적이지 않은 실습 형태 - 그들의 차트는 홀에 설치되었다 -로 그들의 D 사분면 사고가 자유롭게 표현되었다.

표 2.8 D 사분면 사고를 연습하기 위한 활동

- 문제나 이슈의 세부를 보지 말고 전체를 보라
- 경향에 대한 연구를 한다. 적어도 3개의 서로 다른 미래의 전개를 예측하라
- 가정에 대한 질문을 하고 많은 수의 다른 답을 준비한다.
- 몽상을 한다.
- 학습한 내용에 대한 기억을 돕기위한 스케치하기
- 로고나 웹 페이지를 만들기
- 브레인스토밍이 필요한 문제하기; 혼자 또는 작은 그룹을 이루어 적어도 20개의 가능한 답을 찾기
- 디자인, 빌딩, 잡화 또는 물건의 아름다움을 칭찬하기
- 재능 막대기 또는 레고 갖고 놀기. 이것을 이용해서 쓸만한 것 만들기
- 연 만들기. 연이 만들어진 방식대로 연 날리기
- 상상한 이야기하기에 참가; 민담이나 신화에 대한 책 읽기. 역할연기 게임에 참여하기
- "주제"가 있는 만찬을 위한 미식가 음식을 발명하기; 상상력이 풍부하게 테이블을 장식하기
- 떳떳하게 아무 곳으로나 드라이브(산책) 하기
- 비용을 걱정하지 말고 사진 2000장 찍기; 별난 사진을 찍어보기
- 2020, 2040년의 자기 모습 상상하기
- 점토 공작이나 손가락에 물감 묻혀 그림 그리기. 예술 수업 듣기

몇 가지 사고 모드를 개인이 습관적으로 접근하거나 또는 팀이 의도적으로 사용할 때 실제적 해법과 중요한 혁신에 새로운 아이디어와 개념이 창출되고 구현될 기회가 증가된다.

실습 우리는 창의적인 문제해결에 계속 참여하는 학생들은 그들의 D 사분면 사고 선호도가 유지되거나 증가하는 반면에 공학 교과목을 들을수록 그들의 D 사분면 평균 프로파일은 감소한다는 것을 발견하였다. D 사분면의 능력을 개발하기 위해서 무엇을 하여야 하는가? 이 책 2부의 "탐험가" "예술가" 그리고 "공학자"를 위한 활동들로 D 사분면 사고를 실습할 수 있다. 6장에서도 많은 아이디어가 논의될 것이다. 표 2.8에 해볼 수 있는 많은 아이디어를 나열하였다.

다중우성(전뇌) 사고와 학습

실습 정해진 실습에서 다섯 번째 그룹의 공대생은 A+, AB, DC+, CD+ 그리고 DA인 전혀 다른 HBDI 프로파일을 가졌다. 이들은 C 사분면이 약간 낮은 전뇌 팀을 구성하였다. 이들 그룹의 프로파일과 답을 그림 2.10에 보인다. 이들이 내린 정의는 좀 더 완전하다. 답이 문장을 이루고 답의 배치가 적절하고 두 개의 선택이 있으며 스케치와 유머까지 있다. 이 팀이 C 사분면 사고가 부족한 점은 "guy"와 "indivisual"이라는 용어에서 볼 수 있다. 다섯 팀의 결과를 비교할 때 이것이 간단한 실습이었으며 각 팀들이 그들의 초안을 수정하기 위한 시간이 충분치 않았다는 점을 염두에 두기 바란다. 경험이 없는 이 그룹들의 결과는 사고선호도의 차이점이 다른 어휘와 문제해결 접근법으로 나타남을 보여준다.

당신은 어떤 것을 보고 "왜?" 라고 말한다. 그러나 나는 전혀 없었던 것을 꿈꾸고 "왜 안돼?"라고 말한다.

George Bernhard Shaw

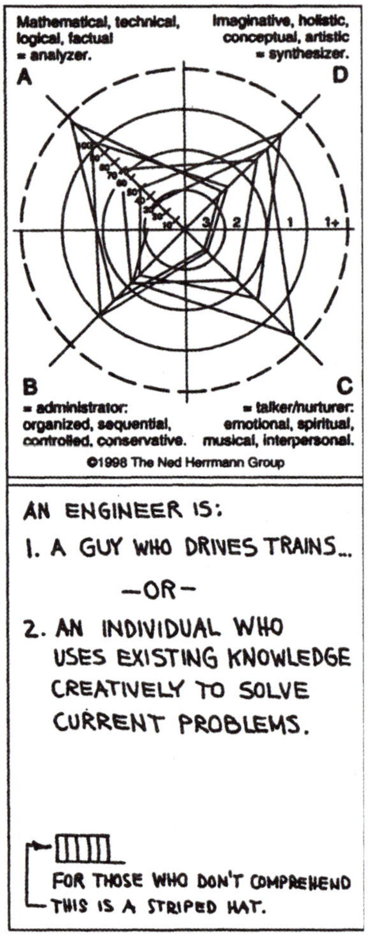

그림 2.10 전뇌 팀 프로파일과 "엔지니어의 정의"

이제까지 네 개로 구분되는 "인식 방식"의 특성을 보았다. 그런데 한 가지에 강한 우세를 보이는 사람은 단지 7%에 불과하다. 60%의 사람들이 두 개의 우세를 보이고, 30%는 세 개에 우세를 보이며, 단지 3%만이 모든 네 개의 사분면의 우세를 갖는 "직각"의 프로파일을 갖는다. 각 개인은 사고 선호도의 독특한 결합을 대표한다. 당신 머릿속에 선수들의 팀이 있다고 생각해보라. 당신은 특정한 과제에 전문가를 파견한다. 당신은 다른 선수보다는 하나 둘 또는 세 명의 스타플레이어를 내보낸다. 그렇지만 잘 기능하기 위해서는 팀 전체가 필요하다. 두 개의 우세를 갖는 유명인의 예(네드 헤르만의 분석에 따르면)는 다음과 같다.

A+B: 아리스토텔레스(Aristotle), 헨리 포드(Henry Ford), 마가렛 대처(Margaret Thatcher)
B+C: 수잔 앤소니(Susan B. Anthony), 테레사 수녀(Mother Theresa), 레흐 발레사(Lech Walesa)
C+D: 세익스피어(Shakespeare), 엘레나 루스벨트(Eleanor Roosevelt), 짐 헨슨(Jim Henson), 모차르트(Mozart)
D+A: 갈릴레오(Galileo), 퀴리 부인(Madame Curie), 조지 버나드 쇼(George Bernhard Shaw)
B+D: 사담 후세인(Sadam Hussein)

균형 잡힌 전뇌사고 선호도를 갖는 사람의 예로는 벤 프랭클린(Ben Franklin), 세바스찬 바흐(Sebastian Bach), 윈스턴 처칠(Winston Churchill), 토마스 제퍼슨(Thomas Jefferson), 알버트 슈바이처(Albert Schweizer), 앉은 소 추장(Chief Sitting Bull)이 있다. 네드 헤르만은 다른 것들에 비하여 어느 하나의 프로파일이 더 탁월하거나 더 가치가 있지는 않다는 것을 발견하였다. 사람들은 그들의 활동과 작업의 요구가 자신의 사고 선호도와 잘 맞을 때 더 행복해하고 대개의 경우 맡은 일을 더 잘 해낸다. 만일 사분면 중의 하나가 부족하다면 좌절감과 필요한 에너지가 너무나 크기 때문에, 하루의 대부분을 그 모드에서 일하는 것을 요구하지 않는 직업을 택하라고 충고한다.

그림 2.11은 학습이 모든 네 개의 사분면에 관계됨을 보인다. 강의와 교과서를 통한 권위로부터의 소위 외적인 학습을 한다 → A 사분면. 성찰, 시각화, 종합 또는 통합적/직관적인 개념을 갑작스럽게 깨닫는 것을 통한 내적인 학습을 한다 → D 사분면. 말로 하는 의견과 격려와 함께 시도하고, 실패하고 다시 시도하는 감각적인 경험과 토론을 통한 유기적인 학습

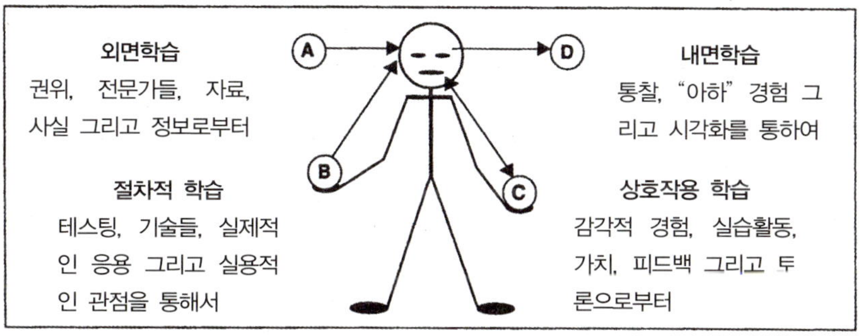

그림 2.11 어떻게 학생들이 학습하는가를 나타내는 네 가지 모드

을 한다 → C 사분면. 마지막으로 방법론적이고, 기능을 향상시키기 위해 배운 것을 단계별로 시험하고 또한 실습하고 반복하는 절차적인 학습을 한다 → B 사분면. 효율적인 교사는 교수법안에 이 모든 모드가 협력되는 방법을 알고 있다. 교사가 하나 혹은 두 개의 사분면 안에서만 가르치는 것을 마음 편해하면 이러한 목표는 어렵다.

10분 팀 활동 : 전뇌 교육

4명으로 된 그룹들에서 어떤 주제(과학, 수학, 공학, 경제)에 대한 개념을 선택하고 그 개념을 모든 네 가지 사고 사분면안에서 어떻게 가르칠 것이지 예제를 만들어라. 당신의 아이디어를 더 큰 그룹과 공유하거나 몇 개의 다른 주제에 대한 여분의 예제를 개발하라.

이 모든 것이 엔지니어에게 무엇을 의미하는가?

그는 기계 세상에서 엔지니어처럼 살아 왔다. 그가 돌처럼 건조해진다해도 이상할 것은 없다.

Simone do Beauvoir, The Mandarins

유별난 프로파일을 갖는 공학도들은 다른 분야로 전환할 수 있는가를 묻는다. 비록 평균적인 공학도는 전형적인 A 사분면 우세 프로파일을 갖지만 전 세계 시장에서 성공하기 위한 회사는 강한 D 사분면(창조적, 전략적)과 C 사분면(의사소통과 팀웍)의 기능을 갖고 있는 공학자를 찾고자 하는 노력이 늘고 있다. 이것이 바로 우리가 이 책에서 이러한 기본적인 기술을 강조하는 이유이다. B 사분면의 엔지니어는 관리나 안전 그리고 품질관리 쪽으로 빠질 수도 있나. D 사분년의 엔지니어는 기업가 발명가 그리고 개념 설계자가 될 수도 있다. C 사분면 엔지니어는 판매, 교육과 훈련, 일반인들을 위한 기술설명서 쓰기, 고객 관계, 사용자에게 친숙하고 환경친화적인제품, 국제관계와 정치, 단순히 "다른" 엔지니어에게 열려있는 많은 기회에 대한 예를 보여주기 위해 필요로 한다.

표 2.9 교량을 계획하고 설계하는데 포함되는 네 가지 사고 사분면

A 사분면	기술적인 명세. 재정. 실제적인 프로젝트 물류
B 사분면	x점에서 y점에 도달하는 위험도가 낮으며 효율적인 경로. 어떻게 건설하는가.
C 사분면	사람들을 연결. 공동체와 환경에 미치는 영향. 정치
D 사분면	미래의 교통량 반영. 다른 가능성. 예술적인 디자인 개념.

A 분석가

수학적인 모델을 적용
상세 내역을 추정
대안을 비교
해답의 이익과 비용을 계산
통계적인 정보로부터의 추론을 그림
물리적이고 수학적인 유추를 그림
개념적인 디자인을 평가하고 최적화함
이론적이고 분석적인 접근법을 정형화함
정량적인 결과를 산출함
수학적인 모델에 근거한 예측을 생성함
해법을 평가하기 위한 범주를 정량화 함
예비적인 공학 분석을 실행함
수학방정식을 품
의견에서 실제적인 데이터를 분리함
논리적인 결론을 위한 원리와 자료를 취함
가정과 임의의 변수를 검증함
컴퓨터 프로그램을 짬
프로젝트 제안서나 기술 보고서를 씀

종합자 D

도면의 오류를 검사
코드를 보면서 명세 검토
프로젝트 기록들을 수집하고 보호함
컴퓨터 프로그램을 디버그 함
체크리스트를 만듦
자재 견적을 냄
상세 설계를 재촉함
디자인 절차를 따름
변경 요구서를 발행하고 디자인의 변화를 추적함
복잡한 프로젝트 계획과 일정들을 연결함
절차를 최적화함
디자인 프로젝트들을 구성하고 일정을 조절함
"손 볼 필요가 없는" 도면을 산출함
제품과 프로세스 디자인을 일치시킴
디자인 기초자들을 감독함
디자인 계획을 실행하기 위한 활동을 함
프로젝트 지출을 추적함
소프트웨어를 갱신함: 필요한 훈련일정을 조정함

B 관리자

팀원의 감정에 민감해지기
팀과함께 개념을 브레인 스토밍
모든 고객과 효과적인 관계를 구축함
디자인의 모든 단계에서 효과적인 의사소통을 함
자신과 다른 사람들에게 새 기술을 계속적으로 가르침
열정을 장려함
환경적으로 새로운 개념을 개발함
새로운 기술에 동료들을 격려하고/훈련시킴
팀웍을 즐김
그들의 창작품안에서 해법의 구현자로 참여함
윤리와 가치를 유치함
"먼저 이해할 것을 찾아라, 그리고 이해하라"
모든 부서에 이익이 되는 윈-윈 해법을 찾는다.
해법과 아이디어를 판다.
고객의 요구를 감지한다.
목표와 경험을 공유한다.
디자인 문제를 정의하는데 있어 감각과 직관을 이용한다.
타협하기 보다는 시너지 방향으로 일한다.

협력자 C

브레인스토밍하여 거칠고 과격한 의견을 브레인스토밍한다.
디자인 문제에 대한 새로운 접근법을 착상한다
상상력이 풍부한 작업환경을 창조한다.
시스템의 행위에 대한 새 모델을 창조한다.
프로젝트와 목표를 위한 은유를 개발한다.
경쟁력있는 몇 개의 대체 디자인을 개발한다.
공학에서 벗어난 현장으로부터 해법을 그린다.
새로운 형태로 문제를 구성한다.
혁신적인 해법으로 팀을 이끈다.
비전을 갖고 지도하기: 전체 그림을 보기
혁신적이고 획기적인 아이디어 찾기
상상력이 풍부한 방법으로 결과를 발표하기
오래된 문제를 새로운 시각으로 재정의하기
개선을 위한 기회를 인식하기
새로운 관계와 배치를 시각화하기
혁신적인 아이디어를 도출하기 위하여 과격한 아이디어를 사용하기
가능한 디자인 해법을 그려보기
다른 공학 분야로부터의 해법을 종합하기

그림 2.12 전뇌접근이 필요한 공학 설계(헤르만의 전뇌모델에 근거, (c) 1998 The Ned Herrmann Group)

표 2.9와 그림 2.12에 보인 것과 같이 공학 디자인은 전뇌적인 접근 방법을 요구한다. 이것은 다음 두 가지를 내포한다.

1. 각 엔지니어는 본질적으로 네 개의 다른 "모자"를 주어진 과제에 맞게 쓸 수 있기 위해서 분석가, 관리자, 협력자, 종합자인 모든 네 개 사분면을 숙달되게 개발하여야 한다.
2. 우리는 전뇌 가 전문분야협력의 팀을 구성하기 위해서 반드시 의도적으로 서로 다른 사고자를 선택하여야한다.

윌리엄 할크로우 경(Sir William Halcrow)이 시민 공학자 협회(Institution of Civil Engineers)에서 연설할 때 같은 원리를 다음과 같이 표현하였다. "세계의 복지는 공학자들의 작업에 크게 의존하고 있다. 전문가에게는 위대한 미래와 무한한 시야가 있다. 모든 종류의 새로운 직업이 각국에서 요구될 것이고, 상상력과 영민한 젊은이를 위한 내가 상상할 수 없는 더 매력적인 직업, 과학적인 지식과 함께 상상력이 필요하다."

네드 헤르만은 지난 40년간 성공적인 사람들의 평균적인 사고 선호도 프로파일의 변화를 조사하여왔다. 패러다임 쉬프트의 진행을 그림 2.13에 보인다. 이 그림을 그림 2.5의 일반적인 공학 교수들의 평균 프로파일과 비교하여 보면 그리고 졸업반 학생들이 교수진과 매우 흡사한 프로파일을 보인다는 사실을 비교하여보자. ABET 안에서의 패러다임 변천 그리고 NSF에 의해 지원되고 산업체가 요구하여 가동되는 최근의 교과과정 개편 노력은 많은 공학 교과과정을 오른쪽으로 이동시키는 결과를 가져올 것이다. HBDI는 이러한 전환이 원하는 방향으로 일어나는지 검증하기 위한 이상적인 평가 도구를 구성한다.

현재의 전형적인 엔지니어링 프로파일은 팀웍 기술과 사업가적이고

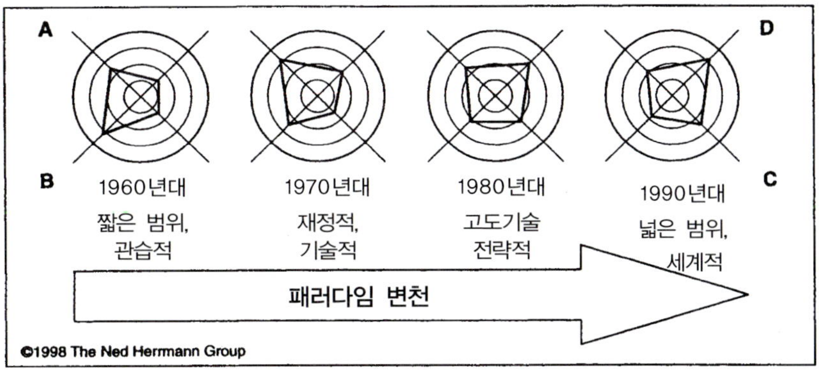

그림 2.13 성공하기 위한 사고 기술

유연하며 총체적인 조망을 원하는 산업계의 요구를 만족시키지 못한다. 따라서 예전이라면 그들이 틀에 맞지 않는다는 이유로 공학을 떠나도록 "격려" 받았을 학생들은 지금은 미래를 내다보는 산업계가 찾고 있다. 이러한 학생들은 아직도 많은 공학 수업에서 불편함을 느끼고 있지만 만일 이들이 자신들의 사고 선호 모드 그리고 동료들, 그들의 전형적인 교수들, 그리고 전통, 극단적으로 분석적인 교과과정 등과의 불화를 이해하면 그들은 그들의 학습에 대처하고 최적화하는 전략을 개발할 수 있다. 이들은 미래의 작업장에서 성공하기위한 탁월한 사고 모드를 갖게 될 것이다.

몇 년간에 걸친 우리의 연구에서 많은 학생들의 HBDI 프로파일이 신입생서 상급생이 되는 동안에 변화한다는 것을 발견하였고 그 변화의 강도는 놀랄만한 것이었다. 대다수의 학생들은 빡빡한 교과과정의 압박 때문에 더욱 더 좌뇌(본질적으로 교수의 "복제품")가 되었다. 창의적으로 사고하도록 격려와 강화를 반복해서 받은 학생들의 HBDI 프로파일은(또는 그들의 창조성을 "발견하고" 우뇌 모드가 합리적이고 유용하다는 것을 안 학생) 오른쪽으로 이동된다. 살아온 동안 C와 D 사분면 활동을 쌓아올린 학생들은 또한 왼쪽으로 이끄는 교과과정에 저항할 수 있다. 높은 D 사분면 점수를 갖고 있는 공대 신입생은 평균보다 높은 비율로 공대를 중퇴한다. 학생들은 다음과 같은 이유로 공대를 떠났다고 이야기한다. 이것은 도전 또는 우뇌 사고모드에 대한 지원 부족, 창의성 부족, 팀웍 부족, 실생활과의 통합과 연결 부족, 통합학습 부족들이다. 이러한 사고자에게 덜 적의적인 교과과정과 강의실 환경은 이러한 재능 있는 공대학생을 남도록 하는데 많은 일을 할 것이다.

많은 공대생에게 팀웍 기반의 작업환경에 요구되는 사고 모드로 급격하게 떨어지며 졸업하는 것은 생사의 문제이다. 교과과정 개편에 관련된 공대 교수진은 그들의 동료간에서 변화에 상당한 저항을 발견하였다 - 교수진이 공대 교육을 되사들이고, 필요한 광범위한 변화를 만든다는 것은 매우 어렵다고 증명되었다. 새 ABET 기준이 시작되었지만 개편 노력이 기본적인 변화를 가져왔는지 또는 눈가림이었는지를 보여주는 평가를 하기까지는 여러 해가 지나야할 것이다. 변화에 대한 또다른 저항은 학생들로부터 오는 것이다. 그들 또한 변화를 좋아하지 않는다. 그들은 낡은 패러다임 아래에서 어떻게 좋은 학점을 받는가 계산하여왔기 때문에 그들은 새로운 분야를 위협으로 여긴다. 학생들은 창의적인 문제 해결 그리고 팀 기술로 그들이 세상의 변화에 성공적으로 대처할 수 있도록 유연하게 사고하도록 교육받아야 한다.

만일 팀원들이 서로를 이해하고 팀원들의 서로 다른 점과 그들만의 강점으로 인하여 각 개인이 팀에 기여할 수 있다는 것은 인정하는 방법을 배운다면 전뇌팀은 최적의 문제해결 결과를 얻을 수 있다.
HBDI 모델을 평범하게 이해하는 것은 능력을 부여받는 것이다. 이것은 팀 구성, 의사소통, 훈련, 관리, 지식 창출 그리고 혁신에 유익하다.

지식 창출 모델

이쿠지로 노나카(Ikujiro Nonaka)와 히로타카 다케우치(Hirotaka Takeuchi)는 지식 창출 회사: *일본의 회사들은 어떻게 혁신의 동력을 창조하였는가(The Knowledge-Creating Company: How Japanese Companies Create the Dynamics of Innovation)*라는 책에서 일본에서 실행되었던 지식 창출 프로세스의 상세한 이론을 전개하였다. 이 매혹적인 책을 읽으면 4 사분면 지식 창출모델과 헤르만 모델 사이의 일치를 알 수 있다. 이러한 연결 - 목표와 활동들 - 은 그림 2.14에 요약되어 있다. 우리는 이 모델이 다음의 결과와 함께 학습 그룹과 작업 팀의 학습 프로세스를 향상시키는데 적용시킬 수 있다고 믿는다.

1 단계(C 사분면) → 지식과 협동을 위한 "감"을 개발하는 것과 마찬가지로 학습하기 위한 그리고 경험과 정보를 공유하기 위한 집단 실행
2 단계(D 사분면) → 개념, 변화 혁신의 직관적인 이해: 유연하게 사고하고, 은유를 사용하며 새 아이디어를 탐험하는 증진된 능력
3 단계(A 사분면) → 결합과 팀 시너지를 통해 새 지식을 종합함 그리고 팀 안팎으로부터의 피드백을 통한 지속적인 향상, 정보처리에 있어 현재의 접근법을 넘어서 더 나아감.
4 단계(B 사분면) → 새 지식을 활용함으로써 실제로 경험함. 이 새로운 암묵적인 지식은 새 팀과 새로운 지식의 영역을 포함하는, 궁극적으로는 조직의 상위 레벨을(부서에서부터 최고 경영층까지) 포함하기 위하여 올라가는 그리고 더 큰 공동체로 나아가는 더 높은 단계의 새로운 학습 싸이클을, 각 단계에서 지속적인 혁신과 경쟁력 있는 이점을 산출하는 것을 유지하면서 유발할 수 있음.

그는 기계 세상에서 엔지니어처럼 살아 왔다. 그가 돌처럼 건조해진다해도 이상할 것은 없다.

Simone do Beauvoir, The Mandarins

그림 2.14를 더 잘 이해하기 위하여 몇몇 정의를 살펴볼 필요가 있다. 여기서 사용되는 "학습"이라는 용어는 전뇌 과정이다 - 따라서 이것은 단지 사실과 정보의 수동적인 인식보다는 더 한 것이다. 일반적으로 서양 문화에서 "지식"은 자료와 정보의 동의어로 사용되었다. 노나카와 다케우치는 단어와 숫자로 표현되고 그리고 과학 공식, 원리 또는 절차의 형태로 시스템적으로 공유되는 이것을 명시적인 지식이라고 불렀다. 그들은 일본에서 이해되고 있는 것으로서의 다른 암묵적인 형태의 지식을 정의하였다.

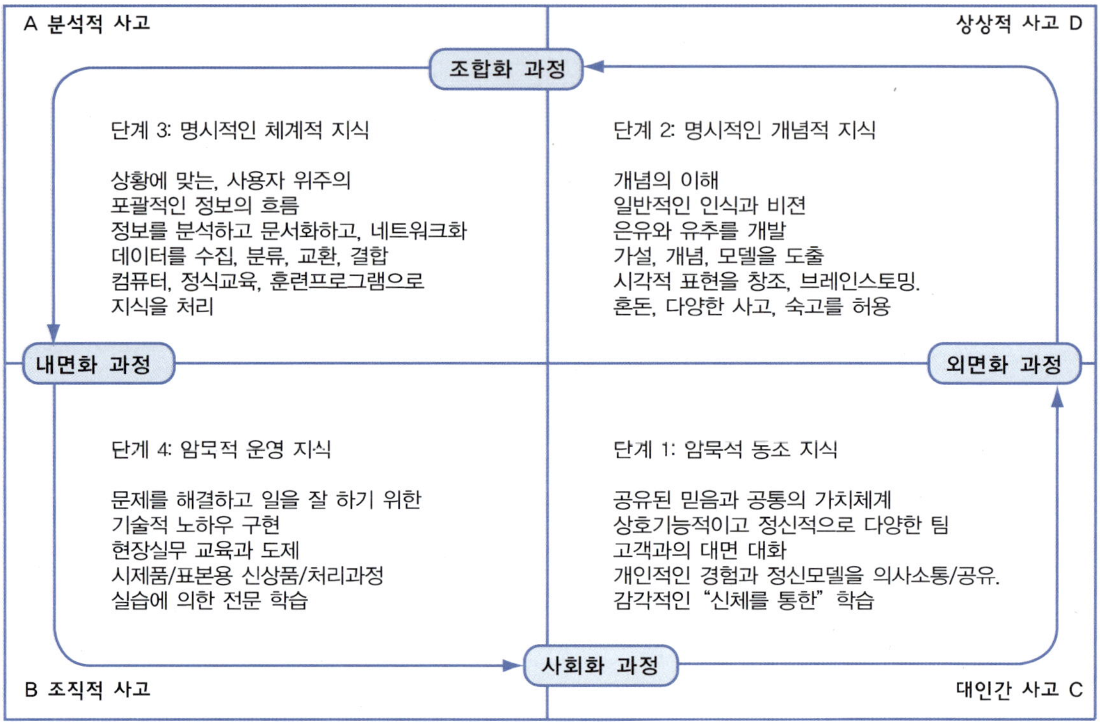

그림 2.14 헤르만 모델에 superimposed 덧붙여진 지식 창출((c) 1998 The Ned Herrmann Group).

암묵적인 지식은 매우 개인적이며 정형화하기 어려워 다른 사람과 공유하기 힘들다. 주관적인 통찰, 직관과 예감 등이 이러한 지식의 범주 안에 포함된다. 이것은 그 또는 그녀가 받아들이는 규범, 가치, 감정과 마찬가지로 개인적인 활동과 경험에 깊이 뿌리박고 있다. 암묵적인 지식은 두개의 차원으로 분리될 수 있다. 1. "노하우"라는 용어에서 캡처되는 꼭 집어말하기 어려운 기술과 기능을 포함한다. 2. 신념과 인식과 같이 본래부터 있는 것이라 당연하다고 여기는 정신모델로 구성된다. 이들은 실제에 대한 우리의 이미지와 미래에 대한 우리의 비젼을 투영한다.

Sympathize:
[syn-, together + pathos, feeling]
1. 다른 사람의 감정이나 아이디어를 공유하거나 이해하기
2. 화합 또는 일치하기.

이쿠지로 노나카와 히로타카 다케우치는 현재 일본 히토츠바시 대학의 교수이다. 두 사람 모두 버클리에 있는 캘리포니아 대학에서 공부하였고 다케우치는 나중에 일본으로 돌아오기 전에 하바드 비즈니스 스쿨에서 가르쳤다. 따라서 어떻게 우리는 관리에서 공학 교육과 학습(개인적인 지식 창출 케이스)까지의 "도약"을 이루었는가? 그것은 지식 창출 모델의 새로운 이해가 헤르만 모델과 대학과 산업체에서의 교육/훈련에 대한 우리의 암묵적인 지식과 결합되어 이루어지게 되었다. 갑자기 우리는 연결을

"보았다" - 모델은 문제를 설명하기 위한 강력한 도구이면서 그것을 통해서 창의적인 문제 해결절차를 가르치고자 시도하는 변화에 대한 통찰을 준다.

노나카와 다케우치는 "서양의 경영자는 지식에 대한 그들의 낡은 관점을 버릴 필요가 있고 일본 관점의 중요성을 납득하여야 한다"라고 말했다. 그들은 지식이 설명서, 책 또는 강의를 통해서 획득되고, 가르쳐지고 훈련될 수 있다고 생각하는 낡은 사고 방식에서 나올 필요가 있다. 그 대신에 그들은 지식의 덜 형식적이고 덜 체계적인 면에 주의를 기울일 필요가 있고 은유, 그림 또는 경험을 통하여 얻을 수 있는 수준 높은 주관적인 통찰력, 직관 그리고 예감에 집중하기 시작하여야 한다." 이제 이 문장을 헤르만 모델의 "렌즈"를 통해서 살펴보도록 하자. 낡은 방식은 A 사분면 다입의 교육이다. 여기서 부족한 점은 전수되고 경험에 기반하는 암묵적 "배움의 길" 그리고 공유(C 사분면과 결합된 B 사분면) 뿐만 아니라 우뇌로 사고하고 학습하는 방법(C와 D 사분면)이다. 새로운 ABET 기준은 공학 교육 그리고 학생이 사고 모드와 지식 창출 순환 단계의 모든 단계에서 기능할 수 있도록 하는 것을 암시적으로 요구한다는 점을 주의하자. 이 두 개의 모델로 학습과 팀워의 문제를 진단할 수 있다. 이 장 마지막에서 사례로 보여주는 것과 같이 창의적인 문제 해결은 최상의 해를 찾는데 사용될 수 있다.

지식 창출과 학습의 단계

혁신의 본질은 특별한 이상이나 비전에 따라 세상을 재창조하는 것이다. 새로운 지식을 창조하는 것은 다른 사람에게서 배우거나 밖에서 지식을 획득하는 것과 같은 단순한 문제가 아니다. 지식은 빈번하게 조직 구성원 간의 강도 높고 고된 상호작용을 필요로 하면서 자체적으로 구축되어야 한다.

I. Nonaka and H. Takeuchi

다음 단락에는 지식 창출의 네 가지 단계와 이들이 학습에 어떻게 적용되는지를 기술하고 있다. 이 동적인 모델의 핵심 아이디어를 이해하는 것은 정말로 중요하다. 지식은 하나의 사분면에서 다른 사분면으로 이동하는 과정에서, 팀 단계에서 가장 효과적으로 발생하는 상호유기적인 사회적 과정에서 특히 암묵적 지식이 명시적인 지식으로 전환되고 명시적인 지식이 암묵적 지식으로 전환되면서 창출된다.

1단계 – 사회화

대화와 토론(정식 수업과 훈련 프로그램의 안팎에서)을 통해서 조직의 비전, 정신적 모델, 그리고 개인적인 경험이 공유된다. 조직 비전의 이상이나 배경은 팀 비전의 일부가 되어야 한다. 목표가 단순히 코스를 통과하거나 A 학점을 받는 것인 학생은 충분히 높은 수준에 도달하지 못한다. 그들은 그들의 프로젝트와 팀워을 전체적인 공학교육과 그들의 미래 직업의 관점에서 볼 필요가 있다. 손으로 전해지는 훈련과 도제 관계는 암묵적인(잠재의식의) 지식을 전달하는데 중요하다. 대개의 경우 암묵적인 지식을 단어로 표현하는 것은 매우 어렵다. 우리는 무엇을 어떻게 해야 하는지 그냥 "아는" 것이다. 또는 우리는 우리가 그 지식을 가지고 있다는 것을 알지조차 못한다. 그러나 다른 사람들은 우리의 행동을 관찰하고 모방함으로써 우리로부터 이러한 지식을 배운다. 이것이 팀웍의 이점 중 하나이다. 이 단계에서 공학 설계자에게 중요한 과제는 고객과 관계를 형성하여 이들의 암묵적인 지식과 경험을 문제점 또는 새로운 디자인을 강조하고자 하는 현재의 제품에 공유할 수 있도록 하는 것이다. 고객은 그들의 가장 깊은 요구를 대개 말로 표현하지 않는다. 이것들은 개인적인 접촉을 통해서만이 직관적으로 식별될 수 있다.

이것은 원격 교육에는 암묵적인 지식 전달을 위한 일대일 모델링을 쉽게 제공하지 못한다는 단점을 초래한다. 팀웍과 동기부여는 C 사분면 사회화 또는 "공감하는 지식" 창출에 주의를 기울임으로써 향상된다. 우리는 생산적인 브레인스토밍 세션에서 아이디어가 두려움이나 조소받지 않고 공유되기 위하여는 팀이 사회화되고 상호 신뢰를 구축하기 위한 시간이 필요하다는 것을 관찰하였다. 범선 설계 프로젝트를 하는 학생 팀에서는 한 학생이 이전의 항해 경험을 팀원들과 공유하기를 거부하여 프로젝트에 장애를 일으켰다. 그의 태도는 숨겨둔 지식이 유리한 경쟁을 우선시하는 학점 시스템 때문이었다. 따라서 이 모델은 조직의 변화를 요구하는 영역을 초래한다. 그것은 만일 새로운 패러다임 하에서의 학습이 향상되어야만 한다면 팀 학습에 개인의 노력보다 더 많지는 않더라도, 동등한 가산점과 보상이 주어져야 한다는 것이다.

2단계 – 외면화

경험은 이론을 확인시켜줄 뿐만 아니라 이론을 교란시키지 않으면서도 이론과는 다르다. 경험은 이론만으로는 도달할 수 없는 새로운 진리로 인도한다.

Dalembert, quoted in P.S. Girard's Traite Analytique de la Resistance des Solides

시각화와 개념 창출이 핵심 요소이다. 관리자(또는 팀 리더)는 조직의 비전을 은유의 형태로 형상화하여야만 한다. 다음은 이해할 수 있는 토대 또는 명백한 "개념적 지식" 창출을 위한 외면화를 형성하기 위하여 비유와 모델을 만든다. 은유적 개념은 팀의 브레인스토밍을 통하여 개발된다. D 사분면의 통합적이고 유연한 사고(브레인스토밍 훈련을 통하여 향상될 수 있다)는 변화를 촉진하며 혁신을 위한 선행요소이다. 은유는 개념의 직관적이고 공통된 이해를 만드는 강력한 도구로서, 팀을 동일한 방향으로 나아가며 동일한 문제를 해결하는 단일한 단위가 되게 한다.

시각적 요소와 비유는 원격교육을 통해 전달될 수 있다. 팀 단위에서 이렇게 된다면 서로 다른 생각간의 활발한 상호작용은 창의적인 아이디어의 시너지를 증가시키게 될 것이다. 생산적인 브레인스토밍에서는 문제에 대해서 어떤 팀원은 명확한 지식을 갖고 있을 것이고 다른 팀원은 암묵적인 지식을 갖고 있을 것이다. 또 다른 팀원은 다른 분야에서 왔을 수 있는데 이들은 무엇이 작동하지 않을 것이라는 선입견이 없으므로 현저하게 독창적인 아이디어를 낼 것이다. 이 점이 종합설계과목에서 복합전공 팀을 구성하는 이론적 근거가 된다. 우리는 공대생들이 창의적인 아이디어를 생각할 수 있도록 더 많은 격려를 할 필요가 있다는 것을 알았다. 이들은 이미 실용적이고 현실적이도록 조정되어 왔지만 생각이 자유로운 학생이나 초등학교 학생 또는 다른 "국외자"들은 개발에 있어 편향되지 않고 신선한 접근으로 독창적인 아이디어를 내 놓을 수 있다.

3단계 – 조합화

자료, 개념, 아이디어 그리고 해법은 구조화된 정보의 흐름과 새로운 지식을 보존하기 위하여 분석되고, 분류되고, 실용화되고, 평가되고 문서화되어야한다. 이러한 조합화 과정으로 종합에 도달하고 따라서 새로운 단계인 명시적인 "체계적 지식"의 창출에 이르게 된다. 두 개의 피드백 루프를 통하여 수집된 정보로부터 지속적인 향상을 이룰 수 있다. B 사분면 루프는 새로운 정보와 학습을 적용함으로써 사람들은 향상된 문제해결과 지식에 도달한다. D 사분면 루프는 창의적인 문제해결에 따르는 결점을 제거하는 부가적인 창의적인 사고, 브레인스토밍 그리고 종합을 통하여 더 나은 해법을 얻도록 한다. 이 피드백 루프의 특별한 기법인 설계방법 최적화 팀 평가 절차인 퓨 방법(Pugh method)은 11장에서 설명한다. 대학교에서 정보 처리와 학습에 팀 접근법을 사용하는 것에 대하여 아직도 배워야 할 것이 많이 있다. 이러한 기법은 동시공학에 있어 결정적이다. 제품 설계에 있어서 3단계의 결과로 시제품이 만들어진다.

조직이 혁신할 때는 현존하는 문제점을 해결하거나 변화하는 환경에 적응하기 위해서 단순히 밖에서 안으로의 정보를 처리하는 것은 아니다. 실제로 그들은 문제점과 해법 모두를 재정의하기 위하여 그리고 그 과정에서 자신들의 환경을 재창조하기 위하여 안에서 밖으로 새로운 지식과 정보를 창출한다.

I. Nonaka and H. Takeuchi

명시적 지식은 사실, 자료 과정에 대한 문서로부터의 원격학습이나 분석을 통하여 획득할 수 있다. 서구식 교육과 훈련 프로그램의 전통적인 교실에서는 이러한 A 사분면 사고를 종종 과장해서 강조하거나 지식 창출과 학습의 단 하나의 정당한 방법이라고 여긴다. 이 단계에서 우리는 필요한 "주요 지식"을 얻지만 일을 하기에는 아직 부족할 것이다. 이 단계가 바로 공학과 설계의 "과학"을 배우는 곳이다 그러나 우리는 아직 "예술"(암묵적인 "노하우"와 직관적이고 창의적인 사고의 종합인)을 배우지는 못하였다.

4단계 – 내면화

새로운 지식은 문제를 풀고 작업을 하는데 적용된다. 경험은 연습과 실무 훈련, 실험 그리고 시험 프로그램을 통하여 획득된다. 팁을 공유하여 새로운 지식과 훈련을 사용하는데 능숙해지는 것과 같이 개인 코치를 갖거나 옆의 도움이 과정을 가속시키기는 하지만 "손수 하기"에 지름길은 없다. 실제적인 학습경험의 공유로 동적인 지식 창출의 새로운 순환이 시작되고 조직적인 단계로 상승할 수 있도록 한다. 이러한 내면화 단계와 "조직적인 지식"의 획득은 반복적인 연습과 세부적인 것, 계획 그리고 B 사분면 사고 체제에 대한 세심한 주의를 필요로 한다. 이것은 D 사분면 사고를 사용하는 외면화에 직접적으로 반대된다. 이 단계는 원격학습으로 가르칠 수 없으며 공동 교육, 인턴쉽, 견습, 연구실 생활로부터 배울 수 있다. 공대 졸업생을 고용한 많은 회사들이 이들을 공학 업무에 두지 않는다(그들이 직장을 위해 잘 준비했다고 생각한 졸업생들에게는 큰 실망일 것이다). 새로운 고용은 공학 훈련 기간을 거쳐 그들이 기업 문화와 함께 암묵적인 지식을 획득할 수 있을 때 이루어진다. 이러한 방법으로 졸업은 끝이 아니며 평생학습의 시작일 뿐이다(이렇게 암묵적인 지식과 명시적인 지식의 획득이 균형을 이루게 된다).

이 책의 활동들은 논의되는 주제에 관한 암묵적인 지식을 획득할 수 있도록 설계되었다. 이러한 방법은 모든 학습자에게 도움이 되며 특히 B나 C 사분면 사고자에게 중요하다.

소수의 개인과 조직만이 모든 네 개의 사분면 또는 지식창출 단계에 세심한 주의를 기울인다(거의 없다). 한 모드에서 뛰어나면 대개 반대편의 사고나 정보처리방법을 불편해한다. HBDI 모델을 이해하고 지식창출과 창의적인 문제해결에 적용할 때 창의적인 개인과 그들의 아이디어는 보수적이고 좌뇌적인 동료, 강사, 상사에 의해 배척되고 조소당하는 대신에 그 가치를 인정받게 될 것이다.

전뇌 사고는 명시적인 지식업자들과 암묵적인 지식업자들 사이의 상호작용을 촉진할 수 있다. 지식 창출 순환과정은 자동적으로 일어나거나 무에서 생기는 것이 아니다. 전뇌 사고자는 명시적인 지식업자들과 암묵적인 지식업자 사이의 사회적인 상호작용을 양성함으로써 일의진행을 을 과단성 있게 관리하고 이끌어나가는 통합자로서의 기능에 이상적으로 들어맞는다. 그들은 이상화된 비전과 일선의 작업자(또는 초보자)가 기술과 상품, 시장 그리고 절차를 다룰 때 마주치게 되는 실세계의 혼돈 사이에서 전략적인 연결점을 반드시 형성하여야만 한다. 그들은 작업자(또는 학생)들이 그들의 일상적인 경험으로 이해할 수 있고 종합할 수 있을 뿐만 아니라 더 넓고 조직적이고 외부적인(심지어 세계적인) 상황으로 연결시키는 실제적인 개념 틀을 반드시 "엔지니어링"하여야 한다. 지식운영자는 암묵적인 지식 생산 분야에서 그 역할을 한다. 이들은 고객과 상호작용하는 세

혁신을 촉진하고 부가가치를 만드는 것은 정보나 지식이 아니고 바로 개인과 조직 간의 역동적인 과정이다.

일즈맨, 경험 많은 작업라인 일꾼, 기술 있는 숙련공, 기술자 또는 심도 있는 지역 지식을 갖고 있는 실제 실험자(예를 들면 특정 지역에 거주하는 시험 운전자)일 수 있다. 지식 전문가들은 기본적으로 - 작업자들에게는 즉각적인 관심이 없을 수 있는 - 명시적이고 구조화되고 기술적인 지식을 다룬다. 이들에는 재무, 인사 그리고 법무 직원과 마찬가지로 연구개발 과학자, 시장 조사자, 설계자 소프트웨어 엔지니어가 포함된다. 지식창출 과정과 팀웍은 중재자가 참여자의 의사소통 기술을 최적화할 때 향상된다.

혁신하기 위해서는 반드시 지식창출 과정이 프로젝트의 복잡성과, 요구되는 변화에 따라 몇 몇의 개인적이고 조직적인 단계를 거쳐 상호작용하며 상승하여야 한다. 지식창출 모델을 공학교육의 변화 과정에 적용하는 것은 흥미로운 일일 것이다. 과거에 얼마나 많은 교과과정 재개편 노력이 지식 창출 단계가 생략되고 너 높은 조직적 단계로 상승하는 과정을 방해받았기 때문에 실패하였는가?

활동 2.6 : 지식 창출 모델의 적용

지식창출 모델을 당신이 참여하고 있는 현재 프로젝트, 일, 공학 교과 또는 대학 조직에 적용하라. 프로젝트의 상황을 모델의 각 사분면으로 구분하라. 지식창출, 학습 그리고 혁신의 과정을 강화하기 위해서 어느 분야에 더 집중하여야 하는가? 당신이 발견한 것을 그룹과 공유하라.

사례

지금까지 우리는 지식 창출 모델에 관한 명시적 지식을 대부분 소개하였다. 이제 그 과정을 예증하는 네 개의 서로 다른 응용 사례를 보도록 하자.

1. 샌 프랜시스코-오클랜드 만 다리(San Francisco-Oakland Bay Bridge)

표 2.10은 다리를 계획하고 설계하는 동안 상승하는 세 개의 지식 창출 순환을 요약한다.

샌프랜시스코-오클랜드 만 다리는 과거와 현재의 공학 지식을 배경으로 설계되고 건설되었다. 1989년 지진으로 오클랜드 쪽의 교량이 손상되었을 때 지진의 본성에 대한 새로운 지식과 교량의 취약성을 알게 되었다. 비록 이 중요한 교통 링크가 30일에 걸쳐 수리되었지만 13억 달러에 달하는 프로젝트 비용이 들어간 새로운 경간의 건설을 위한 계획이 지식 창출

표 2.10 샌프랜시스코-오클랜드만 다리

1라운드 : 초기 역사
사회화 : 1차 세계대전 이후 증가되는 교통량에 대한 수요와 공공 토론
외면화 : 1928년까지 38개의 대담한 제안과 설계 개념
조합화 : 3명의 저명한 공학자로 구성된 위원회가 더 상세한 설계와 예상 비용에 적합한 건축부지를 분석할 것을 제안함. 터널에 대한 교량의 장점
내면화 : 대형 외팔보 설계에 따른 교량 붕괴에 초점

2라운드 : 교량 위원회
사회화 : 국방성의 요구조건을 회피하기 위한 정치적인 노력
외면화 : 공공시설 창설
조합화 : 수익공채를 통한 재정확보, 주의 국립고속도로 엔지니어의 프로젝트 책임자 참여 약속, 최적의 위치 선정을 위한 천공작업과 분석
내면화 : 상세 교통량 연구, 최적 루트, 캘리포니아 톨 교량 위원회

3라운드 : 교량 설계
사회화 : 경험 있는 많은 공학자와 독립적인 컨설턴트가 프로젝트에서 함께 일함, 오클랜드는 미래 항만 설비로 확장성이 충족되길 원함.
외면화 : 1931: 가능한 많은 설계에 대한 진지한 설계. 미관이 고려됨. 고트(Goat) 섬의 터널은 기존의 어느 터널보다 더 넓어짐.
조합화 : 가능성을 좁혀나가는데 있어 공학적인 경험과 판단이 핵심적인 역할을 함. 경제성, 안정성 그리고 심미적인 이유로 샌프랜시스코 쪽의 교량을 외팔보구조에서 현수교 개념으로 전환함. 예산: 7,500만 달러
내면화 : 다경간 현수교에 대한 사전 경험이 없었으므로 특별한 모델 시험을 실행함.

주 : 1936년 주어진 예산하에서 기한을 앞당겨 준공됨

* Model applied to information given in Henry Petroski, *Invention by Design*, Harvard University Press, 1996.

의 새로운 순환주기 하에 개발되고 있다.

교량공학과 설계 자문 위원회 (Bay Bridge Engineering and Design Advisory Panel (EDAP))는 12개 이상의 설계 선택사항을 검토하였고 이러한 개념적인 설계에 대한 선호도를 표현하도록 일반인들을 초청하였다. 1997년 6월 EDAP는 지진에 대한 성능, 비용, 외관 그리고 다른 문제점들을 마지막 결정이 내려지기 전에 얻을 수 있도록 설계 컨설턴트를 고용하여 30% 설계 단계까지 두 가지 선택사항을 개발하라고 권고하였다. 두 가지 개념은 (a) 자체 닻을 가진 현수교 그리고 (b) 케이블로 지탱되는 현수교인데 이 둘 다 모두, 하나 또는 두 개의 탑을 선택할 수 있다. 새로운 교량의 위치는 기존 교량의 북쪽으로 이미 결정되었는데 융통성, 부지 사용에 따른 충돌이 없을 것 그리고 향상된 경관을 고려하였다. 1998년 한 여름 대도시 교통위원회(Metropolitan Transportation Commission)가

> **오클랜드 만 다리**
> 최종 설계는 한 개의 탑과 자체 닻을 가진 비대칭 현수교로서 "웅장한 입구"가 있으며 남쪽 측면을 따라 폭 15.5 feet의 자전거와 보행자를 위한 통로가 있다. http://www.mtc.dst.ca.us/projects/baybridge/bbfin.htm을 보면 놀랄만한 사진과 이 흥미로운 디자인 프로젝트에 관한 최신소식이 있다.

최종 설계에 대하여 내린 결정은 옆의 글상자와 같다. 설계 공정에 따르면 4년이 소요되며 최소 3년의 건설기간이 소요된다. 프로젝트의 마지막 단계는 현존 교량을 철거하는 것이다. 공공이 참여하는 사회화 과정의 멋진 도구인 인터넷을 사용하여 프로젝트의 진행과정을 살펴보는 것은 매혹적인 일이다.

2. 전략기획 보고서의 개발

샬롯(Charlotte)에 있는 노스캐롤라이나(North Carolina) 대학의 윌리엄 스테이트 리(William State Lee) 공과대학의 전략기획 보고서의 개발에 이용된 공정은 지식창출 순환과정으로 기술할 수 있다. 공학교육 재편에 대한 요구는 종합품질관리(TQM)와 병합되어 학장의 "사업을 하는 새로운 방법"이라는 비전이 되었다. 이 비전은 모든 이해당사자를 포함할 필요가 있었다. 이에 따라 1992년 가을 동안 몇 번의 무산을 거쳐 교수 대화가 촉진되었다 (1단계). 전략기획 과정의 첫 번째 항목은 "공유된 비전"의 개발이어야 한다는 일치된 개념(2단계)이 나타났다.

이러한 진술을 위한 아이디어와 정보를 모으기 위하여 교수, 행정직원, 학생 그리고 산업체 인사들이 참여한 몇 번의 비젼 워크샵이 1993년 봄과 가을에 걸쳐 개최되었다. 자료가 축적되고 종합되어 최종 비젼 보고서가 되었고 토론되고 개정되고 그리고 공식적으로 재가되었다(3단계). 이 비젼이 대학과 각 학과의 미래 계획 과정에 구현되고 있다(4 단계). 이와 더불어 학장에 의하여 임명된 전략기획 위원회가 1993년 초에 궁극적으로 기획 보고서를 만들 공식적인 기획 과정을 시작하였다.

1과 2단계 1993년 봄 동안 각 학과에서 "공유된 비젼"이라는 주제로 기획 미팅이 개최되었다. "사업을 하는 새로운 방법"의 개념에 대한 이해로부터 미래의 변화를 촉진시키기 위한 교수 보상 시스템 특별 팀의 설립되게 되었다.

3단계 1994년 동안, 국가 협동 위원회의 답변으로부터 전략기획 개발의 진행과 내용에 관한 추가 지침을 얻었다. 또한, 교수들은 어떻게 비공식 회의에서 공유된 지식을 명시적으로 만드는가에 대한 훈련을 받았다. 마침내, 1995년 봄 동안, 혁신적인 전략기획 보고서가 완성되었으며 이것은 비젼, 목표, 제약, 전략과 같은 기획 요소와 "학생들의 학습 또는 개발, 교수 개발, 그리고 자원과 공동체의 발전"과 같은 프로세스 또는 시스템 원리를 대비하여 나타낸 매트릭스 형태였다. 이것은 지속적인 기획, 입력, 평가 그리고 학습에 초점을 맞춘 모든 활동을 향상시키는 통합된 과정을 담은 살아있는 보고서였다.

4단계 그 이후로 이 기획은 몇 번의 개정을 거쳐 대학 전체에 걸쳐 암묵적인 지식이 획득되었으며 학과의 계획들이 통합되었다. 중요한 부산물은 새로운 연합전공 교과목인 공학개론 I과 II의 개발로서 이것은 팀 기법에 초점을 맞추었으며 다수의 교수가 참여하였다. 이들의 암묵적인 경험은 이미 수립된 시스템의 만만치않은 타성에도 불구하고 "사업을 하는 새로운 방법"을 수립하는 것이 가능하다는 가르침이었다. 그리고 이 과정을 수행하기 위하여는 의사소통 과정에 강한 인내심이 필요하였다.

3. 산업체에서의 교육과 훈련 프로그램

헤르만의 두뇌 우성과 지식창출 모델은 창의성에 의하여 향상될 수 있는 프로그램, 제품 디자인과 개발, 방법과 절차, 생산 그리고 서비스와 같은 그 어떤 것에도 적용할 수 있다. 훈련 프로그램의 예는 이러한 기본적인 사고 도구가 문제를 해석하고 해법을 발견하는데 사용됨을 예시한다. 시작부터 이 모델들을 당장 프로그램의 개발에 통합시키면 현재의 방향은 더욱 창의적이고 비용이 절감될 것이다. 그렇지만 이러한 모델에 대한 공통의 지식이 없다면 변화를 구현하기는 매우 어렵다.

교육의 반감기는 30일이다. 한 달 안에 새로운 지식을 사용하지 못한다면 그것의 반을 잃어버린다.
Peter Merrill, Do It Right the Second Time, Productivity Press, 1997

소프트웨어 개발자, 세계적인 제조 회사 그리고 대학 교수와 학생의 참가에 자금을 대는 주 정부의 공동 노력으로 첨단기술 프로그램이 개발되었다. "옳은" 회사를 고용하고 훈련하는 것, 대학과 산업체의 강사들을 통합하고 인증하는 것; 훈련생의 진도를 평가하고 교실에서의 이론을 직무에 응용하기 위하여 교과과정, 보고서, 편의시설 그리고 빈번한 주요 소프트웨어의 업그레이드를 다루는 절차를 개발하는 것과 같은 거대한 도전이 닥쳤고 빡빡한 시간제약이 있는 운영 환경 안에서 빠르게 해결되어야 하였다. 이 모든 것들은 고용자들이 빠른 시간 내에 높은 생산력을 갖도록 하는 중대한 목표를 갖고 있다.

헤르만 모델(HBDI)의 연구결과. 조직은 팀웍을 강조하고 있기는 하지만 HBDI 조사에 참여한 상당수의 고용자들은 C 사분면 사고 선호도가 매우 낮았다. 기술 분야의 직원들에 대해서는 놀라운 일도 아니다. 이와 반대로 훈련 프로그램의 관리자 팀은 강한 D 사분면 선호도를 갖고 있어서 빈번한 변화와 혼란 그리고 위기에 잘 대처할 수 있다. 훈련 프로그램의 전체적인 "문화" 안에서 관찰된 초기 구조의 결여는 원 그룹의 낮은 B 사분면 사고의 평균으로 확인되었다. 그림 2.15에 보인 것과 같이 많은 강사들의 A 사분면 선호도와 매뉴얼 작가들의 C 사분면 사고 간의 잘못된 조

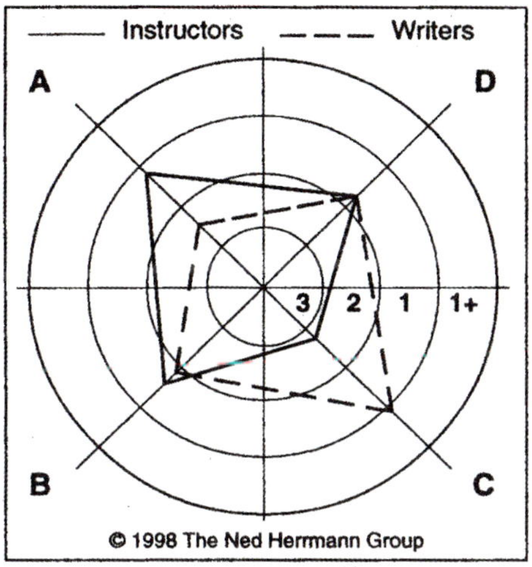

그림 2.15 강사와 매뉴얼 작가를 비교한 평균 HBDI 프로파일

합이 조사분석되었다. 이 문제는 두 그룹간의 의사소통 장벽 때문에 해결되기 어려웠다. 또한 핵심 관계자는 HBDI 워크샵에 참여하지도 않았다.

강사들은 모든 사고 모드를 사용하여 가르쳐야 한다는 것을 보여주기 위하여 훈련생들의 시험적인 수업을 HBDI로 분석하였다. 6~10명의 학생으로 이루어진 각 반은 적어도 한명이 강한 D 사분면 사고 선호도를 가지고 있고 대부분의 반에는 네 개의 모든 사분면에 강한 사고 선호도를 가진 학생이 있다. C 사분면 우세가 강한 한 반은 통상적인 A 사분면 교수 방법보다는 다른 교수 방법(그룹 학습에 기반한)을 필요로 한다. 다음의 방법을 추천한다.

- 강사는 수업 중 수강생들에게 사고 선호도에 대해서 이야기할 필요가 있음을 지속적으로 강조 한다.
- 4-사분면 접근법을 체계적으로 유지하기위하여 교수 매뉴얼을 검토한다. 새로운 기술이 어떻게 혁신을 고무하고 어떻게 조직의 글로벌 비젼을 달성하는데 사용될 수 있는가를 보여주는 예제를 포함한다.
- 훈련자의 D 사분면 사고를 강화시킬 수 있는 시각화·솔리드 모델링 강좌를 개설한다.
- 미래에 조직이 더 성공하도록, HBDI를 폭 넓게 구현하여 C와 D 사분면 사고에 대한 관심을 키운다 .

지식 창출 모델의 연구결과 최근에야 우리는 왜 훈련 프로그램의 특정한 측면이 효과가 있으며, 왜 변화가 필요한가를 더 잘 이해하기 위하여 새로운 모델을 적용하기 시작하였다.

1단계 – 사회화 : 관리자는 성공하기 위한 의식처럼, 정보와 경험을 공유하기 위한 정기적인 비공식 회의를 계획하였다. 이 회의는 지식운영자와 지식전문가가 특정한 문제를 해결하고 정보를 공유할 수 있는 기회를 제공하였다. 매뉴얼 작가는 매뉴얼의 비논리성 때문에 훈련받는 사람이 경험해야 하는 불편함을 알아야 하지만 그렇게 할 만큼의 충분한 시간을 교실에 있을 수는 없다. 강사도 이 문제에 신경을 써야 하지만(이것은 그들도 신경 쓰이는 문제이다), 작가의 감정을 다치지 않는 C 사분면의 방식으로 이 문제를 공유할 수는 없는 일이다.

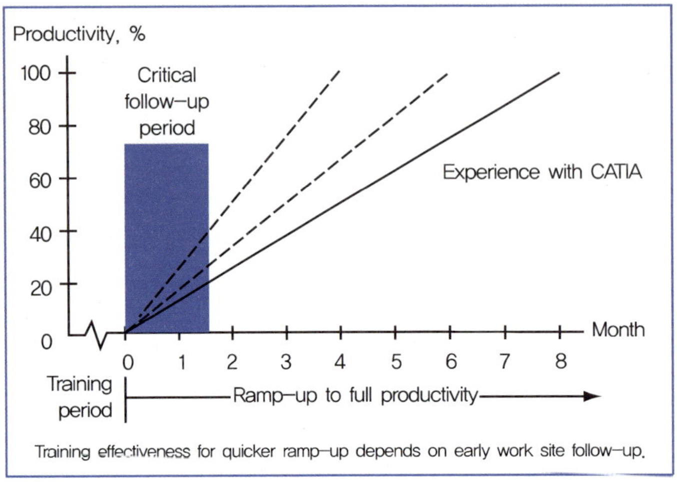

그림 2.16 핵심 훈련 목표를 시각화 → 최대 생산성에 도달하는 시간을 줄임

2단계 - 외부화 : 훈련받는 사람이 새로운 소프트웨어를 배워 빠른 업무처리를 할 수 있는 "숙련 (ramp-up)" 시간을 최대한 짧게 만드는 것은 최대의 생산성을 내기위한 중요한 경영목표이다. 대기업의 경우에 평균적으로 최대의 생산성을 내기위한 숙련시간은 적어도 8개월이 걸렸으며 많은 피고용자들의 경우 더 오랜 시간이 소요되었다. 따라서 시간 단축은 실질적인 비용절감을 일으킨다. 숙련시간 그래프(그림 2.16)가 어떻게 관리자의 상상력을 사로잡았는가를 보는 것은 흥미로운 일이다. 이 그림은 그림이나 은유의 형태로 비전을 개념화하는 것이 중요함을 깨우쳐준다. 이전의 와이어프레임 도구를 도끼에 그리고 새로운 솔리드 모델 소프트웨어를 전기 톱과 비교하는 것과 같은 비유는 좋은 예이다.

비유

전기톱을 도끼처럼 사용한다면 최소한도로 받아들일 수 있을 만한 결과도 내지 못할 수 있다. 전기톱은 새로우면서도 다른 방법으로 사용하여야 한다. 이제 작업자는 낡은 도끼를 사용하는 것보다 훨씬 빨리 더 많은 일을 할 수 있다

3단계 - *조합화* : 교실 강의의 오래된 패러다임에 하의 연구와 분석 결과에 따르면 최적의 수업 규모와 구성은 워크스테이션을 갖고 있는 10명의 학생, 고참 강사 그리고 실험실 조교가 있는 것이다. 서로 다른 유형의 피고용인들이 원하는 훈련요구에 대한 정보와 피드백을 표본조사를 통하여 얻었다. 그것은 매뉴얼을 개선하는 것과 함께 교육과정을 능률적으로 만들고 맞춤형으로 설계하는데 도움을 주었다. 조직의 주요한 초점은 존재하는 제품정보를 "라이브러리"로 만들어 새로운 디자인 도구에서 이용가능하게 하는 것이다. 이러한 표준 부품과 구성요소가 이용가능하면 디자이너는 이들을 더욱 창의적인 방법으로 결합하는 것에 집중할 수 있다. 전체적으로, 이 단계에서의 집중하고 있는 훈련의 대부분은 명시적인 지식을 가르치는 것이다.

4단계 - *내면화* : 교실 안에서의 명시적인 지식의 획득이(실제적인 실험실습으로 보충한다 하더라도) 훈련자들이 그들의 업무를 하기에 불충분하다는 것이 명백해질 때는 현장실습이 필수적이다. 강사들은 조교와 함께 바로 옆에서 지원하고 가르칠 수 있도록 작업현장을 순회 한다(그리고 자신들이 제품 디자인과 개발에 사용되는 새로운 소프트웨어에 적용할 수 있

서양의 조직은 명시적 지식 특히 분석에 치우쳐 있고 그 초점은 인간에 맞추어졌다. 일본의 조직은 암묵적 지식에 편향되어 있고 경험을 강조하며 팀에 초점을 맞춘다. 오늘날 세계적인 경쟁체제 하에서 다국적기업들의 통합과 협조를 위해 이러한 두 가지 접근법에 대한 이해가 있어야 한다.

는 명시적 지식을 배우기 위해). 이 과정을 더욱 개선하기 위하여 강사는 고참 응용 엔지니어와 짝을 이룬다. 지속되는 문제점은 소프트웨어 디자이너가 회사 제품에 대한 명시적인 지식이 부족하다는 것이다. 이 문제를 극복하기 위하여 개발자는 경험 있는 제품 디자이너와 짝을 이룬다.

확장 순환상승 사용자 그룹은 조직의 지식이 "순환상승"되도록 경험을 공유함은 물론 이것을 공급 회사에까지 확장되도록 하여야 한다. 대학교 강사들은 산업체에 있을 때 배운 암시적 지식과 명시적 지식으로 가르치는 방법이 변화되었고 산업체의 요구에 대한 개념적인 이해를 하게되며 따라서 캠퍼스로 돌아올 때 자신들의 디자인 과목을 완전히 변화시킬 계획을 한다. 본질적으로 그들은 교육에 혁신을 도입할 준비가 되어온 것이다.

지식 창출에 대한 프로그램 분석의 결과로 다음의 통찰과 권고를 얻었다.

- 지식 창출 모델은 훈련 프로그램은 전뇌 과정이어야 한다는 점을 강화한다. 이것은 또한 프로그램 개발 동안의 혼돈된 조건들의 가치를 평가 한다. 그리고 이것은 성공과 "실패" 둘 다를 통한 학습을 문서화하는 것이 중요함을 보여준다.
- 프로그램은 현장에서의 흥분과 상상력을 불붙이기 위하여 조직 리더십의 장기적인 비젼을 개인 피고용자의 책임감으로 연결하는 "인기를 얻기 쉬운" 은유를 필요로 한다.
- 사용자로부터의 피드백으로 훈련의 지속적인 개선을 위한 방향의 빠른 변화를 가능하게 할 수 있다.
- 조직의 유연한 구조가 중대하다. 관리자가 낡은 절차를 따르기를 고집하면 대학과의 연계가 매우 어렵다. 산업체, 정부 그리고 대학의 협동 프로젝트는 이 모든 세 곳이 변화에 자유로울 때 가능하다.
- 암묵적 지식의 획득을 강화하려면 예제, 팀 과제, 응용 그리고 사용자 힌트가 훈련 자료에 추가되어야 한다.
- 암묵적 지식에 초점을 주어온바 전통적인 수업을 개발하기 위한 노력은 더욱 규모가 작아지고 있다.

새로운 패러다임이 효율적이려면 이것을 top-down 또는 bottom-up 또는 계층식 구조의 낡은 테두리 안에 가두어서는 안된다.

Nonaka, H. Takeuchi

4. 마츠시타의 가정용 세빵기

지식 창출은 혁신을 달성려고 하는 조직의 경영자측에게는 흥분되는 가능성을 제공하는 새로운 모델이다. 노나카와 다케우치의 책에서 언급된 사례 연구는 우리가 이 장의 제한된 범위 안에서는 다루지 못한 모델의 실제적인 응용 예를 보여준다. 어쨌든 하나의 사례, 완전 자동 제빵기의 설계와

표 2.11 마츠시타 가정용 제빵기의 예

1주기 - 팀 단계

1. *사회화* : 가정용 제빵기에 대한 소비자의 욕구를 파악한다.
2. *외부화* : 제품의 비젼을 "쓰기 쉽고 고급스러운"
3. *조합화* : 시제품 - 그러나 빵은 "고급스럽지" 않다
4. *내면화* : 소프트웨어 개발자가 유명한 제빵사의 견습생이 되어 훌륭한 빵을 위한 도우(명시적 지식)를 반죽하는 기술을 배운다. 이 과정은 여러 달이 걸린다.

2주기 - 팀 단계

1. *사회화* : 개발자가 디자인 팀과 상호작용할 때 그녀는 마침내 이 새로운 암묵적인 지식을 전수할 수 있게 되는데..
2. *외부화* : ... "꼬아 잡아당기는" 동작의 정신적 표현이다.
3. *조합화* : 이 동작이 통합되어 향상된 디자인/시제품-시행착오를 거쳐 맛있는 빵을 만들기까지는 1년이 걸림
4. *내면화*: 이 프로젝트가 상품화 부서로 이관됨. 그러나 원래의 디자인 팀은 이 제품에 대한 명시적이고 가치 있는 지식이 있기 때문에 프로젝트에 포함됨

3주기 - 확장된 팀 단계

1. *사회화* : 비용을 절감하고 혁신을 위한 기회를 확인하기 위하여 지식을 공유함
2. *외부화* : 개념: 혼합과정의 마지막에 이스트를 첨가(전통적으로 해왔던 것과 같이)
3. *조합화* : 품질 목표와 비용절감을 위한 설계 변경. 제품이 "쓰기 쉽고 고급스러운"을 만족한다는 이유로 출시 연기를 정당화 함
4. *내면화* : 이 제품의 성공으로 전체 회사의 관심이 소비자의 요구와 욕구를 만족시키는 창의적인 제품으로 옮겨 감.

4주기 - 조직의 단계

1. *사회화* : 새로운 프로젝트와 고객의 변화에 대한 엔지니어의 태도
2. *외부화* : 회사가 "인간적인 가전(human electronics)"이라는 비젼을 가짐
3. *조합화* : 신제품: 통합된 커피분쇄기/자동 커피증류기의 통합, 대화면 TV, 인덕션 밥솥 이 모든 제품은 "쓰기 쉽고 고급스러운"이라는 품질 개념 하에서 베스트셀러가 되었다.
4. *내면화* : 이 과정은 더 높은 단계로 상승되었고 마침내 협력적인 동시공학을 통하여 전체회사를 변화시켰다. "인간적인 가전"이 전체 근로자에게 파급되었다.-한달 150시간 근무로 더 많은 시간을 가족과 함께 할 수 있다. 한달에 150시간 근로하면서 동일한 생산성을 유지하기 위하여 필요한 것은 무엇인가에 대한 명시적인 지식을 얻기 위하여 이 정책을 한 부서에서만 시험적으로 실시하였다. 결과적인 주요한 전략중 하나는 회의에 소요되는 시간을 줄이는 것이다.

* Facts from I. Nonaka and H. Takeuchi, The Knowledge-Creating Company, Oxford University Press, 1995.

어떻게 이것이 전체 회사를 변화시켰는가 하는 사례를 요약해보고자 한다. 디자인은 독창적이었는데 그것은 일본의 으뜸가는 제빵가중 한 명의 암묵적인 기술을 따왔기 때문이었다. 표 2.11은 네 단계의 주기를 보인다. 어떻게 혁신이 궁극적으로 달성되었고 어떻게 이것이 피고용자들에게 이익이 되었는가를 주목하라.

10분 활동 2.7 : 개념을 위한 은유를 정의하기

타임이나 뉴스위크 같은 잡지(또는 소비상품 광고가 있는 다른 것)를 보자. 광고를 보고 어디에 제품 뒤에 숨어있는 개념이 은유로써 교육되고 있는지 예를 들어보라. 예: 스프린트의 "핀을 떨어뜨려보세요"와 같은 은유가 전화 품질로 연결 됨.

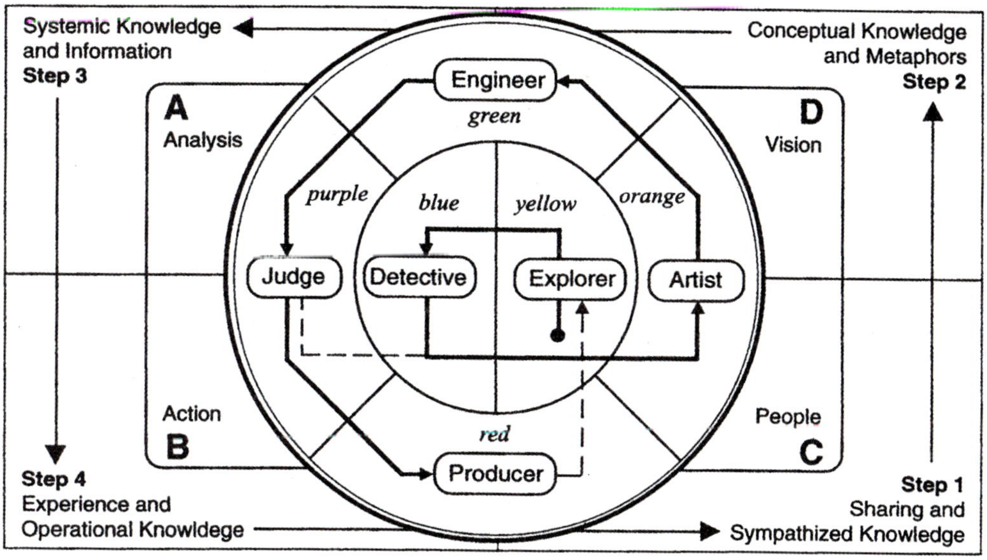

그림 2.17 창의적 문제 해결 모델과 다음에서 논의되는 이에 관련된 은유적 표현들이 지식 창출 모델과 헤르만의 전뇌 모델을 겹쳐서 나타냄

창의적인 문제 해결 은유

> **강조**
>
> 색 연필을 사용하여 그림 2.17의 각 영역을 지시하는 대로 칠하라(만년필이나 마커는 사용하지 마시오. 종이에 번질 수 있음)

우리는 엔지니어들이 어떻게 더 창의적이 될 수 있을까를 가르치기 위한 매뉴얼을 집필하면서 창의성에 대한 많은 책을 읽었고 창의 세미나에 참석하였고 그리고 대개의 엔지니어들의 모드인 좌뇌 모드와 이들에게 요구되는 우뇌 사고 모드를 통합하는 "전뇌" 문제해결 모델을 개발하였다. 후에 우리는 헤르만 모델을 발견하였고 이것이 왜 구조화된 창의적인 문제 해결 방법이 작동하는가를 설명함을 알았다.

과정의 각 단계에서 요구되는 사고와 활동을 이에 대응하는 은유적인 사고방식으로 시각화하였다. 사고방식을 직업과 구분하기 위하여 항상 인용부호로 나타낸다. "탐험가"와 "탐정"은 "실제" 문제와 그것의 의미를 발견하고 탐구하며 이것을 긍정적인 목표로 정의한다. "예술가"는 많은 아이디어를 브레인스토밍하고 "엔지니어"는 더 나은 아이디어를 종합한다. "판사"는 최적의 해법을 결정하고 "생산자"는 이것을 실행으로 옮긴다. 그 과정은 그림 2.17과 같이 모든 네 개의 사고 사분면을 통하여 반복적으로 순환한다. 각 사고방식마다 색이 지정되는데 색 띠로 구분되는 영역은 두 가지-우세 사고방식에서 사용되는 주 사고 사분면을 나타낸다. 우리의 창의적인 문제 해결 색 표가 네드 헤르만이 그의 HBDI 모델에서 사용한 색과 다름에 주목하라.

그림 2.17은 창의적인 문제해결 모델과 지식-창출 단계의 관계를 나타낸다. 지식창출 보넬을 창의적인 문제해결에 적용하게 되면 우리의 이전 책들을 사용했던 사람들이 지적했던 것을 향상시킬 수 있을 것이다. 이 과정은 이제 C 사분면에서 시작하여 반시계방향으로 순환한다("탐정"과 "탐험가"의 순서를 거꾸로 하면 서로 다른 더 논리적인 순서를 얻게 되고 문제 정의를 위한 수렴하는 사고를 얻는다). 또한 C 사분면에서 시작하면 창의적인 문제해결 모델이 콥(Kolb)의 학습 주기와 맥카시(Bernice McCarthy)의 4MAT 모델의 일치한다(Ref. 2.7). 창의적인 문제해결 모델의 각 단계는 이 책의 2부에서 상세하게 토론되고 예증되며 3부에서는 이것을 디자인과 혁신에 적용한 것을 보인다.

우리는 먼저 로저 폰 외크(Roger Von Oech)로부터 서로 다른 문제-해결 사고방식을 배웠다. 그러나 우리는 "탐험가"에 자료분석을 위한 "탐정"을 추가하였는데 이것은 완벽한 문제 정의를 하기 위해서는 좌뇌와 우뇌사고가 둘 다 요구됨을 나타낸다. 우리는 또한 창의적인 문제해결에 중요한 단계를 -아이디어 통합과 최적화 - 나타내기 위하여 "엔지니어"를 고안하였는데 이것은 "예술가" 그리고 "재판관"과는 다르며 이들의 중간단계에 해당한다. 또한 우리는 학생과 교사의 요구에 따라 "전사"를 "생산자"로 변경하였다. 이러한 은유는 창의적인 문제해결의 각 단계를 사용하기 위하여 필요로 하는 사고의 유형을 기억하기 쉽게 만든다. 이제 이들 은유를 시각화하여 보자.

> 사람마다 문제해결을 위한 접근방식에 있어 언제나 뚜렷하게 더 좋아하는 방식이 있다.
> 그런데 왜 지금 관리자들이 이러한 차이점을 이해하여야 할 필요성이 생기는 것인가?
> 오늘날의 복잡한 제품을 개발하기 위해서는 선천적으로 다른 사람을 이해하지 못하는 각 개인의 전문성을 통합하여야 할 필요가 있다. 오늘날의 변화의 속도로 인하여 이들 개인은 함께 일할 수 있는 능력을 빠르게 개발하여야 할 필요가 있다. 일이 제대로 된다면 서로 다른 사고 과정이 만나면서 방출되는 에너지로 혁신이 가속될 것이다.
>
> Dorothy Leonard, Harvard Business School professor, and Susaan Straus, organizational consultant

1. **"탐험가"** 우리가 문제의 큰 그림이나 의미를 살펴볼 때 또는 문제의 기회적인 측면을 발견하고자 할 때, 우리는 탐험가처럼 생각할 필요가 있다. 돋보기, 콤파스, 큰 노트북으로 무장하고 아이디어 내려는 날카로운 눈을 상상해보자. 인디애나 존스같은 인물을 상상하면 된다. 유명

한 탐험가들로는 마가렛 미드(Margaret Mead), 콜롬버스(Christopher Columbus), 리빙스톤(David Livingstone), 꾸스토(Jacques-Yves Cousteau), 헤이달(Thor Heyrdahl), 아문센(Roald Amundsen) 그리고 우주비행사들이 있다.

2. **"탐정"** 만일 우리가 어려운 문제와 씨름하고 있다면 우리는 탐정과 같이 생각할 필요가 있다. 아가사 크리스티(Agatha Christie)의 포와로(Hercule Poirot)나 셜록 홈즈(Sherlock Holmes)를 상상해보자. 텔레비젼에는 콜롬보(Sgt. Columbo), 플레처(J.B. Fletcher - "그녀가 쓴 살인"의) 또는 팁스(Virgil Tibbs - "밤의 열기속에서")가 있다. 이 탐정들이 손전등이나 성냥을 켜고 한 밤중에 돌아다니는 것을 볼 수 있는가? 실마리를 찾으려고 머리를 쓰는 이들을 볼 수 있는가? 그들의 질문을 들을 수 있는가? "탐험가"와 "탐정"이 그들이 수집한 정보를 분석하여 긍정적인 문제정의 진술에 도달할 때 문제 정의는 끝나게 된다.

3. **"예술가"** 피카소(Picasso), 미켈란젤로(Michelangelo), 디에고 리베라(Diego Rivera), 조지아 오키프(Georgia O'Keeffe), 그랜마 모제스(Grandma Moses), 또는 짐 헨슨(Jim Henson)과 같은 예술가처럼 자신을 묘사해보자. 이 단계는 다수의 창의적인 아이디어를 내기위하여 브레인스토밍하는 단계이다. 여기서 우리는 예술가와 같이 생각할 필요가 있다. 상상력이 풍부할수록 더 낫다. 커다란 스케치 판 앞에 서서 열광적으로 아이디어를 스케치하는 당신을 상상해 보라. 아마도 당신은 팀을 이룬 예술가들이 협동하여 아이디어 콜라쥬 작업을 하고 있는 것을 상상할 수 있을 것이다.

4. **"엔지니어"** 다음은 당신의 마음속에 새로운 이미지 즉, 엔지니어, 발명가, 디자이너, 만물수선공 등으로 이루어져 공동 작업하는 엔지니어 전체 팀을 상상해보라. 그들은 제도판이나 작업대 앞에 앉아서 모든 종류의 엉뚱한 아이디어를 결합하여 더욱 실제적이고 포괄적이며 최적의 아이디어가 되는 방향으로 아이디어를 검사하고 가지고 논다. 이 팀은 디자인 문제에 대한 혁신적인 해법을 종합하기 위하여 자연에서 아이디어를 빌려와 이들을 강제적으로 맞춘다.

5. **"판사"** 이제 마음의 눈으로 법정에 들어가 보자. 당신 앞에 판사가 앉아있다. 의사봉을 손에 들고 어떤 아이디어와 해법이 최상이며 구현

이 되어야 하는지를 판결 내릴 준비를 하고 있다. 우리는 "판사"로서 아이디어와 해법을 평가하기 위한 기준을 준비한다. "판사"는 결점을 찾아내고 "예술가"와 "엔지니어"의 사고방식으로 창의적인 사고를 더 하여 이것을 극복한다.

6. **"생산자"** 마침내 "생산자"를 위한 시간이다. 생산자는 모든 거래를 하는 사람이며, 제조자, 실행가, 운송업자, 부모, 조직자, 건축업자, 집행자, 감독자, 개업의사, 농부, 판매자, 장군, 리더, 관리자, 대리인들이다. "생산자"는 품질 좋은 제품을 내놓을 책임이 있다. "생산자"는 용기를 필요로 한. 그들은 창의적인 아이디어, 혁신과 함께 위험을 감수한다. 그들은 팀웍을 성공적으로 관리하기 위하여 훌륭한 의사소통 기술을 필요로 한다. 본질적으로 생산자는 창의적인 문제해결의 새로운 순환에 책임이 있는데 여기에서의 문제는 구현 과정이다. 여기서 중요한 또 다른 이미지는 싸우거나 아이디어를 낼 준비가 되어있는 사람을 그려보는 것이다. "생산자"는 반대나 또 다른 역경을 극복하면서 반드시 끈질기게 프로젝트를 성공으로 이끌어야 한다.

잠시 이 여섯 개의 역할 또는 사고방식에 대하여 곰곰이 생각해보자 그리고 다른 시나리오나 촌극(풍자)을 살펴보자.

> **우리는 있는 그대로의 세상을 보는 것이 아니라 보고 싶은 대로 본다.**
> Stephen R. Covey

- "탐험가" 또는 "탐정"을 혼자 내버려두면 무슨 일이 일어날까? 우리는 해답이 실제 문제와 그것의 의미에 꼭 맞지 않을 수도 있다는 점을 제외하면 많은 훌륭한 아이디어와 해답을 발견한다는 결론에 도달할 수 있다. 어쨌든 우리는 아직도 문제를 갖고 있다.
- "예술가"와 "엔지니어"를 혼자 내버려두면 무슨 일이 일어날까? 이러한 상황은 다른 대안을 고려하지 않고 머릿속에 제일 먼저 떠오르는 아이디어를 채택하고 그것을 구현하고자 할 때 마다 발생한다. 이것은 아이디어가 있을 때 즉시 자신에게 "이것은 작동하지 않을 것이다. 이것은 쓸모없는 아이디어다"와 같이 말하여 보는 과정에서 "판사"가 너무 빨리 나타날 때 일어난다. 이것은 우리가 다른 사람의 아이디어를 조롱할 때도 나타난다. 대부분의 분석적인 문제 해결 접근법은 "예술가"와 "엔지니어"를 배재한다.
- "엔지니어"는 말고 "예술가"만 혼자 남기면 어떻게 될까? "엔지니어"가 없으면 "판사"는 평가하기에는 덜 익혀진 아이디어만을 갖게 된다. "엔지니어"는 좋은 아이디어를 더 좋게 하기 위하여 필요하다고 엉뚱한 아이디어를 더 실제적으로 만들고 최적의 해법을 구현한다.

"판사"를 남겨 놓으면 어떻게 될까? "판사"가 없으면 최적의 아이디어를 선택할 수 없거나 아이디어의 결점을 발견할 수 없을 것이다.

- 우리가 "생산자"만 갖고 있다면 무슨 일이 일어날까? 일이 제대로 될까? 실제 문제를 해결할 수도 있는 예상치 않았던 해답을 얻을 수 있을 만큼 충분한 행운이 있어서 "생산자"의 열정과 에너지만으로 주어진 일을 해낼 수 있는 경우는 드물 것이다. 아마도 당신은 당신과 당신의 친구가 이러한 접근법을 택하였던 때를 생각할 수도 있겠다. 젊은이는 아이디어에 열광하는 놀라운 솜씨를 갖고 있다. 그러나 대부분의 경우, 아이디어는 "엔지니어"에 의하여 반드시 평가되어야하며 "판사"는 "생산자"가 무모한 모험을 택하지 않도록 막아야 한다.

훌륭하게 문제를 풀 수 있기 위한 최상의 조건을 만들기 위해서는 혼자서 문제를 빨리 풀어야 할 경우이든 도와줄 팀이 있고 최적의 해답을 만들어내기 위한 몇 주 또는 한달의 작업시간이 있는 경우이든 두뇌가 가장 잘 사고할 수 있는 순서를 따르는 것이 최선이다.

1부의 남은 세 개의 장에서는 세 정신 모델을 팀웍(4장), 의사소통(5장), 창의적 사고(6장)에 응용하는 것을 보인다. 이 장들은 몇 년 후 당신의 교육과 미래의 직장에서 가치 있는 참고자료가 될 것이다.

참고문헌

다음의 책과 논문들은 단지 일부분에 불과하다. 더 많은 출판물과 정기간행물은 도서관이나 서점을 찾아보라. 또한 최신의 두뇌 연구 결과에 대한 보고서는 과학잡지나 대중잡지를 조사해보라.

2.1 Rick Crandall, editor, *Break-out Creativity: Bringing Creativity to the Workplace*, Select Press, Corte Madera, California 1998. 이 작은 보급판 책은 경영혁신 협회를 위해 출판되었으며 어떻게 하면 더 창의적이 되는가에 대한 실제적인 충고를 얻을 수 있다.

2.2 Richard Felder, "Matters of Style," ASEE PRISM, December 1996, pp. 18-23. 노스 캐롤라이나 주립대학의 화학과 교수인 펠더(Felder)는 협동학습을 통합 교과과정에 적용하였다. 앞으로 출판될 그의 결과를 주목하라.

2.3 ✓ Ned Hermann, *The Creative Brain*, Brain Books, Lake Lure, North Carolina, 1990. 이 "전뇌" 책이 이 장의 주요한 자료였다. 이 책은 두뇌 우성의 4 사분면 모델의 이론과 발전을 설명하고 있고 삶의 많은 다양한 분야에 적용되는 내용을 담고 있다. 가르치거나 관리하는 것에 관계된 사람은 누구나 이것을 읽어야 한다.

2.4 ✓ Ned Hermann, *The Whole Brain Business Book: Unlocking the Power of Whole Brain Thinking in Organizations and Indivisuals*, McGraw-Hill, New York, 1996. 이 책은 당신의 조직이 최적의 생산성을 내기위한 리더십, 팀웍 그리고 창의성를 향상시키기 위한 전뇌 사고를 어떻게 사용할 것인가에 대한 통찰과 실제적인 충고를 담고 있다.

2.5 ✓ Dorothy Leonard and Susaan Straus, "Putting Your Company's Whole Brain to Work," *Harvard Business Review*, Reprint 97407, July-August 1997, pp. 110-121. 이 논설은 헤르만 모델과 Myers- Briggs Type Indicator의 토론을 포함한다.

2.6 Monika Lumsdaine and Edward Lumsdaine, "Thinking Preferences of Engineering Students: Implications for Curriculum Restructuring," *Journal of Engineering Education*, April 1995, Vol. 84, No. 2, pp. 193-204. 이 논설은 톨레도 대학의 장기적인 연구를 기술하고 있다.

2.7 Bernice McCarthy, *The 4-MAT in Action, Creative Lesson Plans for Teaching to Learning Styles with Right/Left Mode Techniques, Excel*, Barrington, IL, 1983. 이 모델은 Kolb의 학습주기에 기반하고 모든 네 개의 사고 사분면을 다룬다. 이것은 교육과 학습에 대한 전뇌 접근법이다.

2.8 ✓ Ikujiro Nonaka and Hirotaka Taceuchi, *The Knowledge -Creating Company: How Japanese Companies Create the Dynamics of Innovation*, Oxford University Press, New York, 1995. 저자들은 이론적인 모델과 많은 수의 사례연구를 통하여 어떻게 일본기업들이 새로운 지식을 창출하고 성공적인 제품생산에 이용하고 혁신적인 기술을 개발하였는가를 보여준다.

2.9 J. William Shelnutt and Kim Buch, "Using Total Quality

당신의 프로파일이 어떻든 세상 어딘가에는 당신과 같은 평범한 사람들이 있다. 자신의 독창성을 축복하라! 노력과 연습으로 당신의 자신의 사고 선호도를 변화시키고 개발할 수 있다.
Ned Herrmann

자신의 공간을 확보하라!

Principles for Strategic Planning and Curriculum Revision," *Journal of Engineering Education*, Vol. 85, No. 3, July 1996, pp. 201-207. 샬롯에 있는 노스 캐롤라이나 공과대학에서 계획 매트릭스를 개발하기 위하여 사용하였던 과정을 요약하고 있다.

2.10 Roger Von Oech, *A Kick in the Seat of the Pants*, Harper and Row, 1986. 탐험가, 예술가, 재판관 그리고 진사의 창의적인 과정의 네 가지 역할고 함께 흥미있는 이야기와 예제가 제시된다.

사고 선호도 평가

헤르만의 두뇌우성 도구(HBDI): 사고 선호도를 아는 것은 매우 유용한 일이다. HBDI는 왜 우리는 우리의 방식대로 어떤 일을 하는지, 그리고 왜 우리와 다른 생각을 가진 사람들과의 의사소통이 어려운지에 대한 통찰력을 얻을 수 있는 강력한 도구이나. 우리는 목표를 설정하고, 특별한 기술을 연습할 수 있으며 우리의 사고의 범위를 더욱 더 상황에 따라 전뇌사고자 그리고 효율적인 문제 해결자가 되도록 확장시킨다. 우리는 당신이 HBDI를 갖추기를 강력하게 권고한다. 이것은 이 책의 저자로부터 또는 헤르만 인터내셔널(Herrmann International, 794 Buffalo Creek Road, Lake Lure, NC 28746; phone 828/625-9153, fax 828/625-1402)로부터 얻을 수 있다. 다음의 웹 싸이트에서 다운받을 수도 있다. www.hbdi.com. 개인의 HBDI 평가와 유용한 자료 꾸러미에 59 달러의 비용과 우편요금이 든다. 학생과 단체는 할인도 해준다. 팀과 조직의 분석 그리고 워크샵도 할 수 있다. 학생용 버전은 현재 중학생들을 대상으로 현장 시험 중이다.

학생의 학습 유형의 차이: 교실에서의 그룹 활동은 서로 다른 학습방식을 가진 학생들이 함께 일할 때 더욱 유익하다. 활동 2-8에서 학습방식 선호도에 대한 예비 아이디어를 얻을 수 있을 것이다.

활동 2.8 : 학습 선호도 분포

이 장의 일분활동 2-1, 2-2, 2-3, 그리고 2-4로부터 각각의 학습 선호도를 위한 동그라미의 수를 표로 만들어라. 그런 후 모든 응답에 대한 합계를 내라. 그리고 각 사분면의 기여도를 퍼센트로 계산하여라.

A 사분면 = ____________ = ____________ %
B 사분면 = ____________ = ____________ %
C 사분면 = ____________ = ____________ %
D 사분면 = ____________ = ____________ %
전체 응답 수 = __________ = 100 %
사분면당 평균점수 (전체를 4로 나눔) = __________

평가 : 최고점을 받은 영역이 당신의 강한 사고 선호도 사분면일 것이다. 만일 특별히 그 점수가 평균점(또는 35%보다 크다면)보다 훨씬 높다면 계산한 퍼센트 합이 100%가 되는지 확인하라. 학습 활동의 모든 네 개의 목록을 검토하고 가장 싫어하는 활동에 밑줄을 그어라. 당신이 가장 덜 좋아하는 활동이 있는 위치가 당신이 가장 적게 선호하는 사분면일 것이다. 만일 당신의 가장 높은 점수가 두세번째 점수와 큰 차이가 나지 않는다면 당신은 아마도 다중선호도를 갖거나 전뇌 사고자일 것이다.

함의 : 계산된 퍼센트에 따른 순위는 어디에 특별한 노력을 기울여야 하는지, 어느 부분에서 팀에 기여할 수 있는 독특한 능력과 관심이 있는지를 나타낸다. D 사분면이 우세한 사고 선호도가 아님에도 불구하고 학생들은 시각적인(D 사분면) 학습활동을 선호하는 경향이 있기 때문에 이 간단한 평가는 편향될 수 있으므로, 정확한 두뇌 우성 프로파일을 얻는데 사용 가능한 유일한 도구인 HBDI를 대체하지는 못한다.

예 1: 동그라미 수: A=12; B=3; C=7; D=8. 합계 = 30.
퍼센트: A=40%, B=10%, C=23%, D=27%. 평균/사분면 = 7.5 동그라미.
이 결과로부터 이 학생은 분석적인 학습자임을 추정할 수 있다. 이 학생은 B,C,D 사분면의 높은 선호도를 갖는 사람들과 그룹을 이룰 수 있다.

예 2: 동그라미 수: A=6; B=7; C=2; D=5. 합계 = 20.
퍼센트: A=30%, B=35%, C=10%, D=25%. 평균/사분면 = 5 동그라미.
이 결과로부터 이 사람은 C 사분면의 선호도가 낮은 다중우세 학습자임을 추정할 수 있다. 점수가 우세 사분면을 결정할 수 있을 만큼 충분히 펼쳐져 있지는 않다.

예 3: 동그라미 수: A=3; B=1; C=3; D=2. 합계 = 9.
적은 수의 자료이므로 학습 선호도에 관한 타당한 결론을 내릴 수 없다.

연습문제

2.1 인터뷰

엔지니어, 교사, 그리고 창의성을 갖고 일한 경험이 있는 사람을 인터뷰하라. 그들은 우호적인 분위기인가? 무엇이 그들을 바꾸었는가? 직업에서 창의적인 사고와 혁신을 고무시키기 위하여 중요하다고 생각하는 사실을 요약하고 토론하라. 입사 면접 시 장래의 고용자가 창의적인가를 측정하려면 어떤 종류의 질문을 해야 할 것인가? 면접하는 사람의 사고 선호도를 파악하기 위하여 어떤 "실마리"를 찾아야 하는가?

2.2 ✓ 은유

은유는 하나가 마치 다른 것인 것처럼 말하는 말의 비유이다. 예: "고치를 찢다 - 창의적인 사고를 펼치다"(공대생 Dawn Rinehart의 기고). 킴(Kim Steger - 다른 공대생)은 창의성을 나타내기 위하여 장미의 성장을 이용한 에세이를 썼다. 창의적인 사고를 위한 비유 다섯 개를 만들어라. 팀에 소속되어 있다면 팀원과 내용을 비교하여라.

2.3 ✓ 비유

비유는 어떤 것을 비슷한 것과 비교하는 것이다. 당신은 "내 기숙사는 항상 배고픈 거주자가 음식을 찾아 헤메는 출구없는 미로와 같다"와 같이 말할 수 있다. 또는 "내 대학교는 진로를 바꾸기 어려운 크고 강력한 전차와 같다", 또는 "우리 조직은 사람들이 암초를 피하고 난파를 막을 수 있도록 도와주는 등대와 같다." 예제와 비슷한 유추를 다섯 개 더 생각해보라. 그러나 가능하면 긍정적인 문장을 사용할 것.

2.4 ★ 선택 학습: 출애굽기 ★

출애굽기(성서, 구약)의 3장은 4 사분면 사고의 흥미있는 사례이다. 모세는 양떼를 지키는 일에 매우 적합한 강한 B 사분면 사고를 보인다. 이 장은 모세를 B 사분면 사고에서 창의적인 사고로 나아가도록 하는 신의 두 가지 면을 보여준다. 먼저 1에서 6절까지의 활동을 4 사분면 사고와 관련지어 그리거나 스케치하라. 다음으로 7

> **두뇌는 완전하도록 설계되었지만 그와 동시에 우리는 자신의 두뇌의 고유성과 다른 사람들의 고유성을 배울 수 있고 배워야만 한다. 완전성과 전문화간의 균형 잡힌 시각이 핵심이다.**
>
> Ned Herrmann

에서 22절 까지의 활동을 HBDI 모델과 관련지어 그리거나 스케치하라.

2.5 **★ 5단계 창의적인 문제해결 모델의 적용 ★**

당신이 맥도날드에 있는 것과 유사한, 새롭고 커다란 어린이 놀이기구를 디자인하는 팀을 이끌게 되었다고 상상해보자. 스폰서는 더 많은 고객, 더 나은 재미, 안전 그리고 저비용 등의 목표를 언급한다. 그러나 기존 디자인에 비하여 경쟁력이 있는 디자인을 만들 자유를 준다. 5단계 창의적 문제 해결 모델을 사용하여 어떻게 접근할 지 윤곽을 잡아라. 각 단계에서 질문할 내용들, 팀이 수행하여야 할 활동 각 단계에서 기대되는 산출물들의 목록을 만들어라. 당신은 기구를 디자인 하는 것이 아니고 디자인 문제를 풀기위하여 사용할 방법의 개요를 계획하는 것이다.

당신을 좋아하는 사람을 뽑지 말고 믿을 수 있는 사람을 뽑아라. 사물을 다른 각도로 보면서 당신과 당신의 그룹에 도전할 사람을 뽑아라.

Cheryl Cook,
Pennsylvania Rural
Development, USDA

2.6 **★ 기존 디자인에 있는 정신 모델을 확인 ★**

어떤 것에 대한 디자인을 기술하고 있는 연구하고 세 가지 정신 모델을 확인:

a. 디자인 과정의 다양한 단계에서 사용되는 사고 사분면;
b. 지식 창출의 단계와 주기;
c. 창의적인 문제해결 모델의 활동무대와 사고방식.

당신이 사용할 만한 예제로는 최초의 포드 무스탕(1965), SR-71 정찰기, 브룩클린 다리, 영국-프랑스 해협 터널, 보잉 777, 최초의 복사기 또는 디즈니 월드 등이 있을 것이다

제2장 – 주요개념 복습 및 실천사항 점검

중요한 HBDI 개념

- HBDI 프로파일 결과는 가치-중립이다. 이것은 시험이 아니므로 정답과 오답이 없다. 모든 프로파일은 독특하며 가치 있다.
- 두뇌는 특화되었으며 상황적이다 - 서로 다른 과제마다 다른 모드가 사용된다.

- 선호도가 낮은 모드로 사고하려면 에너지가 더 소모된다.
- 서로 다른 사고모드의 가치를 이해하게 되면 팀원의 다양성이 가지는 힘에 감사하게 된다.
- 각각의 모드는 자신만의 문제해결방법과 어휘를 갖는다. 따라서 이러한 차이점을 이해하면 의사소통 향상에 도움이 된다.
- 서로 다른 선호도를 갖는 사람들로 구성된 전뇌 팀은 최적의 문제해결 결과를 얻을 수 있다.
- 노력과 연습으로 사고 선호도는 변화될 수 있으며 개발될 수 있다. 우리는 우리의 뇌에 새로운 체계를 만들 수 있으며 두뇌를 더 효과적으로 사용할 수 있다.
- 각 개인에게는 모든 4 사분면이 독특하게 결합되어 있다. 그러나 서로 다른 직업 그룹은 그룹마다 공통적인 프로파일 특성을 보인다.

헤르만 모델의 4 사분면에 대한 특징을 복습하고 각 모드마다 4개의 주요한 특성을 써라.

A 사분면 : ________________________________

B 사분면 : ________________________________

C 사분면 : ________________________________

D 사분면 : ________________________________

지식 창출 모델의 단계

1단계(C 사분면) 팀원은 신념, 정신모델, 경험과 목표를 공유한다. 그들은 감각, 직관 그리고 운동감각 학습을 통하여 고객을 "안다" .

2단계(D 사분면) 팀원은 목표와 개념을 위한 은유를 개발한다. 그들은 암묵적인 지식을 명시적이 되도록 브레인스토밍하여 모든 사람들이 이해할 수 있도록 한다.

3단계(A 사분면) 정보가 학습 또는 문제해결의 의미 안에서 수집되고, 공유되고, 결합되고 종합되고 분석되고, 문서화되고 그리고 네트워킹이 된다. 이것은 피드백이 있는 명시적인 지식과 광범위한 정보의 흐름이다.

4단계(B 사분면) 새롭게 창출된 지식을 응용하여 경험을 얻는다. 사람들은 시험가동 프로그램, 수습기간 그리고 시제품에서 "노하우"를 얻는다. 이 과정은 지식 창출의 더 높은 주기로 상승해간다. 이것이 암묵적인 "행위에 의한 학습" 또는 직무훈련 교육이다.

"이론"과 "연습"이란 단어의 기원은 그리스어이다. 이 두 단어는 우리의 사고를 이 두 단어를 고안하고 이것들을 대비시키고 반대에 위치시켜, 서로 상충되고 불일치하는 아이디어로 만든 고대의 철학자에게 인도한다.
자연법칙의 이중적 시스템에 기반한 이 [논리상의 오류]는 불리학 특히 기계학의 방전을 수 세기 동안 지체시켰다.

William Rankine

창의적인 문제해결 모델의 단계와 사고방식

1. 문제정의 :	"탐험가" + "탐정"
2. 아이디어 생산 :	"예술가"
3. 아이디어 최적화 :	"엔지니어"
4. 아이디어 판단 :	"판사"
5. 해법 구현 :	"생산자"

실천사항 점검목록

- 당신 그리고 당신과 같이 일하거나 공부하는 사람들은 HBDI 모델을 이해하고 있는가? 그 사람들은 자신과 다른 사람들의 사고 선호도를 이해하고 인정하고 있는가? 만일 당신이 아직까지 그렇게 하지 않았다면 자신의 HBDI 프로파일을 얻도록 하자(가능하다면 팀의 것도).
- 당신은 공부할 때나 그룹으로 작업할 때 더 나은 학습과 더 높은 프로젝트 결과를 얻기 위하여 지식창출과정에 습관적으로 관심을 기울이는가?
- 이 책 2부에서 창의적인 문제해결의 과정을 배우면서 당신의 팀이 풀 수 있는 문제를 찾아보라. 손안에 있는 응용사례로부터 탁월한 학습을 위한 암묵적인 지식을 얻을 수 있다.
- 하루 중 언제가 가장 창의적인가? 그 시간을 이용하여 사고하고 아이디어를 기록하라. 그리고 한달에 하루 오후시간에 이들 창의적인 아이디어 중 하나를 더욱 탐구하라. 지금 당장 앞으로 여섯 달 동안의 달력에 이 시간을 표시해 두어라.

03 Chapter

시각화

- 두뇌의 복잡한 기능인 기억력: 기억력을 향상시키는 전통적인 방법들.
- 네 가지 지능 "언어" : 문어, 수학적 언어, 시각언어, 감각언어.
- 대용량의 기억 저장과 행동양식을 변화시키는 시각 이미지. 텔레비전의 강력한 영향력.
- 기억력을 강화시키는 시각화 기술: 연상, 단어 치환, 이야기 링크, 발음 알파벳, 항목, 이름, 숫자 리스트 기억하기.
- 스케치 – 시각화와 생각의 도구
- 설계와 삼차원 입체 모델링을 위한 시각화.
- 심화학습: 참고문헌, 연습문제, 복습, 실천사항 점검목록.

"달에 갔다고 생각해 보라!"

위의 문장을 처음 읽었을 때 독자들의 마음속에 무엇이 떠오르는가? 관련된 수학 수식이나 과학, 공학, 기술 같은 것이 생각나는가? NASA의 아폴로 프로그램과 단계적 문제 해결과 절차 같은 것에 온 마음이 쏠리거나 닐 암스트롱(Neil Armstrong)이 말했던 "인류에게는 위대한 도약" 이라는 말이 떠오르는가? 달의 지표면을 (우주복도 걸치지 않은 채) 걸으면서 달에서 지구를 바라보는 상상이 떠오르는가? 아니면 은은한 밤에 은빛으로 빛나고 부드럽게 파도소리가 출렁이는 싸한 바다위로 떠오르는 달을 보기 위해 맨 발로 사랑하는 사람과 손을 잡고 모래 언덕을 오르는 상상이 경험이나 상상 속에서 떠오르는가? 아마 위의 글들이 애매하고 뒤죽박죽이라는 생각이 들 것이다. 도대체 공상 과학 단편을 쓰는 거야 연구보고서야 시를 쓰나? 뭐야?

이런 여러 다른 반응들은 사람이 생각할 때 사용하는 다양하지만 서로 보완적인 인간의 지능언어를 보여 준다. 학교에서 가르치지 않는 모드(mode)나 창의성의 열쇠이자 제 1 장에서 나온 그림 1.1의 기본능력 개발 도구의 하나이기 때문에, 여기서는 시각적 사고에 중점을 두고 이야기하겠다. 이 장에서는 시각화(Visualization)에 기반한 강력한 기억법을 보여 줄 것이고 입체 모델링과 설계에 사용되는 공간 사고 능력과 스케칭과 관찰 능력을 향상시키는 훈련법이 소개될 것이다.

시각화 또는 "마음의 눈으로 보기" 라는 기법은 창의적 사고와 문제해결을 확장시킬 수 있다.

Dorothy A. Sisk, chaired professor, Lamar University

기억력과 두뇌

새로운 방향을 지향하기 위해서는 의식적인 노력이 필요하다. 노력은 훌륭한 투자이다. 아마도 가장 일반적으로 창의성을 방해하는 것은 전통적으로 해오던 문제 해결법을 일상적으로 신뢰한다는 것과 창의적 문제 해결이 더 어려운 것이 아니고 일상적 문제의 답을 구하는 것 보다는 쉬워야 한다는 환상일 것이다.

James L. Adams

컴퓨터 기억능력과 인간 두뇌의 유사점을 비교하는 것은 흥미로운 일이다. 인간의 단기 기억력 또는 "메모지 같은(scratch-pad)" 기억력은 컴퓨터의 스크린에 올라 있는 내용과 비슷하다. 하드 디스크나 장기 기억에 저장되지 않는다면 단기 기억은 단추 하나 누르면 사라져 버린다. 사람이 전화번호를 보고 전화번호를 누를 때는 이런 단기 기억력을 이용한다. 만약 통화 중이어서 다시 눌러야 한다면, 전화번호를 잊어 버려 다시 찾아 봐야 한다는 것을 깨닫게 된다. 여러 고유 성질을 가지는 인간 마음은 컴퓨터와 매우 다르고 훨씬 더 복잡하다. 인간의 기억 능력은 컴퓨터의 기억 능력 보다 훨씬 믿음직하지 못하지만 달리 더 비상한 면이 있다. 무엇보다 근본적으로 주요한 것은 인간 마음이 단순한 정보 처리 기기가 아니라는 것이다. 인간 마음은 사물들을 전혀 예상 못했던 창의적 방법으로 다양하게 서로 연상지울 수 있다. 기본적으로, 인간의 두뇌는 단순한 논리 기계가 아니라 경험에 입각하여 작동한다. 인간 두뇌가 새로운 패러다임이나 스크립(script)을 알게 되면, 단지 효율적인 일상생활을 영유하는데 뿐만 아니고, 변화하는 주변 환경이나 상상에 맞추기 위해 이런 스크립에 적응하기도 하고, 변화시키기기도 하고, 실행 해보기도 한다. 그러나 불행하게도, 현재의 많은 학교 시스템들은 여러 다른 방법으로 생각을 해보는 것이나 스크립을 변화시켜 보는 것이나 지식이나 다른 지능 언어들을 유연하게 창의적으로 사용하는 것을 가르치지는 않고 시험을 통과하는 법이나 공식에 대입하는 법 같은 것 만 기본적으로 가르치고 있다.

학습의 첫 단계는 정보를 기억하는 것이다. 보다 높은 수준의 사고를 하기 위해 기억이라는 은행에 예금을 해야 하는 것이다. 학교에서 학생들이 무엇인가를 기억하도록 하는 가르치는 주요 방법은 기계적 쓰기와 반복, 즉 순전히 문어적 방법이다. 인간 두뇌가 작동하는 방법이기 때문에 기억의 강력한 도구인 시각화라는 지능 활동이 일반적인 학교 교육에서는 무시되어 지고 있다.

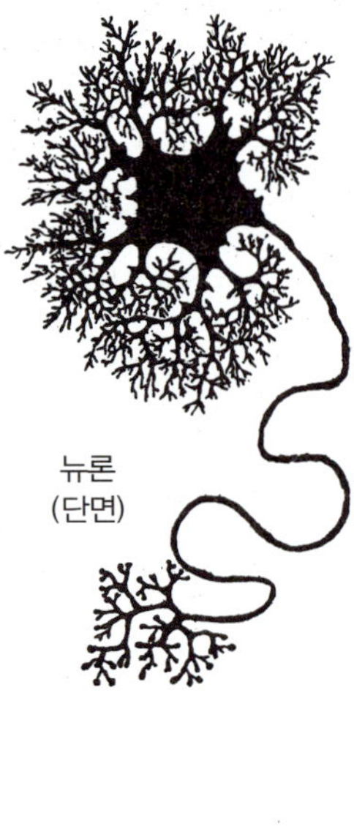

뉴론
(단면)

과거의 과학자들은 사람들이 인간 두뇌 능력의 경우 10% 정도만 사용한다고 생각했다. 그러나 미국 University of California at Los Angeles의 연구자들은 10%가 아니라 겨우 2% 이하라고 추정해 냈다. 성인의 두뇌는 자몽 하나 만한 크기에 약 3 파운드 정도 무게가 나간다. 만약 가능하다고 하고 인간 두뇌의 기억 능력 정도의 컴퓨터를 만든다고 하면 수 조 불의 비용이 들 것이고 그 크기는 고층의 마천루만 할 것이고 어마어마한 냉각

장치가 필요할 것이다. 계산 능력이 컴퓨터가 인간 두뇌 보다 훨씬 빠르고 정확하게 할 수 있는 영역이기는 하지만, 우리 두뇌는 놀랄 만큼 다양하고 믿을 수 없게 복잡한 사고 능력들을 가지고 있다.

두뇌와 신경 조직에서 활동하는 세포를 뉴론(neuron)이라 부른다. 신경심리학자들은 뉴론을 다른 뉴론과 연결되지 않은 독립적이고 하나 하나가 유일한 세포로 본다. 각각의 뉴론을 하나의 정보 처리 시스템으로 생각할 수 있다. 몸에 있는 다른 세포와 달리 뉴론은 복제되지 않는다. 인간 두뇌는 약 1500억 개의 뉴론으로 구성되었다고 추정된다.

뉴론 하나에는 주변의 1,000개에서 15,000개 정도의 다른 뉴론으로부터 시냅스(synapse)라는 신호를 받는 수지 돌기(dendrite)라는 촉수처럼 생긴 아주 많은 수의 융기가 있다. 과학자들은 뉴론간의 가능한 연결의 경우의 수는 우리가 알고 있는 우주에 존재하는 원자의 수 보다 많을 것으로 생각하고 있다. 특정한 시냅스는 유전자에 의해 결정되지만 대부분은 경험에 의해 후천적으로 만들어 진다. 사람의 일생에 있어 처음 5 년간에 이런 연결이 가장 쉽게 이루어진다. 알츠하이머 병과 같은 몇몇 질병의 경우를 제외하고는 새로운 뉴론간의 연결은 노후가 되어도 계속 유지된다. 특히 평생 계속해서 학습을 할 경우 이 능력은 잘 유지된다.

두뇌는 최후의 그리고 가장 대단한 생물학적 미개척지이다. 인간 두뇌는 우주에서 인류가 발견한 것 중 가장 복잡한 것이다.

James Watson, DNA의 이중 나선 구조의 공동 발견자

사람들이 자신은 더 이상 새로운 능력을 배우기에는 너무 늙었다고 이야기하는 것은 더 이상 시간과 노력을 들이기 싫기 때문이다. 학교에서 수학을 배우는데 얼마나 많은 시간을 들였던가? 그만한 양의 다른 어떤 일을 새로 배우려 한다면 그 만큼의 시간이 다시 필요할 것이다. 그래도 반길 일은 사람의 두뇌는 놀랄 만큼 변화무쌍하다는 것이다. 두뇌가 작동하는 방식는 의도적으로 바뀔 수 있다. 새로운 습관이나 사고 방식 또는 새로운 문제해결 능력을 배우기 위해서는 두뇌 속의 오랜 습관화된 패턴을 지우고 신경망(neural network)에 새로운 뉴론의 연결을 확립하여야 하기 때문에 상당한 노력이 필요하다. 대부분의 성인들이 질문을 받으면 나이 들면서 자신들의 두뇌 기억력이 나빠진다고 하지만 두뇌와 두뇌의 설계된 내용에 가장 잘 작동하는 최선의 기술을 배운다면, 그들의 두뇌는 훨씬 잘 작동할 것이다. 첫 번째 단계로 표 3.1에 요약되어 있는 기술들이 기억력을 향상시키는데 도움이 될 것이다.

지능 언어

다음과 같은 시나리오를 상상해 보자. 당신의 누이동생의 생일에 파티를

열어 준다고 하자. 한 친구가 작은 스포츠 가방을 가지고 왔다. 그리고 그는 누이동생이 당신이 설명하는 데로 스케치를 하여 가방속의 설명을 추측해 맞춰야 된다고 한다. 당신은 눈이 가려졌고 가방 속에 한 손을 넣어 선물을 만질 수는 있다고 한다. 당신은 수수께끼의 (불규칙적인 기하학적 모양을 가진 것 같은) 물체를 더듬으면서 이름을 말하지 않고 그것의 특징을 계속 이야기해 주어야 한다. 이 일이 매우 쉬워 보이겠지만, 대부분의 경우 놀랍도록 어려운 일이라는 것을 깨닫게 될 것이다. 느낌으로 어떤 모양인지 식별해내는 것은 간단한일이 아니고 게다가 그 물체의 종류를 말로써 표현한다는 것은 더욱 어렵다. 스케칭 기술을 배운 적이 없기 때문에 대부분의 사람들에게 수수께끼의 물체를 스케치한다는 것이 매우 절망적인 작업이 될 것이다.

현재 사회 문화에서는 문법(문장에 나타나는 단어의 순차적 순서)에 의해 제한된 문어적 사고가 매우 강조된다. 이런 식의 직선적이고 논리적인 구조는 생각할 때와 문제해결하려 할 때 하나의 결론으로만 몰고 가도록 강력한 영향을 끼친다. 그러나 문어적 사고가 문제해결에 적당한 유일한 사고 모드는 아니다. 수치를 다루게 되면 기호를 사용하는 수학적 접근 방식이 문제를 쉽게 해결하는데 반해서 문어적 접근 방식은 훨씬 더 복잡해진다. 추상적인 수학적 사고는 어떤 패턴이나 약속을 따라야 하고 미리 결정된 결과를 이끌어 낸다. 다른 방식은 미리 제외해 놓고 문어적 (또는 수학적) 관점으로만 문제를 접근하면 그 결과 나오는 것은 상투적인 생각들뿐일 것이다.

감각적인 사고는 기억력과 창의적 문제 해결에서 중요하다. 상을 받을 만큼 훌륭한 조리법을 만들거나, 새로운 치약에 대한 마케팅 전략을 세우거나, 미래 지향적인 자동차의 조향 핸들을 설계하거나 왜 아기가 울고 있는지를 알아보려 할 때 인간 신체의 후각, 촉각, 미각, 청각과 운동 능력(kinesthetics) 감각은 해결하여야할 문제와 직접적인 관련을 가진다. 좋은 촉감의 천 조각이나 좋은 소리나 냄새 등의 주변 물질 환경은 기본적으로 인간 두뇌의 우반구를 자극하여 간접적으로 사람의 두뇌를 자극하고 창의적 생각을 잘 할 수 있도록 해준다. 텔레비전의 광고를 보면, 광고되고 있는 제품을 연상시키는 음향 효과와 박자와 함께 시각적으로 또는 말로 얼마나 많은 감각적 정보가 전달되고 있는지 알 수 있다.

시각적 상상(즉, 시각화)은, 이제야 겨우 주의를 끌기 시작하기는 했지만, 여러 다른 활동에 필요한 주요 사고 모드이다. 주위의 사물을 진짜로 볼 수 있어야 한다. 생각 속의 그림을 그리는 식으로 상상력을 훈련시

기본적으로 직접 보거나 상상을 하거나 연필과 종이로 그리거나 하는 상황에서 시각적 사고는 진행되지만, 시각적 사고의 전문가가 되면 이런 세 가지 형상을 모두 유연하게 사용할 수 있다. 전문가라면 보는 것과 상상하는 것 그리고 그리는 것이 서로 상호 작용을 한다는 것은 알고 있다.
시각적으로 생각하는 법을 배우는 것이야 말로 종합적인 지능 활동에 필수 불가결한 일이다.

Robert H. McKim

표 3.1 기억력을 향상시키는 비시각적인 기법

1. **새로운 기술의 훈련** 단지 기억하여 연상하기만 원한다면 반복하는 방법이 두뇌에 신기술에 필요한 기억의 경로나 구조를 강화해준다. 그러나 신기술을 적용해보거나 신기술로 실험을 해보거나 다른 사람에게 전수해 보는 등 다양한 방법으로 새 기술을 연결하여 사용해 볼 때 신 기술에 대한 이해가 증진된다.

2. **효과적인 시간상의 반복** 시험 전날 지독한 벼락치기가 공부하는 최선의 방법일까? 여러 시간상에 반복하여 학습하는 것이 단 한 번에 스트레스를 받으며 하는 지독하게 공부하는 것 보다 사람 마음에 보다 굳건한 학습 결과를 자리 잡게 한다. 최소한 중요한 새 정보는 10 분 내에(또는 같은 날내에) 복습하라. 그리고 하루, 이틀, 그리고 일주일 뒤 식으로 복습하라. 대부분 그 이후에 복습하지 않겠지만 (특히 학생이라면 시험 끝난 후 복습하지 않겠지만) 오랜 동안 기억하고 싶다면 6 개월 정도 간격 마다 복습하라.

3. **이미 알고 있는 것들과 의도적 연결을 하여 연상하기** 더 많이 알수록 새로운 지식을 배우고 다른 것과 연결지어 연상해 내기 쉬워진다. 만약 이미 기억하고 있는 것과 새로운 정보가 매우 흡사하다면 또는 반대로 전혀 그 주제에 대해 아는 것이 없다면 새로운 정보에서 뭔가 낯선 것을 알아채거나 차이를 인지하거나 비교할 것을 이끌어 내지 못한다면 마음속의 주의력을 끌어 내지 못한 것이다. 그러니 다음과 같은 질문을 자신에게 해 보아라. "여기서 새로운 것이 무엇이 있지?" "이것은 도대체 무엇이 다른 점이지?" "이게 의미가 있다면 도대체 어떻게 의미가 있는 거야?"

4. **주의 집중** 학습을 하고 있는 주변 환경이 흥미롭거나 동기 유발적이거나 또는 매우 정서적이고 감각적이라면 사람의 주의력은 급격히 올라가고 장기기억으로 전달되는 정보의 양이 증가된다. 전형적인 예 중 하나는 John F. Kennedy 대통령 암살 사건이다. 많은 사람들이 이 충격적인 뉴스를 들었을 때 자신이 무엇을 하고 있었는지 선명히 기억하고 있다. 중요한 정보를 잘 기억해 내고 싶으면, 일상적인 학습 환경에 색다른 변화를 만들어 감각적인 "꼬리표(tag)"를 달아 보아라. 예를 들어 향수 같은 것이 많은 도움을 줄 것이다.

5. **주의 깊게 관찰하기: 관찰 기술을 정련하라** 주위 환경을 주의 깊게 살펴봐라. 낯설고, 색다르고, 흥미로운 (특정한 상황에 어울리지 않는) 것이 있는지 찾아봐라. 관찰은 수동적으로 그냥 보고 있는 것이 아니다. 적극적으로 주어진 상황에 임하는 것이다. 관찰은 유용한 질문들을 생각해 낼 수 있게 해주는 첫 번째 단계이다. 호기심을 가지고 관찰하고 있는 어떤 현상에 대한 질문을 할 수 있을 때, 해답을 얻게 되면 그 해답을 기억할 수 있게 된다.

6. **기억을 보조하는 도구의 이용** 모든 것을 기억해야 되는 것은 아니다. 목록을 작성하라. 자명종이나 타이머 같은 것을 이용할 수도 있다. 약속장을 이용하거나 매일매일 해야 될 일의 목록을 작성할 수도 있다. 메모를 작성할 수도 있다. 학습과 기억의 보조 도구로 비디오나 컴퓨터 등을 이용할 수도 있다. 지도나 챠트 등 다른 시각적 도구들을 이용할 수도 있다. 자주 사용하는 물건들은 정해진 위치에 정돈하는 식으로 책상을 정돈하라. 서류철을 만들고 잘 관리해라. 잡지나 일기장을 잘 보관해라. 전략적으로 보이기 좋은 위치에 메모를 붙여 놓아라. 우산, 옷, 책, 연필 등에 이름을 적어 놓아라. 연상기호도 사용해 보아라.

7. **두뇌를 보조하는 건강한 생활 습관** 정기적으로 운동을 해라. 잠을 충분히 자라. 영양가 있는 음식을 천천히 먹어라. 술이나 마약 같은 자극적인 것들을 하지 마라. 흰 밀가루, 정제 설탕, 인공 감미료, 포화 지방 등도 삼가라. 활기를 북돋우는 단백질을 섭취하라. 작업이나 공부 후에는 두뇌를 달래 주는 적당한 양의 탄수화물을 섭취해라. 생선, 콩, 오트밀, 쌀 그리고 땅콩 등 비타민 B 복합체 중의 하나인 콜린(choline)을 증진시키는데 콜린은 기억력을 증진시키는 신경 전달물질의 전단계 물질이다. 잎사귀로 된 초록색 야채, 폴산(folic acid)은 두뇌의 기능과 학습 능력을 도와 준다. 주의해서 적절한 카페인을 사용하면 두뇌의 활력을 증진시킬 수 있다. 심장에 좋고 암 예방적인 식생활 또한 두뇌에도 좋다.

킬 필요가 있다. 생각해낸 아이디어를 그래픽으로 표현하는 능력을 개발하여야 한다. 이미지를 스케치하고 데이터와 연관 관계를 다이어그램으로 만들어 냈을 때 아이디어가 보다 견고해지고 생각 과정에 도움을 줄 수 있다. 스케치를 하는 것은 또한 다른 사람들과 아이디어를 주고받는 데 도움이 된다. 시각적 사고는 종합적이고, 공간적이고 법칙에 의해 제한되지 않기 때문에 시각적 사고를 통해 서로 다른 것을 융합한 상승 작용과 새로운 발견 그리고 창의성을 이끌어 낼 수 있다.

10분 활동 3.1 : 오리와 양

어러 다른 지능 언어를 사용하여 네다섯 가지 방법으로 다음 문제를 해결해 보라. 어떤 농장주의 아들이 모두 22개의 다리를 가지는 8마리의 가축(오리와 양)을 선물로 받았다. 오리는 몇 마리인가?

수량의 시각화

모든 사고 모드는 시각화를 통해 증진될 수 있다. 여기서는 수학적 사고와 연관시켜 이 사실을 보여 주겠다. 크기와 수량 그리고 수량들이 서로 관계를 가지는 방법에 대한 감각을 개발할 수 있다. 예를 들어 백만과 십억 또는 일조사이의 차이점은 무엇인가? 만약 시간을 기준으로 비교를 한다면, 백만 초는 약 11일하고 반나절이 된다. 십억 초는 약 32년에 해당하고, 일조 초는 30,000년이 넘는다. 바이러스와 원자 그리고 양성자의 크기를 비교해보면 어떨까? 바이러스의 크기를 사람의 크기와 비교하면 얼추 사람의 크기와 지구의 크기를 비교하는 것과 비슷하다. 원자를 사람과 비교하는 것은 사람을 태양 주위의 지구 공전 궤도와 비교하는 것과 비슷하다. 양성자를 사람과 비교하는 것은 사람과 지구로부터 태양외의 가장 가까운 항성인 알파 센츄리(Alpha Centauri)까지의 거리를 비교하는 것과 비슷하다. 가장 작은 것은 무엇인지 알겠는가? 대소를 비교하는 스케일의 차이가 보이는가?

공통적으로 많이 거론되는 큰 수량에 대해 사고 이미지를 개발하면 유용하다. 어떤 것 100개가 어떻게 보이고 느껴지는지 경험해 보려면 100개의 1센트짜리 동전과 100개의 10센트짜리 동전을 쌓아 보면 된다. 1000개의 벽돌이 들어가려면 어느 정도 크기의 벽돌 담이 되어야 하는지 이웃의 벽돌담을 조사해보라. 9야드 길이의 선에 사분지 일 인치의 선분을 비교하는 것과 표준 크기의 하얀 전지와 거기 찍힌 지문 하나를 비교하는 것 그리고 1리터의 우유와 약 한 차 숟갈 정도 되는 일 세제곱 센티미터

말로 길을 가르쳐 준 것과 대충 그렸더라도 약도로 길을 가르쳐 준 것 중 어느 것이 더 기억하기 좋은가?.

를 비교하는 것 중 어느 것이 더 비교하기 쉬운가? 앞 문장의 세 가지 비교는 사실 모두 대략 1 : 1000의 비율이다.

5분 활동 3.2 : 큰 수량의 시각화

두 사람이 함께, 1,000, 10,000, 100,000 그리고 백만을 어떻게 시각화할 것인지 브레인스톰 해보라. 그리고 아래에 가장 좋은 아이디어를 적어 보라.

1,000은 다음과 같이 시각화될 수 있다. ________________

10,000은 다음과 같이 시각화될 수 있다. ________________

100,000은 다음과 같이 시각화될 수 있다. ________________

1,000,000은 다음과 같이 시각화될 수 있다. ________________

시각화는 매우 강력한 사고 도구이다. 기억 기술에 어떻게 적용될 수 있는지 다음 절에서 스케치해 보여 줄 것이지만 여기서는 먼저 시각화를 이용해 습관을 좋은 방향으로 어떻게 바꿀 수 있는지 보여 주겠다. 반대로 하나 주의할 것은 제대로 관리되지 않는 사고 이미지는 악영향을 끼칠 수 있다는 것이다.

습관 바꾸기

시각적인 형태로 정보를 코드화하면 인간의 사고로 문제를 해결하는 데 많은 도움이 된다. 사람의 무의식은 수면을 취하거나 다른 일을 하고 있을 때일지라도 이렇게 시각적으로 코드화된 정보를 이용하여 문제를 해결하려 한다. 이것이 왜 명시된 목표를 가지고 이를 시각화하는 것이 그렇게 중요한지의 이유이다. 만약 마음속에서 명시된 목표를 상세하게 빈번히 그리고 있으면 마음이 저절로 그 목표를 달성하는 일을 하는 쪽으로 이끌어 갈 것이다. 결국, 상상하는 대로 사람은 자신을 이루게 되는 것이다. 예를 들어 긍정적인 역할 모델을 생각하는 것은 대인관계에 유용하다. 여러 상황에서 긍정적으로 어떻게 행동할지 마음속으로 연습해 보았기 때문에 시각화로 다른 사람과의 대인관계가 개선될 수 있다. 근래에 시각화는 최고의 운동 순간을 상상해 보거나 목표를 달성하게 해주는 행동 태도와 운동 순서, 기술 등을 마음속으로 연습할 수 있게 해주어 운동선수의 훈련에 이용되고 있다.

바람직하지 못한 습관을 시각화의 능력으로 어떻게 고칠 수 있는지 보여 주겠다. 정크 푸드(junk food)로 아침을 먹는 습관을 건강한 생활을 위해 개선하고 싶어 한다고 하자. 실험삼아 시도해 보자. 세 번 자신에게 다음과 같이 말해라.

아침으로 도넛을 먹지 마라!

마음속에 어떤 일이 벌어 졌는가? 하루 종일 무슨 생각이 날 것 같은가? 마음속에서는 "먹지 마라"라는 말은 들리지 않을 것이다. 대신에 결과적으로 도넛의 생생한 모습 만 마음속에 떠올라서 만약 도넛이 하나라도 시야에 들어오면 먹고 싶은 욕망에 항복하고 말게 될 것이다. 그러면 도대체 새로운 습관을 형성하기 위해 무의식적인 생각에 도움이 될 수 있는 것이 무엇일까? 자신에게 긍정적인 명령을 해라. 다음과 같이 말해 보라.

오트밀과 과일로 건강한 아침 식사를 해라!

마음속으로 긍정적인 명령과 그 결과를 그려보라. 추운 겨울 아침에는 계피를 넣은 오트밀과 구운 사과를 그리고 여름에는 싱싱한 복숭아나 딸기를 준비하고 즐기는 자신을 시각화해보라. 감각적인 사고도 사용해라 - 냄새와 촉감, 맛을 상상해보라. 강력한 시각화라는 기술은 담배를 끊거나 급한 성질을 죽이거나 질병과 싸우는 동안 인체의 저항 시스템을 강화하는 등의 여러 상황에 효과적이다.

어린아이들과 대화할 때도 두뇌의 이 능력을 명심하여야 한다. 만약 "꽃병을 만지지 마라" 했다면 어린아이에게 꽃병을 만지는 이미지를 상상하게 한 꼴이다. 틀림없이 이제 막 걸음을 걷는 아기 정도면 경고한 지 십 분 내에 꽃병을 건드릴 것이다. 그러니, 아이들을 긍정적인 방향으로 이끌어 탐구하고 가지고 놀아 보고 배우고 창의적으로 생각해보도록 도와 줘라. 안전한 물건을 보여 주고 "만져보니 어떻게 느껴지니? 문지르면 어떤 냄새가 나니? 톡톡 쳐보면 무슨 소리가 나니?" 하고 물어 보라. 사물을 이것저것 식으로 부르지 말고 이름으로 말해 주어라. 아이들이 자랄 때까지 비싼 귀중품은 건드릴 수 없는 곳이나 아예 안 보이게 치워 버려라.

사람이 생각하는 것이 행동에 영향을 주기 때문에 무엇을 생각하면서 시간을 보내는지가 중요하다. 제어되지 않은 이미지들이 영향을 주도록 방치하면 안 된다. 대신 보다 효과적으로 생각할 수 있도록 시각적 사고의 힘을 이용하여야 한다. 어떤 사람들은 시각화가 자신들이 반대하는 철학이나 정치적 프로그램의 도구로 사용될까 봐 겁내 한다. 그러나 무엇을 생각

연습을 하면, 뭐든지 할 수 있다.

Jerry Lucas, 기억능력 전문가이자 농구 금메달리스트

할 것인가 그리고 인간 마음의 위대한 능력을 어떻게 사용할 것인가 결정하는 사람은 결국 각각의 개인이다. 알려진 것처럼, 원하지 않는 무의식적인 악영향에 대한 최선의 방어는 생각하는 마음이다.

텔레비전 시청과 비디오 게임

무의식적인 마음은 실제 현실의 상황과 믿도록 조작된 이미지를 구별하지 못한다. 평가하는 마음을 멈추고 현실감 없이 텔레비전을 보고 있다면 무의식의 마음세계에 무엇이 전달되고 있을까? 1989년 중간 Time지의 한 기사에 따르면 미국 청소년이 16살이 될 때까지 주로 미화된 폭력으로 채워진 200,000개 정도의 텔레비전 프로그램 꼭지를 시청한다고 한다. 물론 이 상황은 그 후로 거의 개선되지 않았다. 이 상황이 젊은 세내에서 범죄율이 심각한 경고 수준으로 올라 간 주요 원인일 수 있지 않을까?

텔레비전은 세상을 보는 관점을 비틀리고 불완전하게 한다. 대부분의 뉴스들은 시청자를 조종하려는 기자와 편집자의 눈과 "필터(filter)"라는 관점을 통해 본 그래픽과 종종 부정적인 이미지들과 함께 30초 성노의 소리로 구성된다. 드라마는 좋은 문제해결을 거의 보여 주지 않는다. 문제해결을 위해 폭력이 현실 세계 보다 훨씬 더 많이 사용된다. 텔레비전에서 생각하기를 권장하고 이 세상의 경이로운 것과 좋은 역할 모델 그리고 주요한 이슈의 배경 지식에 대해 알려주는 프로그램을 찾으려는 노력이 필요하다.

몇 시간 동안의 수동적인 텔레비전 시청과 비디오 게임은 아이들의 두뇌를 손상시킬 수 있다. 연구에 따르면 지속적이고 강렬한 시각 이미지는 창의적 사고의 능력을 포함한 일반 사고 처리 과정을 방해할 정도로 전기적 자극의 주파수를 자주 바꿈으로써 신경 조직적 중독이 일어나게 할 수 있다. 빈번한 시각적 청각적 변화는 두뇌의 자연적 방어 기제를 뛰어 넘을 정도로 두뇌가 집중하기를 강요한다. 그 반면에 독서는 문제해결에 필요한 언어와 추리 능력을 발전시켜 상상력을 북돋운다. 전문가들은 아동들의 텔레비전 시청을 완전히 못하게 하거나 최소한 현저히 줄이게 하고 의식적 사고를 증진시키는 토론과 독서를 하여야 한다고 권장한다. 제 6 장에서 텔레비전 이외에 창의적인 사고를 방해하는 다른 장애물에 대해 논의할 것이다.

기억능력을 향상시키는 네 가지 시각화 기술

모든 참된 것과 모든 고상한 것과 모든 옳은 것과 모든 사랑스러운 것과 모든 영예로운 것, 곧 덕스러운 것과 칭찬할 만 한 것들을 여러분 마음에 새겨 두시오, 그리고 내게서 배운 것과 받은 것과 듣고 본 것을 실행하시오.

NIV 성경 빌립보서 4 장 8–9 절

시각화(다른 말로 이미지로 생각하기)는 좋은 기억 능력을 가지는데 매우 중요하다. 시각화는 무의식적인 마음이 정보를 처리하는 동일한 방법에 기초하기 때문에 효과적이다. 단기 기억능력으로는 서로 관련지어 지지 않은 몇 가지 아이템들만 기억할 수 있으나 시각적 이미지에서는 사람의 마음속에 수 천 비트의 정보를 연결하고 저장할 수 있다. 사람의 마음은 생소한 이미지를 가장 잘 기억하기 때문에 "기억할 만한(memorable)" 이미지를 구성하여야 하고 최고의 효과를 위해 "기묘한(weird)" 연결을 지워야 한다. 이 중 몇 가지 기술은 지식이 책이 아닌 사람의 기억을 통해 사람과 사람, 세대와 세대로 전달되던 고대에도 이미 알려져 있었다. 이 절에서는 연상(association), 단어치환(word substitution), 이야기 링크(story link), 그리고 발음 알파벳(phonetic alphabet)의 네 가지의 방법을 소개한다. 기억 말뚝(memory peg)과 같은 보다 발달된 방법은 특별한 과제로 주어져 조사하게 하기는 하지만 이 책에서는 다루지 않는다.

연상

이 사고 기술은 기억하기 원하는 것을 이미 알고 있는 것과 연결지우는 방법이다. 고대 그리스나 로마의 웅변가들은 자신의 집에서 걸어가는 동안 만나는 것들을 상상해 연결하여 연설할 주제들을 기억하고는 했다. 마음속으로 방에서 방으로 걸어가면서 연설의 어떤 부분을 자신의 집의 다른 장소와 마음속으로 연관시켜 놓았다. 이 방법이 효과적이 되려면 이런 연결들이 색다르고 예외적인 것일수록 좋다. 고대의 이 특수한 기술은 "loci"* 또는 "places"* 방법이라고 알려져 있다.

기억력은 인간의 지성과 상상력, 그리고 성취의 모든 면에 있어 필수불가결한 원천이다.

Jack Maguire

예제 1–연설의 윤곽 기억하기 : 좋은 기억능력에는 소재(material)에 대한 이해, 보관(filing), 검색회수(retrieval)의 세 가지 다른 개념이 필요하다. 이 세 가지 개념을 차례로 기억하기 위해 "places" 기술을 이용해 보자. 우리가 지금 생각하는 집은 하나의 지주로 받쳐진 지붕을 가진 정문 현관을 가지고 있다. 마음속으로 지붕이 무거운 석판으로 변하면서 거리 쪽을 마주한 쪽에 큰 글자로 "소재(MATERIAL)"이라고 새겨져 있다고 상상하라. 이 소재의 석판 아래 당신이 서 있다는 것을 상상해 그려 보라. 마음

* 역자주 : 모두 장소라는 의미가 있음

속에 "소재 밑에 서 있는 자신"의 이미지가 확고히 새겨졌는가? 만약 당신 집에 비슷한 이미지로 변할 현관이 없다면 자신의 경우에 맞는 다른 이미지를 상상해야 될 것이다. 이제 안으로 들어가 보자. 코트를 벗으려 한다고 하자. 항상 그렇듯이 옷장에 옷을 거는 대신에 옷장이 있던 자리에 커다란 서류 캐비닛이 있다고 상상하라. 커다란 서랍을 당겨 열어서 코트를 집어넣어 보관(filing)하라. 집에서 세 번째 들르는 곳은 손님용 욕실이다. 장난감 고무 오리들로 가득 찬 굉장히 커다란 세면기를 상상하라. 고무 오리 전부를 회수(retrieval)하기 위해 당신은 "붉은 체(red sieve)"를 집어 든다. 이 행동과 붉은 체가 "회수*"를 생각나게 해 줄 것이다.

이미지 연결 고리를 주의 깊게 만든다면, 언제든지 이런 연상을 다시 떠올릴 수 있다. 연설하러 대중 앞에 섰을 때, 시험 중 아무 생각이 안 날 때 당신의 집을 걷고 있는 것을 상상하라. 연관되었던 개념들이 올바른 순서대로 의식적 생각에 뛰어 나올 것이다. 만약 일련의 많은 아이템을 기억하기를 원한다면 한 방에서 다섯 개의 아이템을 연상하여 기억 해 내는 방법으로 이 기술을 이용하라. 시각적 이미지는 지식의 어떤 일정 부분이라는 "금고"를 여는 비밀번호와 같기 때문에 시각화는 정보를 검색 회수하는데 있어 강력한 기술이다. 어떤 주제를 잘 알고 있더라도, 이를 잘 정리해 기억에 보관하지 못하면 나중에 이를 검색해 회수하는 데 어려움이 있을 것이다. 시각화는 필요한 키워드를 다시 생각나게 해 주겠지만 그 키워드를 가지고 정보를 채우고 사용하게 하는 것은 자신이 연상한 것을 얼마나 잘 이해하고 있는지에 딸려 있다.

예제 2 – 하려던 어떤 의도를 기억해내기 : 연상은 나중에 하려고 하는 일의 의도를 기억하려 할 때도 매우 효과적이다. 한 밤중에 자다 깨어 다음 날 아침에 어떤 책을 가져 가야겠다는 생각은 들었으나 메모를 하거나 하기는 싫다면? 가져가려는 책이 커피포트에서 커피여과지로 부글부글 끓으며 커피를 거르고 있는 강력한 이미지를 마음속에 그려 보고 다시 잠을 청해라. 아침에 일어나, 커피포트에 커피를 넣으려 할 때 밤에 그려 본 강력한 이미지가 마음속에 떠오를 것이다. 이제 서류가방이나 등 가방에 책을 넣기만 하면 된다. 항상 하는 행동(심지어 그것이 아침마다 자는 늦잠일지라도)에 "기묘한" 연상을 연결시켜라.

직장이나 학교에서 갑자기 집에 가는 길에 오렌지 주스를 사야겠다고

---

* 역자주 : refrieval과 red seive의 발음의 유사성을 이용한 것임.

생각이 나면? 이번에는 가게를 들르는 것과 사려는 물건의 두 가지 일을 기억해내야 한다. 일상적으로 집에 가는 길과 가게로 향하는 주요한 길목을 마음속으로 그려라. 이제, 곧장 집으로 갈 수 없게 만드는 그런 아주 특별한 사건을 상상하라. 커다란 뱀이 쉬쉬거리며 쫓아 온다든지, 정면에서 물이 거대한 벽을 만들며 쓸어 온다든지, 길 한가운데 큰 모닥불이 가로막고 있다든지 등의 상상. 이런 사건의 이미지 다음에 가게 입구에 걸려 있는 거대한 오렌지 주스 병이 가게로 들어오는 사람들을 주스로 흠뻑 젖게 하는 장면을 시각적으로 상상해라. 이런 이미지들을 모두 마음에 새겼으면 일상으로 돌아가도 된다. 그리고 집으로 돌아오는 길이 되면 이런 이미지들이 마음속에서 불쑥 떠올려지면서, 당신의 마음이 저절로 들러야 할 가게에 가게 할 것이고 사야 될 것을 생각나게 할 것이다.

주의 : 이 장에 있는 예제를 읽으면서 나오는 이미지나 이야기를 기억하려 하지 마라. 그것들은 사용하려는 기술을 보여 주기 위한 예시일 뿐이다. 시각화는 자기 자신에게 맞고 의미 있는 자신의 이미지를 만들어 낼 때 가장 효과적이다.

단어 치환

기억법 전문가인 제리 루카스(Jerry Lucas)는 학습과 기억력에 대한 그의 발표를 사람이 아주 어릴 때는 어떤 사물을 보면 그 사물의 이름을 연관시킴으로써 최초의 학습을 한다는 말로 시작하였다. 사람은 오직 소수만 성인되어서도 유지하고 있는 "사진기와 같은" 기억력이 아니라, "사진기와 같은" 마음을 가지고 있기 때문에 어떤 이미지를 이름과 연관시켜 기억한다. 어떤 사물의 이름을 다시 듣게 되면, 곧장 그 이미지를 마음속으로 그려 보게 된다. 다음과 같은 경우로 이 사실을 확인해 보자. 잠시 동안 얼룩말에 대해 생각하지 말도록 하라. 그런데, "얼룩말"이란 단어를 읽자마자 어떤 이미지가 마음속에 떠올랐는가? 물론, 얼룩말을 보았을 것이다. 얼룩말을 생각 하지 않을 수 없었을 것이다. 추상적이고 무형의 사물에 대해 물어 올 때가 연상하기 어렵다. 이를 위해 이제 단어 치환이란 기술에 대해 이야기해보자. 이 방법은 무형의 단어나 개념을 유형의 사물로 치환하는 방법이다. 아무 유형의 단어를 선택해서는 안 된다. 무형의 단어를 생각나게 하는 예를 들면 발음이 비슷한, 단어를 선택해야 한다. 제리 루카스는 골프를 치는 수녀(영어로 골프 프로 선수인 수녀라고 pro nun이 될 수 있음)를 상상하여 "대명사(영어로 pronoun)"를 시각화하는 예를 들었다. 이 방법은 어휘를 공부하는데 유용하다. 표 3.2에 이런 여러 예가

보통 사람은 지구상의 모든 다른 이름들을 합친 것 보다 자신의 이름에 더 관심을 가진다. 어떤 언어로 되어 있든지 자신의 이름이란 사람에게 가장 달콤하고 의미 있는 소리란 것을 명심하라.

Dale Carnegie

표 3.2 단어 치환 방법의 어휘 예

English : *Actinoid* "act annoyed"와 흡사하게 들린다. 무대 위에 다섯 개 꼭지를 가지는 별 주위를 벌레 한 마리가 왱왱 날아다니고 있는 모습을 상상하라. 이런 그림이라면 그 단어의 의미가 생각날 것이다 → 별모양의(star-shaped).

Italian : *Prezzo ridotto*라는 단어는 "pretzel, rid a toe"와 흡사하게 들린다. 프리쯜(미국의 간단한 과자)에 붙어 있는 커다란 가격표의 끝 부분(toe)을 제거하려 하는 모습을 상상할. 이렇게 하면 가격표도 줄일 수 있고 그 단어의 의미도 생각날 것이다 → 인하된 가격(reduced-price).

Dutch : *Rok*라는 단어는 "rock"과 흡사하게 들린다. 치마 대신 바위를 입고 있는 여자를 상상하라. 이렇게 황당하게 주제를 치환한 것이 그 단어의 의미를 생각나게 할 것이다 → 치마(skirt).

Japanese : *Ahiru*라는 단어는 "Ah hear you"와 흡사하게 들린다. 날개 하나를 귀에 대고 앞의 말을 이상한 억양으로 말하는 오리를 상상하라. 그 새 한 마리가 단어의 의미를 생각나게 할 것이다 → 오리(duck).

Mandarin : *Wan fan*라는 단어는 "fun"이 동사 발음을 좀 더 길게 한 "one fun"과 흡사하게 들린다. 중국에서는 밤 문화가 많이 없어서 저녁 식사가 가장 재미있는 일이다. 그러니 저녁 식사는 "number one fun"과 동의어다. 이 상상이 단어의 의미를 생각나게 할 것이다 → 저녁 식사(dinner).

Arabic : 아랍어로 책은 "key tab"와 흡사하게 들린다. 색인표(tab)가 여러 개 달려 있는 커다란 열쇠를 상상하라. 색인표를 잡아 당기면 열쇠에서 책 한권이 나오고, 그 단어의 의미가 생각날 것이다 → 책(book).

표 3.3 사람의 이름을 기억하는 방법의 절차

1. 먼저 이름을 듣고 이름을 이해하여야 한다. 잘 안 들리면, 천천히 말해 달라고 하거나 철자를 말해 달라고 해야 한다. 사람들은 자신의 이름이 충분한 관심을 받았다는 것에 기뻐할 것이다.
2. 다음, 이름을 천천히 따라 해 본다. 어떻게 발음되는지에 주목하여라. 그 이름을 생각나게 할 치환될 단어를 선택하라. 예를 들어 Traynum이라는 이름은 "train of M's"와 흡사하게 들린다.
3. 이제 그 사람의 얼굴을 보고 어떤 인상인지 알아보라(단, 안경 같이 치울 수 있는 물건은 제외하라).
4. 그 사람의 인상과 어떤 행동과 연관되는 것이면 더욱 좋은데 여하튼 어떤 이미지를 연관시켜라. 만약 Ms. Traynum이 아주 넓은 이마를 가지고 있다면, 그 이마 위로 여러 M 자가 기차처럼 줄지어(train) 지나가는 것을 마음속으로 그려 보라. 그 녀를 다시 보았을 때, 그녀의 이마를 슬쩍 보기만 해도 마음속에 M자의 기차가 떠오를 것이며, 그녀의 이름이 금세 생각날 것이다.
5. 복습. 사람들에 대해 알게 된 것을 다시 살펴보면, 보다 확실하게 그 사람들의 이름을 기억할 수 있다. 위의 방법을 절차로 사람의 이름을 외운 후 몇 분 안에 그 사람의 이름을 말해 보라. 성공했으면, 사람의 이름, 인상, 관련 이미지, 그리고 관련된 이야기를 메모지에 적어라. 이때 스케치를 같이 그려 놓아도 좋다. 사람들과 이름들의 메모를 그 날 저녁 다시 보고 일주일 쯤 후에도 다시 봐라.

예: Mr. Hoppendorfer를 어떻게 기억할까? "hopping dwarfs"로 치환할 수 있을 것이다. 우연히도 이 사람의 머리가 삐죽 삐죽하다면, 여러 난쟁이(dwarf)들이 그 머리 위를 이리저리 뛰어 다니는 것(hopping)을 상상하라. 당신 자신에게 기억을 되살려 줄 생생하고 황당한 이미지를 만들어라. 다음에 그 사람을 만나면 이미지와 이름이 금세 떠오를 것이다.

나와 있다. 이름을 잘 기억하는 사람들은 많은 이점을 가지고 있는 것이고 많은 좋은 일을 할 수 있다. 사람의 이름을 기억하기 위해 단어 치환 기술을 연상 기술과 같이 사용할 수 있다. 그 방법은 표 3.3에 나와 있다.

3분 활동 3.3 : 이름 기억하기

수업 중이라면 되도록 서로 모르는 사람들로 세 명을 한 팀으로 만들어라. 위에 이야기한 단어 치환, 이야기, 관련 이미지로 서로의 이름을 기억하라. 필요하다면 성씨 아닌 이름도 또한 그림과 연관시켜라.

기억 링크와 이야기 체인

쇼핑 리스트처럼 서로 관련 없는 긴 리스트를 기억해야 한다면 어떻게 할 것인가? 예를 들어 역사 퀴즈 대회 때문에 미국 역대 대통령의 리스트나 20 세기의 기술적 업적의 리스트를 기억해야 될지도 모른다.

✓ 5분 활동 3.4 : 리스트 기억하기

아래에 있는 20 세기의 기술적 업적을 읽어 보고 일이 분 정도 시간을 가지고 무엇이 있는지 기억하려 시도해 보라. 그 다음 책을 덮고 책에 있는 순서대로 리스트를 기억해내 완성해 보라.

20 세기의 기술적 업적

헨리 포드의 조립라인	원자력	영화	동결 건조
교류 전기	항생 물질	심장 박동기	통신 위성
비행기	트랜지스터 라디오	텔레비전	레이저
나일론	가전 기구	신용 카드	월면 산책
플라스틱	전화	컴퓨터	태양 전지

위 활동결과 얼마나 많은 항목을 기억할 수 있었는가? 시각화의 도움을 받지 않는다면 보통 사람은 단기 기억 장소에 서로 관련 없는 항목이라면 약 일곱 개 정도 기억할 수 있다. 아마 처음 나오는 몇 항목과 맨 마지막의 몇 항목을 기억할 수 있을 것이다. 특별히 개인적인 관련이 없으면 중간 부분에 있는 항목들이 기억해내기 제일 어려울 것이다.

✓ 10분 활동 3.5 : 이미지 연결하기(linking)

링크 방법과 시각화를 이용하여 이십 세기 기술적 업적에 대한 황당한 이야기를 작성하거나 스케치해 보라. 자기 자신 만의 상상력을 동원하라. 그렇게 하기 어려우면, 이미지와 링크를 최대한 시각화하려고 노력하면서 아래 이야기를 천천히 읽어 보도록 하자.

헨리 포드를 유명하게 해준 자동차인 모델 T 조립라인을 마음속으로 그려 보라. 그때, 조립라인으로부터 한 방향으로 뻗어 나가다 급하게 반대 방향으로 뻗어 나가는 식으로 발산하는 빛을 뿜는 전선이 나오는 것을 상상하라. 그런데 이 전선들이 비행기와 연결되어 있다. 이제, 비행기에 걸려 있는 어마어마하게 큰 나일론 스타킹을 상상하라. 나일론 스타킹은 장난감이나 수저 같은 각종 플라스틱 제품으로 채워져 있다. 나일론 스타킹이 터지면서 플라스틱 제품들이 원자력 발전소 위로 쏟아져 내린다. 이 사건이 발전소를 질병에 걸리게 한다: 항생 물질로 치료하여야 한다. 원자력 발전소 옆을 큰 바퀴를 달고 굴러 지나가는 거대한 트랜지스터 라디오로부터 당신은 이 괴상한 뉴스를 듣게 된다. 문득 라디오가 당신 앞에 멈추고, 당신은 그 안이 토스트와 믹서 등 온갖 가전 기구로 가득 찬 것을 보게 된다. 가전 기구 더미 안을 뒤져서 당신은 반짝반짝한 보라 색 전화를 찾아낸다. 당신은 재미있는 영화 티켓을 예매하기 위해 전화를 건다. 영화가 너무너무 재미있어서 당신은 영화를 본 후 곯아 떨어져 잠이 든다. 당신이 눈을 떴을 때 의사가 당신 몸에 심장 박동기를 장착했다고 말해 준다. 병원 침대에 누워 텔레비전이나 보기로 결심한다. 병원의 요상한 텔레비전은 두 개의 신용 카드를 넣어야 만 켜진다. 신용 카드를 넣었을 때 무엇인가가 잘못 되어 카드들이 동결 건조 식품을 생산하는 컴퓨터를 갖춘 장비로 탈바꿈한다. 만들어진 동결 건조 식품들은 뭉쳐서 우주로 발사될 통신 위성으로 변한다. 위성으로부터 온 하늘을 배경 삼아 닐 암스트롱이 월면 산책하는 모습을 다시 보여주는 레이저 쇼가 공연된다. 닐 암스트롱이 가방을 열고 달 표면 여기저기에 태양 전지를 흩어 놓는다.

책을 덮고 종이 위에다 기억나는 항목들을 적어 보라.

이번에는 어땠는가? 전에 이야기 링크를 사용해 본 적이 없다면 결과에 놀랄 것이다. 하루나 일주일 후 다시 기억해 적어 보라. 아마 순서대로 또는 거꾸로 전체 항목을 모두 기억해 낼 수 있을 것이다. 그 만큼 이 방법은 효과적이다. 만약 어떤 항목을 기억해낼 수 없다면 아마 좋은 이미지나 이미지간의 링크를 설정하지 못했기 때문일 것이다. 자기 자신 만의 강력한 링크를 만들고 자기 자신 만의 흥미로운 이야기를 설정 또는 스케치한다면, 연상과 그에 따른 기억은 매우 강력해질 것이다.

연상과 단어 치환 그리고 이야기 링크는 단어나 이름의 리스트를 기억하는 데 매우 유용한 기술이다. 그러나 만약 숫자를 기억해야 한다면? 이때는 발음 알파벳이나 말뚝(peg) 시스템 같은 어떤 추가적인 도구가 필요하다. 다음 절에서 발음 알파벳을 소개하겠다. 말뚝 시스템은 이 장 끝의 심화 문제에서 조사해 볼 수 있을 것이다.

발음 알파벳

날짜나 숫자 등을 기억하기 위해 발음 알파벳이 이용된다. 0 부터 9 까지

표 3.4 발음 알파벳과 숫자간의 연관관계

1 = T, D	미식 축구에서 터치다운(Touch Down) 하나를 신호하는 심판을 생각하라. 또한 T(또는 t)는 적을 때 아래로 긋게 되는 선이 하나이다.
2 = N	글자 N은 옆으로 누이면 숫자 2처럼 보인다. 또한 N(또는 n)은 적을 때 아래로 긋게 되는 선이 두 개다.
3 = M	M(또는 m)은 옆으로 누이면 숫자 3처럼 보인다. 또한 M(또는 m)은 적을 때 아래로 긋게 되는 선이 세 개다.
4 = R	Four는 r로 끝나는 네 글자로 짜리 단어다. 단어에 있는 "r" 발음을 강조해라.
5 = L	왼(left) 손에 다섯 개 손가락, 엄지를 펴서 올리면 L자가 된다.
6 = J, SH, CH, 부드러운 G	대문자 G는 6을 닮았다. "Shell to jewel, a giant change"라는 말 안에 해당되는 모든 발음이 들어 있다.
7 = K, Q, 강한 C, 강한 G	대문자 K는 7을 두 개 붙여 놓은 것처럼 생겼다. "Queen, go kick a cow" 라는 말 안에 해당되는 모든 발음이 들어 있다.
8 = F, V, PH	숫자 8이 "phony fruits and vegetables"를 먹는 모습 또는V-8 주스를 마시는 모습을 시각화하라. 또한 필기체 f는 숫자 8을 닮았다.
9 = P,B	좌우로 뒤집은 P는 숫자 9와 닮았다. 숫자가 땅콩버터(Peanuts Butter)를 떠먹는 모습을 상상하라.
10 = S, Z, X, 부드러운 C	모두 쉬쉬 소리나는 발음이다. 글자 x 위에 있는 일센트 동전에 쉬쉬 거리며 0을 감싸고 있는 뱀의 이미지로 숫자 0에 해당하는 발음이 생각날 것이다.

각 숫자에 영어 알파벳에서 소리 나는 서로 다른 발음이 대응된다. 각 발음이 나는 알파벳 자음에 각각의 숫자가 주어진다. 어떻게 짝이 맺어졌는지 기억하는데 시각화가 도움이 된다. 표 3.4에 이 짝들이 나와 있는데 각 설명을 마음속으로 스케치하도록 하자.

발음이 나오지 않는 글자에는 소리가 나지 않고 어떤 숫자 값도 줄 수 없다. 모음(A, E, I, O, U, W, Y)와 글자 H도 값이 없다. 하나의 발음으로 나오면서 자음이 합쳐져 있으면 하나의 글자로 취급한다.

그래서 batter = 914, elephant = 58210, recharge = 4646, wheat = 1, muck = 37이 된다. 이렇게 숫자를 자음 발음과 연결시켜 놓으면 모든 종류의 수치를 기억하는데 매우 유용하다. 첫 단계로 각 숫자에 발음 알파벳을 대응시켜라. 일련의 자음 소리에서 시행착오와 상상력을 이용하여 단어와 구를 만들어라. 찾아 낸 단어를 주의 깊게 살펴 숫자와 관련되어 있는 사건이나 사람에 단어의 의미를 연관시켜라. 이야기 체인과 함께 이 기술을 사용하여 성인이나 중학생 중에 원주율을 백 자리 이상 기억하는 사람이 있다.

숫자를 단어로 바꾸기: 코드화된 숫자의 기억을 도와주기 위해 개발된 단어의 세 가지 예가 다음에 있다.

- 43610은 Ohio주의 Toledo시의 짚 코드(zip code)다. R, M, J, T, S의 발음은 RAMJETS를 이룰 수 있다.
- 전화번호 363-8744. M, J, M, F, K, R, R의 발음은 MUSHY MOVIE CRIER를 이룰 수 있다 로맨스 영화를 보면서 울고 있는 센티멘탈한 친구를 상상하라.
- 자주 타는 항공편 074-684-724. S, K, R, J, F, R, K, N, R 발음은 SCREECH, FREE CANARY(비행기 타기를 너무 좋아 하는 사람과 비슷)를 이룰 수 있다. 매우 말없는 사람에게는 SCREECH-FREE CANARY(소리내지 않는 카나리아)로 기억될 수도 있을 것이다.

역사상의 사건이나 연도 기억하기: 역사상 중요한 사건에 대해 대충 어느 천년기에 속하는지는 알 것이다. 그러니 연도의 맨 윈 쪽 4번째 수가 1인지 아닌지는 보통 기억할 필요가 없을 것이다.

- 나폴레온이 워터루에서 마지막으로 전쟁에 패한 것은 1815년이다. 815의 발음 알파벳 즉, F, T, L을 워터루와 연관시켜라. 다음과 같은 영어 문장을 만들 수 있다. “Waterloo was FATAL to Napoleon's career(워터루는 나폴레온의 이력에 치명적이었다).” “fatal”의 숫자 값이 연도를 기억할 수 있게 해 줄 것이다.
- 신호등이 언제 어디서 발명되었는지 아는가? 다음과 같은 헤드라인 뉴스를 읽는 것을 상상하라. “Traffic jams BEATEN in Salt lake city(솔트레이크 시는 교통 혼잡을 무찔렀다).” 장소를 알 수 있고, 문장에 있는 “beaten"이라는 좀 어울리지 않는 단어는 1912라는 연도를 찾는 실마리이다.
- 외과 수술을 위해 에테르가 최초로 사용된 연도는? “A big FERN plant was the first patient(커다란 양치식물이 첫 환자였다)”라는 말을 기억해내면 1842라는 연도를 알 수 있을 것이다.

10분 활동 3.6 : 숫자 기억하기

다른 한 사람과 역사적 사건이나 전화번호 같은 숫자를 기억할 만한 단어나 문장으로 대체하는 것을 연습하라. 다른 단어 조합을 만들어 보고 제일 좋아 보이는 것을 골라라. 단어의 이미지를 사건에(또는 기관이나 사람의 이미지를 전화번호에) 연관시켜라.

스케치 – 개념적 사고와 시각화의 도구

스케치나 시각화가 모두 화가 같은 사람에게는 필요하고 좋은 것이고, 당신처럼 그림을 잘 못 그리는 사람에게는 그렇지 않다고 생각하는가? 그렇다고 대답한다면, 아래의 한 시간짜리 활동을 해보기를 권한다.

✓ 한 시간 활동 3.7 : 보고 그리는 방법 배우기

준비(시작하기 전에 사람들과 그룹을 이루어 이 활동을 하라. 결과를 보면, 특히 멤버 중의 누군가가 자신은 그림을 못 그린다고 확신하고 있다면 더욱, 재미있을 것이다. 앙리 마티즈나 파블로 피카소가 그린 초상화 같은 것이나 신문에 실린 인물을 선으로 그린 만평을 준비하라. 복사하여 그룹의 멤버들에게 줘라. 또한, 각 멤버는 열장의 빈 종이와 연필, 접착 테이프를 준비하라. 주의: 이 연습활동은 성인이나 고등학생 이상의 사람을 대상으로 한 것이다. 나이가 더 어려지면 같은 결과를 얻을 수 없을 것이다.

지시사항 연필을 쥐고 있는 손, ✍ 심볼은 다음으로 넘어 가기 전에 반드시 해야 될 작업을 나타낸다.

1번 종이 5분 안에 자신의 손을 그려라. ✍ 마쳤으면 이름을 사인하고 그림 제 1번이라고 라벨을 붙여라.

2번 종이 간단한 사람 옆얼굴을 그려라(이 책의 120쪽의 그림을 보고 그려라). 이마, 코, 입술, 볼, 턱 등 해당되는 선위에 각 얼굴 부위의 이름을 적어라. 이 그림은 두뇌의 좌측(좌뇌)이 관여하는 분석적인 그림이다. ✍ 다음, 위아래에 수평선을 그려 옆얼굴을 꽃병처럼 보이게 해라. 거울에서 보이는 이미지처럼 좌우 대칭되게 그려 꽃병을 완성하라. 이것은 두뇌의 우측(우뇌)이 관여하는 총합적이고 공간적인 그림이다(얼굴의 각 부위를 구분해 그리려 하지 말고 선의 모양에만 집중해서 그려라). ✍ 이제까지 그리면서 필요한 사고의 차이점을 알겠는가?

3번 종이 준비된 초상화나 만화를 위아래를 뒤집어서 따라 그려라. 당신 그림도 위아래가 뒤집어져 있어야 한다. 10분에서 15분 정도 쥐어질 것이다.

4번 종이 접착 테이프를 이용하여 종이 한 장을 테이블 위에 고정시킨다. 옆에 앉아 종이를 보지 않도록 한다. 대신에, 자신의 손바닥을 집중하여 보고 있어라. 손바닥의 손금을 따라 작은 벌레 한 마리가 기어간다고 상상하라. 연필을 쥔 손으로 종이 위에 이 선들을 따라 그린다. 부정적인 생각을 버려라. 말하지 마라(좌뇌가 작동하지 못하게 하라). 10분 후에 멈추라는 지시가 있을 것이다. 보았다고 생각되는 모든 가는 선까지 그렸으면 다시 그려라. 이 일의 목적은 좌뇌를 할 일 없게 만들어 잠들게 하는데 목적이 있다. ✍

5번 종이 이제 손을 다시 그리자. 이번에는 손가락을 구부려 가운데 공간을 만드는 식으로 손을 재미있는 모습으로 다시 그린다. 좌뇌는 복잡한 일을 다루기 싫어한다. 그래서 우뇌가 관여하여 그리기 작업을 하게 될 것이다. 손 자체 보다 손 주변의 손과 경계를 공유하는 빈 공간을 주목하여 그려라. 손의 각 부위 이름을 떠올리지 말고 그려라. 그리면서 선들이 교차하는 부분을 잘 살펴라. 원한다면 그림자나 선 같은 상세한 부분을 추가해도 된다. 이미지를 평면화하려면 한 쪽을 감고 보는 것도 좋을 것이다. 10분 내지 15분이 주어진다. ✍ 종이에 사인하고 제 2번 그림이라 라벨을 붙여라. ✍

평가 1번 그림과 2번 그림을 비교해 보라. 그룹의 결과를 서로 보여 줘라. 각 멤버의 활동 결과가 놀랍지 않은가? 어떻게 보는지를 보는 방법을 배웠다. 새로 배운 이 사고 기술을 연습하라. 다른 방식의 연습을 하고 싶으면 베티 에드워드의 책(참고문헌 3.4)를 보라.

"스케치의 공포"를 극복하는데 도움이 되는 것에는 다른 재미있는 활동도 있다. 최소한의 것만 그리는 스케치가 상세하고 신중하게 그려진 그림보다 쉽게 이해된다는 것을 보여주는 Pictionary™라는 경이로운 게임이다.

엄밀하게 이야기하면 스케칭(sketching)과 드로잉(drawing)은 똑같은 것도 아니고 같은 목적을 가진 것도 아니다. 스케칭은 무엇보다 생각하는 것을 도와준다. 스케칭은 사람들이 서로 주고 받을 만한 가치가 있는 시각적 아이디어를 개발하는데 도움이 된다. 드로잉은 이런 생각 후에 스스로의 활동 무대가 있다. 이해할 만한 사람에게 잘 만들어진 아이디어를 전달하는데 사용된다. 컴퓨터를 이용한 설계에서는 엔지니어와 아키텍트, 설계자가 데이터를 다루어 잘 수행된 드로잉들을 만들어 내는 도구를 이용한다. 그러나 이런 드로잉들은 보통 훈련 안된 사람에게는 이해되지 못한다. 부호화된 심볼 때문에 청사진을 읽는 것은 두뇌의 좌측 반구가 관여하는 분석에 의지한다. 반면에 손으로 한 스케치와 시각화, 삼차원 모델링은 두뇌의 우반구의 공간적인 사고와 상상력을 필요로 한다.

다음 절차를 따르면 대부분의 사람은 스케치를 잘 할 수 있다.

1. 보는 법을 배워라.
2. 종이나 연필 같은 도구 사용법과 그것들로 무엇을 할 수 있는지 배워라.
3. 윤곽그리기와 명암그리기, 원근법 등 특수 기술을 배워라.
4. 필수적인 눈과 손의 균형적 작업이 개발되게 연습하라.

위에 대충 소개된 절차를 따르거나 보다 상세한 절차와 지시를 따르기 위해 베티 에드워드의 "우뇌로 그리기(Drawing on the Right Side of Brain"를 사용한다면, 주위에서 보는 물질적 사물들을 훌륭하게 그려낼 수 있을 것이다. 시작으로 군중 속에서 무엇인가를 기다릴 때, 산책을 할 때, 공원 벤치에 앉아 있을 때, 바닷가에서 쉬고 있을 때 관찰 기술을 훈련시켜 보라. 자신이 세상을 이차원 시각적 이미지를 기록하는 카메라라고 상상하여 보이는 사물의 표면조직, 색깔, 상세한 부분을 주시하고, 모양과 외관을 알아보고, 원근에서 보이는 크기의 관계를 인식하라. 손으로 프레임을 만들어 들어오는 경치를 잡아 평면의 캔버스에 비추어지는 모습을 그려 보라.

아직-어떤 방법으로도 아무도 꽃을 보지 못했네-진짜로-너무 작으니까-시간이 없어-보려면 시간이 걸려, 친구를 사귀는데 시간이 걸리는 것처럼.
George O'Keeffe

관찰한 사물이나 경치를 그대로 스케치할 수 있는 것이 전부가 아니고 Pictionary 게임을 하는 것에 보다 밀접히 관련된 다른 종류의 스케치

연습이 필요하다. 이런 종류의 스케치는 시각화와 아이디어의 소통을 다룬다. 여기에서는 마음의 눈으로 사물을 보는 것이 필요하다. 암소를 실제로 한 마리도 보지 않고 어떻게 암소의 개념을 그릴 것인가? 틀림없이 뿔을 가진 머리와 네 다리의 몸통 그리고 아마도 꼬리를 스케치할 수 있을 것이다. 그러나 대부분의 모든 뿔 달린 네 발 짐승과 암소를 확실히 구별해 주는 다른 부분이 있으니 유유를 제공하는 신체구조, 즉 유방 부분이다. 만약 이 해부학적인 부분을 강조한다면 그 스케치는 말로 설명하지 않아도 바로 이해될 것이다.

스케칭은 제품 개발의 개념 설계 동안 엔지니어로 하여금 우뇌의 직관적이고 창의적인 사고와 아이디어의 융합을 할 수 있도록 하여 산만한 세세한 것들에 신경 쓰지 않고 본질에 집중할 수 있게 해준다. 그러므로 이런 종류의 의사소통은 브레인스토밍 뿐만 아니고 아이디어를 명확히 하는데도 유용하다. 그러나 스케치가 사물이나 아이디어를 시각화하는 것만은 아니고 흐름도나 다른 종류의 다이어그램에서도 보듯이 어떤 일의 절차나 관계도 표현할 수 있다. 많은 경우에 스케치를 하는 것이 문제에 답하거나 해법을 찾아내는 데 도움이 된다. 그러므로 스케칭은 엔지니어뿐만 아니라 모든 사람에게 필요한 본질적인 사고 도구이다. 공부를 할 때 밑에 그려진 것처럼 차트나 다이어그램을 그려 소재를 요약하고 관련시켜라.

창의적 문제 해결 절차

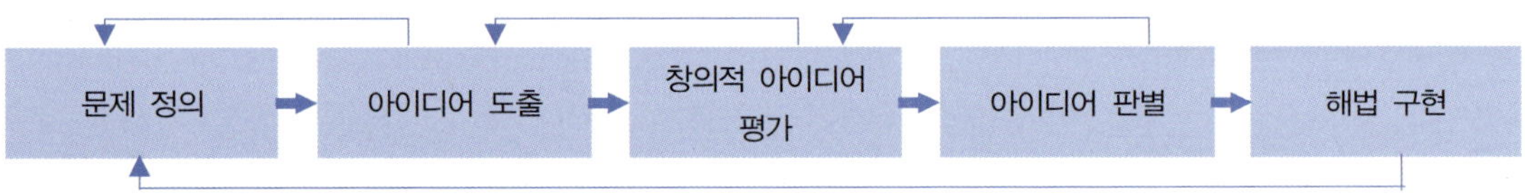

이 다이어그램은 창의적 문제 해결이 정해진 반복적인 순환 또는 융통성 있는 순서를 가지고 있는 순차적인 절차로 이루어져 있다는 것을 한눈에 볼 수 있게 해준다. 이 말은 각 단계에서 만족스러운 결과를 얻기 위해서는 추가적인 아이디어를 얻기 위해 앞의 사고 단계로 되돌아가는 것이 종종 필요하다는 의미이다. 또한 해법 구현은 그것 자체로 다른 창의적 문제 해결 과정이 필요한 새로운 문제이다.

입체 모델링을 이용한 삼차원 시각화

시각적 사고에 필요한 기술들은 설계가 엔지니어링의 중심인 까닭에 설계자나 엔지니어에게 필수불가결한 것이다. 어떻게 이런 기술들을 개발할 것인가? 조립 블록, Erector Sets™ Tinker Toys™, Lego™ tiles, 또는 Lincoln Logs™ 같은 쌓기 놀이 장난감을 가지고 노는 아이들은 공간적 시각화 기술을 개발하는 것 같다. 어떤 "공간적" 비디오 게임이나 컴퓨터 게임을 하는 것도 유익해 보인다.

공간적 시각화 능력을 가지고 있는 것을 어떻게 알 수 있는가? Minnesota Paper Form Board Test(그림 3.1)와 Group Embedded Figures Test(그림 3.2)와 같은 저수준의 이차원 시각화를 위한 테스트는 디수가 있다. Spatial Relations Subtest of the Differential Aptitude Test(그림 3.3)와 Purdue Spatial Visualization Test: Rotations(그림 3.4)와 같은 고도의 공간 지각력 테스트에는 삼차원의 입체 물체를 "보는것

시각화 = 인지 + 상상 + 의사소통. 보고, 상상하고, 그린다.
Walter Rodriguez

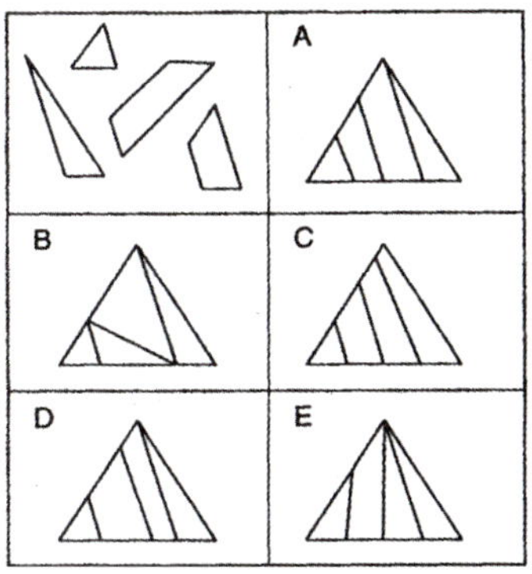

그림 3.1 네 개의 조각을 맞추어서 만들 수 있는 항목을 골라라.

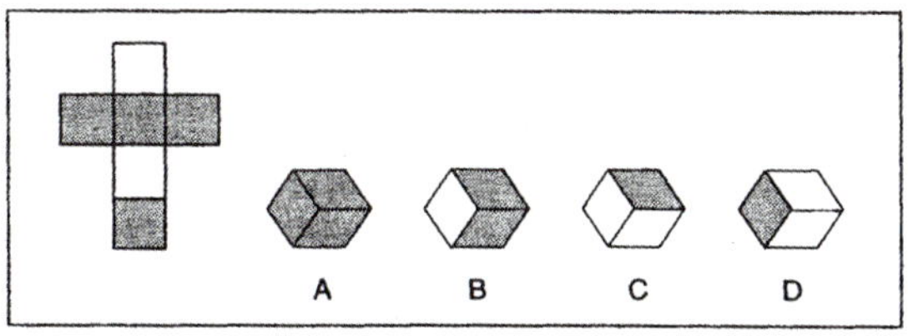

그림 3.3 왼 쪽의 이차원 전개도를 접었을 때 생기는 삼차원 정육면체를 골라라.

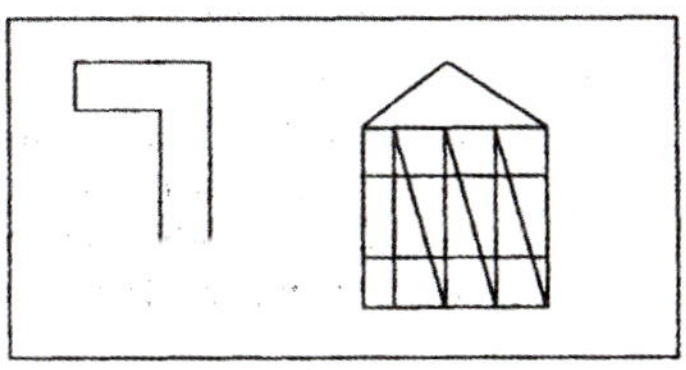

그림 3.2 돌려서 보지 말고 오른 쪽의 복잡한 도형에서 왼 쪽의 간단한 도형을 찾아 빗금으로 표시하라.

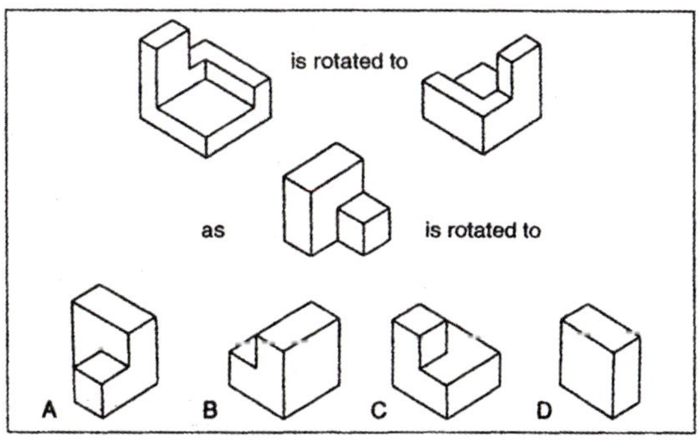

그림 3.4 가운데 입체가 위 쪽의 입체와 똑같은 방법으로 회전했을 때 해당되는 항목을 골라라.

(seeing)"과 "다루는 것(manipulating)"이 포함된다. 특정 공과 대학에서는 학생들이 공간적 시각화 기술을 개발하는 것을 도와주기 위한 보충적인 교과 과정이 개설되기도 한다(예를 보려면 참고문헌 3.15를 볼 것). University of California at Berkeley에서 행해진 연구는 단지 하루 만 열린 공간적 시각화의 워크샵이 학생들의 엔지니어링에서의 성공률을 실제적으로 향상시켰다는 것을 보여준다.

강력한 워크스테이션 컴퓨터가 사용될 수 있게 되기 전에 어떻게 시각화를 훈련했는지의 예를 빌 쉘너트(Bill Shelnutt)는 다음과 같이 묘사했다.

> 기계 제도에서 대한 서로 다른 관점의 이차원적인 드로잉들의 의미는 세상의 다른 부분에 다른 배열상의 관례가 존재하기 때문에 처음 보기보다 훨씬 복잡하다. 우리는 경첩들이 여러 모서리에 달린 Plexiglas(일종의 유리) 상자에 단순한 물체를 하나 넣었다. 우리는 각 면에다가 눈에 보이는 대로 유성 펜으로 그린 다음, 평평한 면의 여러 관점을 보여 줄 수 있게 여러 방법으로 각 면을 접었다. 이렇게 하면서 내내 우리는 삼차원 물체를 (무리스럽게) 이차원 표현으로 해석해 내려 하고 있다는 것을 인식하였다.

CAD(Computer Aided Design)이 발명된 1960년대까지 엔지니어들은 T자나 다른 제도 도구를 이용하여 제도판 위에서 그려진 이차원적인 드로잉들로부터 삼차원 물체를 시각화할 수 있어야만 하였다. CAD는 보다 빠르고 정확했으나 똑같은 설계 절차와 드로잉할 때 똑같은 이차원적 윤곽을 사용하였다. 입체 모델링의 새로운 패러다임은 1970년대 초기에 개발되기 시작해서 1980년대 중반에 수많은 삼차원 입체 모델링 소프트웨어 사용이 가능해지면서 꽃을 피웠다. 이런 시각화 도구를 가지고 기술자나 기술자가 아닌 사람이나 사물을 설계된 대로 볼 수 있게 되었고 설계 내용을 즉시 이해하게 되었다. 이런 소통 능력은 동시 공학에서는 매우 중요한 것이다. 겨우 십 년 정도 지나면서 점점 더 복잡해지는 입체 모델링 도구가 공학 분석을 가능하게 하였으며, 회사들은 이를 이용하여 모든 설계와 엔지니어링, 생산, 정보 처리 활동에 하나의 통합된 소프트웨어 시스템을 사용할 수 있게 되었다.

산업계는 경쟁력을 유지하기 위해서는 최첨단의 설계 도구들을 사용해야 한다는 압박감을 가지고 있다. 이에 비해 교육계는 이런 압박에 멀리 떨어져 있으면서 진보된 공학 설계 기술 교육이 필요한 대부분의 수업에 그런 교육을 도입할 때까지 많은 시간을 낭비하고 있다. 1980년대 말에 와서야 CAD가 도입되었으나 아직도 "연필로 그리는 그래픽"을 대체한 것은 아니었다. 1990년대 말 입체 모델링(그림 3.6)이 보다 넓게 도입되었

산업체 어느 창고 금고에는 옛날 설계 드로잉이 가득 차 있다. 설계 기술이 바뀜에 따라 이런 드로잉을 어떻게 만드는지 알 필요가 없어졌다. 그러나 아직도 청사진을 볼 줄은 알아야 한다.

으나 아직도 이차원 CAD나 와이어프레임(wireframe) 기술(그림 3.5)을 대체한 것은 아니었다. 이런 현상은 설계자들에게 예상 못했던 문제를 일으켰다. 산업체들의 경험을 보면 입체 모델링이 와이어프레임과 전혀 다른 사고 기술을 요하기 때문에 와이어프레임 형태의 설계에 능통한 사람이 와이어프레임 경험이 전혀 없는 사람보다 입체 모델링을 배우는데 있어서 더 어려워 한다는 것을 알게 되었다.

산업계에서의 발전은 너무나 급속하게 이루어지고 있어서, 학교에서 공부하는 학생들은 졸업하기도 전에 쓸모없어질 위험에 놓여 있다. 최신의 도구 사용에 경쟁력을 갖추면 미국 내에서 만이 아니고 전세계 어느 시장에서나 매력적인 취업 제안이나 기회를 기대할 수 있다. 그러니 다니는 학교 교육에서 어떤 교육을 제공하는지 확인해 봐라. 최신 소프트웨어를 가르쳐야 된다고 주장하고 산업계의 발전을 쫓아 가기 위해 주기적으로 업그레이드를 하는지 확인하라. 예를 들어 Ford 자동차 회사에서는 I-DEAS™ 시스템의 교육 과정을 전세계적으로 수행하고 있고 주요 업그레이드가 몇 개월 마다 주기적으로 이루어지고 있다. 만약 특정 회사나 산업체에 취업하기를 꿈꾸고 있다면 되도록 빨리 다니는 학교에서 어떤 설계 도구가 교육되고 있는지 알아보고, 올바른 교과목과 강사를 찾거나 또는 산학 협력 프로그램에 참여하여 준비에 최선을 다하라.

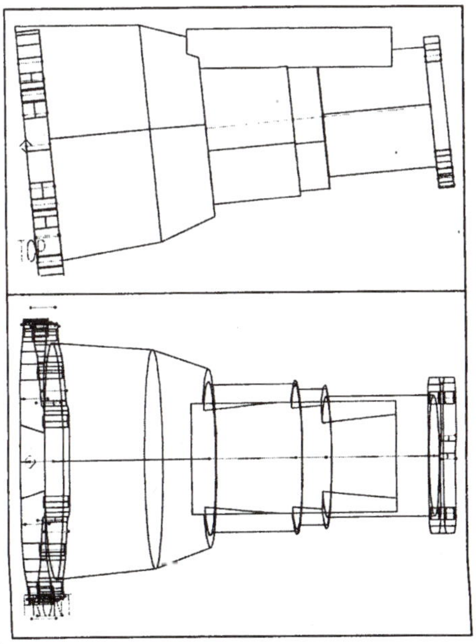

그림 3.5 William Shapton 교수가 그린 (위와 정면에서 본) 기계 부품의 와이어 프레임 드로잉의 예.

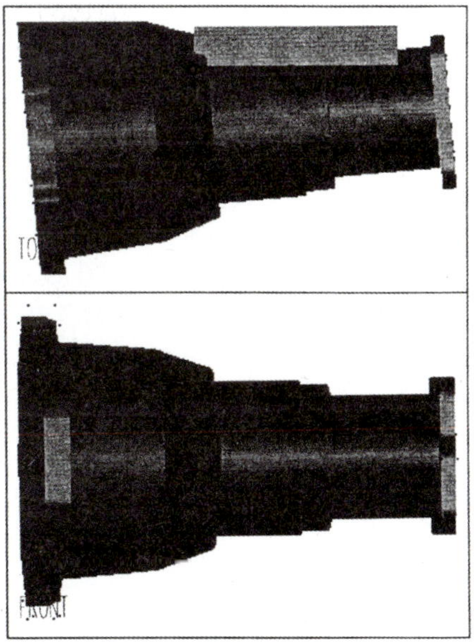

그림 3.6 그림 3.5의 입체 모델. William Shapton, Michigan Technology University.

학생으로서 설계를 배우기 위해 어떤 소프트웨어를 사용할지 선택하라면, 교과과정을 이수하기에 아무리 어렵더라도 가장 진보되고 가장 복잡한 도구를 가르치는 과정을 선택하기를 강력히 권한다.

이차원 표현과 삼차원 컴퓨터 그래픽의 가장 큰 차이는 컴퓨터 내에서 선 하나가 나타내는 정보이다. 이차원에서는 선은 한 평면상의 선일뿐이다. 이것은 두 개 이상의 평면 모서리의 일부일 수 있다. 삼차원에서는 선은 두 평면의 모서리나 교차하는 부분 같은 어떤 특정 평면의 특성으로 볼 수 있다. 이런 특성은 설계자에게 매우 중요한 것이다. 삼차원 프로그램의 능력은 공학적 분석을 위해 어떤 각도나 위치에서도 사물의 단면이나 일부를 구할 수 있는 것이고 분석 검사는 이제 완전히 다른 작업 환경에서 이루어진다. 학생들에게 이제 더 이상 제도학이라는 과목이 필요 없어졌다. 컴퓨터는 학생들이 원하면 이차원 드로잉을 만들어 낼 수 있는 "유리 상자"이다. 또한, 어느 각도에서나 사물을 관찰할 수 있게 해준다. 학생들이 이제 개발할 필요가 있는 능력은 설계 작업을 하기 위해 그리고 정보를 다른 사람들과 교환하기 위해 어떤 위치에서 보는 것이 가장 좋고 유용한지를 판별하는 능력이다. 이런 현상은 새로운 도구가 어떻게 필요한 사고 기술을 바꾸어 버리는지를 보여주는 하나의 예이다.

Hewlett-Packard가 찾은 입체 모델링을 배우는 여러 이점(참고문헌 3.6의 3.1에서 발췌)

- 입체 모델링은 완벽하고 모호하지 않다. 생산을 위한 드로잉이 쉽게 만들어진다.
- 제품 개발 팀에 있는 모든 사람들이 설계를 쉽게 이해한다.
- 회사 전체의 품질과 팀워크, 정보 교환이 개선된다. 보증에 드는 비용이 감소한다.
- 보다 신속한 제품 개발, 시제품 제작의 감소, 보다 만들기 쉬운 기술적 설명.
- 입체 모델링의 모의시험을 통해 조립의 용이성을 예측할 수 있고 방해 간섭 문제를 알아 낼 수 있다.
- 분석 도구와 통합하여 유체역학, 내구성 분석, 형태 최적화, 가격과 제조 가능성 등고 같은 제품의 성능을 평가할 수 있다.
- 더 많은 창의성과 혁신. 엔지니어링은 보다 쉽게 실험될 수 있고 새로운 아이디어를 시도해 볼 수 있다.
- 입체 모델링은 문서 이력을 제공한다. 이차원 드로잉도 쉽게 만들 수 있다.

참고문헌

3.1 ✓ James L. Adams, *Conceptual Blockbusting - A Guide to Better Ideas*, third edition, Addison-Wesley, Reading, Massachusetts, 1986. 이

책의 제 6장에서는 지능 언어(특별히 시각화와 다른 감각 모드)에 대해 여러 생각을 해보게 하는 토론이 실려 있다. 또한 매우 좋은 예제와 삽화를 볼 수 있다.

3.2 ✓ Tony Buzan, *Use Both Sides of Your Brain*, revised edition, Dutton, New York, 1983. 메모하기와 브레인스톰, 시각적 아이디어 연계를 하는 방법과 같은 마인드 맵(mind map)을 하는 기술과 예제가 실려 있다. Jerry Lucas가 사용한 것과 약간 다른 기억 말뚝이 소개된다.

3.3 Jeremy Campbell, *The Improbable Machine: What the Upheavals in Artificial Intelligence Research Reveal about How the Mind Really Works*, simon & schuster, New York, 1989. "사고(thinking)" 기계를 만들려는 연구자들의 발견에 대해 이야기한다. 논리가 아닌 경험이 인간 마음을 지배하는 특질임을 보여 준다.

3.4 ✓ Betty Edwards, *Drawing on the Right Side of the Brain*, J. P. Tarcher, Los Angeles, 1979. 드로잉과 우뇌 사고, 창의성의 고전으로, 여러 현실과 예제, 연습문제를 가지고 있다. 이책에서 "서술적(verbal)" 드로잉과 우뇌의 시각 정보 처리 방법의 차이점을 경험할 수 있게 해준다.

3.5 Jane M. Healey, *Endangered Minds: Why Our Children Don't Think and What We Can Do About it*, Simon & Schuster, New York, 1991. Healy 박사는 아동들의 언어와 사고 기술의 발달에 텔레비전이 어떤 영향을 주는지 조사했다. 텔레비전이 책읽기를 대신하면, 학문적 성공에 필요한 수준으로 언어 능력이 발달하지 못한다.

3.6 Donald E. LaCourse, *HandBook of Solid Modeling*, McGraw-Hill, New York, 1995. 입체모델링의 개념과 방법론, 응용 등에 60여 명 이상의 전문가들이 기여한 내용이 들어 있다.

3.7 Harry Lorayne and Jerry Lucas, *The Memory Book, Ballantine*, New York, 1985. 기억력을 개선하는 여러 기술과 기법(기억 말뚝 같은)이 설명된다. Jerry Lucas는 또한 다른 책 (How to Learn: Learning That Lasts, Lucas Learning, Mansfield, Texas)에서 오디오와 비디오, 워크북(workbook)을 이용하여 시각화를 배우는 학습시스템을 개발했다.

3.8 Jack Maguire, *Care and Feeding of the Brain: A Guide to Your

Gray Matter, Doubleday, New York, 1990. 이 책은 두뇌 과학의 최첨단에서 볼 수 있는 마음과 신화, 발견의 작용에 대해 논의한다.

내가 처음으로 가르치고 시작하고 데모를 했을 때 내가 말도 꽤 하고 제법 그릴 수도 있다는 것과 말하기와 그리기를 동시에는 할 수 없다는 것을 알았다.

Betty Edwards

3.9 ✓ Robert H. McKim, *Experiences in Visual Thinking*, second edition, PWS Publishers, Boston, Massachusetts, 1980. 소프트커버인 이 책은 유연한 생각과 시각적 사고, 그리고 시각적으로 생각한 것을 어떻게 보고 드로잉 할 것인지와 브레인스톰한 아이디어의 스케치 등에 대한 많은 연습문제를 가지고 있다.

3.10 Philip Morrison and Phylis Morrison, *Power of Ten: About the Relative Size of Things in the Universe*, Scientific American Library, Redding, Connecticut, 1982. 원자의 내부부터 우주의 저 먼 영역까지 놀라운 사진들을 보여 준다.

3.11 ✓ John Allen Paulos, *Innumeracy: Mathmatical Illiteracy and Its Consequences*, Hill & Wang, New York, 1988. 작고 읽기 쉬운 이 책은 숫자, 수량, 확률 등을 편하게 다루는 방법을 보여 준다. 결과적으로 수학에 대해 만연된 무지를 극복하는 방법을 보여 준다.

앞으로 10년 동안 세계를 선도할 국가는 창의적 사람들이 엔지니어가 되게 장려하는 국가가 될 것이다.

Gary Tooker, 모토롤러 CEO, 1997

3.12 Walter Rodriguez, *The Modeling of Design Ideas*, Mcgraw-Hill, Nwe York, 1992. 컴퓨터 그래픽과 모델링의 교재인 이 책에는 손으로 그린 스케치도 실려 있다. 그러나 주요 주제는 설계에 대한 (특정 소프트웨어에 기반하지 않는) 구조적이고 분석적인 접근 방법에서 볼 수 있는 이차원이나 삼차원 드로잉이다. 입체 모델링에 대한 논의도 들어 있다.

3.13 Mosche Rubinstein, *Tool for Thinking and Problem Solving*, Prentice Hall, Englewood Cliffs, New Jersey, 1987. 표현에 대한 여러 흥미롭고 유용한 도구를 소개한다.

3.14 Roger Schank (with Peter Childers), *The Creative Attitude: Learning to Ask and Answer the Right Questions*, Macmillian, New York, 1988. 창의성의 여러 다양한 측면을 보여 준다. 기억을 "회상(reminding)"의 한 현상으로 보는 논의가 실려 있고 스크립(script) 기반 사고에 대한 흥미로운 장도 포함되어 있다.

3.15 Sheryl A. Sorby, Kim J. Manner, and Beverly J. Baartmans, *3-D Visualization for Engineering Graphics*. Prentice Hall, Englewood

Cliffs, New Jersey, 1998. 삼차원 공간 기술의 개발을 도와주는 책이다. 저자에 의하면 많은 여학생들이 삼차원 시각화 과정에 재능이 있다고 한다.

연습문제

3.1 그래프

데이터를 표현하는 그래프, 다이어그램, 표, 막대 그래프 등과 같은 다섯 가지의 시각적 방법을 알아 보거나 자기 자신 만의 방법을 발명해내라. 표현 방법을 개선하기 위해 기존의 "차트(chart)"에 무엇인가 추가하거나 수정하는 것은 허용된다. 다섯 가지 차트는 제각각 다른 시각적 표현과 다른 주제에 대한 데이터를 표현하여야 한다. 차트와 차트가 보여주는 데이터의 목표를 명확히 정의하라.

3.2 ✓ 산길

아래 문제를 정독하라. 이 문제의 근본적인 목표는 답을 구하는 것이 아니다. 자신이 문제를 해결하기 위해 시도하는 전략이 무엇인지를 알아내는 것이 주어진 과제이다. 자신이 문제를 생각해보는 여러 다른 방법과 답을 구하기 위해 사용하는 다른 지능 언어들을 메모하라.

네팔 어떤 산의 정상에 절이 있고 거기에 이르는 유일한 길은 좁은 산길뿐이다. 한 스님이 산기슭에 있는 자신의 암자를 아침 여섯 시에 떠나 꾸준한 속도로 산을 올라간다. 몇 시간이 지나면 스님은 지쳐서 멈추고 긴 휴식을 취한다. 조금 느려졌기는 하지만 다시 오르기 시작하는데, 중간에 종종 경치를 즐기거나 명상을 하기 위해 멈추기도 한다. 샘가에서 기운을 북돋우기 위해 두 번 쉬면서 가져간 식사도 한다. 마침내 절에 이르렀고 거기서 밤을 지낸다. 다음 날 해가 뜰 때, 처음에는 빠르게 산을 내려가는데, 무릎이 아파지면서 점점 속도가 느려진다. 두 번 쉬기 위해 멈춘 후, 스님은 암자에서 저녁 식사를 하고 싶어서 다시 속도를 내서 산을 내려간다. 스님이 오르고 내리는 길에 하루의 같은 시간에 같은 지점에 이르렀다는 것을 증명하라.

3.3 ✓ 팝송(pop song)

다음 상황을 상상해보라. 독자는 중국 어느 도시에서 택시를 타고 있다. 중국어를 할 줄 아는 친구는 쇼핑을 하러 가게에 들어갔다. 당신은 지쳐서 돌아 갈 때 타기로 한 택시에 타고 있기로 했다. 영어를 못하는 중국 택시 기사는 듣기 좋은 중국 팝송 테이프를 틀었다. 문득 택시기사가 당신이 타고 있다는 것을 깨닫고는 베토벤의 교향곡으로 바꿔버렸다. 당신은 원래 틀어진 중국 팝송을 듣고 싶다. 그 노래도 따라 해보고, 몸짓 손짓도 해보지만 택시 기사는 당신의 뜻을 알아채지 못한다. 실망한 당신은 펜과 메모지를 가지고 스케치를 한다. 택시 기사가 순간 알아듣고, 그 팝송 테이프를 다시 틀었다. 이런 결과를 얻을 수 있는 이 상황에 맞는 스케치를 두 장 그려라.

3.4 ✓ 비행기 좌석

다음 문제를 주의 깊게 읽고 주어진 사실들을 고려하여 최대한 많은 사람을 만족시키는 좌석 배치를 고안하라.

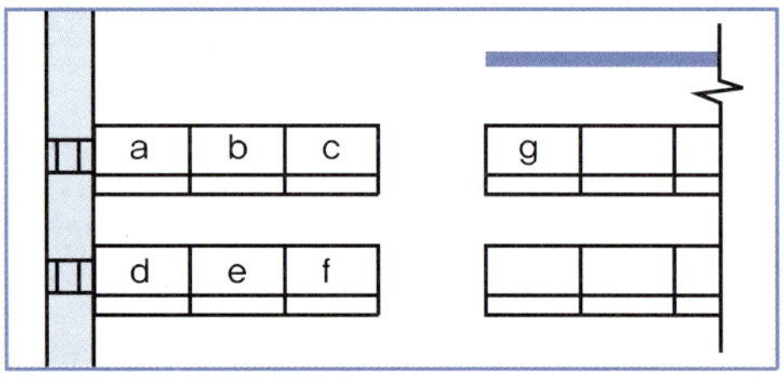

태평양 횡단 비행을 위해 7명의 승객이 보잉 747기에 올랐다. 그들은 자신의 좌석이 왼쪽 그림과 같이 배치된 것을 보고 각자의 좌석에 앉았다. 14시간의 이 비행에서 각 승객들의 좌석배치와 승객들의 요구사항과 희망은 아래와 같다. 중간 과정을 메모하면서 하면 많은 도움이 될 것이다.

a. 비상구 옆 창가 좌석으로 영어를 제법 잘하는 한국인이 앉았다.
b. 비상구 옆 가운데 좌석에는 a에 앉은 한국인의 부인이 앉았고 그 부인은 좀 아파 보인다.
c. 몸집이 크고 영어를 사용하며, 자신이 가지고 탑승한 커다란 가방을 좌석 상단 적재함에 넣기를 거부한 필리핀 사람이 앉았는데, 비상구 옆 복도 좌석인 자신의 자리를 뒤쪽으로 옮겨 주기를 요청한다.
d. 그 뒤줄 창가 좌석에는 영어를 못하는 한국 여성이 앉았다. 앞좌석 밑의 공간에 들어가지 않는 커다란 수화물을 가지고 있다. 그 수화물을 발아래 놓고 담요로 덮어 놓았다. 그래서 필요하면 그녀의 다리가 가운데 좌석으로 밀려 나올 판이다.
e. 근육질 미군이 가운데 좌석에 꾸겨져 앉아 있다.

f. 그 옆의 복도 좌석에 다리가 부러져 목발을 지닌 중년의 미국 여성이 앉아 있다. 그녀는 이 좌석에서는 다리를 올려놓으려 가져온 캠핑용 간이식 접이 의자를 사용할 수 없다는 것을 알았다.
g. 아주 긴 다리를 가진 6피트 4인치의 마른 체형인 앞 여성의 아들이 화장실 바로 뒤의 복도 건너 앞 줄 복도 좌석에 앉아 있다. 자신의 어머니에게 많은 공간을 주려 자리를 바꿔 주었지만 다리를 올려놓기에는 충분한 공간이 아니다.

스튜어디스가 필리핀 사람을 위해 붐비는 비행기의 뒤쪽에서 자리 하나를 찾아 주었다. 한국인 부부는 처음에는 좌석에 만족했으나, 곧 비상구 옆 좌석의 팔걸이가 움직이지 않아 아픈 부인이 누울 수 없다는 것을 알았다. (필리핀인이 뒤쪽 좌석으로 가서) 남아 있는 여섯 명의 승객을 모두 지금 상황 보다 만족스럽게 하고, 항공 운항 규정도 어기지 않으면서, 좌석을 어떻게 재배치할 수 있을까? 누가 가장 어려운 지경이라 이런 재배치를 해주어야만 하는가? 그룹으로 이 문제를 다룬다면, 각자가 승객의 역할을 맡아 각 승개의 서로 연관된 문제와 해결 과정을 설명해보라. 해결책을 설계할 때 적용할 원리가 있다면 무엇일까?

3.5 돈

다음 문제를 해결하라. 이번에도 답 보다는 사용하는 지능언어에 주목하라. 베키와 코리가 가지고 있는 돈은 합쳐서 아놀드가 가진 돈 보다 세 배 많다. 아놀드는 도티가 가진 돈 보다 한 배 반 많다. 코리와 도티가 가진 돈을 합치면 베키의 돈에다 어니가 가진 돈의 두 배를 합친 것 만큼 많다. 어니와 도티, 아놀드, 코리가 가진 돈을 전부 합치면 60달러가 된다. 각 어린이가 가진 돈은 얼마씩인가? 이 문제를 해결하기 위해 어떤 지능언어의 모드를 사용했는가? 대수학으로 이 문제를 푸는 방법을 생각해낼 수 있는가?

3.6 관찰(강의실이나 교실에서 수업 중 할 수 있는 활동)

준비 과정으로 시작하기 전에 팀 리더가 교실의 다섯 개에서 열 개 정도의 물건을 바꾸어 놓거나 강의실이나 회의실에서 흔히 볼 수 없는 물건을 몇 개 가져다 놓아라. 학생들이 수업에 들어오면, 안 어울리는 물건이나 변화를 찾아보게 하라.

3.7 집 스케치하기

타이머나 스톱워치를 준비하라.

1. 30초 동안 재빨리 집을 스케치하라.
2. 2분 동안 창문으로 보이는 집을 스케치하라.
3. 3분 동안 자신이 꿈꾸는 집을 스케치하라.
4. 위의 과제들을 수행하기 위해 사용한 사고의 유형이 무엇인지 위 과제들의 결과물을 보며 다른 사람들과 3분 동안 논의하라. 가장 쉬웠던 과제는 어느 것인가?

3.8 Pictionary™

탁월한 이 게임에서는 시각적 사고와 스케치, 자유로운 연상을 해볼 수 있다. 규칙에 따라 게임을 해보라. 또는 다른 나라에서 온 친구와 게임하기 위해 규칙을 바꾸어 보라.

연습이 가장 훌륭한 스승이다.

Publilius Syrus, 잠언 469, BC 1세기

3.9 어휘 스케치

단어 치환을 사용하여 다섯 개의 외국어 단어나 어려운 영어 단어를 스케치하라. 가장 잘 된 것을 골라서 같은 클래스나 그룹 또는 친구에게 가르쳐 줘라. 일주일 후 단어를 기억하고들 있는지 확인해 보라. 이런 학습 (또는 스케칭)이 자신에게도 단어를 기억하는데 도움이 되었는가?

3.10 ★ 미합중국의 역대 대통령 외우기 ★

단어치환과 이야기 링크를 이용하여 미국의 모든 역대 대통령을 순서대로 기억하게 해주는 스케치를 하라. 다 되었으면 자신의 스케치를 교육도구로 만들기 위해 차트 종이로 옮겨라. 한 그룹의 사람들을 찾아서 30분 이하의 시간 동안 이 도구로 가르쳐라. 천천히 이야기해라. 한두 번 반복하라. 그 다음 두 명 정도의 지원자에게 차트를 보지 않고 대통령을 외우도록 해봐라. 가능하다면, 다음 날 같은 그룹을 만나서 확인해 보고 보강하라.

3.11 ★ 화학 원소 – 팀 프로젝트 ★

이 문제에서는 우선 말뚝(peg) 방법이 실린 기억법에 관련한 책(참고문헌 3.2와 3.7)을 한 권 정도 도서관에서 찾아내야 한다. 이 방법을 이용하여 주기율표상의 화학 원소의 숫자, 기호 그리고 이름을

배운다는 것은 "영원히 기억하는 것"인가? 일부러 잊어버리거나 아니면 다른 어딘가에 보관해 놓을 수 있는 것은 무엇인가(어떻게 검색해 찾아 낼 열쇠를 기억해 낼 것인가)?

Susan M. Brookhart, National Forum, Vol. 78, No. 4, page 4

기억할 만한 이미지를 개발하라. 그리고 이미지를 스케치하라. 팀별로 화학 수업에서 필요한 주요 원소의 스케치로 작은 책자를 만들 수도 있을 것이다.

힌트: 효과적으로 하려면 시각화된 활동 이미지를 만들기 위해 기억술과 말뚝 방법과 함께 단어치환을 사용하라.

1. 원소에 대응하는 유형의 대체 단어를 찾아라.
2. 원소의 원자 번호를 위한 말뚝 단어를 상기해 내거나 만들어라.
3. 대체 단어와 말뚝 언어를 원소의 기호를 첫 글자로 가지는 한두 단어로 연결시켜 스케치한 이미지가 떠올릴 수 있는 문장이나 문구를 완성하라. 아래에 예가 있다.

Mercury(수은) 귀족에 대한 다음과 같이 기묘한 헤드라인을 시각화하라. "Marquis Hugs Green fox(후작이 초록 여우를 안았다)." 이 문장이 수은의 기호인 Hg와 원소번호 80을 상기시킬 것이다. fox(여우)의 말뚝 단어는 80이다.

Tungsten 다음 이미지와 문구를 상상하라. "Tongue Whacks Car(혀가 자동차를 찰싹 때리다)." tongue(혀)는 tungsten을 상지시킬 것이고, 해당 기호 W와 원소번호 74를 상기시킬 것이다.

제3장 – 주요개념 복습 및 실천사항 점검

기억력과 두뇌 인간 두뇌는 우주에서 가장 복잡한 구성의 물건이다. 관련된 학습 방법의 종류에 따라 다른 종류의 기억은 두뇌의 다른 부분에 저장된다. 두뇌는 경험에 기반하지 논리에 기반하지 않는다(반면에 컴퓨터는 논리 기계이다). 기억력을 개선하기 위해서 여러 기술이 이용될 수 있다.

지능 언어 문어적 사고는 직선적이고 순차적이다. 서구식 학교에서 문어적 사고가 매우 강조되기는 하지만, 어떤 종류의 문제를 해결하는 데는 문어적 사고가 적당하지 않다. 수학적 사고는 수량적 문제를 해결하는 데 사용된다. 시각화와 감각적 사고는 기억력을 도와 주고 창의성을 증진시킨다.

시각화, 기억력을 개선하는 도구 그래프는 보다 나은 이해에 필요한 관계성을 명확히 보여 준다. 특별한 시각화 기술은 보관과 검색회수에 도움이 된다. 연상—어떤 사물을 자신이 이미 아는 어떤 것(예를 들면 자신의 집에 있는 것들)에 (좀 황당할 정도의 이미지로) 연관시키는 것이다. 단어 치환—발음이 비슷한 유형의 단어로 무형의 단어를 대체한다. 그리고 대체된 유형의 단어를 시각화한다. 이야기 링크—각 항목을 이미지로 만들고 그 이미지들을 "기묘한" 이야기 속에서 연결하여 어떤 리스트의 관련 없는 항목들을 기억하는 방법이다. 항목 중 하나 만 생각해 내도, 전체 이야기 체인을 의식적인 기억에 떠올릴 수 있게 해준다. 발음 알파벳—숫자를 유형의 구체적인 단어로 바꾸고 시각화 한다.

스케치는 네 가지 단계로 배울 수 있다 1. 보는 법을 배워라. 2. 종이나 연필 같은 도구 사용법과 그것들로 무엇을 할 수 있는지 배워라. 3. 윤곽 그리기와 명암그리기, 원근법 등 특수 기술을 배워라. 4. 필수적인 눈과 손의 균형적 작업이 개발되게 연습하라. 브레인스톰할 때, 아이디어를 명확히 할 때, 다이어그램으로 과정과 관계를 시각화할 때 스케치를 이용하라. 스케치는 모든 이에게 필요한 기본적인 사고 도구이다.

삼차원 시각화 입체적 시각화 능력은 어릴 때의 일상생활 경험에서 획득되는 것 같다. 특별한 강좌나 워크 샵 같은 것이 엔지니어링에서 성공하기 위해 꼭 필요한 이 능력을 학생들이 발달시키는데 도움이 될 것이다. 강력한 입체 모델링 설계 도구는 급격한 발전을 거듭하여 이제 동시 공학과 전 세계적인 의사소통을 가능하게 했다. 이런 첨단의 기술을 배우는 것이 학생들에게 여러 이점을 줄 것이다.

시각화를 연습하고 기억력을 증진하기 위해 연상, 단어 치환, 이야기 링크 그리고 발음 알파벳을 사용하라.

실천사항 점검목록

- 어디에선가 무엇을 기다리고 있을 때, 주위에 보이는 사람이나 사진의 사람들의 이름을 기억하는 연습을 하라. 필요하면(이름이 안 보이거나 모르겠으면) 지어내라.
- 표 3.1에서 자신의 기억력에 도움이 실제 도움이 될 것 같다고 생각되는 항목을 하나 골라라. 그리고 자신의 목표에 이를 때 까지 행할 학습 습관이나 생활 습관의 변화를 하나 정도 어떻게 실천할지 계획을 세워라.
- 만약 학교에서 스케치 수업을 들은 적이 없다면 박물관이나 평생 학습장에서 스케치 과정을 하나 수강하라. 아니면 이 장의 참고문헌 3.4와 같은 책의 지시를 따라 하며 스케치를 자습하라.

- ▣ 이번 주 동안, 텔레비전을 시청할 때, 시각적 정보와 다른 감각적 정보를 주목해보라. 그리고 텔레비전 시청이 자신의 기분에 어떤 영향을 미치는지 알아보라. 프로그램의 가치관을 자신의 가치관에 비춰 동의할 수 있는가
- ▣ 문제를 시각화하는 습관을 길러라. 어떤 문제에 마주 치면, 눈을 감고 그리고 색다른 상상의 각도에서 문제를 "보아라". 이렇게 하면 창의적 해결책을 끌어 낼 수 있을 것이다. 또는 문제를 시각화하는 세 가지의 다른 은유나 스케치를 만들려 시도해보라.

04 Chapter 심적 장애

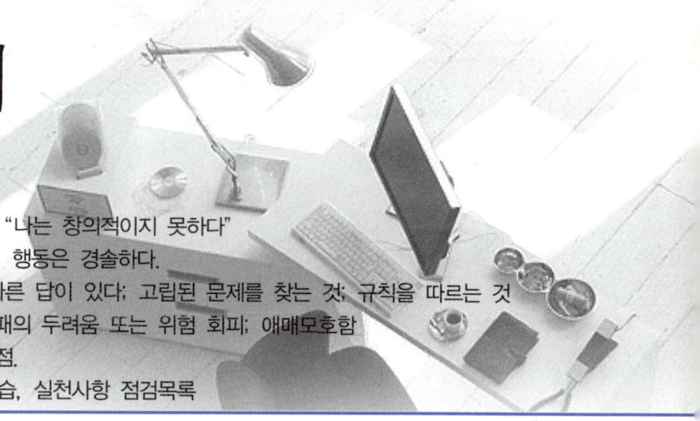

- 잘못된 가정에 근거한 장벽 제거: "나는 창의적이지 못하다" ; 영리한 마음이 좋은 사고자이다; 행동은 경솔하다.
- 습관 장벽 제거: 오직 하나의 올바른 답이 있다; 고립된 문제를 찾는 것; 규칙을 따르는 것
- 태도 장벽 제거: 부정적 사고, 실패의 두려움 또는 위험 회피; 애매모호함
- 창의적인 사고의 장려, 제약의 이점.
- 심화학습: 참고문헌, 연습문제, 복습, 실천사항 점검목록

창의성이란 같은 것을 다르게 보는 것이고, 무언가 다르게 생각하는 것이다.

Albert Szent-Györgyi, 노벨 물리학상 수상자

이 책 제 1 부의 5개 장에서 21세기의 빠르게 변하는 세상에서 성공과 혁신에 필요한 기본적인 기술에 대한 명백한 지식에 대하녀 설명했다. 패러다임 변화, 가시화, 정신모델, 팀웍, 의사소통 등등 지금까지 다룬 모든 주제를 엮어내는 창의적 사고로 초점을 되돌리면서 1부를 마무리하고자 한다.

큰 호숫가의 울퉁불퉁하고 바위가 많은 물가를 하루종일 조사하고 집으로 돌아가는 지질학자의 주머니에는 조약돌이 가득할 것이다.

이것들 중 얼마는 분명히 아름다운 줄무늬가 있거나 달처럼 동그란 공깃돌일 것이다, 여러 해 동안 물과 비바람과 파도의 자연적인 현상으로 연마되었을 것이다. 다른 것들은 쪼개지고 얽은 자국이 있고 거칠고 못 생겼을 것이다. 그러나, 겉 부위가 연마기로 벗겨지고 전동기로 연마되면, 이 거친 돌에 숨겨진 아름다움이 나타난다. 이번 장의 목표는 이런 연마재료를 공급하여 당신이 당신의 창의적인 사고력을 연마할 수 있게 하는 것이다. 만약 당신이 이미 창의적이라면, 당신은 그러한 기술이 창의성을 연마하기에 매우 유용하고 다른 사람들이 창의적이게 용기를 북돋을 수 있다.

창의력에 대하여 우리가 믿는 것은 우리가 얼마나 많이 창의적인 사고를 하고, 우리가 어떻게 다른 사람들이 그들의 창의력을 발휘하도록 고무시키는 가에 주요 영향력을 갖는다.

잘못된 가정으로부터 오는 장벽의 제거

우리는 모든 사람이 창의적이라는 것을 믿고, 더욱 창의적이기 위해 배운

잘못된 가정

다는 것을 믿는다. 우리는 우리 두뇌의 D 상한 능력을 더욱 자주 더욱 효과적으로 사용하는 것을 배울 수 있다. 그렇지 않으면 믿음은 창의성에 대하여 심각한 결과를 빚는 주 장벽이다. 예를 들어보자. 만약에 정부 기관이 영재 학생들을 더 잘 찾아내기 위한 시험 및 평가에 관한 제안서를 찾고 있다면, 깔려있는 가정은 오직 일부의 학생들만이 이러한 예외적인 재능을 가지고 있거나 그렇게 태어났다는 것이다. 그러나, 만약에 그 기관이 교실을 개선하고 창의적인 사고와 창의적인 문제해결 기법을 고취시키는 교육을 어떻게 개선하는 가에 관한 제안서를 찾고 있다면, 깔려있는 가정은 매우 다르다: 창의성은 함양될 수 있고, 모든 학생들에게서 개발될 수 있다. 어떤 접근법이 학생들에게 더 큰 이익을 줄 것인가? 사람들이 사고와 창의성에 대하여 가진 살못된 가징 중에서 몇 가지를 알아본다.

✓ 1분 활동 : 그룹 문제

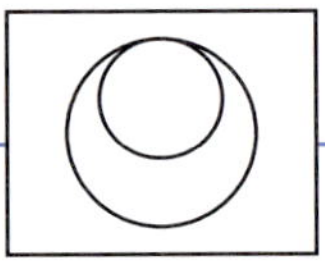

가장 창의적이라고 생각하는 그룹에 동그라미 하시오.

NASA 엔지니어 고등학교교사 주부
대학생 일학년생 언론인
영화 제작자 추상화가 자동차 수리공

활동 4-1에 대한 답의 평가에 도움이 되는 몇 가지 통계를 여기에 제시한다. 여러 나이 대의 사람들의 창의성이 시험되었을 때, 그 결과는 다음과 같았다. 40세에는 2%가 창의적이었고, 25세에는 2%였고, 17세에는 10%였고, 5세에는 90%였다. 그들 모두가 다 어떻게 창의적이 될 수 있는지에 대하여 교육 받은 적이 없었다. 그래서 그룹으로 보면, 일학년 생들이 가장 창의적이었다. 그들은 창의적인 사고에 대한 정신적 장벽을 배운 적이 없기 때문이다. 그들은 그들의 상상력을 자유로이 작동할 수 있다. 두 개의 원, 한 원안에 작은 원, 그림이 보여졌을 때, 그들이 상상의 답을 하였다. 어른들은 주로 기하학적인 답 만을 한다. 주부도 또한 매우 창의적이었다. 주부의 일은 서로 다른 다양한 일과 어린 아이들을 다루어야 하는 높은 유연성과 임기응변을 때로는 동시에 요구까지 하기 때문이다. 그러나 적절한 응용의 창의성은 나이에 독립적이다. 잘못된 가정은 편견에 견줄 수 있다. 여러분은 여러분 자신에게 "나는 창의적이지 않아"라고 생각한 적이 있는가? 우리는 창조적일 수 있는 놀랄만한 잠재력을 가지고 있고, 우리의 창의적인 재능을 사용할 수 있고, 우리의 마음 전체를 더 잘 이용할 수 있기 때문에, 그 것은 잘못된 가정이다. 이미 지난 장에서도 설명한 내용이다.

또 다른 잘못된 가정의 예를 보자. "지적인 마음이 훌륭한 사고자 이다." Edward de Bono에 따르면, 적절한 훈련을 받지 않은 고도의 지적인 사람들은 여러 가지 이유로 빈약한 사고자 이다.

- 그들은 어떤 경우이든 간에 합리적이고 잘 논쟁된 경우를 만들 수 있다. 그래서 대안을 조사해 볼 필요를 보지 못한다.
- 어휘적 유창성이 종종 풍부한 사고력으로 잘못 이해된다. 그들은 한 단어를 다른 단어로 바꾸기 위해 방법을 배운다.
- 그들의 정시적 조급함은 그들로 하여금 단지 몇 개의 자료만으로 결론을 내리도록 만든다.
- 그들은 빠른 사고를 이해로, 둔하고 재치 없는 것을 늦음으로 오해한다. 만약 느림을 탐구로 바꾸어 보면, 늦고 신중한 사고로부터 오는 이익은 분명해 진다.
- 일반적으로 지성의 비판적 사용을 건설적인 사용 보다 만족해 한다. 다른 사람의 틀림을 증명하는 것은 일시적인 우수성은 나타나지만 창조적인 사고로 이끌지는 못한다. 오히려 그것은 듣고 있는 모든 사람들과 마찬 가지로 비판자 자신의 창조적인 사고를 파괴한다.

✓ 10분 활동 4.2 : 빈약한 사고 대 풍부한 사고

위에 나열한 항목들을 보고, 이 중 하나에 해당하는 예를 짧게 써 보고, 그것을 여러분의 경험과 연계하여 본다. 그리고 여러분의 생각을 다른 두 사람과 나누어 본다.

사업환경에서 또 다른 잘못된 가정은 "노는 것은 시시한 것"이란 사고다. 놀이는 우리의 정신적 복지에 매우 중요하다. 여러분의 가족들과 특히 어린 아이들과 노시오. 상상 게임을 하시오, 가장 무도회를 하시오. 단어 게임을 하시오. 혼자서 또는 그룹으로 단어 게임을 하면 아이디어를 가지고 노는 상황 속으로 들어가게 된다. 블록과 같은 소재를 가지고 노시오. 추상적인 개념과 아이디어를 표현하는 모형들과 마찬가지로 딱딱한 아이템을 이용한 모형들을 건축하시오. 뫼비우스의 띠는 놀이로만 생각되었던 매우 실용적인 아이디어의 한 예이다. 오랫동안 추상적이고 수학적인 개념으로 만 치부되었으나 이제는 계속적으로 움직이는 테잎과 컨베이어 벨트의 마모를 줄이기 위해 사용된다. 오직 한 면만 배열되고 그래서 단지 한 단면 만을 이용하여 일정한 마모를 유도할 수 있기 때문이다.

뫼비우스 띠를 만들어 보라. 그리고 그것을 길이로 한번 자르고 무슨 일이 일어나는가 보고, 다시 3개로 나눌 경우 무슨 일이 일어나는 가를 보시오.

유머는 창의적인 사고에 매우 유익하다. 유머가 일상적이고 예상된 트랙으로부터 마음을 바꾸기 때문이다. 그래서 재미있는 아이디어가 일반적이지 않은 조합을 만들어 낸다. 창의적인 해결책으로 오르는 계단이 될 수 있다. C 상한의 유머가 있는 사람은 아이디어의 배경이 있다. 어떻게 하면 사람들을 즐겁게 할 수 있을까 하는 사고가 개입된다. 유머는 스트레스, 긴장, 단조로움을 경감시킨다. 유머는 마음을 순차 모드에서 옆의 새로운 트랙으로 바꾸기 때문이다.

또 하나의 아이디어를 가지고 노는 유용한 방법은 "만약-무엇이라면?"을 물어 보는 것이다. Roger Von Oech는 그의 저서 A Whack on the Side of the Head에서 다음과 같은 말을 한다.

창의성이란 같은 것을 다르게 보는 것이고, 무언가 다르게 생각하는 것이다.

William J. Riffle,
생산 담당이사,
Kettering univ.

수년 전, 독일의 한 도시에 쓰레기 문제가 생겼다. 깨끗했던 지역이 사람들이 쓰레기통을 사용하기를 꺼리면서 눈에 거슬리는 일이 발생한 것이다. 담배 꽁초, 사탕 껍질, 신문, 병 등등 다양한 쓰레기들이 거리를 어지럽혔다. 도시의 위생과가 관심을 보였다. 한 아이디어는 범칙금을 두 배로 올리자는 것이었고, 제대로 효과를 내지 못했다. 그리고 나서 누군가가 아이디어를 내었다. 만약에 쓰레기통에 쓰레기를 버리는 사람에게 돈을 지불한다면 무슨 일이? 이 아이디어는 적어도 모든 사람들의 사고를 흔들었다. 이 질문은 처벌로부터 준법자에 대한 보상에 대한 문제로 바꾸었다. 그러나 중요한 문제가 있다. 이 아이디어를 구현하면 시의 재정은 바닥이 날 것이다. 사람들은 이 아이디어를 거부하지 않고 대신에 다른 아이디어로 가는 계단으로 사용하였다. 그들은 다음과 같은 보상으로 나타났다. 시 위생과에서는 쓰레기가 들어 오면 감지할 수 있는 전자장치를 쓰레기 통 위에 부착하였다. 이 장치는 쓰레기를 받으면 조크를 하게 만들었다. 다른 통은 다른 조크를 하였고, 주기적으로 교환하였다. 결과적으로 사람들은 쓰레기를 쓰레기통에 버리게 되었다. 도시는 다시 깨끗해 졌다. 다른 시들도 이 아이디어를 전용하였다. 그들은 단지 "감사합니다"라고 말하는 것 만으로도 같은 효과가 나타남을 알게 되었다.

우리는 "만약 무엇이라면?"이라는 질문을 더 많이 해야 한다. Roger Von Oech에 따르면 우리는 그렇게 배우지 않았고, 우리는 그런 습관을 가지고 있지 못하다. 그런데 그것은 확률이 낮은 기법이어서 많은 질문을 거치고 여러 계단을 거쳐야만 실용적인 아이디어가 된다. 여러분은 매일 재미로 연습하고 그럼으로서 예상치 못한 유용한 아이디어가 나올 수 있다. 시작할 수 있는 질문을 하나 제공한다. 만약에 사람들이 60cm 남짓의 키라면 무슨일이? 한동안 이 질문을 가지고 놀아라. 에너지 소모에는 무슨 일이 일어날까? 혼잡한 도시는? 세계의 먹거리 사정은? 우리의 집은 어떤 모양일까? 이 질문은 처음과 같이 터무니 없지는 않을 것이다. 우리는 "더 큰 것이 항상 좋은 것은 아니다"라는 이해를 얻게 될지도 모른다. 또한, 우리는 작은 아이들이나 휠체어에 앉아있는 사람들의 세상에 대한 이해를 얻게 될 지도 모른다.

"만약 무엇이라면?"이란 질문을 하기 위하여 컴퓨터를 사용할 수 있다. 우리는 가상세계에서 많은 모의실험을 할 수 있다. 공학, 물리학, 생물학, 수학, 그리고 사회과학에 관한 실제 실험을 하는 대신에 여러 가지 조건을 조사할 수 있다. 컴퓨터는 실로 우리에게 많은 호기심을 불러 일으킨다. 실 생활에서는 너무 위험하거나 너무 비용이 많이 들 수 있는 상황들을 탐구할 수 있다. 배경 원칙을 온전히 이해하는 것 외에도 이것의 목적은 주어진 문제에 대한 최선의 길과 최적의 해법을 찾는 것이다.

> **잘못된 가정에 대한 4 상한 치료**
>
> C. 창의적인 사람과 시간을 보내라 - 창의성에 대한 당신의 가정을 공유하라.
>
> D. 아이디어, 유추, 은유를 이용한 놀이를 하라. 유모를 이용하라. "만약 무엇이라면" 질문을 하라.
>
> A. 창의성에 관한 실증을 얻으라; 어느 것이 당신이 수용할 수 있을 만큼 합리적이고 실용적인 가를 결정하라.
>
> B. 새로운 창의적 사고와 문제해결 모드를 실습하라.

습관 장벽 제거

✓ 2분 활동 4.3 : 기호문제

다른 것과 다른 기호에 동그라미 하시오. 이유를 설명하시오.

a. □　　b. ⌘　　c. ◆　　d. ⊠　　e. ◘

이유:

각 그림이 모든 다른 것들과 다른 이유를 찾을 수 있었는가? 이 문제는 사용되고 있는 기준과 묻고 있는 질문에 따라 다른 답들이 적합하거나 적정할 수 있다는 것을 보여 준다. 우리는 대안을 찾도록 훈련되지 않았기 때문에 대부분의 사람들은 하나를 찾고는 멈춘다. 우리가 어린 시절 학교에서 배운 정신적 장벽 때문에 대안을 고려하는 것은 대부분의 사람들에게 쉽지 않다.

오직 한 개의 답만이 있다.

> **어떠한 것도 하나의 아이디어 만을 가지고 있는 것보다는 위험하지 않다.**
> Emile Chartier,
> 프랑스 철학자

문제를 풀 때, 어떤 문제가 오직 한 개의 해답 만이 있다고 가정해서는 안된다. 이 것은 순수 수학문제들을 제외하고는 다른 문제를 다룰 때는 아주 심각한 정신적 장벽이다. 그러므로, 첫 번째 답에서 멈추지 말고 다른 답이 환경에 따라서 더 좋은 것인 지를 조사해야 한다. 이것은 아이디어를 다룰 때에 특히 중요하다. 다른 비교할 것이 없다면 어떻게 그 답이 최선이라고 할 수 있는가? 이런 유형의 사고자를 가르켜서 한 가지 사고만을 가진 사람이라고 한다. 이것이 우리에게 관련된 정신적 장벽을 유발시킨다.

고립된 상태로 문제를 바라보기

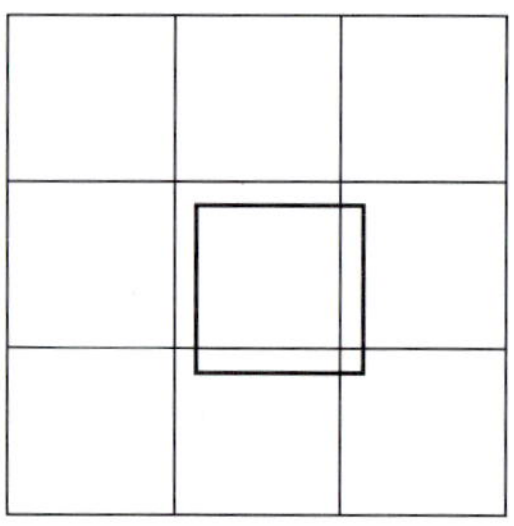

✓ 1분 활동 4.4 : 그리드 문제

몇 개의 사각형이 보이는가?

그림에서 여러분은 몇 개의 사각형을 볼 수 있는가? 수학적인 공식을 사용하여 한 쪽에 n개의 사각형이 있는 그리드에서 사각형의 수를 계산할 수 있다.

$$\Sigma = 1^2 + 2^2 + 3^2 + \cdots + n^2$$

> "전후관계는 당신이 주검이 아닌 한 절대로 무관하지 않다."
>
> 당신은 이 말이 엔지니어의 일에 대하여 진실 또는 거짓이라고 생각하는가?
>
> 당신의 견해를 뒷 받침 할 예를 드시오.

내부의 작은 사각형을 포함하여 $n = 3$이다. 그리고 내부의 사각형은 3개의 사각형을 만들므로 1 + 4 + 9 + 3 =17이나, 아직 완전한 답은 아니다. 주어진 문제에 적어도 한 개의 사각형이 있다. 단어 "사각형"이다. 문제를 보는 다른 방법을 사용하였는가? 당신은 진짜로 작은 사각형이 도시 블록 그리드의 하나의 도시 사각형을 가르키는 도시계획 지도를 보고 있는 것이라고 단정하였는가? 3차원 큐브 또는 컬럼을 위에서 보는 것으로 생각하였다면, 아마도 당신은 마음속으로 무한 개의 사각형을 보았을 것이다.

특별히 사람들이 자기의 일에 전문가 였다면, 그들은 자연히 자신들이 잘 알고 있는 것에 더욱 집중한다. 그들은 익숙한 것을 넘어서 새로운 지평을 보는 것을 잊는 경향이 있다. 그래서 각 전문 분야를 엮은 접근법(더 광범위한 또는 더 유연한 집중)을 취할 수 있는 사람들은 그들이 속한 조직에서 매우 가치 있는 사람들이고, 특별히 더욱 세계화된 환경에서는 더욱 그러하다. 우리는 나무의 잎이나 가지 만을 보지 않는 습관을 가져야 한다. 우리는 나무 전체와 모든 숲과 또한 그것을 넘어서 볼 필요가 있다. 우리는 보다 긴 관점과 넓은 시야를 위한 시간을 가져야 한다. 우리가 내린 어떤 결정들은 우리의 인생을 넘어서까지 지속될 수도 있다. 어떤 문제를 다룰 때, 우리는 수렴하는 사고 뿐만 아니라 발산하는 사고도 필요하다.

이것은 정신적 장벽을 보여줄 활동을 야기 시킨다.

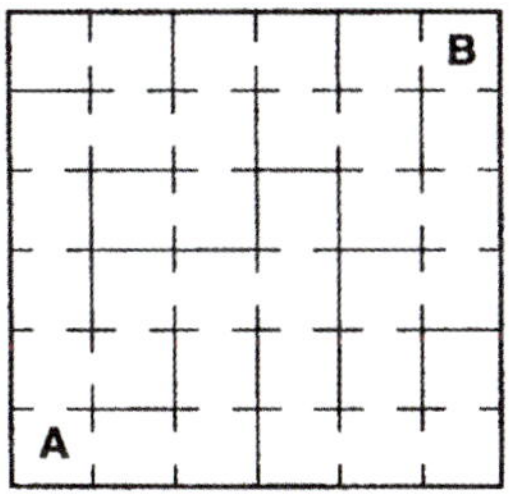

✓ 1분활동 4.5 : 미로 문제

A로부터 B 까지의 경로를 표시하라.

경로를 찾는 과정에서, 막다른 골목을 만나 뒤로 갔는가? 그것은 문제를 푸는 한 전략이다. 때로 우리는 작동하지 않는 것을 알 필요가 있다. 또는 B에서 시작하여 역으로 갔는가? 이것 또한 좋은 전략이다. 우리는 목표를 보고 그리로 가는 최선의 길을 찾는다. 미로를 통하여 경로를 추적하였는가? 이런 문제가 주어졌을 때 대부분의 사람들은 자기들이 짐작하는 것으로 생각한다. 그러나 문제에서 여러분에게 무엇을 하라고 하였는가? A로부터 B로 직선이든 곡선이든 선을 그으면 어떨까? 종이를 접어서 A와 B를 겹치는 가장 짧은 경로를 만들면 어떨까? 또 다른 가능성은 문제의 A에서 B로 선을 긋는 것이고, 또는 미로그림의 a로부터 문제제시문의 b로 선을 긋는 것도 가능하다. 이 문제는 아래의 정신적 장벽의 극복을 예시한다.

규칙 준수

우리는 존재하지도 않는 우리 자신의 규칙과 장벽을 만들지 말아야 한다. 고상한 아이디어를 논하기 전에 우리는 현재의 제약사항들이 무엇인지 질문해야 한다. 특별히 경영자와 관리자들은 문서작업과 절차의 목적이 무엇인 지 들여다 보는 습관을 개발해야 한다. 우리와 다른 사람들에게 요구한 규칙이 진정으로 필요하거나 도움이 되는가? 우리는 얼마나 자주 갈등 상황에서 조차 문제에 대한 비 일상적인 해결책을 찾기 위해 우리의 동료, 친구, 또는 가족을 북돋고 있는가? "규칙 준수"는 다음 절에서 논의될 정신적 장벽인 심판, 비판적 태도등으로 발전할 수 있다. 임의의 기준

"소유권"은 사람의 놀고 싶은 의지에 대한 자연적 장애물이다…. 그것은 실체 너머를 볼 수 있는 능력에 영향을 미친다.

Jim Pierce,
엔지니어링 컨설턴트

을 질문하는 것을 두려워 하면, 우리는 창의적 사고, 개선, 혁신의 기회를 잃게 될 수도 있다. 순응하려고 할 때 우리는 숨겨진 패러다임과 규칙을 따르고 있는가?

우리는 때로 더 이상 합리적인 근거가 없는 규칙을 따른다. 컴퓨터 키보드가 한 예이다. 왜 키보드가 그렇게 배열 되어 있는 지 궁금해 본 적이 있는가? 타자기가 처음 발명되었을 때, 얼마 안가서 문제가 생겼다. 타자수가 너무 빨리 타자를 쳐서 키들이 자주 꼬이게 되었다. 알기 쉬운 해법은 타자수가 천천히 작업하게 하는 것이다. 이것이 이유이기 때문에, 가장 많이 사용하는 키들(A, S, L)을 가장 약한 손가락에 위치 시킨 것이다. 실제로, 더 좋은 키보드가 개발 되었으나 사람들은 새로운 시스템을 거의 설치하거나 배우지 않았다. 우리는 계산기와 컴퓨터에서 현재 가능한 능력의 관점에서 가르치고 배우는 방법과 일상적인 작업들의 많은 부분을 조사 평가해 볼 필요가 있다. 전통적인 방법이 아직 상식인가? 변화는 가능하다. 영국이 미터법을 도입한 몇 년 전을 생각해 보라.

이 시점에서 우리는 잘못된 가정을 멈추고 없앨 필요가 있다. "창의적 사고와 규칙 파괴는 당신을 원칙도 없고 불법적으로 행동하게 한다." 그렇다, 창의성은 비 구조적인 활동이고, 그렇다, 아이디어를 만들 때는 규칙을 깰 필요가 있다. 그러나, 창의성은 일정한 경계와 방향이 있을 때 더 잘 꽃 피운다. 이것이 우리가 창의적 문제 해결에서 단계를 갖는 이유이다. 그래서 예절을 따르고 사람들이 받아 들일 수 있는 행동을 한다. 거친 행동은 스트레스를 만들고, 스트레스는 뇌에 화학물질을 만들고, 그것은 창의적 사고를 막는다. 타인에 정중하고 사려 깊음은 창의적인 환경에 매우 중요하다. 그래서, D 상한 사고를 풍부하게 하기 위해 어떤 규칙을 중지하고, 문명사회를 가능하게 하는 안전장치 또는 창의성을 향상시키는 안전장치를 제공하기 위해 어떤 규칙을 제공할 지를 판단할 필요가 있다. 다음의 사례연구는 설계자가 전통적인 패러다임 밖으로 나갔을 때 무슨 일이 일어났는지를 보여 준다.

사례연구: 부엌 설계

문제 한 젊은 전문직 부부는 그들이 원했던 집을 장만하여 만족해 했다. 다만 부엌은 마음에 들지 않았다. 부엌은 옛날 형식이고, 실질적이지 못하면서 위험한 구조를 하고 있다. 요리 지역과 벽 오븐이 주요 통로에 있다.

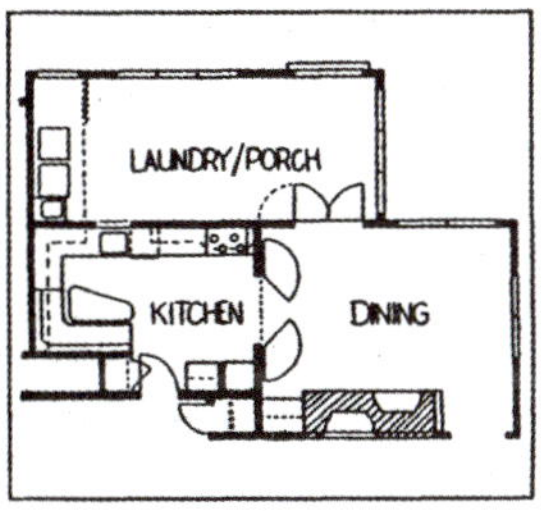

그림 4.1 원래의 부엌/세탁실 구조

집이 화재폭풍으로 타 버렸을 때, 재 건축은 개선의 기회가 되었다.

전통적인 해결책 새집은 그 부부의 생활 스타일로 익숙해진 원래 집의 선을 따라 재 설계되었다. 그림 4.2는 새 부엌 및 세탁/정원 방의 개선된 구조를 보여준다. 모든 사람들은 (설계자, 부부, 실내 장식가, 건축가) 아직 과거의 패러다임에 묶여있다. 그 새로운 계획은 개선된 구조와 더 안전한 통행 패턴을 보여 주기 때문에 받아들여 질 만하다.

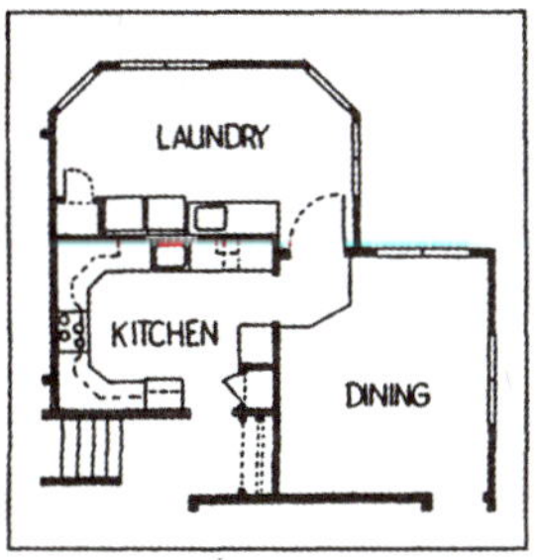

그림 4.2 개선된 설계

창의적인 해결책 그 부부는 새로운 계획을 친구들에게 보여 주었다. 친구들은 부엌 설계에 관하여 질문하였고 몇 가지 다듬어 지지 않은 아이디어를 내었다. 그들은 옛날 설계에 구애받지 않았다. 그래서 그들은 다른 해결책을 생각해 낼 수 있었다. 이러한 변경을 설계사에게 얘기했을 때, 그녀는 가시화 시키지는 못했다. 그러나, 다른 더 좋은 해결책이 있을 것이라는 아이디어는 그녀를 제도책상에 앉게했다. 그녀는 여러 가지 다른 구성을 시도해 보았으나 딱히 맞는 것이 없었다. 큰 열린 공간을 만들기 위해 부엌과 정원방 사이의 벽을 제거하고서야 실마리를 잡았다. 바로, 세탁기를 위한 가장 합리적인 장소가 분명해 졌다. 부엌 공간을 정원방에 직각으로 돌려 놓았을 때 (합리적이 아니라 직감적인 해결책), 전체 계획이 제자리를 갖게 되었다. 정찬실 뿐만 아니라 아침식사실로부터 쉽게 접근할 수 있는 효율적인 작업 삼각을 구성하기 위해 음식과 접시 보관대, 책상, 벽 오븐, 넓은 싱크대와 식기세척기, 요리대, 그리고 냉장고를 배치하는 것은 쉬웠다. 두 시간도 안되어 새로운 계획은 설계되고, 그려지어 그 부부에게 팩스로 보내졌다. 부부는 매우 좋아했다 (그림 4.3). 건축가는 새로운 설계를 보고는 놀래서 말하기를 "왜 우리는 더 일찍 해결책을 찾지 못했을까?"라고 하였다. 그는 그것을 설계에 반영하였고 몇 가지 더 개선시켰다. 부부는 그 설계로 추가적인 비용없이 집값이 2만 달러는 더 올라 갔을 것이라고 생각했다.

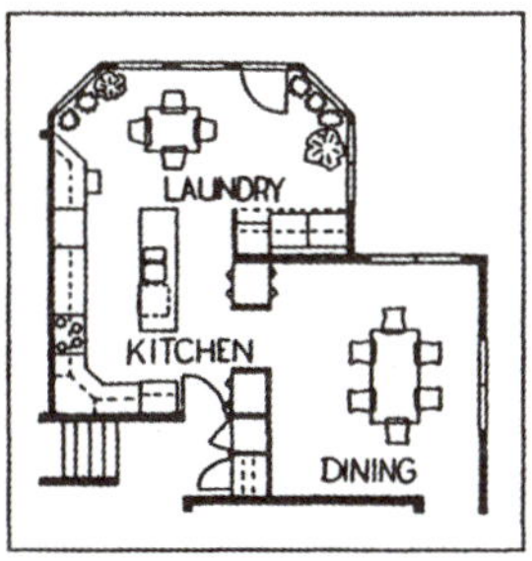

그림 4.3 창의적인 정원형 부엌 설계

습관 장애에 대한 4 상한 치료

C. 다른 사람들에게 정중하고, 의도적으로라도 아이디어를 찾고 공유하여 여러분의 견해를 넓히시오.

D. 탐험정신을 기르시오; 많은 여러 가지 다른 대안을 찾으시오.

A. 규칙의 정당성을 분석하여 어떤 규칙을 제외할 지를 결정하시오.

B. 4가지 모든 상한의 사고를 풍부히 하시오: 그리고 의사소통과 의사결정에서 그것의 사용을 습관화하시오.

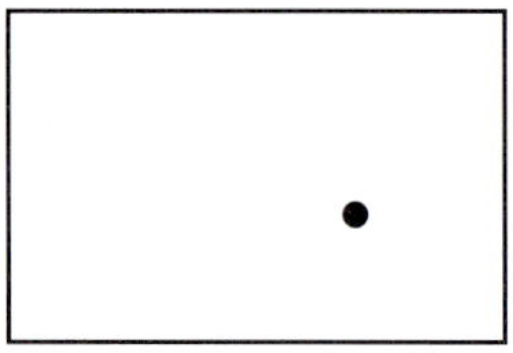

1분 활동 4.6 : 점 문제

여러분은 그림에서 무엇을 보는가?

이 작은 연습에는 두 가지 목적이 있다. 대체 답안에 대하여 생각하는 것을 배운 적이 있는가? 여러분의 상상 속에서, 작은 까만 점 외의 것을 볼 수 있었는가? 두 번째 목적은 인간의 특성은 큰 긍정보다는 작은 부정적인 요소를 주목하기 쉽다는 것이다. 그림의 99.9%가 하얗다는 것을 인지하였는가? 왜 여러분은 1000분의 1 밖에 안 되는 작은 검은 점에 집중하는가? 예상치 못한 이러한 증거는 이 책의 초기 버전의 인쇄 업자가 그 점을 흠이라고 생각하고 제거 했을 때 이 예가 생각났다. 인간 마음에서 구별하는 능력은 생존에 매우 중요하나 종종 우리의 태도 때문에 잘못 사용된다.

태도 장벽 제거

다음으로 다루려고 하는 정신적 장벽 유형은 우리의 태도와 감정에 관련되어 있어서 매우 어렵다. 이러한 태도의 첫 번째 것이다.

부정적, 비관적 사고

자신의 창의적인 아이디어를 평가하는 법을 배우고, 다른 사람들의 창조성을 교육하라.

창의적인 아이디어는 깨지기 쉬우니 조심해서 다루어라.

부정적인 사고, 비판, 빈정거림, 혹평은 이러한 방식을 사용하는 사람의 창의적인 사고를 방해할 뿐만 아니라 부정적인 사고방식의 소유자와 접촉으로 오는 모든 것들에 영향을 미치게 되어 두 배로 파괴적이 된다. 우리는 좋은면 또는 좋은 품질을 평가하거나, 인지하거나, 칭찬하는 것 보다 어떤 아이디어의 작은 모자라는 것에 집중하기 쉽다. 내부의 비판적인 목소리를 포함하여 단언적인 태도는 창조적인 사고의 표출을 방해하는 강력한 장벽이다.

우리는 어린이와 무언가를 할 때 매우 조심해야 한다. 일반적인 아이들은 가정에서나 외부에서 하나의 긍정적인 강화마다 약 150개의 부정적인 반응을 수용한다는 것을 아는가? 만약에 아이를 질책해야 한다면, 그러기에 앞서서 용기를 북돋고 칭찬하도록 노력하라. 그럴 때 조차도 부

비판과 부정적 사고의 유혹을 극복하기 위해서는 사물을 좋거나 나쁜 것이 아니라 다른 것 또는 흥미로운 것으로 보라.
Edward de Bono

정적 언어는 중립을 유지하고 사람은 공격하지 말고, 단지 그 바람직하지 못한 행위 만을 공격하라. 또한, 금지가 아니라 긍정적인 목적에만 집중하라. 다르거나 재미있는 아이디어를 보거든 우리의 호기심에 불을 붙여서 더 조사연구할 수 있도록 하라. 빠른 판단은 부정적인 판단이 되는 경향이 있다. 그래서 당신의 아이디어 이건 다른 사람들의 것이건 시간을 가지고 사려 깊고 창의적인 평가를 하도록 노력하라. 여러분의 문제점에 대하여 하는 것 만큼 좋은 점과 흥미로운 면들을 찾도록 더 많은 시간을 할애하라.

사업, 산업체와 학교에서 기능을 못하는 비 생산적인 팀의 가장 큰 원인은 팀에 있는 염세적이고 지나치게 비판적인 사람의 영향이다. 어떻게 이러한 문제를 다룰 수 있을까? 능력이 없는 사람이면 즉각적인 해고, 보직 해임? Edward de Bono는 "6가지 색의 모자"라는 도구를 개발하였다. 이 도구는 어떤 특정의 작업을 서로 다른 때에 할 수 있는 특정 사고 모드를 조장할 수 있게 한다. 그래서 백색 모자는 사실, 숫자, 목표 정보를 위하여 사용된다 (A 상한 사고). 녹색 모자는 창의성과 새로운 아이디어를 대표한다 (D 상한 사고). 파랑 모자는 다른 모자들과 사고 단계 (또는 문제해결 절차)를 제어한다 (B 상한 사고). 빨간 모자는 감정과 느낌(화와 두려움을 포함하여)을 끌어 내도록 사용된다 (C 상한 사고). 나머지 두 가지 모자는 두 면을 다룬다. 노랑 모자는 긍정적이고 건설적인 사고에 집중한다 (기본적으로 A와 D 상한). 검정 모자는 논리적인 부정적 사고와 주의를 표현하기 위해 사용된다 (기본적으로 A와 B 상한). Bono는 새롭고 창의적인 아이디어를 평가할 때는 항상 노랑 모자를 우선 사용할 것을 권장한다. 이러한 기법은 긍정적인 평가를 위한 시간을 만들어 준다 (부정적인 언급이 허락되지 않을 때). 그러나 염세적인 사람들은 검정 모자 시간이 오는 것을 알고 있으며, 그 때에 그들은 정당한 청취와 평가 시간에 자신의 비판적인 반대를 피력할 수 있다. 그래서 이 "6가지 색 모자" 방법은 회의에서 부정적인 사고를 제한하고 창의적인 문제 해결의 방법으로 유용하다.

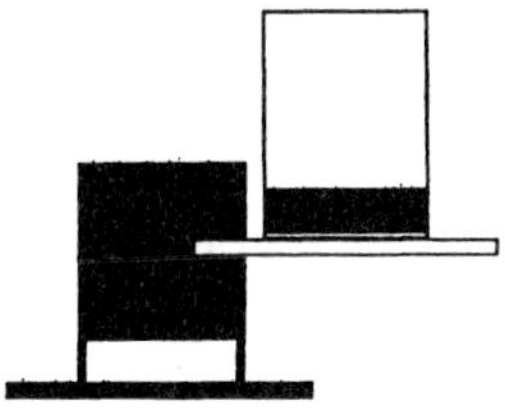

부정적 사고는 건설적인 불만과 같은 것이 아니다. 불만은 우리를 괴롭히는 문제를 해결하기 위한 더 좋은 방법을 찾기 위한 계단과 동기로 사용될 수 있다. 그러기 위해서, 우리는 문제를 일시적인 불편으로만 보아서는 안 된다: "이 상황을 바꾸어 개선하기 위하여 무언가를 합시다!" 초점은 미래에 있어야 한다. 이상적인 상황을 상상하고, 우리가 그 곳에 다다를 수 있는 여러 가지 다른 시나리오를 구상해야 한다. 우리는 우리가 얼마나 우리의 성공에 영향을 미치는 부정적인 사고를 일상적으로 하는지 아마도 모르고 있다. "이 장의 끝에 있는 "부정적 사고의 조사" 연습은 우리가 하고 있는 부정적 사고의 유형과 정도를 진단하는 데 도움을 줄 것이다.

우리의 감정을 포함하는 또다른 장벽이 있다. 그것은 행동 뿐만 아니라 창의적인 사고를 막는다.

거북이는 목을 내밀고 있을 때 앞으로 간다.

위험회피 또는 실패의 두려움

위험 감수의 부족은 지나치게 현학적이거나, 세세하거나, 까다롭기나, 걱정스러울 때 나타난다. 아이디어에 포함된 위험은 물리적인 위험 감수와는 다르다. 청소년/소녀들은 운전할 때, 마약과 같은 것을 시험적으로 할 때 등등과 같은 것을 할 때 특별히 물리적인 위험을 감수하기를 좋아 한다. 여러분은 언제 위험을 감수할 지를 잘 결정해야 한다. 10층 건물에서 뛰어 내리지는 않을 것이다. 왜냐하면, 물리적인 중력의 법칙이 자신에게 어떤 일을 일으킬지를 잘 알기 때문이다. 여기서 우리가 생각하는 위험은 아이디어가 있을 때, 비록 말하다 말게 될 지라도 그룹에 말하는 것과 같은 것들이다. 그것은 처음에는 실패하기 쉬운 무언가 다른 새로운 것을 그것을 잘할 때까지 배우는 것이다. 또는 신중한 연구와 우수성을 보이기 위하여 동료의 압력에 대응하여 일어서는 것을 배우는 것이다. 그것은 관여해야할 여러분의 미래이기 때문이다. 여러분의 창의적인 아이디어를 옹호할 때 여러분의 목을 내 밀어야 하고, 두터운 껍질 또한 필요하다. 그리고 목표에 다다르기 위해서는 끊임없어야 한다. 여러분은 여러분과 여러분의 아이디어로부터 "바다거북 수프"를 만들기 위한 여러분의 비평을 기대할 수 있다.

어떠한 염세주의자도 전투에서 이긴 적이 없다.
Dwight D. Eisenhower 장군

세 번 중에 두 번 놓친 사람이 성공적인가? 야구에서 타율 0.333은 최고에 속한다. Thomas Edison의 팀이 백열등을 고안하기 까지 수백 번의 실험에서 실패한 것을 아는가? 그의 비전은 도시의 전기 시스템에서 작동하는 전구였다. 다른 발명가들에 의해 몇 개의 전구가 몇 년 앞서서 특허를 내었으나 그의 목적에는 부합하지 못했다. 실수는 창조적인 아이디어와 뛰어난 해법을 위한 방아쇠이고 계단일 수 있다. 우리는 실수로부터 배울 수 있다. 그래서 실수를 두려워할 필요가 없다. 일본의 회사들은 그들의 조립 라인에서 나타난 결점을 숨기는 대신 매우 품질적인 자각으로 박수를 보낸다. 그들은 이러한 발생을 배울 수 있고 개선을 할 수 있는 진정한 기회로 인식한다.

우리는 실수로부터 배우고 사용할 수 있다. 산업체로부터 나온 고전적인 예를 하나 들어본다. 3M 회사는 직원들의 창조성을 북돋고, 연구원들에게는 그들 시간의 15%를 창의적인 아이디어와 프로젝트에 할애할 수 있도록 해 준다. 몇 년 전에 한 과학자 Art Fry는 그의 생에 있어서 작은 흥분을 다루기 위해 이 시간을 사용하기로 하였다. 그는 교회 성가 대원이었고 성가 책의 페이지를 표시하기 위하여 작은 종이를 사용하였다. 변함없이 종이는 빠져서 마루 위에 떨어졌다. 그는 접착제를 개발한 그의 동료 Spencer Silver를 기억했다. 그가 개발한 접착제는 그렇게 강력하지 못하여 모두 실패한 것으로 여겼다. Art Fry는 이 접착제를 가지고 한동안 궁리를 하였고 마침내 그것이 필요한 만큼 붙어 있을 뿐난 아니라 아무런 손상도 입히지 않고 제거될 수 있는 좋은 북마크일 뿐만 아니라 노트의 역할을 할 수 있다는 것을 알게 되었다. 그 결과로 얻은 상품의 이름이 "포스트잇"이다. 그것은 비록 처음에는 시장에서 실패하였지만 3M의 가장 성공적인 사무용품이 되었다. 또한 Art Fry는 그의 지하실에서 종이 블록을 만드는 기계를 고안하여 제작해야만 했었다. 왜냐하면 그때는 종이가 두루말이로만 들어 왔었기 때문이다. 이러한 문제를 어떻게 창의적으로 극복했는 가에 관한 이야기는 12장에서 다룬다. 창의적인 생각을 구현하기 위해서는 끈기가 필요하다. 초보적인 꿈으로부터 아이디어를 시장으로 연결시키기 위해서 우리는 초기의 실패를 몇 가지 점에서 성공으로 바꾸어야 할 것이다.

Jack Matson은 휴스턴대학교 공대 교수였었다. 그는 학생들의 창조성을 조장하는 영역의 연구를 수행하였다. 그는 연구에서 초기에 더 많은 실수를 범한 학생들이 프로젝트를 보다 성공적으로 마쳤다는 것을 알았다. 학생으로서, 여러분은 결정을 해야 한다—프로젝트를 전통적인 방법에 따라 안전하게 진행할 것인지, 또는 실패를 감수하고라도 특별히 창의적인 해결책을 찾아 나설 것인지, 강사 또는 부모로서 우리의 임무는 우리 학생들 또는 아이들의 진도를 평가하는 방법을 찾는 것이다. 그래서 이 방법으로 그들이 초기의 실패로 불리해지지 않고 마지막에 그들의 배운 정도의 합으로 평가될 수 있어야 한다. 가르침의 품질이 어떻게 배움에 영향을 미치는 가에 관한 질문이 생겨난다. 가르침은 어떻게 평가할 것인가—"초기 실패"는 강의 순서에 교육과정에도 마찬가지로 적합한가? 교사와 학교 제도가 어떻게 교육자에게 보다 나은 교육자가 되기 위한 실험의 기회를 많은 다른 접근법을 시도할 때, 세 가지 일이 발생한다: 실패할 가능성이 많아지고, 승리의 가능성도 높아지고, 어떤 것이든 우리는 배운다.

제공할 것인가?

매우 유명한 다이빙 판의 모델이 실패한 비행기의 날개라는 사실은 아는가? 아마도 DuraFlex라는 상품명을 들어본 적이 있을 것이다. 실패에 대한 두려움은 다른 연계된 정신적 장애로 우리를 이끌어 간다. 독립적인 사고에 따른 책임을 꺼려하는 것 또는 수동적이고 무관심한 것, 인생이 단지 흘러가도록 두는 것, 본질적으로 질문하기를 꺼려하고 문제에 대한 해결책 찾기에 관여되기를 원치 않는 정신적 게으름으로 이끌려 가는 것. 그러한 사람은 해결책의 일부가 되고자 하는 또는 정신적 유연성을 개발하고자 하는 동기가 없는 만성적인 불평 불만자이고 부정적인 사고의 소유자이다 - 그러한 사고 유형의 사람은 "couch potato(소파에 박혀서 TV만 보는 사람)"의 이미지로 상상할 수 있다.

우리의 감정에 작용하는 또 다른 정신적 블록이 있다.

애매함에 대한 불안

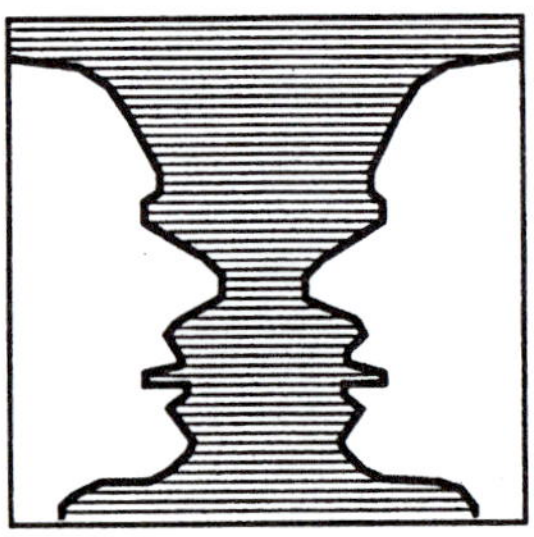

불분명한 상황은 심각한 오해와 충돌을 일으킬 수 있고, 그래서 피하려고 노력한다는 것을 우리는 경험적으로 안다. 구술적인 정보 뿐만 아니라 시각적인 정보도 애매함을 포함할 수 있다. 예를 들면, 그림에서 무엇이 보이는가: 꽃병, 술잔, 또는 거울에 비친 한 사람의 옆모습? 그림을 돌리면 무엇으로 보이는가? 서까래에 걸려있는 종, 또는 촛대를 상상할 수 있는가? A 상한과 B 상한 사고자들은 애매함에 불편해 한다. 이러한 마음들은 여러 가지 회색 그림자들 보다는 검정이거나 흰색이기를 선호한다. M. C. Escher의 유명한 그림들을 보면, 그림들은 그 상황에서 시각적인 신호와 뇌의 해석 사이에서 발생하는 충돌을 보여준다.

채용인을 위해 구직자에 대한 조언으로 작성한 세 개의 애매한 문장을 예로 본다(Robert J. Thornton, Lehigh University, "Lexicon of Internationally Ambiguous Recommendations(LIAR)," Detroit News, Feburary 8, 1988, pp.D1-2). 각 문장에서 두 가지 다른 의미를 구분해 낼 수 있겠는가?

- 나는 이 사람이 예전의 내 친구 중 하나였음을 밝힐 수 있어서 기쁘다.
- 내 견해로는, 이 사람이 귀하를 위해서 일하게 되는 것은 귀하에게 행운이 될 것이다.

• 나는 누구도 이 일에 더 나을 수 없다는 것을 귀하에게 말할 수 있다.

고등학교나 대학생들은 애매함에 종종 불편해 한다. 그들은 그것이 상세하고 구체적인 설명과 적당한 양의 정보가 함께 주어지는 한 긴 숙제를 마다하지는 않는다. 그들은 가정을 만들어야 하거나 문제를 해결하기 위하여 그들 자신의 정보를 파고 들어야 하는 것을 싫어한다. 그들은 자신들이 실 생활에서 접하게 되는 애매한 상황들을 다루는 매우 좋은 기회를 만났다는 것을 깨닫지 못한다. 비록 우리 대부분이 애매한 상황을 편해하지는 않지만, 우리는 가끔은 그 것들이 사고의 특별히 창의적인 훈련을 위한 자원이 될 수 있기 때문에 그러한 상황이나 아이디어를 탐구해 볼 필요가 있다. 그러므로 모호함을 해결하기 위하여 서둘지 마라. 다각도에서 문제를 볼 시간을 가져라. 더 많은 질문을 하고, 특별히 여러분의 무의식이 모호함을 처리할 기회를 주시오.

만약에 여러분이 애매모호한 상황에 있다면, 더 많은 정보를 모으기 위해 그것을 이용하라.

역설에는 비슷한 목적이 있다. 역설들은 이런저런 것들을 다른 전후 상황에 배치하여 우리를 다른 방향으로 생각하게 한다. 예수는 복음에서 사람들을 생각하게 하려고 많은 역설을 사용하였다. 예를 들면, 마태복음 16장 25절에 보면, "누구든지 자기의 생명을 구하기를 원하는 자는 그것을 잃을 것이고, 나를 위하여 자신의 생명을 잃는 자는 그것을 찾을 것이다." 역설적인 사고는 창의적인 사고와 발명으로 우리를 인도한다. 예를 들면, 코렐 접시는 깨지지 않는 도자기이다. "물기를 밀어내는 스폰지"라는 아이디어가 화학물질을 분리하는 새로운 방법을 고안하는 기반이 될 수 있었을까?

창의성은 아직 존재하지도 않는 마음에 있는 문제를 해결할 수 있다.
Brian Webb, 공대 학생

이번 절에서 다룬 세 가지의 정신적 블록은—부정적 사고, 실패에 대한 두려움, 모호함—우리의 감정과 태도에 관여한다.

> **감정적 장벽에 대한 4 상한 치료**
> C. 긍정적인 언급으로 주변 사람들을 고무시키시오.
> D. 배움으로 위험을 감수하시오; 실패를 성공으로 가는 계단으로 삼으시오.
> A. 모호한 상황을 더 많은 정보를 얻는 기회로 삼으시오.
> B. 안전지대를 벗어나는 사고를 매일 연습하시오.

창의적인 사고를 조장하라

A, B, C 상한 사고의 정신적 장벽을 극복하는 것 외에도, 우리는 몇 가지

방법으로 D 상한 사고의 개선을 위한 창의성을 조장할 수 있다.

- 우리가 예제일 수 있다. 일과 생활에서 창의적인 사고를 연습하고 드러낼 필요가 있다. 그래서 다른 사람들이 실천 중인 창의성을 볼 수 있다. 그리고 우리는 우리의 창의성의 결과로 얻는 정신적 강인함과 상상력의 균형을 유지해야 한다.
- 우리는 다른 사람들의 창의적 사고를 인지하고 고무시킬 수 있다. Nedd Herrmann은 칭찬은 특정한 사고 모드의 사용과 선호성을 증대 시킨다는 것을 발견하였다.
- 우리는 창의적인 표현을 위한 유리한 환경을 구축할 수 있다.

예가 되라

여러분의 창의성과 정신적 블록을 점검하기 위하여 표 4.1는 7가지 중요한 점을 나열한다. 이것은 미국 톨레도시 출신이며 유리제조업계에서 유명한 발명가인 Harold McMaster가 학생들과 엔지니어들에게 행한 연설에서 나온 것이다.

창의성과 사고에서 우리의 목표를 이루기 위해서 필요한 또 하나의 다른 요소가 있다. 그것은 정신적 강인성이다. 이것 또한 배워질 뿐 유전되지 않는다. 최고의 운동선수들은 이것을 잘 배운다. 개성은 정신적 강인성과 무관하다: 당신은 내향적일 수도 있고 또는 외향적일 수도 있다. 활동적일 수도 있고 또는 감정을 드러내지 않을 수도 있다. 이것은 당신의 성공과 관련이 없다. 경쟁적인 스포츠에서 정신적 강인성의 특징은 "Mental Toughness Training for Sports: Achieving Athletic Excellence"에 설명되어 있다. 이러한 특징들은 배움/학습, 사고, 문제해결 등에도 동등하게 된다고 우리는 믿고 있다. 정신적 강인성은 창의성의 표출과 구현을 위한 규칙의 전후관계를 제공한다. 그 특징들은 표 4.2에 나열하였다. 규칙과 동기의 부족과 그로 인한 생활의 무질서는 응용 창의

표 4.1 창의적 사고를 위한 요구사항

1. 호기심을 가지시오 - 지식의 개척자들을 보시오.
2. 자신이 일하고 있는 영역에서 확고한 기반을 얻으시오.
3. 필요를 만족시키는 발명을 하시오.
4. 새로운 실행 방법을 찾으시오; 익숙한 것을 취하고 그것을 다른 방법으로 들여다 보시오.
5. 전통적인 지혜에 의문을 가지시오.
6. 경향을 파악하고, 기회를 찾고, 그리고 열심히 일하시오.
7. 대부분의 진전은 지속적인 작은 개선으로 만들어 진다는 것을 인식하시오.

표 4.2 정신적 강인성의 특징들

1. 스스로 동기를 부여하고, 스스로 방향을 설정한다; 자신의 일을 한다.
2. 긍정적이고 실질적이다 – 끌어 올리고, 칭찬하며, 낙관적이다; 여러분의 눈은 잠재된 실패를 보지 않고 목표를 보고 있다.
3. 부정적인 감정을 조절한다 – 만약 환경이나 동료가 완전치 않고 실수한다면 무엇을 할까? 여러 번에 걸쳐서 용서를 해야 할 것이다. 화를 내는 것으로는 문제를 해결할 수 없고, 문제를 더욱 어렵게 만들 뿐이다.
4. 압력하에서도 조용하며 편안하다 – 싫은 생각으로 위기가 아닌 기회를 본다.
5. 원기왕성하고 실행할 준비가 되어 있다; 최고의 성과를 내고 최선의 작업을 할 수 있다.
6. 견고하다; 비전이 있다. 이루고자 하는 일이 무엇인지를 안다; 잠시 물러날 뿐 굴하지 않는다.
7. 정신적으로 빈틈이 없고 집중한다 – 집중하고 조절한다. 상황이 요구하는 바에 따라 수렴적인 사고도 발산적인 사고도 사용할 수 있다.
8. 자신감이 있다 – 자신을 믿고 잘할 수 있다는 것을 안다. 잘 준비되어 있다; 과거에 성공했고 새로운 익숙치 않은 조건에서도 그것을 다시 할 수 있다.
9. 행동과 행위에 스스로 책임을 진다 – 자신의 사고기법과 아이디어에 대하여 책임을 진다. (또는 팀에서 일할 때는 팀의 노력에 대한 결과에 대해서도). 프로젝트를 꿰뚫어 보고 있어 결과 및 결론에 대하여 설명할 수 있다.

성에 대한 심각한 장벽이다.

여러분이 창의성에 관한 훈련된 정신적 태도를 수용할 때, 여러분은 평온하고 편안할 수 있고, 여러분이 하는 활동을 즐기고 재미있어 할 것이고, 에너지를 가질 것이며, 제어할 수 있을 것이다. 정신적 강인성과 습관을 개발하는 것은 매우 힘든 일이다. 왜냐하면, 여러분의 마음에 새로운 구조를 구축하고 새로운 습관을 형성해야하기 때문이다. 그러나 이러한 태도는 연습을 함에 따라 자동화되는 경향이 있어 노력이 덜 요구된다. 우리는 여러분이 내부의 창의적 환경을 보호하는 구조를 구축하도록 북돋는다. 왜냐하면, 훈련을 하면 마음은 그러한 일들에 예리해질 것이고, 그래서 여러분은 여러분이 이룩할 결과로 고무될 것이다.

표 4.3 창의적인 사고의 인지

1. 예상하지 않았던 것을 찾아라 – 그 아이디어는 원래 것과 무엇인가 다른가? 이번 장에서 논한 몇 개의 정신적 블록을 극복했는가? 정신적 유연성을 보이는가?
2. 제안된 아이디어, 제품 또는 해결책은 여러 비범하고 새로운 아이디어의 조합이나 합성인가? 현재의 아이디어나 제품을 향상시키는가?
3. 아이디어가 현재는 쓸모없어 보이지만 창의적으로 더 개발할 수 있는 잠재력이 있는가?
4. 그 아이디어 또는 제품은 올바른 것인가? 주어진 문제에 대한 논리적인 답인가?
5. 그 아이디어나 제품이 주어진 상황 또는 주변관계에 대한 응답인가? 필요를 잘 해결하고 있는가?
6. 그 해결책이 완전, 아름다움 또는 기품과 같은 감각을 가지고 있는가?
7. 그 해결책이 몇 가지 수준에서 적용되는가? 사고를 자극하고 다른 응용을 이끌어 내는가?
8. 그 사람은 머리 안의 무엇인가의 소리를 들었는가?
9. 그 해결책이 혼자이건 여럿이건 브레인스토밍의 결과인가?

다른 사람들에게 용기를 주어라

여러분은 다른 사람이 창의적인 생각을 하는 것을 어떻게 인지하는가? 어떤 특정영역에서 수재성이나 재능을 보이는 사람이 아닌 일반적인 사람들도 창의적인 표현을 찾는 것이 가능하다. 표 4.3은 창의적인 사고의 특징을 가려내기 위해 사용할 수 있는 질문을 나열한 것이다. 우리는 긍정적인 피드백을 주고, 함께 아이디어 놀이를 하는 것으로 다른 사람의 창의성을 고무시킬 수 있다—육성하며 지원하는 사회적 환경을 필수적으로 제공하면서. 또한, 전 연령대를 위해 자극하는 물리적인 환경을 만들 때 우리는 창의성을 북 돋을 수 있다.

창의적인 환경을 구축하라

자유롭게 탐구할 수 있는 안전한 환경은 어린이의 정신적 발달과 창의성에 매우 중요한 역할을 한다. 아기들은 만질 수 있고, 느낄 수 있고, 맛 볼 수 있고, 냄새 맡을 수 있고, 많은 물체를 만들어 볼 수 있는 기회가 필요하다. 그럼으로서 어린 신경세포들은 많은 연결을 만들고 충분한 잠재력을 발달시킬 수 있다. 부모들은 아기들을 자극할 수 있는 위험하지 않고 불필요한 제약이 없는 환경을 제공해야 한다. 그러한 환경이 비쌀 필요는 없고, 다만 상상을 불러 일으킬 수 있어야 한다. 아이들은 다양한 크기의 상자, 나무, 블럭. 종이, 크레용, 천조각, 가지각색의 소품들을 가지고 고안하여 노는 놀라운 방법들을 찾아낼 것이다. TV를 끄는 대신에 다양한 주제로 자주 아이들에게 책을 읽어주시오. 아이들이 요리를 돕게하고 다른 집안일을 돕게 하시오. 공공 도서관에 데려가고 이야기 시간에 참석토록 하시오. 그들을 동물원, 공원, 자연탐방 프로그램, 모래밭, 해변가 또는 계곡에 데리고 가시오. 아이들이 손발을 진흙에 넣어 느끼고 즐기게 하시오. 그리고 이런 모든 환상적인 경험 얘기를 나누시오.

참고문헌

최근 몇 년간 발간된 창조성 관련 서적을 나열하는 것은 쉽지가 않다. 1부에서 나열한 대부분의 책은 자연현상, 발견 개발과 창조성의 응용에 대한 추가적인 참조를 제공한다. 많은 조직이 워크숍, 협의회(conference)와 창조성과 창조적 문제 해결에 관한 기관을 제의한다—현재의 활동 목록을

여러분의 아이에게 말을 가르치는 사람은 여러분의 아이에게 생각을 가르치는 것이다.

Jane M. Healy, Endangered Minds, 1991

보기위해 웹 검색을 해 보시오. 여러분이 이러한 창의성 캠프 또는 행사에 참석해 볼 것을 권한다—A 또는 B 상한의 사고성향자라면 새로운 세계를 접하게 될 것이다; C 또는 D라면 정보교환의 장이 될 것이다. 다음의 책들이 이번 장에서 언급한 주제들과 관련이 있다.

4.1 Edward de Bono, *Lateral Thinking*, Harper & Row, 1970. 이 책은 유연한 사고방법을 가르치는 사람들에게 추천한다. 같은 저자가 지은 더 최근의 책 "*Serious Creativity*, Harper Business, New York, 1992"가 염가판으로 출판되었다. 수평적 사고와 창조성의 심도있는 적용을 해온 저자의 25년간의 경험에 기반한 내용이다.

4.2 ✓ Edward de Bono, *Six Thinking Hats*, Little, Brown & Co., Boston, 1985. 6가지 사고의 유형이 6가지 색의 모자로 정리된다. 이러한 모자를 사용하면 토론에 집중하고, 의사소통과 의사결정을 진전시키고, 팀의 생산성을 높인다.

4.3 Robert Fritz, *Creating*, Fawcett, New York, 1991. 저자는 진정으로 원하는 것과 창의성(창의적 사고)을 구분한다. 창의작업은 배워질 수 있는 것이다. 이것이 음악이나 미술에 적용될 때, 결과는 생산이고 사람들에게 그 결과는 개선된 관계를 의미한다. 이 책에서는 실질적인 아이디어와 질문을 다룬다.

4.4 Robert Fulghum, *All I Really Need to Know I Learned in Kindergarten: Uncommon Thoughts on Common Things*, Villards Books, New York, 1989. 가슴을 따뜻하게 하는 이 인기작은 많은 긍정적 사고의 절제된 이야기를 제공한다. 유사한 것으로, Chicken Soul for the Soul 책을 추천한다.

허만 러닝센타에서 우리에게 동기를 부여해 주는 경험을 돌이켜 보면, 어른을 위한 창의적 환경은 좀더 복잡한 장난감을 제외하면 놀랍게도 어린이를 위한 환경과 차이가 없다.

4.5 Martin Gardner, *aha! Gotcha-Paradoxes to Puzzle and Delight*, W.H, Freeman, San Francisco, 1982. 이 책은 논리, 확률, 수, 기하, 시간 및 통계로부터 재미있는 문제를 모아 놓았다.

4.6 Peter Jacoby, *Unlocking Your Creative Power*, Ramsey Press, San Diego, 1993. 이 작은 책은 여러분이 자신의 창의성을 발견하는 즐거운 방법이다.

4.7 James E. Loehr, *Mental Tooghness Training for Sports: Achieving Athletic Excellence*, Greece Press, New York, 1982. 이 책에서는 성공적인 운동선수가 최선을 다하기 위해 자신의 마음을 개발하는 방법을 소개한다. 이러한 원칙과 연습은 사고작업의 자기훈련을 배우는 방법으로 적용된다.

4.8 Ruth Stafford Peal, 편집자, Guideposts 잡지. 이 월간지는 용기, 강건함 및 긍정적 자세를 개선하는 검증된 방법들을 제시한다. 예를 들면, 1989년 1월판 7~9쪽에 걸친 Arthur L. Fry의 "Choir Singers Bookmark"를 읽어 보시오. 최근에 작고한 Ruth의 남편 Norman Vicent Peale 박사의 "*The Power of Positive Thinking*"도 추천한다.

연습문제

4.1 역설

몇 분의 시간을 가지고 서너 가지의 역설을 준비하시오. 형식에 구애받지 않는 책의 제목으로 사용할 수 있을지 보시오. 예를 들면, 따뜻한 얼음, 마음을 진전시키는 록 콘서트, 깨지지 않는 유리, 부드러운 돌, 마른 비, 조용한 폭풍, 소심한 영웅, 무서운 행복. 만약 마지막 3개가 책 제목이라면, 무엇에 관한 책일까? 역설을 만들어 보는 것이 유용한 것을 알겠는가? 따뜻한 얼음으로 삔 곳을 치료하면 피부의 마비도 없는 이 점은 환상적이지 않은가?

4.2 정의와 구호

창의적 사고를 고취할 몇 가지 구호를 만드시오. 특별히 마음에 드는 구호를 택하시오. 그것을 카드에 쓰고 자주 볼 수 자동차 계기판, 화장실 거울, 냉장고 문 또는 TV 위 등과 같은 곳에 두시오.

두 가지 방법이 있다면, 항상 세 번째를 택하라.
고대 유태인 격언

4.3 ✓ 실패로부터 배우기

여러분이 학급에서 했던 실수로 일어났던 사건을 설명해 보시오. 또는 초기의 실수를 거울삼아 성공할 수 있었던 때를 설명해 보시오. 가능하면 유머나 만화를 이용하시오.

4.4 좋은 소식 회보

여러분이 일명 "좋은 소식" 회보의 작성책임이 있다고 하자. 회보를 특징지울 수 있는 적어도 열 가지의 아이템을 나열하고 적절한 머릿글을 구성해 보시오. 나쁜 소식을 생각하는 것보다 이것이 더 어렵다는 것을 알게 되었습니까? 왜?

4.5 긍정적 사고

안 좋은 상황이 반전하여 좋은 결과를 내는 서로다른 5가지의 가상적인 시나리오를 마련해 보시오.

예 1: 지난 여름, 나는 도보여행 중에 뱀에게 물렸다. 좋은 사마리아인 같은 사람이 나를 구하러 왔고 매우 친절하고 배려가 있었다. 우리는 결혼했다.

예 2: 내 차가 고장이 났다. 그래서 나는 가게까지 걸어갈 수 있었고 운동이 되었다.

4.6 ✓ "만약에 무엇이라면(what-if)" 질문

몇 가지의 재미있는 "만약 무엇이라면" 질문을 만들어 보시오.

예: 만약에 어느 하루 모든 사람이 완전하게 사려깊어 지기로 한다면? 만약에 교통수단이 매우 발달하여 자동차와 고속도로가 쓸모없게 된다면 어떤 종류의 교통 수단일까? 만약에 컴퓨터 바이러스가 온통 퍼져서 컴퓨터를 믿고 쓸 수 없게 되면? (우리가 1993년에 이런 질문을 제일 먼저 던졌을 때, "밀레니움 버그"는 뉴스에 언급도 되지 않았었다. "만약…" 질문에 일정한 관련이 있음이 분명하다.)

혼자서 또는 친구와 함께 "만약…" 질문 예나 여러분이 만든 질문으로 얘기해 보시오. 무슨일이 일어날 지에 관한 10개 또는 20개의 아이디어를 떠 올릴 수 있는가?

4.7 ★ 권위주의적인 환경 ★

만약 여러분이 권위적 환경(완고한 부모님, 선생님, 사장, 또는 관료제도)에서 살고 있다면, 평화로운 상태를 그대로 유지하면서 "규칙엄수"라는 장벽을 극복할 수 있는 방법에 대하여 생각해 보시오. 이것은 여러분의 사고를 움직이게 하는 예비문제이다.

프로젝트 : 부정적 사고의 조사

1주차 – 일반 자료 수집과 기초 분석

설명 : 다음의 두 쪽을 복사하시오; 그리고 자신의 부정적 사고를 자각하기 위해 부정적 사고경향 점수표를 이용하시오. 이 조사는 습관적으로 부정적이고 비판적인 경향의 사람과 함께 일해야 할 경우에 또한 유용할 수 있다. 연필과 함께 이 점수표를 항상 가지고 있으시오. 자신이 부정적이거나 아래 표에 있는 항목중의 하나를 들을 때마다 표하시오. 7일간 매일 그 합을 구해 보시오.

결과 예 : 미국 디트로이트에 있는 14세 학생 반에서 2주간 그러한 연구과제를 해 보았다. 학생들은 자신의 부정적인 사고를 알게 됨에 따라 두번째 주에는 부정적인 사고의 빈도가 줄었다. 또 하나의 놀라운 사실은 일요일과 월요일에는 점수의 경향이 가장 낮은 반면에 주중에는 높았다. 즉, 주중에는 보다 부정적인 사고를 하였다.

기초분석 : 1주차 후에, 점수표에 있는 자료를 기반으로 결론을 도출해 작성하시오. 결과는 여러분의 사고유형을 무엇이라고 하는가? 자신의 부정주의의 주요 원인을 무엇이라고 보는가? 분석작업표 1(b)에 6가지의 가장 중요한 카테고리를 쓰시오. 7번째는 기타로 하시오.

2주차 – 상세 자료 수집, 분석 및 응용

설명 : 자신의 부정적 사고를 보다 자세하게 조사하기 위하여, 한 주 동안 카테고리에 따른 부정적 사고에 관한 상세 점수를 수집하시오. 카테고리 합계, 일일합계를 구하시오.

분석 : 1주차와 2주차 합계를 비교하시오. 이러한 결과에 대한 여러분의 결론은 무엇인가? 그리고 2주차 자료를 사용하여 파레토도를 만드시오(파레토도는 7장의 예제를 참조)

적용 : 더 긍정적인 사고자가 되기 위해 바꾸어야 하는 두 가지를 설명하시오. 어떻게 성취할 것인가에 관한 계획을 세우고, 실천에 옮기시오. 또한, 해당 주에 부정적 상황을 긍정적인 결과로 목적을 갖고 의도적으로 바꾸어 보시오.

보고 : 이 프로젝트의 결과에 대한 한 쪽짜리 응용과 내역을 포함하는 요약을 작성하시오.

부정적 사고 유형의 예

1. 타인을 판단하는 행위: 비판하기, 흠집내기, 잘못이나 결함 찾기
2. 사람이나 상황을 피하는 행위; 미루기
3. 일반적인 불평, 투덜대기, 징징대기
4. 자기수련 부족
5. 화내거나 악의있는 행위; 문제를 야기시켜 복수를 하려는 행위
6. 빈정거림, 질책, 과민하게 반응, 참을성 없는 모습을 보임
7. 저급한 언어와 모독적인 언사를 사용하는 행위; 타인에 대한 존경심/배려 부족
8. 자신을 끌어내림: 낙담함, 염세적임, 두려움
9. 타인으로 부터의 무시, 빈정거림, 부정적 피드백을 수용하는 행위
10. 경멸/모욕/냉대를 상상하는 행위; 자기연민 – 삶을 불공평하게 보는 행위
11. 비전, 긍정적 목표, 의미, 희망의 부족; 헤쳐나갈 길이 없다고 슬퍼하거나 통탄

부정적 사고경향 점수표(자료수집)

Lumsdaine, Lumsdaine, Shellnutt, *Creative Problem Solving and Engineering Design*, page 172, © 1999 McGraw-Hill.

매일마다 부정적인 사고를 하거나 빈정거리거나 자신이나 타인을 깍아내리는 행위를 할 때마다 표시를 하시오.

시작일 : ____________

1일차 ______________________ 소계 =

2일차 ______________________ 소계 −

3일차 ______________________ 소계 =

4일차 ______________________ 소계 =

5일차 ______________________ 소계 =

6일차 ______________________ 소계 =

7일차 ______________________ 소계 =

총합 **1주차 :**

8일차								소계 =
9일차								소계 =
10일차								소계 =
11일차								소계 =
12일차								소계 =
13일차								소계 =
14일차								소계 =
총합								소계 =
	A	B	C	D	E	F	기타	

분석 작업표

Lumsdaine, Lumsdaine, Shellnutt, *Creative Problem Solving and Engineering Design*, page 172,

1. 1주차 결과 분석

a. 1주차 점수에 대한 결론:

b. 앞으로 내가 할 것 같은 6가지 가장 중요한 부정적 사고유형:

A =

B =

C =

D =

E =

F =

2. 2주차 결과 분석

a. 1주차와 2주차 결과를 비교하여 얻은 결론:

b. 나의 부정적 사고에 대한 가장 빈번한 원인을 찾기위한 파레토도의 작성

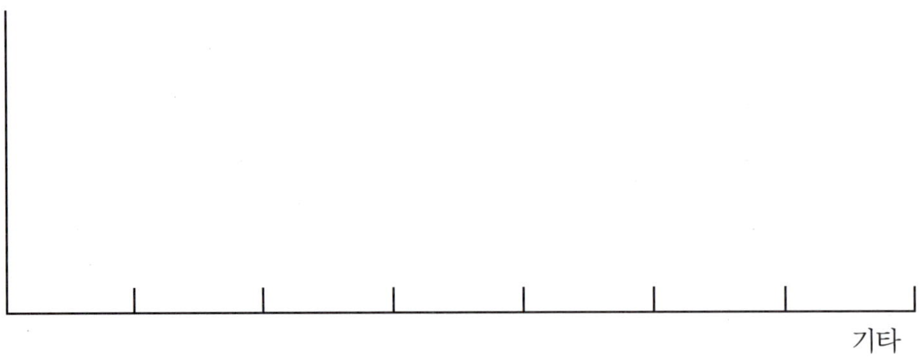

3. 적용

a. 나는 다음과 같은 방법으로 보다 긍정적인 사고자가 될 것이다:

b. 나는 다음과 같은 방법으로 보다 지지를 보내는 사람이 될 것이다:

제4장 – 주요개념 복습 및 실천사항 점검

창의적 사고의 장애물 잘못된 가정. "나는 창조적이지 못해"는 잘못된 가정이다. 심한 정신적 장애를 가지고 태어나지만 않았다면 누구나 창조적이고, 약간의 훈련으로 더욱 창조적일 수 있다. 잘못된 가정의 또다른 예는 "지성인은 훌륭한 사고자"이고 "놀이는 하찮은 것"이라는 생각이다.

교육된 정신적 장애물 : 습관 "정답은 하나다"라는 말은 여러분이 여러 가지 대안을 찾을 때 극복될 수 있다. "고립된 문제로 보는 것"은 전후관계를 큰 그림을 보는 것으로 극복될 수 있다. "통례준수"는 통례와 패러다임의 이유를 고찰해 봄으로서 극복될 수 있다.

감정, 태도 등등의 정신적 장애물 "부정적 사고"를 극복하기 위해서는 사물과 사건을 선악이 아니라 서로 다르다는 관점 또는 흥미라는 관점에서 볼 필요가 있다. "실패의 두려움"을 극복하기 위하여 실수를 훌륭한 학습의 기회로, 그리고 더욱 창조적인 사고를 하기 위한 초석과 성공으로 가는 과정으로 바라보시오. "애매함"을 다른 면을 돌아볼 기회의 순간으로 이용하시오. 더 좋은 아이디어를 찾을 수 있도록 정진하시오. 친절하시오.

자신과 타인에 내재된 창조성을 고취하시오 역할모델이 되시오. 정신적 강인함과 자기수련으로 여러분의 창조성을 드러내는 방법을 다른 사람들이 알 수 있게 하시오. 어린이든 어른이든 내재된 창조성을 고취시키시오.

교육의 기본적인 목표는 지식을 쌓는 것이 아니고, 창의적으로 생각하고, 스스로를 가르치고, "아직 예상치 못했던 질문에 답을 찾는 것"이다.

Jim Killan, 전 MIT 총장

실천사항 점검목록

- ▣ 이 장은 실행항목과 조언으로 이루어졌다. 뒤로 돌아가서 여러분에게 가장 도움이 될 "해야할 일"을 표시하시오. 여러분의 사고와 행동에 도움이 될 가능성을 높은 것 하나를 선택하고, 다음 3주에 걸쳐서 반복적으로 해 보시오.
- ▣ 시계를 여러분이 일상적으로 차는 다른 손에 차 보시오. 시계를 볼 때 마다, 여러분의 현재 활동에 창의적 사고를 적용할 수 있는지를 점거하는 방편으로 삼으시오.

- 여러분의 주간일정중에 한 시간을 “아이디어 활동” 시간으로 넣으시오. 일정을 이행하고 가장 창의적인 아이어를 쓸 노트를 지참하시오. 완전하려 하지 말고 유연하시오.
- 귀찮을 지라도 타인의 창의적 사고를 칭찬하는 노력을 의도적으로 하시오. 예: 7살 짜리 여동생이 티 여과기를 고양이 오물통을 닦는데 사용한다(그 아이가 할당된 일을 하기위해 적당한 도구를 찾지 못할 때).
- 개인적인 유머집에 넣을 만화나 이야기를 잘라 놓으시오 - 가족의 도움을 받으시오. 문제로 늪에 빠질 때 그것을 들춰 보시오.

제1부 검토

아래 질문은 여러분이 여러분의 학습을 점검하는 데 도움을 준다 - 여러분이 정형화된 학급에서 이 책을 사용한다면 여러분의 진도를 평가하는 중간 검토나 시험에 사용.

A, B 상한 유형 질문

1. 창의석인 문제해결 기법의 5가지 이점을 나열하시오.
2. 여러분은 어린아이를 위한 장난감을 만들고 있다. 이 작업을 잘하기 위해서는 4가지의 다른 정신적 언어가 필요하다. 각 언어에 대해 설명하시오.
3. 허만 모델의 각 상한의 사고 특징을 설명하시오. 각각에 대한 예를 드시오.
4. 명시적이 지식과 암묵적인 지식의 차이를 정의하고 각각 두 가지 예를 드시오.
5. 창의적 문제 해결 절차의 단계와 사고방식을 나열하시오.
6. (a) 긍정적인 사고가 문제해결에 왜 중요한가? (b) 그것이 팀웍에 왜 중요한가?
7. 의사소통 절차, 명명 필터(naming filter), 송신자와 수신자 사이의 메시지에 영향을 미칠 수 있는 소음에 대하여 기술하시오.
8. 창이성을 고취시킬 수 있는 학습환경의 특징에 대하여 기술하시오. 여러분이 익숙한 조직을 하나 택하여 그 조직의 창의적 분위기와 성과를 작성한 목록에 따라 분석해 보시오.
9. 지성이 필수적으로 훌륭한 사고로 꼭 귀결되지는 않는 이유를 기술하시오.
10. 여러분은 어떻게 정신적 장애물을 극복할 것인가? "정답은 오직 한 개?"

C, D 상한 유형 질문

11. 사람들을 창의적으로 생각하게 하는 뉴스 헤드라인 또는 TV 광고문구를 만들어 보시오. 브레인스토밍으로 시작하여 최선의 아이디어로 통합하도록 해 보시오.
12. "패러다임 이동"에 관한 창의적인 글을 작성하고 자신의 실례를 들어 보시오.
13. 다음에 제시한 예 중 하나에 대한 패러다임 이동 문제에 답하시오: (a) 초등학교; (b) 중고등학교; (c) 대학. 당장에 하기에는 불가능하나, 하기만 하면 우리나라의 교육시스템을 기본으로부터 바꿀지도 모를 것이 있다면 무엇일까? 예: 중학교 2학년을 지역사회봉사와 적기교육으로 바꾸기. 학생들은 체험적 기법, 프로젝트 관리, 협동작업, 의사소통 기법, 주위 사람들을 쇄신시기고 환경 프로젝트나 다른 건설적인인 실생활 활동에 포함됨으로서 창의적인 문제해결 실행의 성공을 배울 것이다.
14. 이해하기 어려운 단어, 외래어 단어, 이름, 숫자 또는 일자를 선택하시오; 그 아이템을 기억하는 데 도움이 되는 시각적인 것이나 이야기를 개발하시오.

15. 팀에서 의사소통의 어려움을 소재로 한 우스운 시나리오를 쓰고, 그 문제를 어떻게 풀것인 가에 대하여 쓰시오. 계속해서 비판적인 말을 하는 비관적인 사람을 멈추게하는 기법을 응용한 대화를 구성해 보시오.
16. 어휘 대신에 심볼과 상상력을 이용하여 허만의 4 상한 사고성향의 특징을 설명하고 요약하는 콜라주를 설계하시오.
17. 여섯 가지 창의적 문제 해결 사고방식의 각각에 대한 “클립아트(clip-art)” 심볼을 디자인하시오.
18. “주차장(parking lot)” 기법 사용을 설명하는 창의적인 희극을 쓰시오.
19. 오른손에 연필을 들고 왼손의 윤곽그림을 그리시오. 그리고 손을 바꾸어서 해 보시오. 두 경우를 할 때, 그림에는 시선을 두지 말고 손에만 시선을 고정하시오. 그리는 동안에 느낀 여러분의 느낌에 대하여 토론하고, 여러분이 그린 예술적인 결과를 감상하시오.
20. 문제를 브레인스토밍 하시오. 파티에서 술 없이 사람들이 즐거워 할 수 있는 방법으로 무엇이 있을까? 위험스런 행동이 없는 적어도 20가지의 서로다른 긍정적인 아이디어를 나열하시오.

총뇌 질문

21. 모든 연령대의 사람들의 창의성을 조장할 수 있는 가정환경에 대하여 브레인스토밍하고 설명하시오. 두 가지 버전으로 하시오. 하나는 돈이 제약사항이 아닌 버전, 다른 하나는 돈을 쓰지 않는 창의적인 버전. 그리고 그 결과를 분석하시오. 어떤 버전이 더욱 창의적인 아이디어를 가지고 있는가? 제약사항이 여러분의 창의적 사고를 제약하였는가 아니면 고취시키었는가?
22. 1부에서 다루어진 아무 주제로나 하나의 총뇌 문제와 가능한 답을 만들어 보시오.
23. 이 책의 1부에서 다루어진 하나의 주제를 선정해서 하나의 행동 아이템을 개발해 보시오. - 명시적이면서도 암묵적인 지식생성을 포함하는 것.
24. 학습검토
    a. 여러분의 관점에서 각 장에서 배운 가장 중요한 개념은 무엇인가? 이유를 설명하시오.
    b. 그것들을 시각적 표현을 이용하여 서로 연결되도록 하시오(스케치, 흐름도 등등) 개괄적인 경향 또는 공통의 주제를 식별할 수 있는가?
    c. 이 책의 1부와 관련이 있는 두 가지의 중요한 질문을 쓰시오.
25. “여러분이 여러분의 일, 조직, 생활을 보면 창의성이 우연히 생기는 것이 아니다 - 계획을 세우시오”. 이 문장이 개인적으로 여러분에게 무엇을 의미하는가? 이러한 원칙을 설명하고 구현할 수 있는 명확한 예를 쓰시오.

05 Chapter

의사소통

- 팀웍은 원활한 의사소통으로 구축된다. 여러분은 의사소통 할 때, 화를 내는가?
- 훌륭한 의사소통자의 특징은 무엇인가? 훌륭한 청취자가 되는 것. 다양한 사람들과 다양한 의사소통 함에 있어서 어려운 점 예.
- 도구: 원 인 결과를 만들기. 30초 베시시.
- 공학설계 의사소통: 특징.
- 설계문서와 발표의 형식 개요: 제안서, 보고서, 요약, 표, 그림 등의 형식
- 심화학습: 참고문헌, 연습문제, 복습, 실천사항 점검목록

이번 장에서는 우선 효과적인 팀 구축의 열쇠인 원활한 구두 의사소통에 필요한 일반적인 원칙들을 볼 것이다. 후반부에서는 설계 의사소통을 집중적으로 볼 것이고, 14장에서 설명할 12단계 설계절차 모형에서 사용되는 설계문서(17장)의 전체형식을 요약한다.

구두 의사소통과 팀웍

여러분은 대화를 나눌 때 다른 사람을 긴장 시키는가? 직장에서 해고당하는 단연코 가장 큰 이유로 꼽히는 것은 상사 또는 동료들과 보조를 맞추지 못한다는 것이다. 어떻게 들어야 하는지, 사람들과 어떻게 긍정적으로 교류해야 하는 지와 같은 원활한 의사소통 기술은 건설적인 팀웍에 매우 중요하다. 창의적인 생각과 정신적인 모형을 이용한 창의적인 응용으로 구두 뿐만 아니라 문서에 의한 의사소통도 개선할 수 있다.

✓ 15분 활동 5.1 : 당황하지 말고 의사소통 하라.

네드 허만 그룹에서는 전체 두뇌를 사용하는 의사소통에 관한 "4 상한" 포스터를 준비하였다. 이 방법은 각기 네 가지 상한에 해당하는 사람들을 곤란하게 하거나 당황하게 하는 질문으로 시작한다. 여러분이 생각하는 표 5-1의 모든 항목이 당신의 의사소통을 효과적이지 못하게 하는 지를 점검한다. 이 것들 중에서 많은 것들이 다른 상한에서는 매우 강한 선호의 결과일 수 있거나, 또는 특정 상한에서는 회피의 결과일 수 있다.

표 5.1 효과적인 의사소통 장벽(또는 무엇이 사람들을 곤란하게 하는가?)

A 상한 사고의 컴뮤니케이션 장벽

- 모호한 주제에서 벗어나는 커뮤니케이션
- 넘치는 이야기
- 애매모호한 접근법 및 지시
- 비 논리적인 명령
- 사실관계 또는 자료의 부족
- 부적절한 비공식 행위
- 개인 감정의 공공연한 표현
- 정확한 답을 알지 못한다는 인상
- 토론 또는 논쟁에 대한 두려움
- 아이디어에 대한 정량적 증거 또는 사실의 부족
- 지나친 몸동작의 사용
- 비현실적이거나 과민한 접근법

D 상한 사고에서 의사소통 장벽

- 반복
- 너무 느림
- 안전제일 또는 책으로
- 지나치게 구조적이고 예측할 수 있음
- 유모나 재미가 부족
- 너무 경직되어 유연성이 없음
- 개념 또는 비유를 차용할 능력 미약
- 너무 상세하게 빠짐
- 너무 많은 숫자
- 나무의 숲을 보지 못함
- 무형에 대하여 얘기할 수 있는 능력이 없음
- 좁은 초점
- 새로운 접근법에 대한 저항
- 메마르고 재미없는 주제 또는 스타일

B 상한 사고에서 의사소통 장벽

- 주제가 없거나 분명하지 않음
- 혼란스러움
- 이 주제 저 주제로 옮겨다님
- 하고 또하고
- 예측불허
- 너무 빠르게 진행
- 분명치 않는 언어와 지시
- 주제는 빼고 주변을 너무 많이 다룸
- 불완전한 문장
- 마무리를 잘 못함
- 다른사람의 생각을 끝내게 두지 않음
- 실질성의 부족
- 한번에 너무 많은 아이디어
- 예상치 못한 엉뚱한 언어

C 상한 사고에서 의사소통 장벽

- 상호교류의 미약
- 눈 마주치기를 꺼려함
- 일반적인 접근법 또는 예제
- 메마르거나 차가운 비 현실적인 상효교류
- 비정한 논평
- 개인적 교감을 위해서는 시간이 없음
- 인정과 칭찬에 인색
- 감정을 중요하게 여기지 않음
- 지나치게 직접적이거나 퉁명스럼
- 비판적이고 판단적인 태도 및 목소리
- 소외되거나 무시됨
- 다른 사람들을 위한 감정이입 미약
- 대면 커뮤니케이션 회피
- 모든 자료를 가지고, 허튼소리 없음

✓ 15분 활동 5.2 : 당신의 의사소통을 개선하라.

다른 사람들이 여러분을 어떻게 보는가? 여러분이 목록을 다른 사람과 함께 쭉 훑고, 효과적인 의사소통을 하는데 장벽이 되는 어떤 특징을 가지고 있는지 지적하는 것은 도움이 된다. 왜냐하면, 여러분 스스로는 그런 습관을 인식하기 어렵기 때문이다. 다음으로, 지지해 주는 친구를 찾아라. 활동 5.1과 5.2의 결과를 훑어보라. 여러분 메시지를 전하는 방법에 대하여 그 결과는 무엇을 얘기해 주는가? 여러분이 바꾸고 싶은 3가지 항목을 선택하시오. 확정하고 선택한 의사소통 문제를 극복하는 방법과 앞으로 3주간 진보를 감시하고 고무할 수 있는 방법에 대하여 친구와 계획을 세우시오.

무엇이 의사소통을 잘하는 사람으로 만드는가?

첫 번째로 떠오르는 생각은 표 5.1에 나열된 모든 것들을 피하거나 또는 그 반대로 하는 것이다. 우리는 4 상한 의사소통에 대하여 얘기할 것이고, 그리고 이 절의 부분에서는 여러 가지 예를 제시할 것이다. 우선, 개괄적인 그림과 기본적인 개념들을 알아 본다.

원활한 의사소통은 사용하는 어휘의 유창성 이상으로 우리의 내노에 의존적이다. 우리는 대화할 때, 사실과 노하우를 거의 놓치지 않는다 — 느낌, 가치, 바램과 꿈이 이런 것들이고, 그리고 우리의 태도는 신체언어로 표현된다. 대화는 사람들이 공통의 언어, 사고경향, 문화, 그리고 기억을 가질 때 더 쉽게 이루어 진다. 변화의 시기 동안에는 우리가 공통의 결속을 갖고 있고, 일상적인 일 처럼 신뢰를 가지고 있다고 가정할 수 없다. 그럼에도 원활한 대화는 변화의 시기에 특별히 결정적이다. 이 시기에 우리의 성공은 우리의 아이디어와 해법을 제시하는 능력에 의존적이다. 우리의 대화는 전달될 뿐만 아니라 수신되어야 하며, 이해되어야 하고 이에 따라 실행되어야 한다.

아마도 가장 큰 의사소통 장애물은 이미 그리된 일이라고 가정하는 것일 것이다.

Ron Meiss,
communications
consultant

의사소통 또는 대화란 기본으로 돌아가 보면 그림 5.1에 보여주는 바와 같이 송신자, 수신자, 메시지를 포함한다. 송신자로서 우리는 최대의 관심을 끌고 바라는 동인을 끌어내기 위하여 우리의 메시지를 만들어야 한다. 수신자는 메시지를 적절히 해석하기 위하여 충분한 시간을 가져야 한다. 그리고 나서는 수신자는 송신자로 전환하고 피드백을 전달해서 양자가 메시지가 적절히 이해되었고 바라는 실행 또는 변화로 나타날 것이라는 것을 증명할 수 있다. 송신자와 수신자는 직접적인 간섭 뿐만 아니라 두 가지 필터에 영향을 받는다는 것을 알고 있어야 한다. 필터는 메시지를 왜곡시킬 수 있는 내적인 신호이다. 많은 다른 유형의 필터들이 포함될 수 있다: 언어, 문화, 가치, 편견, 기억, 경험, 감정, 기대, 패러다임, 시간적 제약, 대화 기술의 부족, 단서와 주제, 태도, 물리적 안녕, 그리고 뇌 발달 등등.

메시지에 직접적인 영향을 미치는 간섭은 종종 기술적인 용어로 정의

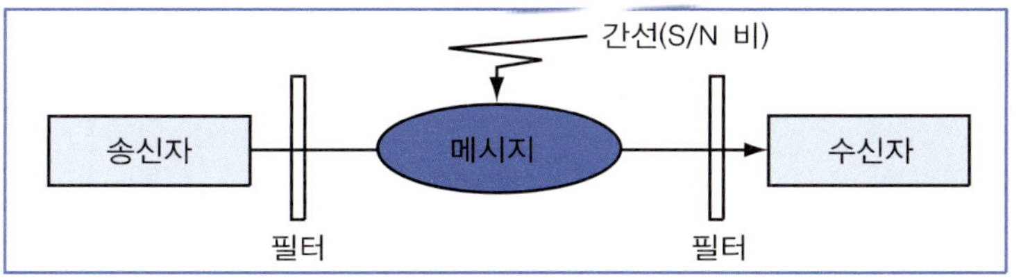

그림 5.1 메시지 전달에 영향을 미치는 요소

된다. 신호 대 잡음 비 (S/N 비)는 라디오 신호 분야로부터 차용한 용어이다. S/N 비는 화자와 청취자가 속한 물리적 환경의 영향에 의한 메시지에 대한 간섭과 관련한다. S/N 비는 잡음이라고 불리는 경쟁적인 신호들이 차 있는 환경을 통과하여 얼마나 분명히 오는 가를 말한다. 그래서 구두 메시지의 명확성은 방안의 배경 잡음 또는 다른 산만 요소에 영향 받게 될 수 있다. 예를 들면, 산만 요소로는 전화벨 소리, 방에 들어오는 비서, 말하는 사람들, 사이렌, 천둥소리, 음악, 또는 TV 소리 등등을 들 수 있다. 때로는 필터가 잡음을 걸러내어 메시지의 전송을 개선하기 위한 용도로 사용된다. 어떤 사람들은 환경으로부터 오는 성가신 잡음을 다른 사람들 보다 쉽게 무시할 수 있는 능력을 가지고 있다. C 상한에 깊이 속한 사람들은 감각적인 지극 특히 소리 자극에 매우 예민하다.

무엇을 말하려 하는지 자신을 잠깐 돌아보시오. 큰 소리 때문에 무슨 말을 하는지 알 수가 없소.
Ralph Waldo Emerson

화자로부터 청취자로의 일방적인 대화는 단순하고 쉬운 것처럼 보인다. 첫 눈에 보아서도, 피드백 시간을 갖는 것은 일을 복잡하게 만든다. 왜 사장은 직원들에게 단지 무엇을 하라고 구두로 또는 메모로 말하는 것일까? 일상적인 작업에서는 이러한 방법이 적당해 보이나 새로운 상황에서는 보다 다양한 변화성은 포함된 다양한 사람들이 추구하는 가치와 우선 순위 따라서 뿐만 아니라 메시지가 이해되는 과정에서 발생한다. 이러한 이유 때문에 양방향 대화는, 비록 느리게 진행되고 때론 혼란스럽기는 해도, 주요 변화의 시기에 특별히 중요하다. 팀웍은 좋은 의사소통으로 구축되며, 장기적인 이득을 위해서는 이러한 기술이 교육되어야 한다.

대부분의 상황에서—매우 불 유쾌하거나 단조로운 상황을 싫어하는—사람들은 변화하기를 좋아하지 않는다. 만약에 혁신하기 위하여 우선 순위나 가치가 바뀌어야 한다면, 심도있는 대화는 필수적이다. 그러나 어떠한 조직에서는 규율을 넘나드는 대화가 비 상식적으로 힘들다. 이는 사람들의 마음이 교차기능팀의 한 부분으로 일할 때 기억해야 할 것들과 같은 새로운 이해하기 힘든 용어와 기법들을 배우기를 특별히 하고 싶어 하지는 않기 때문이다. 사람들은 배움과 성장이 필요하다는 것을 모르거나 수용하기를 원치 않기도 한다. 그들은 예의를 모르는 인식되기를 좋아하지 않고, 그리고 질문하기를 꺼려할 것이다. 그러나 우리가 보아왔듯이, 나누는 것은 지식창조에 있어서 필수적인 첫 발이고, 효과적인 대화는 지식창조 절차가 지속적으로 전진할 수 있도록 하는 열쇠이다.

무엇이 좋은 대화인가? 미국 디트로이트 도심의 한 학교의 14살 학생들 그룹에서 이러한 질문에 대하여 브레인스토밍하여 나타난 결론은 표 5.2의 내용과 같다.

표 5.2 좋은 대화자가 되기 위하여

• 판단하기 전에 사람을 알아라 • 타인을 존중하기, 있는 그대로 그들에게 감사하라. • 시간을 함께 보내라. 일대일로 얘기하라. • 서로의 관점에 대하여 경청할 시간을 가져라. • 항상 리더가 되려고 또는 통제자가 되려고 시도하지 마라. • 어떻게 하면 공정한 싸움이 되는지를 배워라.	• 자신감을 가지고, 편안하게, 마음을 열고, 친절하고 관심을 가져라. • 이해하려 하고 지지하라. • 긍정적인 자세를 유지하라. • 신체언어를 조심하라. • 유머감각을 유지하라. • 대화 중재자를 참여시켜라.

데일 카네기의 대화 지침
- 사람들의 이름을 기억하라.
- 상대방의 관심사를 얘기하라.
- 상대방의 의견을 존중하라.
- 직접적인 지시가 아닌 질문을 하라.
- 자신이 실수 했을 때 인정하라.
- 다른 사람의 체면을 세워줘라.
- 가슴에서 나오는 칭찬과 솔직히 감사하라.
- 상대방이 중요한 사람으로 느끼도록 하라.
- 예의 바르고 격려하라. 웃어라.

표 5.2의 아래 두 가지는 서로 통하는 바가 있다고 생각하지 않는가? 이 학생들은 자신들과 선생님들이 대화기술을 배웠다면 자기들의 학교 환경과 생활이 훨씬 개선되었을 것이라고 생각했다. 학생들의 생각은 데일 카네기가 "어떻게 친구들을 이기고 사람들에게 영향을 줄 것인가?"에서 말하는 작은 생각과 같은 것들이 많다. 여러분은 대화를 개선할 수 있는 다른 아이디어를 떠 올릴 수 있겠는가? 상호 인간관계에 대하여 생각하는 것은 C 상한의 능력 중 하나로서, 상호 인간관계가 좌뇌로 편향된 현재의 교육 시스템에서 강력한 분석적 사고능력을 중요시하는 기술적인 분야의 사람들에 의해 무시되고 있다는 것은 그리 놀라운 일은 아니다. 연구에 따르면, 좋은 대화는 스트레스를 낮추어 준다고 한다. 우리의 마음은 스트레스가 없을 때 보다 잘 작동하고 더 창조적이다. 우리는 우리가 긍정적으로 유지하고, 태도를 주의함으로써 주변환경에 반응하는 법을 제어하고 있다. 우리는 경청하고 사려 깊은 피드백을 주는 것과 같은 좋은 대화 방법을 배우고 익힐 수 있다.

좋은 경청자 되기

만약 경청자가 우리 얘기를 듣기를 원한다면, 우리는 들릴 수 있도록 큰 소리로 말해야 하고, 정확한 언어를 사용해야 한다. 우리는 반드시 경청자의 주의를 끌어야 하고, 그들이 관심 있는 어휘로 말해야 한다. 그들이 우리의 메시지를 이해하기를 원한다면, 그들이 가지고 있는 사전 지식의 수준과 문화적 배경과 마찬가지로 사고의 선호를 먼저 알아야만 한다. 반응을 얻기 위해서는 구체적이어야 하고 반응을 구해야 한다.

1970년대에 이루어진 하바드 대학의 연구로 의사소통 시간의 9%는 글쓰기에 사용되고, 16%는 읽기에 쓰이고, 30%는 말하기에 쓰이며 45%는 듣기에 쓰인다는 것을 알게 되었다. 우리는 분당 120에서 140단어를 사용하는 반면에 집중하면 600단어를 듣는다. UCLA의 한 연구에서 구두

표 5.3 좋은 경청자의 특징

- 문제해결을 돕기를 원한다.
- 진심으로 다른 사람의 감정을 받아 들인다. 감정은 일시적이라는 것도 이해한다.
- 다른 사람이 자신의 문제를 이해하고 해결할 수 있다고 믿는다.
- 이해하려고 경청하지만 부정적으로 판단하지는 않는다.
- 메시지를 교정하거나 주제를 바꾸지는 않는다.
- 작은 사안들이 아닌 목표에 집중한다.
- 첫 인상 또는 모습이 사람을 현혹한다는 것을 안다.
- 상대방의 말을 끝내려 하지 않는다.
- 성급히 결론에 도달하려 하지 않는다.
- 미리 판단하려 하지 않는다. "일전에 들은 얘기야; 따분해; 너무 어려워"
- 집중을 한다. 눈을 맞춘다 (서구문화에서는 그렇지만 어떤 다른 문화에서는 무례한 행동일 수 있다.) 가능한 한 미소를 잊지 않는다.
- 잘 듣고 있다는 것을 알리기 위하여 신체 언어를 사용하여 피드백한다.
- 질문을 한다.
- 얘기된 내용의 사실과 의미를 요약할 수 있다.
- 구두가 아닌 메시지에서 찾아낼 수 있다.
- 관습에서 벗어난 행위나 분노에 흐트러지지 않는다.
- 자신의 행동을 제어하고 해결책에 집중한다.
- 지지 피드백을 줄 수 있다. (필요하다면 건설적인 비판도 함께)

들을 때는 힘을 얻으나 말할 때는 그 힘이 사라진다.
Francois Voltaire, 프랑스 철학자

메시지의 7%는 단어에서 오고, 38%는 톤, 음률의 높이, 억양, 속도와 강조에서 오고, 48%는 신체언어에서 온다는 것을 발견하였다. 결국, 듣기는 메시지의 단어에 대한 집중 이상이다. 우리는 질문하고 스스로 답을 할 때 가장 많이 배우기 때문에, 우리는 어떻게 하면 듣는 사람이 질문을 하게 할 수 있을까?

무엇이 양질의 경청자를 만들까? 표 5.3은 몇 가지 특징을 보여준다. 이러한 힌트는 경청자가 분명하게 메시지를 얻는 것을 확실히 하고, 적절한 반응을 주는 의사소통으로 개선할 수 있는 것들에 대부분 집중한다. 10장에서는 판단과 건설적이고 부정적이지 않은 방법에 대하여 배울 것이다.

팀 활동 5.3 : 신체 언어

사람들이 경청하고 있다는 것을 나타내는 신체언어는 문화적 배경에 따라 어떻게 다른지 조사하시오. 구두 표현이 아닌 방법으로 동의 비동의를 어떻게 피드백 하는가? 적어도 3가지 다른 문화의 사람들을 인터뷰하도록 해 보시오: 아시아 사람, 북미 사람, 중남미 사람, 북 아프리카 사람, 중앙 아프리카 사람, 중동 사람, 또는 유럽 사람.

의사소통과 사고의 윤곽 - 예제

뇌의 우월성은 사람들 사이의 의사소통에 커다란 영향을 미친다. 일반적으로, 비슷한 HBDI(Herrman Brain Dominance Instrument) 윤곽을 가진 비슷한 직업의 사람들은 서로 의사소통하기가 쉽다. 반면에, 반대의 윤곽(다른 직업 및 성)을 가진 사람들은 서로 잘 의사소통 하도록 강력하게 자극되지 않는 한 그렇게 하기가 가장 어렵다.

1. 결혼한 부부

그림 2.15에서 보여주는 것과 같이 아주 비슷한 HBDI 유형을 가진 젊은 부부는 결혼으로 인한 적응으로 1년을 힘들게 보냈다. 두 사람 모두 대학 학위를 가진 고등 교육을 받았고 독립하여 살아왔다. 남자는 컴퓨터 엔지니어였고 여자는 초등학교 교사였다. 남편이 PhD 학위를 받고 첫 번째 일자리를 잡은 이후에도 상황은 개선되지 않았다. 가정을 꾸민 이후, 그들은 계속되는 의사소통의 문제를 해결하기 위한 방안을 찾아야 한다고 강력히 동의하였다. 2년간의 자문을 받은 후에 남편은 자신이 부인에게 반드시 얘기해야 한다는 것을 깨닫게 되었다. 두 사람은 상대방의 가장 강한 사고 선호의 관점에서 대화하려고 노력하고 있고, 특별히 중대한 문제에 있어서는 더욱 그렇게 하고 있다. 그들이 서로의 차이를 이해하고 가치를 부여하며 대화하는 법을 배우려고 할 때, 그들의 결혼에 성공의 기회가 있는 것이다. 만약에 의사소통의 문제가 지속되면 그 결혼은 오래 지속할 수 없거나 행복하지 못하다. 평균 HBDI 윤곽들에서 유사한 분할이 두 학자 그룹에서 — 엔지니어링 교원과 경력 카운슬러 — 관찰되었다.

2. 아버지-딸 충돌

A 상한의 엔지니어 아버지는 C 상한의 딸이 논리적인 사고력이 부족하다고 종종 한탄했다. 딸은 반대로 자기가 병원에 있을 때 아버지가 꽃을 보내지 않았다거나 생일 선물을 나중에 준다던가, 그것을 사기 위해 얼마나 돈을 지출했는지를 자기가 알게 한다던가 하는 아버지의 쌀쌀한 접근법에 종종 마음을 상했다. D 상한의 딸과 거리가 멀어진 B 상한의 아버지는 그가 딸이 단지 다를 뿐이지 직업, 옷이나 생활방식 등으로 그를 괴롭히려 한 것이 아니라는 HBDI 모델을 알고는 안심을 할 수 있었다. 지금은 딸의 화려한 면을 이해하고, 아버지의 잔소리를 이해한다.

직원들은 의사소통을 하여 자신의 아이디어를 말 또는 전자적으로 그리고 종이를 이용하여 동료들 뿐만 아니라 공급자나 고객들에게 파는 뛰어난 능력이 기대된다.

James Braham, senior editor, Machine Design

3. 산업체 팀

첨단 자동차 기술력을 보유하고 있는 포드자동차의 작업팀이 HBDI 워크샵을 요청해 왔다. 이 팀은 한동안 함께 일해 와서 서로를 잘 알고 있어서 작은 실험을 하기에 이상적인 조건을 갖추었다. 구성원들은 아래와 같은 HBDI 점수분포의 균일한 그룹으로 구성되었다.

그룹	A	B	C	D
빨강	52	112	72	51
보라	101	97	30	56
파랑	117	83	32	51
노랑	61	58	68	111
초록	90	83	43	79
오렌지	65	82	74	78

팀 구성원들은 그룹에 따라 앉혀졌다. 그들은 다른 그룹과 의사소통하기가 어려운 정도를 전체적으로 매기도록 요구되었고, 그들을 등급 1(의사소통하기 쉬움) 부터 등급 6(매우 어려움)으로 평가하도록 요구되었다. 결과는 매우 흥미로웠다. 매우 유사하나 C 상한에서 낮은 점수를 보이는 보라와 파랑 그룹을 포함한 강한 사고 선호도를 가진 모든 그룹들은 서로 대화하기가 힘들었다(5 또는 6을 등급 평가). 노랑과 빨강 그룹도 비록 모두 C 상한에서 두번째 선호도를 보였지만 대화에 어려움을 보였다. 모든 팀들은 모든 뇌 부위를 쓰는 오렌지 구성원들과는 1 또는 2등급으로 대화하기가 쉬었다는 것을 발견하였고, 노랑과 빨강 그룹 구성원들도 초록 구성원들과 대화하기가 쉬웠다는 것을 알게되었다. 이 세 그룹은 모두 D 상한의 선호도를 가지고 있다. 오렌지 그룹의 두 구성원은 워크샵 후에 바로 팀을 떠났다. 이 팀은 모든 뇌를 고루 사용하는 새로운 구성원을 찾을 것을 자문받았다.

4. 엔지니어링 자문 회사

환경 엔지니어링 분야의 작은 회사의 운영 관리자는 그녀의 모든 회사원을 HBDI로 평가하기를 요청했고, 한 시간짜리 워크샵을 진행했다. 거의 모든 사람들이 자발적으로 참여했다. 그 결과는 A와 D 상한에 걸친 편향의 넓은 분포를 보였고, 3명은 그래프의 B 상한 부분에서 다른 사람들과 일정한 거리에 모여 있는 것을 보여주었다. 회사 소유자 중의 한 명이 이 결과를 보았을 때, 그는 아래 쪽의 동 떨어진 점들을 지적하면서 "오호, 아마도 우리는 이들을 제거해야 한다." 이것은 다시 서로 다른 사람들이 어떻게 인지되고 이방인으로 다루어지는 가를 보여준다. 그러나 그는 이 세 사람이 회사가 일상적으로 움직이게 하고, 일정을 세우고, 고객에게 청

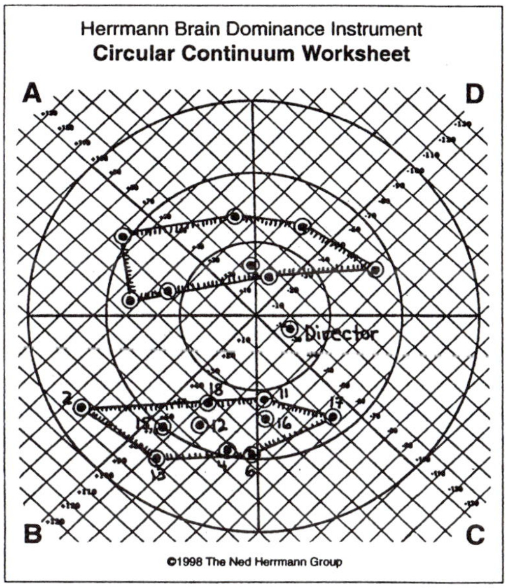

그림 5.2 인사담당 직원들의 프로파일 분포

구서를 보내고, 직원의 봉급을 지급하고, 그리고 모든 것이 정렬되어 있도록 하는 역할을 하는 사람들 임을 알게 되었다. 그는 그 사람들을 채용하고 있어야 할 뿐만 아니라 그들을 보다 더 지원하고 용기를 북돋아 주어야 할 필요가 있었다. 실제로, 회사는 전반적으로 실적이 좋았고, 성공적으로 기업합병을 하였다. 유연한 D 상한의 사고선호를 가진 많은 엔지니어들이 있는 이 회사에게는 별로 놀랄 만한 일은 아니다.

5. 인사담당 직원

한 교육기관의 공제 사무실 직원은 사무실 분위기를 개선하기 위하여 수련회를 기획하였다. 수련회에는 HBDI 워크샵이 포함되었다. 그림 5.2는 직원들은 두 가지 부류로 거의 균일하게 분포되었다. 중앙 오른 쪽에 이사가 위치하고, 강한 지적 그룹과 뇌의 연변계 그룹이 위치한다. 그녀에게 직원들을 중재하느라 많은 시간을 보내느냐고 물었을 때, 그녀는 웃으면서 답하기를 "하루에 8시간, 일주일 5일." 이제는 새로운 직원들과 함께 또 다른 HBDI 워크샵을 원하고 있다.

6. B 상한 관리자와 D 상한 직원

토론토에 위치한 한 광고회사의 한 그룹의 관리자는 어떻게 하면 자기의 D 상한 직원이 출장 서류를 제 시간에 챙기게 할 수 있을까 하는 문제에 직면하였다. D 상한 사람들은 문서작업을 싫어한다. 그 그룹은 매우 경쟁적이었고, 그래서 그는 제 시간준수와 완성도에서 최고의 사람에게 매월 상을 주는 행사를 제안하고 있었다. 이것은 그룹이 지겨워하기 전까지는 한동안 효과가 있었다. 그래서 관리자는 새로운 아이디어를 찾고 있다.

두 개의 실질적인 의사소통 도구

모든 유형의 기술적인 설계에 관한 의사소통을 위한 상세 정보와 예제 포맷을 제시하기 전에, 두 개의 의사소통 도구를 요약 설명하고자 한다. 어

두려움과 협상하지 말고, 협상하는 것을 두려워하지 마시오.

John F. kennedy, 1961 취임연설

떻게 30초 내에 요점을 파악하는 가에 관한 실질적인 힌트와 갈등을 윈윈 결과로 풀어내는 모델에 관한 내용이다. 이 두 가지 도구는 팀 내에서의 의사소통을 도울 뿐만 아니라 다른 팀의 사람들과의 의사소통도 개선하는 데 적용될 수 있다.

윈윈 협상

우리의 의사소통은 메시지를 보내고 받고 하는 것보다 훨씬 복잡하다. 특별히 해결해야 할 상충이 있을 때는 더욱 그러하다. 그러한 환경에서 우리는 해결하기 위하여 협상을 하여야 한다. 현상은 항상 존재한다. 협상은 반드시 반대적인 전투는 아니고, 로저 피셔와 윌리암 유리의 책 "Getting to Yes - Negotiating Agreement Without Giving In"의 하버드 협상 프로젝트에서 보여 주었듯이 생산적인 문제해결 과정일 수 있다. 유리-피셔 모델에 따르면, 협상에 접근하는 3가지 기본적인 방법이 있다. 부드러운 협상, 강한 협상, 그리고 원칙적 협상. 개략적인 설명을 제공한다.

부드러운 협상 한 사람이 개인적인 충돌을 피하고, 빨리 합의에 도달하기 위하여 양보를 한다. 그러나 그 결과로 이 사람은 점차 이용당한 것 같이 느끼고 점점 침통해 진다. 관계자는 가족, 친구일 수 있고, 노사의 관계일 수도 있다. 힘의 불균형 상태이다. 관계 당사자 중에 하나가 더 많은 투자를 하거나, 관계를 더욱 더 깊이 유지하기를 원한다. 이 사람은 믿고 있으며 유연하여 상충을 해결하기 위하여 제안을 하거나 입장을 바꿀 것이고 압력에 입장을 바꿀 것이다. 이 사람은 바닥을 드러낼 것이고 평화와 협상의 대가로 손실을 수용할 것이다. 각 개인의 행동은 문화적 압력과 개인적인 중요가치 기준에 따를 것이다. 이 사람은 조정을 통해 협상을 진행하는 강력한 C 상한 사고력의 소유자이다.

강한 협상 상황은 의지의 경연장으로 인식된다. 협상 양자는 모두 어떤 대가를 치르더라도 승리를 원한다. 이러한 과정은 개인적인 관계에 심한 상처를 남길 수 있다. 협상자는 동등하게 적대적이고, 관계유지의 대가로 양보를 요구한다. 그들은 유연하지 못하고, 서로를 믿지 못하고, 협박하고, 압박하고 하여 바닥으로 잘못 유도한다. 그들은 합의의 대가로 일방적인 이득을 요구한다. 조절은 있을 수 없다. 그들은 자기의 입장 깊숙히 들어가서 양보하기 매우 어려워지게 되어 체면 내지는 사회적 지위를 손상 받게 된다. 이러한 사고방식 또한 문화적 영향에 의해 강하게 형성되었을 것이고, 이러한 사람들은 B 상한의 사고를 하는 사람들로 위협과 통제로 협상을 이기려고 한다.

원칙적 협상 사안들은 장점 가치에 따라 결정된다. 양 측은 관련 당사자들에게 모두 이득이 되는 보다 나은 결과를 목표로 작업을 한다. 사람들은 서로의 말에 귀를 기울이고 상대방의 입장을 이해하려고 노력한다. 만약에 상충되는 관심사가 지속되면, 공정한 표준과 목표에 기초하여 만들어 진다. 참여자들은 문제 해결사들로서 서로가 동의할 수 있고, 효율적이며, 우호적일 수 있는 직정 조긴올 찾는다. 그들은 사안을 개인적인 감정으로부터 분리할 수 있다. 창의적인 사고를 바탕으로, 서로에게 도움이 되는 조건을 고안하고 최종 결정은 합의된 목표 기준에 따른다. 참여자들은 논리에 따라 원칙을 만들어낸다. 그들은 모든 뇌를 사용하여 동등한 협동작업으로 최선의 해법으로부터 오는 상호 이익과 위험뿐만 아니라, 가치, 관계, 전후관계, 장기관점, 사실관계 등을 고려한다. 승승 결과를 이끌어 내기 위해서는 유연성이 요구되고 긍정적인 자세가 요구된다. 이익은 양자에게 모두 극대화되고, 자존심이 유지되고, 관계는 강화된다. 또한, 빠르게 변하는 오늘날에는 협상은 개선을 위해 돌아가는 지속적인 절차이다.

협동적인 의사결정 또는 원칙기반 협상에서는 협상자들은 자신들이 상대방의 입장에 설 수 있다.
William Ury

협상에서 성공적인 결과는 좋은 의사소통 기술에 의존한다. 그러나, 우리는 가끔 의사소통에서 심각한 실수가 협상자들에 의해 만들어지는 것을 본다. 노사관계에서 또는 국제관계에서도 일어난다. 당신은 다음과 같은 상황의 예를 생각해 볼 수 있는가?

1. 협상자들이 서로 이야기 하지 않거나 이해하지 못한다. 대신, 관람객이나 지지자와 한다.
2. 협상자들이 듣지를 않는다. 그들은 다음에 말할 것을 생각하느라 얘기되고 있는 것에 집중을 하지 않는다.
3. 협상자들은 서로 다른 언어로 말한다 - 잘못 이해하고 잘못 해석하는 상황

통역이 있을 때, 그들이 통역한 뒤에 어휘에 따라 붙는 다른 문화적 의미에 주의해야 한다. 같은 어휘가 다른 문화에서 얼마나 다르게 사용되는 지는 놀랄 만하다. 또한 사람들은 그들의 문화적 배경과 경험이 다르면 또는 우리가 이미 알고 있듯이 그들이 강력한 사고 선호도를 가지고 있다면 몇 가지 어투를 사용함으로써 다른 언어를 말할 수 있다. 표 5.4는 성공적인 의사소통과 협상에 대한 몇 가지 지침을 보여준다. 궁극적인 성공은 자신의 방법을 따르게 하는 것이 아니라 공동의 협력관계를 돈독히 하

표 5.4 협상과 의사소통을 위한 지침

1. 열심히 듣고 얘기되고 있는 바를 수용하라. 긍정적으로 그들의 입장을 거론하는 방식으로 다른 사람 또는 다른 그룹의 관점으로부터 피드백을 제공하라.
2. 이해될 수 있도록 말하라. 상대방을 공동의 문제를 해결하는 동료로 보아라. 사안이 중요할 수록 더 작은 수의 사람들을 포함시켜라. 정상회담은 두 명이 최선이다.
3. 비난하지 마라. 문제를 개인적인 영향으로 기술하라. "우리는 차별받는 것 처럼 느껴진다"가 "당신은 인종차별주의자 이거나 무례한 사람이다" 보다 좋다. 공격적인 반응이나 화를 불러 일으키지 않도록 노력하고 대신에 목적에 충실하라.
4. 장기전망을 가지고 관계를 구축하라. "전투에서 이기고 전쟁에서 진다"는 것이 가능하다.
5. 창의적인 문제해결 방법을 따르라: 너무 빨리 결정하지 말고, 가능한 조건과 대안들을 찾고, 일정 크기의 파이 개념을 가정하지 말거나 순수 관심사안 안에서 행동하라. 그리고 최선의 조건을 찾기 위한 평가를 하라. 목표 기준 목록을 작성하라.
6. 여러분이 약자의 입장에서 협상하고 있다면, 계획 B(차선책)를 준비하라. 이러한 접근은 여러분이 밀려서 너무 나쁜 불이익을 당하는 상황으로 몰리거나 유혹 받지 않게 한다.
7. 만약에 상대방이 원칙기반 협상 규칙을 따르려고 하지 않는다면, 무엇을 할 수 있을까? 이러한 경우에는, 상대방 입장을 공격하지 말고, 그 뒤를 살펴보라. 자신의 아이디어를 방어하지 말고 개인적으로 공격하라. 대신에, 비판과 충고를 하라. 듣고 가능한한 동의하라. 당신에 대한 공격을 문제에 대한 공격으로 다시 정의하라. 만약에 무엇이라는 질문을 사용하여 반대입장을 다시 포장하라. 제안된 아이디어 위에 구축하라. 상대방이 명예롭게 하거나 빠져 나갈 구멍을 주기 쉽다. 합의를 이루지 못한 경우의 대가에 대하여 논하라. 가장 중요한 것은 모든 사람에게 예의를 갖추어서 대하라.

고 효과적인 팀웍을 이루는 것이다. 매 협상의 마지막에 당신이 배운 바를 반영하라. 이것은 여러분을 더욱 성공적인 협상가가 되게 한다.

10분 팀 활동 5.4 : 협상

세 그룹으로 나누어 현재 진행되고 있는 협상을 분석하라: 예를 들면, 노사협상, 국제협상. 현재 사용되고 있는 협상방법을 알아보라. 근거를 제시하고, 어떻게 창의적인 사고가 도입될 수 있거나 상황을 강화 시킬 수 있는 가에 대하여 논하라. 이것이 어떻게 결과에 영향을 미칠까? 또는 갈등을 완화시킬 수 있었던 경우를 설명하라. 무슨 전략이 성공할 수 있도록 도왔는가?

어떻게 30초 안에 당신의 요점을 전달할 것인가?

이 기술은 이처럼 바쁜 세상에 필요한 기술이다. 우리는 정보의 시대에 살고 있고, 사방으로부터 메시지가 범람하고 있다. 뒤 돌아 보라. 지난 2, 3년 동안 얼마나 쓰레기 메일이 많이 증가하였는지? 만약 당신의 컴퓨터가 인터넷에 연결 되어있고 일주일 동안 이메일을 사용하지 못했다면, 얼마나 많은 메일이 쌓여 있는가? 건전한 상태를 유기하기 위해서라도, 우리는 조율하는 방법을 배우고 있다. 이러한 환경에서 우리의 메시지는 대량의 잡음정보와 경쟁해야 한다. 우리가 어떻게 듣고 있다고 확신할 수 있는가? 어떻게

표 5.5 메시지가 30초 보다 짧아야 하는 이유

- 요청 메모나 글은 너무 길다. 정크 메일이나 전화권유를 검토해보라.
- 평균적인 사람의 집중 한도는 30초이다.
- 의사들은 평균 19초 동안 환의 얘기를 듣고 진단을 내리고 신체검사로 진행한다. 미시간 대학에서 실험한 결과에 근거)
- 여러분의 신용 보고에 100단어를 달 수 있다.
- 이메일 메시지는 스크롤 없이 한 화면을 넘지 않을 때 더욱 효과적이다.
- TV 광고는 광고가 30초를 넘지 않을 때 효과적이다. 중요 스포츠 때는 15초이기도 하다.)
- TV뉴스 "sound bites"는 30초 길이로 그렇지 않으면 방송되지 않는다. 리포터들은 주제를 소개하기 위해 30초를 사용한다. 그리고 나서 토픽이 보여지고, 30초 간의 요약이 뒤 따른다.
- 가장 중요한 것은 만약 30초 동안 머물 수 없다면 당신은 아마도 당신의 메시지를 분명하게 생각하고 있지 못하는 것이다. 요청이 있다면, 아마도 보조설명을 하기 위해 보다 많은 시간이 필요할 것이다. 그러나 메시지의 주요 요점은 매우 간결해야 한다. 아브라함 링컨 대통령의 게티스버그 연설과 죠지 워싱톤 대통령의 취임연설은 짧지만 극단적으로 효과적인 메시지였다.

우리의 노력을 허비하지 않는 효율적의 의사소통자가 될 수 있을까?

사업 의사소통 자문가인 Milo O. Frank는 "30초 안에 자신의 관점을 전달하는 방법"이라는 예리한 책을 썼다. 우리는 이 방법이 매우 유용하여 몇가지 개념을 소개하고자 한다.

- 자신의 사고하기, 쓰기, 그리고 말하기에 집중하라.
- 논리적이고 간결하라; 보다 효과적인 회의와 인터뷰를 갖도록 하라.
- 듣기를 개선하고, 주제를 가지고 대화하라.
- 발표를 개선하고, 아이디어를 보다 성공적으로 전하도록 하라.
- 논점을 보다 효과적으로 만들어 갈 수 있도록 질의응답을 이용하라.
- 자신감을 높이고 자신의 목적을 이루라.

이 방법은 사람들로부터 특정 반응을 얻고자 할 때 매우 유용하다. 그들에게 당신을 위하여 무언가를 하기를 원할 때 이거나 그들이 반응하여 어떤 사안에 간여하기를 원할 때. 왜 30초 이내 인가? 왜 1분, 2분 또는 5분은 아닌가? 표 5.5에 그 이유를 나열해 보았다.

다음의 논의는 30초 메시지를 준비하는 단계를 제공한다. 그러한 메시지를 준비하는 데는 많은 생각과 창의적인 문제해결이 필요하고, 초보자들이 하기에는 한 시간 이상이 소요된다. 30초 메시지는 구두 일수도 글일 수도 있다. 전화요청일 수도 있고, 응답기나 비서에게 남겨놓은 메시지 일수도, 메모, 편지나 팩스 메시지 일수도, 감사 노트일 수노, 학문적인 논문의 요약과 제안서 일수도, 회의의 공식적인 발표일 수도 있고, 면담일 수도 있고, 요청 또는 판매권유 일 수도 있고, 유력인사들과의 사교상황일

수도 있고, 기회모임, 그리고 건배를 하는 상황일 수도 있다. 그리고 어떤 가족에게 급한 요청을 하기 위해 30초 설명시간만이 주어질 수도 있다.

준비

자신의 메시지를 준비하므로 자신만의 목적, 대상 청중과 전략을 결정하여야 한다.

목적 무엇을 이루려 하는가? 청중이 자신에게서 무엇을 원하는가를 알아야 한다.

접근 자신은 어떻게 원하는 바를 얻을 것인가? 많은 다른 아이디어를 브레인스토밍하여 목적과 청중에 가장 잘 맞는 하나를 형식도 갖추어서 선택하라. 자신에게 물어보라: 내 게임 계획의 바탕은 무엇인가? 내가 원하

그림 5.3 첫 번째 접근법

Blondie (9/14/91), reprinted with special permission of King Features Syndicate.

그림 5.4 두 번째 접근법

Blondie (9/15/91), reprinted with special permission of King Features Syndicate.

는 방향으로 이끌 수 있는 단 하나의 최선의 문장은 무엇인가? 이 문장은 청중의 관심과 필요에 어떻게 연계할 것인가? 그리고 나서 가장 잘 어울리는 형식을 선택한다: 전화, 메모, 신문 광고, 공식적인 발표, 등등. 그림 5.3과 5.4의 만화는 그 절차를 보여준다.

첫 번째 접근법과 두번째 접근법의 차이는 무엇인가? 왜 두번째 접근법은 성공적일까? 상대방에게 전달된 이득 목록이 무엇인가 그것과 관계가 있다고 보는가?

메시지

사용하고자 하는 접근법을 선택한 후에, 여러분은 3 부분의 메시지 작업을 할 필요가 있다. 서두, 주제, 마무리 (비유적으로 말하면 낚시의 "바늘–줄–봉돌").

서두 주의를 끌기 위하여 질문 형태의 서두를 던진다. 유모를 사용하거나 시각적 도구를 사용해도 좋다. 서두는 자신이 원하는 곳으로 청중을 이끄는 다리 역할을 해야 한다. 만약에 메시지가 매우 짧다면, 전체 메시지가 서두가 될 수 있다.

주제 "누가, 무엇을, 언제, 어디서, 왜, 어떻게"에 대한 답이 드러나 있건 감추어져 있건 자신의 목표와 연결되도록 답하라. 메시지가 자신의 접근법과 어울리는가? 그것이 자신의 청중과 관련이 있는가?

마무리 이것이 최종선이다. 자신이 요구하는 바를 자신의 청중에 따라 자신이 그들을 얼마나 알고 있는 정도에 따라 강하고도 솜씨 있게 하라. 주어진 시간 내에 분명한 행위를 요구하거나 제안과 같은 반응을 요구하라. 이책 서문의 첫 세 줄은 간접적인 마무리를 갖고 있는 30초 메시지 이다. 우리는 효과적인 문제해결사가 어떻게 하면 되는지를 배우기 원하는 학생들과 설계 엔지니어들이 이 책을 사서 공부하기를 원한다. 광범위하게 경쟁적인 환경에서 의사소통 조차 품질은 지속적으로 확장되는 표준과 기대를 만족시켜야 한다. 기억되어야 할 메시지를 만들기 위해서 사용될 검토리스트가 표 5.6이다.

발표

구두 발표에서는 메시지 의미를 전달하는 데 도움이 되는 스타일과 모습, 행위와 표현법이 중요하다.

표 5.6 효과적인 의사소통 검토리스트

허만의 전뇌 모델에 기반 ⓒ1998 네드 허만 그룹

A 상한 - 명확함	D 상한 - 상상
• 간결한 사실들이 있는가? • 정량적인 자료를 제공하는가? • 자신이 아는 것처럼 자신의 청중도 이해하려고 하는가? • 논쟁이나 분석으로 자신의 입장을 지지할 수 있는가?	• 잘 기억되도록 창조적인 단어 그림이나 비유를 칠하고 있는가? • 색상이 있고 상상력 있는 시각적 도움을 이용하고 있는가? • 전후관계, 미래에 대한 견해, 또는 큰 그림을 제공하는가? • 개념은 견고하고 분명한가? • 변경의 문제를 다루고 있는가?
B 상한 - 실행계획	**C 상한 - 감정몰입**
• 자신의 요구는 잘 계획되고 질서있게 구현될 수 있는가? • 필요한 상세사항을 제공하는가? • 자신의 메시지는 잘 구성되어 있고, 정연하고, 적당한 형식으로 되어있는가? • 언제 멈추어야 하는지 아는가?	• 청중과 감정을 공유함으로써 그들의 가슴에 도달하고 있는가? • 개인적인 실패, 경험, 예제를 연결 시키고 있는가? • 사용자에 친숙하고, 관계를 구축하고 있는가?

> 여러분의 모습과 스타일은 여러분의 말보다 더 크게 말한다.

스타일과 모습 자신의 모습과 스타일에 대해 생각을 하라. 자신의 신체 언어에 주의하라. 자신의 메시지를 지지적으로 비평할 수 있는 친구들 앞에서 메시지 전달을 연습하라. 더 좋은 방법으로 비디오 녹화를 하여 평가하여 보라. 얼굴 표정, 눈길, 자세, 태도, 목소리의 높이 등을 평가해 보라. 자신의 모습을 검토하라—무슨 색의 옷이 자신에게 가장 잘 어울리는 지를 아는가? 자신이 즐거워야 하나, 다른 사람들이 어떻게 생각하는가도 문제일 때도 있다. 다른 사람들을 배려하는 것은 자신의 선호에 우선한다. 옷 자체 보다는 자신이 말하고자 하는 것으로 청중을 집중 할 수 있도록 하는 옷을 선택하라. 옷을 잘 선택하는 것은 다른 사람과 자신에게 마음을 쓴다는 것을 보여준다. 깨끗하고 잘 손질된 상태로 입어라. 에티켓 규칙을 잘 관찰하라—사교활동은 무엇이 수용되는 행동인지를 안다면 더욱 편안할 것이다.

행동 긍정적인 자세를 유지하는가? 친절하게 행동하면 그로 인해 친절하게 느낄 것이다. 웃어라. 얘기하는 동안에는 여러 사람에게 집중하라. 써오거나 외운 것을 그대로 읽어 주지는 마라. 그리하라고 시켜진 것 같고 연극을 하는 것 같이 느낄 것이다. 어느 정도는 좋은 의사소통을 하는 방법이 필요하다. 대표적인 예가 지난 미국 대통령 로널드 레이건의 경우이다.

말하는 방식 놀라움, 당혹, 또는 관심 등이 말하면서 얼굴 표정과 목소리에 나타나는 것은 도움이 된다. 손가락을 당기거나 주머니 속의 동전을 돌리거나 하는 마음이 산란한 신체언어는 사용하지 마라. 단일 음조로 말한다면, 목소리를 바꾸는 법을 배워라. 전략적으로 잠깐잠깐 끊어라. 스트레스 수준을 낮추기 위해 시작에 앞서 숨쉬기와 긴장을 완화하는 법을 연습하라. 그래서 목소리가 보다 자연스럽게 나올 수 있도록 하라. 제 시간에 시작하라. 청중의 질문에 직접적으로 대답하되 빠져들지는 마라. 제시간에 끝내는 것을 많이 고마워한다.

30초 메시지의 예

공유하고 싶은 마지막으로 중요한 의사소통에 대한 생각이 있다. 우리가 어떤 장비를 쓰고 있고 그런데 무언가 작동이 되지 않아 문제가 생겼을 때 우리는 무엇을 해야 하는가? 가장 먼저 할 수 있는 일은 제작자의 매뉴얼을 읽어보는 것이다. 의사소통과 관계에 대한 최선의 가르침은 예수 그리스도의 마태복음 4장 7절의 산상수훈이다. 그 가르침은 성서의 황금률의 하나이다.

자신이 상대방에게서 다루어 지기를 원하는 것처럼 상대방을 대하라.

공학설계에서 의사소통

공학설계는 미리 기술된 조건하에서 특정한 목적을 이루기 위해 창의적인 문제 해결로부터 얻어진 합리적인 결정의 집합으로 구성된 의사소통이다.

설계에 있어서의 추가적인 사항이라기 보다는 이 책의 3부에서 상세히 보여줄 예정이지만, 의사소통은 설계과정에 통합된다. 설계의 효과성은 잘못된 의사소통에 의해 손상될 수 있다. 엔지니어들은 오랫동안 정확한 정보를 반영하기 위하여 도면이나 그림을 사용하여 왔다. 이는 유관 부품들 또는 컴포넌트들의 관계가 구두 보다는 시각적으로 더 효과적으로 표현될 수 있기 때문이다. 때로는 도면만으로도 충분하다. 비록 도면으로 선택한 설계안들을 정확하게 의사소통하는 것이 가능하지만, 각 안의 선택에 대한 합리화 또는 합당화는 거의 항상 구두적인 추가설명을 요구한다.

설계 의사소통에서 결정에 대한 이유는 반드시 포함되어 있어야 하는 것인가? 의도적이든 우연이든, 설계에 대한 이유가 설계 패키지에서 매우 빈번히 빠져있다. 가끔은 최소한의 도면이 주어지는 모든 것인 때가 있다. 그러한 설계는 특별히 설계의 초기 단계에서 설계이유가 빠질 때, 주 설계가 아직 확정되지 않았을 때 설득력이나 그것을 받아들이게 할 수 있는 능력을 잃는다. 결국, 만약에 설계자가 설계결정을 제대로 하고, 목적에 견주어 모든 안의 성능을 온전히 분석한 후에 최선의 안을 선택하였다면, 그 이유는 단순히 그런 과정에서 나오는 결과의 요약이다. 이러한 정보를 제외하는 것은 이러한 결정에 대한 쓸모 없는 의문을 불러 일으킬 수 있으며 선택 평가 과정의 반복을 야기할 수도 있다. "바퀴 재고안"의 경우는 왜 이전의 설계자가 그러한 선택을 하였는가에 대한 정보의 부족으로 추적된다. 그러한 불확실성에 접하면, 엔지니어는 대안들을 재시험해 볼 수밖에 없게 되고, 다시 설계과정을 쭉 따라가야 한다.

경쟁 상태에 있는 대안들이 아주 근접하게 경쟁하고 있다면, 결정의 신뢰를 훼손시키는 것을 피하기 위하여 결정에 대한 이유를 뺄 수도 있다. 이러한 접근은 설계의 수령자가 뒤에 변경을 해야 할 경우에 가치 있는 정보를 잃게 되기 때문에 실수라고 볼 수 있다. 흔치는 않지만, 설계자는 선택된 것과 함께 경쟁 상태에 있던 대안에 대한 설계 이유를 알게 되면 확신과 이익을 얻을 것이다.

모든 설계는 받아들여져야하고, 대부분은 그렇게 되어야 한다. 가상적으로 모든 설계단계에서, 설계자는 검토를 해야하고 진행을 위한 허가를 주어야 한다. 공들이지 않은 설계를 제안하여 그것을 판다는 것을 기대 하기에는 충분치 못하다. 설계 이유를 포함하는 설계의 진전에 대한 간략하고 따라가기 쉬운 요약은 필수적이다. 그러므로 우리는 이유에 따라 설계 결정에 대한 효과적인 의사소통을 의미하는 효과적인 설계를 취할 것이다.

효과적인 기술적 의사소통의 기준

엔지니어들은 핵심을 빠르게 불명확하지 않게 의사소통하는 것에 가치를 부여하는 것으로 알려져 있다. 그러나, 명확성과 간결성 외에도 몇 가지 다른 기준들도 중요하다. 예를 들면, 정확성, 세밀성, 완벽성, 구성, 청중 집중, 신뢰성, 적시성 등을 들 수 있다. 각각은 다음에 설명한다.

> **명확한 사고는 분명한 글이 된다.**
> William Zinsser, On Writing Well, 1994

명확성 모든 엔지니어링 정보는 모호함이 없어야 하고, 의사소통에 관한 의문이 없어야 한다. 잘 준비된 엔지니어링 도면들은 설계 결정을 분명하게 기술하여 제공하는 훌륭한 도구들이다. 어떠한 설계나 분석의 상세 외에도 정보의 전후관계도 중요하여 적정한 상관관계와 함께 효과적으로 사용될 수 있다. 설계 프로젝트의 배경정보, 설계 단계의 순서 또는 경쟁 설계 안들에 관한 정보는 설계 결정만큼 중요하다.

간결 엔지니어링 의사소통은 면밀성 또는 명확성에 기여하지 않는 부가적인 상세를 피하여야 한다. 이 것은 배경 간접 설명, 일화, 또는 개인적인 관찰은 엔지니어링 의사소통에서는 위치할 곳이 없음을 의미한다 (그 목적이 프로젝트의 경과나 배경을 상세히 설명하는 것이 아닌 한). 엔지니어링 의사소통의 품질은 남겨진 것과 포함된 것에 의해 측정된다. 너무 많은 군말과 너무 많은 조건부 상세는 엔지니어링 정보의 목적을 왜곡한다. 간결은 재료를 압축하는 것으로 표나 그림과 같은 압축된 형식으로 표현된다. 분명하고 모호하지 않은 그림 정보의 준비는 배워질 수 있는 기술이다. 예일 대학의 교수인 Edward Tufte는 정보의 설계 또는 그림 정보를 효과적으로 사용하기에 관한 좋은 책을 썼다 (참조 5.12를 보라).

정확과 정밀 정확(Accuracy)은 옳은 정보를 제공하는 것과 관련이 있고, 정밀(Precision)은 정보의 불확실성과 관련이 있다. 예를 들면, 어떤 전구는 100와트 전구라고 표시될 수 있는 데, 이는 이 급의 전구를 위한 정확한 명칭이나, 정밀성의 수준은 100와트에서 2와트 이상 또는 2와트 이하일 수도 있다. 정밀도는 2/100이다. 엔지니어링 명명법에서 표현된 또다른 방법은 100.0과 같이 결과에서 중요 자리의 수를 이용하는 것이다. 그러한 표시는 그 수가 마지막 자리 분의 1 만큼 정밀하다는 것을 의미한다. 여기서는 1000분의 1(0.1/100)을 의미한다. 지지자료가 갖는 것 보다 더 중한 자리의 수들을 나열하는 것은 엔지니어링에서는 나쁜 형태로 해석된다. 어떤 장비가 5자리를 읽으면, 특정한 사용환경에서 기구의 범위에 의존적이기는 하지만 처음 3자리까지만 정확하다. 그래서 26.75642 호스파워(H.P.)의 계산기 값은 만약 동력계 정확도가 +/− 0.1이라면 26.8이다.

> 구두와 문장으로, 수학적으로, 그림으로 의사소통하는 능력은 실전 엔지니어들에게는 성공하기 위한 열쇠이다.

완전성과 논리적 구성 엔지니어링 보고서는 따라가기 쉬운 방법으로 요구되는 모든 정보를 제공해야 한다. 독자는 정보가 어떻게 배열 되었는지, 또는 어떤 순서로 있는지 추측하지 말아야 한다. 목차, 그림 목록, 삽화 목록, 첨부 목록 등은 보고서의 구조적 논리를 제공한다. 보고서 형식은 엔지니어링 분야 또는 회사의 정책에 따라 다를 수 있다. 독자에게 논리적으로 구조를 분명히 만들어 주는 것은 다른 어떠한 보고서 형식보다 중요하다. 이 장의 후반부에서 설계 프로젝트 제안서, 진도 보고서, 최종보고서를 위한 사용 가능한 보고서 형식에 대하여 다룬다.

청중 집중 정보의 의도된 사용자에 대한 집중은 도면, 도표, 또는 보고서에 포함되기 적당한 것을 결정하는 기준을 제공한다. 그것은 또한 어느정도는 우리가 사용하는 매체와 어휘를 결정한다. 예를 들면, 마케팅 부서를 위한 제품의 도면은 생산현장 작업자를 위한 도면과는 매우 다르게 보인다. 구두 표현 역시 청중이 다르면 접근법도 다르다—투자은행에 제시한 개념적 제안발표는 컴퓨터 프로그래머에게 하는 발표와 다른 접근법, 스타일, 어휘, 복장이 필요할 것이다.

신뢰성 투자 은행가, 관리자, 또는 고객은 설계를 도입 전에, 설계가 잘 되었고 제품은 하기로 한 기능을 제대로 수행할 것이라는 보증을 원한다. 그들은 설계 결정이 많은 대안 중에 최선으로 이루어 졌다는 것을 알고 싶어하고, 그 개념들이 구현되었다는 것을 알고 싶어한다. 이러한 신뢰성을 이룬다는 것은 그리 간단치 않다. 첫번째, 설계자는 여러가지 일을 해야 한다—조사연구, 분석, 합성, 아이디어 시험 등. 그리고 나서, 설계 의사소통은 이 작업이 이루어졌고 잘 되었다는 것을 전달해야 한다. 많은 설계 결정 사항들은 도면이나 제품을 볼 때 분명치 않은 경우들이 있다; 그래서 가장 신뢰할 만한 설계들에는 그것들의 특징을 보여주는 변함없이 창의적인 방법이 포함되어 있다. 어떤 설계의 최선의 관점을 제시하는 것은 마케팅 작업일 수도 있으나, 엔지니어링 의사소통은 한발 더 나아간다. 우리는 한계와 취약한 영역을 밝혀내야 한다. 윤리는 처방약에 부작용에 대한 경고를 넣는 것과 같은 방법으로 엔지니어에게도 적용된다. 예를 들면, 엔지니어는 사용자자들이 엘리베이터가 나를 수 있는 안전한 하중, 자동차의 엔진 속도, 확성기의 전력 한계, 비행기 날개의 안전 하중 등과 같은 한계를 알도록 해야 한다. 역설적으로, 그러한 설계의 한계사항 또는 명백한 취약점들을 엔지니어링 의사소통에서 제시하는 것이 설계자의 신뢰를 증가시키는 역할을 한다.

적시성 엔지니어가 홀로 일하는 경우는 드물다. 대부분의 일은 조직 안의 팀들에서 이루어진다. 모든 사람은 프로젝트 일정을 맞추기 위하여 함께 일해야 한다. 때로 가능한 시간은 고객에 대한 약속 또는 경쟁으로 인해 당겨지기도 한다. 이러한 압박은 설계 의사소통에서도 마찬가지로 느껴진다. 시험 보고서가 늦으면 제품의 출하 시기가 늦어짐으로써 경쟁 제품보다도 뛰어난 제품의 품질에도 불구하고 시장 점유율에서 손실로 이어질 수 있다. 도면작업이 늦어지면 생산일정에 차질이 생기고 최고조의 판매시기를 놓치는 일이 생길 수 있다. 의사소통의 시기는 설계 과정의 다른 결과물과 같이 세심하게 계획되어야 한다.

노력이 없이 쓰여진 것은 기쁨이 없는 일반적인 읽을 거리 일 뿐이다.

Samuel Johnson

문서에 기반한 설계 의사소통의 형식

이미 언급하였듯이 모든 회사의 설계 의사소통에 맞는 표준화된 형식은 존재하지 않는다. 우리가 여기서 제시하는 것은 일반적인 형식들로 보고서, 요약서, 도표, 구두 발표의 일반적인 원칙을 잘 보여준다.

보고서

다음의 일련의 설계 의사소통을 위한 예제 형식들은 전체 엔지니어링 설계 프로젝트 보고의 기반으로 이용될 수 있다. 명명한 DP-1, DP-2 등등은 14장에서 논의될 12단계의 일부분들이다. 이러한 문서들의 몇몇은 단지 한 두 페이지이고, 몇몇은 다른 문서의 일부로 삽입되는 문서들이다. 이러한 일련의 문서들은 전체를 다시 쓰지 않고 각 단계로부터 연속과정으로 결합하는 과제로 학생들에게 내 줄 수 있다.

- **DP-1 프로젝트 개념문** – 이 단락은 프로젝트 제목, 목적, 목표, 스폰서와 다른 관련 당사자들, 그리고 의도하는 설계 산출물의 사용자를 기술한다. 설계의 초기 단계에 수행된다.

- **DP-3 사용자 요구 조사** – 이것은 일종의 보고서 형식으로 잠재적인 사용자로부터 선호도, 현재 설계가 가지고 있는 문제점에 관한 의견, 새로운 제품의 가능성 또는 새 제품의 특징에 관한 정보를 끌어내어 기술한다. 효과적인 조사 도구를 만들고 관리하는 것은 설계와 그에 대한 해석에서 오류의 가능성이 많은 복잡한 과정이다. 작은 그룹을 상대로 예행연습해 보는 것은 이러한 오류의 일부를 피할 수 있는 방법이다. 조사할 적당 규모를 결정한다는 것은 의도적이던 비 의도적이던 간에 대상 계층화는 표본집단으로부터 유도된 결론을 왜곡할 지도 모르기 때문에 깊은 사고를 필요로 한다. 적정한 표본 집단의 선정은 당신을 만족시킬 수 있는 불확실성의 수준과 관계가 있다. 5%의 샘플링 오류에 대하여, 적당한 표본은 100, 1000, 10000, 무한의 총 규모에 대하여 80, 278, 370, 384이 된다. (조사의 표본 규모를 포함한 설계와 관리를 위한 참조 5.11을 참고하라.)

엔지니어링 설계에서 설계자들은 3가지 유형의 지식을 사용한다: 아이디어를 만들어내는 지식, 아이디어를 평가하는 지식, 설계 과정을 구조화하는 지식

David G. Ullman, The Mechanical Design Process, 1992

- **DP-5 설계 문제 분석** – 이 짧은 보고서는 설계 목적과 제약사항들과 함께 설계 문제의 전체 전후관계를 제공해서 불필요하거나 가상적인 해결책을 피한다. 분석은 설계노력을 유도하는 짧고 직접적인 문장으로 완결

시킨다. 7장에서 이문서는 요약 문서와 문제 정의문으로 참조한다.

■ **DP-6 설계 프로젝트 계획** - 설계 프로젝트를 완성하기 위해 요구되는 작업의 도표 표현은 순차적인 관계, 각 작업을 할 사람, 그리고 각 작업을 마치기 위하여 필요한 작업시간을 보여 줄 수 있도록 배열된다.

■ **DP-6A 설계 프로젝트 제안** - 이 보고서는 프로젝트 개념문, 설계 문제 분석, 설계 프로젝트 계획 등을 포함하는 설계 프로젝트 시작을 요약한다.

■ **DP-8A 설계 결정** - 이것은 설계를 구성하는 결정에 주석을 단 목록이다. 각 결정에 고려된 대안들과 각각에 대한 이유(조사연구, 계산과 분석과 같은)가 포함된다. 이 문서가 설계의 핵심이자 몸통이다.

■ **DP-8 설계 프로젝트 진도 보고서** - 이 보고서는 설계를 이루는 결정의 진도에 중점을 두고 지금까지의 설계 프로젝트의 잔도를 요약한다. 이 보고서는 항상 최신의 프로젝트 계획과 앞으로 어떻게 진행할 것인가에 관한 정보를 기술한다.

■ **DP-10 시험 계획** - 이 보고서는 엔지니어링 설계의 여러 면을 시험하기 위한 목적, 목표, 계획된 단계를 기술한다. 시험은 다른 사람, 독립적인 사람, 분석적 방법, 컴퓨터 모의실험, 또는 초기버전 시험등에 의한 평가일 수 있다.

■ **DP-11 평가결과 보고서(설계검토 보고서)** - 이 보고서는 설계와 평가를 기술한다. 시험계획, 결과, 결론과 앞으로의 설계 진전을 위한 제안사항을 담는다. 설계검토로서 이 보고서는 잠재적 사용자의 필요에 관한 지식으로부터 얻은 목표에 다다르기 위한 설계의 측면을 포함한다. 그러한 보고서는 설계 프로젝트의 어떠한 단계에서도 작성될 수 있다. 이 때 설계가 성능 목표에 다다를 수 있는 정도를 최선으로 산정한다.

당신이 표준 양식을 따르면 메시지의 내용과 품질에 다 많은 시간을 집중할 수 있다.

■ **DP-12 최종 설계 프로젝트 보고서** - 이 보고서는 설계 프로젝트의 시작부터 평가까지 모든 것을 포함하는 보고서이다. DP-1, DP-2, DP-6, DP-9, 그리고 DP-11을 포함한다.

요약

두 가지의 중요한 요약은 실행 요약 보고서와 설계 개념 기술문이다.

■ DP-6B 실행 요약 보고서 – 실행 요약(Executive summary)은 개념 요약(Abstract)과 유사하나 차이가 있다. 실행요약은 개념요약과 같이 보고 주제들의 단순한 요약이 아니다. 실행요약은 대체적으로 한 페이지로 전체 보고서의 핵심사항들을 압축하여 제공한다. 설계 제안 보고서의 일부로 여기에 번호를 매겼고, DP-8과 DP-12에도 포함된다.

비록 이 문서화 과정은 대부분 단 방향으로 알려주는 형식이지만, 피드백을 받을 수 있는 기회로 사용하라. 그리고 그로부터 배우라. 앞으로 있을 프로젝트를 위한 과정과 마찬가지로 현재의 프로젝트를 개선하기 위해 지속적으로 개선하라.

■ 설계 개념 기술문 – 이 기술문들은 Pugh 메트릭스 평가에서 사용된 설계안들의 특징을 간략히 요약한 것들이다.

표

표는 정보를 정화하고 간략하게 전달할 수 있는 효과적인 수단이다. 만약에 의도가 두 개 이상의 변수들의 관계를 보여주기 위한 것이라면, 점 또는 막대 도표가 좋은 도구일 것이다. 표의 제목은 위에 있고, 그림의 제목은 밑에 있는 것이 일반적이다. 제목은 표의 값들을 나타낼 수 있어야지 횡이나 열의 이름을 참조하지는 말아야 한다.

■ DP-2 설계 제약 표 – 이 표는 설계 스폰서(꼭 사용자일 필요는 없음), 엔지니어링 코드에 의해, 응용환경에 의해, 경쟁압박에 의해 설계에 가해진 제약사항들을 나열한다. 이 표는 각 제약사항(운용정의)을 측정하는 방법과 정량적인 한계 또는 범위를 포함한다.

■ DP-4 설계 목표 표 – 이 표는 잠재적인 사용자, 마케팅 경험, 또는 벤치마킹 분석(산업계에서 사용하는 기법은 7장을 참조)으로부터 얻은 설계 목표들을 나열한다. 설계 제약사항득과 유사하게, 성능목표들은 운용정의에 의해 측정되어야 한다. 그것들은 극대화 시킬 (부정적인 경우는 극소화) 몇 가지 바람직한 속성으로 대표적으로 표현된다. 각 목표 수치는 현재의 해결책과 새로운 제품 사이의 차이 평가에 도움이 된다. 그 일을 할 수 있도록 하는 기술을 분간해 내는 데 도움이 된다.

■ DP-8C 요소 명세 – 요소 명세는 각 컴포넌트 명세를 완성하고 수량을 보여주는 조립 품의 컴포넌트 부품을 요약한 표이다. 대표적으로 조립 도면의 요소로 포함되며, 도면 제목 블록의 오른 쪽 아래에 표로서 존재한다.

그림

대부분의 엔지니어들은 연결 부품들 사이의 관계를 전달하고 경향을 찾고 보여주기에 강력한 능력으로부터 오는 잇점을 살리기 위해 그림을 사용하기를 좋아한다. 정말로, 엔지니어링 도면들은 거의 설계와 동격으로 여겨진다. 여기서 모든 예를 들 수는 없으므로 5가지 예를 들겠다. 고객은 설계를 전자적으로 제출하여 검토하고, 체크하고, 생산하기를 요구할 수 있으니 학생들은 첨단소프트웨어(고체 모델링 같은)와 최신 기술동향을 알고 있을 필요가 있다.

- **DP-7A 개념도면** - 이러한 도면은 제품에 대한 사용자의 요구를 만족하기 위해 다양한 접근법의 설계 측면들에 대한 창의적인 표현을 담은 도면이다. 그러한 몇 가지 도면들은 경쟁 개념들을 비교하는 설계의 초기 단계(Pugh 메트릭스 단계 I)에 행해진다. 개념도의 자유로운 표기는 설계의 특징들을 끌어내기에 도움을 준다.

- **DP 7C 상세 개념 도면** - 이것은 초기 개념 도면(DP-7A)과 유사하나 퓨 메트릭스의 단계 II로부터 오는 설계 대안들을 최적화하여 결합한 보다 상세한 도면이다.

- **DP-8B 조립 도면** - 완전한 조립 도면은 모든 부품의 위치를 보여준다. 그러한 도면은 일반적으로 일련 번호를 붙인 각 컴포넌트를 구분하고, 제목 블록 위의 요소 명세(DP-8C)에 요약된다.

- **DP-9 상세 도면** - 설계의 생산 단계 또는 내성 설계단계에서, 조립될 각 컴포넌트가 분리된 도면에 그려져서 생산에 들어갈 수 있게 한다. 이러한 상세 도면들은 명명 지어지고 조립도면과 함께 지속적으로 번호 붙여진다.

- **DP-12B 판매 도면** - 설계가 마쳐지면, 사용자에게 보여줄 설계 특성을 보여주는 도면은 마케팅에서 사용하기 위하여 손질된다. 여기에서 설계 상세는 모양과 운영과 같은 사용자들을 위한 기능보다 중요하지 않게 그려진다. 그러나 가끔은 혁신적인 내용은 상세하게 다루어지기도 한다.

도표 대부분의 스프레드시트(예를 들면, Excel 또는 lotus 1-2-3)는 대표적으로 시스템 또는 생산 설계 단계에서 변수들 사이의 관계를 설계자가 전달할 수 있게 하는 다양한 대안들을 제공한다. 그러한 프로그램으로부터 작은 도표를 얻는 것은 쉬운 반면에, 진짜 효과적인 도표를 만드는 것은

표 5.7 품질좋은 도표 만들기 위한 점검표

- 도표아래 제목은 일반적으로 x 축의 변수로서 y 축 변수를 참조한다.
- 각 축에 제목.
- 각 축에 수로 주석
- 명확한 확장 값 요소 (톤 × 10^3보다는 톤 단위로 표시)
- 각 축에 단위 (피트, 그램, 주울)
- 범례를 이용한 다중 표시
- 독자가 따르기 쉬운 축 눈금
- 대부분의 값을 나타낼 수 있는 축 눈금
- 서로 비교되는 일련의 표시 값은 같은 축 눈금을 사용

상세에 집중하는 부가적인 작업을 요한다. 당신의 도표가 표 5.7에 나열된 속성들을 가지고 있는 가를 확실히 점검하라.

막대 그림 막대 그림은 연간 판매나 근무시간대에 따른 불량등과 같은 불연속 자료를 표현하기에 적합하다. 이것 역시, 스프레드시트가 매우 좋은 도구이나 한번에 되지는 않는다. 일반적으로 말하면, 파이차트사용을 피하라. 파이차트는 독자가 조각의 크기를 비교하기가 매우 어렵다. 대신, 가로 또는 세로 막대 차트를 이용하라. 그림이 표 5.8에 기술된 속성을 가지고 있는 지 점검하라.

기술적 구두발표

효과적인 구두 발표는 두 가지 기본적인 고려가 필요하다.

표 5.8 품질 좋은 막대차트를 만들기 위한 점검목록

- 그래프 밑에 제목, 예를 들면, 연간 판매.
- 각 축에 제목
- 막대길이 방향 축에 숫자 주석
- 각 막대에 대한 이름
- 더 쉽게 읽을 수 있는 경우에는 가로 막대
- 막대 길이 축에 단위
- 3차원 막대는 피하라(두께가 특별한 의미를 가지지 않는 한). 3차원은 비교를 힘들게 함.
- 독자가 읽기 쉬운 막대 길이 눈금
- 명확한 막대길이 눈금 배율표시
- 가장 긴 막대는 거의 좌표 공간의 길이 또는 넓이까지
- 서로 비교 해야할 막대에는 같은 길이 눈금 적용
- 연속된 연도와 같은 자연적인 연속성이 없다면 파레토 도를 형성할 수 있도록 긴 막대부터 표시 (첨부 C를 참조)

표 5.9 청중의 필요를 가늠해 보기 위한 질문들

- 발표의 개괄적인 목적이 무엇인가? 정보제공, 설득, 교육, 대화, 또는 청중이 결정을 하도록 하는 것인가?
- 청중은 발표에서 얻은 정보를 어떻게 사용할 것 같은가?
- 무슨 결정이 그 정보에 달려 있는가?
- 청중은 무슨 특정한 정보가 필요한가?
- 당신은 일반 청중과 또는 특정 구성원들과 무슨 관계에 있는가?
- 청중은 얼마나 오랜 시간을 발표를 들을 수 있는가?
- 매체, 형식, 발표에 대한 청중의 기대는 무엇인가?
- 청중 구성원의 배경과 필요한 기술적 정보의 이해 수준은 무엇인가?
- 청중이 무슨 행동을 하기를 원하는가?

- 청중의 필요에 따라 주제 자료를 선정
- 정보의 보존과 이해를 최적화하여 만든 발표 구조

이 두 고려 사항에 대한 간략한 논쟁은 세가지 설계 프로젝트의 구두 발표를 위한 형식을 통해 본다.

청중에 집중하라 가장 중요한 3가지 요소가 위치, 위치, 위치인 부동산에서 처럼 구두 발표에서는 청중, 청중, 청중이다. 발표자는 청중과 의사소통의 목적을 분명히 이해해야 한다. 청중의 소수의 결정권자에서부터 교육 목적의 수백 명의 사람들 일 수도 있다. 청중의 필요와 기대는 발표의 내용과 구조를 방향지운다. 발표를 계획할 때, 표 5.9와 같은 것으로 자신에게 질문을 해보라.

청중이 다양할수록 계획은 더욱 힘들다. 정보에 대한 필요나 이해의 정도가 다르기 때문이다. 때로는 다른 청중들의 필요를 제쳐 두고 특정 주요 청중을 목표로 할 필요가 있을 때가 있다.

이해와 정보 보존을 위해 구조화 하라 말로하는 기술적 발표는 문서에서 이루어지는 집적보다 더 많이 이루어진다. 발표는 표 5.10에서 보여주는 것처럼 사람들이 정보수집 구조를 발표자에게 제공할 때 작동하는 관심 집중과 기억 메커니즘에 의존한다. 문서를 검토할 때, 독자들은 명확히 하고 비교하기 위하여 문서의 앞과 뒤를 왔다 갔다 한다. 그러나 구두 발표에서는, 정보의 순서, 속도, 강조 등이 싫건 좋건 발표자에 의해 선정된다. 그래서 도전은 최적의 청중을 위해 정보의 흐름을 이해, 기억, 배움이 되도록 구조화 하는 것이다. 또한 표 5.10에서 요약한 것처럼 청중의 관심을 끌고 집중할 수 있도록 해야하고, 주의깊게 시간을 조절해야 한다. 30초 메시지에서 주어진 힌트를 확장한다.

표 5.10 청중이 메시지를 이해하고 기억할 수 있게 하는 방법

여러분은 청중이 앞선 관심사에 빠져 나와서 집중할 수 있도록 유도해야 한다. 이러한 서두는 청중에 대한 여러분의 지식을 말로 표현함으로써 청중과의 연결을 구축할 수 있다.

- 청중의 어휘로 발표의 목적을 말하라.
- 청중의 필요와 기대를 인지하라.

여러분이 시작하자마자 청중은 여러분의 경쟁력과 신뢰성에 관한 인상을 단어보다는 비 어휘적 큐에 근거하여 형성시키기 시작한다.

- 존경심을 표하는 자세로 똑바로 서라.
- 청중의 사람들과 적당히 눈길을 마주쳐라.
- 주제에 관한 자신감으로부터 나오는 권위를 가지고 분명하게 말하라.
- 에너지, 열정과 경쟁력을 내 비추어라.

대표적인 청취자의 기억 능력은 3~5 요점 정도로 한정되고, 뒤에 그 것들이 반복되고 강화된다.

- 3~5 가지 정도의 주요 요점을 먼저 보여주어, 청중이 발표가 진행되어 간에 따라 기대하게 하라.
- 지속적으로 그 요점들을 발표의 구조에 연계 시키고, 가능한 한 많이 청중의 기억에 남도록 연결고리를 제공하라.
- 만약에 부속 요점이 많다면 유인물을 나누어 줘라. 청중에게 너무 많은 상세를 제공하려 하지 마라. 강조해야 할 발표의 강도를 약화시킨다.
- 발표의 마지막에 주요 요점에 부가적인 연결 고리를 주기 위해 다시 한번 요점을 요약하라.
- 청중에게 구체적인 행동을 요청하라 (진행에 대한 승인, 직원, 검토 코멘트, 또는 제안)

사람들은 정보를 흡수하기 위하여 자신의 우성 사고법과 배우는 방법을 사용하고 싶어 한다: C 상한을 위해서는 개인적인 가벼운 언급, B 상한을 위해서는 잘 정돈된 도표와 목록, A 상한을 위해서는 수학적 모델의 간결성, D 상한을 위해서는 그라프나 차트의 요약력.

- 이러한 메커니즘을 이용하여 가능한 한 많은 장점을 챙기고, 다양한 학습 스타일에 호소하고, 다중 메커니즘과 연결을 통하여 각 청중의 학습을 강화시켜라.
- 발표한 표, 도표, 또는 차트로부터 의도하는 유추나 결론을 끄집어 내라. 메시지를 얻어가도록 지도하라.
- 청중이 정보를 소화하기 쉽도록 불릿 같은 시가적 소도구를 사용하라. 각 불릿에 너무 많이 쓰지 않도록 주의하라. 만약 당신이 청중에게 슬라이드를 읽으려하는 유혹을 느낀다면, 너무 많은 단어를 각 불릿에 썼다는 증거이다.

지금의 정보시대에는 모두가 시간을 넘기는 발표를 보기에는 너무도 바쁘다. 만약 발표가 너무 길어지면, 짧게 잘릴 것 같고, 결론적으로 중요한 뒷 부분들을 놓치게 된다: 결론 부분, 질의응답. 비 구조적이고 경쟁력이 없다는 인상을 남기게 된다. 시간초과 발표는 많은 면에서 일반적으로 실패를 의미한다. 여러분은 청중들이 결정을 할 정보를 얻기도 전에 자리를 뜨는 것을 보게 된다.

- 주어진 시간 안에 발표를 끝낼 수 있도록 계획하고 연습하라.
- 말미에 질의응답 시간을 염두에 두어라.
- 필요치 않은 질문으로 주어진 시간을 보내는 일을 피하라.
- 발표의 상세를 잘라내는 한이 있더라도 요약과 마무리를 빼지 마라. 요약과 마무리는 비록 몇몇 내용이 거론되지 못했더라도 청중에게 절차가 경쟁력 있게 완결되었다는 느낌을 가지고 자리를 뜰 수 있게 해준다.

구두 발표를 위한 형식

설계 프로젝트 제안서, 설계 프로젝트 진도 보고서, 그리고 설계 프로젝트 최종 보고서를 위한 일반적인 양식이다.

시각적 도구를 사용할 때는 시간에 앞서서 장소와 장비를 점검하라:
- 사용하려고 하는 장비의 사용법을 아는가?
- 마이크가 필요한가?
- 예상 청중을 수용할 만큼 자리가 있는가?
- 대부분의 사람들이 스크린을 왼쪽에 두고 있는가?
- 사용하고자 하는 비디오 클립은 간단히 조작할 수 있는가?
- 장비에 이상이 있을 때, 대체방법이 있는가?

■ **DP-6C 설계 프로젝트 제안 발표** - 제안발표는 설계 프로젝트를 스폰서(그리고 마케팅, 영업, 생산으로부터 온 대표자)에게 사용자의 요구에 기반한 접근법, 제약사항, 가중 목표 등을 설명하고, 프로젝트 계획을 임시로 설명하는 자리이다. 이 정보는 프로젝트를 지속할 것인지 말것인지를 결정하기 위한 중요한 도움을 제공한다. 이 발표는 설계 프로젝트 제안서(DP-5)를 보완하며, 특별히 설계 문제 정의문과 같은 스폰서에게 중요한 측면을 강조한다. 스폰서가 설계팀의 접근법의 여러 측면들을 재 조정할 수 있는 기회를 제공한다.

■ **DP-8D 설계 프로젝트 진도 발표** - 이 발표는 프로젝트의 상태와 지금까지의 진도를 요약한다. 청중으로는 마케팅과 생산 부서의 대표자와 설계 프로젝트의 스폰서가 자리한다. 이 보고서는 고려된 전체적인 설계 개념을 강조한다. 여기에는 각 특징에 대한 논의가 들어 있고, 평가를 위한 가중 처리된 기준들(설계 목표)이 들어있다. 또한 현재 진행 중인 대안들에 대한 논의도 포함한다. 만약에 최종 개념이 선택되었다면 이 발표의 주요 기능은 그 결정에 대한 이유를 스폰서가 받아 들이도록 하는 것이다. 간트차트와 같은 것으로 표현된 변경된 프로젝트 계획은 어떻게 프로젝트가 나머지 주어진 시간에 완성될 수 있는 가를 보여준다. 진도보고는 프로젝트 스폰서에게 진행중인 프로젝트의 설계 결정을 재 조정할 수 있는 기회를 제공한다.

■ **DP-12A 최종 설계 프로젝트 발표** - 최종 프로젝트 발표는 프로젝트 스폰서와 마케팅, 영업, 생산과 재무 담당자들에게 프로젝트의 결과를 요약하여 설명한다. 그 목적은 사용자의 요구로부터 유도한 프로젝트 목표를 만족시켜서 프로젝트를 성공적으로 진행했음을 의사결정자에게 설명하여 생산과정으로 가기 위한 발표이다. 여기서 핵심은 설계의 의사결정 과정에 대한 신뢰를 구축하는 것이다. 설계자들은 사용자의 요구에 비추어 고려한 설계안들에 대한 균형 잡힌 그림과 포함된 교환(trade-offs)과 최종 결정의 효율성 등을 발표함으로써 신뢰성을 구축해야 한다. 여기에 구두 발표의 잠재성이 문서의 잠재성을 뛰어넘는 면이 있다. 어떤 프로젝트를 진전 시키기 위한 의사결정에서 관련 일부 당사자들의 관심은 설계자기 뛰어난 해결책을 얻기 위한 창의적인 접근법을 사용했는지, 모든 가능한 대안들을

평가해 보았는지, 좋은 판단을 연습해 보았는지, 그리고 공공 안전과 자원에 관하여 세심한 예방책을 따랐는지에 있다. 이러한 무형의 것들은 관련 당사들에게는 기술적인 전문성 보다 중요하나, 그 것들은 문서에 기반해서는 평가하기가 어렵다. 의사결정자들은 구두 발표로부터 얻은 설계자의 창의성, 통합성, 신뢰성에 대한 느낌에 의존하는 경향이 있다.

설계 의사소통 형식의 예에 대한 요약

표 5.11은 설계 의사소통의 예제에 대한 요약을 제공한다. 이러한 형식들은 설계 의사소통을 조직화하기 위해 제안한 방법들 이상이다. 전체적으로, 12단계 설계 과정 모델 그 자체를 표현한다. 이 형식들은 엔지니어링 설계 사무실의 표준 문서집이라고 할 수 있고, 1학년들에게 무엇이 앞에 있는지를 알려 준다.

표 5.11 설계 의사소통의 양식의 요약

DP-1	프로젝트 개념 정의문	간결한 보고서
DP-2	설계 제약사항 표	표
DP-3	사용자 요구 조사서	간결한 보고서
DP-4	설계 목표 표	표
DP-5	설계 문제 분석서 (설명 문서)	간결한 보고서
DP-6	설계 프로젝트 계획	차트
DP-6A	설계 프로젝트 제안서	공식적인 보고서
DP-6B	실행 요약문	1쪽 보고서
DP-6C	설계 프로젝트 제안서 발표	구두 발표
DP-7	수정 퓨 메트릭스 양식	퓨 메트릭스
DP-7A	개념도면 (퓨 메트릭스 단계 I)	정식 스케치
DP-7B	설계 개념 기술문	간단한 요약문
DP-7C	개념도면 (퓨 메트릭스 단계 II)	정식 스케치
DP-8	설계 프로젝트 진도 보고서	정식 보고서
DP-8A	설계 의사결정	요약 보고서
DP-8B	조립도면	정식 도면
DP-8C	소재 명세서	표
DP-8D	설계 프로젝트 진도 발표	구두 발표
DP-9	상세도면	정식 도면
DP-10	시험계획	간단한 보고서
DP-11	평가결과 보고서 (설계검토 보고서)	간단한 보고서
DP-12	최종 설계 프로젝트 보고서	정식 보고서
DP-12A	최종 설계 프로젝트 발표	구두 발표
DP-12B	영업도	예술적 묘사
DP-12C	설계팀에 의한 최종 설계프로젝트 평가서	평가 양식

기술인들과 그렇지 않은 사람들 등 모든 사람들에게 적용되는 하나의 언어는 일상 언어이다. 가능한한 자주 일상언어를 사용하는 기술인에게 축복이 있을 지어다.

Sidney Love, Msnsging and Creating Successful Engineered Designs, 1986

참고문헌

5.1 Keneth Blanchard, Spencer Johnson, *The one-Minute Manager, Morrow*, New York, 1982. 이 책은 짧은 의사소통으로서 목표를 정하고, 칭찬하고, 질책하는 방법에 대하여 논한다. Frank Mio의 책과 흥미로운 한 짝을 이룬다.

5.2 ✓ Dale Carnegie, *How to Win Friends and Influence People*, Simon & Schuster, New York, 1937. 이 책은 사람들과 잘 지내는 방법과 그들에게 자신의 아이디어를 전하는 방법에 대하여 논한다. 오래된 책이지만 지금도 유효하다. Dale Carnegie 과정은 공공장소에서 발표하는 방법을 매우 성공적으로 가르쳐 왔다. Dale Carnegie & Associates의 두 선임자인 Stiart R. Levine과 Michael A. Crom이 쓴 최신 책이 있다. *The Leader in You: How to Win Friends, Influence People, and Succeed in a Changing World.*

5.3 Suzette Haden Elgin, *Success with Gentle Art of Verbal Self-Defense*, Prentice-Hall, Englewood Cliffs, New Jersey, 1989. 이 저명한 컨설턴트가 쓴 이 책은 언어의 남용의 유형을 정중하고 효과적인 의사소통으로 대치하는 방법에 대하여 집중적으로 다룬다. 이 책에는 많은 흥미로운 예제를 다루고 있으며 다양한 참고문헌을 제공한다. 이 책은 "어려운 사람들을 다루는 방법"에 관한 많은 책들 중에 하나이다.

5.4 ✓ Roger Fisher, William Ury, *Getting to Yes - Negotiating Agreement Without Giving In*, Houghton Miffllin, Boston, 1981. 이 책은 여러분이 목표를 가지고 추구하는 동안 사람들을 잘 다룰 수 있는 정확하고, 증명되었고, 상식적인 협상의 방법에 대하여 논한다.

5.5 ✓ Milo O. Frank, *How to Get Your Point Across in 30 Seconds-Or Less*, Simon & Schuster, New York, 1986. 이 책의 저자는 효과적인 의사소통의 핵심으로 그가 발견한 30초 메시지에 대하여 설명한다.

5.6 William J. Kolarik, *Creating Quality: Concepts, Systems, Strategies, and Tools*, McGraw-Hill, New York, 1995. 이 책은 본 책의 기술적 의사소통에서 인용하였다.

5.7 ✓ J. Campbell Martin: *The Successful Engineer: Personal and Professional Skills-a Sourcebook*, MaGraw-Hill, New York, 1993. 이 책은 의사소통을 포함하여 개인적 또는 전문적 자기계발과 관련된 많은 주제를 고학년 공학도들을 위하여 다룬다.

5.8 ✓ Judith Martin, Miss Manners: *Guided for the Turn-of-the-Millenium*, Simon&Schuster, New York, 1989. 교양있는 사람을 위한 절대적인 참고서인 이 책은 사회적인, 사업적인 또는 개인적인 에티켓에 괸힌 조언을 제공한다.

5.9 ✓ 신약성경, 복음서는 강력한 사고력을 제공하는 시작점이다. 세리였던 마태에 의해 씌여진 마태복음은 A 상한 사고자에게 좋다. 마가복음은 B 상한, 요한복음은 C 상한, 누가복음은 그 시대의 물리학자, 과학자, 예술가였던 누가에 의해 씌였으며 D 상한의 사고 관점에 있다. 예수의 가르침은 하느님과 인간의 관계에 대하여 말하고 있을뿐 아니라 인간들 사이에 대해서도 말하고 있다.

5.10 William Strunk, Jr., E. B. White, *The Elements of Style*, third edition, Macmillan, New York, 1979. 85쪽 분량의 이 작은 책은 간결하고 분명하게 글쓰기를 개선하는 예를 제시한다.

5.11 Linda A. Suskie, *Questionnaire Survey Research-What Works*, Association for Institutional Research, Florida State University, Tallahassee, Florida, 1996. 이 책에서는 설문에서 유용한 결과를 얻기 위해서 올바른 질문을 하는 방법과 대표그룹을 올바르게 선택하는 방법에 관한 실질적인 조언을 한다.

5.12 ✓ Edward R. Tufle, *Visual Explanations, Images, and Quantities, Evidence, Narrative*, Graphics Press, Cheshire, Connecticut, 1997. 이책은 효과적인 그라프를 만드는 작업을 위한 뛰어난 참고서이다.

Toastmasters International - 이 단체는 발표 및 의사소통 기술을 갈고 닦기에 뛰어난 자원이다. 이 단체는 회원들이 간단 명료하게 말하는 방법을 도와주고, 자신들이 스스로 세운 자기계받을 이룰 수 있게 도와주고, 그들의 지도력과 실행력을 개선할 수 있도록 도와준다.

연습문제

공공장소의 대중에서 말하려고 일어서는 사람과 너무 두려워하는 사람이 공유하는 한 가지는 둘 모두다 두려움을 가지고 있다는 것이다. 그러나 좋은 연사는 그 감정을 자신에게 유리하게 적용하는 방법을 사용한다.

Jan D'Arcy, 연설 컨설턴트

5.1 ✓ 정의

a. 최근의 뉴스에 민주주의의 개념이 자주 언급되고 있다. 세계의 여러 지역에서는 이 개념을 어떻게 이해하고 있는지 조사해 보시오.

b. 관계에 있어서의 힘에 관한 자신의 정의를 내려보고, 주변의 친구와 가족들이 내리는 정의와 비교해 보시오.

5.2 비동의

다음 번에 여러분과 중요한 논쟁이 있거나 동의하지 못하는 상황이 발생하거든 다른 접근법을 사용해 보시오. 시간을 가지고 적어도 10가지의 요소와 목표를 나열해 보시오. 문제의 장으로 돌아가시오 - 협력적인 답에 집중하는 것이 더 쉬어지는 것을 느끼겠는가?

5.3 사고 선호

여러분에게 중요한 무언가에 대한 30초 메시지를 쓰시오. 그것을 4가지 상한에 맞게 4가지 다른 방법으로 작성하시오. 그리고 이 네 상한의 문장을 하나로 합하시오. 이 연습은 팀 단위로 이루어 질 수 있다.

5.4 30초 구두 메시지

이 활동은 3명 이상이 필요하다. 각각은 하나의 공동 주제 또는 각각이 선정한 주제로 30초 메시지를 준비한다. 그리고 준비한 메시지를 다른 팀원들에게 발표한다. 청중은 그 발표에서 잘 만들어진 부분을 긍정적인 관점에서 피드백을 제공한다. 표 5.10에 소개된 조언을 활용하시오.

5.5 ★ 격언과 의사소통 ★

3명을 한 그룹으로 의사소통과 관련된 격언을 조사하고, 어떤 상황에서 맞는 얘기고, 어떤 때에 지나친 비약인지 토의 하시오. 예를 들면, "폭력으로는 나의 뼈를 부러뜨릴 수 있겠지만, 말로는 그리하지 못한다." 이 말이 진실이려면 어떤 상황이어야 하는가? 어떤 상황에서는 틀린 말인가? 나열한 격언들 중 일부를 상한으로 구별할 수 있겠는가? 각 사고 상한에 하나씩 의사소통의 관점에서 4 상한의 정의를 마련해 보시오.

5.6 ★ 질문과 에티켓 ★

그룹으로 하는 연습이다. 다음의 시나리오와 그에 대한 답으로 적당한 방법에 대하여 논의하시오. 에티켓에 관한 책을 참조해도 좋다.

a. 자신은 홀에서 친구에게 이야기를 하고 있고, 이 때 잘 알고 있는 방문자가 옆을 지나가며 인사를 한다. 그 방문자는 여러분의 친구를 알지 못한다.
b. 자신은 업무회의를 주도하고 있다. 몇 사람을 참석토록 초청하였고 이들이 그 방에 바로 들어오려고 한다.
c. 자신은 누군가와 약속이 있다. 그 약속에 늦을 것만 같다.
d. 틀린 번호로 전화를 걸었다.
c. 약속을 한 사람과 사무실에 있다. 그런데 갑자기 비서가 중요한 전화가 왔다고 말한다.
f. 매우 전문가적인 경력을 가진 또는 박사와 같은 학위를 가진 사람과 말하고 있거나 글을 쓰고 있다. 몇 가지 특별한 예를 만들어 보시오. 이런 사람들을 어떻게 부를 것인가?
g. 줄리아 몬테즈 스미스는 시드니 스미스와 결혼했다. 영어권에서 그녀는 사석과 직장에서 어떻게 호칭되어야 하는가? 만약에 이혼을 하였거나 사별하였다면 무어라고 불러야 하는가?
h. 여러분이 어떤 회사의 이사라고 가정하자. 고객과 회사에 자신의 잘 정돈된 이미지를 보여주기 위하여 필요한 가장 중요한 10가지 규칙 내지는 지침을 만들어 보시오.
i. 이메일에서 지켜야할 중요한 5가지 에티켓을 만들어 보시오.

중요한 메시지라면 반복하시오. 적절한 때에 두개의 다른 형식과 경로로 전달하시오.

5.7 ✓ 기술문서의 개작

표 5.12를 이용하여 1쪽짜리 기술요약문, 제안서 또는 요약문서를 개선해 보시오. 만일 팀의 구성원이라면, 구성원들이 가장 선호하는 사고방식에 따라 작업을 나누고, 후에 모든 구성원이 최종 검토를 해 보시오. 혼자라면, 단계 8에서 외부 사람의 검토가 필요하다.

표 5.12 고품질의 기술문서를 작성하는 방법

초안 작성: 빠르게 쓰시오: 여러분의 아이디어를 빠르게 쓰시오-철자나 문법을 고치려고 멈추지 마시오. 그렇지 않으면 최선의 생각은 사라질 것이다. 이러한 방법에 익숙하다면 마인드맵핑을 이용하시오.

문서를 검토하고 개선하는 단계들: 오늘날의 실전 엔지니어는 문서작성을 도와줄 비서를 기대할 수 없다. 완성된 문서의 품질은 여러분의 책임이다. 개개의 교정은 특정한 목표가 있을 때 더 쉽다.

1. 기술적인 정확성을 검토하시오. 모든 숫자는 정확한가? 도표와 그림은 모호하지 않은가?
2. 분명하게 작성하시오. 뜻이 없는 말을 피하고, 가능하면 20단어 이상이 되는 문장을 피하시오. 일반 대상인들 보다 약간 낮은 수준에서 작성하시오. 그리고 애매한 내용을 피하시오.
3. 구조를 잘 잡고 논리적인 전개를 하시오. 머릿제목과 하위제목의 구조를 만드시오.
4. 각 문단을 검토하시오. 첫 문장은 해당 문단의 주제를 소개해야한다.
5. 간결성을 검토하시오. 무엇을 삭제할 수 있을까? (단어, 문장, 주요 주제로부터 벗어난 것 등)
6. 다른 주제나 사상을을 연결하는 단어나 간단한 문장등의 천이방법을 추가하시오.
7. 문법을 검토하시오.
8. 검토: 비평할 수 있는 능력있는 비평자를 확보하시오. 필요하다면 여러분의 문서를 고치시오.

문서 완성: 적절한 문자체, 쪽 구성과 형식을 사용하시오. 예를 들면, 강조체나 색상은 밑줄 보다 더 효과적이다. 서너개 이상의 글자체를 사용하지 마시오 – 너무 심한 창조성이나 지나친 비약은 기술적인 내용을 손상 시킨다. 최종 형식으로 출력하시오. 몇일 후에, 목적한 독자의 관점에서 최종 평가를 하시오. 만약에 여러 개를 보내거나 묶음으로 보낸다면, 품질과 완전성을 검토하시오. (쪽이 없는 경우, 문장이 없는 경우, 찢어져 유실된 경우, 또는 줄이 맞지 않는 경우 등등)

제5장 – 주요개념 복습 및 실천사항 점검

구두 의사소통 우리는 선호하는 사고방식이 있기 때문에 효과적인 의사소통을 방해하는 습관 또는 필터를 가지고 있을 수 있다. 의사소통할 때 다른 사람을 헷갈리게 하는가? 우리의 의도를 전달하기 위해서는 듣는 사람의 입장에서 의사소통해야 한다. 동시에 좋은 청취기술도 습득해야 한다. 창의적인 문제해결 기법으로 윈-윈 해결책을 찾기 위한 잘 정돈된 협상을 할 수 있다. 성서의 황금률은 좋은 의사소통과 관계에 관한 핵심적인 사항을 잘 설명한다. 대접받고 싶은 대로 다른 사람을 대접하라.

30초 메시지 효과적인 메시지를 만들기 위해서는 우선 목적, 청중과 적절한 접근법(형식)을 고려하시오. 그리고, 관심을 끌도록 하고 사실, 계획, 가능하다면 감정적 호소와 시각적 내용물 등의 분명한 메시지를 준비하시오. 마지막에는 실행 또는 반응을 요구하면서 마무리 하시오.

글 의사소통 엔지니어링 설계는 의사소통이고, 그 효과는 잘못된 의사소통으로 인해 손상될 수 있다. 그림과 수학적 분석은 엔지니어의 의사소통에 효과적인 방법들이다. 설계결정사항에 대한 논리는 설계의 신뢰도를 높이기 위해 반드시 문서로 작성되어야 한다.

효과적인 의사소통의 기준 구두 의사소통 및 문서 의사소통 두 경우 모두 이 기준하에서 준비되어야 한다: 명확성, 간결성, 정확성과 정밀성, 완전하고 논리적인 구조, 청중중심, 신뢰성, 그리고 적시성.

형식 문서로 기술적 의사소통을 할 때는 승인된 형식을 따라야 한다. 프로젝트 제안서, 고객설문지, 문제 정의문과 요약문, 설계 프로젝트 계획서, 진도 보고서, 최종 보고서, 시험계획서 등등, 그리고 요약문, 표, 도표 및 그림 등등도 포함한다. 구두 의사소통은 고객 회사의 의사결정권자에게 우리의 설계를 도입하게 하는 열쇠일 수 있다. 1. 관심을 끌고, 2. 정확한 몸짓을 사용하고, 3. 3~5 가지의 주안점을 강화하고, 4. 모든 사고 방식을 고려하고, 5. 제 시간에 끝내시오.

실천사항 점검목록

- 모든 4개의 상한을 다루는가? 일반 청중을 상대로 여러분의 강점(또는 약점)을 전달하도록 한 최근의 발표를 분석하시오. 그래서 가장 취약한 선호를 보인 청중을 상대로 의도적인 노력을 해 보시오.
- 여러분이 자주 상호작용을 한 사람들을 분간하시오 — 여러분에게 가장 중요한 사람들. 그들의 가장 강한 선호는 무엇인가 (HBDI 모델과 그들의 행동으로부터 얻은 단서들에 대한 이해에 기반하여)? 여러분이 특별히 신경쓰지 않으면 듣지 못하거나 보지 못할지도 모를 상한은?
- 새로운 제품 또는 고안을 위한 각 아이디어를 날자와 싸인을 첨부하여 노트에 기록하시오. 표준 설계 문서와 함께 이 기록은 특허를 포함해서 법적 목적을 위한 완벽한 기록이 된다(18장을 참조하시오).
- 다음에 여러분의 아이디어를 제안할 때, 상대방이 실질적인 의사결정권자인지를 분명히 하시오. 이렇게 하는 것이 어떤 조직에서는 분명치 않은 경우들이 있으니, 미리 내부정보를 얻도록 하시오.
- 이메일 메시지는 비교적 비공식적이기는 하나 의사소통의 한 방법이다. 이메일을 보내기 전에 오자를 제거하고 적어도 한번은 명확성을 점검하시오. 이메일은 사적인 것이 아니고 의사소통의 매우 대중적

인 방법이라는 것을 기억하시오. 여러분의 어떤 이미지를 전달하고 있는가?

- 엔지니어링에서의 여러분의 성공적인 경력을 문법이나 철자법이 해하지 못하도록 하시오. 작문실력을 향상시키는 일에 있어서 늦음이란 있을 수 없다. 문법과 철자법에 능통한 친구를 하나 사귀도록 하시오. 그리고 파레토 법을 이용하여 가장 많은 실수를 가려내도록 하시오. 2주마다 하나씩 교정해 볼 수 있도록 집중하시오. 수개월 내로 여러분의 실력은 눈에 띄게 발전해 있을 것이다.

06 Chapter

팀웍

- 팀웍에 대하여 알고 있는 것은 무엇인가? 동시공학에서의 팀
- 팀웍의 장점과 단점. 동질의 팀과 이질의 팀간의 차이점
- 팀 개발: 요구되는 개인의 특성, 개발의 단계, 구성원의 역할, 충돌의 해소
- 기능적인 팀과 비 기능적인 팀의 사례
- 스스로 감독하는 팀을 개발하기 위한 관리 지침
- "노하우": HBDI에 기반한 전뇌 프로젝트 팀의 구성; 팀을 생산적이도록 관리하기; 팀 구성원 평가하기
- 심화학습: 참고문헌, 연습문제, 복습, 실천사항 점검목록

팀웍이란 무엇인가?

이 책의 서문과 함께 이전 장에서도 21세기의 일터를 위한 팀웍 기술을 갖는 것에 대한 중요성을 이야기하였다. 이 장에서는 어떻게 효과적으로 프로젝트와 엔지니어링 디자인 팀을 개발하는지 보여준다. 진단해보는 퀴즈로 시작해보자. 팀웍에 대하여 알고 있는 것이 무엇인가?

5분활동 6.1 : 팀웍을 진단하기 위한 퀴즈

이것은 개인으로 또는 작은 그룹(2~4명)으로 할 수 있다. 빨리 다음 페이지의 퀴즈로 가보자. 만일 그룹의 의견이 일치하지 않으면(또는 당신의 마음을 정할 수 없다면) "진실"과 "거짓" 둘 다에 표하라. 이 퀴즈의 목적은 당신이 팀웍에 대하여 가지고 있을지 모르는 공통된 신화를 확인하고자 하는 것이다.

평가 자신의 답을 퀴즈 제일 밑에 나와 있는 정답을 보고 채점하라. 만점을 맞았다면 팀웍을 아주 잘 이해하고 있는 것이다. 당신 또는 당신 그룹이 3개 이상을 틀렸다면 이 장을 공부하는 것이 이득이 될 것이다.

왜 팀웍이 엔지니어링에 중요한가? 그림 6.1은 전통적인 제품 개발과 제조 과정을 나타낸다. 이 순차적인 과정을 그림 6.2에 그려진 것과 같은 팀 접근법을 사용하는 동시공학과 비교하여 보자. 전통적인 방법은 마케팅 부서가 고객으로부터의 직접적인 입력(암시적 또는 명시적인) 없이 고객이

팀웍 : 진단 퀴즈	참	거짓
1. 효율적인 팀에서 구성원은 자신의 독특한 기능과 기술을 보여줄 기회를 갖는다.	☐	☐
2. 대부분의 사람은 팀을 자기 향상과 개인 개발을 위한 수단으로 여긴다. 따라서 팀의 목적은 개인을 향상시키고 팀 구성원 모두의 잠재력을 끌어올릴 수 있도록 돕는 것이다.	☐	☐
3. 개인의 브레인스토밍이 팀웍의 브레인스토밍보다 더욱 효과적이다.	☐	☐
4. 개인의 브레인스토밍이 팀웍의 브레인스토밍보다 더욱 효율적이다.	☐	☐
5. 대부분의 발명가는 홀로 일한다.	☐	☐
6. 효과적인 팀에는 국외자가 없다. 각각은 프로젝트나 문제 영역의 전문가이다.	☐	☐
7. 사람들이 자신의 팀을 선택할 때 선택한 팀의 구성원들은 대개의 경우 유사한 사고방식을 보일 것이다.	☐	☐
8. 정신적으로 다채로운 팀에서 한번 어울리는 것을 배우면 이러한 기술은 다른 팀에서 잘 일할 때도 도움이 된다.	☐	☐
9. C 사분면 사고 선호도가 높은 팀은 무조건 좋은 팀이다.	☐	☐
10. C 사분면 사고 선호도가 낮은 팀은 좋은 팀이 될 수 없다	☐	☐
11. 사람들이 프로젝트에서 함께 일하기만 하면 팀웍은 그냥 생긴다.	☐	☐
12. "잡담"이나 사회활동은 팀 발달에 중요하지 않다.	☐	☐
13. 열명이상의 사람들이 함께 일하여 생산성이 있고 역할이 잘 되기까지는 시간과 노력이 필요하다.	☐	☐
14. 효과적인 팀에서 충돌은 일어나지 않는다.	☐	☐
15. 팀의 집단적인 성과보다 각 개인의 개별적인 성과가 더 중요하다.	☐	☐
16. 팀의 효율성은 팀이 목표를 설정하는 능력과, 팀과 관리자와의 관계에 강한 영향을 받는다.	☐	☐
17. 팀의 구성원보다는 지도자가 더 중요하다.	☐	☐
18. 팀이 많은 회의를 하면 안된다.	☐	☐

답 1-T, 2-T, 3-F, 4-T, 5-F, 6-F, 7-T, 8-T, 9-F, 10-F, 11-F, 12-F, 13-T, 14-F, 15-F, 16-T, 17-F, 18-F

그림 6.1 전통적인 공학에서는 사람들이 부서나 역할들 간의 상호작용이 적거나 아예 없이 고립되어 일한다. (from Lucas Engineering and Systems, UK, in Ref. 6.5)

그림 6.2 동시공학에서는 모든 관련자들이 팀을 이루어 작업한다. 소비자와 원료공급자들이 제품개발의 맨 처음부터 참여한다.(from Lucas Engineering and Systems, UK, in Ref. 6.5). 도표에 나타난 QFD "House of Quality"는 부록 A의 정보를 볼 것.(역자 주: "House of Quality"는 소비자의 요구와 생산능력간의 관계를 정의하는 도구임)

원한다고 자기들이 "생각하는"것을 명세한다. 이러한 명세는 디자이너에게 "벽 너머로 던져지고" 디자이너는 그들의 개념을 생산 엔지니어링으로 전달하는데 이 때의 계획은 많은 자의적인 결정을 포함하게 되고 이것은 제조부에서 더욱 변화하게 된다. 결과적으로 제조된 제품은 형태, 비용 품질에서 고객의 기대를 충족시키지 못한다.

개념 설계 단계동안 팀웍과 현장의 문제해결이 함께하는 동시공학은 의미있는 시간과 비용의 절감을 가져오며 시장에서 성공적으로 경쟁할 수 있는 제품을 만들어낸다. 따라서 엔지니어는 다양한 우선순위, 사고방식, 지식을 가진 사람들과 일하고 의사소통할 수 있어야만 한다. 공학인증위원회(ABET)는 새로운 공학 표준 2000(표 1.2를 볼 것)에서, 효과적인 각 전문분야협력의 팀웍 기술의 개발 필요성과 가치를 인식하고 있다. 공과대학은 이제 그들의 학생이 이들 기술을 배웠음을 보여주어야만 한다. 지식을 창출하고 그것을 조직전체에 분산시키는 둘 다에 있어서 이종직무팀이 지식창출과정의 핵심이다. 노나카와 다케우치(Ref. 3.7)에 따르면 "일본 회사에서는 혁신의 모든 단계에서 다양한 이종직무 프로젝트 팀이 활용된다. [또한] 대부분의 회사에는 각자 다양한 직무 경력을 가진 넷이나 다섯의 핵심 인원이 있다. 예를 들면, 후지 제록스 FX-3500을 개발한 핵심인력은 그 당시 그들이 삼십대임에도 불구하고 적어도 세 번의 직무이동을 겪었다." 이들 직무는 연구개발, 기획, 생산, 품질관리, 영업과 마케팅 그리고 고객 서비스를 포함한다.

일본에서의 팀웍은 강한 뿌리를 갖는데 이것은 우리가 팀에게 기대하는 것이 다르다는 점에서, 더 개인적인 서양의 문화와는 많이 다르다. 미국 품질관리협회(The American Society for Quality Control)는 포춘 500대 기업에 대해서 미국인은 실제 어떻게 팀을 보는가에 대하여 조사하였다. 그들의 작업 결과는 다음과 같다.

- 팀은 개인적이고 내면화되고 실제적인 관점으로 인식된다.
- 팀은 "자신의 향상과 개인의 발전을 위한 수단이다. 팀은 개인의 성취와 성공을 위한 수단"으로 인식된다.
- 팀은 "개인을 향상시키고, 앞으로의 성취를 지원하고 팀원이 그들의 잠재력을 끌어내도록 돕는 것"으로 여겨진다.

따라서 팀이 효과적이 되려면 팀원들은 반드시 그들의 재능과 기술을 사용할 기회를 가져야한다. 팀의 목표는 팀 구성원 개인뿐 아니라 전체로서의 조직을 이롭게 할 측면을 반드시 포함하여야 한다. 다음 절에서 창의적인 문제해결에 이용되는 팀의 이익과 책임을 살펴본다.

창의적인 문제해결에서 팀웍의 장점과 단점

실연부터 해보도록 한다. 이 활동에는 다섯 명이나 그 이상으로 된 그룹이 필요하다.

✓ 10분 활동 6.2 : 아이디어 내기

먼저 각자 활동한다. 종이에 전화번호부의 용도를 가능한 한 많이 생각나는 대로 모두 적는다. 3분이 지나면 멈춘다. 다음은 그룹 구성원이 생각한 모든 아이디어를 공통으로 적을 칠판이나 차트에 공통의 목록을 적는다. 각 개인은 빠르게 아이디어 공유할 수 있도록 순번을 갖는다. 다른 사람들은 그들의 목록에서 중복된 것은 지울 수 있다. 만일 당신이 다른 사람의 아이디어를 듣고 새로운 생각이 떠오른다면 당신 종이 뒷면에 적어라. 첫 라운드에서 모든 아이디어가 기록된 후 새로운 아이디어에 대하여 이 과정을 반복하는데 이번에는 반대의 순서로 기회를 갖는다. 마지막으로 각 그룹이 목록을 심사숙고한 후 떠오른 여분의 아이디어를 표현할 기회를 주어라.

팀은 조직과 개인에게 합리적이어야 하며 모든 사람이 진정한 부가가치를 경험하도록 하여야 한다. 많은 조직이 이것을 깨달을 때까지 우리는 부분적인 성공을 위해 "팀웍이라는 미지의 바다"를 항해할 것이다.

Michael D. Jones, President of ASQC, Milwaukee, Wisconsin

이제 이 예제 과정에서 대개 어떤 일이 발생하는가를 살펴보자. 처음 3분이 경과한 후 보통의 사람들은 10개정도의 아이디어를 낼 것이다. 전체 그룹으로 보면 많은 수의 아이디어는 중복될 것이지만 상당수는 독창적일 것이다. 많은 수의 놀랄만한 아이디어가 두 번째 목록과 일반적인 브레인스토밍에서 만들어짐을 주목하자. 다른 사람들의 아이디어를 보거나 들으면 추가적인 아이디어나 독창적인 그리고 기존에 언급된 아이디어를 조합하거나 정성들여 고친 몇몇 아이디어를 떠 올리는데 도움을 준다. 그러므로 이 아이디어 **촉발법**(idea trigger method)은 팀웍의 장점 중 하나인 사고방식의 상호작용이 아이디어의 산출을 증가시킨다는 것을 실증한다. 비록 스태프의 시간 관점으로 보았을 때는 개인의 브레인스토밍이 더 효율적이기는 하지만 대개의 경우 팀의 산출이 이러한 아이디어의 상호작용과 시너지 때문에 더욱 효과적이다.

팀의 또 다른 이익은 문제해결에 사용할 수 있는 명시적인 정보와 암묵적인 경험의 양이다. 레오나르도 다빈치는 그가 살고 있던 시대에 알려진 거의 대부분을 알고 있었던 사람의 한 예이다. 오늘날에는 화학 또는 문학 또는 전기공학과 같은 한 분야에 대해서도 모든 것을 철저히 다 알고 있는 사람은 거의 없다. 우리는 엘리 휘트니(Eli Whitney)가 목화씨 분리기(cotton gin)를, 알렉산더 그레함 벨(Alexander Graham Bell)이 전화기를, 조나스 소크(Jonas Salk)가 소아마비 백신을 발명한 것을 알고 있다. 그런데 보잉 747기의 발명가에 대해서는 어째서 이야기하지 않는 것일까? 한 가지 이유는 그것이 많은 팀에 의하여 개발되었다는 것이다. 또한 발명특허의 90%에 달하는 특허가 완전히 새로운 제품이 아니라 기존의 특허를 개량한 것이다. 발명가 대부분은 혼자 일하지 않으며 다른 사람의 아이디어에 덧붙이는 것이다. 목화씨 분리기의 발명이 한 예이다. 원래의 아이디어는 재정적으로 엘리 휘트니를 지원하였던 캐써린 리틀필드 그린(Catherine Littlefield Green)으로부터 나왔다. 그녀는 시제품을 개량하였으며 특허 로얄티를 분배받았다.

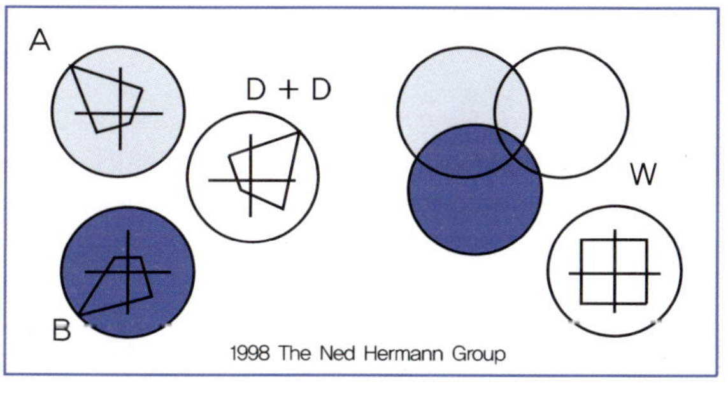

그림 6.3 문제해결을 위한 팀 접근법

오늘날의 지식폭발로 한 개인이 문제와 관련된 모든 자료를 알기는 더 이상 가능하지 않다. 이것이 왜 종종 문제해결에 팀을 이용하는가를 말해준다. 그림 6.3과 같이 두뇌 우성이 A, B, D+C인 세명을 고려해보자. 이들은 배경과 경험이 서로 다르기 때문에 특정한 주제나 문제에 대하여 다른 아이디어와 선

사고 선호도가 서로 다른 사람들로 구성된 이종의 팀은 유사한 사고 선호도를 갖고 동성인 동종의 팀에 비하여 더 효율적이고 고도로 창의적인 결과를 낼 수 있다.

Ned Herrmann

입견을 갖고 있는 것은 물론이거니와 서로 다른 명시적이고 암묵적인 배경지식을 갖고 있다. 이 세 명이 함께 일하게 되면 그룹(또는 팀) W는 아주 작은 부분에서만 공통점을 갖는 커다란 배경지식을 포함하게 된다. 한 사람의 아이디어와 제안이 다른 팀원의 상상력을 자극할 수 있으므로, 새롭고 창의적인 아이디어의 조합이 일어날 가능성이 증가한다. 또한 다양한 사람이 함께 일하면 편견을 보상해서 더 나은 판단을 얻을 수 있다.

그림 6.3의 팀 W는 "전뇌"를 형성하기 위하여 의도적으로 함께 모은 팀을 나타낸다. 사고 선호도 모델에 대하여 알지 못하는 사람은 대개의 경우 팀 구성원 모두가 비슷한 HBDI 프로파일을 갖는(예를 들면 그림 2.6의 A 사분면 우세 그룹을 보라) 동종의 팀을 만든다. 동종의 팀은 의견의 일치가 빠른데 이것은 이들이 동일한 사고 사분면 하에서 의사소통을 하고 유사한 "세계관"을 공유하고 공통된 문제해결 접근방법을 갖고 있기 때문이다. 시간이 급할 때는 이것이 장점이 될 수 있다. 동종의 그룹이 그룹의 문화나 "종족"을 급속하게 만들기는 하지만 이것은 밖의 다른 그룹으로부터의 중요한 이슈나 가치 있는 아이디어로부터 그들을 눈멀게 할 수도 있는 것이다. 수백회의 워크샵과 자문 경험으로부터 네드 헤르만은 동종의 팀이 "명백하고" 또는 "적절한" 해법에 빨리 도달한다는 것을 발견하였다. 그에 반하여 이종의 팀은 몇 번의 탁월하며 혁신적인 해법(이것을 하는데 더 많은 시간을 소모함)에 이른다는 것을 발견하였다. 이 책의 나머지 부분에서 팀웍을 이야기할 때는 우리가 그 팀을 동종의 팀이라고 명시하지 않으면 언제나 이종의 팀임을 의미한다. 그림 2.10에 이종의 그룹에 대한 혼성 HBDI 프로파일을 나타내었다.

이종의 팀은 처음 구성되었을 때 의사소통을 하기가 힘든데 특히 전뇌사고자인 "중재자"나 "번역가"의 존재 없이 강력한 반대방향 사고 선호도를 갖는 팀원이 있는 경우에 그러하다. 팀의 의사소통은 5장에서 자세하게 다룬다. 헤르만 모델에서 팀웍이 C 사분면에 지정되기는 하였지만(개인의 상호작용과 의사소통의 중요성 때문에) 이것이 C 사분면이 높은 팀은 당연히 좋은 팀이 됨을 말하는 것은 아니다. 효과적으로 다루어지지 않는 감정적인 요인이 방해가 될 수 있다. 또한, 그 팀은 많은 대화를 할지는 모르지만 지정된 과제에 집중하지 못하고 문제를 해결하여 성공적인 결론을 내릴 수 없을 것이다. 거꾸로 말하면 C 사분면이 낮은 엔지니어링 팀은 만일 그들이 고객과의 의사소통, 서로간의 상호작용 그리고 공유(지식창출의 1단계)에 주의를 기울인다면 성공적일 수 있다는 의미이다. 일반적으로 적어도 팀에서 한명 또는 두 명의 사람이 비록 그것이 그들의 가장 강한 개인이 이종 팀의 자극과 흥분 그리고 창의적인 결과를 한번 경험하게 되면 힘든 학습과정 없이 다른 사람들로 구성된 이종 팀에도 적응할 수 있다. 여기서 배운 능력은 다른 그룹 상황으로 전달될 수 있는 것이다.

Ned Herrmann

선호도가 아니더라도, C 사분면 사고를 위한 첫 번째 원(p.53을 보라)의 선호도를 갖는다면 이것이 쉬어질 수 있을 것이다. 표 6.1에 창의적인 문제해결을 위하여 팀을 활용할 때의 장점과 단점을 요약하였다.

팀 개발

우리의 학교 시스템은 개인의 성과를 보상함으로써 학생들이 혼자 작업하도록 훈련시킨다. 20세기 초반부부터의 공공교육은 주로 "공장문을 들어올 때만 머리를 쓰면 되는" 온순한 조립라인의 작업자를 생산하는데 적합한 것이다. 어찌되었건 미국 회사들은 생산성을 증가시키고 글로벌 시장에서 경쟁력 있는 제품을 만들기 위해서는 더 높은 단계의 사고 기법과 팀웍이 필요하다는 것을 알게 되었다. 팀 단위의 협동적인 학습과 작업은 학교에

표 6.1 창의적인 문제해결에 팀을 활용하는 경우의 장단점

장점

1. 문제해결에 더 많은 지식을 이용할 수 있다. 서로 다른 전문성과 사고능력을 갖는 교차-기능 팀을 구성하기 위하여 조직 내의 여러 부서로부터 구성원을 선발할 수 있다.
2. 사람들이 서로 상호작용하여 얻은 아이디어가 더 창의적이고 나은 해법을 위한 주춧돌로 이용된다. 이 과정이 실제 성공하면 생산성과 효율이 시너지로 인하여 상승한다.
3. 특정한 문제에 대한 "하나의" 해법이 존재한다면 이것은 팀이 발견할 확률이 높다. 기회를 포착하고 더 큰 위험(따라서 혁신이 일어날 기회도 증가하는)을 감수하는 데는 팀이 유리하다.
4. 문제해결과 의사결정 과정에 참여한 사람들은 개인이 만들거나 "상사의 지시"에 의한 해결방안보다는 팀의 해법을 기꺼이 받아들인다.
5. 팀원이 서로에 대하여 알게 된다. 명시적이고 암묵적인 지식 둘 다 지식운영자와 지식전문가의 상호작용할 때 전달된다.
6. 팀은 리더십 기술을 개발하는 환경을 북돋는 기회를 제공한다.

단점

1. 문제를 해결하는데 뿐만 아니라 팀을 성장시키는 데 많은 노력과 시간이 소모된다.
2. 일반적으로 팀 과정의 효율은 낮다. 많은 수의 아이디어가 나오지만 이 중에서 진짜 좋은 해법은 아주 적다.
3. 그룹이나 팀을 이룬 사람들이 서로 잘 어울리지 못할 수 있다. 팀이 다양성의 가치를 인정하고 창의적으로 상호 이득이 되는 결과를 만들어낼 수 있을 때까지는 해결할 수 없는 충돌, 부정적인 감정, 상대방에 대한 적의들로 인하여 팀의 창조적인 아이디어가 감소될 것이다.
4. "집단 사고" 현상을 일으킬 수 있다. 그룹은 극단적인 일치를 보이거나 상호간에 압박을 할 수 있다. 개인의 아이디어가 허용되지 않고 리더나 시끄러운 소수로부터 위협을 느낄 수도 있다. 분노에 휩싸이거나 관리자에게 잘 보이려고 필요이상으로 열심일 수도 있어서 자발적으로 최적의 문제해결 결과를 추구하는 대신에 "예스"맨이 되기도 한다.

서 가르치거나 사용되지 않기 때문에 각 직장과 산업체에서는 고용자들이 어떻게 팀 안에서 일해야 하는가를 가르치는데 막대한 돈과 노력을 소모하였다. 팀웍은 조직 내의 모든 단계에서 협조를 요구한다. 필수적으로 이것은 전통적으로 더욱 반대자의 역할을 하는 관리자, 피고용자 그리고 노동조합간의 문화적인 패러다임의 이동을 요구한다. 이러한 변화는 문화적 가치에서 조직 체계로, 조직체계에서 각 개인의 태도와 같은 많은 서로 다른 단계에서 반드시 일어나야 하기 때문에 쉽지 않다. 이 과정의 성공적인 예는 테네시의 새턴(Saturn) 자동차 공장인데 여기는 제너럴 모터스가 자동차 노조와 맺고 있는 법칙을 벗어나서 일하고 있다. 통합품질관리(TQM)의 연구에서 조사할 수 있다. 부록 F에 TQM 원리의 요약이 있다. 우리가 여기에서 알아볼 것은 어떻게 좋은 팀을 개발하느냐 하는 것이다.

개인적 특성

창의적인 문제해결 팀을 만들 때 우리는 어떤 개인의 특성을 기대하여야 하는가? 표 6.2에 바람직한 특성들을 적어보았다. 팀의 모든 사람들이 모든 특성을 다 갖고 있는 것이 아니고 이것들은 전체로서 팀에 존재하는 것이다. 이중에 얼마나 많은 특성들이 D 사분면 사고에 관련되었는가를 주목하라(오른쪽 열). 사나이는 - 그들을 둘러싼 사회적 문화에 영향을 받은 - 창의적인 아이디어가 감정을 포함하고 있을 때는 이것을 표현하는 것을 당황스러워 할지도 모른다. 심미적인 관심이 있는 사람은 주위 상황의 형태와 아름다움에만 관심을 기울이는 경향이 있다. 왜냐하면 이들은 실제적인 해법을 넘어서 우아한 해법으로 가고자 하기 때문이며 이들은 때때

표 6.2 무엇이 창의적인 팀을 만드는가?

- 지성: 고도의 지적인 표준
- 문제 영역과 관련 분야에 대한 전문성
- 문제 영역 밖에서의 다양한 경험; 폭 넓은 관심; 각 전문분야의 협력
- 가정을 시험하고자 하는 자발성
- 자기규율; 강한 직업윤리; 책무
- 인내와 집중
- 고객 그리고 동료와의 대화 그리고 거리낌 없는 토론을 위한 기술
- 자신감과 자존심; 동기부여
- 열정과 에너지

- 새 아이디어에 열린 마음; 배움에 대한 열망
- 아이디어를 갖고 놀 수 있는 능력; 독창성; 만물박사
- 모호함에 대한 포용력; 유연성.
- 위험을 감수할 의지; 실수에 대한 두려움 없음
- 판단을 유보하는 능력
- 호기심, 탐구심; 상상력; 창의성, 풍부한 책략; 비젼
- 유머와 강한 인상
- 심미안적인 관심; 역작을 위한 숙련된 솜씨
- 다양한 접근법을 고려하고 "불명확한"것을 찾아내는 의지

로 더 품질 높은 결과를 얻어낸다.

창의적인 사람과 같은 효과적인 팀 구성원은 단순히 좋은 유전자를 타고난 사람이 아니다. 효과적인 팀 구성원이 되는데 필요한 기술을 개발하고 향상시키기 위해서는 주의력, 자각 그리고 힘든 일을 요한다. 프레드 아스테어(Fred Astaire)와 같은 댄서는 짧은 스텝이 쉽고 우아하게 보이도록 몇 시간을 연습하였다. 편하게 의사소통을 할 수 있는 팀 멤버가 있다면 그는 아마도 몇 달이나 몇 년을 능동적인 듣기 기술을 의식적으로 연습하여 왔을 것이다. 대부분의 사람들은 팀웍이 단순히 함께 일하는 것으로 생각하고 있으므로, 아마도 어떤 기술이 팀웍을 향상시킬 수 있다는 생각조차도 해보지 않았을 것이다. 따라서, 첫 단계는 배워야만 할 기술이 있다는 것을 인정하는 것이 될 것이다. 다행스럽게도 근면하고 끈기 있는 사람을 기다리고 있는 상은 그들이 상상해왔던 그 어떤 것을 뛰어넘는 보답을 할 것이다. 고도의 생산성이 있는 팀의 구성원은 그들의 삶에서, 경험을 가장 만족했던 일 중의 하나로 평가하였다.

비록 이와 같은 개인적인 기술을 개발하는 것은 일생동안 노력하여야 하는 것일 수 있지만 몇 가지 기술을 연마하려고 시작하는 것이 중대한 차이를 만들 수 있다. 표 6.3에 최상의 효과를 내기위하여 개인에게 필요한 여덟 개의 기본적인 팀 기술의 개요가 나와 있다. 이 기술들을 읽어나가면서 기술 각각에 대해서 당신이 얼마나 잘 그리고 얼마나 자주 연습할 수 있는지 등급을 정하여라. 만일 목록에서 연습하기 어렵거나 잘 할 수 없는 기술이 눈에 띈다면 의식적으로 연습을 해서 다음번의 팀 회의에서는 이 기술을 향상시키도록 하라.

팀 발전의 단계

10여명의 각 전문분야의 사람들이 제품개발 프로젝트에서 함께 일하여 잘 돌아가는 효과적인 팀이 되기까지에는 아마 2년이 걸릴 수도 있을 것이다. 그렇지만 팀 발전에 요구되는 시간은 팀 상호작용의 빈도와 강도에 달려 있다. 어떤 팀은 더 발전에 오랜 시간이 걸리기도 하지만 어떤 팀은 성장의 예측가능하고 필요한 단계를 통하여 재빨리 발전한다. 이들 단계를 구성기(forming), 시련기(storming), 안정기(norming), 활동기(performing)로 말하기도 한다(Ref. 6.6).

1. **구성기** 그룹이 처음 만들어질 때 구성원은 아직 개인일 때처럼 행동한다. 그들은 그림 6.4의 익살스런 그림과 같이 자신만을 바라보며 전체

표 6.3 다른 관점에서 바라본 여덟 개의 기본적인 개인적인 팀 기술

기술	어떻게 보이는가			
	개인	팀	생산성	경영
순행성	팀의 성공을 위하여 책임지겠다	어떤 대가를 치르더라도 우리는 하나라는 느낌	팀이 의욕적으로 도전을 받아들이고 부딪쳐 나간다.	팀이 응집력있게 보인다
신뢰성	임무를 끝까지 수행한다	"만일 그녀가 할 수 있다고 말하면" 믿을 수 있다	업무가 시간에 맞게 잘 처리되었다	팀과 개인의 신뢰도가 명확하다
참여	리더십과 조직의 부담을 공유하고 토의하는데 기여한다	"그녀는 언제나 정시에 참석해서 가치있는 할 일을 한다"	참여는 생산성을 향상시키는 시너지를 일으킨다	팀이 역동적이고 감응하며 생산적이다
적극적 듣기	나는 "먼저 이해하려고 노력한 후 이해받으려 한다*". 주의 깊게 듣고 끼어들지 않는다	팀원이 이해받는다고 느낀다. 다른 관점을 기꺼이 들으려 한다	다양한 관점을 이해하면 더 좋고 생산성있는 해답을 얻는다	팀이 창조적, 혁신적이며 시너지를 내는 것으로 보인다
지도	다른 사람만의 기술과 강점을 인정하고 팀의 이익을 위해 이들이 발휘되도록 격려한다	팀원은 가치를 인정받는다고 느끼며 팀을 위해 최선을 다한다	팀원이 함께 일하고 다양한 강점을 적용하여 개인 단독보다 더 많은 것을 이룰 수 있도록 한다 .	팀이 내부나 외부에서의 제안을 잘 받아들이는 것처럼 보인다
의사소통	개인간에나 공식 발표에서 명확하고 효과적으로 의사소통한다	개인간 의사소통은 효율적이며 오해는 피해야 한다	오해를 해소하는데 낭비되는 시간을 줄인다. 팀 역할이 단계별로 부드럽게 흐른다	팀 발표가 명확성과 효율성의 모델로 비친다
유용한 피드백 주기	팀원의 공헌이나 팀에 해를 끼치는 행동을 재치있게 지적하는 유용한 피드백을 준다.	팀원들은 아직까지 인정받지 못한 행동에 대한 유용한 피드백을 제공한다	팀이 함께 배우며 성장한다	팀 구성원 모두가 적응하고 변화하고 성장하는 능력을 보인다
피드백과 책임감 수용하기	동의하든 그렇지 않든간에 다른 사람의 느낌과 관찰을 존중하고 감사한다. 변화를 주의깊게 고려한다	팀원은 피드백을 듣고 이해할 수 있다. 팀원은 그들이 배우고 성장한 환경의 정보에 따라 행동할 수 있다	팀은 내부 문제를 신속하게 그리고 생산성 저하를 최소한으로 하며 처리할 수 있게 된다	팀과 팀원 모두는 발생하는 문제를 빠르게 해소하고 팀의 변화를 완수하는 것으로 알려진다.

로서의 그룹에 기여하지 못한다. 그들은 관리자 밑의 조립공에 불과하다. "수다떨기"가 그룹의 사회화 과정을 개시하는데 도움이 될 수 있다. 팀원들은 주의 깊게 서로 알아가며 수용할만한 그룹의 행위의 한계를 탐험하고 그룹의 목적과 목표를 정의하기를 시험적으로 시도한다. 그러나 부적절한 토의나 불평은 팀이 가치 있는 성과를 이룰 수 없게 한다.

2. **시련기** 과제가 어렵고 아직 해놓은 것이 없다는 것을 깨달으면 과정에 대한 불화, 비난, 초조함을 불러일으킨다. 몇몇 구성원은 모든 일을 혼

자 힘으로 하려고 노력하며 팀 구성원과 협력하기를 꺼려한다. 또 다른 사람은 팀의 가치와 목적 그리고 진행된 작업 - 특히 자신들이 문제영역과 어떻게 문제를 풀어야 하는지 알고 있다고 생각한다면 - 에 대하여 의문을 제기한다. 결과는 긴장감, 불일치와 질투이다.

3. **안정기** 팀의 목적이 결국 집단적으로 되면 비록 개인의 책임감과 자치권이 아직도 매우 강하기는 하지만, 공통의 문제나 목표가 개인을 그룹으로 끌어들이게 된다. 그룹 구성원간의 대화는 이제 중립적인 주제에서 벗어나 그룹의 조직과 예산과 같은 문제로 확장된다. 문제해결에 있어 약간의 성공을 얻은 후에 그룹은 팀의 발전이 중요함을 깨달게 된다. 그리고 관리자는 물론 각 개인도 의사소통과 같은 팀 기술을 단련하는데 참여한다. 팀의 책임이 개발되고, 팀은 국외자에게 일치된 모습을 보이게 된다. 가치에 대한 의문과 동기가 토의된다. 따라서 안정기에서 다른 사람을 이해하기 시작하는 것은 팀원들이 서로를 그리고 팀의 규칙 또는 "기준"을 받아들이기 시작하는 것이다. 그들은 더욱 협조적이 되고 충돌을 피하려고 하며 차이점을 이해하며 건설적인 일을 위한 시간을 남기려고 한다.

4. **활동기** 팀원들은 서로의 장단점을 받아들이게 되고 실행할 수 있는 팀 역할을 정의하게 된다. 팀의 문제를 진단하고 풀어나가면서 팀은 이제 효과적이고 생산적이고 응집력이 있는 단위가 된다. 구성원은 팀에 소속감을 느끼며 팀의 능력에 자신감을 갖게 된다. 이제 팀은 조직 안에서 더 넓은 영역의 문제해결에 참여하게 된다. 팀원들은 일체감과 강한 소속감을 느끼게 된다. 이제 이들은 국외자들에게 개방되며 그들의 영향을 확장하기 위한 더 넓은 공동체로의 접촉점을 찾는다. 팀의 목적은 조직 목표의 의미구조 안에서 인정받는 것이며 이것을 더 넓은 과제와 책임으로 연결하는 것이다. 꿈과 비젼이 공유된다. 공통의 비젼하에서 새로운 아이디어와 개인의 의견 차이가 평가되고 풀린다. 팀은 스스로 방향을 잡게 된다. 팀원들은 팀의 활동으로 인한 책임을 완전하게 공유하고 신뢰와 상호존중 하에서 일한다.

그림 6.4 시스템 사고(보잉사의 그림, 하가하에 인용)

대다수의 문제해결 팀은 단기간의 프로젝트를 위해 소집된다. 이러한 팀은 제품개발 팀의 경우와 그룹은 누구도 부정할 수 없는 최상의 해법에 의견일치를 이룬다. 팀은 모든 사람이 동의할 수 있는 최상의 해법에 의견일치를 이룬다.

Charles Henning, president of Innovation–Productive–Quality(IPQ)

같이 2년 혹은 그 이상의 기간동안 관계가 지속되지는 않는다. 그렇지만 여기에서 요약한 훌륭한 팀웍의 원리와 팀 발전의 4단계는 계속 적용된다. 팀의 리더나 조정자는 팀의 시작부터(최초에) 몇 가지 팀 활동을 통하여 상호신뢰와 이해가 구축될 수 있도록 특별한 신경을 써야한다. 이러한 활동으로는 모든 팀원을 소개하기위한 여가시간을 갖기, 팀의 규칙을 논의하기, "큰 그림"과 동기를 제공하기 등이 있겠는데 다른 말로 이야기하면 지식창출 모델의 1단계인 사회화에 인색하지 말라는 것이다. 팀의 성공(갈등해소를 포함한)을 위한 다른 지침들은 다음의 두 절에서 논의된다.

팀원의 역할과 책임

시카고 대학에서 비즈니스 정책과 품질관리의 고참강사인 윌리엄 골롬스키(William Golomski)는 팀원들의 역할과 책임을 다음과 같이 목록화 하였다.

- 의견을 구하는 사람은 동의를 위하여 이슈와 테스트 뒤에 숨은 가치를 명확하게 할 것을 요구한다.
- 격려자는 다른 사람의 기여를 받아들이고 칭찬하고 동의하며 그룹을 따뜻하고 결속있게 유지한다.
- 의견 제시자는 의견이나 신념을 말한다.
- 조정자는 과제, 아이디어 제안 간의 관계를 명확하게 한다.
- 화합자는 부조화를 일치시키고 긴장을 해소하고 팀원들이 서로 다른 점들을 탐구하고 가치를 평가하도록 돕는다.
- 감시자는 의견의 흐름을 조정하고 대화의 교환을 지휘하고, 동시에 말하는 것을 최소화시키고 혼자 말하는 사람을 자제시키며 조용한 팀원의 참여를 유도함으로써 대화에 참여하도록 고무한다.

경영은 사람들이 최종목표를 향하여 기꺼이 함께 일하도록 하는 리더십과 환경을 제공하는 지적인 과정이다.

paraphrased from David I. Cleland and Harold Kerzner

- 발기인/공헌자는 새로운 아이디어와 방법을 제공한다.
- 정보탐구자는 제안의 사실적인 정확성을 시험한다.
- 정보제공자는 정보, 사실 그리고 자료를 제공한다.
- 공들여 만드는 사람(elaborator)은 문제를 진단하고 관련된 세부사항을 추가한다.
- 방향제시자는 팀의 방향에 대하여 요약하여 말하고 질문을 제기한다. 그리고 조직 내에서 팀의 위치를 정의한다.
- 평가자/비평가는 기준과 목표에 비추어 팀의 성과를 검토한다.
- 정력가는 팀이 활동과 결정으로 나아가도록 자극한다.

• 절차준비자는 재료를 분배하고 장비를 획득한다.
• **기록자(또는 서기)**는 제안, 아이디어, 결정을 기록하고 토론을 정리한다.
• 팀의 **프로세스 관찰자**는 그룹의 변화과정에 대한 피드백을 제공한다.

서로 다른 구성원은 대개 하나 이상의 역할을 하거나 다른 시간에 다양한 구성원이 맡길 수 있는 특별한 역할을 한다. 기록자와 프로세스 관찰자의 역할이 특히 중요하며 지정된 팀원에게 특별히 할당하게 된다."

갈등 다루기

시련기는 - 만일 팀이 바로 처음부터 서로 다른 사람들이 함께 일할 때 발생할 수 있는 - 피할 수 없는 충돌을 다루는데 도움이 되는 기초 법칙에 합의하였다면, 더 빨리 해소될 수 있을 것이다. 우리는 이것이 필요하지 않다고 생각하는 경향이 있다(그러한 법칙을 만드는 것은 바보 같다고 생각하기까지 한다). 두 가지 공통된 행위 - 만일 알아차리지 못하고 극복하지도 못한다면 - 가 팀의 성공에 해를 끼칠 수 있다. (1) 우리는 특히 우리가 전형적인 엔지니어의 사고방식을 갖고 있는 경우, 감정적인 논의를 가볍게 여기는 경향이 있다. 그리고 (2) 정통이 아닌 아이디어를 내는 사람을 무시하는 경향이 있는데 자주 그렇게 하면 이 사람들은 그 이후에 회의에 기여하지 않게 된다. 두 경우 모두, 팀은 다양한 사고에 의한 이익을 놓치게 된다.

하바드 비즈니스 리뷰(Harvard Business Review)의 기사에서, 도로시 레오나드(Dorothy Leonard)와 수잔 스트라우스(Susaan Straus)는 "창의성의 마모"의 관리에 관하여 (Ref. 3.5)다음의 조언을 하였다.

팀은 탁월한 윈-윈 해법을 개발하기 위하여 갈등을 창조적으로 사용하는 법을 배워야만 한다.

1. 팀의 모든 사람들이 다른 사람의 사고방식의 차이점을 존중하는 것의 타당성을 이해하는지 확인하도록 하라.
2. 팀의 운영지침을 명시적으로 만들어라. 예를 들면: "누구라도 다른 이의 의견에 반대할 수 있다. 그렇지만 반드시 이유를 제시하여야 한다." 그리고 "누군가가 반대의견을 이야기한다면 모든 사람은 경청하고 이해하려고 하여야하며 정당한 것으로 취급하여야하고 그들이 동의할 수 없다면 반대의견을 제시하여야 한다."
3. 회의 시에 상상력이 있는 대안을 드러내기 위한 난상토론 그리고 옵션을 선택하고 그것을 구현하기 위한 계획을 위한 집중토론 둘 다에 시간을 주어라.
4. 다양한 사고 선호도가 그룹에 야기할 수 있는 긴장과 충돌을 탈개인화

유연하고, 품질을 자각하고 그렇기 때문에 경쟁력이 있고, 적절한 규모이고, 과제 지향적이고, 반-자발적이고, 전적으로 자체 관리되는 팀이 조직의 기본적인 구성 단위이다.

Tom Peters, Thriving on Chaos

하기 위하여 정신 모델의 언어를 사용하라. 이것에 대한 이해는 분노를 완화하는 강력한 도구인데 이것은 각 스타일이 그와 연관된 부정적인 점을 갖고 있는 것과 마찬가지로 각 스타일이 혁신의 과정에 독특하게 가치있는 시각을 주기 때문이다.

부정적인 의견에 대처하기 위한 실용적인 기법은 야구의 "삼진 아웃"에 비유하는 것이다. 이 정책을 초기에 팀에 설명하여 기본규칙 되도록 한다. 만일 그룹 원(대개 경험 없는 새 팀원)이 두 번의 주의 후에도 다시 부정적인 소견을 낸다면 그 또는 그녀가 팀 회의에 참석하지 않도록 요구하라. 왜냐하면 부정적인 사고는 창의적 사고, 상호 신뢰, 그리고 팀원간의 존경심을 방해하기 때문이다. 팀 리더는 계속 비판적이라면 누구라도 쫓아낼 준비가 되어있어야 한다. 이 비유와 동료들의 압박이 강력한 조합을 만든다. "삼진 아웃"을 적용할 일은 없을 것이다. 부정적인 사고를 이겨낼 수 있는 다른 효과적인 방법은 6장에서 이야기한다. 또한 5장에 제시되는 협상을 다룬 절은 어떻게 창의적인 문제해결이 충돌에 대한 윈-윈 해법으로 사용되는지 보여준다.

기존의 팀에 새로운 팀원이 보강되는 경우에 팀이 시련기로 퇴보함을 경험하는 것은 정상적인 일이다. 팀원들이 새 팀원을 알게 되고 그 사람의 스타일과 독특한 공헌을 받아들이기까지는 아마도 새 팀원을 조심하거나 적대적인 감정으로까지 대하게 된다. 이러한 현상은 특히 만약에 이 새 팀원이 파악된 어떤 단점을 극복하기 위하여 경영진에 의하여 팀에 배정되었거나 기존의 팀이 이미 팀 구성원간에 높은 단계의 신뢰와 지지를 구축한 경우 발생할 수 있다. 이 경우에 팀은 반드시 새 팀원의 참여를 포함하는 행위규범을 다시 개발하여야 한다. 그 다음에야 팀은 활동기를 다시 시작할 수 있다.

역기능 팀과 순기능 팀의 예

이 절에서는 서로 다른 9개 팀의(학생, 교수, 산업계, 의학계를 망라한) 결과를 제시한다. 이 예들을 읽어 나가면서 설명되는 팀 프로세스안의 요인을 확인하여 보라. 무엇이 그 팀을 성공으로 이끌었는가? 왜 그 팀은 기능장애가 되었는가? 어떻게 문제를 예비하고 극복할 수 있었는가? 각 예제에서 무엇을 배웠는가?

1. 창의적인 문제해결 팀 HBDI에 따라 서로 다른 사고선호도를 가진 신입생 5명으로 팀이 구성되었다. 그 중 두 명은 외국인 학생으로 영어로 의사소통하는데 어려움이 있었다. 강사는 이것이 팀의 성과에 어떤 영향을 미칠 것인지 걱정하였다. 그런데 이들의 최종 프로젝트 결과와 발표는 탁월하였다. 두 명의 외국인 학생 중 한 명은 다음과 같이 말했다: "이 수업을 듣기 전에는 나는 "벙어리"였고 토론에 참여하는 방법도 몰랐다. 이제는 달라졌다. 사람들과 의사소통하는 것에 자신감이 생겼고 그룹에 참가하는 방법을 알게 되었다. 팀원 모두가 사람들 앞에서 두려움 없이 이야기하도록 나를 도와주었다."

대화가 학생들의 실습실이고 워크샵이다.
Ralph Waldo Emerson

2. 여러 과로 구성된 학생 팀 통합 품질 시스템 수업을 듣는 네 명의 학생이 팀을 이루어 한 학기에 걸친 팀 프로젝트를 하였다. 두 명의 학생은 산업/조직 심리학 전공이고 한 명은 비즈니스 전공 또 한 명은 공학 기술 전공이다. 2주일이 지난 후 두 명의 학생이 강사에게, 공학 전공학생이 토론을 독점하고 다른 사람의 아이디어를 들으려하지 않기 때문에 그 학생과는 전혀 함께 일할 수 없다고 보고하였다. 그들은 그를 팀에서 제외시키길 원하였다. 강사는 그렇게 하기 전에 불평하는 두 학생에게 2주를 기다려 달라고 요청하였다. 그리고는 공학전공 학생에게 팀이 채택할 수 있는, 다른 사람이 만족할 만큼 의견을 진술한 이후에야 자신의 주장을 할 수 있다는 새로운 기본규칙을 제시하였다. 2주가 지난 후 그 팀은 함께 하기를 원하고 중재가 필요치 않다며 상황이 나아졌음을 보고하였다.

3. 유체역학 수업의 프로젝트 팀 학기가 끝나기 일주일 전 3학년 범선 디자인 팀의 한 명이 강사에게, 다른 두 명의 팀원의 디자인에 동의하지 않기 때문에 개인적으로 최종 보고서를 제출하고 싶다고 말하였다. 이 학생은 자기가 알고 있는 범선에 대한 상당한 지식을 팀원과 공유하기를 거부하였다. 또한, 이 지식 때문에 팀 동료의 창의적인 아이디어를 흔쾌히 고려하지 않았다. 그 결과 두 개의 보고서 모두 좋은 결과를 내지 못하였다. 하나는 실용적이지 않았고 또 다른 하나는 창의적이지 않았다. 이 학생들은 사고 프로파일 평가를 받지 않았고 팀 개발에 대한 훈련도 받지 않았었다. 이것은 팀웍 기법 학습에 필요한 도구를 배우지 못하였을 때 발생할 수 있는 전형적인 결과이다.

4. 산입체에서의 학생 팀 12명의 3학년 공대생으로 구성된 팀이 방식공상에서 10주간의 여름 품질 향상 인턴쉽에 참여하였을 때 두 명의 나이 든 남학생이 여러 면에서 팀을 지배하기 시작하면서 어려움을 겪게 되었다.

A와 B 사분면 사고가 강한 이들 두 학생은 때때로 주로 여학생인 팀의 C/D 사고자의 아이디어를 대개 무시하였다. 회사의 동료 평가와 피드백으로 여학생이 느꼈던 감정이 알려지게 되어 상황이 개선되기 시작하였다. 이 팀은 인턴쉽을 아주 성공적으로 마쳤고 팀원들 특히, 두 명의 남학생은 팀에 감사하며 그들이 경험했던 성장 기회에 대하여 보고하였다. 종합적으로 팀원들은 이 경험이 자신들 대학 생활에서 가장 중요한 부분이었다고 보고하였다.

5. 교과과정을 개발하는 교수 팀 교수들로 이루어진 팀이 다전공에 걸친 팀과 개념 디자인을 포함하는 모든 공대 1학년생을 대상으로 한 새로운 교과목 체계를 개발하였다. 이 팀은 교수진의 주시하고 있는 불안을 해결하기 위하여 다 함께 교과목을 존속시킬 수 있는 쓸모 있는 개념을 고안하는 것부터 450명 학생들의 최종 발표를 채점하는 것까지의 폭 넓은 다른 종류의 다수의 도전을 극복하여야만 했다. 팀의 두 명은 강한 A/B 사고선호도를 가졌고 다른 한 명은 C 또 한 사람은 매우 강한 D 선호도를 가져 균형을 이루었다. 팀원들은 다른 사람의 강점을 인정하고 가치를 평가하는 것과 일이 되도록 하기 위하여 서로 도와야 한다는 것을 배웠다. 교과목 체계는 매우 성공적이었고 이전에는 "그건 성공할 수 없어"라고 생각했던 교수진의 광범위한 지지를 받고 있다.

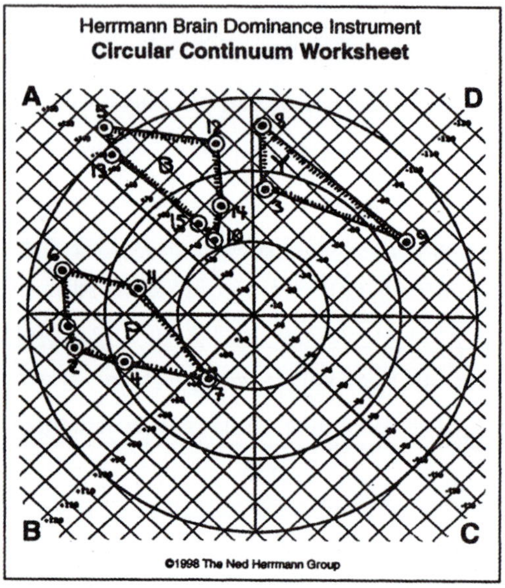

그림 6.5 자신들과는 "다른" 3명의 팀원을 배제한 팀의 편향된 프로파일

6. 산업계의 리더십 팀 메이저 자동차 회사의 고급 솔리드 모델링 소프트웨어와 훈련 프로그램 개발에 참여하고 있는 15명으로 구성된 팀이 간신히 12명이 앉을 수 있는 긴 테이블이 있는 작은 회의실에서 열린 1시간 짜리 HBDI 워크샵을 가졌다. 컨설턴트는 6명의 A+B 우세 그룹에 보라색 이름표를 준비하고 이들 자리를 테이블 한 쪽에 마련하였다. 강한 A 선호도를 가진 그룹에는 파란 표와 테이블 반대편의 자리를 마련하고 D 사고자들에게는 노란 이름표와 함께 벽과 나란한 테이블 끝 쪽에 3개의 의자를 마련하였다. "보라"와 "파랑"은 제 시간에 도착하여 자리에 앉았다. 그때 그들은 뒤쪽의 빈 자리 세 개를 발견하고는 약간 비웃으며 "저런 별종들!"이라고 말하였다. 이들 세 명이 그들의 좌뇌 동료들에게 "국외자"로 취급 받는다는 것이 매우

명백했다. 발표가 끝난 후에 팀 리더가 컨설턴트에게 90분 동안 팀의 문제 특히, 강한 D 사분면 우세를 갖는 사람과(그림 6.5의 #9) 관련된 문제에 대하여 말하였다. 조직 안에서 전체 팀의 성공은 창의적인 아이디어에 달려있으나 개인적인 증오와 경쟁심 때문에 방해받게 된다. 몇 개월이 지난 뒤 리더가 전체 팀의 분위기가 달라졌다고 보고하였다. D 사분면 사람들의 기여가 고려되고 평가되었다. 이들은 존중받았으며 진정한 팀의 일원이 되었고 이에 따라 팀의 생산성이 증가되었다.

7. NC, Forest 시, Aeroquip사에서 호스를 제조하는 카이젠 팀 특정한 자동차에 맞춘 호스를 제조하는 생산라인을 재조직하기 위한 3일간의 집중적인 카이젠 블리츠(Kaizen Blitz) 문제해결 프로그램을 위하여 9명으로 팀을 조직하였다. 카이젠은 지속적인 향상을 뜻하는 일본말이고 블리츠는 번개를 뜻하는 독일말이다. 라인 작업자, 순환 리더, 관리자, 경영자로 구성된 팀은 첫째 날은 계획, 목표 설정, 현 시스템 연구 그리고 실행 계획 목록을 위한 책임 배당을 하며 보냈다. 둘째 날 팀은 세부 실행 목록을 확인하고 그것을 구현하기 시작하였다. 포함된 실행 목록들은 생산 작업장을 U자 형으로 바꾸고 독특한 로딩과 언로딩 절차를 정의하고 포장 상자의 종류를 줄이고 저장 창고의 배치와 공구 형판을 개편하고 SPC(통계적 절차 제어:statistical procedure control) 자료 수집 장비를 재배치하고 재고품을 줄이고, 저장소를 재배치하는 것들이다. 셋째 날 팀은, 카이젠 구현 보고서를 완성하였고, 표준 작업 실행 명령을 개정하였고 스태프와 관리자에게 발표하였다. 주요 결과는 다음과 같다.

- 불필요한 호스 외경 검사 제거
- 내경과 외경의 점검을 100%에서 18%로 낮춤
- 27,000개의 부품 재고를 5,539개로 줄임
- 한 사람이 한 시간당 처리량을 108개에서 197개로 늘림
- 준비 시간을 11.5분에서 4분으로 줄임
- 처리 완료 시간을 81분에서 32분으로 줄임

생산직 직원들은 그들이 팀과 구현의 모든 단계에 관계하였으므로 이 결과를 채택하였다.

8. NC, 샬롯 시, Solectron사의 표면실장기술의 프로세사 process 향상 팀 말콤 볼드리지(Malcolm Baldrige) 상을 받은 회사의 14명으로 구성된 팀이 에드워드 데밍(W. Edwards Deming)의 계획-실행-점검-행동(Paln-

Do-Check_Act) 주기로 이루어진, 지속적인 품질 향상을 위한 도구를 사용하여 납땜 선별 과정을 검토하고 향상시켰다. 먼저, 그들은 공동 목표와 세트 배치, 목표를 검토하였는데 이것은 결함율과 회전시간을 25% 줄이는 것과 200만 달러의 경비절감 그리고 투자에 대한 40%의 총 이자를 포함한다. 그리고 그들은 SIPOC 분석(공급자, 입력, 제품, 생산, 고객을 검토)을 하였다. 그들은 또한 프로세스의 관련자(프로세스가 실패할 경우 "알아차리는" 사람)를 확인하였고 장비의 효용과 능률의 근본 목적을 분석하였고 비가동시간의 파레토(Pareto) 분석을 행하였다. 벤치마킹 연구결과 이 프로세스가 비가동시간은 일반적인 수준으로 작동하고 있지만 산업계의 최상 실행 수준보다는 현저하게 낮다는 것을 알게 되었다. 프로세스 매핑, 통계적인 프로세스 제어(SPC), 관련자 입력, 그리고 원인과 결과 도표 등의 도구를 사용하여 프로세스를 변화시켰고 이것은 중대한 결과를 가져왔다.

잘 구성된 시스템에서는 모든 구성요소가 서로 지원하도록 함께 작동한다.

W. Edwards Deming, quality expert for manufacturing industries(Japan and U.S.)

- 무결점 키트(제품)가 50%에서 78%로 증가함
- 전환시간이 82분에서 29분으로 줄어듦.
- 장비 이용이 50%, 초과근무가 35% 증가
- 20만 달러의 지출로 1년에 350만 달러를 절감할 수 있음.(비용은 팀원들의 여가와 라인 작업자의 훈련에 사용됨)

위의 두 가지 사례연구는 98/4/21, 샤롯에 있는 노스 캐롤라이나 대학의 미국 품질 협회(American Society for Quality), 노스 캐롤라이나 품질 리더쉽 그리고 샤롯 section의 후원을 받은 샤롯 지역 팀 excellence showcase에서 발표

9. 병원 미드웨스트의 지역 병원은 외과의사 팀에 문제가 있어 컨설턴트를 고용하여 문제를 해결하고자 하였다. 그 팀은 "전뇌" 의사가 은퇴하면서 갈라졌다 - 그는 사전에 병원내의 다른 전문의들과 그룹의 상호작용뿐만 아니라 그룹 내의 의사소통을 도왔었다. 팀에 남은 세 명의 의사는 서로 매우 다른 두뇌 선호도를 가졌다. 매우 강한 A+B 두 개의 우세를 가진 고집 세고 스케줄에 집착하는 의사는 더 유연한 사고를 가진 동료들을 짜증나게 하였다. 미팅의 결과(그리고 세 의사가 이제 서로간의 차이를 이해하고 인정하게 된 결과)로 그들은 자발적으로 수술실에서 더욱 협조하고 서로 돕기로 동의하였다. 그들은 그들이 서로 전뇌 팀을 형성하여 긴급상황에 대처할 수 있고 환자들에게 이익이 되도록 문제를 해결할 수 있음을

깨달았다. 그들의 작업 분위기는 컨설턴트가 심각한 고용과 리더십 문제에 직면한 다른 의사들의 그룹과 일하러 돌아갈 정도로 향상되었다.

10분 활동 6.3 : 역기능 팀 진단하기

역기능 팀에 있었던 기억을 되돌려보라. 문제와 그리고 그 문제가 현재 당신이 팀웍, 지식창출 모델, 그리고 HBDI에 대하여 알고 있는 지식으로 어떻게 해결될 수 있는지(또는 방지될 수) 간략하게 기술하라. 수업이나 워크샵 중이라면 당신의 간략한 사례연구를 학급 또는 그룹과 공유하라.

팀 관리 지침

성공적인 팀은 우연히 만들어지지 않는다. 우리는 적절한 팀 관리에 필요하다고 여기는 진체직인 의미와 요소를 간략하게 알아보고자 한다. 조직 내의 팀과 관리자는 목표와 방침을 수립하고, 팀 구조와 구성을 선택하고, 지지하는 분위기를 제공할 공동의 책임이 있다.

목표 팀에는 조직의 비젼과 가치에 부합하는 명백하고 달성 가능한 중요한 목표, 목적 또는 직무가 책임 또는 임무로 반드시 주어져야 한다. 가끔 목적과 과제가 명시되기도 하며, 때로는 팀원 자신들이 목적을 도출하기도 한다. 모든 팀원은 그들의 노력을 집중하여야 할 고객중심의 목적을 이해하고 동의하여야 한다.

방침 경영진과 팀은 모두 팀웍 개념, 문제해결 절차와 결과, 우수한 표준, 그들의 노력을 조직을 위하여 헌신할 것에 대한 입장을 분명히 하여야 한다. 팀원들은 열심히 일할 것과 긍정적인 팀 기질을 양성할 것을 언명하여야 한다. 팀은 결과와 권고가 심각하게 받아들여질 것이라고 확신하여야 한다.

> **전쟁과 같은 어려운 환경에서 생존하려면 팀웍이 필수이다. 좋은 팀에서 성장하려면 옛날 방식으로 힘들게 일해야 한다. 진정한 리더십은 팀원의 복지를 향상시켜주는 것이다. 복지를 스스로 얻는 것은 아니다.**
>
> Jonathan C Henkel, lieutenant colonel(retired), U.S. Army, Vietnam conflict veteran

구조 팀의 구조와 범위를 결정하는 목적들은 되도록이면 부서의 경계를 넘고 직간접으로 표현되는 문제에 영향 받는 주요 이해당사자와 함께 하는 것이 좋다. 경험있는 팀은 자체적으로 정할 수 있다. 새로운 팀은 권위적인 매니저가 아니고 코치나 잘 듣는 사람이 지도하는 것이 좋다. 공유된 리더십은 요구되는 창의적인 문제해결 절차에 따라 그리고 다른 멤버가 단기 또는 장기간의 적절한 역할을 인계받음에 따라 자연스럽게 개발된다. 이 과정은 공동의 발전표준에 의하여 지지받게 되면 가속된다. 모든 팀원은 동등한 대우를 받고 조정자는 그들 자신의 일이 아니고 팀의 이익을 지원한다. 조정자는 팀과 팀의 능력에 대하여 긍정적인 태도를 가져야 한다.

팀원 선발 팀원은 그들의 다양한 사고 기술, 개인 성향, 전문지식, 타 분야에 대한 경험 그리고 그들이 팀과 문제해결 과제에 공헌할 수 있는 다른 능력을 고려하여 선발된다. 그들은 "건설적인 견해차이"를 포함한 좋은 의사소통 기술을 가져야한다. 습관적인 부정적인 사고자와 적대적인 태도를 갖고 있는 사람은 그들이 다른 조건을 충족시키더라도 팀원으로 선발되어서는 안 된다. 창의적인 문제해결 과정과 다른 사람의 공헌과 사고 기술을 존경할 수 있는 사람은 특히 소중하다.

분위기 팀 내에는 경영진의 지원과 함께 경쟁적인 아닌 협동적인 분위기가 유지되어야 한다. 팀의 결과 – 개인의 영광과 자기 진보가 아닌 – 는 중요하다. 문제해결 결과의 영예는 전체로서의 팀에만 주어진다. 팀원은 팀의 성공을 달성하기 위한 훌륭한 결정을 할 책임이 있다는 것을 안다. 팀원은 서로 지지한다 – 그들은 지속적인 향상을 위한 건설적인 비평뿐만 아니라 긍정적인 피드백을 주고 받는다. 경영진은 필요한 자원(시간, 재정, 지원시설, 네트워크)을 공급하고 조직에 대한 팀의 공헌을 인정한다. 18장에서 보게 되겠지만, 창의적인 팀은 특별한 보호를 받아야하고 간섭이나 비평없이 그들의 창의적인 아이디어로 실용적인 해답을 내놓을 시간을 가져야 한다.

다음 절에서는 전뇌 학생 팀을 구성하는 데 성공적으로 이용하였던 절차의 개요를 볼 수 있을 것이다. 이 장의 나머지에서는 실제적인 팀을 더욱 효율적으로 만들고 팀원간의 상호작용을 더 효과적으로 만드는 "어떻게" 도구를 논의한다.

어떻게 전뇌 프로젝트 팀을 구성하는가

우리는 의도적으로 구성한 전뇌 팀이 임의로 만든 팀이나 단지 다양한 전공을 모아 구성한 팀보다 더 나은 프로젝트 결과를 내며 역기능 팀이 될 기회가 더 적다는 것을 알았다. 조정자는 팀을 구성할 책임이 있고 수업의 강사나 HBDI 평가자는 주변 분위기에 따라 팀 수립 활동을 지도할 수 있다. 이론적 근거를 이해할 수 있고 이에 따라 대규모 프로젝트의 리더나 관리자로서 그 절차를 사용할 수 있도록 그 절차를 기술하였다.

준비(수업이나 훈련 워크샵을 위한)

1. 동종 그룹 HBDI 결과를 활용할 수 있다면 바로 학생들을 같은 "색깔"의 그룹으로 조직한다. 각 그룹은 대부분의 "뛰어난" 전뇌 학생들을 위해 준비한 "다중" 범주를 제외하고는 동일한 인원으로 구성된다. 사고 프로파일의 유사성에 기반하여 학생들을 동종 그룹으로 배정한다. 전뇌 팀을 구성하게 될 학생 수 만큼 같은 수의 그룹과 "색깔"을 선택한다. 우리의 경험으로는 5명인 가장 적합했다. 대규모 수업에서는 평가할 프로젝트의 수를 줄이려면 팀이 반드시 커져야 한다. 예로 그림 6.6은 31명의 전기과 신입생으로 이루어진 수업의 "편향된" 프로파일을 나타내는 데 N = 6인 5개의 동종의 팀으로 나뉘어 있다. 여기에서 N은 5명으로(한 팀은 6명으로) 구성된 계획된 이종(heterogeneous) 팀의 수이다. HBDI 프로파일의 혼합에 따라 가장 강한 사고 선호도에 대략적으로 관계되는 색을 지정한다. 다음의 색을 사용한다.

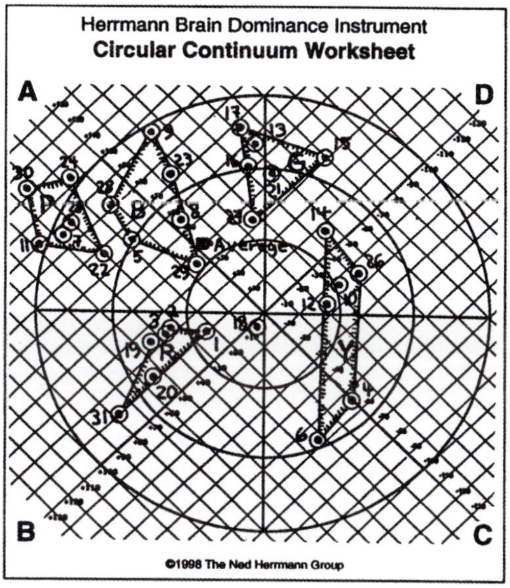

그림 6.6 편향된 프로파일의 예. 편향된 축은 HBDI 점수로부터 A-C, B-D로 계산되었다.

빨강	B 사분면 우세
보라	A 사분면 + B 사분면 이중 우세
파랑	강한 A 사분면 우세
초록	A 사분면 + B 사분면 이중 우세
노랑	D 사분면 우세 또는, D + C 사분면 이중 우세 (그림 6.6)
오렌지	C 사분면 우세(공대에서는 드뭄)
다중	전뇌(그림 6.6의 #18)

각 학생의 이름과 각자의 색 점이 표시된 종이 조각으로 표시를 한다. "다중"은 연필로 그린 원으로 표시한다. 특정한 정신 선호도로 사람을 정형화하지 않도록 이름표는 사용하지 않는다(색 점은 그룹을 지정하는 데에만 사용하여야 한다. 그리고 특정한 사고 사분면 또는 프로파일 편향에 단지 근사적으로 관계있다).

2. 팀 명부와 팀 리더들 표 6.4와 같은 팀원 명부를 준비하라. 그 날의 팀 리더들을 지정하라. 이들은 C 사고가 가장 낮은 학생들이다(대개 HBDI 점수가 40점 미만). 이것은 다른 사람과 일하고 말하는 것이 편하지 않은 이들 학생들이 하나의 팀에 몰리지 않을 것이라는 것을 보장한다. 또한,

표 6.4 팀 명부 준비

Color	Team 1	Team 2	Team 3	.....	Team N
Red	R ________	R ________	R ________	.....	R ________
Purple	P ________	P ________	P ________	.....	P ________
Blue	B ________	B ________	B ________	.....	B ________
Green	G ________	G ________	G ________	.....	G ________
Yellow	Y ________	Y ________	Y ________	.....	Y ________
Orange	O ________	O ________	O ________	.....	O ________
Multi	M ________	M ________	M ________	.....	M ________

이 지정은 그들이 "뻗어나갈" 기회를 준다. 팀 마다 각자의 색 띠 위에 한 명의 리더를 넣어라. 그리고 명단을 복사한다.

3. 높은 C 사분면 사람들 HBDI 데이터베이스로부터 높은 C 사분면 점수를 갖는 N명의 학생을 선택한다. 이들 팀원들에게는 그들의 규정된 지정색과 함께 오렌지 "점"을 지정한다. 높은 C 사분면 점수를 갖는 공대생으로 하나의 "오렌지" 동종 팀을 구성하기엔 그 수가 너무 적다. 그림 6.6을 보면 #4와 #6만이 본래 C 사분면 우세이다.

4. 겹치기 전 색깔 팀을 만드는데 한 두 명의 사람이 부족하다면 강한 이중 우세를 갖는 학생에 이 시점에서 2개의 점을 주고 따라서 두 개의 역할을 채우게 된다. 그림 6.6의 예에서 보면 #15가 노랑과 초록, #28과 #5는 보라와 파랑 후보가 된다. 이와 같은 겹치기가 필요하다.

팀 구축 활동(교실에서)

1. 학생 또는 워크샵 참석자들이 HBDI 모델에 대한 발표를 듣고 자신들의 프로파일 꾸러미를 받은 후, 이들에게 색을 지정하여 주고 벽 양쪽과 끝을 따라 서라고 요청한다. 팀의 리더들을 주어진 그들 명부의 복사본과 지정된 테이블로 부른다. 이제 이들은 팀 "선발"의 책임을 지고 특정 색의 팀원이 필요하다면 손을 들도록 한다. 멤버가 팀에 합류하게 되면 적절한 라인에 이름을 기입한다.
2. 각 팀들은 오렌지 "점들"을 한 명씩 데려온다. 또한 이 시점에서 교실 내에 있는 "이중 점들"의 누구라도 팀에 합류할 수 있다. 그들의 이중 점에 따라 그들의 이름을 두 줄에 넣기 위해서 필요한 모든 것은 팀내에 중복되는 색이 없어야 한다는 것이다.

3. 남아있는 학생들은 이제 팀에 합류할 수 있다, 한번에 한 색깔, 팀당 각 색깔의 한 학생씩만. 또한, 친한 친구가 같은 팀에 합류하면 안된다. 이와 같은 부그룹이 있으면 전체 팀 개발이 손상을 입게 된다. 그러나 이러한 제약없이, 이 방법은 학생들에게 어떤 팀에 합류할지 선택할 수 있는 여지를 준다. 이들은 팀 안에서 환영받음을 느끼게 되는데 이것은 팀이 특정한 색을 가진 멤버를 기대하였기 때문이다. 이러한 방법은 팀의 다양성을 구실로 임의로 팀에 배정되곤 하던 소수자와 여학생들을 어떻게 공정하게 취급할 수 있을까 하는 문제를 해결한다. 여기에 그들은 자신이 합류하고자 하는 팀에 대한 약간의 선택을 할 수 있다(색이라는 제한 하에서). 이렇게 말하라. "남은 빨강을 팀에 넣도록 합시다. 빨강을 원하는 리더는 손을 드세요." 그리고 나선 보라, 파랑, 초록, 노랑에 대해서도 동일한 방법으로 계속한다.
4. "다중"(만일 있다면)은 이제 원하는 팀이 있다면 합류할 수 있다. 이들은 또한 학생이 수업을 철회하여 공란이 된 자리에 "대타"가 될 수 있다. 각 팀은 이제 다중을 제외하고 모든 색이 채워져야 한다 - 그 카테고리에 얼마나 많은 학생을 사용할 수 있는 가에 따라. 유별난 경우를 제외하고는 "맞교환" (같은 색인 경우의)이 실제로 필요하진 않을 것이다. 팀 리더는 모든 이름이 명부에 적혀있는가 확인한다. 이것을 강사 또는 조정자에게 제출한다. 그리고 팀은 자신들의 기록을 위한 사본을 보관한다.
5. 학생이나 참여자는 이제 프로파일 투명지를 겹쳐서 팀 합성하여 볼 수 있다. 수업 중 시간이 남는다면 새 팀은 더 친해질 수 있다. 그들은 아마도 미래의 팀 할당 시 그들이 어떻게 모일 수 있을까에 대한 토론을 하고 싶을지도 모른다. 이들은 이메일이나 전화번호를 교환할 필요가 있다.

전뇌 작업 팀 구성

주어진 프로젝트에 따라 팀을 구성하면, 팀의 혼합 HBDI 프로파일을 검토하여 보아야 한다. 만일 이 팀이 매우 동종의 팀이라면 부족한 사고 선호도를 채워줄 수 있는 한 두명의 추가 멤버를 찾기 위한 특별한 노력을 반드시 기울여야 한다. 이들이 반드시 프로젝트 분야에 대한 전문가일 필요는 없다. 기술 팀에서는 부족한 사고 기술이 대부분 C 사분면이고 다음으로 D 사분면일 것이다. 개발 팀은 아마 B 사분면 사고자가 부족할 것이다. B와 C 사분면 사고를 선호하는 사람은 행정조교, 비서, 서기 중에서 찾을 수 있으며, D 사분면 사고자는 정상적으로 팀에 합류하도록 찾는 사람이 아닌, 조직내의 "국외자"나 외톨이에서 찾을 수 있다. 네드 헤르만은

남성 또는 여성만으로 최적의 전뇌 팀을 구성하는 것은 불가능하다. 차이점은 미묘하며 심오하다. 과정에 남자와 여자 모두 참여하지 않고서는 정신적으로 원하는 경지[자신의 조직 또는 팀에서]에 도달할 수 없다.

Ned Herrmann

또한 팀에 더 넓은 사고 방식과 의미 있는 "다름"을 추가하도록 양성을 갖도록 노력하는 것을 추천하였다.

만일 영구적으로 팀의 균형을 잡기위하여 팀원을 충원하는 것이 불가능하다면 중요한 브레인스토밍이나 창의적인 문제해결 절차에 특정한 사고 기술이 필요한 다른 세션만이라도 이들을 포함시키기 위한 노력을 하여야 한다. 최소한 팀은 대개의 엔지니어는 C 사분면 그리고 또한 D 사분면인, 친숙하지 않은 사고 모드에 대한 관심만이라도 반드시 기울여야 한다.

팀을 생산성 있게 조직하고 관리하는 도구

생산성이 높은 팀은 팀원이 아무리 기술이 있더라도 우연히 만들어지지 않는다. 사실 팀의 작업은 각 개인이 팀의 창의성과 시너지를 이용하도록 하는 여분의 노력이 필요하다. 팀의 간접비를 줄이고 생산성을 유지시켜준다는 몇몇 팀 도구가 지속적으로 소개되어 왔다. 만일 당신의 팀이 이러한 도구(이것은 대부분 B 사분면 조직을 포함함)를 사용하고 있지 않다면 팀의 효율성을 무디게 하고 팀의 에너지를 낭비하는 위험을 무릅 쓰는 것이다. 이들 도구는 다음과 같다.

- 잘 정의된 팀의 의무 또는 직무 성명서
- 시간표 또는 프로젝트 계획
- 팀 기본 규칙
- 팀원 역할
- 회의 안건
- 회의록
- 실행중인 과제 목록

> **나는 위대한 남성과 유명한 여성들의 삶을 연구하였다. 나는 그 사람들이 자기에게 주어진 일을 그들이 가진 모든 에너지와 열정 그리고 열심히 노력함으로써 이들이 최고의 자리에 올랐음을 알게 되었다.**
> Harry S. Truman

팀의 의무 또는 임무 명세서 후원자나 관리자는 팀이 달성해야할 과제나 과제들을 부과할지 모른다. 그러나 대부분의 경우에 스폰서는 과제를 잘 정의할 수 있을 만큼의 충분한 정보를 가지고 있지 않다. 그래서 임무를 자세하게 그리고 팀원이 이해할 수 있는 용어로 다시 명확하게 표현하는 것은 팀의 일이 된다. 그 다음에 팀은 다듬어진 임무 명세서를 후원자에게 제출하여 승인을 받는다. 이 절차는 일반적으로 역점을 둘 문제를 정의하고, 팀의 기대치를 승인하고, 과제의 범위를 제한하고, 팀이 어떠한 환경

하에서 작업해야하는지 제한사항을 명확하게 하는데 많은 도움을 준다. 팀이 자체적으로 임무를 정의하였건 또는 후원자의 감독 하에 일을 하던 간에 관계없이 잘 정의된 임무 명세서는 팀을 올바른 목표에 집중하도록 할 수 있다. 팀의 임무 명세서는 다음을 포함하여야 한다.

- 팀의 전체적인 목적과 풀어야할 특별한 문제를 기술
- 팀이 서비스하고 있는 고객 또는 이해 당사자의 문의처, 특별히 그들의 연락처와 대표자가 있는.
- 팀이 작업할 범위와 제약사항의 목록(지역적인 제한, 지정된 생산공장, 다른 제한 사항들)
- 팀이 따라서 작업을 끝내야 하는 시간표
- 팀이 사용하는 예산
- 팀에 기대하는 결과물의 목록, 완성날짜를 포함하여. (즉, 작업계획, 진도 보고서, 개념설계, "최적" 해답, 그리고 최종 보고서)

팀은 확신과 전문성 그리고 할 수 있다는 태도로 문제를 다루는 사람들의 그룹이다

임무 명세서의 이들 요소들은 간결하여야 하며 모든 팀원들이 명확하게 이해하여야 한다. 매우 복잡하게 팀을 감독하기 위한 경우를 제외하고는 한 페이지의 임무 명세서 정도면 대개 충분하다.

시간표 또는 프로젝트 계획 팀이 직무를 다듬고 동의하면 다음 순서는 활동 계획이다. 이것은 보통 팀 작업의 시작과 끝 날짜, 계획된 완료 날짜와 더불어 예상되는 결과를 보여주는 간트(Gantt) 도표로 나타낸다. 프로젝트를 완성하기 위하여 필요한 상세한 업무가 시작과 끝 날짜와 함께 나열된다. 프로젝트가 진행되어감에 따라 계획상 각 업무에 책임을 지고 있는 사람이 나타나게 된다. 프로젝트 기획 소프트웨어 도구가 유용할 수도 있지만 지나치게 복잡한 것은 피해야 한다. 사용하기 쉬운 템플릿은 15장을 보라.

계획은 기한까지 계속 유지될 수 있는 경우에만 유용하기 때문에 유연하며 변경이 쉬운 계획 도구를 찾아보라. 주요한 법칙은 간트 도표를 발표 시 보여 주는 것, 그리고 계획이 구식이라고 말하는 것 또는 팀의 일정이 지연된다고 말하는 것을 절대 하지 말라는 것이다. 간트 도표 또는 그 어떤 계획 도구라도 "남겨 놓은 일은 무엇인지 그리고 남은 시간 동안 어떻게 그것을 달성할 수 있는지?"라는 물음에 언제나 답변하여야 한다.

팀원의 역할 팀원에 배정된 역할이 순환하든지 또는 팀의 임무에 의하여 고정되든지 간에 팀의 책임을 명확하게 이해하도록 이러한 역할을 정의하

는 데 소모되는 시간은 매우 유용하다고 증명할 수 있다. 특별한 팀의 임무나 활동으로부터 어떤 특별한 역할이 나올 수도 있겠지만 보통의 팀에는 다음의 기본적인 역할을 추천할 수 있다.

- 서기－팀원들의 업무 보고서를 요약하고, 팀의 결정을 기록하고, 지정된 업무를 기록하고(날짜와 사람), 이 요약본을 다음 회의의 동의 안건으로 삼을 수 있도록 모든 팀원들에게 보낸다.
- 프로세스 관찰자－팀 회의가 잘 되고 있는지 업무 배정 절차는 순조로운지 관찰하는 사람으로 개선을 위한 제언을 할 수도 있다(회계 감사처럼). 이 역할은 자주 무시되지만 경험 없는 팀의 경우엔 중요하다. 이 역할을 훌륭한 의사소통 기술을 가진 전뇌 팀원에게 영구적으로 할당하고 싶은 유혹을 받기 쉽지만, 팀의 모든 구성원이 이 역할에 대한 경험을 할 수 있다면 팀의 학습과 발전에 더욱 도움이 될 것이다.
- 리더－팀의 대변인이며 회의를 소집하고 관리자에게 보고하며 회의를 주재함.
- 회의 리더－특정 회의에서 팀 리더의 역할을 하기로 되어있는 팀원. 때때로 그나 그녀의 전문성 또는 사고 선호도 때문에 일련의 회의에서 이 사람이 선택됨.

팀 기본 규칙 팀이 동작하도록 의도하는 규칙에 대해서 정의하고 토론하는 데 소모한 시간은 나중에 더 많은 시간을 절약할 수 있게 해 준다. 각 개인들이 반드시 받아들여야 하는 이 규칙들은 팀 멤버들에게 각자 간에 상호작용하는 더 효율적이고 만족스러운 방법을 제공한다. 표 6.5는 학생 팀이 채택한 팀 규칙의 예이다. 마음대로 예제의 규칙을 빼거나 추가할 수 있다.

이따금 규칙의 위반에도 불구하고 규칙은 유용하다. 어떤 팀원이 회의에 자주 늦는다고 해보자. 이로 인해 "회의에 늦지 말 것"이라는 기본규칙을 재검토하게 되고 왜 그 팀원이 늦는지 그것이 회의 시간 때문인지 장소 때문인지 토의하게 된다. 팀이 기본규칙을 철회하는 것은 드물며 대개의 경우 토론으로부터 서로 윈-윈 할 수 있는 해법을 찾게 된다.

10분 활동 6.4 : 팀 회의

팀으로서 한 명 또는 그 이상의 팀원이 예정된 팀 회의에 합당한 이유로 참석하지 못하게 된 경우(예를 들면 다른 작업일정 때문에)에 윈-윈 해법을 브레인스토밍하여라.

표 6.5 팀 시너지를 고무하는 기본 규칙 – 예제

팀의 생산성과 화합을 장려하기 위해서 우리는 개인적 그리고 집단적으로, 팀이 수정하거나 또는 폐지할 때까지는 다음의 규칙을 지키는 것에 동의하였다.

1. 우리는 우리가 대우받기 원하는 대로 다른 사람을 존경과 예의로 대한다.
2. 우리는 합의에 의한 팀의 의사결정을 할 것에 동의한다.
3. 우리는 어떠한 팀 토의라도 팀 멤버가 비밀로 할 것을 요청하지 않는 한 팀 외부와 공유할 수 있다.
4. 우리는 팀 회의 시간을 지킬 것에 그리고 늦거나 결석하게 될 경우 팀 리더에 미리 알리기로 동의한다.
5. 우리는 우리에게 주어진 일을 제시간에 마치기로 동의한다. 예정보다 늦어질 경우 미리 팀 리더에게 알리기로 동의한다. 작업을 마치기로 한 날의 회의에 참석하지 못하는 경우라면 다른 방법을 통해서라도 결과를 보내기로 동의한다.
6. 매주 ____ 요일 ____ 시에 다음 장소 _____에서 열리는 팀 회의에 참석하기로 동의한다.
7. 우리들 각자는 매일 이메일을 점검하고 팀 작업에 중대한 진전이 있을 경우 즉시 이메일로 다른 팀원에게 알리기로 동의한다.
8. 우리는 회의 리더, note-taker, 프로세스 관찰사를 공유하고 순환하기로 동의한다. 매번 회의의 마지막에는 다음 회의를 위한 역할을 지정한다.

회의 안건 모든 회의 안건의 마지막 항목을 다음 회의를 위한 임시 안건으로 만드는 팀은 각 회의를 더 짧고 더 생산적으로 만드는 연속적인 출발점을 갖게 된다. 회의를 재확인하는 알림에서 지정된 팀 리더 또는 회의의 리더가 특별한 항목을 추가할 수 있으며 지난 회의의 기록과 함께 수정한 안건을 보낸다(보통 이메일로). 다음 회의에 보고하기로 한 모든 업무는 그 업무를 담당한 사람과 함께 별도의 안건 항목으로 목록화되어야 한다. 이 안건은 회의 진도와 가능한 개선사항들을 보고할 수 있도록 프로세스 관찰자를 기재하여야한다.

주차장이라고 불리는 전술은 더욱 쉽게 안건이 궤도 안에 머물도록 한다. 회의 리더는 단순히 올라온 토의 주제들을 나열한다. 그러나 "주차장"으로 이름 붙여진 차트의 안건은 그러지 않는다. 회의의 마지막에 시간이 있다면 이들 항목을 안건에 올리거나 다음 회의의 안건에 추가한다. 이렇게 하면 이들 항목을 내놓은 팀원들은 그들이 동의할 안건이 방해받거나 본 궤도에서 벗어남 없이, 들려지고 토의됨을 확신한다. 이것은 B 사분면과 C와 D 사분면 우세 팀원 간의 평화를 유지하는 아주 쓸모 있는 전략이다.

회의 노트 회의 노트 소지자로 지정된 팀원은 팀의 비스니스 활동을 기록할 책임을 맡는다. 이들 노트는 "상세함"의 축어적 보고에 그쳐서는 안되며 다음을 포함하여야 한다.

- 회의 날짜, 시간, 참석자를 기록
- 이전 회의에서 지정된 팀원의 진도보고에 대한 요약
- 팀의 결정
- 새로운 지정 - 팀원과 완료날짜에 의한
- 프로세스 관찰자의 견해와 제안, 이들 관찰에 기반한, 팀이 원하는 활동들
- 다음 회의 날짜, 시간 그리고 안건. 만일 다음 회의에 바꾸기로 했다면 회의 리더, 노트 소지자, 프로세스 관찰자를 포함.

수행중인 업무 목록 회의 동안 팀이 볼 수 있는 곳인 차트에 보관되는 수행중인 업무 목록은 팀이 당면한 업무의 크기와 숫자에 대한 감을 팀원들이 가질 수 있도록 한다. 회의 마지막의 안건 항목으로서 팀원 중 이들 과제가 시간에 맞추어 완성되도록 자원한다(또는 지명된다). 이런 식으로 회의 마지막에 책임을 지우는 것은 팀원들에게 업무가 공정하게 배분되고 그리고 각각은 알맞게 수행될 것이라는 확신을 준다.

팀 활동 6.5 : 팀 프로세스, 1 부

1. 팀에서 모든 사람들이 지지할 수 있는 다가올 프로젝트를 위한 임무 명세서를 개발하고 다듬어라. 그것을 가지고 팀 후원자가 검토하도록 하고 필요한 수정을 가한다. 각 팀원들에게 최종 팀 임무 명세서를 복사해서 나누어준다.
2. 있음직한 기본 규칙의 목록을 만들어라. 각 팀원들이 감수하겠다고 동의할 때까지 이것을 토의하고 다듬어라. 워드로 쳐서 각 팀원들에게 나누어줘라.
3. 세 번의 회의에서 팀원들이 프로세스 관찰자 역할을 하는 실험을 하라. 세 번의 회의가 지난 후 프로세스 관찰자의 효과와 이 감시 과정을 계속할지 토의할 말한 안건 항목을 찾아라.
4. 이 절에서 논의된 대로 팀 내에서 기술된 안건을 이용해서 연습하라. 각 팀원들에게 어떤 것이 안건이 필요하고 어떤 것이 그렇지 않은지 짧은 질문거리들을 준비하라.

팀 활동 6.6 : 팀 프로세스, 2 부

1. 세 번의 팀 회의동안의 수행중인 업무 목록을 이용하여 그 결과를 다음 회의의 안건 항목으로서 논의하라. 어떻게 그 프로세스를 개선할 수 있는가를 결정하라. 업무가 팀원들 사이에 공평하게 배분되었는지 그리고 그것들이 제시간에 완수되었는지에 주목하라.
2. 세 번의 회의에서 "주차장"을 사용하고 그 결과를 다음 회의의 안건 항목으로서 논의하라. 어떻게 그 프로세스를 개선할 수 있는가를 결정하라. 팀이 이 프로세스를 이용해서 회의동안 주제에서 벗어나지 않았는지 특별히 주목하라.

팀원 평가

산업계의 팀은 결과와 하한선에 의거하여 평가된다. 만일 그들이 목표를 달성하지 못하거나 계획에 따른 진전이 없었다면 팀 해체된다(그리고 팀원은 직장을 잃을 수도 있다.).

학생 팀의 성과를 평가하는 것은 다른 문제를 나타낸다. 강사와 학생은 모두 학점으로 나타나는 시스템 안에 있으므로 과정에서 발생하는 학습량에 의한 것은 필요하지 않다. 문제를 복잡하게 하는 것은 프로젝트와 수업동안 이루어진 팀의 성과와 개인의 노력사이의 할당이다. 교과목의 얼마만큼이 팀워크으로 구성되었는가? 당신은 팀워크 기술을 가르치는 것이 목적인 신입생 과목에 듣고 있는가? 당신은 팀 프로젝트가 더해진(이것은 평가의 25% 정도이거나 한 번의 시험과 동등할 수 있다) 전통적인 과목을 듣고 있는가? 또는 프로젝트 자체가 교과목(학생들은 이미 팀워크 기술이 있다고 가정한다)인 캡스톤 설계과목을 수강하고 있는가? 대부분의 강사는 개인과 팀을 함께 고려하여 최종 학점을 줄 것이고 학생들은 강좌 초기에 그들이 어떻게 학점을 받게 될 것인가에 대한 이야기를 들을 것이다.

학생들은 팀 학점에 커다란 하나의 문제점을 갖는다. 만일 팀원들이 팀의 노력에 공평하게 기여하지 않았다면 학생들은 팀의 학점 또는 보상을 모두가 공평하게 받는 것은 공정하지 않다고 느낄 것이다. 이것을 처리하기 위하여 그리고 학생들이 전적으로 팀에 참여하게 하기 위하여 다음과 같은 동료 평가 양식을 사용할 수 있다. 학생들은 팀 프로젝트 초기에 이 양식을 받는다. 교과목이 특별히 팀워크 기술을 개발하는 데 집중할 수 있도록 준비가 되면 프로젝트의 초기에 한 두 번의 평가를 통해서 자신들의 성과에 대한 팀원들의 피드백을 받도록 한다. 마지막 평가만이 학점을 매기는데 고려된다. 우리는 시너지를 개발한 학생팀들은 동료평가에서 모든 사람이 동등하게 기여하고 있음을 말하고 있다는 것을 알게 되었다. 이 평가양식은 기본적으로 그들의 역량을 팀에 실행하거나 기울이지 않는 팀원을 다루기 위한 힘을 학생 팀에 주는 것이다. 그러나 이 양식이 자주 사용된다면 팀 구축에 역효과를 가져올 것이다; 향상과 협조를 개발하기 위해서는 많은 시간이 필요하다.

동료 평가 양식

목적

이 양식은 팀원들이 동료 팀원의 공헌도를 평가하는데 사용된다. 학기동안의 결과는 문제를 확인하고 팀이 그것을 개선할 수 있는 기회를 주는데 사용된다. 교과과정 마지막의 결과는 개인의 성과 학점을 결정하는데 이용될 수도 있다. 당신의 입력은 익명으로 처리되며 팀 내의 어느 누구에게도 알려지지 않는다.

지시

1. 양식을 채우고 사인한 후 봉투에 넣어 기한까지 강사에게 제출한다.
2. 팀내에서 그 또는 그녀의 공헌에 따라 각 팀원을 평가한다. 다음의 기준에 따라 동그라미 표로 응답한다. P = 형편없음, A = 보통, T = 최고.
   - A. 우수성 - 공헌, 제안, 의견, 아이디어, 창의성의 가치와 품질.
   - B. 분량 - 참여, 책임의 공유, 팀 회의에 참석, 작업을 공유하고자 하는 의지, 회의준비.
   - C. 태도 - 만일 형편없다면 문제(대결적인, 부정적인, 냉담한, 게으른, 으스대는, 비협조적인 등의)라고 생각한 내용을 양식 밑의 여백에 적어라.
   - D. 기여(%로) 각 팀원이 전체 팀에 기여한 정도. 전체는 100%가 되어야 함.
   - E. 예 또는 아니오: "이 사람을 당신의 다음 팀에도 선택하겠습니까?" 만일 아니라면 양식의 뒷면을 이용해서 어떻게 팀원을 향상시킬 수 있는가에 대한 한 두개의 건설적인 아이디어를 적어라.
3. 원한다면 특정한 팀원이 팀에 공헌한 현저한 기여를 한 두개 적을 수 있다. 양식 아래 여백을 이용하라(모자라면 뒷면 사용).

이름 _______ 팀 이름/번호 _____________

팀원의 이름	A 우수성	B 분량	C 태도	D %	E 예 또는 아니오
1. ________	P A T	P A T	P A T	__	예 아니오
2. ________	P A T	P A T	P A T	__	예 아니오
3. ________	P A T	P A T	P A T	__	예 아니오
4. ________	P A T	P A T	P A T	__	예 아니오
5. ________	P A T	P A T	P A T	__	예 아니오
6. ________	P A T	P A T	P A T	__	예 아니오
7. ________	P A T	P A T	P A T	__	예 아니오
8. ________	P A T	P A T	P A T	__	예 아니오
				100	

문제점

칭 찬

참고문헌

6.1 David I. Cleland and Harold Kerzner, *Engineering Team Management*, Krieger Publishing, Malabar, Florida, 1990. 이 책은 특히, 높은 성과를 내는 기술 팀을 개발하고자 하는 경우에, 팀 관리의 환경, 의사소통, 리더십, 동기유발, 계획과 조직, 그리고 의사결정에 관한 토론을 포함한다.

6.2 ✓ Stephen R. Covey, *The 7 Habits of Highly Effective People: Powerful Lessonsin Personal Change*, Simon and Schuster, 1989. 이 책의 주 내용은 가치와 품성개발이다. 이 책은 성실한 삶으로 가는 길을 보여준다. 여기 나온 원리들은 변화를 장려하는 안심감을 제공하고 변화에 따른 기회를 이용하는 지혜를 준다. 또한 팀웍에 중요한 개인의 품성을 개발할 수 있도록 한다

6.3 ✓ GOAL/QPC and Joiner Associates, *The Team Memory Jogger: a pocket guide for team members*. 효과적인 팀원이 되고, 팀을 제대로 시작하고 일이 되게 하며, 팀의 결과를 문서화하고 충돌과 불공평한 참여를 다룰 수 있는, 빠르고 비싸지 않으며 주머니에 쏙 들어가는 참고도서.

6.4 Tom Peters, *Thriving on Chaos: Handbook for a Management Revolution*, Knopf, New York, 1987. 오늘날 관리자는 컴퓨터와 통신의 지속적인 혁신으로 가속되는 변화에 직면해 있다. 이 책은 생존, 융통성, 팀에 권한에 대한 실제적인 지침을 준다.

6.5 Paul G. Ranky, *Concurrent/Simultaneous Engineering(Methods, Tools & Case Studies)*, CIMware Limited, Guildford, Surrey, England, 1994. 이 책은 실제 방법, 도구, 해법은 물론 시스템 분석과 디자인 모델 모두 제공하여 CE/SE를 설명한다.

6.6 ✓ Peter R. Scholtes, *The Team Handbook*, Jointer Associates, 3800 Regent Street, Madison, WI 53705-0446, 1988. 이 책은 많은 팁과 도구가 있는, 품질 향상 팀을 겨냥한 실용적인 안내서이다.

6.7 J. William Schelnutt et al., "Forming Student Project Teams Based on Herrmann Brain Dominance(HBDI) Results," *ASEE Annual Conference Proceedings*, June 1996, Washington, DC.

연습문제

최근의 조사에 따르면 66%의 고참 엔지니어가 팀에서 일할 준비가 되어있다고 생각하는 반면에 고용주들은 12%만이 그렇다고 답하였다.

팀웍 훈련은 우리 문화가 개인적이고 대립적이기 때문에 필요하다.

6.1 팀을 "편안하게 하기"

그룹을 원형으로 둘러서게 하여 서로의 얼굴을 마주보게 한다. 한 명이 다른 사람에게 공을 던지는 시늉을 한다. 다른 사람은 가상의 공을 "받는" 척하고 이것을 또 다른 사람에게 던진다. 공을 던지기 전에 받을 사람의 이름을 부른다. 이것은 사람들이 아직 서로를 모를 때 하면 좋은 훈련이다. 다음엔 공을 돌리는 대신 소리를 사용한다. "수탉의 울음소리"를 받은 사람은 이 소리를 반복한 후 패스할 새로운 소리, 예를 들면 사이렌 소리를 만든다. 다른 방법으로는 큰 수건 같은 소품을 사용할 수도 있다. 다음과 같이 말하며 수건을 원의 이웃으로 건넨다. "철수, 이건 수건이야.". 철수는 "아냐, 아냐, 아냐. 이건 지혈 띠야(그리고 약간의 시범을 보인다)." 그리고 나서 철수는 이것을 건네며 이야기 한다. "영희야, 이건 지혈띠야." 영희는 몸짓으로 알린다. "아냐, 아냐, 아냐. 이건 기름 걸레야," 등이다.

6.2 ✓ 당신의 미래 비젼을 공유하기

소규모 그룹에서 작업한다. 다음의 세 가지 상황에서 당신의 상상력을 펼쳐라. 자신의 생각을 적고 다른 사람과 비교하라. 가능하다면 그룹의 공동 비젼을 개발하라.

a. 지금으로부터 6개월 후 자신의 최고의 날을 그려보라. 당신은 어디에 있는가? 당신의 동료들의 그룹에서 멋진 연설을 하고 있는가? 경주에서 우승을 하는가? 성과를 주고하고 있는가? 어떻게 보이고 싶은가? 무엇을 느끼고 싶은가? 나쁜 습관을 고치거나 다른 성취로 인해 자신이 위대하다고 느끼는가?

b. 지금부터 5년 후의 모습을 그려보라. 지난 5년간 무엇을 이루었는가? 학사 학위를 받았는가? 새로 배운것은 무엇인가? 계속 공부하고 있는가? 개인적으로 이룬것은 무엇인가? 사람이 되었는가? 육체적이 아니고 정신적으로 성숙하였는가? 어떤 가족과 친구를 가지고 있는가?

c. 지금의 현실에서 다음의 문장으로부터 할 수 있는 만큼 적어보라. 다음 10년 동안 내가 정말로 하고 싶은 일은... 이제 자신이 적은 아이디어를 보고 가장 중요한 서너 개에 표시를 하라. 그리

고 자신에게 물어라. 하나 이상을 현실로 만들려면 지금부터 무엇을 시작하여야 할까? 당신의 꿈을 실현하기 위한 하나의 활동을 주간 계획에 포함시켜라.

6.3 ✓ 팀웍으로부터 배운 것은 무엇인가?

자신의 참-거짓 퀴즈의 초기 답안을 훑어보라. 이 장을 공부하면서 궁금함과 미심쩍었던 것이 해소되었는가? 이 장을 공부하면서 가장 흥미로웠고 유용했고 놀라웠던 것들 세 가지와 그렇게 생각한 이유를 간단하게 적어보라. 아직도 갖고 있는 중요한 의문이 있는가?

6.4 ★ 팀 분석 ★

1. 자신의 HBDI 결과를 읽어라(개인의 프로파일 해석은 물론 1부와 2부 모두). 네 개의 시고 시분면이 문제해결과 팀웍에 관련 있다는 것과 같이 네 개의 사고 사분면과 각 사분면에 대한 자신의 장단점 잘 이해하고 있음을 확인하라. 각각의 사분면은 서로 다른 모드와 사고 능력의 집단을 포함하며 각 개인은 전체적인 프로파일이 유사하더라도 선호도와 적성의 독특한 집합을 갖는다.
2. 자신의 강점을 목록으로 만들어라. 이것들이 현재 당신의 팀 프로젝트의 성공에 어떻게 기여할 수 있겠는가? 유사하게, 이들 전뇌 팀을 만들기 위하여 당신의 팀원들이 가졌으면 하는 모드의 목록을 만들어라.
3. 팀원들이 함께 모여서 2번 항목에 대한 답을 비교하라. 팀의 결합된 강점은 무엇인가? 팀에 취약한 분야는 무엇인가? 팀은 당신이 프로젝트를 수행할 때 이들 영역들이 무시되지 않도록 팀은 "눈을 크게 뜨고" 특별한 주의를 기울여야만 한다.

   a. 점수들을 모두 더해 팀원 수로 나누어 평균 HBDI 프로파일을 계산한다.
   b. 팀원의 프로파일 "경사"를 그리고 가장 끝에 있는 "점들"을 연결하여 다각형을 만든다.
   c. 모든 팀원의 프로파일을 겹친다.

   이 세 항목으로부터 당신은 팀의 강점과 약점에 대한 통찰을 얻을 것이다.

4. 간단한 팀 보고서를 작성한다. 항목 3으로부터 얻은 통찰에 기반하여 팀의 평균 프로파일과 특성(강점과 약점)을 요약하고 토론하라. 팀 프로파일 "편향" 스케치를 첨부하라. 모든 팀원을 나열하고 누가 계획했고, 작성했고, 계산했고, 그렸는지 등을 표시하고 어떻게 업무를 나누는 문제를 해결했는지 표시하라.

6.5 ★ 프로젝트 경험에 대한 개인 보고서 ★

프로젝트의 마지막에 팀과 함께 어떻게 팀이 HBDI 프로파일에 근거하여 업무를 수행했는지 되돌아보는 보고회를 가져라. 어떻게 프로파일이(그리고 팀원의 강점이) 팀이 프로젝트 목표를 달성하고, 어려움을 극복하고 의사소통을 향상시키는데 도움을 주었는가?

다음 주제에 대하여 개인마다 한 장짜리 보고서를 작성하라.

a. 프로젝트 결과: 보고회에 근거하여 HBDI에서 얻은 통찰력과 프로젝트의 진행과 결과에 대한 그것의 적용에 대하여 토의하라.

b. 개인 적용: 서로 다른 사고모드에 대한 주의가 당신의 인간성을 개발하는데 어떤 도움을 주었는가? 그 모델이 당신과 다른 사람들을 이해하고 의사소통하는데 있어 어떤 도움을 주었는가? 팀웍에는 어떤 도움이 되었는가?

구조화되지 않은 업무를 수행하는 동안 수준 높은 대화만으로는 팀의 성과를 예상할 수 없다. 그룹 내에서 많은 아이디어를 내는 누군가가 필요하다.
성공적인 팀에는 말로써 자신들의 아이디어와 상황에 기여하고 지원할 수 있는 개인이 필요하다.

Marla R. Hacker,
engineering professor,
Oregon State Unversity,
in ASQ Quality Progress,
January 1999.

6.6 ★ 스터디 그룹에서 지식창출 이용하기 ★

지식창출 모델을 그룹 스터디의 학습과정을 최적화하는데 이용할 수 있다. 표 6.6에 있는 단계들은 똑같은 시간을 요하지는 않으나 생략하여서는 안된다. 스터디 그룹은 각 단계마다 당장의 과제에 적용할 수 있는 항목과 그룹이 얼마나 오랫동안 함께 작업해야하는지에 대하여 주의를 기울일 필요가 있다. 이 단계들을 따른다면 팀원들은 시간이 지나면서 팀이 효과적인 팀으로 발전해나가는 것을 알게 될 것이다. 다음 그룹 스터디 프로젝트에는 표 4.6의 단계를 분명하게 적용하라. 그리고 나서 과정과 결과를 간단하게 요약하고 정리하라. 관찰 과정과 결과에 대한 고찰은 인식작용의 훈련이다.

표 6.6 지식창출 주기를 그룹 스터디 향상에 이용하기

1단계: 사회화 과정

___ 기분좋은 상태에서 만난다.

___ 학습을 지원하고 향상시키도록 서로 독려한다. 필요하다면 "비평하거나 깎아내리지 않기"나 충돌을 해소(또는 수용)하기위한 긍정적인 방법 요구하기와 같은 기본규칙을 만든다.

___ 리더십 역할을 결정한다 --- 한 가지 방법은 팀원들이 다른 사람들을 지원할 수 있는 기술을 개발할 수 있는 기회를 갖도록 돌아가며 하는 것이다.

___ 정신적 다양성을 이해하고 인정한다. 팀원 중 어떤 사람은 처음에는 팀 활동을 하는 것이 편하지 않을 수 있다는 것을 받아들인다.

___ 목표를 공유한다. 목적을 달성하기 위하여 그룹이 필요로 하는 것은 무엇인가?

___ 연구하고 있는 주제와 관련될 수도 있는 이전의 경험을 공유한다.

___ 열심히 일하고 정직하며 책임감 있고 기꺼이 서로에게 공헌하며 경청하겠다고 그룹에 서약한다.

2단계: 외부화 과정

___ 강의 또는 교과서로 가르치는 개념을 모든 사람이 쉽게 이해할 수 있도록 하는 은유와 비유를 개발한다.

___ 문제의 가설과 모델을 도출한다. 시각적인 표현으로 스케치한다.

___ 문제를 풀기위한 다른 가능성과 접근법을 브레인스토밍한다. 심사숙고는 물론 다양한 생각을 허용한다.

___ 문제의 큰 그림과 전후관계를 본다. 이것이 할당된 일과 관련이 있는가?

3단계: 조합 과정

___ 문제를 풀기위하여 필요한 모든 자료와 정보를 모으고 조직화한다. 지금은 여분의 정보도 괜찮다. 이것은 그룹의 학습을 가속한다.

___ 문제를 분석한다. 알려진 사실이 이론을 뒷받침하는가?

___ 추정을 한다. 해답을 평가한다. 양이 의미가 있는가.

___ 이전에 학습했거나 교실 밖에서 얻은 정보로 새로운 조합을 얻으려고 노력한다.

4단계: 내면화 과정

___ 문제해결 과정과 결과를 검토한다.

___ 개념과 절차를 학습하였는지 점검한다. 모든 사람이 유사한 문제를 풀고 해답을 비교한다. 필요하다면 "조작상의" 기술을 얻기 위한 부가적인 훈련을 반복한다.

___ 다음 단계로 숙달 학습을 위하여 더 어려운 문제나 상황에 원칙을 적용한다.

___ 제출하여야 할 일련의 문제들을 깔끔하게 기록한다. 또한 팀 프로세스의 평가에 대하여 생각하여 보고 무엇을 학습하였는 가 토론한다. 필요하다면 문장으로 요약하여 제출한다.

제6장 – 주요개념 복습 및 실천사항 점검

팀웍의 장점 팀은 상호간에 상승작용을 하며 문제를 해결하는데 적용할 수 있는 혼합된 지식, 경험 그리고 사고 기술을 갖고 있다. 동종의 팀(팀원의 HBDI 프로파일이 유사한)은 쉽게 의사소통할 수 있으며 생각이 빠르

게 일치될 수 있는데 이것은 시간이 중요할 때는 장점이 된다. 그러나 그 결과는 보통 적절한 것이며 "최상"의 해답은 아니다. 이종의 팀은 그들 간의 차이점을 어떻게 인정하는가를 배울 필요가 있다. 그런 후 그들은 탁월한 성과를 낼 수 있다. 핵심 관계자로 구성된 다전공 팀은 해답이 수용되고 구현되는 것을 갖는 것을 쉽게한다. 산업계(특히 동시공학)는 대학을 졸업한 엔지니어가 다중 전공의 팀에서 실력을 잘 발휘하기를 요구한다.

팀 개발 개인의 팀 기술은 학습되고 실습될 수 있다. 팀은 전형적으로 구성기, 시련기, 안정기, 그리고 활동기의 4단계를 거쳐 개발된다. 팀원은 팀이 효과적으로 기능하기 위하여 다양한 역할을 수행할 책임을 갖는다. 시련기를 빠르게 통과하고 충돌을 해결할 수 있도록 하는 기법들이 이용가능하다. 우리는 역기능 팀에서는 물론이고 성공적인 경험으로부터 배울 수 있다.

팀 관리 지침 팀은 반드시 성취할 수 있는 목표 또는 임무를 가져야 하고 팀웍 개념과 문제해결 과정 및 결과를 명심하여야 한다. 팀의 특별한 목적 또는 업무는 고객지향이어야 하며 팀의 구조와 범위를 결정하는 것이다. 팀원은 그들이 갖고 있는 문제해결 능력에 따라 선발한다. 팀 관리는 팀의 성과가 구현을 심각하게 고려하고 있으며 필요한 자원과 승인을 지원할 것이라는 확신을 준다. 팀은 협동적인 분위기를 유지한다.

> **팀웍을 위한 충고**
> 성공하기 위한 비밀은 불가능을 받아들이는 것을 배우고, 필요한 것 없이도 일을 하는 것, 참을 수 없는 것을 참는 것을 배우는 것이다.
> Nelson Mandela,
> President of South Africa

팀을 생산적으로 조직하고 관리하는 도구들

조직 도구는 팀의 생산성을 증가시킨다. 이것들에는 (1) 잘 정의된 팀 의무 또는 임무 (2) 시간표 또는 프로젝트 계획 (3) 팀 기본규칙 (4) 리더, 회의 리더, 서기, 팀 프로세스 관찰자 역할을 할당 (5) 회의 안건 사용, 회의록 또는 "의사록" 그리고 현재의 업무목록이 포함된다. 익명 평가양식을 사용하여 중간에 문제점을 확인하거나 또는 수행 등급을 배정하는 것이 필요하다면 팀원의 기여도 등급을 매길 수도 있다.

실천사항 점검목록

- 팀원들에게 그들의 관점에서 보았을 때 당신을 훌륭한 팀원으로 만드는 수행할만한 한 가지 긍정적인 일을 말해달라고 요구하라. 그리고 그것을 실행하라(이것이 습관이 될 때까지는 몇 주가 소요될 수도 있음을 깨달을 것)
- 만일 심각한 문제를 해결하는 상황을 맞았다면 교차-기능의, 정신적

으로 다양한 팀을 활용하는지 확인하라.

- 현재 팀에 있다면 팀을 더욱 생산적으로 만드는 네 개의 조직화 도구를 사용하고 있는지 점검하라. 팀 의무나 임무, 시간표 또는 프로젝트 계획, 팀 기본규칙 그리고 팀 역할 할당.
- 정기적으로 회의에 참석하여야 한다면 다음을 이용하여 생산성을 높이도록 하라. (a) 마지막 항목의 안건을 다음 회의의 안건이 되도록 한다. (b) 훼방을 다루기 위한 "주차장" 기법.

02 Part

The Creative Problem Solving Process

PROBLEM DEFINITION
WHAT'S THE MEMO SAY?
THE RINGMASTER WANTS THE ACT TO MOVE IN A NEW DIRECTION. HE WANTS US TO WALK ON A BALL.
BRAINSTORMING
THIS IS IMPOSSIBLE!
WAIT A MINUTE, I HAVE AN IDEA!
SYNTHESIZE IDEAS
INTERESTING HOW THE BEAR USES THE STICK TO BALANCE.
YEAH, AND THE SEAL HAS HIS TRICKS, TOO
IMPLEMENTATION
CALL THE RINGMASTER. TELL HIM WE'RE MOVING IN A WHOLE NEW DIRECTION.
D.K.

07

Chapter

문제 정의

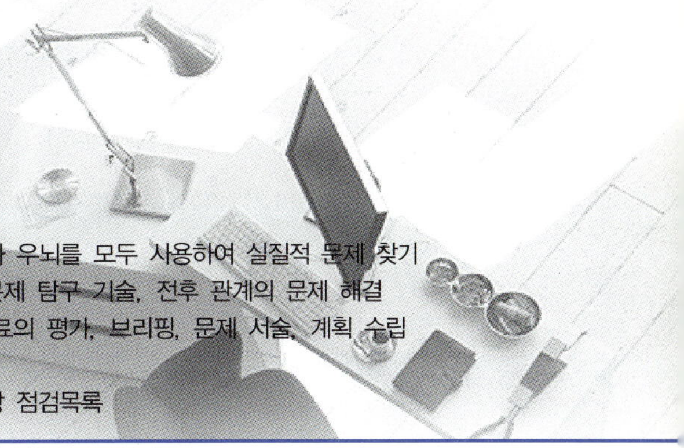

- 문제 정의 : 서로 다른 임무를 수행하는 좌뇌와 우뇌를 모두 사용하여 실질적 문제 찾기
- 탐험가적인 특징 : 미래 예측 및 경향 관찰, 문제 탐구 기술, 전후 관계의 문제 해결
- 탐정가적인 특징 : 근본적 원인 파악 기술, 자료의 평가, 브리핑, 문제 서술, 계획 수립
- 응용 : 사례 분석 및 프로젝트 지침 설계
- 심화학습 : 참고문헌, 연습문제, 복습, 실천사항 점검목록

본 교재의 제 1부에서, 우리는 창의력 및 시각화, 팀워크, 의사소통과 같은 기초적인 사고의 기술에 대해 학습하였다. 또한 사고 선호도, 지식 창출 및 창의적 문제 해결과 같은 세 가지의 심적 모델에 대해서도 학습하였다. 이제 우리는 창의적 문제 해결 과정을 각 단계별로 살펴보고 이를 공학적 설계에 적용시키는 학습을 제 2 부에서 수행할 것이다. 여기서의 핵심 용어는 과정이다. 이는 우리가 모델에 대한 이론적 토론을 벗어나 이를 적용시키고 수행하며 또한 우리가 배운 것을 평가하는 것이다.

먼저 문제 정의에 대한 토론을 시작하기 위해 아래의 이야기를 소개한다.

당신은 문제의 일부분이거나 문제해결의 일부분이다.

중동 어느 지역에, 전 재산이 낙타 17마리인 사람이 있었다. 그에게는 그의 사업을 도와주는 3명이 아들이 있었는데, 어느 날 여행 중에 아버지는 오아시스에서 병에 걸리게 되었다. 그는 세 아들을 곁에 불러 마지막 유언을 하게 되었다. 아들들이 그의 사업에 도움을 준 공정한 기여도에 따라, 장남에게는 자신의 낙타 중 1/2를, 차남에게는 1/3을, 그리고 막내에게는 1/9를 가지도록 하고 숨을 거두었다. 장례식을 치룬 후 아들들은 아버지의 유언에 따라 어떻게 낙타를 나눌 것인가에 대한 문제에 봉착하게 되었다. 토론이 격렬해지면서 몇 마리의 낙타를 죽여서 정해진 비율로 낙타를 나누어 갖는 것으로 의견이 모아졌다. 마침 그 때, 배고프고 목마른 한 노인이 자신과 똑같은 처지의 낙타와 함께 캠프에 왔다. 그는 한동안 형제들의 다툼을 듣고는 만약 자신에게 하룻밤을 지낼 수 있는 음식과 쉴 곳을 제공해 주면, 그 문제를 해결할 수 있도록 자신의 낙타를 형제들에게 주겠다는 제안을 하였고, 아들들은 이에 동의를 했다. 그날 밤, 장남은 동생들과 노인이 마음을 바꾸기 전에 그의 몫인 9마리의 낙타를 데리고 떠나는 것이 나을 것 같다는 결심을 했다. 잠시 후 잠에서 깬 차남은 9마리의 낙타가 없어진 것을 알게 되었고, 그도 6마리의 낙타를 데리고 떠나게 되었다. 아침이 되어 막내는 형들이 자신들의 몫인 낙타들을 데리고 떠난 것을 알게 되었고, 노인의 현명함에 감사를 드리며 그의 몫인 두 마리의 낙타를 데리고 떠나게 되었다. 노인은 잘 먹고 편히 쉰 자신의 낙타를 데리고 여행을 계속할 수 있었다.

이 이야기에서 진짜 문제는 무엇이었을까? 우리는 배고픈 여행자, 아버지의 죽음, 낙타를 죽이지 않는 유산의 분배 등 몇 가지의 명백한 문제를 가지고 있다. 그리고 왜 아들들은 자신의 낙타를 데리고 서둘러 떠났을까? 그 이유는 아버지의 유언보다 보다 많은 몫을 가져간다는 것을 알았기 때문이다. 예로 장님은 9마리의 낙타는 17마리의 절반 보다 많은 것이다. 그러나 이 이야기의 진짜 문제는 아버지의 계산이 맞지 않았다는 것이고, 이 문제를 파악한 노인은 그 상황으로부터 자신의 이득을 취할 수 있었다.

위기 = 위험 + 기회

개요와 목표

문제란 어느 정도의 차이는 있겠지만 어려움(위험)과 기회(도전)의 두 가지 측면을 가지고 있다. 문제를 위험이라는 상황에서 다룰 때에 기회라는 면을 간과하기 쉽다. 그러나 위기가 닥쳤을 때 우리는 지속적인 개선 정책을 도입할 수 있고, 근본적인 변화를 창의적으로 만들어 진정한 혁신을 이끌어 낼 수 있다. 문제의 두 가지 측면을 다루는데 있어서 두 가지의 다른 자세가 필요하다. 위기를 다루는 탐정적인 마음과 기회를 개척하는 탐험가적인 마음이다. 표 7.1에서 이러한 두 가지 접근 방식을 비교해 볼 수 있다. 문제의 유형에 따라 두 가지 중 하나의 방법에 집중할 필요가 있을 것이다. 그러나 우리는 이 두 가지 방법을 반복적으로 사용함으로써 문제의 상황과 진짜 문제의 파악할 수 있는 있는 가능성을 높일 수 있다. 이상적으로 1단계와 2단계에서는 탐험가적 자세로 시작하여 3단계 및 4단계에서는 탐정적인 자세로 이어지는 지식 창출 사이클을 따르는 것을 추천한다.

탐험가와 탐정에게 주어진 주 임무 혹은 전략은 진짜 문제를 찾는 것이다. 주의 깊게 문제를 정의할 시간이 주어지지 않음으로써 가족, 그룹 혹은 조직에서 낭비되는 노력은 실로 놀랄만하다. 무엇보다 우선되어야 할 문제 정의의 단계는 문제가 존재한다는 것을 인정하고 받아들이는 것이다. 만약 당신이나 다른 사람이 문제가 있다는 것을 부정하는 상황이라면, 문

표 7.1 총뇌 문제 정의

좌뇌 "탐정"	초점	우뇌 "탐험가"
주어진 문제 혹은 위기 제대로 작동되지 않는 것	문제유형	곤경의 파악 및 정의 문제 혹은 기회를 드러냄
자동적인 명령체계 → 누구의 책임인가? 누가 전문가인가?	사람	협력적인 팀워크 → 문제에 너무 밀접하지 않는 사람을 참여: 전문가가 아니면서 유관한 다른 분야의 사람
현 상황에서 무엇이 치명적인가?	감정	이것이 해결되면 얼마나 좋을까?
범위 축소 → 임무에 집중	범위	범위 확대 → 변화를 탐험
기존 지식 나열 필요한 정보 정의	사실	전후 상황 파악 → 목표 설정 이상적 상황 상상
제한 및 한계 설정: 시긴, 예산, 인력, 자원	한계	제한 및 한계 인식: 한계 극복 탐구
기존 도구 및 수단 사용 전통적인 접근: 분석적, 순차적, 수렴적 사고	문제 해결체계	새로운 체계, 경향 및 방법 추구: 발산적, 직관적, 감각적, 유연한 사고
근본 원인 및 실마리 탐색 정보의 수집 및 분석	임무	전후 상황 및 경향 탐색: 연관시키고, 향후를 고려
문제: 자전거 도난 실험: 체인/줄을 쇠톱 및 볼트커터로 실험, 설문 조사 실시 결론: 더 나은 자물쇠 필요	예	전후 상황에서 도난당한 자전거 관찰 - 자전거 안전 시스템 문제. 자전거 디자인, 주차, 등록 변경 고려 다른 물품의 안전 시스템에 대한 논의

제 해결 방법을 찾을 수도 없고, 현 상황을 개선할 수도 없다. 실제로 문제인 것처럼 보이는 것이 진짜 문제가 아닐 수도 있기 때문에 문제를 정의함으로써 모든 관련된 사람들이 현 상황을 이해하고 동일한 문제를 해결하기 위해 일하도록 확실하게 만들게 된다.

다음의 세 가지 예를 들어보자. 월요일 아침, 당신은 아이가 침대에서 일어나지 않으려고 한다는 것을 알게 되었다. 아이는 신음소리를 내며, 복통을 호소한다. 과연 배가 아픈 것이 문제일까? 만약 당신이 그 상황을 조사할 수 있는 시간을 가진다면, 아이가 왕따를 당하고 있거나 학교에서 어린아이들을 괴롭히는 아이가 있다는 것이 진짜 문제라는 것을 찾을 수 있다. 과학에 관한 예도 있다. 당신이 낙농장 수변 집에 산다고 하자. 당신과 이웃들은 집파리가 너무 많은 것과 같은 문제들을 가지고 있을 것이다. 당신은 어떻게 이 문제를 해결할 것인가? 과연 무엇이 진짜 문제일까? 좀 누워있는 자는 태양을 볼 수 없다.

더 효과적으로 파리를 잡는 장치를 만들 것인가? 아니면 파리의 부화를 막음으로써 지역 주민의 건강을 증진 시키는 좀 더 넓은 시각으로 문제를 해결할 것인가? 당신이 찾을 문제 해결 방안은 당신이 진짜 문제를 무엇으로 생각하느냐에 달려있다. 즉 목표를 명확히 정의하는 것이 당신에게 필요한 것이다. 쥐나 두더지 덫을 보자. 그 덫의 목적이 무엇인가? 이러한 설치 동물을 죽이기를 원하는가 아니면 잡기를 원하는가? 만약 이런 동물들을 단지 잡기 위해서라면 그 덫은 해충을 죽이기 위한 덫과는 다르게 설계 되어야한다.

발산적 사고를 위한 탐험가

그림 7.1
탐험가의 마음가짐

탐험가의 주요 목표는 문제의 전후 상황을 파악하고 기회를 찾는 것이다. 그들은 그림 7.1에서 보듯이 모험심과 멀리 볼 수 있는 눈을 가져야한다. 그럼 우리는 평상적인 환경과 일상에서 어떻게 탐험가가 될 수 있을까? 탐험가적인 자세는 D 사분면 사고 기술과 태도를 개발하고 연습하며, 호기심 있는 지속적인 학습자가 되는 것과 관련이 있다. 탐험가로써 우리가 수집한 정보는 우리가 문제를 인식하고, 해결할 수 있도록 준비 시킨다. 탐험가들은 미래, 가능성, 장기적 효과 그리고 문제와 관련될 수 있는 다른 넓은 분야에 대한 사고를 하는데 D 사분면을 사용한다. 또한 C 사분면의 사고를 통해 그 문제가 사람들에게 어떻게 영향을 미칠 것인가를 생각하다. 의사소통의 장벽이 그 문제와 관련이 있을까? 사람들은 그 문제를 해결하기 위해 특별한 훈련이 필요할까? 왜 당신은 우리가 탐험가적 마음 자세를 노란색과 연관시키려고 한다고 생각하는가?

문제 정의에 있어 특히 문제가 매우 복잡할 경우 수집된 많은 양의 자료가 문제를 감당할 수 없게 보이게 하기 때문에 사람들은 실망할 수 있다. 이것이 탐험가적 마음가짐이 중요한 이유이다. 즉 좁고, 수렴적이고 흔히 부정적 사고의 탐정적인 자세에 균형을 맞추기 위해 발산적 시각과 전후 배경에 대한 전망을 가지는 탐험가적 마음가짐이 필요하다. 만약 당신이 어려운 문제에 봉착 했다면 부정적 태도를 방지하기 위한 몇 가지의 조치를 취해야한다. 첫 번째, 당신이 당신 삶의 책임자이고, 당신의 삶을 개선하는 결정을 할 수 있다. 당신은 스스로에게 “내 삶의 목표와 이 문제는 어떤 연관을 가지고 있는가? 그 문제에 대한 어떤 조취를 행하는 것이 나의 책임인가? 내가 문제를 해결할 수 있는 능력과 재능을 가졌는가?" 라고 질문할 수 있다. 때론 그것에 대한 답이 "아니오." 일 수 있다. 그럼 당신은 그 문제를 해결할 수 있는 사람에게 넘겨야 할 것이다. 예로, 당신이 자포자기 상태인 친구의 문제를 해결할 수 없다면, 다른 사람의 도움을 받아야만 한다. 그러나 당신은 자신이 생각하는 것보다 더 많은 것을 할 수 있다는 것을 자주 발견할 것이다. 그것을 향해 전진하라. 긍정적인 사고는 당신을 창의적으로 만들 것이다. 이러한 탐험적인 습관은 우리를 정신적으로 건강하게 유지시켜 많은 정신적 이득을 줄 것이다. 왜냐하면 학습자로써 우리가 만드는 뇌의 활동은 늙어가면서 발생하는 뇌의 기능 저하를 방지할 수 있기 때문이다.

혁신적인 아이디어는 적극적으로 새로운 기회를 찾고, 준비된 자에게 온다.

Denis E. Waitley and Robert B. Tucker

경향 주시와 미래 예측

경향에 대한 연구는 문제의 발달을 더 큰 배경과 시간의 틀에서 볼 수 있게 한다. 이러한 정보를 가지고 우리는 문제의 적절한 해법을 도출할 수 있다. 경향에 대한 연구를 통해 우리는 행동, 시장, 미래의 제품과 서비스에 대한 영역을 인식할 수 있다. 즉 경향 주시의 목적은 기회와 해결할 문제를 발견하는 것이다.

경향 연구는 또한 경력 개발에도 중요하다. 기회가 어디에 있을까? 당신이 빨리 받아들일 수 있다면 어떤 새로운 기술이 당신에게 경쟁력 우위를 줄 수 있을까? 학생으로서 수강할 과목을 현명할게 선택할 수 있게 경향을 살펴볼 필요가 있다. 급속히 발전하는 분야에 주목하라. 가장 최근의 기술을 최선을 다해 배워라. 여기서 우리는 개인적 경험을 공유할 수 있다. 모니카가 수학 학부 과정에 있을 때, 대학은 졸업을 위해 두 개의 컴퓨터 과정의 이수를 결정하였다. 학생들은 옛 규칙과 새로운 규칙을 선택하여 졸업을 할 수 있었다. 그녀는 자라나는 동생들로 인해, 사실 그녀에게는 다른 방안을 선택하도록 지도하거나 경향을 중시해야한다고 충고하는 사람이 없었기 때문에 쉽게 졸업할 수 있는 길을 선택했다. 결국 그녀는 컴퓨터 과정을 하나도 이수하지 않고 졸업했다. 그러나 그녀는 취업 면접에서 큰 충격을 받았다. 면접위원의 첫 번째 질문은 "당신이 이수한 컴퓨터 과정은 무엇입니까"이었다. 새로 부임한 조교수나 산업체에서 돌아온 교수가 개설한 과목을 주목하라.(과목은 다른 학과에서 개설될 수도 있다.) 세미나와 토론 혹은 초빙 강사에 의해 개설된 다른 형태의 강의에 참석하라. 그들이 다가올 새로운 패러다임에 대해 어렴풋이 알려줄 수 있을 것이다. 당신은 스스로 이러한 중요한 학습 기회를 찾아야 한다. 아무도 당신을 참석하게 강제하지 않고 또한 이러한 노력에 대한 보상도 하지는 않을 것이다.

"The Futurist" 잡지의 1988년 5-6월호에 실린 "How to Think Like an Innovator"라는 기사에서 캘리포니아에 개인과 관리자 개발에 대한 컨설턴터인 Denis E. Waitley와 Robert B. Tucker는 어떻게 경향을 잘 파악하는 사람이 될 수 있는가에 대한 몇 가지 아이디어를 제공했다. 아래는 그들이 한 이야기이며, 표 7.2는 그들의 아이디어를 요약한 것이다.

표 7.2 훌륭한 경향 관측자가 되는 법

1. 당신의 정보 수집을 점검하라
가치 없는 정보의 유입을 제거한다. 정보에 입각해서 현재 읽는 것을 선택하라. 어떤 것들이 추가 되어야 하나? 혁신가는 하루 중 1/3을 독서로 사용한다.

2. 독서 시간을 가치 있게 만들어라
아이디어가 있는 글을 읽고 기록하라. 무엇이 다르고 모순되고 새롭고 걱정되고 흥분되고 놀라운 것인지를 파악하라. 그리하여 당신의 세계관을 넓혀라.

3. 당신의 우수한 관찰 기술을 개발하라.
사람에 대해 관찰하라. 사람들이 어떻게 느끼고 생각하는가를 그들의 대화를 듣고 파악하라. 시간에 따라 그들의 대화 주제가 어떻게 바뀌는가? 라디오나 텔레비전 같은 것의 토크쇼를 들어보라. 당신은 어떤 견해를 가질 것인가?

4. 질문하라
모든 상황에서 질문을 하는 주도권을 가져라. 공학자로서 만약 당신이 올바른 질문을 하지 않는다면 과연 고객이 원하는 것을 진실로 알 수 있을 것인가?

5. 전문적인 경향 관찰자의 방법을 적용하라.
Megatrends의 저자인 John Naisbitt는 300가지의 미국 일간지를 분석 정리하였다. 이 방법을 당신의 광고 우편물로 활용하라. 무엇이 그 전의 것과 다른가? 현재의 경향도 살펴보라. 이는 영화나 비디오 같은 대중문화도 해당된다.

6. 기회를 찾아라
다른 사람이 관심을 가질 수 있는 흥미나 활동들을 주목하라. 부정적인 경향에 대한 대책을 찾고, 이를 방지할 수 있는 방법을 제시하라. 당신에게 새로운 기회를 줄 수 있는 패턴을 찾아라. 비록 현재의 경향이 당신과 맞지 않더라도 그것은 현재의 경향을 반반할 수 있는 해결책으로 사용할 수 있을 것이다. 또한 경쟁적인 경향이 어떠한지 어떤 가치를 더 가지는지에 대해 파악하라.

예 :
과열된 칩 산업 분야에서 별로 성공적이지 않는 Lansdale 반도체 회사의 메니저는 점증하는 정교한 기술 개발의 경향을 따르지 않기로 결심했다. 그 대신 구식의 군수용 집적회로를 만드는 것에 집중하였다. 결국 얼마 후에 그 회사는 구식 부품 시장에서 선두 기업이 되었다.

망원경이 끝나는 곳에서 현미경이 시작된다. 이 두 가지 중 어느 것이 더 큰 시각을 가지는가?

미국의 선두적인 발명가들에 대해 연구할 때 그들이 그들의 분야뿐만 아니라 그 외의 분야에서도 최근 사건과 논점, 경향에 대해 매우 광범위하게 알고 있다는 것에 대해 우리는 항상 놀라곤 했다. 경향을 주시하는 것은 그들의 비밀스러운 기술 중의 하나이다. 그것은 발명가들이 그들의 행운을 만드는 방법 중에 하나이다. 그들은 변화의 물결을 항상 연구하기 때문에 또한 그 변화의 물결을 탄다. 성공적인 정보 수집은 선천적인 것이 아니라 계속 개발 되어질 수 있는 것이다.

탐험가를 위한 도구들

오늘날 우리는 과거 격리된 공간에서 일하는 것을 벗어나 세계적인 관점을 개발하는 것을 익혀야 한다. 전체적이고 공상적인 사고는 과거 학교에서 배운 고지식한 분석적 방법보다 문제를 더욱 완전히 이해하게 만든다. 탐험가들은 다음의 두 가지 과정을 통해 지식 창출 과정을 만들고 있다. 첫째로 토론과 공유를 통해 문제를 가진 사람들의 심적 모델을 발견한다. 둘째, 그들은 문제를 더 넓은 관점에서 이해하게 하는 은유나 개념을 개발하고 또한 탐정적인 활동의 방향을 제공한다. 특히 이것은 부실하고 정의가 잘 되지 않은 문제를 다루는데 중요하다. 이 과정에서 탐험가들이 활용할 수 있는 몇 가지 기술을 살펴보자.

1. 네트워킹

최근에 한 학생이 다음과 같은 말을 했다. “나는 강사의 중국에서의 경험이나 산업체에서의 경험을 알고 싶지 않다. 나는 유체 역학을 배우기 위해 강의를 신청했다” 얼마나 슬픈 일인가? 그 학생은 미래를 위한 다음의 몇 가지 네트워킹 기회를 잃은 것이다. (a) 강사로부터 얻을 수 있는 훌륭한 추천서나 직업 소개 (b) 현재 경향에 적합한 직업에 대한 기회나 준비에 관한 정보 (c) 장래에 필요한 타문화에 대한 정보, 그 학생은 어느 날 다른 문화에서 온 매니저와 같이 일할 수도 있고, 회사가 그를 해외로 보낼 수도 있다. 사람과 일과는 직접적 관련이 없는 어떤 것들이 우리 미래이 성공을 위한 장기적 투자 요소로 매우 중요하다. 그래서 사람들과의 관계를 만들고 유지하는 것에 시간을 투자해야 한다.

2. 웹 탐색

미래를 바라보는 것은, 특히 젊은이들에게는 쉽지않은 일이다. 그러나 생존을 위해 이러한 능력을 연마하는 것은 매우 중요한 것이다.

문제와 제반 분야에 대한 탐색하는 것에 시간을 사용하라. 그것을 통해 당신은 문제 배경에 새로운 통찰력을 얻을 수 있고, 또한 문제의 해결책을 발견할 수 있다. 이러한 아이디어가 생기면 적어 두라. 또한 비슷한 문제를 다루어 본 사람들을 만나 그들의 조언을 구하라.

3. 아이디어 파일을 간직하라.

아이디어나 흥미있는 정보를 수집하는 것은 탐험가에겐 좋은 습관이다. 작은 노트나 카드를 준비하라. 좋은 아이디어는 언제 떠오를지 모른다. 만약 당신이 그러한 아이디어를 기록하고 보관한다면, 당신은 당신이 필요한 시점에 언제든지 사용할 수 있는 황금 광산을 가진 것이나 다름없다. 또한 경향 관찰을 위해 잡지나 뉴스를 주기적으로 읽고 떠오르는 생각을 기록하라.

4. 문제의 모델화

Ned Herrmann은 문제 해결을 위한 특별한 방법을 개발하였다. 문제를 모델링하는 것으로 이는 구성원들이 물리적으로 표현된 모델을 만드는 그룹 활동이다. 충분한 미술 공예 재료, 조립식 장난감, 기계 부품, 연장, 자연물들이 작업실에 비치된다. 참가자들은 자신이 원하는 재료를 이용하여 창의적인 해결책이 필요한 구조화되지 않은 문제에 대해 모델을 구현한다. 이때 문제에 대해 다각도로 시각화 하는 것이 필요하다. 이러한 우뇌의 활동으로 인해 참가자들은 문제에 대해 놀랄만한 통찰력을 갖출 뿐만 아니라 잠재적인 해결책에 대한 아이디어를 가질 수 있다.

5. 특허 검색

5백만 개의 미국 특허 파일은 세계적으로 가장 광대한 기술 정보의 저장 창고이고, 이중 4백만 개는 다른 문헌에서 찾아 볼 수도 없는 것이다. 특허에 대한 고찰은 문제의 역사적 배경 뿐만 아니라 착상의 도구이며, 이를 통해 당신은 문제의 영역에서 최근 기술 현황에 대한 느낌을 가질 수 있다. 과거 사람들은 어떻게 그 문제를 해결했을까? 그것들은 어떻게 동작했을까?라는 물음에 당신은 답을 찾을 수 있을 것이다. 또한 학생으로서 참

표 7.3 예비적 특허 검색을 위한 힌트

다음의 단계들은 단지 문제에 대한 조사자를 위한 것이다. 만약 당신이 발명품에 대한 특허를 고려한다면, 좀더 철저한 특허 검색이 필요하다.

1. 미국 특허 분류 색인을 사용하라. 색인의 개괄적인 용어는 400개의 분류와 110,000개의 소분류 중 당신에게 맞는 분류를 안내해 줄 것이다. 당신의 주제 영역에 맞는 동의어를 조사하라. 필요할 경우 분류 안내서를 활용하면, 분류와 소분류에 대한 구체적인 정의를 알 수 있다. 적절한 조사 영역을 찾기 위해서는 안내서에 주어진 간략한 용어를 정의해 주는 분류 정의를 살펴보도록 한다.

2. 분류와 소분류의 번호를 가지고, 소분류에 연관된 모든 특허 번호를 온라인으로 연결된 컴퓨터로 특허 저장소로부터 출력할 수 있다. 이 목록을 가지고 당신은 도서를 찾거나 개별적 특허 조사를 시작할 수 있다. 이러한 과정을 기록하기 위한 정리된 작업 문서를 가지고 있어야 한다. 많은 대학 도서관이 부분적인 특허 파일을 가진 정부 문서를 소장하고 있다. 대학 내 온라인 특허 검색을 통해 가능한 자원을 점검하라. Michigan tech.에서는 이런 컴퓨터가 공학 대학이나 도서관이 아닌 경영 대학에 있다. Texas Austin 공과 대학 도서관의 온라인 지침서를 (www.lib.utexas.edu/Libs/ENG/PTUT/ptut.html) 참고하라.

3. 단지 재미로 새로운 발명에 대한 감각을 원한다면, 미국 특허 상표국에서 매주 화요일 발간하는 관보를 살펴보자.

여하고 있는 프로젝트에 도움을 얻거나 일을 해줄 혁신적인 회사에 대해 알 수도 있을 것이다. 표 7.3은 어디서부터 예비적 특허 조사를 시작해 주는지에 대한 힌트를 준다.

6. 형태학적 창의성

이 구조적 방법은 매우 복잡한 문제를 다룰 때 유용하다. 왜냐하면 문제의 모든 요소들이 찾고자 하는 값들과 함께 모든 가능한 관계로 나타내어지고 확인되기 때문이다. 이 문제는 결국 각각 7개의 성분을 갖는 7개의 변수로 종합되어지며, 이동 가능한 열을 갖는 2차원 행렬로 표현된다. 문제 해결의 첫 번째 목표를 선택함으로써 문제의 특정 요소를 확인할 수 있고, 이를 통해 문제를 제어 가능한 수준으로 낮추는 것에 집중할 수 있다. 이 방법은 다른 모든 요소들을 분류하고 브레인스토밍 하는 매우 복잡한 방법이지만, 이 방법의 개념은 탐험가들에게 문제에 대해 새로운 관점을 부여할 수 있다. 가끔 문제들은 3차원의 매트릭스로 표현 될 수 있다. 이러한 매트릭스는 처음 토론과 작문에 의해 작성되고, 가장 중요한 요소간의 관계를 구성원들은 브레인스토밍을 하게 된다. 이 기술은 이러한 과정을 통해 문제에 대한 가치있는 통찰력을 갖게 해 줄 뿐만 아니라 여러 가지 다른 문제 해결 방안을 제시해 준다는 장점이 있다.

기술은 좋거나 나쁘거나 혹은 중립적이지도 않다. 또한 좁거나 혹은 넓은 분야에 영향을 미친다. 기술은 적용되는 규모에 따라 영향이 다르고 항상 trade-off의 특징을 가진다. 간단히, 기술은 다른 환경에서는 다른 결과를 수반하게 된다.

7. 창의적 문제 해법

이 방식은 고객이나 전문가에 의해 제기된 문제를 그룹 구성원들이 어떻게 이해하는가를 고려하는 것에서 출발한다. 브레인스토밍 참가자들은 가능한 많은 목적 및 목표를 제시하고, 고객 혹은 전문가들은 진짜 문제에 대한 적절한 해결 방안에 가장 근접한 대안을 선택하게 된다. 그런 다음 참가자들은 선택된 특정 방향에 맞게 문제 해결 활동을 집중하게 된다. 이 창의적 문제 해법은 특별한 훈련과 수련된 리더가 필요한 매우 복잡한 방법이다. 또한 창조적 사고를 위해 유추, 모순, 일탈 등의 요소가 요구된다. 이러한 기술은 문제의 탐구뿐만 아니라 문제에 대해 공상적인 해결을 개발하기 위해 주로 이용된다.

상황적 문제 해결

분석적인 자세는 올바른 답을 찾을 수 있느나, 올바른 신문을 찾기 위해서는 창의적인 자세가 필요하다.

자료 분석 및 탐정적인 마음가짐을 공부하기 이전에, 탐험가의 역할 중 하나인 상황적 문제 해결에 대해 우리는 잠시 살펴 볼 필요가 있다. 대부분의 사람들은 문제를 해결하기 위해 무엇을 공부할까? 경험을 통하기도 하고 학교에서 배우기도 할 것이다. 우리는 제1부에서 학교에서는 잘 정의되고, 협소한 범위의 문제를 다루는데 유용한 분석적 문제 해결 방식을 주로 교육 한다는 것을 알았다. 그러나 실제로는 구조적으로 부실한 문제들이 많다. 많은 문제 해결 기법들이 더 크고 새로운 문제들을 야기하고 있으며, 이는 더 큰 상황에 대해 적절한 문제 정의가 잘 되지 않았기 때문이다. 한 예로 국가적인 에너지 부족과 홍수 조절을 위해 만들어졌으나 부적절하고, 지나친 해결 방안이었던 이집트의 Aswan High Dam을 들 수 있다. 상황적인 요소를 고려한 시스템적 사고는 문제를 독립적으로 보는 교육을 받아온 우리들에게는 매우 어려운 것이다. 공식에 문제를 단순 대입하는 것에 비해 상황적 문제 해결이 무엇을 의미하는지 다음의 3가지 예제로 살펴보자.

예제 1 – 몇 대의 버스가 필요할까?

어느 군대가 군인들은 다른 여러 곳으로 이동 시켜야 한다. 버스 1대당 최대 39명의 군인과 그들의 장비를 수용할 수 있다면, 1261명의 군인을 이동시키기 위해 몇 대의 버스가 필요할까?

1) 31　　2) 32　　3) 32.22　　4) 33　　5) 34

이 문제가 객관식으로 출제 되지 않았다면, 대부분의 학생들은 1261을 39로 나누는 긴 나눗셈을 수행하고, 32.33 혹은 32와 1/3이라는 답을 얻을 것이다. 학생들이 수학적 해결 의미를 고려한다면 1/3이라는 버스는 불가능하므로 33대의 버스를 답으로 제시할 것이다. 복수 선택형 문제에서는 답들이 구성된 방법 때문에 학생들은 c) 혹은 중복을 고려하여 d)를 답으로 말할 수도 있다. 따라서 이 문제는 학생들이 문제의 의미를 이해하는지 학생들이 나누기를 바르게 하는지, 답을 합리적으로 제시하는지를 보여줄 수 없다.

이 문제는 미국학생들이 개념과 응용에 기반으로 공부한 다른 나라의 학생들과 상황적 문제 해결을 잘 할 수 있는지를 증명해주기 위해 뉴스위크지에서 사용한 것이다. 또한 이 문제는 복수 선택형 문제의 단점을 보여주고 있다. 여기서 1/3의 우리 학생들은 이동하는데 충분한 시간을 제공한다면 1대의 버스로 가능하다든지, 이동 거리가 멀지 않다면 군인들은 걷고, 장비만 버스로 옮기면 된다는 대답을 하였다. 즉 최선의 답은 문제의 상황이나 상태에 따라 다르고, 학생들은 문제에 대해 질문을 하거나 그들의 답에 대한 이유를 제시하는 것이 바람직하다.

예제 2. 공학적 분석

공학에서 상황적 문제 해결의 의미는 무엇일까? 여기 1학년 수준의 예제를 보자.

> 1 ft에 8 lb의 무게가 되는 16 ft짜리 빔이 수평으로 걸려있다. 빔의 왼쪽 끝에는 수직의 벽에 핀으로 고정되어있고, 오른쪽 끝은 왼쪽보다 8 ft 높은 수직 벽에 줄로 연결되어 고정되어 있다. 빔의 오른쪽 끝에서 4 ft 떨어진 곳에서 250 lb의 하중이 아래쪽으로 작용하고 있을 때 발생하는 줄의 장력과 빔의 왼쪽 끝에 발생하는 반발력의 크기와 방향을 구하라.

학생들은 이런 종류의 문제를 풀도록 교육 받아야 하지만 문제는 그것이 아니다. 문제는 학생들을 이런 잘 정립된 문제만을 풀도록 교육 받는데 있다. 이 특정된 문제의 상황에는 어떤 것이 있을까? 왜 빔이 16ft정도 길어야 하나? 왜 빔이 줄로 지탱되어야 하나? 같은 목적을 달성하기 위한 더 좋은 공학적 방법은 없을까? 학년이 높아질수록 문제들은 더욱 복잡해진다. 그러나 전체적인 상황이나 문제의 정의, 대안 탐구 등의 기본적인 주의 부족은 대학원에서도 지속하게 된다.

예제 3. 트럭 경제학

이 문제는 산업계에서 엔지니어의 수학 복습 과정에서 가져온 것이다.

> 어떤 트럭의 가스, 기름 유지비 및 감가상각에 대한 경비 C는 트럭의 운행 속도가 S mph일 일 때 [50+S/8] ¢/mile 이다. 트럭 운전사는 시간당 10 $의 돈을 번다면 트럭을 운행하는데 가장 경제적인 속도는 얼마인가?

이 문제를 풀기 위한 가장 일반적인 방법은 돈의 속도에 대한 도함수를 찾고 이 함수의 값이 0을 만족 시키는 속도를 찾으면 된다. 따라서

$$C = 50 + S/8 + 1000/S$$
$$d(C) = 1/8 - 1000/S^2$$
$$S = 89.4427 \text{ mph}$$

대부분의 학생들은 반올림 등을 적용하여 89 혹은 90 mph를 답으로 제시할 것이다. 그러나 어떻게 트럭 운전사가 89.4427이라는 속도를 유지할 수 있을까? 이 답이 모델에서 제시된 가정을 만족할 것이가? 이 답은 수학적으로 맞다 하더라도 별 의미는 없을 것이다. 또한 5장에서 논의한 상황에 적합한 정확도를 사용해야하는 공학적 원칙을 무시한 것이다. 문제에 대한 더 나은 이해를 위해 수학적 소프트웨어를 이용한 그래프를 그림 7.2에서 제시하였다. 그래프에서 보듯이 속도가 30-60mph 구간에서는 비용의 변화가 매우 크다. 따라서 상황이 허락하는 한 속도를 유지해야하고, 60-90mph 구간의 2 ¢의 비용 변화는 큰 의미를 갖지는 않는다. 이 결과는 특럭이 제한 속도에서 가장 경제적이라는 것을 보여 주고 있다. 그러나 문제의 상황이나 진짜 문제에 대한 이해가 높더라도 학생들이 이러한 답을 제시할 경우 일반적 교과 과정에서는 대부분 오답으로 처리될 것이다.

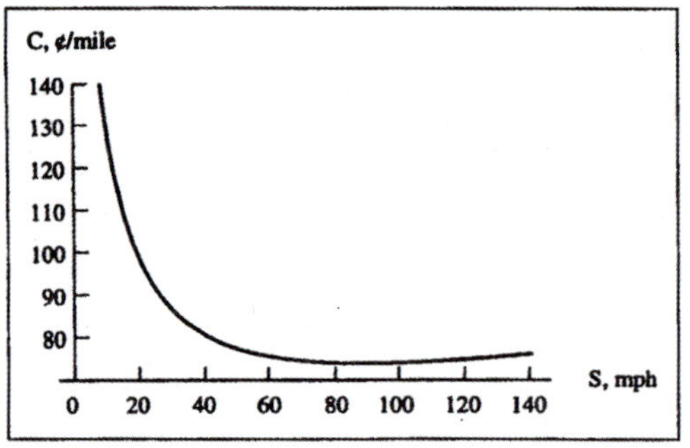

그림 7.2 트럭을 운전하기 위한 최적 속도 (Mathematica 도표)

엔지니어 교육 방식을 바꾸기 위해 많은 노력들이 이루어지고 있다. 표 7.4는 Edward Lumsdaine 교수가 "전기 공학도를 위한 열 전달"이라는 교과목에서 어떻게 분석적 문제 해결을 상황적 문제 해결로 교육 방식을 바꾸었는지 보여주고 있다. 결과로 학생들은 시험이 더 어려웠으나 평균이 C에서 B로 향상되어 더 많은 것을 배운 결과를 나타내고, 탈락하거나 낙제를 하지 않음으로써 자신

표 7.4 열 전달 교육을 위한 두 가지 방법

분석적 접근 방식	상황적 접근 방식
• 학생들은 기초를 알아야 한다.	• 학생들은 기초를 알아야 한다.
• 최소한의 컴퓨터 사용	• 폭 넓은 컴퓨터 사용
• 단 한 가지의 정답	• 복수의 정답/ 대안 기대
• 정답 혹은 오답	• 상황적 문제 해결
• 강의나 훈련에 대한 협소한 초점	• 여러 분야에 대한 초점
• 설계와 무관한 단순 분석	• 설계 응용 중심
• 독자적인 학습	• 독자적 혹은 팀으로 학습
• 완전히 정의된 문제	• 개방된 문제(명확성이 부족)
• 단순 공식 대입에 의한 수학적 계산에 대부분의 시간 소모	• 학생들은 비판적 사고와 가정적인 질문에 많은 시간을 소요함
• 강의자 중심의 수업	• 학생 중심의 수업
• 모험에 대한 두려움 실패에 대한 책임, 실패로부터의 학습이 없음	• 지속적인 발전을 위해 학생들에게 실패의 원인 분석을 하도록 한다.
• 재빠른 아이디어 판단	• 아이디어 판단의 유예
• 인위적이고 정돈된 문제	• 실제 생활의 정리되지 않은 문제
• 격리되고 단절된 수업 학생들은 의사소통 기술을 배우지 못함	• 학생들은 구술로 발표하고, 문서로 프로젝트 보고서를 만들어야 함
• 좌뇌 사고 - 창의적인 문제 해결과정 부재	• 다른 마음가짐을 갖고 창의적 문제 해결과정을 강조

감을 갖게 되었고, 수업에 참여하여 주제와 이와 관련된 다른 분야의 이해를 증진시키고 발전시켰다. 많은 학생들이 그들의 일반적인 수업 방식과 다른 것에 대해 불만을 가졌으나, 적어도 2명의 도전을 즐기는 창의적인 학생이 공학을 포기하는 것을 막을 수 있었다. 교수 팀은 학생들에게 가장 유익한 주제를 찾기 위해 교과목 과정에서 Pugh 방법을 사용하였다.

수렴적 사고를 위한 탐정

근본적 원인을 찾는 탐정은 위험과 위기를 주로 다룬다. 문제 정의 과정의 활동을 이끄는 가장 중요한 목표는 가능한 문제와 관련된 많은 정보를 수집하는 것이다. 탐정으로서 당신은 문제가 무엇인지 당신이 이미 알고 있다고 생각하거나 중요하지 않다고 생각하는 자료라도 수집하여야 한다, 초기에 당신은 판단을 하지 말아야하고 그래서 무엇이 중요한지에 대한 것을 조급히 결정하지 않아야 한다. 모든 종류의 방법들이 문제의 유형, 조직의 문제 해결 문화, 경험에 관련하여 자료를 수집하는데 사용될 수 있다.

탐정은 어떤 자세를 가져야 할까? 그들은 숨겨진 정보를 찾아야하고, 이를 찾기 위해서 원하는 정보나 실마리를 어디서 어떻게 찾을 수 있는지를 논리적으로 생각하고 끈질겨야 한다. 그림 7.3은 이러한 마음가짐을 나타내고 있다. 조직적인 B 사분면과 분석적인 A 사분면의 결합적 사고가 요구된다. 탐정은 문제에 대한 외형적인 사실뿐만 아니라 잠재적인 사실을 살펴보아야 한다. 이는 지식 전문가와 지식 운용자의 두 다른 그룹의 신중한 질문이 요구되어진다. 왜 당신은 우리가 탐정의 마음가짐을 푸른색과 연관 짓고 싶어 한다고 생각하는가?

탐정을 위한 도구와 기술

탐정은 문제의 근본 원인을 정의하는데 필요한 실제적인 수단을 가지고 있다. 여기서는 이러한 수단에 대해 간략히 살펴보고, 추가적인 정보는 부록이나 이 장의 마지막 부분의 참조 문헌에서 찾아볼 수 있다. 이러한 기술들은 전통적인 공학 교육에는 거의 포함되어 있지 않기 때문에 공학생들은 제조 회사에서 업무를 시작하는 거의 동시에 이러한 기술을 습득하기 위하여 학교로 돌아가야 될지도 모른다는 것을 알아야한다.

1. 질문하기 (Kepner-Tregoe 접근법)

문제는 실제와 이상의 불균형이다.

Kepner-Tregoe의 정의로부터

탐정들은 누가, 무엇을, 어디서, 왜, 어떻게, 얼마나 등에 대한 질문을 한다. 자료를 수집하기 위한 이러한 과정을 돕기 위한 질문에 대한 것은 이미 출판이 되어 있다. 이러한 질문에 대해 가능한 자세히 답변함으로써 당신은 진짜 문제를 정의하기 위한 신뢰성 있는 자료를 수집할 수 있다, Kepner-Tregoe 방식에서는 과거의 만족스러운 상태에서 현재의 불만족스러운 상태의 변화된 차이를 문제로 정의하고, 그 차이의 원인을 찾는 것이 문제 해결의 도움이 된다고 한다. 또한 무엇이 그렇지 않은가를 살펴보는 것도 문제 설명에 도움을 준다. 그래서 Kepner-Tregoe 방법은 문제의 경계를 확인할 수 있는 좋은 방법 중의 하나이다. 문제에 대한 자료나 정보를 수집할 때 무엇이 아닌 것이지, 무엇이 이미 시도 되었고 실패한 것인가를 반듯이 포함 시켜야한다. 표 7.5에서 문제 정의에 유용한 질문 유형을 살펴보도록 하자.

표 7.5 질문 목록

- 문제의 원인이 무엇인가? 얼마나 큰 문제인가? 문제가 얼마나 오래 있어 왔는가?
- 무엇이 이 문제를 다른 문제와 다르게 만드는가?
- 어떤 사건이 문제를 야기 시켰는가? 문제가 어떻게 시작되었고, 어떻게 발견 되었나?
- 누가 왜 어떤 방식으로 문제에 관련되었는가? 어디에 문제가 있는가?
- 문제와 관련하여 일어날 수 있는 환경적 도구적 과정적 개인적 변화는 무엇인?
- 문제의 특정 원인은 무엇이고, 증거는 무엇인가? 이런 원인들은 어떻게 연관되어 있나?
- 문제가 사람들과 당신의 전체 조직 혹은 사회에 위협적인가? 어떤 방식으로?
- 문제가 개인이나 공동체에 혹은 환경에 장기적 혹은 단기적인 영향을 미치는가? 어떻게?
- 문제가 얼마나 복잡한가? 다른 부분들과 어떻게 관련되어있나?
- 그 문제가 다른 문제와도 연관이 있는 것인가? 어떻게?

2. 설문조사

제조회사나 서비스 업체는 고객의 목소리에 관한 정보를 수집하기 위해 설문조사를 사용한다. 수집된 정보는 파레토도를 통해 분석하고 시각화한다. 이러한 접근 방식은 설문조사를 통해 학생들이 진짜 문제라고 생각 했던 것과는 놀라울 정도로 다른 결과를 보여주기 때문에 학생들에게 매우 흥미로운 연습이 된다. 예로, 자전거 자물쇠의 가장 큰 문제에 대한 설문조사 결과는 자전거 절도에 대한 것이 아니라 자전거 주인이 열쇠를 잘 열 수 없다는 것이다. 이런 특정한 통찰은 문제 해결의 방향을 바꾸기도 한다. 토스터에 관한 설문조사에서 토스터가 주방 화재의 원인이 될 수 있다는 알 수 있다. 흔한 경우는 아니지만 그것이 가격과 잠재 위험을 높임으로 인해 화재 방지가 토스터 설계에 있어 중요한 설계 기준이 된다.

3. 통계적 공정관리(SPC)

제조회사들은 문제에 대한 특정 자료를 수집하기 위해 몇 가지의 분석적 방법을 사용한다. 그 중 한 가지가 통계적인 공정 관리이다. SPC는 검사표, 원인결과도, 히스토그램, 파레토도, 산포도, 공정 관리 챠트 및 부가적인 문서 등의 7가지 다른 수단을 사용한다. 일본 회사는 최고 관리자에서부터 공장 근로자까지 모든 직원에게 통계적 공정 관리에 대해 교육 시킨다. 이러한 수단은 자료에 대한 그래프를 만들과 그 결과를 분석함으로써 문제의 원인을 찾는 방법으로 이용되고 있다. 이런 SPC 도구에 대한 간략한 요약 설명을 하고 있다.

4. FMEA

예로 포드 자동차 회사에서는 실패의 원인을 분석하기 위해 두 가지 특별한 방법을 사용한다. 실패 유형과 영향 분석(FMEA)은 제품과 공정의 모든 가능한 실패 유형을 조사하는 반면 FTA는 하나의 특정 실패로 이끌 수 있거나 이끈 시스템의 요소 및 사건을 확인하는데 제한되어있다. FMEA를 통해 엔지니어는 실패의 가능성과 영향을 알 수 있다. 잠재적인 문제의 영역을 확인함으로써 FMEA를 초기 디자인 과정에 적용하여 실패를 방지하고 적절한 시험 프로그램을 계획할 수 있다. 확인된 실패의 원인들은 발생 빈도, 심각성, 탐지의 수월성 등에 따라 등급을 매긴다. FMEA는 제품뿐만 아니라 서비스에도 적용할 있다. 단순한 수준에서 보면, 당신은 이러한 분석적 방법을 어떻게 하면 항공사가 가방을 잃어버리는 것을 막을 수 있을까를 생각할 때 사용할 수도 있다. 당신은 가방 바깥에 견고한 태그를 부착 할 뿐 아니라 가방 안에도 자신의 이름을 표시해야 하고, 탑승 수속을 할 때 목적지를 표시한 항공사 태그를 가방에 부착해야 한다. 그러나 당신이 반드시 가방을 목적지까지 가져가야하고, 약간의 실패 확률도 허용되지 않는다면, 직접 가방을 가볍게 하여 가자고 탑승해야 할 것이다. FMEA 분석은 실패의 주요 원인을 제거하데 이용되는 것이다.

5. FTA

벨 연구소의 H.A. Watson 미니츠만(Minuteman) 발사 통제 장치의 안전성을 증가시키기 위해 FTA를 고안하였다. 이 추론 분석은 시스템에 대한 상당한 정보를 요구한다. 이는 특정한 시스템 고장의 진전과 연관된 불리언 논리를 그래프로 나타낸 것이다. FTA는 하나의 고장만을 고려하고, 그 고장을 제거할 수 있는 모든 요소를 제어함으로써 고장을 제거하는 활동을 제시한다. 간단하게 생각해서 당신의 집에 자주 정전이 된다고 하자. 먼저 당신은 당신 집에만 정전이 되었는지 아니면 마을 전체가 정전인가를 확인해야 한다. 만약 당신의 집만 정전이라면, 먼저, 차단기 고장이나 집으로 들어오는 전선의 불량 등의 원인들을 조사해야 한다. 만약 휴즈에서 문제를 발견한다면, 그것이 타 버린 원인이 무엇인지 누전이 되는 제품이 있는지를 조사해야 한다. FTA는 해야 할 올바른 행동과 충고를 해 줄 것이다. FMEA와 FTA는 원인과 결과를 분별하고 확인하게 하는 것으로 문제를 정의하는데 매우 도움이 될 수 있다.

6. 실험과 Weibull 분석

가끔 정확하게 문제를 정의하고, 여러 질문에 대한 답을 얻기 위한 필요한 자료를 수집하기 위해 실험을 수행한다. 이러한 실험은 시행착오 방식이 아니라 통계적 수단과 특별한 기술을 사용하여 신중하게 계획해야 한다.

Weibull 분석은 제조 회사에서 사용하는 기술로 대수 용지에 제품의 내구성 결과를 표시하는 것이다. 백분율로 표시된 누적된 고장은 운행 거리나 동작 시간과 같은 제품 수명 요소들에 대한 그래프로 주어진다.

7. 벤치마킹(benchmarking)

품질 보증의 불만 혹은 생산품에 대한 불평을 분석하거나, 경쟁사와 제품 및 서비스를 평가할 때 벤치마킹 기술을 사용한다. 매우 구조적인 품질 기능 전개(QFD)의 첫 단계인 품질의 집은 품질 보증에 대한 자료를 수집하거나 경쟁사와의 제품 품질 특성을 비교할 때 사용되는 매우 유용한 수단이다. 그 목적은 지속적인 개선 작업을 위해 그 분야에서 가장 우수한 경쟁사의 제품보다 한 단계 높게 제품의 품질을 개선하는 것이다. 벤치마킹의 다른 방법으로 개념을 평가하고 최적의 설계를 위한 퓨(pugh) 방법이 있다. 일반적인 벤치마킹 과정은 부록 B에 기술 되어있다. 우리는 스포츠, 음악, 학자적 노력, 꽃 가꾸기, 좋은 부모 되기 등 여러 분야에서의 역할 모델에 스스로를 비교할 때 벤치마킹을 사용하게 된다. 목표나 이루려는 것에 대한 벤치마크를 정립하게 되면, 목표를 달성하기 위한 첫 번째 조치를 취해야한다. 벤치마킹을 통해 필요한 자료를 수집하는 것은 탐정으로서 도전적이고 때론 많은 시간을 요하는 일이다.

8. 성찰

자료를 수집하고 분석하기에 시간이 너무 짧을 때 우리는 몇 분간 조용한 성찰을 할 수 있다. 팀이 모여 문제 정의 작업을 하거나 브레인스토밍으로 들어가기 전에, 우리는 우리의 기억 속에 깊이 들어가 자신이 이미 알고 있는 정보를 끄집어내고, 팀원들과 공유해야 할 정보를 기술해 놓아야한다.

5분 활동 7.1 : 경향

3개의 그룹으로 나누어서, 경향을 연구하고, 이 정보에 따라 행동하는 것이 오늘 날 젊은이들에게 미래의 경제적, 의학적, 사회적, 환경적 재난을 방지하는데 어떤 도움을 주는지 논의하라.

10분 그룹 활동 7.2 : 현재 문제 질문

서너 명을 한 조로 하어 그룹에서 흔히 생기는 작지만 성가신 문제나 혹은 현재까지 이미 논의 중인 문제를 선정하라. 문제에 대한 통찰과 가치있는 자료를 제시하는 것을 찾기 위해 표 7.4의 질문 목록을 사용하라. 질문에 대해 해답을 찾지 말고, 문제에 대한 적절한 자료를 얻기 위해 각 질문의 유효성을 판단하라.

문제 정의 완성을 위한 절차

브레인스토밍을 준비하기 위해 자원의 평가, 브리핑, 긍정적 문제 정의와 보육 기간 등의 4가지 요소가 필요하다.

자원 평가

아래의 요소들은 문제 정의 과정에서 적절해야하고 고려해야할 것들이다

시간 – 문제가 긴급한 것인가? 아니면 문제의 원인과 좋은 해결책을 찾을 충분한 시간이 있는 것인가?
사람 – 이 문제는 혼자 해결해야 하는 것인가? 아니면 당신과 당신 팀이 문제를 해결할 수 있도록 도움을 줄 수 있는 사람을 찾을 수 있는가?
자원 – 재정은 어떠한가? 문제 해결에 많은 자금이 필요한가? 그런 자금을 가지고 있는가? 만약 그 정도의 자금이 없다면 그 정도의 자금이 필요하지 않는 방법으로 문제를 해결하는 방법을 찾거나 문제의 한 부분으로 자금을 모집하는 것을 포함해야한다.

자원의 평가는 역학 분석 형태로 행하여 질 수 있다. 여기서 문제나 상황은 만족된 상태나 해결책을 얻는 것을 지원하거나 방해하는 힘으로 분석된다. 창의적 문제 해결의 다음단계인 아이디어 창출 단계에서 방해물을 제거하거나 최소화 시키고 지원을 강화하는 방법을 찾아야한다.

브리핑

문제 해결을 위해 문제에 대해 수집된 정보는 문제 해결 팀을 위해 표 7.6의 브리핑 문서에 요약된다. 만약 팀에 촉진자가 있으면, 그가 이 일을 하도록 한다. 수집된 정보가 본질적인 것이라도 매우 복잡한 문제가 아니면 이는 한두 페이지로 간략히 요약 되어야한다.

표 7.6 브리핑 문서에 포함될 사항들

i. 경향 혹은 응용 관점에서 본 문제의 배경과 상황
ii. 문제에 관해 수집된 특정 자료 및 자료 분석 결과
iii. 시도해 보았거나 실패한 것들
iv. 머릿속에 떠오른 가능한 문제 해결 방안에 대한 사고(첨부)
v. 결론: 무엇이 진짜 문제인가?
vi. 긍정적 목표로 표현된 문제 정의문

문제 정의문

문제 정의문은 브레인스토밍을 하는 팀의 사고를 해결 방안으로 이끌기 때문에 매우 중요하다. 이 목표는 매우 특별하거나 불가능한 커다란 꿈이나 소망이 될 수도 있다. 어떻게 우리가 고객들에게 더 나은 서비스를 할 수 있을까? 라는 문제는 평범한 아이디어로 결론날 수 있으나, 어떻게 즉각적인 서비스를 제공할 수 있을까? 라는 문제는 목적을 달성하기 위해 특별하고 혁신적인 방법을 찾게 만든다. 당신 팀이나 혹은 혼자서 최상의 하나를 선택하기 전에 여러 형태의 서술을 시도해 보자. 단어의 의미를 간결하게 혹은 다르게 하거나 유의의를 찾으려면 사전이나 시소러스를 사용하자.

브레인스토밍 전에 팀에게 브리핑하는 것이 중요하다. 그렇지 않으면 진행 중에 이런 활동은 겉돌게 되고 창의적 사고 과정을 방해하게 된다. 브리핑 동안 팀원들은 문제의 이해를 위해 질문을 할 수 있다. 그들은 문제의 대한 부가적인 통찰을 공유하여야한다. 또한 문제 정의문은 팀원들이 명확하게 문제 해결의 목표를 이해하고 시각화 할 수 있을 때까지 여러 형태로 바꾸어 서술해 보아야 한다. 팀은 문제 정의가 팀의 역할과 목적에 깊이 관련이 있는지 확인해야 한다. 그렇지 않으면 팀은 진짜 문제를 해결하지 못할 것이다.

보육 기간

본격적인 활동 전에 혁신적인 아이디어를 제공할 수 있도록 준비하는 시간적 여유가 필요하다. 밤 시간이 휴식에 매우 적절한 시간이다. 그렇지 않다면 긴장을 풀어주거나 창의적인 활동을 통해 재충전의 시간을 가져라. 당신이 문제에 대해 의식적으로 생각을 한다면 잠재의식은 활동을 하지 않게 된다. 아인쉬타인과 에디슨은 문제에 봉착하게 되면 악기를 연주했다고 한다. 당신이 다른 일로 인해 매우 바쁠 때 문제에 대한 해결 방안이 잠재의식 속에서 나온 적이 있는가? 당신에게 프로젝트가 맡겨지면 시작하는 순간까지 기다리지 말고, 문제를 보육할 수 있는 충분한 시간을 남겨 두라.

때로는 우리의 잠재의식 속에서 예상치 않게 문제에 대한 아이디어가 갑자기 떠오를 수도 있다. 문제에 대한 이런 번뜩이는 생각은 팀의 브레인스토밍을 통해 공유할 수 있도록 즉시 기록해야 한다. 이러한 "아하"라는 창의적 생각은 적어 두지 않으면 쉽게 잊혀 진다. 만약 잘 알려진 아이디어를 생각하더라도 기록해 두라. 이런 과정은 정화라고 한다. 이러한 과정은 보육 기간 동안 빠지지 않게 해야 하는데, 이는 진실로 좋은 아이디어를 얻기 전에 마음속에 평범한 아이디어들을 제거하게 하기 위해서이다. 수집 노트 방법은 몇 주간의 보육기간 동안 개별적으로 팀원들의 아이디어를 수집하기 위해 고안되었다. 브리핑에서 팀원들에게 문제에 대해 떠오르는 생각과 아이디어를 매일 모두 적게 한다. 그 노트들은 팀 리더가 모아서, 다음 탐구나 브레인스토밍을 위한 가장 흥미로운 아이디어를 선택하고 결과들을 요약하는 것을 준비한다. 만약 당신이 어떻게 다룰지 모르는 성가신 문제에 부딪힌다면, 혼자나 혹은 가족과 친구들과 함께 노트 접근 방식을 시도해 보라.

✓ 10분 활동 7.3 : 문제 정의

긍정적 문제 정의문을 만들고 이를 몇 번 바꾸어 표현하라. 다른 표현들이 원래 정의문을 개선하는 효과가 있는가? 사전의 정의를 사용하여 사용된 명사나 동사의 정확한 의미를 살펴보라.

문제 정의를 위한 실제 활동

이 단원의 내재적인 내용을 공부하기 위해 창의적 문제 해결 과정의 처음 단계를 연습하도록 해주는 것을 수행해야 한다. 다음 두 페이지에서 우리는 한 가지 사례에 대한 요약을 제시한다. 그리고 어떻게 프로젝트의 문제 정의를 수행하고 계획할 것인지에 대한 단계별 지침을 제시한다.

사례연구 – 헤어 아이언

문제 찾기 열전달 수업을 듣는 학생 4명을 조원으로 하는 그룹은 그들의 팀 프로젝트로 한 주제를 정해야 했다. 그들은 여러 가능성에 대해 논의했다. 한 팀원이 그녀의 헤어 아이언이 불만스럽다고 했고, 그 그룹은 그 문제를 조사해 어떤 적절한 디자인 프로젝트를 만들 수 있는지를 연구하기로 결정했다.

문제의 상황과 데이터 수집 그 팀은 특허조사를 실시하고 벤치마킹 데이터를 위해 인기 있는 헤어 아이언을 살펴보고 헤어 아이언의 경향에 관한 기사들과 다른 개인 미용용품에 있어 개발경향들을 조사했다. 소비자 설문조사도 수행하였다. 학생들은 그림 7.5에 나타난 것과 같은 설문지를 만들어 정보를 수집하였다

데이터 분석과 파레토 도표 소비자 설문조사는 소비자가 헤어 아이언을 구입할 때 가격이 가장 결정적인 요인으로 작용하고 다음으로 특징과 필요성 정도였다. 상표명은 4번째 요인으로 낮은 응답이었다. 거의 모든 응답자가 헤어 아이언을 높은 온도에 놓고 사용하였으며, 15% 정도가 중간 온도에, 그리고 아주 소수의 사람만이 낮은 온도에서 사용한다고 대답하였다. 80%에 가까운 응답자가 헤어 아이언에 6달러에서 15달러 정도를 쓸 수 있다고 대답하였다. 50%정도의 응답자는 집에서 사용한다고 하였고 다음은 체육관, 학교, 직장 순으로 나타났다. 확인된 문제들과 빈도수는 그림 7.4에 나타난 파레토 도에 나타나 있다.

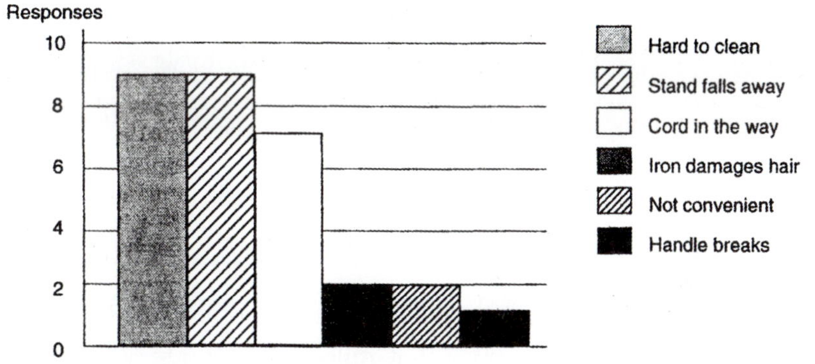

그림 7.4 문제에 대한 Pardto 다이어그램

브리핑 문서와 추진 결정 파레토 도표에 나타난 것과 같이 소비자 설문조사를 통해 몇 가지의 디자인 결점을 나타내 주었다. 빨리 뜨거워지는 것과 들고 다니기 쉽다는 것은 장점으로 언급되었다. 설문조사는 아직도 개선점이 많이 남아 있다는 것을 보여 주었고 그래서 그 팀은 프로젝트를 계속 추진하기로 결정했다.

긍정적 목표로의 문제 정의문 최적성능을 위한 열전달 분석을 이용하여 소비자의 요구를 만족시키는 개선된 헤어 아이언을 설계하라.

헤어 아이언 설문 조사표

1. 나이가 몇 살입니까? 5~13 14~17 18~25 25세 이상

2. 당신 머리카락은 다음 중 어떤 종류입니까?

_____가는 머리 _____펴머 머리 _____짧은 머리
_____거친 머리 _____염색 머리 _____어깨정도 길이
_____굵은 머리 _____긴 머리

3. 지금까지 헤어 아이언을 몇 개나 구매 또는 선물 받으셨습니까?

1 2 3 4 5 6 6개이상

4. 헤어 아이언을 살 때 고려하는 요인은?

특징 회사이름 가격 필요정도

5. 한번 헤어 아이언을 사면 얼마나 오랫동안 사용하십니까?

6개월이내 1년이내 1~2년 2~5년 5년이상

6. 머리길이가 보통 어느 정도일 때 헤어 아이언을 주로 사용하십니까?

짧은 머리 어깨정도머리 긴 머리

7. 좋은 헤어 아이언을 구입할 때 얼마정도의 비용을 예상하십니까?

_______ 달러

8. 헤어 아이언 외에 어떤 기구로 머리카락을 손질하십니까?

세트기(hot rollers) 고무세트기(hot sticks) 퍼머 그 외___

9. 헤어 아이언을 주로 어디서 사용하십니까?

집 학교 차 버스 체육관 직장

10. 헤어 아이언을 얼마나 자주 사용하십니까?

1/달 1/주 2~5/주 1/일 한번이상/일

11. 헤어 아이언으로 머리 손질하는 데 드는 시간은? _____분/일

12. 마음에 드는 컬(curl) 하나를 만드는 데 드는 소요시간은? ____초

13. 매일 아침 몸치장에 드는 소요시간은? ____________

14. 머리 스타일이 외모에 차지하는 중요도는? (5 = 매우 중요함)

1 2 3 4 5

15. 헤어 아이언 사용 온도는? ____________________

낮음 중간 높음 매우 높음

16. 당신이 쓰는 헤어 아이언의 가장 마음에 들지 않는 점은?

____

17. 당신의 헤어 아이언의 문제점은 무엇입니까?

____

____

그림 7.5 고객 설문조사서의 예

간단한 설계 과제를 위한 지침

1. 팀을 선정하라

가능한 분야가 다른 다양한 구성원들로 팀을 구현하라. 모든 구성원이 문제 분야의 전문가일 필요는 없다. 공대생 팀이 만약 다른 분야의 학생을 포함시킬 수 있다면 그 팀은 유리할 것이다. 긍정적 태도를 가지고 잘 할 수 있다고 기대하라. 팀 리더와 기록자, 관찰자를 선정하라. 팀의 이런 활동 촉진은 리더십 기술을 익히고 팀에 활기를 불어 넣어 줄 것이다.

2. 문제 주제를 정하라

이 책의 2부 각 단원에서 공부한 창의 문제 해결 과정 전체를 사용해 볼 수 있는 문제를 선택하라. 문제 주제 선정에 대한 몇 가지 방법이 있다. 팀원들과 수업의 내용과 관련된 문제를 브레인스토밍 한다. 최종 선정을 위해 비밀 투표를 한다.

a. 잘 되지 않거나 재설계가 필요한 것에 대해 일 주일 정도 직장이나 학교, 집에서 관심을 기우려라. "이런 일을 할 수 있는 기계를 다른 사람이 발명했으면 좋겠다." 거나, "왜 아무도 더 나은 방법으로 이 일을 할 수 있는 방법을 생각 못했을까?" 하는 생각은 좋은 설계 주제로 이끄는

힌트가 된다.

b. 주어진 주제를 수행하라.(이런 방식은 경험이 없는 팀이나 너무 다양한 사람들로 구성된 팀이 주제 선정에 많은 시간을 허비하거나 논쟁을 하는 것을 피할 때 좋다.) 사람들은 더 많은 문제 해결 과정을 배우기 위해 어떤 문제에 너무 깊이 빠지지 않는 것이 좋다. 그렇지 않으면 결과에 너무 치중하여 과정을 배우는 측면을 잃어버리게 된다.

c. 지원을 받고 있는 설계 프로젝트나 설계 대회에 참여한다.

3. 문제 주제에 집중하라.

처음 프로젝트로 너무 큰 문제를 선택하지 말라. 또한 초기 단계에서 문제의 주제를 너무 좁히지 마라. 이를 경우 문제 해결 방안의 창의적 가능성을 제한할 수 있다. 만약 좋은 주제가 있고 단지 문제를 넓히기를 원한다면 "이것이 무엇에 관한 문제인가?"라는 연속적 질문을 해 보라. 이런 기술은 발산적이고 상황적인 사고를 요하게 된다.

실제연습은 창의적 문제 해결 능력을 경험하고 배우기 위해 매우 중요하다. 이론적 시작을 팀프로젝트에 적용해 보자.

발산적 연속 질문의 예

이것은 무엇에 관한 문제인가?
"주택 공급"
주택공급은 무엇을 위한 문제인가?
"따뜻하고 안락함을 위해"
따뜻하고 안락함은 무엇에 관한 문제인가?
"사랑받고 보호 받고 안전함을 위해"

이러한 연속적 질문은 문제가 육체적인 필요뿐만 아니라 감성적인 필요를 포함한다는 것을 보여준다는 것을 주목하라. 이는 우리에게 더 큰 그림을 보여주고 있다. 우리는 그 문제와 관련된 우리의 고객이나 다른 사람들이 때론 표현하지 않는 그러나 중요한 요구나 꿈을 나타내도록 해야 한다.

또 다른 경우, 문제 해결을 위해 우리는 수렴적 사고를 통해 문제를 작은 부분으로 나누어야만 할 수도 있다. 만약 문제를 압축하기를 원한다면, 우리는 "왜" 라는 연쇄적 질문을 하여야 한다. 그런 질문을 통해 사람들은 문제를 가지고 있는 진짜 이유와 문제의 중요한 점이 무엇인지를 알 수 있다.

수렴적 연속 질문의 예

왜 당신은 청구서 처리 업무를 개선시키려고 합니까?
"나는 항상 청구서 처리 기간을 넘기기 때문입니다."
왜 항상 늦습니까?
"나는 꾸물대는 버릇이 있기 때문입니다."
왜 꾸물댑니까?
"나는 서류처리를 싫어하기 때문입니다."
왜 서류 처리를 싫어합니까?
"그것은 내가 싫어하는 B 사분면 사고가 필요하기 때문입니다."

연속적 질문은 우리가 문제를 합리화 시키는 것을 막아준다. 이를 통해 우리는 문제의 근본 원인을 찾을 수 있다. 여기서 진짜 문제는 청구서 처리 과정이나 꾸물대는 습관이 아니라, 일과 당사자의 사고방식 간의 불일치이다.

당신의 문제는 팀이 문제 정의를 어떻게 하는가에 따라 확장 될 수도 축약될 수도 있다. 완벽에 너무 집착하지 말라. 만약 문제가 너무 협소하다면, 브레인스토밍 과정에서 발산적 아이디어를 첨가할 수 있다. 만약 문제가 너무 광범위하다면, 아이디어 평가 단계에서 좀 더 협소한 소주제를 선택할 수 있다. 그러나 팀 프로젝트를 위해 요구되는 시간과 일의 양을 줄이기 위해, 합리적으로 좁은 주제를 선택하라. 4-5가지의 주요 설계 개념을 만들 수 있는 40개 정도의 브레인스토밍 아이디어를 창출하는 주제가 적당하다.

4. 정보 및 고객 자료 수집

여기에서는 노트에 기록하는 방법이 매우 유용하다. 도서관, 특허 및 웹 검색으로 시작한 다음, 이러한 초기 자료에 대한 토론을 통해 설문조사에서 질문되어야하는 중요한 문제의 형태에 대한 감각을 얻을 수 있다. 이런 설문조사는 순전히 수적인 정보 혹은 가중치적 정보 등의 다른 형태의 정보를 수집하게 되는데, 여기서 가중치적 정보는 사람들이 어떤 문제를 가지고 있다는 것뿐만 아니라 문제의 심각성도 표현해 준다. 문제가 없는 경우 "0", 작은 문제일 경우 "1"을 중간 정도의 문제는 "2"를 심각한 문제의 경우 "3"으로 표시된다. 이 경우 응답들을 총점으로 표현될 수도 있고, 각 범주 내에서 응답들을 숫자로 환산하여 계층화 할 수도 있다. 통찰력 면에서는 계층화 된 자료 수집이 유리하다. 팀은 설문 조사에서 어떤 질문을 포함할 것인지, 모아진 자료를 어떻게 효과적으로 집계할 것이지 그리고 어떻게 분석하고 해석할 것인가에 대해 논의하여야 한다.

5. 자료 분석 : 파레토 도 만들기, 브리핑 준비

설문조사에서 수집된 자료를 요약하라. 확인된 문제와 원인의 빈도수에 따라 파레토 도 형태로 그려서 표현하라. 팀은 다이어그램을 큰 챠트에 그려서 눈에 잘 띄는 곳에 붙여두고, 창의적 문제 해결의 모든 어구를 나타내는 고객의 요구를 항상 마음에 되새겨야한다. 이제 팀은 그들이 생각한 진짜 문제가 무엇인지에 대한 요약문이나 브리핑을 준비한다. 그런 후 이를 출력하여 모든 팀원들에게 나누어주어 프로젝트 노트에 보관하게 한다.

6. 문제 정의문 개발

팀원 각자는 브리핑을 바탕으로 긍정적인 목적과 목표로 문제 정의문을 제안할 수 있다. 그룹으로 문제 정의문에 대한 다양한 아이디어를 약 10분 정도 논의한 다음 팀원들의 동의로 가장 훌륭한 하나의 합성된 정의를 선정하게 된다. 이제 팀원들은 각자 진짜 문제가 무엇인가에 대한 명확한 이해를 가져야한다. 최종적인 문제 정의문을 플립챠트에 적어 전시하고, 각 팀원들의 노트에 문제 정의문을 기록하게 한 다음 회의를 종결한다. 팀원들은 각자의 노트를 항상 휴대하여 팀의 브레인스토밍 회의 전에 문제에 대해 떠오르는 아이디어나 해결 방안을 적어두어야 한다는 것을 명심해야한다.

참고문헌

일반적으로 대기업들은 전사적인 품질관리 노력의 일환으로 문제 정의 및 자료 분석에 대한 나름대로의 지침을 가지고 있다. 포드 자동차는 FMEA와 FTA를 기반으로 하는 회사 자체의 지침서를 발간하고 있다. 전국적인 전문 엔지니어 단체에서 FMEA와 FTA 교육을 위한 워크샵을 개최하기 시작함으로써, 이 두 가지 분석 절차에 대한 참고 자료들도 더 광범위하게 제공되고 있다. 만약 당신의 회사에서 이 새로운 방법을 소개한다면, 교육에 참가하여 이 기술에 대해 배울 수 있는 모든 기회를 가지도록 하라. TMO에 관한 문제와 해결책에 대한 심화된 토론을 포함하는 품질, 혁신 그리고 제조에 관한 여러 흥미로운 도서 목록을 보여주고 있다.

7.1 Myron S. *Morphological Creativity: The Miracle of Your Hidden Brain Power*, Prentice-Hall, Englewood Cliffs, New Jersey, 1962. 이 책은 형태학적 창의성에 관한 원리를 기술하였다. 이 기술은 본 도서에서 내용을 구성하는 것을 통해 실연된다.

7.2 Don P. Clausing, *Total Quality Development: A Step-by-Step Guide to World-Class Concurrent Engineering*, ASME Press, Fairfield, New Jersey, 1994. 이 책은 공학에서의 품질 문제에 대해 기술한 서적으로 전문가에게 적합하다.

7.3 W. Edwards Deming, *Out of the Crisis*, MIT center for Advanced Engineering Study, Cambridge, Massachusetts, 1982. 제조에서의 품질 문제를 일본의 품질개선운동 초기 리더를 통해 논의한다.

7.4 Eliyahu M Goldratt and Jeff Cox, *The Goal: Excellence in Manufacturing*, Creative Output, Milford, Connecticut, 1984. 이 소설은 제조에 관한 문제 해결 단계와 개념을 소개한다.

7.5 Herman Kahn and Anthony J. Wiener, *The Year 2000*, Macmillan, New York, 1967. 이 책은 경향에 대한 예측과 해석에 관한 "과학"의 자세한 예로 소개한다. 최근의 역사와 발전이 그들의 시나리오와 맞는지 다른지 살펴보는 재미가 있다.

7.6 Charles H. Kepner and Benjamin B. Tregoe, *The Rational Manager*, McGraw-Hill, New York, 1965. 이 책은 문제 해결의 Kepner-Tregoe 방법을 자세히 기술하고 있다. 좀 더 창의적인 방법을 사용하기를 원하더라도, Kepner-Tregoe 방법은 문제 해결 적용 단계에서 잠재적인 문제를 확인하는 것뿐만 아니라 초기에 문제를 정의하고, 바른 질문 방법을 공부하고, 자료를 분석하는데 매우 우수한 방법이다.

7.7 John Nasbitt, Megatrends: *Ten New Directions Transforming Our Lives*, Warner Books, New York, 1982. 이 책은 경향 주시 과학에 대해 서적이다. 우리 미래를 형성하는 10가지 새로운 힘에 대한 서적으로 Ten New Directions for the 1990's가 있다.

7.8 David Pressman, *Patent It Yourself*, third edition, Nolo Press, Berkeley, California, 1991. 이 책은 특허 출원에 유용한 힌트와 형식을

소개하고 있다.

7.9 George M. Prince, *Practice of Creativity*, Macmillan, new York, 1970. 이 책의 주제는 시넥틱스이고, 브링핑 문서의 중요성을 보여주고 있다.

7.10 Denis E. Waitley and Robert B. Tucker, *Winning the Innovation Game*, Fleming N. Revell, Old Tappan, New Jersey, 1986. 이 책은 창의적인 사고와 혁신 변화 관리를 강조하고, 경향을 관찰함으로써 어떻게 문제를 도파할 아이디어를 얻을 수 있는지를 보여준다.

인간은 새로운 세계를 탐험하고 싶어하고, 자신이 살고 있는 우주의 본질을 이해하려는 독특한 성질을 가지고 있다. 또한 미지의 것을 상상하고 알고 있는 것에 대해 질문한다.

Morgart Mead, A Way of Seeing.

연습문제

7.1 ✓ 토스터 조사

더 나은 토스터의 디자인을 생각해 보자. 토스터에서 무엇이 문제일까? 토스터가 되었다고 상상해 보자. "난 내 안에 빵을 넣어야 해." "난 태우지 않고 빵을 골고루 가열해야 해." "난 적당한 시간에 빵을 밖으로 내보내야 하고, 그런 다음 꺼져야 해." "난 표면을 뜨겁지 않게 유지해야 해." 등의 문장을 만들어 보자. 위의 다섯 문장을 통하여 문제를 확인해 보자.

7.2 ✓ 온실 효과

많은 과학자들은 기후가 점점 더워질 것이라고 예측하고 있다. 그것에 긍정적인 결과나 기회에 대회 브레인스토밍을 해 보라. 예를들어 프레온 가스를 사용하지 않는다면 에어컨의 수요가 증가할 것이다. 태양으로부터 피부를 더 잘 보호할 수 있는 새로운 화장품이 필요할 것이다. 온실 효과로 인해 생각할 수 있는 다른 시장이나 상품 혹은 패러다임은 어떤 것들이 있을까?

7.3 ★ 쓰레기 매립 ★

만약 쓰레기 재생을 아직 하고 있지 않다면 우리는 10년 안에 중대한 변화를 만들 필요가 있을 것이다. 왜냐하면 이런 산업화된 세계에서 쓰레기 매립지가 부족하게 될 것이기 때문이다. 정부의 규제,

사업상의 기회 그리고 개인적 책임을 져야할 많은 사람들 등에서 어떤 경향을 예측할 수 있을까?

7.4 ★ 전문 지식 ★

우리가 현재 알고 있는 모든 지식은 2050년까지 밝혀질 지식의 양에 약 1%에 지나지 않을 것이라는 예측이 있다. 이것은 교육과 학교, 직장 도서관 출판업자 작가 사업가 혹은 인터넷에 있어서 어떤 의미를 가지고 있는가? 이들 주제들 중 하나를 브레인스토밍하고, 당신이나 당신 그룹에서 발전시킬만한 어떤 기회를 찾을 수 있는지 토론해 보라.

7.5 ★ 탐험에 대한 독서 ★

탐험가에 대한 전기나 탐험가들이 쓴 책을 읽어보라. 무엇이 그 사람을 탐험가로 만들었는가? 가장 특이한 개인적 특성은 무엇인가? 그들의 목적이나 보상은 무엇인가? 또는 보이저 우주 프로그램이나 미르 우주 정거장과 같은 팀 탐험 노력에 대해 읽어보라. 그 프로젝트는 어떻게 성장 하였으며 원래의 아이디어에서 최종 실행까지 어떻게 바뀌어 나갔는가?

7.6 ✓ 시간사용 분석

사흘을 주기로 하여 15분 단위로 시간을 어떻게 사용하였는지 지세히 기록해 보자. 그리고 어떤 활동이 시간을 가장 많이 허비하였는지 찾아서 분석해보자. 80%의 문제를 일으키는 20%의 원인을 파레토도를 이용해 찾아보자. 한 번에 하나씩 상위 3개의 시간 허비 활동을 없애는 계획을 세워보자.

7.7 ★ 원인 결과 분석 ★

당신의 일상생활에서 제대로 작동하지 않는 물건을 하나 선택하자. 예를 들어, 바람이 10mph 이상이면 정문에서 소리가 난다, 자전거 받침대가 한쪽으로 고정되어 있다거나 당신의 알람시계가 일주일에 한 번은 울리지 않는다, 당신의 컴퓨터가 이상한 현상을 보인다거나 혹은 당신의 차가 직선 길을 주행할 때 오른쪽으로 쏠린다거나 하는 것이 될 수 있다. 원인 결과도를 만들어 문제를 일으키는데 관련이 될 가능성이 있는 모든 요소들을 확인해 보라.

7.8 ★ **자료 수집과 분석에 대한 심화 학습** ★

QFD, SPC, FMEA, FTA 혹은 벤치마킹 등과 같이 부록에 기술되어 있는 수단 중 하나를 선택하고 수업이나 그룹에 보고할 요약 보고서를 준비하자. 모든 부가 자료를 사용하고, 가능하다면 산업현장에서 실제나 예를 얻어라.

7.9 ✓ **브리핑 문서 예시**

팀 프로젝트로 3개의 다른 조직으로부터 브리핑 문서의 샘플을 구하라. 어떻게 자료를 수집하고 제시하였는가? 어떤 방법으로 당신의 문제 정의문을 발전시킬 수 있을까?

제7장 – 주요개념 복습 및 실천사항 점검

무엇이 진짜 문제인가? 문제 정의는 자료의 수집과 분석뿐만 아니라 넓은 관점의 탐험을 포함한 전체적인 두뇌활동 과정이다. 표 7.7는 문제의 유형에 따른 창의적 문제 해결 방법을 사용할 시기를 결정하는데 도움을 줄 요약이다.

탐험가로서의 역할 모험적이 되어라. 새로운 아이디어와 취미, 분야를 탐험하는 버릇을 가져라. 경향과 기회를 관찰하라. 상품과 절차, 서비스의 개선점을 찾아라. 상황적 문제 해결사가 되도록 학습하라.

탐정으로서의 역할 먼저 문제가 있다는 것을 인정하라. 그리고 진짜 문제의 근본 원인을 찾기 위한 질문을 하라. 자료를 수집하고 분석하는데 적절한 방법을 사용하고, 노트에 정보를 기록하라. 자료를 평가하라. 긍정적인 문제 정의문으로 문제를 수렴하고 브리핑 문서를 준비하라. 팀에 브리핑을 하고, 보육기간을 준수한 다음 창의적 문제 해결의 다음 단계인 아이디어 창출 단계로 이동하라.

현재 진행 중인 프로젝트의 문제 정의를 위한 지침 프로젝트를 수행하는 것은 탐험가와 탐정이 되고, 문제 정의의 수단을 사용하는데 있어 묵시적인 지식을 습득하는데 중요하다.

1. 다양한 구성원으로 팀을 구성하라.

표 7.7 분석적 혹은 창의적 문제 해결

위기 절대적이고 미래 예정된 절차를 사용하라. 예시-불을 진화하고 건물을 비워라. 갑작스러운 위험은 창의적 해결책을 창출하게 되지만 훈련된 요원들은 방해물 제거, 교통 통제, 환경 감시, 주민 철수, 피난처 설치, 작업 조정과 같은 모든 면을 다룰 필요가 있다.

일상적이고 구조적인 문제 표준적인 방법과 절차를 이용하라. 예시-일반 창고 건설. 정상적인 교통 상황에서 출근. 표준 부품과 제조 공정 및 조립을 지정함.

작전과 전술적 문제 위험적인 면은 분석적으로 다루어 해결하고, 기회적인 면은 창의적으로 다루어 해결한다. 창의적인 문제 해결은 내제된 문제에 대한 표면적인 해결, 단기적인 문제에 대한 장기적인 해결 방안을 방지한다(일시적인 업무 과중을 정규직원을 채용해 해결하는 것과 같은). 이러한 것은 우리를 진취적이고 혁신적으로 만들어 줄 것이고, 미래의 위험을 방지하게 할 수 있다. 예시-생산품에 장기적인 녹 방지를 위한 새로운 제조 공정을 개발하는 것. 무상 수리 제공을 통해 고객 불만을 해소. 녹 문제의 근본 원인을 파악하기 위해 분석 시험을 사용.

전략적 문제 중요하고 장기적인 문제에 창의적 문제 해결 방법을 사용하라. 예시-경쟁자가 채택한 새로운 패러다임은 당신의 미래 사업에 심각한 영향을 주게 된다.

비구조적이고 알기 어려운 애매모호한 문제 조건의 변화가 있는 이해하기 어려운 문제에는 창의적 문제 해결 방법이 요구된다. 예시-불평이 많은 직원을 상대하기. 새로운 고객 찾기나 새로운 제품의 개발.

2. 문제의 주제를 선택하라.
3. 주제에 초점을 맞추어라. 필요하다면, 더 큰 그림을 보기 위해 발산적 사고를 사용하고, 더 작은 부분으로 문제를 나눌 때는 수렴적 사고를 사용하라.
4. 도서관이나 웹 탐색을 통해 정보를 수집하라: 고객 설문조사 형식을 만들고 설문조사를 수행하라. 모든 정보를 노트에 기록하라.
5. 자료를 분석하라. 문제의 근본 원인에 대한 순위를 정하고 파레토도를 그려라.
6. 브리핑 문서를 준비하라: 진짜 문제에 대한 자료와 결론을 요약하라. 긍정적으로 문제 정의문을 기술하라.
7. 잠재의식 속에 문제를 보육 시킬 휴식 시간을 가져라.

실천사항 점검목록

- 창의적 문제 해결에 대해 배운 것을 적용하라. 만약 개념적 팀 디자인 프로젝트의 팀원이 아니면 연습 주제로 당신 생활의 범주에 있는 한 문제를 선택하라. 너무 깊이 그 문제에 빠지지 않는다면, 학습 경험으로 그 과정을 더 잘 평가할 수 있을 것이다.

나는 진정으로 믿고 알고 있다. 만약 우리가 자유롭고 평화로운 세상을 원한다면, 만약 우리가 사막에 꽃을 피우고 인간으로써 더욱 인간답길 원하면, 우리가 그것을 할 수 있다는 것을...

- 탐험가의 마음가짐을 연습하기 위해서 한 달에 반나절 정도, 당신이 알지 못하는 주제를 독서나 다른 사람과의 대화, 전시회 참관이나 강의 수강을 통해 둘러보도록 하라.
- 정기적으로 당신과 다른 분야에 대해 독서를 하라. 여러 다른 주제들을 탐구해 보라. 당신을 발견하고, 새로운 흥미를 느끼고, 창의성을 증가 시키도록 만드는 어떤 것에 대해 놀랄 것이다.
- 매일 뉴스를 읽고 들을 때, 단순히 당신 지역이나 공부하고 전공한 분야뿐만 아니라 다른 많은 분야의 발전하고 있는 경향을 살펴보아라.
- 다음 보육 기간을 위한 아래의 사항을 준수하라: 긴장을 풀어라. 문제에 대한 일을 중단하라. 잠재의식이 활동할 시간을 주어라. 음악을 들으면서 즐겨라. 기타를 치고, 친구들과 운동하고, 잡초를 뽑고, 낙엽을 쓸어라. 에어로빅이나 수영, 혹은 산책을 하라. 육체적 운동은 당신의 창의적 정신에 매우 유용한 것이다.

08 Chapter 아이디어 제안

- 브레인스토밍의 목표와 역사
- "예술가" 사고방식의 특색; 네 가지 규칙; 제약사항의 역할
- 고전적인 브레인스토밍 회의를 이끄는 법
- 기타 다른 조건을 수용하기 위한 다른 브레인스토밍 방법
- 팀이 곤경에 처했는데 창의적인 아이디어를 생각하지 못할 때 할 수 있는것
- 심화학습: 참고문헌, 연습문제, 복습, 실천사항 점검목록

이전 장의 주제인 문제정의는 완전한 지식형성 사이클로 구성되었다. 우리는 문제를 해결하기 위해 브레인스토밍을 통하여 아이디어를 제시하는 또 다른 사이클을 시작한다. 계획하는 기간 중에는 마음을 좌뇌의 "탐정"으로부터 우뇌의 "예술가"로 전환하여 준비하는 것이 중요하다. 우리는 두 가지 서로 다른 지식 형성 프레임을 가진다.

1. 본 장에서 브레인스토밍을 학습하는 것은 하나의 지식을 형성하는 과정이다. — 여기에서 우리는 무언의 지식에서 명시적인 지식으로 다시 무언의 지식으로 돌아오는 전체의 사이클을 보여주려고 할 것이다.
2. 창의적인 문제해결 프로젝트에서 아이디어를 생성하는 것은 주로 1단계에서 2단계로의 변화(또는 문제의 주제나 주제 영역에서 무언의 지식에서 명시적 지식으로의 전환)를 포함한다.

잘못 사용함으로 인해 녹슬지 않도록 주의해야하는 인간의 첫 번째 감각은 육감인 상상력이다.

Christopher Fry,
영국 배우 및 작가

폭풍 속에 있다고 상상해보아라. 당신은 비와 진눈깨비에 의하여 공격을 받고 무시무시한 바람의 힘을 느끼고 있다. 만일 이 에너지가 사용되어서 좋은 곳에 쓰인다면 멋지지 않겠는가? 그런 면에서 우리는 브레인스토밍을 할 때 아이디어의 폭풍이 일어나기를 원한다. 산들바람은 같은 결과를 가져올 수 없다. 브레인스토밍 절차는 마구처럼 아이디어 제시에 있어서 에너지를 집중시켜 최적화하는 도구와도 같다.

브레인스토밍이란 정확히 무엇인가? 브레인스토밍은 창의적인 생각을 만들어내기 위한 그룹 접근 방법이다. 고전적 브레인스토밍으로 알려진 구두법은 1938년에 Alex Osborn에 의해 그의 광고 사업에 사용하기 위해 개발되었고 1950년대에 창의적 아이디어 제시를 위하여 그룹들이 사용하는 방법으로 널리 퍼지게 되었다. 최적의 대화식 브레인스토밍 인원은 3명에서 10명 가량이다. 브레인스토밍이 모든 문제 유형에 항상 똑같이 적용되지는 않지만, 브레인스토밍의 성공은 브레인스토밍을 가치있는 문제해결 도구로 만드는 것이다. 브레인스토밍은 배우기 쉽고 연습을 통해 더욱 생산적인 것을 얻게 된다. 사람들은 자주 판에 박히고, 불분명하고, 비판적인 브레인스토밍 회의를 하게 된다. 브레인스토밍은 철저한 정신적 준비를 필요로 한다. 비록 브레인스토밍이 창의적이고, 자유분방한 활동이라고 하지만 일정한 규칙과 절차가 따른다. 여기에서는 고전적 브레인스토밍 방법과 특별한 조건을 위하여 개발된 많은 다른 브레인스토밍에 대하여 설명할 것이다. 이러한 몇몇 기법은 혼자 일하는 사람들에 의하여 사용될 수도 있다.

"예술가"의 역할

참신하고 창의적인 아이디어를 생성하는 것은 창의적 문제 해결 과정에서 가장 중요한 부분이다. 예술가의 비유는 예술가로서의 심적경향을 보여준다. (그림 8.1 참조). 예술가가 무엇을 하고 있는가? 그들은 무언가 새롭고 그들의 마음속에 첫째로 존재하는 무언가를 만든다. "예술가"의 마음가짐을 가지고 창의적 문제 해결을 위하여 해야 할 일은 각자 가지고 있는 정보를 새로운 아이디어로 전환시키는 것이다. 지금이 각자가 가지고 있는 평범한 틀을 깨부술 때인 것이다. 각자의 상상력의 D 사분면과 감정의 C 사분면을 가지고 도시로 가라!

그림 8.1 예술가의 심적경향

괴상하고, 야성적이고, 불가사의하고, 미친, 엉뚱한, 틀에서 뛰쳐나온 아이디어를 환영한다. 브레인스토밍에서, 상상력을 사용하는 이러한 과정 — 실제적인 아이디어로 나타나는 정신적 활동 — 이것을 "자유분방함"이라고 부른다. 이것은 우리들 자신 또는 우리 팀 멤버들이 표현할 수 있는 여러 가지 아이디어에 거의 제한을 두지 않는 것을 의미한다. 우리가 좋아하는 오렌지 색을 예술가의 심적경향으로 표현해보는 것은 어떨까?

브레인스토밍의 네 가지 규칙

브레인스토밍은 네 가지 규칙만을 가지고 있기 때문에 배우기가 쉽다. 이 네 가지 규칙은 매우 중요하기 때문에 항상 마음속에 염두해 두어야 한다.

1. 가능한 많은 해결책을 만들어라 — 개수를 세어라
2. 터무니없는 아이디어도 환영이다 — 가능한 창의적으로
3. "히치하이킹"이 장려된다. — 다른 사람들의 아이디어 위에 덧붙여라.
4. 비판은 허용되지 않는다. — 판정은 나중까지 연기하라

규칙 1 : 가능한 많은 해결책을 만들어라. 개수를 세어라!

독자적인 또는 결합된 많은 아이디어를 제시하면 할수록 보다 더 나은 혁신적인 해결책을 생각해 낼 수 있을 것이다. 당신의 아이디어를 장황하게 설명하지 말고 키워드만 사용해서 빨리 넘겨라. 간단하게!

규칙 2 : 터무니 없는 아이디어도 환영이다.

이 점은 아무리 강조해도 지나치지 않는다. 더 이상하고, 불가사의하고, 불가능하고 또는 제정신이 아닌 것 같은 아이디어가 생성되면 될 수록 결국 더 좋은 참된 해결책을 생각해낼 수 있는 기회가 만들어 진다. 여기에서 유일하게 경계해야할 사항은 당신의 팀 멤버에게 고통을 주거나 거슬리는 말 등을 하여서는 안되는 것인데 그 이유는 이로 인하여 야기되는 스트레스 때문에 창의적인 생각이 억제되고 팀웍을 해칠 수 있기 때문이다.

규칙 3 : "히치하이킹"이 장려된다.

아이디어가 완전히 새로울 필요는 없다; 이것은 확장, 확립 또는 다른 사람들의 아이디어에 "히치하이킹"를 할 수 있으면 더 완전한 것이 될 수 있다. 아이디어 핀칭이 허용된다! 또한 무언의 공격적이고 위험한 생각을 더 좋고 보다 창의적인 아이디어로 만들어 그룹과 공유할 때 이러한 과정을 적용할 수 있다.

규칙 4 : 아이디어를 판정하지 말라.

아이디어나 (자신을 포함한) 아이디어를 제시한 사람들을 험담하지 말아라. 그러나 유머나 호의적인 감탄, 웃음 그리고 박수 등은 인정된다. 브레인스토밍 내에서는 쓸모없는 아이디어 또는 옳고 그른 답이 존재하지 않

는다. 브레인스토밍은 판정을 지연시키는 활동이다—아이디어 평가와 비판적 판정은 창의적 문제 해결 절차를 마친 후에 하도록 한다.

자유 對 통제

좌뇌에 치우신 사상가는 특히 브레인스토밍의 다음의 두 가지를 힘들어 한다. : 아이디어 공유(C 사분면)와 터무니 없는 아이디어(D 사분면). 네 자신에게 모든 종류의 아이디어에 대해 즐기고 표현할 수 있는 권한을 주어라. 브레인스토밍은 재밌다! "폭풍"이 주는 자유로 인해 놀랄 것이다.

> **문제는 문제가 만들어진 틀 안에서 생각하는 것으로는 풀리지 않는다.**
> 앨버트 아인슈타인

아이디어 공유 브레인스토밍이 팀 활동으로 이루어질 때, 각 개인은 자신의 아이디어를 독차지할 수 없고 아이디어에 대한 신뢰를 가질 수 없다. 팀 멤버간의 생각에서 발생되는 상호작용이 중요하다. 당신의 모든 아이디어를 공유하라—누군가 당신의 아이디어를 디딤돌로 사용하려고 하고 제삼자에 의하여 무언가 새로운 아이디어가 제시되는 것—그래서 당신은 다른 사람에 의해 만들어진 더 좋은 아이디어를 사용하기만 하면 되는 것이다. 그러나 완벽한 아이디어를 기다리지는 말라. 지속적으로 앞으로 나갈 방법을 찾아라! 아이디어 공유는 누구에게도 쉬운 일만은 아닐 것이다. 우리는 생각하는 훈련을 많이 하지 못했는데 이는 학교에서 이러한 훈련을 강하게 막았기 때문이다.

브레인스토밍은 다르다—이것은 팀웍이고 당신은 다른 사람의 아이디어를 사용할 것이다. 네가 문제를 풀기위해 가진 정보는 완전하지도 않고 당신의 팀 멤버가 가진 정보와 동일하지도 않다는 것을 기억하라. 네가 만일 다른 사람들과 조화를 잘 이룬다면 "팀 마인드"을 통하여 무엇을 얻을 수 있는지를 깨닫고 놀라게 될 것이다.

터무니없는 아이디어 터무니없는 생각을 가지거나 공유하는 것은 당신을 우습게 만든다고 생각할 수 있으며, 다른 사람들이 당신의 아이디어 때문에 웃게 될 것이라고 느낄지도 모른다. 그러나 수줍어하지 말라; 당신의 팀 모두가 같은 배를 탔다. 의식적인 노력을 통해 네가 만일 창의적인 생각을 하고 연습을 한다면, 터무니없는 아이디어를 표현하는 것이 쉬워질 것이며 "평소와 같은" 마음가짐으로 비즈니스를 극복할 수 있을 것이다. 터무니없는 아이디어는 이 단계에서 가치 있는 일이며, 창의적 문제 해결 과정에서 일상적인 에너지를 통하여 "엔지니어링"과 판정 단계의 터무니없는 아이디어를 보다 실재적으로 만들어주는 경향이 있기 때문이다.

반대로, 우뇌에 치우친 사람들은 제약 조건을 수용하는 것과 절차를 따르는 것을 매우 어려워 할 수 있다. 절차는 과정이 가능한 효율적이고 생산적이 될 수 있도록 보장할 수 있다. 예를 들어, 제 4장에 설명된 것처럼, 에티켓과 예의의 규칙을 통하여 팀 내의 분위기를 보다 쾌적하게 만들어 창의적인 활동을 발전시킬 수 있다.

제약사항 제약사항은 브레인스토밍을 돕기도 하고 방해하기도 한다. 제약사항은 특정한 목표 또는 문제 영역 내에 "폭풍"을 포함시키려 한다. 만약 시작부터 너무 딱딱하면, 격렬한 "폭풍"은 발전할 수 없고, 또한 많은 창의적인 생각들은 문제를 해결하지 못하기 때문에 제거될 것이다. 그러나 터무니없는 아이디어는 혁신적 해결책을 위한 원동력 된다. 그래서 우리는 간단한 자료에 포함된 어떠한 제약사항이라도 평가되어지기를 권한다. 제약사항들은 이러한 관점에서 표현되어야하고, 창의적인 문제해결 이후 단계에서 더 유익하게 소개되어질 수 있다. 일반적으로, 아주 신중을 기한 제한된 수의 제약사항들도 창의적인 활동에 영향을 미치지 않는다. 문제정의문이 제약사항이다: 문제정의문은 아이디어 제시를 위한 범위 뿐 아니라 방향 및 목표를 제공한다. 그러나 팀 멤버는 문제정의문의 범위를 고려할 권한을 가져야 한다. 이것은 돌파구를 제시할 아이디어가 만들어 졌을 때 가능하다.

우리의 제약사항이 얼마나 광범위하고 좁은가? 이것은 특정설계를 위해 형상화 할 수 있는 많은 선택을 결정할 수도 있다.

설계에서의 제약사항은 주의깊게 고찰될 필요가 있는데, 이는 창의적인 생각이 몇몇 임의의 제약 사항의 필요성을 제거하기 위해 사용될 수 있기 때문이다.

그러한 제약사항들은 질적인 향상과 혁신을 위한 기회를 제공한다. 비행기 가스 터빈 설계에서 발생한 한 예로, 수년 동안 디스크에서부터 블레이드의 끝까지 거리를 스팀 터빈의 관행에 기초하여 선택했다. 높은 디스크의 온도로 인하여 재료를 선택하는데 심각한 제약을 가했고 이로 인하여 높은 비용과 제한된 강도를 필요로 하였다. 10년 후 Rolls Royce는 디스크를 기존의 것보다 더 작게 만듦으로써 거리를 증가시켰고 동시에, 확장된 블레이드 끝은 속이 텅 비게 되었다. 이것으로 인하여 디스크 가장자리의 온도는 내려가고 더 좋은 재료의 사용을 가능하게 하였다 ; 이것은 또한 회전축의 무게를 크게 줄이는 결과를 가져오게 되었다. 그러므로 "우리는 항상 이런 식으로 했다"라는 가정과 묵시적인 제약사항을 경계하여야 할 것이다.

공학 설계에서의 브레인스토밍 브레인스토밍은 많은 공학 설계에서 사용되고 있다. 새로이 형성된 디자인 팀은 브레인스토밍을 위한 팀의 규칙을 원하고 팀 멤버들의 실적들을 어떻게 평가할지 원한다. 브레인스토밍은 QFD와 같은 복잡한 절차안에서 고객조사와 설계목표를 개발하는데 사용된다.

브레인스토밍은 개념적 설계 옵션을 생성하기 위한 주된 기법이다(이것은 설계를 최적화하기 위해 부가적으로 사용되는 Pugh 방법에 의해 평가될 것이다). 브레인스토밍은 각 팀이 설계 평가 기준 목록을 만드는 것을 도와주는 판정 과정에서 사용된다. 그러므로 학생들이 생각하는 방법과 생산적인 브레인스토밍을 위한 절차를 손쉽게 배우는 것은 매우 중요하다.

구두 브레인스토밍 계획 및 실행

우리는 리더 또는 촉진자(facilitator)의 관점에서 브레인스토밍의 절차를 나타내고자 한다. 당신이 이 주제를 공부한 후 당신은 그룹에서 잘 훈련된 사람이 될 것이며 따라서 당신의 조직에서, 당신의 동아리 친구들 사이에서, 또는 당신의 가족에서 브레인스토밍을 잘 이끄는 사람으로 선정될 것이다. 우리는 브레인스토밍 회의에 필요한 준비사항들을 요약할 것이다.

그 다음 표 8.1에 나열된 순서대로 브레인스토밍 회의 과정을 진행할 것이다. 우리는 이러한 원칙들을 가지고 팀 활동을 통하여 진행할 것을 강하게 권고한다.

준비사항

이것은 팀 선발, 위치 선정, 일정 수립, 그리고 필요한 재료를 준비하는 것을 포함한다.

팀 멤버 D 사분면을 더 좋아하는 몇몇 사람들은 브레인스토밍 팀의 일부가 될 것이다. 만약 네가 공학 설계 개념을 브레인스토밍 한다면, 팀은 고객, 판매, 공학 과정, 설계 그리고 제조 같은 투자자들을 나타내야 한다. (직접적으로든, 간접적으로든) 가능하다면 팀 멤버 각각에게 브레인스토밍 회의에 앞서 요약된 문서를 받을 수 있도록 하여라.

위치 사람들은 친숙하지 않은 장소에서 더 창의적이 된다. 만일 가능하다면, 아름다고 편안한 배경을 가진 곳으로서 조금은 떨어진 장소를 찾아

라. 최소한 "차별화된" 방을 선정해라 — 일상적으로 회의에 사용되는 방은 피하라. 사람들은 원 또는 U자 형태의 배열로 앉아야 하고 긴 회의 테이블을 따라 서로를 대면하여 보는 것을 피하라. 만약 네가 회의실을 사용해야만 하고 테이블과 의자의 배열을 바꿀 수 없다면 고전적인 배경음악과 채색된 포스터를 벽에 걸고 분위기를 띄우고 가능하면 꽃과 유혹적인 향이 나는 간식을 놓아라. 일본에서는, 브레인스토밍 "캠프"를 정기적으로 진행하고 있으며 매우 효율적이라고 생각하고 있다. 미국에서 우리는 "창의적 캠프" 또한 "모험적인 소풍" 등이 광고되는 것을 볼 수 있다.

아이디어가 많이 나오는 것보다 또 다른 마음가짐으로 변화되어질 때 더 좋은 아이디어가 만들어진다.

Oliver Wendell Holmes

일정 수립 브레인스토밍은 지치게 한다; 그러므로 두 가지 작업(또는 세 시간 주기로)보다 더 많은 일정을 잡지 마라. 아침에 하는 회의는 문제들이 일상과 덜 관련되어 있기 때문에 보통 낮이나 저녁보다 더 생산적이다. 사람들이 브레인스토밍 후의 일정 때문에 중압감 또는 서두름을 갖지 않게 하기 위해 충분한 시간을 할애하여 일정을 수립하라. 다시 말하면, "캠프"와 같은 아이디어는 시간으로 인한 압박감을 제거한다. — 그러므로 이러한 아이디어를 당신의 일정수립에 통합시키도록 하여라. 주제들은 팀 멤버들에게 공지사항, 의제 일정 등을 다시 상기시킴으로서 전달되어 질 수 있다.

재료 필요한 장비들을 가지고 와서 설치하라 : 이젤, 플립차트, 마커펜, 노트 카드 그리고 시각교구 창의적 생각을 자극할 소도구. 오랜 회의를 위하여 약간의 음료수도 제공한다. 테입 녹음기는 회의 동안 미처 기록하지 못한 아이디어나 주석을 포착하는 데 유용하다. 대형 팀(12명 또는 그 이상)을 위해 팀 원간 브레인스토밍한 아이디어를 수기하는 것을 도와줄 보조자를 필요로 할 수도 있다. 지출을 줄이기 위하여 학생 팀은 아이디어를 기록하기 위해 신문이나 butcher paper 또는 4 × 6 크기의 노트카드(그리고 heavy pen)등을 사용할 수 있다.

절차

표 8.1은 구두 브레인스토밍에서 사용되는 절차를 약술한다. 각 항목은 아래에서 논의될 것이다.

1. 브리핑 팀원에게 편안한 자세로 앉아 서로 대화를 할 수 있도록 몇 분간의 시간을 주어라.

테입 녹음기를 켜고 브리핑을 검토하면서 회의를 시작하며, 계획하는

표 8.1 브레인스토밍 회의를 이끄는 절차

1. 팀에게 문제의 배경을 브리핑하여라; 그리고 문제정의문을 게시하라.
2. 네 가지 브레인스토밍 규칙을 다시 생각해보아라.
3. 사용될 브레인스토밍 절차를 설명하라.
4. 창의적인 생각을 위하여 워밍업을 하라.
5. 브레인스토밍을 수행하라.
6. 회의 종료; 모든 아이디어를 수집하라.
7. 참여자들에게 고마움을 표시하고 해산하라.

동안 각자의 마음에서 나온 통찰이나 아이디어를 팀 멤버들과 공유하여라. 문제 해결을 위한 아이디어를 플립 차트에 몇 자 적고, 각 아이디어에 순서대로 일련번호를 적는다. 그 다음 이전의 미팅에서 만들어진 문제 정의문을 게시한다. 팀은 간단한 토론을 통해 문제정의문을 명확하게 하거나 수정할 수 있다. 회의를 흐트러뜨릴 수 있는 요소들 사람의 마음이나 회의실 환경 등은 브레인스토밍이 시작하기 전에 미리 제거한다.

2. 규칙을 다시 생각해보아라 부정적인 생각을 막기 위해 네 가지 브레인스토밍 규칙과 "삼진아웃" 방침을 다시 생각해 본다.(p.120)

3. 절차를 설명하라 3~5명의 소규모의 팀에서는 아이디어를 플립 차트나 벽에 걸려있는 큰 종이 시트에 쓰면 빨리 나올 수 있다. 또한 아이디어가 4 × 6의 노트카드에 쓰여 질 수도 있다.(카드당 한 개의 아이디어 기입). 팀이 카드를 보면서 아이디어를 생각하고 브레인스토밍을 계속할 수 있게 카드들이 테이블에 흐트러져 있어야 한다. 12명 이상의 대형 팀들에서는 말하는 순서를 두어 진행할 수 있다. 다른 참석자들은 각자 마음속에서 번쩍이는 아이디어가 있다면 그 아이디어를 노트패드나 노트카드에 적을 수 있도록 한다. 이렇게 해야 그들은 각자 자신의 순서를 기다리는 동안 자신의 아이디어를 잊어버리지 않기 때문이다. 신호를 준비하라 — 손을 든다든지, 손가락을 스냅한다던지 — 이러한 신호는 누군가가 제시한 아이디어에 수정이나 추가를 하고 싶을 때 사용된다. 히치하이킹 같은 것은 우선권이 주어진다. 두 게시된 아이디어의 결합은 새 아이디어로 간주된다. 단지 간략한 정의문을 요구하라; "엔지니어링"단계 — 창의적 문제 해결의 다음 단계 — 는 상세하게 하기위한 기회를 제공할 것이다. 모든 아이디어는 번호가 매겨지고 기록된다는 것을 설명하라. 최초 시간제한을 20~30분으로 설정하라(문제의 복잡함에 따라 결정). 선택적으로, 할당량을 추가하는 것은 만들어질 아이디어의 개수를 늘릴 수 있다. 예를 들어 : "우리 한번 15

분 안에 40개의 아이디어를 생각할 수 있는지 해보자"

4. 워밍업 연습 단순히 친근한 사물(벽돌, 연필, 팝콘, 자, 커피컵)을 사용하여 창의적 생각을 위하여 5분 정도 워밍업을 수행하라. 몇몇 전문가들은 우뇌의 사용을 촉진하기 위하여 워밍업 시점부터 브레인스토밍이 끝나는 시점까지 고전음악을 배경음악으로 틀어 놓을 것을 권한다. 이러한 연습이 미니 브레인스토밍 회의이다 : 플립 차트에 아이디어를 몇 자 적어본다. —이러한 아이디어를 위해 번호를 매기거나 순차적으로 배열할 필요는 없다. 첫째로, 흔히 있는 아이디어가 표현될 것이다. 일단 터무니없거나 유머러스한 아이디어가 앞에서 나오고 팀 멤버가 웃음으로 편안하게 해주면, 각자의 마음은 "더할나위 없이 편안한"상태가 되어 즉시 정의된 문제를 가지고 브레인스토밍을 할 수 있게 된다.

5. 브레인스토밍 팀 멤버들에게 아이디어를 공유할 것을 말하여라. 팀 멤버들은 분명하고 흔히 일려진 아이디어를 가지고 오는 것부터 시작할 것이다—새롭고 창의적인 아이디어를 내놓을 수 있는 마음의 상태가 되기 전에 먼저 마음을 정화시켜야 한다. 이러한 과정은 짐 버리기(load dumping) 라고 한다. 제시된 모든 아이디어들은 네 자신이건 보조자에 의하여 확실히 기록되어야 한다. 만약 아이디어의 흐름이 시작에서 부터 매우 느리게 진행되면—또는 시간이 갈수록 느려지면—당신은 촉진자로서 디딤돌의 역할을 수행할 수 있는 터무니없거나 유머러스한 아이디어를 쏟아내어 느슨해진 브레인스토밍 과정에 활기를 불어넣을 수 있다. 또는 만약~무엇이라면(what-if question)으로 질문하여 진정으로 원하는 생각에 몰두할 수 있도록 하여 브레인스토밍을 시작 할 수도 있다. 만일 생각들이 많이 나오지 않는다면, 잠시 휴식을 취하고 그 다음 강제 끼워 맞춤 기법(a force fitting technique)을 사용함으로써 다시 시작할 수 있다. 창의적인 아이디어 제시를 위해 돌진하지는 마라; 되돌아보기 위하여 2~3회의 침묵의 시간을 갖는 것이 유익할 수 있다.

심사숙고하기 위해 두 세 번정도 마음의 평온을 가진 후 브레인스토밍을 할 때 최상의 아이디어가 나온다고 전문가들은 말한다.

6. 종료 일단 아이디어의 흐름이 점점 느려지고 사전에 발표한 시간제한이 다가오면, 3분전에 종료를 예고한다. 최고의 아이디어 중 몇몇은 종료에서 추가되는 시간에 발생되는 경우가 많다. 또한 팀이 다섯 개의 아이디어를 추가적으로 얻고자 한다면, 그때는 아이디어 제시가 종료되기 전에 이것보다 두 배로 많은 아이디어를 얻게 될 수 있다.

7. 해산 팀의 멤버들에게 이번 참여에 대한 감사의 마음을 표시하고, 다

음에 진행될 일을 알려준다. 추후 계속될 과정과 평가를 위해 테입 녹음뿐만 아니라 수기로 작성했던 모든 아이디어를 수집하라. 팀 멤버들에게 다음 며칠 내에 추가적인 아이디어가 생기면 대신 너에게 이메일을 보낼 준 것을 당부하여라.

✓ 3분활동 8.1 : 팀 이름

당신의 팀이나 반 이름을 브레인스토밍 하여라. 모든 브레인스토밍 아이디어는 플립차트에 적고, 그 다음 비판적 사고 활동 10-5를 위한 목록을 저장하여라.

✓ 10분활동 8.2 : 창의적인 생각 워밍업

1 피트 크기의 사각 알루미늄 호일로 사용할 수 있는 것들을 브레인스토밍 하여라. 그리고 그림 8.2에 나타난 목록과 당신의 목록을 비교해보아라. 지금 추가적으로 다섯 개의 터무니없는 아이디어를 찾을 수 있겠는가?

✓ 팀 활동 8.3 : 창의적 문제 해결 프로젝트

당신의 설계 프로젝트를 위해 아이디어 제시 단계를 수행하라 — 제 7장의 활동에서 정의한 문제를 가지고, 당신은 같은 팀으로 또는 멤버의 수를 증가시킨 팀으로 수행할 수 있다. 예를 들면, 네가 선임 디자인 프로젝트의 학생팀이라면, 몇몇 공학계열 신입생 또는 자유 예술 전공학생을 포함하고 있다고 생각해 보자. 창의적인 사고를 위한 워밍업 과정임을 잊지 마라.

a. 만약 전체 학급이 같은 설계 주제를 갖는다면 브레인스토밍은 학급에서 구두 브레인스토밍이나 패널 방법론을 사용하여 끝낼 수 있다. 강사는 모든 아이디어를 수집할 것이다.
b. 만약 각 학생팀이 자신의 디자인 프로젝트를 수행한다면, 브레인스토밍은 팀 미팅의 일부로 끝나야만 한다. 충분한 시간을 가지고 계획하여라. 노트를 기록하는 사람은 모든 아이디어를 수집하고 보관할 책임이 있다. 브레인스토밍의 기록을 유지하려면, 아이디어는 타이핑되어야 하고 복사본이 각 팀 멤버들에게 전달되어야 하며, 노트에 부가되어야 한다. 또한, 팀의 수행 과정을 관람하는 사람은 팀의 브레인스토밍 경험에 대하여 간단히 요약해 두어야 한다. 이 두 가지 기록은 노트에 문서화되어 창의적 문제 해결 학습 과정의 일부분이 된다.

결과보고

브레인스토밍 연습의 결과는 어땠는가? 과정이 어떻게 진행되었는가? 당신은 결과에 만족하였고 다양한 아이디어가 생성되었는가? 그것들을 너 혼자만의 힘으로 생각하는 것이 가능했는가? 당신과 당신의 팀 멤버들이 지루해 하지는 않았는가? 이것은 당신을 놀라게 해서는 안 된다. — 브레인스토밍은 정신적으로 피곤한 것이다. 그래서 브레인스토밍 할 때 사람들이 편안히 쉬고 맑은 정신을 가진 아침을 선호하는 이유이다. 또한 하루에 한 시간 이상 또는 두 가지 이상의 문제를 다루지 말라는 이유이기도 하다.

최적의 조건하에서 경험 많은 팀과 함께한다면 결과는 좀 더 생산적이고 창의적이 될 것이다.

구두 브레인스토밍 회의를 하는 동안 단점을 인식하고 문제점을 파악했는가? 이 기법은 보통 열두 명 정도의 멤버로 구성되고 팀 멤버가 모두 여성이거나 또는 전원이 남성인 경우에 적합한데, 특히 서로에 대하여 편안함을 느끼고 각자 자신을 말로 표현하기 좋아하는 사람들이 팀 멤버로 구성될 때 더 잘 수행될 수 있다. 또한 상호 협동적, 혁신적인 환경에서 잘 진행된다. 그러나 네가 만일 이러한 조건을 충족시키지 못한다면—혹시 수줍어하는 팀 멤버가 있다면 (혹은 거만한 멤버가 있다면) 어땠을까?

혹은 20, 100, 또는 그 이상의 사람들이 브레인스토밍에 참여한다면 어땠을까? 혹은 브레인스토밍과 관련된 몇 가지 이유 또는 다른 것 때문에 팀 멤버 사이에 갈등이 일어났으면 어땠을까?

다양한 환경과 문제를 언급하기 위하여, 구두 브레인스토밍은 다양하게 발전되어 왔다.

보다 더 잘 알려진 몇 가지 기법에 대하여 설명한다.

다른 브레인스토밍 방법

수기(written) 브레인스토밍은 공학자나 혼성그룹 멤버로 구성된 팀에서 자주 사용되어지는 것을 볼 수 있다. 이것은 팀 멤버가 12명 이상이 되어도 상관이 없으며 수줍음이 많은 사람들에게도 적당한 방법이다. 수기 브레인스토밍의 단점은 팀 멤버 사이에 직접 구두로 하는 상호작용이 부족하다.; 그러므로 아이디어의 양이 줄어들 수도 있다. 몇 가지 수기 브레인스토밍 방법은 개인이 혼자 프로젝트를 수행할 때 또는 지속적으로 (편지, 게시판 또는 이메일에 의해) 같은 시간 같은 장소에서 만나서 수행할 수 없는 사람들이 멤버로 구성된 경우에 사용된다. 모든 수기 브레인스토밍을 위하여, 네 가지 브레인스토밍 규칙을 따라야 한다. 각자의 마음에서 아이디어가 나오자마자 서둘러 수기로 작성해야 한다.—아이디어가 실용적일지, 터무니없는 것일지, 좋을지 또는 엉터리 일지에 대하여 걱정하지 마라; 철자와 문법에 대해서도 걱정할 필요가 없다.

핀 카드 방법 큰 테이블에 둘러앉아 사람들은 아이디어를 노트카드에 작성을 한다.—카드마다 하나씩의 아이디어가 있다. 이 카드들은 테이블 왼쪽으로 건네지며, 그룹 멤버는 카드에 적힌 아이디어에 대해 관련된 생각과 원래 아이디어에 개선될 수 있는 사항을 추가시킨다. 이러한 방법으로 몇 번의 추가과정을 거쳐 참신한 아이디어를 만들 수 있다. 이러한 과정이 익명으로 진행되기 때문에, 너무 소극적이어서 창의적인 아이디어를 만들 수 없는 사람들이 포함되어도 문제없다. 새로운 카드들을 주위에 전하는 과정이 점점 느려지면 회의는 종료된다. 그리고 카드들은 다른 팀에 의해 평가를 받기 위해 수집된다. 이 방법은 몇몇 십대들이 포함된 가족 멤버들에게 적용될 수 있다. 왜냐하면 사람들이 아이디어에 집중할 수 있으며 논쟁적인 톤의 목소리로 영향 받지 않을 것이기 때문이다.

브레인스토밍은 웃음을 가지고 발랄하게 이야기하면서 진행되어야 한다. 우스꽝스러운 아이디어가 종종 최적의 해답을 제시할 수 있는 디딤돌이 된다.

크로포드 슬립 라이팅(Crawford slip writing) 이 기법을 대규모 그룹의 사람들이 브레인스토밍을 통하여 아이디어를 모으고자 할 때 사용된다. 문제 정의를 한 후, 각 참가자들은 20~30여개의 아이디어를 종이에 쭉 나열하고 각 아이디어 별로 종이 한 장에 적어놓는다. 아이디어가 적힌 종이는 참가자들이 아이디어를 수정하거나 삭제하기 전에 빨리 수집해야 한다. 다른 전담팀은 아이디어를 각 범주별로 정렬하고 실행 가능한 해결책이 될 수 있는지 평가한다. 이 방법은 대규모 조직에 적합한 방법이다.—수천 명의 사람들이 이 방법과 관련되어 있다. 만약 약간의 판단을 미리 하도록 하여 최상위 두 세가지의 아이디어만을 제출하라고 한다면 아이디어의 수는 줄어들 수 있다. 그러나 그렇게 되면 가장 특이하고 터무니 없는 아이디어는 제일 먼저 버려질 수 있다—그래서 미리 판단을 하게 하는 것은 좋은 접근 방법이 아니다. 두세명의 소규모 그룹에 의해 수행된 브레인스토밍 아이디어를 위해 그룹 내의 대화가 추가될 수 있다.

"Ringii" 과정 최소의 구성원으로 대면 상호 대화를 갖는 흥미로운 방법으로 일본식 "Ringii" 과정이라고 한다. 하나의 아이디어가 조직 내의 다른 사람에게 제출되었다. 사람들은 이 아이디어에 임의로 수정하거나 또는 추가를 할 수 있다. 아이디어의 최초 제안자는 이러한 제안을 사용하여 원래의 아이디어를 가지고 재작업을 할 수도 있고 독립적으로 체계화된 해답이 만들어 질수도 있다. 두 번째 방법은 최초의 제안자가 익명으로 남길 원할 때 대처하는 방법이다. 이 과정은 의사소통에 문제가 있거나 사람들의 의견이 서로 대치된다거나 시간에 쫓기는 등의 문제를 가지고 있을 때, 조직의 규모와 상관없이 (가족을 포함하여) 모든 조직에 도움이 되는 방법이다.

패널 방법 만약 20~30명의 대규모 그룹의 경우 브레인스토밍을 위해 소규모 그룹으로 나누는 것이 쉽지 않을 때 패널 형식(panel format)이 사용될 수 있다. 일곱명의 자원자는 그룹을 선택하고 패널을 선택한다. 문제 정의는 그룹 전체에서 행해지며, 이때 패널은 15~20초 동안 문제에 대해 구두로 브레인스토밍을 하며, 이때 만들어진 아이디어들은 플립차트에 게시된다. 다른 그룹 멤버는 패널에서 들은 최초 아이디어를 가지고 게시된 아이디어를 히치하이크를 시도하라. 패널에 의해 게시된 아이디어는 평가를 위해 청중들로부터 받은 아이디어와 함께 취합된다. 두 번째 패널의 학생들이 처음 10분 후에 순서를 받을 수 있고 학생들이 추가적으로 독특한 아이디어를 내놓는 학생들에 의해 사용되는 기법이다.

스토리 보드 매트릭스는 몇 가지 범주로 나누어진 아이디어를 시각적으로 보여준다. 이 방법은 브레인스토밍, 계획(planning) 또는 아이디어 평가에 사용될 수 있다. 제목 카드(헤더) 들은 문제와 관련된 중요한 요소로 구성되어 있다. (구현 계획에서 이것들은 누가, 언제, 어디서 무엇을, 어떻게, 왜 라는 단어들일 수 있다.) 이 헤더들은 커다란 게시판에 게시되고 각 범주 사이에 논리적인 관계가 성립된다. 첫 범주는 항상 "목적"이다. 그 다음 각 범주는 브레인스토밍되고 아이디어들은 적절한 헤더 아래 포스트잇이나 인덱스 카드에 게시된다. 이 아이디어의 시각적 배열을 통해, 추가적인 창의적 생각과 해결책이 촉발될 수 있다. 게시판의 다른 범주에 속한 항목들이 다르고, 기대하지 않은 방법으로 서로 결합될 수 있기 때문이다. 브레인스토밍 후에 그룹은 목적에 맞지 않는 아이디어 카드를 제거하기 위해 비판적 사고를 가지고 회의를 한다. 그런 다음 남은 아이디어들을 창의적으로 향상시킨다. 광고회사와 영화제작사 외의 많은 회사들은 계획, 커뮤니케이션, 실행, 탐구 등을 위해 스토리보드를 사용한다.

상상은 지식보다 더 중요하다. 왜냐하면 상상은 세상 전체를 포용하는 반면, 지식은 제한되어 있기 때문이다.
앨버트 아인슈타인

전자적 브레인스토밍 또는 게시판 전자적 브레인스토밍은 마이크로소프트사의 빌게이츠에 의해 그의 회사에서 사용되었다. 사람들은 서로 전자메일을 통해 연결되어 있었다.; 누군가 창의적 생각을 하면 창의적인 생각은 신호가 번쩍이는 다른 컴퓨터로 전송되었다. 그래서 즉시 피드백이 일어나고 히치하이킹 아이디어를 얻을 수 있었다. 이와 유사한 저급의 기술이 게

TRIZ는 과학과 기술적 지식에 근거해 생각을 창안하기 위해 다음과 같은 세 가지 도구를 사용한다.

1. 특허 탐색은 기술 시스템의 진화를 보여준다.
2. 모순된 요구사항들이 서로 교환되는 것이 아니라 문제 해결과 일치되어야 한다.
3. 이상적인 상상의 시스템은 어떻게 모든 기능을 충족시키느냐에 있다.

과학을 강조한다는 점에서 일반 공학들이 이 방법을 좋아함에도 불구하고, 공학자들은 단계 2, 3의 창의적 관점에서의 훈련을 필요로 한다.
이 방법은 예전의 구)소련과 다른 유럽 국가들에서 다섯 등급으로 가르쳤다.

시판이다. 문제 정의(문제의 배경에 대한 간략한 내용)는 몇 주 후 잘 알려진 장소에 게시된다.; 누구든 아무 때나 히키아이킹 아이디어 뿐 만 아니라 새로운 아이디어를 게시할 수 있다. 그 다음 이 아이디어들은 수집되고 팀이나 개인의 판단에 의해 평가된다. 게시판은 또한 어린이들에게도 매우 적합한 방법이다.

다른 방법 만약 당신이 다음의 기법들에 대하여 더 많은 것을 알기 원한다면 참고문헌을 참고하여라. **갤러리 방법**에서 그룹 멤버들은 자신의 플립 차트 상에서 조용히 작업을 한다.; 다른 사람들의 아이디어를 조사한 후 그들은 자신의 아이디어를 보다 정교하게 만든다. nominal group technique는 아이디어 제시, 평가 그리고 의사결정이 섞여있기 때문에 시간이 매우 짧을 때 사용된다. **방법** 6-3-5는 최초의 수기 브레인스토밍 기법이다(1970년에 개발됨) 여섯 사람이 5분 안에 세 가지 아이디어를 만들라고 요청 받는다.; 이들은 원을 이루어 앉아 다음 사람에게 전달되고 그 과정이 5회 이상 반복된다. 이 방법에서 발생되는 스트레스를 줄이기 위해 방법이 변경되었다. 그래서 **브레인 라이팅 풀** 안의 사람들은 자기 자신의 페이스를 가지고 작업을 수행한다. **델파이 방법**에서 아이디어들은 설문지나 온라인으로 수집되고 몇몇 단계를 통하여 합의가 이루어 질 때까지 계속 수행된다. 이 방법은 판정 또는 "심의"를 요구하며 이것은 종종 조직의 미래 방향을 계획하는 데 사용된다. TRIZ는 러시아 발명가에 의해 개발되었다; 이것의 목표는 기술적 문제를 좀 더 창의적으로 풀려고 하는 공학자들을 위해 만들어졌다. (보조자료를 보라) **마인드매핑**은 개인 브레인스토밍을 위한 훌륭한 도구이다 — 참조 2.2를 보라. **통합된 문제해결**은 오직 매우 단순하거나 또는 매우 복잡한 문제에 대하여 몇 가지 아이디어 밖에 나오지 않을 때 사용되는 방법이다. 브레인스토밍 된 아이디어들이 한 번에 논의된 후 복합된 해결책으로 결합된다. collective notebook, morphological creativity 그리고 Synectics는 7장에 논의되었고 idea trigger method는 4장에서 설명되었다.

고착된 상태에서 할 수 있는 일

팀이 고착된 상태에 빠졌을 때 다시 아이디어를 제시할 수 있도록 하는 몇 가지 방법들이 있다. 이 방법들은 창의적으로 도약을 할 수 있도록 마음속으로 강한 다짐을 하여야 한다. 창의적 문제 해결의 다음 단계 — 더 좋은 아이디어를 내고 더욱 실용적인 "공학자"의 마음가짐을 이용한다. — 강제적으로 맞추어 보려고 노력한다.

성공 또는 최악을 생각하라 팀이 고착상태에 빠졌을 때 마음이 편해질 수 있도록 하는 가장 쉬운 방법 중 하나는 문제 해결 과정을 뒤집어 보는 것이다. 쉬는 시간을 가지고 문제를 다시 생각해 보아라. 문제의 초점을 맞추고 해결책을 찾으려는 생각 대신에 이상적인 상태 또는 "무엇을 해야 할까"에 대해 집중해 보도록 한다. 마음은 어떻게 이상적 상태에 도달할 수 있을지 그 과정으로 채워질 것이다. 모든 아이디어를 기록하라; 일반적으로 팀은 서둘러서 이 관점에서 변화를 논의한 후에 구두 브레인스토밍으로 넘어갈 것이다. 만약 브레인스토밍이 어떤 제약조건으로 인하여 방해받고 있다면, 10분간 제약조건을 지워보고 이 새로운 "틀"을 생성해보라. 문제 주변으로 다시 돌아올 수 있는 방법은 문제를 해결하는 데 있어서 "최악의 선택"에 대하여 브레인스토밍 해보는 것이다. 불합리한 아이디어는 실용적이고 창의적인 아이디어를 만드는 디딤돌 역할을 하거나, 또는 사람들에게 웃음을 주거나 생산적인 브레인스토밍을 계속할 수 있도록 사람들을 여유롭게 할 것이다.

관련 없는 두 아이디어를 억지로 끼워 맞추기 활동 8-4는 이 기법에 대한 설명이다. 이것은 다소 지루한 브레인스토밍을 진행하게 할 것이다; 이것은 이미 게시된 아이디어를 향상시키거나 히치하이킹하는 데 쓰일 수 있다. 브레인스토밍이 느려질 때 팀 멤버는 미리 만들어진 관련없는 두 가지의 아이디어를 선택하고 멤버와 함께 그 둘을 맞추려고 시도하라. 이 과정은 종종 창의적 아이디어가 추가적으로 만들어질 수 있다.

✓ 3분활동 8.4 : 억지로 끼워 맞추기

다섯 명 이상의 그룹에서는 서둘러 이 개념을 가지고 브레인스토밍 해 보라 : 새장에 갇힌 하얀 쥐를 이용해 교내 카페테리아의 음식과 분위기를 좋게 만들 수 있는 방법은 무엇인가?

예 : 이러한 계획을 위하여 야생동물을 가지고 와라. 하얀 쥐 모형의 피자를 제공하여라. 학생들은 스팀을 쏘기 위해서 다람쥐 장을 준비하여라. 점심시간 동안 카페테리아에서 마술쇼를 하여라. 학생들에게 하얀 쥐를 사용하여 카페테리아의 기존 식단에 대한 영양 평가 프로젝트를 진행하게 하여라.

두 개의 관련없는 아이디어가 갖는 서로 다른 과점을 통하여 보다 실용적일 뿐 아니라 창의적인 아이디어를 만들어 내는 것을 볼 수 있는가? 이 기법은 창의적 생각을 위한 브레인스토밍 전의 워밍업 단계에서 사용된다. 좋은 워밍업 과정을 위하여 서로 관련이 없는 아이디어들을 만들어 보아라.

자유연상 이 방법은 상상력을 자극한다. 이 과정은 문제와 관련될 수도 있고 또한 그렇지도 않는 기호들을 칠판에 몇 자 적어 내려가면서 시작될 수 있다. 이것은 그림, 단어, 밑그림, 숫자 또는 관계를 나타낼 수 있다. 이 과정은 첫 번째로 제안된 새로운 기호를 적어 내려가면서 계속된다. 이러한 과정은 문제와 관련된 창의적인 아이디어가 나올 때까지 계속된다. 이 아이디어는 브레인스토밍 과정의 일부로서 기록되어 진다. 이러한 방법은 아이들의 게임이나 심리학 등에서 이미 많이 보아왔을 것이다.

커다란 꿈 / 소원하는 생각 그룹 멤버들은 근본 문제와는 동떨어진 원대하고 이상적인 해답을 생각한다. 이상적인 아이디어는 소원하는 생각과 what-if 질문을 말함으로 인해 더욱 발전된다. 이러한 과정을 통하여 나온 모든 아이디어는 기록된다. 이 아이디어들이 점점 문제와 관련되면 정기적인 구두 브레인스토밍을 계속하라. 이러한 방법은 약간의 재미를 준다. 이 기법은 너무 분석적이거나 실재적인 성향의 그룹을 다소 여유롭게 해준다.

> **상기**
> 비록 혼자 브레인스토밍을 할지라도 반드시 네가지 규칙을 따라야 한다.

강제된 관계 매트릭스 이 방법은 형태학 창의기법과 유사하다. 원래 문제에서 가능한 형식과 요소를 정의하여 그것들—유사성, 차이점, 원인 그리고 결과—사이의 관계를 결정한다. 이러한 관계들이 기록되고 그런 다음 새로운 아이디어와 유형을 찾기 위하여 분석된다. 특히 반대된 불합리한 개념들이 다른 방법으로 결합될 때, 창의적인 아이디어가 갑자기 나올 수 있다. 이러한 기법은 짧은 문장 내에서 단어를 재배열함으로써 실행될 수 있다. 예를 들면, "종이"와 "비누" 두 아이디어의 다른 결합이 종이 비누나 비누 종이(둘 다 명사), 비누의 종이나 종이의 비누(형용사/명사 결합), 또는 종이로 된 비누, 비누로 된 종이, 비누는 종이를 "적시고", 또는 비누는 종이를 "깔끔하게" 한다(동사형태). 이러한 각각의 개념들은 원래의 문제와 관련된 창의적 아이디어를 만들어 내는데 사용된다. 예를 들면 세탁이 가능한 벽지 또는 비누를 포장하는 새로운 방법을 개발하려고 한다면 이러한 방법은 좋은 아이디어를 이끌어 낼 수 있다.

생각 시작 도구 구두 브레인스토밍의 창안자인 Alex Osborn 박사는 창의적 생각을 하려는 사람을 위해 생각 시작 차트(표 8.2 참조)를 발전시켰다. 수수께끼 SCAMPER—대체, 결합, 적응, 확대/변경, 다른 사용으로 대체, 제거, 재배열/역전—는 이 목록들을 강조할 것이다. 오스본 박사가 제안한 방법은 다른 발명가에 의하여 발전되었으며 작은 테이블, 손에 잡을 수 있는 도구, 카드 한 벌, 큰 벽걸이 차트 또는 소프트웨어 패키지 같

표 8.2 오스본 박사의 아홉 가지 생각을 시작하기 위한 질문

1. 대체? 누구를 대신해서? 무엇을 대신해서? 다른 장소는? 다른 시간은? 다른 원료는? 다른 재료는? 다른 과정은? 다른 힘의 원천은? 다른 접근은? 다른 톤의 목소리는?
2. 결합? 어떻게 혼합하고, 구분하고, 섞고, 조화를 이룰 것인가? 결합하는 목적은? 결합하는 단위는? 결합하는 아이디어는? 결합하는 기능은?
3. 적응? 이것과 같은 것은 없는가? 이것은 어떤 다른 아이디어를 제안하는가? 과거에 복사되거나 적응된 아이디어는 없는가?
4. 확대? 추가될 것은? 더 큰 빈도? 더 강한 것? 더 큰 것? 더 높은 것? 더 긴 것? 더 두꺼운 것? 추가적인 가치는? "더할" 성분은? 증가? 과장?
5. 변경? 의미, 색, 동작, 소리, 향, 맛, 형태, 모양 또는 조직을 변화시켰는가? 다른 변화는? 새로운 결합은?
6. 다른 곳에 사용? 현재 존재하는 사물을 새로운 방법으로 사용 가능한가? 만약 수정된다면 다른 사용이나 목적이 있는가?
7. 제거? 빼야할 것은? 더 작은 것? 더 밝은 것? 더 느린 것? 쪼갠 것? 적은 빈도? 요약? 소형화? 축소? 간소화? 작게 말함? 단순화?
8. 재배열? 다른 배치? 다른 순서? 변화 속도? 다른 형태? 일정 변경? 원인과 결과를 바꿈?
9. 역전? 반대? 되돌아감? 거꾸로 돌아감? 안팎으로 돌아감? 그것을 거울로 반사해볼까? 긍정과 부정을 바꿈?

은 것과 같은 상업적으로 사용이 가능하다. 본질적으로 이 방법은 "what if"와 "what else"를 질문하는 또 다른 방법이다.

속성 리스트 작성 이 기법은 체크리스트나 매트릭스에서 사용된다. 문제의 중요한 속성, 부분, 요소, 기능 또는 고려되고 있는 사물들이 열거 된다; 그런 다음 팀은 다시 새 아이디어에 초점을 맞춘다. 물어본 질문들은 "왜 이러한 방법이어야 하나?", "다르게 행해질 수도 있는가?"이다. 속성 리스트는 오스본의 생각 시작하기 질문과 결합되어질 때 연속-속성/변경 매트릭스(sequence-attribute/modifications matrix, SAMM)라고 부른다. 비록 주된 응용이 브레인스토밍의 유망한 영역을 정의하는 것이라 하더라도, 또한 특별한 영역에서 시작된 아이디어 제시를 위한 도구로서 사용되어 질 수 있다.

생체공학(bionics) 이 단순한 기법은 창의적인 생각을 시작하는데 유용하다. 이것은 살아있는 유기체에 질문을 하는 방법과 유사하다. : "자연 안에서 문제가 어떻게 해결되는가?" 예 : 창조공학 브레인스토밍 회의에서 사람들은 모래언덕용 타이어를 설계하기 위해 모래에서 낙타 다리의 압력이 분배되는지를. 초경량 비행기를 위하여 날개는 거센 바람에서도 안정적으로 조종이 가능하도록 갈매기의 날개를 사용하여 설계하였다. 나방의 눈

구조(아마도 최고의 무반사 표면으로 알려진)는 광디스크 저장장치 시스템의 성능을 향상시키기 위한 기본 원리가 되었다. 울림이 없는 방에서의 올빼미 비행 시험은 비행기에서 생성되는 소음을 줄이기 위한 방법으로 이용되었다.

억지로 끼워 맞추기 게임 억지로 끼워 맞추기는 항상 심각한 비즈니스는 아니다—이 게임은 창의적 생각을 위하여 워밍업 하는 데 사용될 수 있다. 억지로 끼워 맞추기 게임을 하려면 팀을 두 그룹으로 나누고 문제 정의문을 나눠준다. 그룹 1은 완전히 관련 없는 문제에 대한 아이디어를 제시한다. 그룹 2는 그 아이디어를 원래 문제에 대한 해답으로 바꾸려고 노력한다. 만약 그들이 성공하면, 두 번째 그룹은 점수를 얻는다; 만약 성공하지 못하면, 점수는 첫 번째 팀으로 간다. 두 팀은 번갈아가며 터무니 없는 질문과 좋은 응용을 찾도록 한다. 모든 아이디어와 해결책은 기록된다. 게임은 두 가지 관련이 없는 아이디어를 억지로 끼워 맞추는 과정으로 상상의 생각과 엉뚱한 생각을 결합하고 자기 자신에 대한 창의적인 연습을 수행하는 것이다.

브레인스토밍의 "부가가치"는 그룹의 정신을 만드는 것이다.

게임은 대답이 쉽게 나올 때 까지 몇 번 계속 반복된다.; 정규 브레인스토밍은 2부 후 계속 진행한다. 특히 어린 학생들이 이러한 활동을 좋아한다.

참고문헌

8.1 Henry G. Altov (Altshuller), *The Art of Inventing: And Suddenly the Inventor Appeared*, translated and adapted by Lev Shulyak, Technical Innovation Center, Worcester, Massachusetts, 1994. This is *the* manual on TRIZ.

8.2 Charles Clark, *How to Brainstorm for Profitable Ideas*, Creative Education Foundation, 1050 Union Road, Buffalo, New York 14224. This is just one of the fine books available from this organization for helping people do brainstorming. This organization was founded by Dr. Alex Osborn in 1945 and teaches workshops and summer programs on creative problem solving.

웃음은 당신 마음의 혼란을 청소해줄 수 있는 빗자루이다.
Randall Munson, Creatively Speaking의 설립자이자 대표임.

8.3 V.A. Howard and J. H. Barton, *Thinking on Paper*, Morrow, New York, 1986. This small hardback book teaches how to generate ideas by writing. The focus is on writing as a thinking tool and thus goes beyond the traditional view which considers writing as communication.

8.4 Stanley Krippner and Joseph Dillard, *Dreamworking: How to Use Your Dreams for Creative Problem Solving*, Bearly, Buffalo, New York, 1988. This textbook-workbook combinatio would be of interest to students wanting to find out more about the value of dreams in creativity and idea generation; it gives many examples from history.

8.5 H. A. Linstone, *The Delphi Method: Techniques and Application*, Addison-Wesley, Reading, Massachusetts, 1975. This group idea generation technique is designed for futures forecasting.

8.6 ✓ Alex F. Osborn, *Applied Imagination−The Principles and Problems of Creative Problem-Solving*, third revised edition, Scribner's, New York, 1963, This book by the inventor of brainstorming is well worth reading(especially by team leaders); it explains the technique and its applications.

8.7 George M. Prince, *Practice of Creativity*, Macmillan, New York, 1970. This book is required reading for anyone who wishes to study Synectics. Also, it has useful comments on committee meetings and the briefing document.

8.8 Arthur B. Van Gundy, Jr., *Techniques of Structured Problem Solving*, second edition, Van Nostrand Reinhold, New York, 1988. Over one hundred proven problem-solving techniques are explained and evaluated.

아이디어 제시 도구

IDEA GENERATOR PLUS, IDEA FISHER, MINDLINK PROBLEM SOLVER, BRAINSTORMER(형태적 창의성에 기초를 둔) 그리고

INSPIRATION같은 프로그램은 수년 전부터 컴퓨터를 이용한 브레인스토밍을 할 때 사용되었다.

정사각 알루미늄 호일의 80가지 사용법

1. 음식을 싸다.	2. 음식을 요리한다.
3. 도체	4. 공
5. 태양 반사기	6. UHF 안테나
7. 머리카락 결빙	8. 크리스마스 장식
9. 팬 라이너로 커피를 끓인다.	10. 쥐를 위한 보트
11. 소포를 포장할때	12. 세절된 금속조각
13. 허수아비	14. 형판
15. 활판 인쇄를 만든다.	16. 뜨겁거나 끈적거리는 팬을 잡을 때
17. 아이스크림을 싸서 냉동고에 보관한다.	18. 샌드위치를 싼다.
19. 뚜껑으로 쓴다.	20. 거울
21. 구겨서 직물을 만든다.	22. 문지른 자국
23. 모래 여과를 위해 구멍을 뚫는다.	24. 새는 구멍을 덮는다.
25. 은색 색종이 조각	26. 고민을 상징
27. 불을 붙이다.	28. 다른 금속의 녹을 지움
29. 수리할 신발에 임시방편으로 집어넣는다.	30. 안정적 전기를 시연한다.
31. 보석	32. 깔때기
33. 케익 장식 도구	34. 책갈피
35. 임시 휴즈	36. 쥐의 갑옷
37. 변류기(變流器)	38. 크리스마스 야외극에서 천사의 후광
39. 외계인을 위한 깃발	40. 교회에서 먹을 수 있는 캔디를 포장한다.
41. 담배 라이터	42. 부채로 사용한다.
43. 얇은 테이블 매트	44. 아이마스크
45. 틈새와 구멍을 채운다.	46. 치과의 충전 재료로 쓰기 위해 녹인다.
47. 작은 장난감 동물을 만든다.	48. 작은 장난감 접시를 만든다.
49. "긴급" 결혼반지로 사용한다.	50. 작은 부케를 싼다.
51. 꽃병을 미화한다.	52. 꽃병 아래 물을 담는다.
53. 도서관의 책 커버를 은색으로 쓴다.	54. 마실 수 있는 긴급 컵을 만든다.
55. 풍차 장난감을 만든다.	56. 매 인치마다 금을 내어 자로 사용한다.
57. 돈을 만든다(make play money).	58. 벽의 결함을 가리기 위하여 장식으로 사용한다.
59. 나비 모빌을 만든다.	60. 말아 올려서 비누 방울을 부는 데 사용한다.
61. 샤워 모자	62. 이식된 식물을 그늘지게 한다.
63. 구조적 모델을 위한 샘	64. "역겨운" 음식물을 위한 쓰레기 봉지
65. 재활용	66. 그릴 커버
67. 선반 라이너	68. 캔디 제조
69. 랩을 선물한다.	70. 파이 팬
71. 차의 긴급 가스 모자	72. 액자
73. 새장 라이너	74. 유리창 차양막
75. 파티 장식리본	76. 대못 헤어스타일
77. 인형의 "Tin man" 의상	78. 작은 무언가를 넣을 비상 지갑
79. 창의적인 예술 재료	80. 진흙을 통과할 때 신발 보호대

그림 8.2 활동 8–2의 대답 : 창의적 생각을 위한 워밍업

이러한 소프트웨어들의 급속하게 발전하고 있음을 깨닫지 못하고 있다. 몇몇 사람들은 특히 혼자 브레인스토밍을 할 때 이러한 도구가 매우 유용함을 인식하게 되었다.; 많은 사람들이 이러한 도구는 너무 복잡하고 고전적인 팀 브레인스토밍 방법에 비하여 생산성이 좋지 않다고 생각한다. 소프트웨어를 구입하기 전에 사용자의 요구사항과 기대를 만족시키는지를 보기위하여 많은 사람에게 물어보고 소프트웨어 프로그램을 시험해 보아라. Michael Michalko의 THINKPAK, Roger Von Oeach의 WHAK PACK, 그리고 Marilyn Schoeman Dow/ThinkLink의 BOFF-O!™(빠른 전달의 뇌)등의 카드 덱은 브레인스토밍 동안 창의적 아이디어를 생성하는 것을 돕는다. 이 카드들은 시각적이고 손에 가지고 재미있게 할 수 있으며, 이것들은 "자연그대로의, 아름답고, 실행될 수 있는" 아이디어를 빨리 생성하는데 매우 효율적이다. 창의적이고 혁신성을 나타내는 책 뿐만 아니라 이러한 도구들도 미국 창조성 연합의 웹사이트인 www.BeCreative.org의 ACA 서점에서(amazon.com 관련됨) 이용가능하다.

연습문제

8.1 워밍업 연습

브레인스토밍을 위하여 워밍업 하는 차원에서 다음의 "재미있는" 물건 들 중 하나를 골라 서로 다르게 사용되는 것을 찾아라. — 헤진 양말, 거울, 깃털, 톱밥이 채워진 양동이, 땅콩, 오래된 운동화, 프리스비 또는 호박.

8.2 ✓ What-if Creative Thinking Warm-Up

what-if 질문을 준비하고 그룹 내에서(그러나 이 활동은 혼자 해도 무방하다) 잠시 동안 그 질문을 가지고 여유를 가져라. what-if 질문들은 실제적일 필요는 없다; 가급적 엉뚱하고 불가능한 아이디어를 가지고 연습한다면 더 가치있는 것이다. 만약 네가 what-if 질문들을 찾을 수 없다면, 아래 목록 중 하나를 선택하라

a. 만약 중력이 매일 10분 동안 없어진다면 — 침대는 어떤 식으로 재설계 되어야 하는가?

d. 만약 한 나라가 갑자기 우주의 외계인에게 점령당했다면 — 사람

들은 어떻게 행동해야 하는가?

e. 만약 쓰레기가 탐이 나게 만들어졌다면 — 결과는 어떨까? 그것은 어떻게 만들어 질 수 있는가?

f. 만약 사람들이 모두 똑같이 생겼다면 — 각 개인을 어떻게 확인해야 하는가?

g. 만약 전 세계의 곤충들이 4배 커진다면 — 이것이 새로운 식량이 공급되는 것을 의미하는가? 재해를 의미하는가?

h. 만약 네가 가장 싫어하는 세 사람과 함께 모래사막 섬에 좌초됐다면 — 이것을 즐거운 경험으로 만들기 위해 너는 무엇을 할 것인가?

만약 누군가 당신의 생각을 비웃는다면, 이것은 네가 매우 창의적이라는 표시일 것이다.

8.3 "Ringii" 과정

"Ringii" 브레인스토밍 방법에 대한 응용을 찾아라. 절차를 수행하고 그 다음 결과를 요약해서 써라.

8.4 ★ Crawford 전표 수기 ★

만약 네가 열 명 이상의 클럽에 소속되어 회의에 참여한다면, Crawford 전표 수기 방법을 사용해 보아라. 혹시 클럽 활동이나 자금을 어떻게 모금할지에 대한 아이디어를 찾고 있지 않은가? 클럽의 관리들과 모여서 문제 정의문을 만들고 간략한 아이디어 창출을 위한 계획을 수립하여라. — 사람들과 조용하게 10분쯤 시간을 가지고 종이에 아이디어를 적어라. 그 다음에 모든 아이디어를 수집하라. 당신은 아이디어를 평가하고 최고의 해결책을 찾기 위해 위원회가 도울수 있는 것들을 나열 하여라.

8.5 ★ 기술에서의 억지로 끼워 맞추기의 예 ★

역사의 흐름 속에서 면도칼이 발전되는 과정을 생각해 보라. 잔디 깎는 기계의 디자인을 유추해보라. 어떤 종류의 면도칼을 이용하여 잔디 깎기를 설계하였는가? 지금의 과정을 뒤집어 보아라. — 진보된 잔디 깎기 기술을 분석하여 더 향상된 면도기를 설계할 수 있겠는가? 절단기의 다른 유형과 머리를 다듬는 기구의 유사성을 확장하여라. — 실용적으로 수정할 뿐만 아니라 엉뚱한 생각을 해낼 수 있겠는가?

8.6 ★ SAMM ★
문학을 탐색해 보고 (예를 포함하는) 속성/변경 매트릭스의 순서를 설명하는 요약 보고서를 작성하라(SAMM). 오스본 박사의 아홉 가지 생각을 시작하기 위한 질문과 속성 목록과 어떤 관련이 있는가? 이런 기법들은 스토리보드와 어떤 점에서 비교되는가?

제8장 – 주요개념 복습 및 실천사항 점검

"예술가"로서의 역할 브레인스토밍을 위해 좌뇌의 틀에서 벗어나 C 사분면과 D 사분면 생각법을 사용하라. 특별한 아이디어를 환영한다! "예술가"는 정보(문제 정의 단계로부터)를 가지고 와서 그것을 새로운 아이디어로 변화시킨다.

구두의(고전적) 브레인스토밍 그룹에서 창의적 아이디어를 생성하기 위한 이 방법은 1938년에 알렉스 오스본에 의해 개발되었다. 그 네 가지 규칙은 : 1. 가능한 많은 해결책을 생성한다. — 양적 증가. 2. 엉뚱한 아이디어는 환영받는다. — 가능한 한 창의적인 아이디어를 제시한다. 3. "히치하이킹"이 장려된다. — 다른 사람의 아이디어를 가지고 새로운 아이디어를 만들어라. 4. 비판은 허용되지 않는다. — 판정은 나중으로 미룬다. 1970년 이후 서로 다른 환경을 설명하고 대규모 그룹을 지원하기 위한 많은 수기 브레인스토밍 방법이 발전되었다. 특별한 기법은 창의적인 생각이 고착되었을 때 점프-시작하는 그룹에 사용될 수 있다.

브레인스토밍 회의를 이끌기 위한 절차

1. 문제정의문을 간결하게하고 점검하여라.
2. 네 가지 브레인스토밍 규칙을 점검하여라.
3. 사용될 브레인스토밍 절차를 설명하여라.
4. 창의적인 생각을 위한 워밍업 연습을 하여라(5분).
5. 브레인스토밍(20분 정도. 종료될 무렵에 5분의 추가시간 포함).
6. 종료하고 모든 아이디어들을 취합하여라.
7. 참여자들에게 감사함을 표시하고 모임을 해산한다.

작은 모험을 위한 방법 : 때때로 헛된 일을 해보아라. 그것이 바로 야생 기러기가 하고자 하는 것이다.

실천사항 점검목록

- 일상생활에서 브레인스토밍을 어떻게 응용할 수 있는지를 생각해 보아라. 노래나 댄스 또는 아이들의 동화책을 만드는 등의 사회 활동을 위하여 브레인스토밍 회의를 계획해 보아라.
- 소규모의 팀에서 소규모의 문제를 가지고 브레인스토밍을 진행할 때 포스트잇이나 노트 카드(카드 하나당 하나의 아이디어)등을 사용하여라. 억지로 끼워 맞추기를 통하여 창의적인 생각을 추가로 생성하기 위하여 카드들을 섞어보아라.
- 대규모 그룹이 브레인스토밍 하기를 원하지만 모두가 같은 시간에 모일 수 없을 때, 게시판 방법을 사용하여라. 게시판에 문제 정의를 게시하고 다량의 빈 카드와 펜을 이용가능하게 해라. 다른 히치하이킹 아이디어를 추가하기 위해 참가자로 하여금 게시판을 자주 조회할 것을 권한다.
- 항상 한 팩의 노트카드를 가지고 다니는 것을 습관화 하여라. 흥미로운 아이디어가 생각나는 즉시 적어 놓거나 특이한 이미지나 이야기로 그것을 구체화시켜 보아라.

09 Chapter 아이디어 개선

- 주요 문제풀이 단계의 목표 : 체계화를 통하여 고품질, 혁신적, 최적화된 개념 또는 해결책 등을 개발하는 것
- 엔지니어의 마음가짐의 특색 : 네 가지 규칙과 두 번째 수행되는 브레인스토밍에서 최적의 타이밍
- 아이디어를 향상시키기 위한 세 가지 단계 : 집단화, 체계화, 억지로 끼워 맞추기
- 공학적 설계에서의 응용, 사례 연구의 과정.
- 심화학습: 참고문헌, 연습문제, 복습, 실천사항 점검목록

61쪽의 그림 2.17을 보면 우뇌의 "예술가"와 좌뇌의 "판사" 사이에서 사분면에 "엔지니어"의 위치를 기록하여라. 창의적 문제 해결 단계에서 이 과정은 두 가지 사고하는 방법이 교대로 사용된다. 창의적 아이디어 평가는 주로 두 번째 단계의 브레인스토밍으로, 정의된 문제의 해결을 위하여 첫 번째 단계의 목표인 "엉뚱하고 괴상한" 아이디어를 발전시켜 이를 보다 더 좋게, 더 실용적으로 만드는 것이다. 명시된 아이디어를 발전시키고 종합시키는 과정은 다른 문제 해결 방식에서는 생략되고 있다. 그러나 이 과정은 양질의, 혁신적인 공학 디자인을 얻기 위한 핵심 단계이다. 지식을 창출하는 사이클에서 이러한 종합적인 활동은 상호 결합을 통하여 개념적인 지식에서 체계적인 지식으로 전환하는 일부분이다. 본 장에서는 사고의 과정에 대한 메커니즘을 설명할 것이다.; 제 11 장에서 개념적인 아이디어 평가 방법인 Pugh 방법의 일부분으로 사고의 과정을 볼 수 있을 것이다.

"엔지니어"의 역할

아이디어의 구체화 : 상상을 치솟게 하고 엔지니어에게 그것을 현실화 할 수 있도록 하여라.

창의적인 아이디어 평가는 "예술가"의 의견이 다른 생각보다 더 많이 반영된다. 개념을 명확하게하고 문제를 해결하고 실현할 수 있는 잠재력을 갖는 창의적인 아이디어를 만들어 내기 위하여 집중되는 사고를 추가하기 원한다. 비록 엔지니어의 아이디어를 브레인스토밍을 통하여 실제적인 개

❁ 그림 9.1 엔지니어의 심적경향

념, 해결책, 제품 디자인에 보다 향상된 품질을 갖도록 하므로 이것은 팀 활동에 이상적으로 적합한 것이다. 이러한 관점에서 창의적 문제 해결의 다음 단계인 아이디어 판단이 명확한 기준을 사용하므로 혼란을 유발하지는 않는다.

"엔지니어"는 무엇을 해야 하는가? 그들은 설계, 건설, 관리, 분류, 결합, 개발 그리고 그것들을 실용적으로 사용할 수 있도록 종합한다. "원재료"처럼 브레인스토밍 한 아이디어를 가지고 일하게 될 것이고, 부가적이고 창의적 생각을 통해 아이디어들을 향상시키려 노력할 것이다. 또한 그 아이디어에 대해 질문을 하게 될 것이다 : "어떻게 하면 우수한 아이디어를 생각해 낼 수 있을 것인가? 무엇이 쓸모 있고 가치 있는 것인가? 어떻게 이것을 향상시킬 수 있을 것인가?" "엔지니어"의 심적경향에서는(표 9.1에 팁으로 설명되어 있는), 긍정적이고 개인적 판단이 필요없는 동안 D 사분면과 A 사분면을 빠르게 전환시킬 수 있다. "엔지니어"의 심적경향을 나타내기 위해 초록색이 왜 좋은지 적어도 세 가지 이상의 이유를 생각할 수 있는가?

창의적 아이디어 평가의 네 가지 규칙

브레인스토밍의 네 가지 규칙을 다시 생각해 보아라. 창의적 아이디어 평가를 위하여 네 가지 규칙을 갖는다.

1. 양질의 "괜찮은" 아이디어를 찾아라.
2 "엉뚱한" 아이디어를 보다 실제적으로 만들어라.
3. 좀 더 완벽하고 최적화된 해결책을 얻기 위해 아이디어들을 종합하라.
4. 긍정적인 태도를 유지하라; 비판은 계속 연기하라.

당신이 틀릴 수도 있고 논리적인 면에서 오류를 범할 수도 있으며, 심지어 모순을 기록할 수도 있지만 당신이 만일 유용한 새로운 아이디어 결합을 위해 나를 돕는다면 그런 것들은 아무런 상관이 없다.

J. W. Haefele Procter & Gamble.

규칙 1 : 양질의 "괜찮은" 아이디어를 찾아라. 지금 우리는 양 대신에 질에 초점을 맞추고 있다. 각 아이디어에 대해 좋은 것을 찾아보고 이것들을 더 좋게 만들려고 시도하라.

규칙 2 : "엉뚱한" 아이디어를 보다 실제적으로 만들어라. 보다 실제적인 해결책을 제시하기 위해 징검다리 또는 생각을 시작하는 방법 등을 가지고 엉뚱한 아이디어를 만들어라. 이것은 반복적으로 창의적인 생각과 분석적인 생각을 필요로 한다.

규칙 3 : 좀 더 완벽한 해결책을 얻기 위해 아이디어들을 종합하라. 히치하이킹을 대신해 우리는 지금부터 통합, 종합, 억지로 끼워 맞추기 또는 최적의 해결책을 개발하기 위해 다른 아이디어들을 혼합하라.

규칙 4 : 비판은 계속 연기하라. 빠른 판단과 부정적 의견 제시를 삼가하여라. 긍정적인 태도는 이 단계에서 필수적이다—이것은 우리가 직관적인, 혁신적인 생각을 분석적이고, 논리적으로, 더 실용적인 생각으로 혼합할 때 부가적인 창의적 아이디어를 생성할 수 있게 도와줄 것이다.

많은 엔지니어들이 두배 이상의 A 사분면과 D 사분면 사고를 병행하고 있다.; 그래서 이 단계를 배우고 적용하는 것이 어렵지는 않다. A 사분면과 B 사분면 사고가 강한 사람은 이 단계에서 부정적이지 않도록, 결점을 찾지 않도록 주의해야 한다.

타이밍과 준비

모든 단계에서, 종합은 혁신, 평가, 그리고 의사결정을 할 수 있는 또 다른 해결책을 생성하는 것을 포함한다.

Commission on Engineering and Technical Systems, National Resarch Council, 1991

브레인스토밍 후에 얼마나 빨리 창의적인 평가가 이루어져야 하는가? 만약 같은 팀이 수행한다면 최소 하루는 기다려라. 브레인스토밍과 창의적 아이디어 평가 모두 정신적으로 매우 지치는 일이므로 맑은 정신을 가지고 수행한다면 보다 더 생산적이 될 것이다.

의식적인 마음의 안정과 잠재적인 마음이 아이디어를 만들어낸다면 평가단계 동안에 만들어 질 생각들은 더 창의적이 될 것이다. 시간을 연기하는 것은 조언자에게 아이디어를 가지고 작업 할 기회를 제공하는 것이다. 전형적인 20~45분 동안의 브레인스토밍 회의에서, 팀은 40에서 200가지의 아이디어를 생성할 수 있을 것이다. 만일 작업을 쉽게 하려는 구조적 접근을 가지고 있지 못하면 많은 아이디어를 가지고 일하는 것이 다루기 힘들어 질 수 있다. 아래에 기술된 3단계 절차는 그러한 도구이다.

아이디어 평가를 준비하기 위하여, 조언자는 인덱스 카드를 확보하여야 한다. 여기에서 세 가지 크기를 사용하고 있고(3 × 5, 4 × 6 또는 5 × 7), 4 × 6 카드가 대부분의 상황에 잘 맞는다고 생각한다. 몇몇 팀은 포스트잇을 사용하는 것과 테이블에서 작업하는 것 보다 벽에서 작업하는 회의를 선호할 수도 있다. 각각 브레인스토밍 된 아이디어는 개별적으로 팀원들이 먼 거리에서도 보기 쉽도록 굵은 펜으로 써야한다. 필기체는 적합하지 않다. 조언자, 지원자, 또는 팀의 멤버가 이 일을 할 수 있다. 카드의 아래 부분을 남겨 두고 맨 위에서부터 쓰기 시작하여라. 이 과정 중에 새로운 아이디어가 생각나면(꽤 비슷한 것처럼), 그것을 카드에 쓰고 스택에 저장하여라.

조언자는 평가 회의를 위해 다음의 도구들을 가져와야 한다 : 완성된 아이디어 카드, 빈 카드, 카드에 쓰기 위한 다른 색상의 펜, 클립, 고무줄, 플립 차트, 마커, 보호 테이프 등. 회의실은 플립 차트 페이지가 게시될 수 있는 벽의 공간을 두어야하고 커다란 테이블이 두 개 정도 있어야 한다.

창의적인 평가 과정

창의적 평가는 9.2에 상징적으로 보이는 것과 같이 3단계 작업으로 구성된다. 이것은 브레인스토밍을 포함한 제한이 없는 활동이다—구조적 접근 방법이 사용됨에도 불구하고, 결과는 전혀 예견되지 않는다.

작업 1 – 관련 아이디어를 범주 안으로 정렬하기

Systhesis : [syn, together + tithenai, to place]
1. 전체를 형성하기 위해 부분이나 원소를 결합한다.
2. 이러한 방법으로 형성된 전체.

아이디어 카드는 무작위로 테이블에 널려있다. 팀은 아이디어를 몇 분 동안 조용히 숙고하기 위하여 테이블 주위로 모이고 아이디어를 잠재 의식 속에 넣어 둔다. 카드를 유사한 것 끼리 찾고 섞는 시간이 되면 몇몇 아이디어는 자연스럽게 묶일 수 있다. 이러한 유사 아이디어를 위해 다른 색깔로 "주제" 카드를 만들고, 그 주제에 적합해 보이는 아이디어를 이 범주 안에 넣는다. 이때 너무 광범위한 범주는 만들지 말고 공통점이 많지 않은 아이디어들을 서로 묶지 말아라. 많은 다양한 범주를 갖는 것은 매우 좋은 일이다. 팀 멤버들은 아이디어가 어느 범주에 속해야 하는지 간략한 회의를 할 수 있지만 시끄럽게 서로를 방해해서는 안된다. 만약 하나의 아이디어가 한 개의 이상의 범주에 속하면 카드를 두장 만들어 각각의 범주에 아이디어를 넣어라.

다시, 마음에 떠오르는 새로운 아이디어를(새 카드에) 적고, 그것들을 추가시켜라. 우리 경험에 따르면, 정렬 과정은 비교적 빨리 진행된다. 우리의 뇌는 아이디어를 그룹핑하고 범주 속에 넣는 것을 좋아한다. 만일 아이디어가 명확한 어떤 범주에도 적합하지 않는다면 "특이한 아이디어" 범주에 넣는다. 맨 위쪽에 주제 카드를 두고, 그 범주에 속한 아이디어를 고무

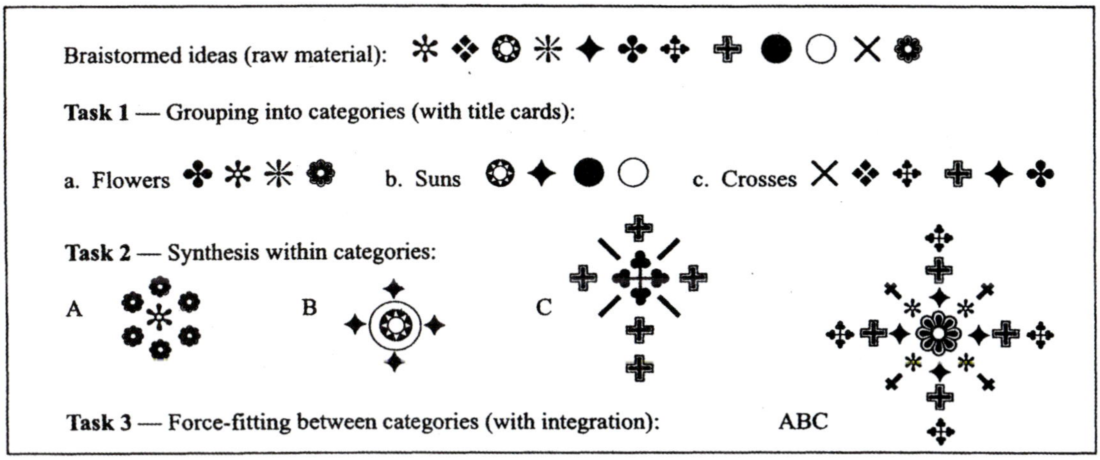

그림 9.2 창의적 아이디어 평가 과정에 대한 기호 다이어그램.

줄로 함께 묶는다. 만약 일곱 개의 범주 이상이 나왔으면, 두 개 이상의 하위범주를 섞는 과정을 반복하여 새로운 "포괄된" 범주에 넣는다. 몇 가지 주제 때문에 범주 제목을 생각해 내기가 쉽지 않을 수도 있다. 이러한 경우에는 잘 알려진 아이디어, 소설 아이디어 그리고 엉뚱한 아이디어에 따라, 또는 실행의 어려움 정도에 따라 정렬시킬 수 있다—간단한(저렴한) 아이디어들, "충실한" (보다 매력적인) 아이디어, 그리고 어려운 아이디어(주요 자원과 혁신을 요구하는).

조정자는 이러한 작업을 계획하여야 한다. 모든 교실에서 동일한 프로젝트 작업을 할 때(그리고 단지 45분 수업 주기는 아이디어 평가를 수행하는 데 충분할 것이다), 강사와 클래스 지원자가 정렬작업을 수행하기를 추천한다. 그들은 각 팀이 적절히 비슷한 개수의 아이디어를 가지고 작업할 수 있도록 한 두 개의 범주를 학생들에게 할당할 수 있어야 한다. 강사는 적절한 팀간의 균형을 만들기 위하여 몇몇 범주에 몇 개의 사본이나 새로운 아이디어를 추가할 수도 있다.

작업 2 – 범주 내 양질의 아이디어 개발

모든 아이디어가 범주 안에 정렬된 후에, 각 팀은 동시에 하나의 범주를 가지고 작업할 필요가 있다. 만약 팀이 대규모라면, 각각의 범주는 3~5명의 멤버로 구성된 서로 다른 하위팀에 할당될 수도 있다. 하위팀에게 범주를 두고 작업 할 수 있도록 소규모 회의장이나 넓게 분리된 테이블을 제공하여야 한다. 작업 2의 시작점에서, 간단하고 창의적인 생각을 위한 워밍업을 수행하라. 지금의 목표는 범주 내의 많은 아이디어나 아이디어 조각을 줄이는 것이지만, 더 완벽하고 실용화될 수 있는 양질의 아이디어를 만들기 위해 "엔지니어"가 되는 것이다. 팀 멤버는 범주 안의 아이디어를 가지고 논의할 수 있다; 아이디어들은 자세히 추가될 수 있다; 아이디어들은 보다 정교해질 수 있다; 아이디어는 그 위에 히치하이크 될 수 있다; 아이디어들은 억지로 끼워맞춰 결합될 수 있다. 아이디어 종합 — 여러 개념을 섞거나 전혀 새로운 아이디어 — 은 특히 권장되고 실행되어야 하는 주요한 정신적 과정이다. 표 9.1에서 고등학생과 대학 신입생이 혼합된 그룹에 의해 진행된 브레인스토밍 회의에서 만들어진 아이디어들의 종합과 체계화에 대하여 설명되어 있다.

10분 팀 활동 9.1 : 아이디어 종합

a. 표 9.1에 주어진 아홉 가지의 아이디어를 시작하고, 예제로부터 주어진 서로 다른 해결책을 종합하기 위한 문제 해결법을 사용하라. 당신의 해결책이 원래의 문제를 해결할 수 있는가?

b. 보다 창의적인 아이디어를 생성하고 이를 종합하기 위한 디딤돌을 제공하고 근본적인 통찰을 위해서 엉뚱한 아이디어를 사용하라, "겨울에 학교의 복도에서 홍수가 났다; 밤에 문을 열어두어 미끄럼을 위한 아이스 트랙을 만들어라". 당신은 "왜"라는 질문의 연결고리를 통해 문제를 확장함으로써 그 과정을 시작하고 싶어할 수도 있다. 만약 당신이 따뜻한 기후에서 산다면(이 아이디어는 특히 "엉뚱할 수 있으나") 더 실용적인 아이디어를 생성할 수 있는 촉진자(trigger)의 역할을 수행할 것이다.

두 가지 아이디어가 결합될 때, 이것은 새 아이디어로 간주된다. 시간을 절약하기 위해, 아이디어에 대한 변화와 추가는 관련 카드에 직접 만들어질 수 있다. 스택 맨 위에 놓여있는 가장 잘 만들어지고 종합된 아이디어와 이와 결합된 카드를 묶기 위하여 종이 클립을 사용하여라. "엉뚱한" 아이디어나 적합해 보이지 않는 아이디어를 버리려고 급하게 서두르지 말아라; 그것들이 새로운 아이디어의 촉진자로 사용될 수 있도록 시도해 보아라. 최고로 쓸모있고 혁신적인 아이디어들은 엉뚱한 아이디어들 사이에 숨어있을 수 있다. 잘 알려진 아이디어를 더 좋게 하려고 시도해 보라. 신기한 아이디어를 근접해서 바라보아라. 여기서 위험한 점은 팀이 갑자기 신기한 아이디어중 하나를 버릴 수도 있다는 것이다. 만약 이러한 일이 발생하면, 다른 모든 아이디어들을 평가하는 것을 멈추지 말아라. 계속해서 작지만 양질의 해결책을 찾기 위해 아이디어를 향상시키고 종합시킬 방법을 찾아라.

표 9.1 범주 내에서의 아이디어 종합의 예

브레인스토밍 주제 : 어떻게 하면 더 나은 학교를 만들 것인가? 전부 262개의 아이디어가 생성되었다.
범주 : 전국 학교 시스템의 변화

1. 다른 학교에 있는 특정 교육기관
2. 다른 고등학교의 기술 센터
3. 재능있는 학생들을 위한 고등학교 분리.
4. 엔지니어가 강의하는 토요일 강의 교실
5. 많은 기숙 학교를 건립(엉뚱한 아이디어).
6. 비즈니스와 무역 학교를 추가 건립.
7. 공장 내의 학교
8. 모든 학교에서의 우수한 영역
9. 학생들이 출석하고자 하는 학교를 선택

1번과 2번이 결합될 수 있는가? 그렇다. 그리고 두 가지 대안이 나올 수 있다. a. 각 학교 내의 교육기관과 기술센터를 같은 영역(수학과 과학, 언어 또는 미술 그리고 응용 미술 같은)으로 결합하여라. b. 상호 보완되는 것을 강조하여라. 상호 보완되는 것을 강조함으로써 양질의 학교를 만들 수 있는 아이디어가 제시되므로 이 아이디어를 유지하라. 3번과 결합될 것인가? 교육기관과 기술 센터 중 하나는 재능있는 학생들을 위해 엄격하게 만들어 져야 한다. 그러나 대규모 공동체에서 몇몇 우수 교육기관/기술 센터에 있는 우수한 학생들은 이러한 환경에 도전하고 그들이 존재함으로 인하여 학교의 질을 높이는데 기여할 것이다. 그러므로 모든 교육기관/기술센터는 우수한 학생들을 위한 프로그램을 운영하여야 한다.

4번은 어떤가? 토요일 학교—이것은 매우 흥미로운 개념이다; 이것은 교육기관/기술 센터에서 학문과 문화 프로그램의 질을 높일 수 있는 데 사용된다. 이 아이디어를 생각해보자. 그러나 다양한 계층에서 다양한 생활의 경험을 가진 전문인들을 포함시키고, 또한 여름 프로그램도 포함 시켜보자. 아이디어 5번은 특별히 실용적이지 않아 보인다—부모의 감독 또는 나이든 학생의 멘토 하에서 이웃과의 그룹 스터디를 위하여 학교 내에 창의성을 가질 수 있는 자기 집 같은 편안한 장소를 만드는 것은 어떻겠는가? 6번, 7번, 8번, 9번이 추가될 때 종합적인 결과는 다음과 같다.

새로운 전국 학교 시스템의 개념 :
학교시스템은 다양성을 가지기 위해 비즈니스와 무역(공동체의 후원자와 함께)뿐만 아니라, 재능있는 학생들을 위해 특별 프로그램과 함께하는 결합된 교육기관/기술 센터로 다시 만들어 질 것이다.; 학교들은 우수학생들을 위해 특별한 센터를 갖게 될 것이며 학생 모두는 다양한 토요일 프로그램과 혁신적인 교과 과정을 갖게 될 것이다. 학생들은 그들이 참석하고 싶은 학교를 선택한다. 학교는 조언자와 함께하는 그룹 스터디를 위하여 오후 10시까지 개방될 것이며 공동체의 특성을 갖는 공동체 활동 센터는 모든 연령층의 교육과 문화를 지원할 것이다.

팀이 모든 아이디어를 조사하고 나면 각 범주의 향상된 아이디어는 다음 단계를 위하여 대형 시트에 쓰여질 수 있고 칠판이나 벽에 게시된다. 범주의 타입과 원래의 문제와 관련하여, 향상된 아이디어 카드와 범주를 테이프나 압정을 이용해(또는 포스트잇으로) 스토리보드와 같이 벽에 게시하기도 한다. 만약 학생 팀이 수업시간 내 작업 2를 완성하지 못하면, 그들은 회의를 마치고 숙제로 부과한다. 이러한 것이 자주 발생되어서는 안 된다.

작업 3 : 범주 간 관련없는 아이디어 끼리 억지로 끼워 맞추기

각 팀은 우수한 해결책을 생각해 내기 위하여 모든 범주로부터 최고로 발전된 아이디어를 결합하려고 시도하고 있다. 이것이 진정한 억지로 끼워 맞추기 활동인데 아이디어들이 서로 다르기 때문이다. 최종 아이디어들을 서로 다르게 결합하여 보아라.(그것들은 단순하거나, 충실하거나 또는 어렵다.) 이러한 과정을 통하여 매우 새롭고 흥미로운 아이디어가 생성될 수 있다. 다시 개선된 최종의 아이디어를 게시하여라. 그러나 여러 종류의 문제로 인하여, 다수의 아이디어를 몇 개의 종합적인 해결책으로 만드는 것은 불가능하다; 창의적인 아이디어 평가를 통하여 가치 있는 아이디어 목록을 제시하여 문제를 해결할 수 있을 것이다. 이러한 경우, 전체 아이디어 목록은 아이디어를 판단하기 전에 전달되어야 한다.

11장에 자세하게 논의될 아이디어를 조사하고 토론하는 과정을 통하여, 팀은 아이디어에 대한 논리, 의미, 목적 등을 이해하게 된다. 이것이 본 방법의 최대 장점중 하나이다.; 팀으로 하여금 최상의 해결책을 찾는 것을 가능하게 한다. 그러므로 창의적 평가로 넘어가서는 안된다. 이 활동은 심지어 조언자가 그룹핑을 하여 몇몇 팀으로 나누어 졌다하더라도 원래의 브레인스토밍과정 처럼 길게 두 세 번 정도 수행할 수 있다. 브레인스토밍 두 번째 라운드의 또 다른 장점은 완전히 새로운 아이디어가 떠오를 수도 있다는 것이다. 이 시점에서 종종 문제 해결을 위한 최고의 아이디어가 생성될 수 있다.

몇몇 팀은 이 시점에서 여러 이유로 인하여 중단되는 어려움을 겪는다. B 사분면의 사람들은 미완성된 결과에 불편해 할 수도 있다. 그들은 문제에 대한 해결책으로 그 중에서 가장 “나은” 최종의 아이디어 중 하나를 채택하기를 원할 것이다(또는 설계 개념으로서의). 몇몇 사람들은 “완벽한” 해결책을 찾기 위해 지칠 때까지 작업을 계속 할 수 있으나 이것은 불가능하다. 다음 두 장에서, 우리는 어떻게 “최고의” 또는 최적화된 해결책을 개발하는지 보게 될 것이다. 다른 사람들은 비판 모드로 돌입해서 마지막 아이디어들에 대한 판단을 시작하고 찢어버릴지도 모른다. 이러한 부적절한 반응을 막기 위해서는, 작업을 “정지”할 필요가 있다. 이것은 어떤 해결책이 최고이고 어떤 것이 실행되어야 할지를 결정하는 “판단”의 순간이 될 것이다.

팀 활동 9.2 : 창의적 아이디어 평가

팀 활동 8-3에 있는 브레인스토밍 아이디어와 함께 창의적 아이디어 평가를 수행하라. 창의적 생각을 위한 웜밍업과 함께 시작하라. 팀이 아이디어 판단을 하는 데 유용하게 쓰기 위해 벽에 걸릴 대형 종이 시트에 각 범주마다 개선된 아이디어를 요약하라. 만약 네가 복잡한 문제나 설계 프로젝트를 가지고 있다면, 너의 팀과 함께 개념적 아이디어 평가를 수행하기에 앞서, 우선 11장에 있는 Pugh 방법을 이해하여라.
더 실용적인 해결책을 위하여 우선 아이디어의 수를 줄인 후, 과정과 결과를 분석하는 데 시간을 할애하여라. 부정적 비판을 피하기가 쉬웠는가? 추가적으로 창의적인 아이디어를 생성하는 것이 가능했는가? 너의 종합된 해결책은 최초의 브레인스토밍 아이디어와 상당히 다른가? 결과에 기여한 팀 간의 상호작용은 어땠는가?

공학적 설계에서의 응용

신입생 교실에서 개념 설계 프로젝트를 통한 창의적 아이디어 평가 과정은 작업 3에서 완전히 다른 결과를 가져왔음을 알고 있다. 결과물은 제품 설계의 명세 목록처럼 가장 잘 설명될 수 있는 아이디어 목록이었다. 아이디어 목록은 원래의 문제를 해결할 최소 세 가지의 서로 다른 개념적 설계에서 개발되어야 한다. 만약 몇몇 팀이 같은 프로젝트에서 작업을 수행한다면, 각각의 팀은 하나의 개념을 생성할 수 있다. 서로 다른 개념은 추후 평가되고 Pugh 방법에 의하여 최적화 된다(11장을 보아라).

만약, 같은 그룹 내에서 각 팀이 같은 주제를 놓고 다른 범주에서 작업을 하고 있다면, 작업 2에서는 상품에 대한 다른 구성요소 및 관점에 대한 옵션을 제시할 것이다. 예를 들면, 개선된 수하물 가방을 설계하기 위한 단순한 프로젝트에서, 한 팀은 손잡이 디자인을 보고, 다른 팀은 바퀴를 보고, 세 번째와 네 번째 팀은 각각 다른 두 가지 구조적 관점을 보고, 다섯 번째 팀은 특별기능과 가죽 끈에 대하여 작업을 진행하고 있다. 이러한 경우에 각 팀은 회의를 통하여 추후 최적화를 위한 한 두 개의 최초 개념 설계를 발전시키기 위한 "메뉴"를 선택한다. 본질적으로 여기에서 수행되는 작업은 작업 3의 종합 및 억지로 끼워 맞추기가 연기되고 Pugh 방법 평가가 진행되는 동안 발생되고 최적화과정을 설계할 것이다.

아이디어 평가를 구성하는 작업이 무엇이든지 간에 기록을 관리하는 사람은 생성된 모든 자료의 추이를 조심스럽게 지켜봐야 하고, 기록을 관리하는 자와 과정 관찰자는 서로 각 작업이 마무리되는 시점에서 작업의 결과를 요약하고 기록할 수 있어야 한다. 본 과정을 설명하기 위하여 "유연한" 아이디어 평가의 한 예를 보여주고 있다. 설계 프로젝트의 예는 11장에서 논의될 것이다.

창의적 아이디어 평가의 예

문제 정의문 : 어떻게 하면 직업의 상태 등(해고, 전근 또는 폐업)과 같은 주요 변화에 직면한 직원들의 스트레스를 줄일 수가 있을 것인가?

이 문제는 워크샵을 통하여 관리자 및 엔지니어들과 함께 브레인스토밍 되었다. 첫 번째 브레인스토밍 회의는 짧게 진행되었고 29개의 다른 아이디어는 조정자에 의해 다섯 개의 범주로 분리되어 기록 되었으며 다음날에 같은 그룹에 다시 전달되었다. 평가를 진행하는 동안, 각 그룹은 관리자가 할 수 있는 일에 초점을 맞추기로 결정하였다. 이러한 관점에서 각 범주의 아이디어는 개선되었고 추가되었다. (아래에서 굵은 글씨로 보여지는). 아이디어를 요약하여 기록하는 팀은 각 범주의 아이디어 저장소가 작아져 아이디어 카드를 가지고 작업하지 않았다. "더 나은" 그리고 "최고의" 아이디어는 그 후 커다란 종이 시트에 작성되었다. 팀은 계속하여 아이디어 판단에 들어갔다; 우리는 실행을 위해 선택한 아이디어들을 별(*)과 함께 표시해 두었다. 대부분의 이러한 아이디어는 첫 번째 브레인스토밍 회의에서 나타나지 않고 창의적 아이디어 평가가 수행되는 동안 나타나거나 설계된다. 그 이유는 창의적이지만 "엔지니어"의 마음가짐을 가지고 생각을 하는 두 번째 라운드는 매우 중요하므로 넘어가지 않고 반드시 진행되어야 하기 때문이다.

범주 A — 경영진이 할 수 있는 일 :

1. 경영진은 수평적 상호작용을 위하여 회사 조직을 재 정비하여야 한다(정보 흐름과 노동자의 이동).
2. 경영진은 사회의 추세와 시장을 인지하고, 새로운 기회를 찾아야 하며, 신규 요구사항을 만족시키는 신상품을 준비하여야 한다. 이것은 창의적 사고를 요구한다.*
3. 경영진은 회사와 직원에 영향을 미치는 요인뿐 만아니라 변화와 기술에 대하여 이해하여야 한다. **일자리를 제공하기 위해 혁신을 관리하라.***
4. 노동자의 훈련은 계속되어야만 한다.
5. 관리자의 훈련도 계속되어야 한다.; 관리자는 변화를 창의적으로 다룰 준비가 되어 있어야 한다.
6. 관료정치를 줄여야 한다.

범주 B — 사람들에게 선택을 주기 위한 교육과 훈련

1. 직무 순환계획을 수립하여라. 그러면 노동자들이 더 다재다능하다고 보이며 만약 그들의 자리가 없어진다 하더라도 회사 내의 다른 자리로 이동할 수도 있다.
2. 노동자에게 지속적으로 새로운 기술과 언어에 대하여 교육을 시켜라. 그러면 그들은 새로운 일에 대하여 충분한 자격을 갖출 것이다. (기존 회사 또는 다른 회사).
3. 사람들은 변화가 올 수 있음을 학교와 대중매체를 통하여 배워야 한다. 이러한 마음가짐과 함께 필요하면 다시 올 수도 있고 또 다른 대안을 갖는 연습을 필요로 할 것이다.
4. 관리자들은 그들의 회사에 변화를 가져올 수 있는 기술이 무엇인지 알 필요가 있다.
5. 경쟁력을 갖추기 위하여 노동자들은 신기술의 분야에서 시간을 할애하여야 한다.
6. 신입사원은 그들이 앞으로 업무를 수행할 것에 대하여 훈련되어야 한다. 또한 그들은 명확한 직무 기술서를 가질 필요가 있다.
7. **관리자는 대중매체의 영향에 대해 교육위원회와 상의할 필요가 있다.***
8. **노조와 경영진이 함께 브레인스토밍 할 필요가 있다.**

범주 C — 해고된 노동자를 돕기 위한 대책 :

1. 실업 보험
2. 회사 또는 정부에 의한 직업 대체 프로그램(회사의 지원에 의한).
3. 다른 직업에 배치시키기 위한 상담(회사의 지원에 의한).
4. 이러한 변화에 대처하기 위한 직원과 가족과의 상담(회사의 지원에 의한).
5. 재배치에 대한 도움(부동산, 배우자를 위한 직업 탐색 등).
6. 재배치 할 노동자들을 돕기 위해서 개인화 된 상공회의소 같은 조직을 설치.
7. 회사는 (언어를 포함한) 종합적인 재훈련 또는 직원이 전문대나 다른 학교에서 심화 교육을 받을 수 있게 지원/후원을 제공해야 한다.
8. 노동자들이 전국이나 해외의 공석에 지원할 수 있게 국가적인 또는 세계적인 데이터 뱅크.
9. 관리자들은 근로자를 채용할 수 있는 다른 회사들과 네트워킹을 이루는 데 관심을 가져야 한다.(유동적인 연금을 만든다).

범주 D–노동자의 해고를 피하거나 예방할 수 있는 대책 :

1. 노동자를 해고로부터 지키기 위해 모든 직원들이 자발적으로 임금 삭감에 동의해야 한다. 관리자는 이 계획을 지지해야 한다.
2. 모든 직원들은 단축된 노동 시간에 동의해야 한다(특히 회사의 어려움이 일시적이라고 예상될 때); 이것은 인원 감축을 피하게 할 것이다. 관리자는 이 계획을 지지해야 한다.
3. 개인에 대한 조사는 각 개인이 수행할 업무와 생산성 및 의지를 상호 맞추기 위하여 사용되어야 한다.
4. 보너스 또는 이윤을 배분하여야 한다.

범주 E — 사내에서의 스트레스를 줄일 수 있는 대책 :

1. 업무의 할당량을 공정하게 평가하고 변화가 있을 때 그것들을 관리한다.
2. 사람간의 갈등을 최소화/치료하기 위한 조정자를 둔다.
3. 회사에 대한 성실함을 보상한다.; 성과급을 준다.
4. 신입사원과 한 쌍으로 정신적 조언자를 연결하여준다. *(최고 순위에 등록된 데이터)
5. 실수를 허용하라; 실수를 건설적으로 바라보라(일본처럼). 실수는 배우는 기회이다. 이를 통하여 회사에 피해를 입힌 실수를 은폐하려는 것을 피할 수 있다. *
6. 직원과 경영진이 서로 더 편안함을 갖게 하기 위하여 그들을 위한 사회 활동을 마련한다.
7. 경쟁이 아닌 협동정신을 촉진하라. 팀워의 이득을 강조하라.
8. 역효과를 피하기 위한 정부의 정책. *

참고문헌

9.1 Eugene S. Ferguson, *Engineering and the Minnd's Eye*, MIT Press, Cambridge, Massachusetts, 1992. 이 책은 엔지니어들이 컴퓨터 모델을 지나치게 신뢰함으로 인해 실제 세계와 단절됨을 설명하고 있으며 교육과 작업공간에서 얻은 경험이 결여되고 있음을 보여주는 책이다.

현명하게 생각하라 : 가장 "어리석은" 아이디어 중에서도 "최고"를 찾아라!

Adam Macklin, engineering student

9.2 Win Wenger, *A Method for Personal Growth and Development*, United Educational Services, 1991. 이미지 스트리밍에서의 책은 개인으로서 어떻게 이 기법을 배우는지 그리고 그것을 그룹에게 어떻게 가르키는지를 설명하는 단계별 교재이다.

연습문제

9.1 재난 — 그래서?

a. 당신이 주말 휴식을 위하여 가족이나 친구와 함께 마을을 떠났는데 가진 모든 돈, 짐 그리고 모든 것을 둔 차를 도난당했다고 가정하자. 이 명백한 재난을 흥미롭고, 긍정적이고 또는 즐거운 경험으로 전환시킬 수 있는 최소 열가지 방법을 찾아라.

b. 창의적 평가를 하라 — 공학적으로 이 아이디어들을 한, 두개의 실행 가능한 해결책으로 통합할 수 있는가?

c. 두세 명의 친구들과 위 결과와 어떻게 응용할 것인지에 대해 토론해 보아라. — 그 결과가 미래의 휴가를 계획하는데 어떠한 영향을 미칠 것인가?

9.2 감각적 경험과 판매 광고

첫째, 당신이 이전에 먹어보지 못한 과일이나 야채를 구입하여라. 그것을 살펴보고, 맛을 보고, 먹어 보아라(만약 필요하면 요리 후에 먹어도 된다). 이 경험을 묘사하고 감상하기 위해 오감(시각, 촉각, 후각, 미각, 청각) 을 모두 사용하라. 나눠진 카드에 각각 기술한다. 모양, 색, 흠, 섬유, 맛, 소리가 만들어지는 관점, 향, 온도, 가능한 사용수단을 모두 기술하라. 많은 분석을 하고, 사건을 설명할 수 있는 가득한 방법을 모두 찾아라. 엉뚱한 시인이 되어라! 다음 창의적 아이디어 평가 방법과 함께 정의문을 정리하라. 몇 가지의 범주를 만들어라; 범주 내에 있는 아이디어를 결합하고 각 범주들을 결합하라. 개선된 아이디어 중 하나를 사용하고 이 과일 또는 야채를 위한 판매 광고를 작성하여라. 당신은 당신의 경험에 따라 과일이나 야채를 구입하겠는가? 광고에 따라 구입하겠는가? 몇몇 친구와 함께 이 마지막 질문을 시험해 보라. 반복적 연습을 통하여 작성을 개선하기 위하여 창의적 아이디어 평가를 설명한다.

9.3 브레인스토밍과 "공학적" 아이디어

혼자 또는 그룹을 지어 아래 목록에 제시된 문제를 브레인스토밍 해 보라. 그 후 하루나 이틀 후에 새로이 개선된 아이디어를 생각해 내기 위하여 브레인스토밍 된 아이디어를 창의적으로 평가하여라.

a. 사람이 매일 운동하는 시간 보다 더 많은 운동시간을 가지기 위하여 무엇을 할 수 있는가?
b. 어떻게 하면 그룹 활동을 싫어하는 사람이 그룹 활동을 통하여 더 많은 기쁨을 얻을 수 있도록 하겠는가?
c. 어떻게 학교 시스템을 변화시켜야 더 많은 학생들이 수학, 과학, 공학 공부를 계속할 수 있겠는가?
d. 조직에서 어떻게 문서작업을 줄일 수 있겠는가?
e. 어떻게 특수 절차(명시된)를 향상시킬 수 있겠는가?
f. 튼튼하고, 안전하고 재활용 가능한 놀이기구의 개념을 개발하라. (아이디어와 놀이라; 실제 디자인을 설계하지 말아라.)
g. 어떻게 하면 부모와 그들의 10대 자식 들간에 의사소통을 향상시킬 수 있겠는가?
h. 어떻게 하면 부모가 그의 아이들에게 시간 관리 기법을 가리킬 수 있겠는가?
i. 언급되어야 하는 공동체에서의 환경 문제를 정의하여라.(오염된 강, 가득찬 쓰레기 차, 대기 오염 등). 이러한 노력이 어떻게 이루어져야 겠는가?

9.4 ★ 이미지 스트리밍 ★

이미지 스트리밍은 Maryland의 Gaithersburg에 위치한 Visual Thinking 협회장인 Win Wenger 박사에 의하여 개발되었다.

우뇌와 좌뇌의 생각을 통합함으로써, 당신의 정신적 능력이 향상되는 것을 도울 수 있다. 연습을 위하여 다른 사람의 도움과 테입 녹음기가 필요하다. 이 연습이 효과적이 되려면 당신은 자신을 생각하지 말고 소리를 크게 질러야 한다. 20분으로 설정된 타이머를 사용하는 것도 괜찮다. 각 단계는 다음과 같다.

1. 눈을 감고 테입 녹음기를 켠다(또는 당신의 친구에게 세심하게 들으라고 말한다).
2. "보고 있는 것"을 묘사하기 시작한다(얼룩, 형태, 기억의 이미지, 사람, 사물 또는 과거의 장면). 이미지를 모든 관점에서 기술하

통합, 심지어 "유기체"라는 단어 자체는 몇 가지 삶의 목적의 방향 전체와 자연스럽게 관련된 것을 제외하고는 아무것도 가치가 없다는 것을 의미한다.

Frank Lloyd Wright, architect

라 : 후각, 청각, 시각, 섬유의 질감, 온도 등 이미지와 관련된 모든 감각적 정보. 시각화하고 지적인 분석, 그리고 크게 말하는 것은 두뇌의 다른 부분을 사용하는 것이다. 그러므로 이 연습은 당신의 뇌에서 "폴 브리징"이라고 불린다.

3. 시간이 다 될 때까지 빨리 말하는 방법으로 이미지 스트리밍을 계속 하라. 설령 네가 생각하기에 특별히 중요한 환상이 아니라고 생각될지언정 모든 것은 생각나는 대로 기록하도록 한다.
4. 회의 중 또는 회의가 끝나고 난후, 가능하면 마음에 다가올 수 있는 "메시지"를 위해 유머러스한 해석을 개발한다.

이 기법을 10~30분 시간을 가지고 실습해 보라; 이것은 새롭고 창의적인 아이디어를 만들어 문제 해결을 하는 동안 보다 우뇌에 접근하기 쉽게 해 줄 것이다. 이미지 스트리밍은 고대 학습 방법과 밀접하게 연관되어 있다. 질문을 통해 답을 찾았던 소크라테스는 그의 제자들로 하여금 그들의 내, 외부 인지력을 고찰하게 하였다; 그들은 자신이 무엇을 보았는지 묘사해야만 했다. 이 기법을 통해 그들은 이해와 개인적 성장을 얻었고 참 교육의 상징이 되었다.

제9장 – 주요개념 복습 및 실천사항 점검

엔지니어로서의 역할 원래 문제에 대한 좋은 잠재적 해결책을 생성하기 위해 아이디어를 그룹핑, 정렬, 조직, 건설, 개발, 통합, 설계, 그리고 종합하라. Pugh 방법을 사용 할 때, 이 과정으로부터 최적화된 설계 개념을 얻을 수 있다.

창의적 아이디어 평가의 네 가지 규칙 1. 양질이면서 "더 나은" 아이디어를 찾아라. 2. "엉뚱한" 아이디어를 더 실용적으로 만들어라. 3. 더 완벽하고 최적화된 해결책을 얻기 위해 아이디어들을 종합하라. 4. 긍정적인 태도를 유지하라; 비판은 계속 나중으로 연기하라.

창의적 아이디어 평가의 3단계 과정

1. 브레인스토밍 단계에서 만들어진 모든 아이디어는 인덱스 카드에 기록한다(카드당 한 개의 아이디어). 이 아이디어들은 동일 범주로 그룹핑 된다.

2. 창의적 생각을 위한 워밍업 후, 아이디어의 수를 줄이고 양질의 해결책을 얻기 위하여 팀은 한 범주를 가지고 동시에 작업하며 범주 내의 아이디어를 결합, 개발 그리고 종합하려고 시도하라. 이 개선된 아이디어들은 플립차트에 수기되고 벽에 게시된다.
3. 마지막으로, 팀 또는 팀들은 범주 사이의 아이디어를 억지로 끼워 맞추려고 노력하라. 이 과정은 매우 혁신적인 몇 가지의 해결책을 산출할 것이다.

단일 질문에 대한 많은 대답은 개선된 정의 갖는 문제 정의문의 해결책을 형성하기 위하여 구성될 것이다. 이것들은 새롭고 더 고차원의 질문에 의해 영향을 받기 쉬우며 그리고 창의성과 혁신 엔진의 순환은 계속될 것이다.

Bruce LaDuke, ACA Focus, Vol.10, No 1

실천사항 점검목록

- 설계 프로젝트에 어떤 기법을 적용하기 전에 간략한 연습을 함으로써 창의적 평가 과정을 실행하라.
- 다음 브레인스토밍에 참석하고 아이디어가 너무 평범한 것들만 나온다면, 조직, 위원회 또는 팀에게 2회전 브레인스토밍을 하도록 하여라(다른 날에). 브레인스토밍 된 아이디어를 수집하여 노트 카드에 작성하고 (또는 포스트잇), 그리고 그것들을 각 범주로 그룹핑 함으로써 과정을 용이하게 할 수 있다. 그 후 다음 미팅에서 창의적 평가를 수행하라. 창의적 생각을 위한 워밍업 단계를 잊지 말아라!
- 누군가의 아이디어에 부정적 비판을 하고자 할 때, 불완전한 아이디어를 디딤돌로 삼고 최소 세 가지의 "더 나은" 아이디어를 생성하라. 또는 자기 자신의 아이디어가 떠오를 때는 다른 사람의 아이디어와 통합하여 한 가지 해결책을 내 놓을 수 있도록 다른 사람과 함께 일을 한다.
- 창의적 아이디어 평가 단계에서는 긍정적인 태도를 유지하여야 한다는 것을 기억하라. 새로운 아이디어들은 무시되기 쉽다. 창의적 문제 해결 과정의 단계에서는 다른 사람을 조심스럽게 대하여야 한다.
- 당신의 인생에서 스트레스를 줄일 수 있는 유머와 다른 행동을 병행하고 창의적 생각을 계속할 수 있도록 격려하여라.

10 Chapter 아이디어 평가

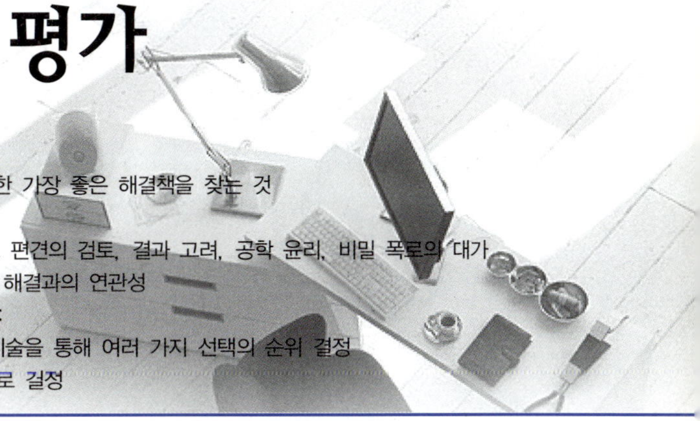

- 아이디어 평가의 목표: 실행을 위한 가장 좋은 해결책을 찾는 것
- 판사의 특성과 임무
- 훌륭한 평가: 가치와 전제, 그리고 편견의 검토, 결과 고려, 공학 윤리, 비밀 폭로의 대가
- 비판적 사고의 특징: 창의적 문제 해결과의 연관성
- 아이디어 평가를 위한 2단계 과정:
  (a) 타당한 기준과 적합한 평가 기술을 통해 여러 가지 선택의 순위 결정
  (b) 분석적 절차와 직관에 기반으로 결정

> The critical power... tends to make an intellectual situation of which the creative power can profitably avail itself ... to make the best ideas prevail.
>
> Matthew Arnold, The Function of Criticism at the Present Time, 1864

이제 우리는 앞에서 얻은 몇 가지 아이디어 중에서 근본 문제를 해결할 수 있는 가장 좋은 아이디어 혹은 해결책을 찾아야 한다. 아이디어 평가 과정에서 우리는 가장 최상의 아이디어를 결정하기전에 평가 기준을 세우고, 이 기준에 따라 아이디어들을 선별하고 순위를 정하게 된다. 평가는 지식창출 사이클의 3단계, 분석적 활동의 한 부분이다.

American Scientist의 1992년 11-12월호에는 갈릴레오 이야기가 재론되어 있다. 양쪽을 나무기둥으로 받혀진 다리가 수평으로 놓여 있다. 그러나 이 다리는 자체의 무게로 인해 중간 부분에서 부러질 수도 있어(과거의 사례에 있듯이) 어떤 사람이 다리 중간에 새로운 기둥을 만들자고 제안하였다. 사람들은 그 방법이 다리를 안전하게 해 줄 것이라는데 동의했고 그 아이디어는 실행되었다. 몇 달 지나지 않아 다리는 중간 부분에서 부러졌고, 그 원인은 양쪽 지지대와 같은 비율로 침하하지 않아 양끝에서 다리의 하중을 지탱할 수 없도록 한 중간의 새로 설치된 지지대 때문이었다.

이 이야기는 우리의 잘못된 평가로 결정된 문제 해결책이 실패의 직접적 원인이 된다는 것을 시사해 주고 있다. 최근의 비근한 예로 지지대 교체로 인한 구조 약화가 원인이 되어 붕괴한 Kansas시의 Hyatt 호텔의 구름다리와 보조로켓 오링의 철저하지 못한 검수가 원인이 된 우주왕복선 챌린저호의 폭발 등을 들 수 있다. 이제 판사로서의 역할과 아이디어를 검토하고 결정을 내리는데 필요한 기술을 살펴보기로 하자.

"판사"의 역할

그림 10.1 판사의 마음자세

판사가 가져야할 마음자세 중 비판적이고 이성적 사고는 매우 큰 역할을 하게 된다. 어떤 면에서 판사의 역할은 새로운 선택을 탐구하거나 아이디어를 변형하거나, 혹은 아이디어에 무엇을 행하거나 하는 것보다는 쉽게 비판을 가하는 경향이 있기에 이는 자연스러운 것이기도 하다. 그러나 우리가 모든 시간을 판사처럼 보낸다면, 우리가 할 수 있는 일은 별로 없을 것이다. 또한 우리가 평가함에 있어 공평함을 유지하는 것도 중요하다. 우리의 일은 가장 훌륭한 아이디어를 찾는 것이지 완벽한 아이디어를 기다리는 것은 아니다. 판사는 스스로 완벽하지 않지만 원칙과 증거로 합리적인 결정을 내려야 한다.

판사에게는 어떤 결정이 빨리 내려져야 하는지, 혹은 어떤 결정이 오랜 시간 동안 주의 깊은 연구를 한 후에 내려져야 하는지를 파악할 수 있는 시간 감각이 필요하다. 판사에게는 결함을 알리고 창의적인 사고로 그 결함을 극복할 수 있는 방안을 제시할 책임이 있다. 훌륭한 판사가 되는 것은 연습이 필요한데, 이는 긍정적으로 현상을 보는 시각을 유지하면서 아이디어의 결함을 파악하는 것이 쉽지 않기 때문이다. 판사로서 우리는 생산자에게 가능하다면 문제를 일으키지 않을 것 같은 지지할만한 해결안을 주고자 한다. 따라서 판사는 제안된 해결 방안에 내포된 위험을 고려할 책임도 있다. 모든 해결책은 실패의 가능성을 어느 정도 가지고 있고 완벽한 것은 없다. 해결 방안의 모든 반응을 예측할 수는 없으며, 특히 혁신적인 아이디어를 수행할 때는 아무리 신중하게 계획된 실행이라도 수행에 따른 의외의 요소들이 발생하게 된다.

판사로서 우리는 실패가 주는 교훈과 개선점을 볼 수 있어야 한다. 실패는 성장의 출발점이자 계기일 수도 있다. 또한 판사는 새로운 아이디어의 시기 적절성을 평가할 수 있어야 한다. 2000년 시장 경제에 대한 1999년 아이디어는 회사를 망하게 할 수 있다. 따라서 판사는 비판적이고 분석적인 A 사분면과 위험을 싫어하는 B 사분면의 균형을 맞추기 위해 미래 지향적인 D 사분면적 사고를 할 필요가 있다.

5분 활동 10.1 : 실패와 지혜

세 개의 그룹으로 나누어 "실패에 대한 경험은 우리의 평가 능력을 향상 시킨다."라는 문장에 대해 논의하라. 그리고 여러분이 가장 흥미로웠던 점들을 더 큰 그룹과 공유하라. 특히 지혜의 측면에 초점을 맞추라. 어떻게 지혜를 얻을 수 있을까?

누가 판사가 되어야 할까? 팀 리더, 중재자, 중간급 매니저 혹은 고객 같은 개인이 판사가 되어야 할까? 아니면 팀이 평가 과정에 개입해야 할까? 만약 시간이 충분하고, 높은 수준의 해결책이 필요하거나, 최종안을 받아들이는데 문제가 있거나 혹은 다른 사람들이 경험이나 훈련을 배우는 것이 필요하다면, 팀 접근이 가장 좋다. 만약 이러한 요소들이 없다면 개인에 의한 평가가 좀 더 효과적이다. 이 두 가지의 조합도 가능하다. 개인이 예비 선정을 하고 위원회 혹은 팀이 최종 선택을 할 수도 있다. 아니면 팀에서 예비 선정을 하고, 개인 혹은 더 작은 그룹에서 최종 선택을 할 수도 있다. 많은 대학에서 교원들을 신빌할 때 이러한 복합적인 방법을 사용한다. 교수, 직원 그리고 학생 대표로 구성된 심사 위원단이 많은 후보 중에서 3명 정도의 후보를 선정하고 이를 총장, 학장 혹은 교무처장이 최종 선정을 하게 된다.

우리가 계속 창의적 문제 해결 과정에 대해 논의하기 전에 잠깐 멈추고 아이디어 평가의 기초적인 몇 가지 중요한 논제를 생각할 필요가 있다. 우리는 흔히 판사는 훌륭한 평가와 비판적인 사고 기술을 사용한다고 가정한다. 이러한 가정이 합리적인 것인가? 이 절에서 우리는 판사로서 고려해야할 가치와 편견 같은 요소들을 살펴보고, 다음 절에서 비판적 사고와 창의적 문제 해결의 관계에 대해 고찰할 것이다.

좋은 평가란 무엇일까?

제품 품질 보증서에서 우리는 흔히 "우리는 상식에 맞지 않는 상태에서 제품을 사용할 경우에 대해 책임을 지지 않습니다." 라는 문구를 보게 된다. 좋은 감각 혹은 옳은 평가는 실패에 대한 경험으로부터 배우는 것이 가장 좋기 때문에 가르치는 것이 쉽지 않다. 그렇다고 우리가 개인적으로 실패를 경험할 필요는 없다. 우리는 다른 사람들의 실패를 공부함으로써 이를 배울 수 있고, 이는 공학 분야에서 더욱 그러하다.

기술사용이 증가함에 따라 옳은 평가는 매우 중요해 졌다. 실질적 경험보다는 오히려 컴퓨터 모델에 의존하는 경향이 있다. 그러나 이러한 것의 위험 요소 중 하나는 복잡한 분석 프로그램 사용자는 그 프로그램 개발자가 사용한 간략화된 가정을 모두 알 수가 없다. 특정한 문제의 주요 인자가 포함되지 않더라도, 정밀한 수치해석 결과는 계산의 타당성에 대한 잘못된 안심감을 줄 수 있다. 프로그램 설계자는 그들의 높은 수준의 설계에서 사용자와의 의사소통을 고려하지 않는다면 다른 수준의 잠재적인 결함을 제공할 수 있다. Delaware 대학의 역사학 명예 교수인 Eugene S. Ferguson은 1993년 발명과 기술이라는 잡지에서 다음의 예로 "어떻게 공학자들이 감각을 잃어버리는가?"에 대해 설명하고 있다.

> 전략 방위 구상의 시제품 시스템인 이지스의 설계자들은 그들의 제품을 운용하는 작업자가 시스템에 내재된 한계성과 특이성에 대한 지식이 부족할 수도 있다는 점을 고려해 달라는 요구를 과소평가 하였다. 재앙의 원인이 설계 착오보다는 조작 착오로 간주되는 한 재앙적인 평가 착오는 피할 수 없다. 설계 과정에서의 자만심과 비상식적 요소는 조작자에게 혼란스럽고 너무 복잡한 임무를 수행하도록 요구하는 환경을 조성하게 된다.

여기서의 문제점은 빈센트호에 승선한 조작자들이 비행기를 격추할지에 대한 중요한 평가를 내리는 몇 초간에 그들이 이해할 수 있는 범위를 벗어난 과도한 정보량에 압도되어, 민간 비행기를 적기로 오인하게 하는 결과를 초래했다는 것이다. 인간의 능력과 한계는 어떠한 디자인이나 해결 방안에 있어 반드시 고려되어야할 요소이다.

어떤 문제나 필요에 대한 해결책으로의 새로운 설계는 반드시 경험에서 얻어진 직관적 묵시적 지식을 분석 조합해야 한다. 그럼에도 평가에는 어느 정도의 불확실성을 내재하고 있고, 따라서 판사는 문제 해결 혹은 설계 과정 중 어떤 곳에서도 발생할 수 오류를 찾아낼 책임이 있다. 따라서 최종적인 결정이 내려지고 실행되기 전에 그들은 최선을 다해 대안들의 결점을 제거하고, 위험, 결과 그리고 불확실성에 대한 평가를 해야 한다. 판사는 반드시 제안된 해결책이 잘못될 수 있는 모든 가능성을 생각할 수 있어야 한다. 그러나 판사는 긍정적인 시각에서 불확실성을 볼 수 있는 유연한 마음자세도 가져야한다.

결과

결과에 대해 생각하는 것은 어려운 일이다. 특히 젊은 사람들에겐 더욱 그러하다. 그러나 하나를 선택하고 나면 다른 선택이 더 이상 없기 때문에 이는 매우 중요하다. 우리는 케이크를 가지고 있으면서 먹을 수는 없다. 즉, 먹으면 케이크는 없어진다. 결혼을 결심하였으면 다른 독신자와의 교제는 포기해야 한다. 만약 마약에 빠지는 선택을 한다면, 직장, 건강, 가족과 존경을 잃게 된다. 결과를 생각하는 것은 우리가 가장 적절한 시기에 해결책을 수행하는 결정을 할 수 있도록 도와준다. 한 어머니가 새 타이어를 사기 위해 돈을 빌려달라는 아들의 부탁을 받았다. 오래된 타이어는 엉망이었고, 아들은 출퇴근을 위해 매일 차를 사용하고 있다. 아들은 이미 그전에 차 수리를 위해 그녀에게 돈을 빌려간 상태였기 때문에 처음 그녀는 돈을 더 빌려주는 것이 내키지 않았다. 타이어 교제를 연기함으로 겨울이 다가올수록 운전 위험이 증가하는 결과를 그녀가 상상했을 때, 그녀는 그러한 위험을 감수할 가치가 없다고 생각했다. 그녀는 몇 주를 기다리는 대신 아들에게 즉시 돈을 빌려주었다.

또 다른 예를 살펴보자. 미국 토레도 대학의 1898 테크노라마에서 GM사의 젊은 공학자 Molly Brennan이 주연설자로 초청되었다. 그녀는 일년전 호주 횡단 경주에서 우승한 태양열 자동차 sunrayer의 운전자 중 한 명이었다. 그녀는 예전에 수업 시간표를 가지고 학교에서 집으로 오는 그녀의 여동생에 대한 얘기를 들려주었다. 영어 교사였던 그녀의 어머니는 딸이 물리학 과목을 신청하지 않았다는 것을 알게 되었고, 딸에게 이유를 물었다. 그녀는 그녀의 친구 중 아무도 그 과목을 수강 신청하지 않아 물리학 과목을 신청하지 않았다고 설명하였다. 어머니는 딸에게 장래에 대한 선택의 폭을 줄이지 말 것을 주장하였고, 결국 학교 상담가의 설득에도 불구하고 친구들과 함께 물리학을 수강하였다. 그 네 명의 소녀들은 어떻게 되었을까? 한 명은 과학 연구원이, 또 한명은 의사가, 그리고 나머지 두 명은 공학자가 되었다.

비판적 사고의 부재와 그 결과에 대한 통렬한 예로 1988년 6월 Guide-posts 사의 Iron Eyes Cody가 들려준 오래 된 전설을 들 수 있다. 이 이야기의 교훈이 오늘날 어떤 연관이 있는가를 생각해 보기 바란다.

> 오래 전, 인디언 청년들은 성년을 준비하기 위해 홀로 길을 떠나곤 하였다. 그런 청년 하나가 예쁜 꽃과 푸르른 나무가 있는 아름다운 계곡으로 들어갔다. 그리고 금식을 하였다. 금식 사흘째 되던 날, 주위의 산을 둘러보고, 눈으로 덮여있는 높은 바위투성이의 봉우리를 발견하였다. 그는 자신을 시험하기 위해 산을 오르기로 하고, 물소 가죽 옷을 입고, 어깨는 담요를 메고 정상을 향해 길을 나섰다. 그가 정상에 도달하였을 때 그는 세상의 중심에 있는 것 같았다. 그는 끝없이 멀리 볼 수 있었고, 그의 가슴은 자부심으로 충만하였다. 그 때 그는 발 아래에서 바스락 거리는 소리를 듣고, 아래에 있는 뱀을 발견하였다. 그가 움직

이려하자 뱀이 말하였다. "난 죽어가고 있어요. 여기는 너무 추워서 제 몸이 얼고 있어요. 그리고 먹을 것이 없어서 굶어 죽고 있어요. 저를 당신의 옷 속에 넣어 계곡 아래로 데려다 주세요." "안 돼. 난 너의 종족에 대해 들은 바가 있어. 너는 방울뱀이고, 만약 너를 들어 올리면 넌 나를 물어서 죽일 거야."라고 청년이 말하였다. "아니에요. 난 당신을 다르게 대할 거예요. 만약 그렇게 해 주신다면, 당신은 특별한 존재이고 난 당신에게 해를 입히지 않을 것입니다."라고 뱀이 말하였다. 청년은 망설였으나, 결국 아름다운 무늬를 가지고 언변이 좋은 그 뱀을 품에 넣고 계곡을 내려갔다. 안전하게 뱀을 잔디에 내려놓자, 뱀은 갑자기 똬리를 틀고 소리를 내며 뛰어올라 청년의 다리를 물었다. "넌 약속 했었잖아" 청년이 소리쳤다. 뱀은 "나를 들어 올릴 때 당신은 내가 어떤 종족이라는 것을 알고 있었어."라고 말하며 미끄러져 가버렸다.

5분 활동 10.2 : 결과

열심히 일해 바뀌는 결과와 그렇지 않은 것에 대해 다른 두 사람과 토의하라. 가치관이 결과와 관련하여 어떤 연관을 가지고 있는가?

가치관, 전제조건과 편견

판사는 많은 비판적 사고를 가져야 한다. 그러나 학교에서는 논리적 추론에 대한 분석적인 면만 다루고 이러한 비판적 사고는 잘 가르치지 않고 있다. 그러나 이 장에서 다룰 효과적인 비판적 사고와 의사 결정은 경험을 포함한 총뇌적 과정이다. 어떻게 우리는 옳은 평가를 알 수 있을까? 평가는 우리가 결과로부터 실패로부터 혹은 우리가 평가했던 경험으로부터 배우는 시간이 필요하다. 비판적 사고 기술과 경험 외에 옳은 평가를 할 수 있는 능력에 영향을 미치는 세 번째 요소는 전제조건 및 편견을 가진 가치관, 원칙 및 도덕적 기준 등에 대한 우리의 개인적인 신념 체계이다. 전제조건은 사고에 영향을 미치는 맹목적인 패러다임 혹은 집착이고, 판사로서 특정 해결책의 장단점을 볼 수 없게 할 수도 있다. 그래서 총뇌적 사고의 팀이 평가과정에 참여하는 장점 중의 하나가 이러한 부적절한 패러다임이 평가를 지배하는 것을 막아 줄 수 있다는 것이다. 좋은 판사가 되기 위해서는 개인적인 편견에 대한 인식뿐만 아니라 의사 결정에 영향을 줄 수 있는 문화적 편견, 선입견 및 잘못된 가정에 대해서도 알고 있어야 한다. 편협과 전략적인 관점은 추론을 방해한다. 판사로서 우리는 선호하는 사고방식과 우리의 한계를 벗어나는 대화와 탐구를 할 수 있어야 한다.

원칙과 도덕적 기준은 인간의 행동 양식을 규정하고, 따라서 생존과도 연관되어 있다. 많은 교육자들이 정직, 충실, 자제, 책임과 같은 미덕을 우리의 정치 지도자에게 요구하고 있음에도 이러한 미덕이 우리 사회에서 점차 사라지고 있다는 사실을 걱정하고 있다. 왜 사람들은 지도자, 판사 혹은 전문인들에게 이런 높은 윤리적 기준을 따를 것을 요구하는 것일까? 만약 도덕성이 행동과 인격에서 옳고 그름의 워닉을 수반한다면 무엇이 옳고 그릇된 것인지를 누가 결정하는가? 개인적 문화적 가치는 어디서 오는 것인가? 도덕적 가치에 대한 교육 책임은 누구에게 있는가? 양심은 어떻게 개발되는가? 종종 무시되는 이런 질문들은 무엇이 옳은 것인지에 대해 알고 개인의 결정과 행동의 결과를 받아들이는 것과 같은 개인적인 책임을 교육하는것과 연관이 있기에 어렵지만 매우 중요한 것이다.

팀 활동 10.3a : 문화적 가치관

적어도 세 개의 다른 문화적 배경을 가진 사람들 5-7명으로 그룹을 만들어, 무엇이 더 좋다는 평가를 만들지 말고, 저변에 깔린 문화적 가치관에 따라 서로 다른 결과가 나오는지를 살펴 볼 수 있도록 다음의 가설 상황을 토의하라.

어떤 남자가 빌딩에 그의 어머니, 아내 그리고 아이와 같이 있다. 갑자기 폭발물이 터져 화재가 급속히 퍼져나가고 있다. 가족들 3명 모두 혼자 걸을 수 없을 정도의 부상을 입었을 경우 그는 가족 중 누구를 가장 먼저 안전하게 옮겨야 할까?

팀 활동 10.3b : 문화적 가치관(계속)

만약 여러 문화적 배경의 팀을 구성할 수 없다면, 어머니, 아내 그리고 아이를 각각 먼저 구해야 한다는 이유에 대해 토의하라. 각각의 경우 저변에 깔려있는 가치관은 무엇인가? 토의 과정에서 나온 가치관을 살펴보고, 개인적 가치관과 사회 문화적 가치관을 구별할 수 있을까? 개인적 가치관과 사회적 가치관이 충돌할 때 어떤 일이 벌어질까? 만약 여자의 경우 아버지와 남편, 아이 중 한 명을 구조해야 한다고 가정할 경우 토의 결과가 달라졌을까?

공학 윤리

다음의 두 예는 미국 National Society of Professional Engineers(NSPE)에서 발행되는 월간지 Engineering Times에서 논의된 것을 기반으로 하고 있다. “You Be the Judge”라는 기사에 각 유리적 사례에 앞서 다음의 말이 수록되어 있다.

비록 공학이 과학적 원칙을 기반으로 정확한 답변을 해야 하는 직업이지만, 공학자들은 사업 윤리 심지어 인간관계 등 대답이 쉽지 않은 질문들이 존재하는 실제 세계에서 일하고 있다. 많은 공학자들이 수년간 NSPE의 윤리평가 위원회에 윤리적 평가를 내리는데 공정한 도움을 요청하였다. 여러분이 한 번 결정해 보겠습니까? 아래는 위원회에 제출된 상황이다. 각 윤리적 사례는 각각의 해답이 있고, 각 사례들은 유일하다는 것을 이해해야 한다. 한 사례에 대한 일반적인 해답은 다른 유사한 사례에는 맞지 않을 수 있다는 것을 알아두자.

CASE I : 공공시설 비용 컨설턴트

상황 공공시설 전문가인 Gee는 고객들에게 전화, 전기, 가스 등과 같은 공공시설 서비스 사용에 대한 기술적 평가를 제공한다. 공공시설 또는 설비에 대해 어디를 교체해야하는지에 대한 추천, 그러한 시설 사용료의 지불 방법, 적절한 요금에 대한 연구, 시설 공급자와의 요금에 대한 토의, 요금 체계에 대한 재협상 등이 그것이다. Gee는 이러한 결과로 고객이 얼마나 사용요금을 줄였는가에 따라 보수를 받는다.

어떻게 생각하는가? 이런 방식으로 보수를 받는 것이 윤리적일까?

위원회의 답변 Gee가 그러한 불확정적 계약을 받아들인 것은 윤리적이다. 1989년 2월호의 3페이지를 참고하라.

CASE II : 전문가 증인

상황 Burt는 댐 파괴사례를 연구하기 위해 연방 정부에 고용되었다. 그 후 Burt는 연방 정부에 댐 건설을 위한 추가 비용을 요구하는 도급 업체에 전문가 증인으로 고용되었다.

어떻게 생각하는가? 이러한 환경에서 Burt가 전문가 증인으로 고용되는 것이 윤리적인가?

위원회 답변 윤리 평가 위원회는 Burt의 행동이 비윤리적이라 평가했다. 1989년 4월호 3페이지를 참고하라.

내부고발자

오늘날과 같은 물질적 세계에서 윤리적 태도를 갖는 것은 큰 대가를 치르게 된다. 3명 중 2명의 내부고발자는 그들이 폭로한 비리를 행한 조직으로부터 해고를 당한다. 그로인해 도덕적 저항자와 그들의 가족은 경제적 어려움, 분노, 우울, 박해, 소외 등을 겪게 된다. 블랙리스트로 그들은 유사한 분야의 직업을 얻는 것이 거의 불가능하다. 왜 그런 용기 있는 사람들은 비싼 대가를 치르며 그들의 신념을 고수할까? 사적 및 공적인 분야의 내부고발자를 보호하는 법안이 부시 행정부에서 통과되었다. 1986년 1월 우주 왕복선 챌린저호의 발사를 저지하려 했던 Morton Thiokol사의 엔지니어 Roger Boisjoly는 요즘 종종 대학에서 강연한다. 그는 윤리적 감성분야에서 전문가들을 교육시키는데 있어서 일인자이다. 그는 고통스러운 개인적 경험으로부터 기술 교육이 직장에서 윤리적 도전에 맞서기에 충분치 않다는 사실을 알았다.

과학적(좌뇌) 사고와 윤리적(우뇌) 사고가 통합하였을 때만 사회적 문제가 해결될 수 있고 또한 해결되었다. 이는 새로운 방식의 사고를 할 때 가능하다. 호모 사피엔스의 기술적 발전과 성과는 도덕적 윤리적 발전을 능가한다고 얘기되고 있다. 여러분은 구체적 증거로 이를 증명할 수 있는가? 아니면 반대 의견을 증명할 증거를 제시할 수 있는가?

비판적 사고

우리가 비판적 사고를 학습한다면 반드시 표 10.1에서 보여진 특성들을 나타내야만 한다. 중고등학교나 대학 수준의 교육에서 가르쳐진 것처럼 비판적으로 생각을 한다는 것은 표 10.2에 나열된 특성과 기술을 익히기 위한 것에 그 목적이 있다. 하지만 이러한 교육들은 편협하거나 대부분 문학적 또는 예술적 비평의 영역에서 이루어졌다는 것에 그 문제가 있다. 즉, 직장, 인간관계, 대중 매체, 그리고 책임 있는 시민의식 등과 같은 일상생활과의 연계가 빠져 있다.

표 10.1 비판적 사고의 특성들

- 세상사는 대중 매체에 의해 제공되는 과정에서 왜곡의 가능성이 있다는 것에 유의한다.
- 우리의 마음자세에 의해 사실의 인식과 그 해석에 있어 육체적 제한들에 유의한다. 즉, 수면부족이나 특정 물질에 노출이 우리의 판단에 영향을 미칠 수 있다는 것을 안다.
- 정신적 방해, 지나친 일반화, 그리고 잘못된 합리화를 인식할 수 있다.
- 문제와 생각의 구술적 표현에 사용되는 언어적 사고적 선호도를 평가할 수 있다.
- 자신에 대해 정직하다.
- 증거와 감정을 인식하고 존중한다.
- 외부의 압력에 독립적인 균형 있는 평가를 내리기 위해, 조작에 맞서고, 혼동을 극복하고, 올바르게 질문하고, 연관성을 조사한다.

표 10.2 비판적 사고를 가르키는 성과 목표

- 비판적 사고를 하는 사람들은 그들 자신이 무엇을 생각하며 왜 그것을 생각하는지를 결정한다.
- 비판적 사고를 하는 사람들은 그들 자신이 가지고 있는 지식 이상의 관점 및 증거를 찾는다.
- 비판적 사고를 하는 사람들은 증거를 기반으로 어떠한 견해가 가장 합리적인지를 결정한다.
- 비판적 사고를 하는 사람들은 신뢰성 있는 사실과 정보들을 사용한다. 그들이 일반적이지 않은 지식을 말할 때는 그들이 획득한 정보의 출처를 간단하게 말할 것이다.
- 비판적 사고를 하는 사람들은 의견을 말할 때, 다른 사람이 그 의견에 대하여 질문할 것을 예상하고 있으며 질문에 대한 자신의 의견을 뒷받침해 줄 사려 깊은 해답을 가지고 있다.

비판적 사고의 현재 모델

현재 학부 수준에서 비판적 사고를 가르치는 관련 분야에서 유명한 세 가지 관점이 있다: 토론 기술, 인식 과정 그리고 지적 개발; 이것들은 아래에 요약되어 있다. 대조적으로, 여기에서는 북필드 모델을 소개할 것인데 이것은 창의적 문제 해결을 위한 마음가짐을 가진 종합적인 두뇌 활동으로서 비판적 사고를 보는 것이다.

토론의 기술 학생들은 비형식적인 논리에 근거하여 토론을 분석하고 구성하는 기술을 배운다. 이 분석적 기술에 주안점을 두는 것은 그들이 이미 가지고 있는 믿음을 정당화할 수 있는 능력을 향상시킬 수 있다. 그러나 학생들이 매일 매일 발생하는 쟁점들에 대하여 이 학습법을 적용하기는 어렵다고 보여진다.

인식 과정 학생들은 어떠한 문제나 현상에 대하여 그들이 이미 알고 있거나 믿는 것을 근거로 하여 해석한다. 그들은 정당성과 증거에 의하여 입증된 가설과 주장을 가지고 문제 또는 상황에 대한 정신적 모델을 수립한다. 3가지 종류의 지식이 이 모델이 기여할 수 있다. 즉, 특정 규칙 안에서 추론하는 방법의 절차를 이해하면서 그 규칙에 동반된 사실들; 목표와 내용 그리고 원인과 결과의 관계를 평가하는 것을 의미하는 메타인지 또는 "사고에 대한 사고"; 의문과 문제해결의 과정 등이 그것이다. 그러나 새로운 학습은 고립된 사실들이 모아서 만들어지는 것이 아니라 학생들이 이해한 패턴과 스크립트로 만들어지는 것을 의미한다. 교수들은 거의 전략, 절차나 메타인지를 명시적으로 가르치지 않는다. 그래서 학생들은 낯선 상황에서 지식을 응용하는 법과 비판적 사고를 하는 법을 배우지 않는다.

> **페리의 4단계 모델**
>
> 1. 권위는 "해답"을 가지고 있다.
> 2. 누군가 각자의 의견은 가치가 있다.
> 3. 지식과 사람들은 연결되어 있다.
> 4. 의무는 적당한 결정으로 만들어 진다.

지적 개발 이 방법은 믿음과 지식에 대한 학생들의 관계를 관찰한다. 가장 잘 알려진 모델은 William Perry에 의해 개발되었고 Mary Belenky와 그 연구진에 의하여 확장되었다. 이 모델은 학부 수준에서 할 수 있는 많은 비판적 사고 영역에서 많은 연구의 기초를 형성한다. 대다수의 학생들이 이것으로부터 Perry 모델의 2단계를 넘어서 진행하지 않는다는 것을 알 수 있다. 우리는 창의적 문제 해결을 배운 학생들이 비판적 사고를 배우고 Perry의 모델에서 더 높은 단계로 진행할 것이라고 믿는다.

생각하는 활동 10.4 : 지각(perception)

혼자 또는 다른 한 사람과 함께 아래 모양을 보아라. 각 독립적인 형상에서 어떤 패턴을 찾아낼 수 있는가? 순서와 반복에 따른 의미를 구별할 수 있겠는가? 만약 지각에 대한 패러다임과 습관을 통하여 도형의 메시지를 인식할 수 있다면 다음의 단락을 읽어 보아라.

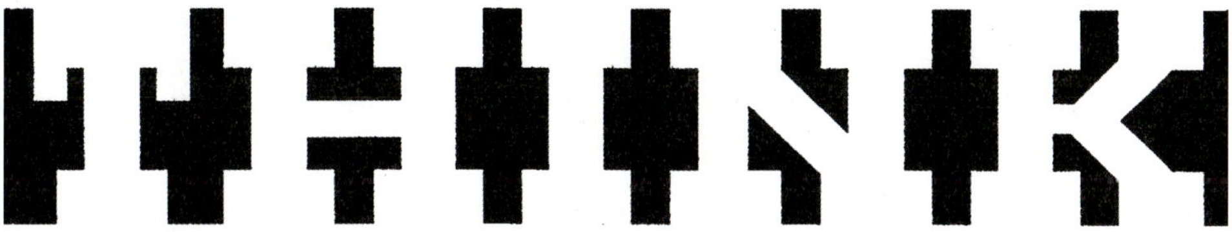

독립적인 기호를 분석하는 대신에, 도형의 순서를 다르게 보아라. — 도형 사이에 숨어있는 빈 공간이 의미하는 것은 무엇인가? 왜 사람들이 즉시 이러한 해답을 보는 것이 어렵다고 생각되는가? 숙제의 본지에 대한 사전 가정은 무엇이었으며 어떻게 그것을 해결할 것인가? 이러한 그림을 그리는 것은 예전의 워드프로세싱 프로그램에서 아주 지루한 작업이었는데 이는 일상적인 방법이 도형의 외곽을 그리기 때문이다. 문제가 다른 방향으로 보이고 입체적으로 (선이 아닌) 평가가 되면 일련의 사각형을 가지고 각각의 (하얀) 형태를 만드는 것은 쉬운 일이다.

비판사고와 창의적인 문제해결

현재의 견해는 비판적 사고가 결국 분석적 문제 해결의 결과로 간주됨을 볼 수 있다. 그러나 비판적 사고는 반드시 해답을 찾기 위한 것이 아니라 타당한 논쟁과 증거를 기반으로 상황과 위치에 대한 논리적인 표현을 구성하는 것이다. 이것은 창의적 문제 해결 방법과 주된 차이점이다. 이 차이를 예를 들어 설명해보자. 이혼과 관련하여 한 부부가 자녀양육권문제로 법정에 섰는데, 양측의 변호사들은 반론과 증거물들을 이용하여 서로 자기 고객에게 보다 유리한 소송으로 만들고자 노력하고 있다. 만약 창의적 문제 해결이 사용되었다면, 사이가 멀어진 부모들은 실직적인 서로의 문제를 정의하려고 노력할 것이고 양쪽에게 반아들여질 수 있는 해결책을 찾기 위해 노력을 했을 것이다. 그러나 무엇보다도 그들은 그들의 자식들이 무엇을 필요로 하는 가를 고려하여야 한다. 창의적 문제 해결이 결혼 초부터 비판을 하는 것은 비판적 사물과의 관계를 설정하고 비판적 사물을 자신의 것으로 만들기 위하여 지식을 소유하고 그것을 올바로 인식함으로서 적절성을 부여하는 것이다.
Henry James

학교와 대학에서 배운 비판적 사고의 기술이 어른의 삶으로 전달된다는 사실에 대한 아무런 증거가 없다.
Stephen D. Brookfield

적용되었다면 어떠했을까? — 가족을 적대적인 관계를 만드는 대신 더 끈끈한 가정을 만들 수 있었을 것인가?

공학, 경영, 교육 또는 건축 같은 전문적인 현실에서 타당성은 비판적 사고와 문제해결의 관점을 결합한다. 현재의 비판적 사고의 견해는 보다 광범위한 개념을 필요로 하는데 이는 단순히 논리성을 가지고가 아니라 유사성과 은유를 창의적으로 개발하고 그런 아이디어를 가지고 실행을 하는 것을 의미한다. 창의적 문제 해결에서는 아이디어, 해결책, 설계 그리고 상품들은 비평되어 있지만 과정은 개선된 아이디어가 제안되거나 고려되어야하는 부가적인 단계를 가져온다. 아이디어를 제안하는 것은 우뇌의 생각과 단지 흠을 찾고자 하는 비판적인 마음가짐과의 균형을 맞추기 위해 긍정적인 태도를 요구한다.

비판적 사고자 되기(브룩필드 모델)

이 총뇌 모델에서 사람들은 기쁘든 슬프든 몇몇 발단적 사건을 통하여 그들이 학교에서 배워온 비판적 사고력의 분석적 형태로부터 벗어난다. 그들은 자기 검사의 시간을 갖는다; 그들은 새로운 대안과 패러다임을 찾고 이것을 시험해 본다. 이러한 과정을 거쳐, 그들은 새롭게 자각을 하게 된다; 그들은 그 순간 "최고"를 선택하여 자신의 삶에 연결시킨다. 이것이 태도의 변화, 확고한 믿음, 변경된 잠재의식으로 나타난다. 다른 사람(교사를 포함한)들은 자신의 가치를 주장하고, 주의 깊게 경청하고 노력하는 것을 보여줌으로써 이 과정을 도울 수 있다. 그들은 위험이 올 때를 위하여 동기 및 격려를 하고 그러한 과정을 평가하여 조직의 네트워크와 자원을 공급한다.

표 10.3에 요약되어 있는 것처럼 이 모델은 건전한 민주주의를 유지하기 위한 열쇠로 팀에 의한 비판적 사고를 간주한다. 비판적 사고에 대한 압력은 원래의 상태를 보존하기 원하는 권한 있는 사람 즉 정치적 독재자, 노동위원장, 고용주, 교사, 가족 구성원, 전문적 그룹 같은 곳 — 패러다임과 계층을 지속하는데 관심이 있는 누군가 — 으로부터 오는 것처럼 보인다. 비판적 사고는 뉴스나 오락 미디어에 대한 선입견과 영향력을 가늠해 볼 필요가 있다.

계속하여 아이디어를 평가하는 작업을 해 보자. 아이디어 평가는 두 가지의 과정이 있다: 첫째, 아이디어와 해결책은 주의 깊게 개발된 평가 기준에 의하여 순서가 만들어진다.(A 사분면은 브레인스토밍을 하는 D 사분면과 함께 분석적으로 생각하기). 최종 결정은 어떤 아이디어가 그 문제

표 10.3 비판적사고의 특성–브룩필드 모델

- 비판적 사고는 과정이지 결과가 아니다; 이것은 지속적으로 가정에 대하여 질문을 한다. 이것은 문제의 문맥, 문제에 대한 여러 가정, 사회적 가치 시스템 등을 이해하는 것이 중요하다.
- 비판적 사고는 생산적이고 긍정적인 활동이다: 이것은 창의성과 혁신을 포함한다. 상상은 훈련된다. 가능성과 여러 대안이 나온다. 이것은 반사적 회의론을 이끈다. — 변화는 새로운 것이므로 쉽게 받아들여지지 않는다. 활동의 결과는 예상된다.
- 비판적 사고는 이성적 뿐만 아니라 감성적이다 — 이것은 총뇌로 생각하는 것인데 전체의 세계에서 뿐 아니라 개인적 믿음과 헌신의 테두리 안에서 여러 가정들을 인식하는 것이다. 기준은 엄격히 객관적이지 않고 주관적이다. 롤플레잉, 결정 시뮬레이션 그리고 선호되는 시나리오와 미래는 유효한 창의적 사고 전략이다. 시, 판타지, 그림, 유화, 노래 그리고 드라마는 창의적 상상력을 발산하기 위한 비판적 사고를 개발하는 데 도움을 준다.
- 비판적 사고를 하는 사람들은 호기심 있고, 유연하고, 정직하고, 비판적이다. 그들은 이유에서 편견을, 의견에서 사실을 구분할 줄 안다. 그들은 미래의 목표를 향하여 감정과 직관을 가지고 이성적이면서 목적의식에 따라 생각할 수 있다.

해결을 위한 최고의 해결책이냐는 것이고 최종 결정은 구현을 위하여 권고되어야 한다. 필요, 가치, 사회적 문구, 이윤 그리고 위험들이 고려된다(주로 B 사분면과 몇몇 C 사분면의 생각). 비록 좌뇌가 지배한다하더라도 "평가"는 최고의 해결책을 개발하고 현명한 결정을 만들기 위하여 전체의 두뇌를 통하여 반복되는 사이클임에 틀림없다.

다른 선택들을 순서매기기

이 단원에서 우리는 평가 기준에 대한 리스트를 갖는 것이 왜 중요한지 설명하겠다. — 많은 평가 기법은 좋은 기준의 리스트를 가지고 있을 때 잘 동작한다. 우리는 또한 몇 가지 특정한 평가기법을 알아볼 것이고, 해결책에 문제가 있을 때 무엇을 해야 하는지에 대한 질문을 들여다 볼 것이다.

기준 리스트

좋은 기준 리스트는 문제 또는 결정에 영향을 주는 모든 요인을 포함한다. 만일 여러분이 새로운 직업을 구하고 있었고, 다행히 네 가지의 다른 제안을 받았다고 해보자. 다섯 번째 선택은 여러분의 현재 위치에 남는 것이라고 했을 때 어떤 것을 선택하겠는가? 어떻게 최고의 결정을 할 수 있는가? 그것을 고려하는 데 있어서 중요한 요소(그리고 느낌)는 무엇인가? 이제 유효한 기준 리스트를 만들 때가 되었다. 이 리스트는 정기 브레인스토밍

나는 당신이 무엇을 유지해야하는지를 모른다면, 또 실제 단련되고 평가능력을 가지지 않았다면, 중요한 관점에서 변화를 할 수 있다고 생각하지 않는다.

President-elect Bill Clinton, December 22, 1992, defending his choices for cabinet posts.

을 통해 개발될 것이다 — 더 많은 기준이 있을수록 더 좋다! 창의적 평가를 통해, 더욱 세분화되고 가장 쓸모 있는 중요한 기준들이 선택될 것이다. 평가는 분석적 기준과 직관적 기준 사이에서, 양적 요인과 질적 요인 사이에서 균형을 이룬다. 이따금 가중치 시스템이 사용된다. 예를 들어 1에서 5의 숫자 중에서 가장 높은 숫자에 가장 중요한 기준으로 할당하는 단순한 순위를 나타내는 기법일 수 있다. 또는 각 기준의 가중치 요소가 자격이 부여된 진행자나 팀 멤버에 의해 투표되고 평균값이 할당될 수 있다.

또한 기준은 문제를 해결하는 데 있어서 적합한 경계, 제한 또는 해결책으로 생각될 수 있다. 예를 들어, 정부의 법과 규칙은 준수되어야만 한다. 큰 시스템의 구성요소는 크기, 무게 그리고 다른 물리적 제한에 의해 제약된다. 그러나 만약 시간이 허락된다면 한계가 질문될 수 있다. 이것들은 단지 임의의 규정인가? 왜 그것들이 존재하는가? 제한은 창의적 사고와 새로운 패러다임의 개발 또는 새로운 기술의 적용을 통해 극복할 수는 없는가? 연결고리로서가 아니라 도전으로서 특성을 생각하여라. "판사"로서, 여러분은 직감에 집중할 필요가 있다 — 여러분이 어떠한 속성을 이상적인 해결책이라고 느끼고 그것을 가지고 있는가?"

왜 특정 기준이나 해결책이 맞는 것 같아 보이고 다른 것들은 틀려 보이는가? 우리가 기준 리스트를 개발할 때 우리는 해결책을 큰 문맥에 적용할 기회가 있다. 우리는 미래를 바라볼 필요가 있고 수행을 더 쉽고 성공적으로 만들 요인을 고려할 필요가 있다. 좋은 기준 리스트는 우리와

표 10.4 성공적 수행과 관련있는 요소

1. **동기부여** : 왜 사람들이 해결책을 받아들이길 원하는지 — 그들의 동기는 무엇인가? 어떻게 우리는 그들에게 상품을 사도록 동기를 부여 할 것인가? 아이디어, 서비스 또는 상품은 고객의 요구 사항을 만족시키는가?
2. **사람** : 어떻게 사람들이 해결책에 의해 영향을 받을 것인가? 해결책을 적용하는 것이 어렵지는 않을까? 사람들은 자신의 삶을 변화시킬 필요가 있을까? 상품의 시장성이 있는가? 고객들은 누구인가?
3. **비용** : 여러분 또는 다른 사람들에게 비용이 얼마나 들 것인가? 해결책의 가격은 적절한가? 상품을 제조하는 것은 쉬운가? 서비스 유지보수가 쉬운가? 재사용되고 재활용될 수 있는가? 아이디어를 다른 곳에 적용할 수 있는가? 아이디어가 실행 가능한가? 구현을 위하여 새로운 기술을 필요로 하는가?
4. **지원** : 구현을 위하여 어떠한 지원이 사용 가능한가? 어떤 자원이 — 원료, 장비, 정보, 훈련 또는 사람들 같은 — 해결책을 성공적으로 구현하기 위하여 요구되는가?
5. **가치** : 어떠한 사회적 가치가 포함되어 있는가? 어떤 것이 사람들에게 이익이 되는가? 안전과 관련된 쟁점은 무엇인가? 환경에 위험한 것은 무엇인가?
6. **시간** : 해결책을 구현하는데 얼마나 시간이 걸리는가? 해결책을 위한 장기 또는 단기의 응용이 존재하는가?
7. **효과** : 해결책의 결과는 무엇이 될 것인가? 무엇이 조직, 삶, 공동체 안의 활동에 영향을 줄 것인가?

관련된 중요한 모든 요소를 이해하는 데 도움을 줄 것이다. 특히, 우리는 표 10.4에 나열된 몇 가지 관심사에 대답해 줄 몇 가지 기준으로 바라볼 필요가 있다.

기준 리스트는 원래의 문제를 해결하기 위한 서로 다른 아이디어와 해결책 그리고 그들의 능력의 질을 분석하는데 유용하다. 기준은 약점을 지적할 수 있고, 많은 결점을 가진 아이디어를 정의하여 제외시킬 수 있다. 그러나 아주 드물게 기준의 모든 것을 만족시키는 "승리자"처럼 아이디어가 나타날 수도 있다. 그래서 몇몇 추가적인 평가 방법을 통하여 아이디어를 걸러내고 순위를 매길 필요가 있다.

아이디어 평가 기법

우리는 세 가지의 아이디어 평가 기법을 볼 것이다: 속성기법, 장단점 비교 그리고 전문화된 기법이 그것이다.

속성 절차

아이디어의 순위를 매기기 위하여 좋은 기준 리스트를 개발할 시간이 없을 때, 우리는 **투표에 의하여 평가**하는 기법을 사용할 수 있다. 투표는 많은 방법으로 이루어지는데 개방하여 하는 방법과 무기명 투표 같은 방법을 사용하는데 이것을 더 선호한다. 빠른 투표의 큰 단점은 명확한 기준이 부족하다는 것이다.

사람들은 각각 자신의 가치 또는 선입견에 근거하여 결정을 내린다. 평가가 내려지는 것은 공통점이 없는 일치된 표준이다. 가끔 사람들은 왜 그것을 선택하는지를 모르고 평가를 하거나 동료의 압력이나 "그룹의 생각"에 의해 평가가 동요된다. 속성 투표는 고려중에 있는 아이디어가 갖는 결점에 대한 토론을 방해하는 경향이 있다. 만약 아이디어가 "가장 좋은 것"으로 투표되면, 이것이 대다수의 사람들이 받아 들였기 때문에 어떠한 결점도 갖지 않았다고 암묵적으로 받아들여진 것처럼 보인다.

악마가 승리하기 위한 유일한 필요조건은 착한 사람이 아무것도 하지 않는 것이다.

Edmund Burke
(1729–1797)

많은 수의 아이디어들이 비용과 같은 하나의 기준을 통해 개인 또는 그룹에 의하여 다루기 쉬운 단계로 빨리 축소될 수 있다. 종종 추가적인 브레인스토밍으로 단독 기준이 갖는 제한을 극복할 수 있기 때문에 경고는 순서 내에 있다: 그래서 성급한 결정은 잠재적으로 좋은 선택을 제거할 수 있다. 예를 들어, 연구 엔지니어를 채용하기 위한 지원서의 목록을 줄이기 위하여 사용된 유일한 기준이 박사 학위를 소지한다는 것이다. 최고의 경쟁자는 단지 학위를 받고 2달 동안 떠나있던 사람이거나 새로운 분야에서 중요한 발견을 한 경험 많은 사람일 수 있는데 박사 학위 취득을 위하여 소요된 시간을 발견할 수 없다. 그래서 최고의 평가는 주의 깊게 생각한 기준이 아이디어의 가치를 측정하는데 사용되며 그러한 아이디어 평가를 창의적 문제 해결 단계로 만들 수 있다.

장단점 비교 기법

이러한 평가도구를 사용한 가장 단순한 접근은 각각의 아이디어에 대하여 장단점의 분리된 목록을 작성하는 것인데, 한 열에 모든 장점(긍정적 표시 또는 찬성)을 그리고 또 다른 한 열에는 모든 단점(부정적인 표시 또는 반대)을 표기한다. 최고의 장점과 최소의 단점을 가진 아이디어가 "승리할 수 있다." 이 방법은 주요 단점을 가지고 있는데 하나의 부정이 여러 개 또는 심지어 모든 긍정보다 무거울 수 있기 때문이다. 우리가 값싼 소비자 제품을 개발한다고 가정해보자. 만약 한 가지 아이디어가 비싼 제조비용을 제외하고 기준 리스트에 모두 긍정적으로 응답을 할 수 있다면(또는 장점의 긴 리스트), 하나의 부정적인 표시는 우리의 궁극적인 성공에 심각한 장애물이 될 수 있다. 그래서 우리는 긍정과 부정 표시를 덧붙이면 안 되고 각각의 부정적 암시에 대한 비판적 생각 없이 산술적 결과를 사용해야 한다. 만약 충분한 시간이 있다면, 부정적인 것을 없애기 위하여 다른 라운드의 창의적 문제 해결 과정을 촉진할 수 있다. 각 아이디어의 긴 범위의 잠재성을 고려하기 위하여 이러한 평가를 세 번째 열에 추가할 때, 장점, 한계 그리고 잠재(ALP) 방법을 사용한다. 이 방법은 승낙을 위한 잠재적 이익에 의존하는 시도되지 않은 창의적인 아이디어에 공정한 평가를 부여하는 것을 쉽게 만든다. 우리가 우선순위를 설정하고 또는 기준 사이의 가중치 요소를 책정하는 것에 관심이 있을 때, 각각에 관련된 기준의 순위를 매기기 위하여 **비교 분석을 수행할 수 있다**. 이 방법은 기준의 수와 대체 해결책이 비교적 적을 때 잘 동작한다.

만약 우리가 기준 리스트를 열 왼쪽에 두고 평가될 아이디어를 오른쪽 상단에 함께 두어 **장단점 매트릭스**를 만들려고 할 때, 각 기준에 대한 모든 다른 아이디어를 비교하는 방법을 갖는다. 이것을 설명하기 위하여 다른 직업 선택 문제를 살펴보자. 표 10.5에 나와 있듯이, 각각의 다섯 가지 직업 선택은 장점(+)과 단점(0)을 가지고 있다. 여러분은 어떤 옵션을 선택할 것인가? 여러분의 가족과 브레인스토밍 해보고 열 왼쪽에 제시된 기준을 생각해 보아라. 직업 선택은 매트릭스 최상단을 가로질러 배열되어 있고 각 직업은 기준에 대하여 평가되어 있다. 직업 1은 연봉 제안은 매우 좋고 이러한 장점은 + 표시를 받는다. 직업 2는 급여가 적고(단점) 이것은

표 10.5 장단점 매트릭스의 예

기준 목록	직업 조건				
	1	2	3	4	5
급여	+	0	0	0	+
복리후생	+	+	0	0	+
자아발전	0	+	+	0	0
가족호응	+	+	0	+	0
독립성	0	+	+	+	0
상태	0	+	0	0	+
흥미/장점	+	+	+	0	0
동료의 능력	+	0	+	+	+
상사의 성향	+	+	0	+	0
삶의 목표와 조화	+	+	0	0	+
총계	+ 7	8	4	4	5
	0 3	2	6	6	5

0점 처리된다. 이 과정은 각 기준과 각 직업에 대해 반복된다.

매트릭스가 완성될 때 점수는 체크와 0점으로 분리되어 더해진다. 이 예로 선택 1과 2는 다음 3과 함께 꽤 가깝다(5번과 현재의 직업을 포함한) 최상위 두 개로부터 큰 차이로 나누어져 있다. 적은 점수의 차이는 중요하지 않다; 그래서 최고의 두 가지 선택은 더욱 고려되어야 한다. 직업 2의 연봉 제공처럼 부정적인 것은 협상을 통해 제거될 수 있는가? 아마도 동료들의 질이 낮은 것은 단지 일시적이고 개선될 수 있을 것이라고 믿는다. 또는 1번의 부정적인 측면은 단지 단기적인 것이고 장기적인 것이 아니기 때문에 무시될 수 있다.

기준은 신중히 재검토할 필요가 있고 아마도 전체 리스트의 가중치 시스템을 보완하여야 할 것이다. 예를 들면, 급여가 더 중요한지 또는 개인적 성장의 가능성에 우선순위를 둘 것인가? 가중치 요소가 쓰일 때 최종 결과는 아마도 더 크게 확산되어 최고의 해결책을 선택하는 것이 더 쉬워질 것이다. 이 예는 올바른 기준의 선택이 중대하다는 것을 설명해주고 있다. 우리는 만약 최고의 옵션 중에 사실 표시를 원한다면 모든 중요 파라미터를 포함해야 한다. 장단점 매트릭스는 아이디어의 순위를 매기고 의사를 결정하는데 유용하다. 왜냐하면 매트릭스 작업을 한 사람을 광범위하게 기준에 대하여 토론하고 변경할 기회를 가지므로 인하여 어떤 아이디어가 왜 상위 순위를 확보하였는지를 이해할 것이기 때문이다. QFD House of Quality는 **가중치요소를 고려한 매트릭스**의 예 중 하나이다.

장단점 매트릭스는 새로운 개념이 3단계로 비교되는 것에 대항하여

인터넷은 비범하게 쓸모있고 가치있는 많은 정보들로 적재되어 있고 그것의 대부분은 절대적으로 거짓이다.

George F.Huhn, Managing Consultant ACA Focus, Vol. 9, No. 2.

표준으로서 기존의 아이디어 벤치마킹제품 고정 그리고 서비스에 도입될 때, 이 기술을 퓨의 기법이라고 한다.

Pugh 기법은 창의적인 설계 개념의 평가를 위한 팀 단위의 접근 방법이다. 그러나 이것은 단지 설계 개념 뿐 아니라 모든 종류의 아이디어를 위하여 사용된다. 존재하는 상품 또는 아이디어는 자료로 쓰인다. 각 새로운 아이디어와 설계 개념은 각 기준에 대한 자료와 비교되어서 대체적으로 좋고(+), 본질적으로 같고(S) 또는 상당히 나쁜(−)것으로 평가된다. Pugh 기법은 반복적 기법이다; 이것은 다양한 사이클을 순환한다. 각 라운드에서 최고로 높은 점수를 얻은 아이디어나 개념이 다음 라운드의 자료로 선택되고 아이디어는 매트릭스 상에서 평가된 아이디어들 중 더 창의적 사고와 결합되어 개선되어진다. 이 과정은 최종적으로 아이디어 또는 개념이 더 이상 향상될 수 없다고 평가되는 결과를 가져온다. 가중치 요소는 최고의 해결책을 확인하기 위해 최종 라운드에 추가된다.

다른 평가 기법

우리가 단지 소수의 아이디어만 가지고 있을 때, 지지 기법이 사용될 수 있다. 그룹 멤버가 한 두 개의 아이디어를 할당받아 이것들을 그룹에게 변호하는 역할을 하는 것이다. 그들은 각 아이디어의 긍정적인 측면을 강조할 수 있다(그리고 어떻게 이러한 아이디어들이 기준을 충족시키는지). 이 기법은 특히 좋은 기준 리스트로 진행되지 않는다면 아이디어가 갖는 몇 가지 심각한 약점을 간과할 수 있는 단점을 가지고 있다. 그러나 평가 과정으로 돌아가 혁신적인 아이디어에 관한 흥분과 직관을 얻을 수 있다는 점에서 가치가 있다.

역 브레인스토밍은 지지 기법의 반대 방법이다. 그룹 멤버는 각 아이디어의 약점과 흠을 비판한다. 이 기법이 성공적으로 수행될 수 있는 장점을 갖는데, 지식을 통하여 약점을 극복할 수 있도록 계획하는 것을 가능하게 해주기 때문이다. 그러나 이 기법은 다른 사람과 함께, 부정적으로 생각하는 방식을 극복하기 위하여 보다 긍정적인 방법이 사용되며, 강력한 노력을 통하여 이러한 약점을 "치료"할 수 있도록 개발하여야 한다. 여기에서도 기준 리스트를 만드는 것이 비판적 사고를 위한 안내서를 제공할 것이다. 역 브레인스토밍은 "여기서 발명되지 않은" 아이디어를 평가하는데 쓰이는 경향이 있는데 이는 팀원이 아닌 누군가가 그것들을 고안해냈기 때문에 이중 잣대를 사용하거나 가치 있는 아이디어를 잘못 평가하지 않도록 주의하여야 한다.

더 많은 데이터가 평가되어야 할 때 **실험**이 최고의 도구가 될 수 있다.

만약 몇 가지의 해결책만이 평가되어야 한다면 우리는 에디슨의 **시행착오 기법**을 사용할 수 있다. 통계적 접근에 기반을 둔 **실험 설계의** Taguchi **기법**은 다수의 선택사항과 독립적인 파라미터들을 평가할 때 쓰인다.

많은 유용한 기법 중 어느 것이 특정 응용을 위해 선택되어야 하는가? 여러분 문제의 세분화와 복잡도의 정도를 맞출 수 있고 편리한 기법을 사용하라.

여러분의 선택은 또한 여러분이 이용할 수 있는 시간에도 의존한다. 평가 토론 중에 좋은 대화와 대인 관계의 기술들은 매우 중요하다. 일반적으로 어떤 아이디어가 90% 옳고 10%가 불충분하다면, 사람들은 그 결점에 매달릴 것이며 이러한 결점적인 아이디어를 내놓은 사람은 분명 바보임에 틀림없다고 몰아붙일 것이다. 판결자로서, 이러한 태도들을 막아야 한다. 그렇지 않으면 귀중한 아이디어나 해결 방안들이 쓸모없이 사라질 것이다. 민감하고 현명한 아이디어를 표현하기 위한 안전한 환경을 계속 조성해야 한다. 그래야만 그 아이디어에 대한 비평이 개인적인 공격이 이닌 그 아이디어를 창의적으로 발전시키는데 동반자적인 자극제로 되어져야 한다.

여러분은 또한 그 아이디어 평가과정에 수많은 회의적 사고를 가져야 한다. 비판적인 사고로 우리는 "이 아이디어로 무엇이 잘못되었습니까?"라고 묻는다. 회의적인 사로로는 그 아이디어에 대해 다시 한 번 되짚어보며 "이게 사실일까? 그렇다면 무슨 증거를 보강하여야만 하는가?"라며 반문한다. 미국 창의성학회의 학회 구성 회원인 Geoge F. Huhn는 어떤 문제에 대해 아이디어나 그 해결책을 평가해야할 때면 반문하는 다음과 같은 질문 목록을 만들었다:

— 이것이 사실이거나 옳다는 것을 알기위한 정보나 사항들을 충분히 가지고 있나? 내가 서둘러 평가하고 있나?
— 만약 이것이 사실이 아니거나 옳지 않다면 무엇이 그 결과가 되겠나?
— 이것에 대한 지지자는 내가 이것을 믿도록 설득하는데 개인적인 이익을 가지는가?
— 내가 이것을 믿을 필요가 있나? 왜? 논쟁에서 약점을 지나치게 무시하거나 따지고 있는가?
— 내가 이것을 믿지 않는다면 그 결과는 무엇이 될까?
— 내가 이것이 사실이 아니었다는 뒤집을 수 없는 결정적 사실을 찾았다면 내가 어떻게 느낄까? 실망될까? 다른 것을 찾아야 할까?

비판적 사고의 활동 10.5 : 동료 간 눈치 보기 – 동료로부터 받는 사회적 압력

여러분이 15명 이상의 젊은 사람들로 구성된 한 팀에 속해 있다면 여러분은 팀 활동 8.1의 결과를 사용하여 동료 간 눈치 보기(소위, 동료집단으로부터 받는 사회적 압력)의 흥미 있는 실험을 할 수 있다. 최소한 10개의 선택항이 있는 브레인스톰된 이름들의 항목을 게시하여라. 각 팀원에게 선호하는 이름들 앞에 투표할 수 있도록 5개의 원형 부착물이 주어지고, 한 이름에 모두 부착하거나 특정 몇몇에 부착하든 이들이 선호하는 방법에 따라 팀원들 모두가 보는 앞에서 부착할 수 있다. 투표를 시작하기 전에 가능하면 남녀 두 사람이 좋겠지만 아무튼 두 팀원을 비밀리에 뽑아서 5개의 원형 부착물 대신에 각각 비밀 투표용지에 5개의 선택권과 함께 투표를 하여 회수한다. 팀이 원형 부착물에 의한 투표를 마친 후, 다른 색깔의 마커나 부착물을 사용하여 비밀 투표 용지를 개표하여라. 그 후, 그 결과에 대해 토론하라. 비밀 투표에 비교하여 팀의 개방 투표가 얼마나 팀원 간의 눈치 보기를 보여 주는가?

✓ 팀 활동 10.6 : 프로젝트 기준과 판결

팀 활동 9.2의 결과를 사용하여 여러분의 팀원들과 기준의 목록에 대해 브레인스톰하여라. 반드시 창의적 사고의 사전연습(웜업)을 잊지 마라. 그리고 옳은 기준의 개선된 목록을 얻기 위해 이러한 기준들을 설계하여라. 상위의 아이디어를 찾기 위해 적당한 판결 기술(예를 들면 Pugh의 판결 방법)과 함께 여러분의 목록을 이용하라. 결점에 대해 토론하고 다른 아이디어들의 최고의 특징들이 결합함으로 또는 부가적인 창의적 사고를 통해 어떻게 그들이 개선되는지에 대해 토론하라. 또한 실행에 따른 잠재적인 위험요소에 대해서도 토론하라. 만약 거기에 불일치가 있다면 숨겨진 가치와 사고의 선호도를 조사하여라.

의사 결정

바로 전에 우리가 토론하였던 방법들은 최종 결정을 만들지는 않았지만 실행에 있어 우선순위가 정해진 아이디어들을 가져온다. 기준들이 순위를 나누고 실행에 있어 가장 좋은 해결책일 수 있는 좋은 지표를 가져 올 수 있지만, 의사 결정은 다른 판결의 행동이다. 우리의 문화적인 관습은 우리의 의사 결정에 영향을 미친다. 서양문명에서 반대의 관점은 논쟁을 불러일으키고 법정에서, 정치에서, 사업에서, 그리고 일생생활에서 싸워 이겨야하는 경쟁적 시스템의 현실과 철학이다. 하지만 이러한 공격과 방어의 과정을 통해서 더욱 관료적이고 창의적 해결방안은 더욱 설 자리가 없어진다. 또한 패자는 승자의 아이디어를 지원할 기분에 있지도 않다. 최근 정치유세가 좋은 예인 것처럼, 모든 참여자들은 신뢰를 잃는다. 이와 반대로, 다른 사회 공동체들은, 동양 문화권, 협력의 문화적 전통을 기반으로 한다.

의사결정은 의도한 목적을 이루기 위해 필요한 연관된 행동이나 조치들을 선택하는 것으로 간주할 수 있다. 평가자로서, 우리가 좋은 결정을 내렸다고 어떻게 확신할 수 있는가? 우리는 상황을 파악할 필요가 있을 것이고 어떤 형태의 의사결정이 주어진 문제에 가장 잘 어울리는지 결정할 필요가 있을 것이다. 사소한 문제에 대한 결정은 신속하고 절차적으로 될 수 있지만, 장기간 영향을 미치고 강력한 조직적 파급효과를 가져오는 중요한 결정은 더 많은 생각, 주의, 그리고 시간을 필요로 한다. 조직 내에 있는 기존의 절차나 표준 그리고 규정들은 시간과 실수를 줄일 수 있는 의사 결정을 내리는 틀이 되기 때문에 유용하다. 또한 평가자로서 우리는 모든 사람을 기쁘게 하는 의사 결정은 불가능하다는 것을 깨달아야만 한다.

공통 의사결정법

자! 사람들이 어떻게 의사결정을 하는지 들여다 보자. 몇몇 이런 방법들은 팀에 의해, 몇몇은 개인에 의해 사용된다. 가장 적절한 방법을 선택하는 것은 각각의 처해진 상황들에 따른다.

동전 던지기 똑같이 좋은 두 조건을 가지고 있을 때, 모든 선택이 모두 좋은 결과를 가져오기 때문에 동전 던지기는 어떤 것을 선택할 지를 결정하는데 도움을 줄 수 있다. 때로 이것은 그 결과물들에 초점을 맞추도록 도와준다. 즉, 최소의 문제나 위험의 우회를 기반으로 결정을 내리도록 한다.

쉬운 해결책 만약 우리가 여러 개의 똑같이 좋은 해결책을 갖고 있다면, 쉬운 해결책이 주어진 문제에 대해 가장 빠르고 고통이 가장 적은 해결책을 이끌 수 있다. 하지만 오랜 암시를 무시하지 않도록 주의가 필요하다.

점검표 최고의 해결 방법에 의해 채워질 필요가 있는 점검표를 구성할 수 있다. 주어진 문제에 대한 해결책의 특성은 점검표의 특성에 따르게 될 것이다. 만약 그 해결방안이 포함해야할 모든 중요한 점들을 포함하고 있다면 최소 기준의 목록은 유용하다. 이 목록은 본래의 문제를 실제적으로 해결할 해결방안들에 주목하도록 도와준다.

장단점 매트릭스 가장 좋은 결과를 내기 위해, 이 매트릭스는 가중체제와 함께 도입되어야 하며 삭제될 수 없는 단점과 기준의 적법성에 관해 많은 생각을 포함해야 한다. 이것은 가장 믿음직한 조건이나 해결책들을 분별하는 유용한 도구이다. 우리는 가장 높은 순위의 조건을 선택하도록 결정을 가져가거나 팀 투표를 가져간다. 이 경우 팀 동료들은 왜 그들이 특정한 아이디어에 대해 표를 주는지 이해되어야 한다. 비록 한 아이디어가 평가 매트릭스에 낮은 순위에 위치해 있더라도 그 아이디어를 투표하고자 느낀다면 우리의 직관성을 촉진하는 이것을 실행할 필요가 있다. 즉, 사람들에게 전해져야 될 귀중한 내용을 무시하고 우리를 주도할지도 모르는 기준을 향상시키려 할 때 우리는 매우 분석적인 접근법을 대체로 사용해 왔다.

의견일치 이것은 가장 낮은 레벨의 그룹 의사결정 방법이다. 일치에 의한 빠른 의사 결정은 단지 다수가 좋아하고 동의하는 것만 해결책으로 협의되고 실행되기 때문에 대체로 보편적인 해결방법이다. 창의적 문제 해결책은 여러 가지를 섞어 만들어진 기교를 가지고 있고 또 그래서 이들이 쉽게 받아들여지지 않는다. 빠른 의사 결정이 이루어져야 할 때, 사람들은 그들이 싫어하거나 초기에 그들을 불편하게 하거나 또는 변화를 가져오는 아이디어를 버리려하는 경향이 있다. 창의적 아이디어가 이해되고 받아들여지도록 만들기 위해서는 시간이 가져야 한다. 어떤 긴급한 문제에서는 지연이 심각한 결과를 초래하기 때문에 합의는 이 긴급한 문제를 신속하게 해결하기위한 임시방편일 수 있다. 장기적인 안목에서 보다 양질의 해결책이 강구되어져야 한다.

타협 매우 폭 넓은 관점을 가진 사람들은 그룹 의사결정의 두 번째 레벨인 타협을 통해 해결책을 선택할 수 있다. 타협은 양쪽에 의해 어떤 일정 부분을 포기함으로 상호 다른 부분이 받아들여지도록 하는 교역이다. 이러한 접근 방법은 국가 기관에서 흔히 사용된다. 비록 타협이 폭 넓은 지지자들에게 받아들여지는 해결책이 될 수 있을지 몰라도 몇몇의 좋은 특성들이 그 타협이 받아들여지도록 주고 받아져야만 하기 때문에 전체 조직이나 공동체를 위한 최선의 강구책은 아닐 수 있다.

복합적 팀원으로 구성된 팀의 결정 집단적 의사결정의 최상위 단계인 이 과정은 최상의 해결책을 낼 수 있다 왜냐하면 팀원 모두는 더 이상의 개선이 없을 것으로 합의를 한 아이디어들의 최상의 특성들이 결합되어 만들어진 해결책이 되도록 노력하였기 때문이다. 모든 반대와 약점이 부가적인 창의적 사고에 의해 극복되기 때문에 퓨의 방법(Pugh method)에 의해 사용된 접근법이기도 하다. 일부 사람들이 여기에 일치라는 단어를 사용할지라도 이것은 엄연히 복합결정으로 간주된다. 한 집단이 전체 평가 과정

내내 주의 깊게 처리하고 새로운 아이디어들을 위해 시간을 소비할 때 뛰어난 복합결정과 해결책이 도출될 것이다. 이러한 과정에서 사람들이 싫어하는 것들이 점차 버려지는 것이 아니라 개선되어진다.

연기 이것은 시기를 다르게 가져가는 색다른 결정이다. 이것은 여러분에게 보다 더 많은 자료를 얻도록 시간을 줄 수 있으며 좀 더 좋은 해결안을 찾을 수 있도록 할 수 있다. 아마 이 연장된 시간 안에 그 문제가 사라질 수도 있을 것이다. 또한 정치적인 이유들 때문에 결정을 유보하고자할 경우가 있을 수 있다. 정해진 기한을 지나 결정을 늦추므로 거부될만한 것들을 시험할 수 있다.

"아니오"의 결정 때때로 "아니오"라고 말하는 것이 적절하거나 현명하다. 아마도 본래의 문제가 더 이상 존재하지 않거나 문제나 그 문제의 내용이 변하여 어떠한 해결책을 실행하는 것이 그 문제를 더욱 악화시키는 경우도 있다. 바뀐 환경 요소들은 새로운 주기의 창의적 문제 해결책을 요구한다.

직관적 결정 어떠한 사람들은 명확한 기준에 의한 일처리나 공정을 통한 이성적인 이유없이 직관적으로 의사를 결정한다. 그리고 그들의 결정을 남에게 설명하기위해 그들은 그들의 결정에 대해 논리적인 이유들을 고안해 낸다. 이러한 우뇌적인 접근법은 그들의 직관과 특별한 상황에서 좋은 평가를 내리는데 그 직관의 신뢰성을 믿도록 교육받아 온 사람들에게 매우 잘 통한다.

창의적 의사결정

우리가 지금까지 토론해온 대부분의 의사결정법들은 무엇보다도 좌뇌적 사고를 동반한 분석적인 절차들이다. 하지만 우리가 미래가 불확실한 변화하는 시대에 살고 있기 때문에 좌뇌와 우뇌적 사고 과정들을 모두 사용하는 의사결정 책략을 사용할 필요가 있다. 교육자이며 심리학자, 직업상담자, 책 저자, 그리고 조련사이기도한, H. B. Gelatt 박사는 "긍정적 불확실성을 이용한 창의적 의사 결정"이란 책에서 최상의 결정을 내리기 위해 논리적 그리고 직관적 기술들을 모두 사용하였다. 이 작은 교재는 총뇌적 의사결정에 흥미를 유발시키고 창의적 문제 해결 과정에 일치하여 서술하였기 때문에 여기에 간략히 요약하여 발췌하고자 한다.

불확실성은 너무도 적은 정보를 가지고 문제를 해결하려할 때 존재한다. 또한 너무 많은 정보를 가지고 있을 때, 특히, 자료가 부적절하거나 상충되거나 불완전하거나 상호 연결이 안되거나 또는 틀리기 조차한 경우 그렇다. 우리의 지식은 의사 결정의 기초일 뿐만 아니라 우리가 결정하고자 하는 것에 강력하게 영향을 미친다고 믿고 또 선호하는 것들 모두에 해당된다. 이런 관점은 4단계 구조로 표현되었고 긍정적으로 불확실성을 접하는 태도의 기본이 된다.

1. 목표 여러분이 원하는 것에 초점을 맞추고 (좌뇌적) 또 탄력적 (우뇌적) 이 되라. 목표들은 실제적으로 꼭 들어맞지 않고 그저 방향 제시일 뿐이다. 그러므로 조건의 바뀜과 기대의 바뀜에 대하여 변화하도록 받아들여라. 여러분이 여러분의 목표를 성취하기위해 기대치 않았던 발견들을 맞이하라.

2. 지식 여러분의 지식에 대하여 걱정하고 (좌뇌적) 또 주의하라 (우뇌적). 하지만 모르는게 약인 경우도 있다: 아직 여러분은 작동하지 않는 것에 대해 배우지 않았다. 상상은 가치 있지만 기억은 늘 신뢰할 것만은 아니다.

3. 믿음 여러분이 믿는 것에 대해 객관적 (좌뇌적)이고 낙천적 (우뇌적)이 되라. 희망적인 사고는 올바로 쓰일 곳을 갖는다. 무엇이 실질적인 것인가? 긍정적인 사고야말로 자신이 실행할 수 있는 예견이 될 수 있다.

4. 행동 여러분의 행동에 대해 실질적 (좌뇌적)이고 마술적 (우뇌적)이 되라. 직관을 믿어라. 변화를 받아들이지만 변화의 원인이 되지는 말아라. 계획은 학습으로 이끌고 또 학습은 계획을 이끌 것이다. 여러분 개인의 패러다임이 얼마나 변화하였나? 의사를 결정할 때 두려워 말고 밀고 나가라. 여러분의 논리적 한계와 직관의 테두리 안에서 행동하라.

이상적 상황은 균형 잡힌 접근 방법을 발전시키는 것이다. 여러분이 취한 행동과 그로부터 가능한 결과들 그리고 그에 동반되는 불확실성들 — 조건들, 연이어 오는 것들, 성공할 확률 — 에 대해 평가하라. "그 밖에 무엇이 있을까?"라고 질문하는 태도를 가져라. 또 다음과 같은 다른 마음자세를 사용하라: 긍정적 ➡ "탐험가적인", 객관적 ➡ "탐정가적인", 정서적 ➡ "예술가적인", 창의적 합성 ➡ "공학도적인", 비판적 ➡ "판사적인", 그리고 제어적 ➡ "생산자적인", — 실행가가 되어라. 의사결정은 창의적 문제 해결 과정의 6가지 마음자세 모두를 사용할 때 가장 잘 도출될 것이다. 여기서 결정이라 하면 4개의 결과를 가지는 것으로 보인다. 자신에 대해 득과 실, 그리고 타인에 대해 득과 실로 그 결과를 가져온다. 조건들이 평가되는 중에 그 결과들은 결과물 매트릭스를 통해 표시된다.

	득	실
자신		
타인		

미래에 대해 상상하고 고안하는 연습을 하라. 어떻게 오랜 지식이 새로운 사고를 방해하는가? 색다른 의견에 귀 기울이라는 충고를 받아들여라. 내부적 논쟁의 과정을 이용하라: 즉, 여러분의 왼쪽 뇌가 이성적 논의를 지원하게 하고, 여러분의 오른쪽 뇌가 각각의 논의에 대해 어떻게 느끼는지 언급하도록 하라. 다른 사람들을 고려하자 - 누가 여러분의 왼쪽에 있고 누가 여러분의 오른쪽에 있는가? 그들의 위치는 여러분에게 무엇을 말하는가? 여러분은 누구처럼 되고 싶은가? 왜? 누구의 의견을 신뢰하는가? 앞으로 일어날 것 같은 것에 낙천적이 되라. 즉, 여러분은 향후 발생할 일에 영향을 미칠 수 있고 또 바꿀 수 있다. 여러분의 믿음은 여러분의 행동과 여러분이 하고자 하는 것 그리고 여러분의 지식을 결정할 수 있다. 변화에 적응하는 유연성을 갖추어라. 판사와 의사결정자의 사고로 가용한 정보와 의견, 믿음, 그리고 목표들을 반드시 다시 살펴보아라.

이 접근 방법은 전문가들이 사람들에게 그들이 행동해야만 한다고 말하는 것보다는 사람들이 실제로 행동해야할 것들에 밀접하게 관련된 결정에 관한 충고를 주기 위해 개발되었다. 긍정적 불확실성은 역설적이지만 지적이고 객관적인 기술들과 상상적이고 주관적인 기술들을 미래에 대한 설계와 의사결정을 위해 독창적 현명함으로 결합시킨다. 이런 과정을 이용하는 것이 의사결정을 보다 쉽게 하는가? 이것에 답하기 위해, 우리는 먼저 질문을 해야 한다: 의사결정은 언제 쉬운가? 창의적 문제 해결 과정을 통해 좋은 해법을 개발하였을 때 쉽고, 이용 가능한 조건들 없이 실제적으로 문제를 풀어야 할 때 어렵다. 문제는 효과적인 해결법을 찾는 것은 대개 의사결정을 하도록 주어진 시간보다 더 걸린다는 것이다. 하지만 획일적이지 않은 문제에 대해 효과적인 해법을 찾는 것은 우리가 총체적인 뇌의 능력을 사용할 것을 요구한다. 다음과 같이 의사결정단계를 이용하여 보자:

1. D 사고면으로, 탐험가들은 질문한다. 무엇이 가능한 결과물들일까? 우리가 예견할 수 있나? 그 결정은 우리의 미래에 대한 비전과 맞

는가?

2. A 사고면으로, 탐정들은 질문한다. 무엇이 증거인가? 그것을 믿어도 되나? 그 사실에 대한 분석은 무엇을 보여주는가? 결론은 무엇인가?
3. B 사고면으로, 생산자는 질문한다. 우리의 지식으로 무엇을 해야 하나? 어떻게 행동을 취해야 하나? 계획된 결정은 우리에게 충분한 통제를 허락하는가?
4. C 사고면으로, 우리는 그 결과물을 평가하는가? 다른 것들이 어떻게 영향을 받는가?

최종 선택

만약 여러분이 아이디어 평가 과정의 이 단계 (의사결정 단계)에서 여전히 최상의 해결책을 하나 이상 갖고 있다면 여러분은 무엇을 할 것인가? 표 10.6의 하나나 그 이상의 단계들이 아마도 여러분이 최종 결정을 내리도록 도와줄 것이다.

의사결정 과정의 이러한 최종 단계들은 팀에 의해 또는 관리조직에 의해 실시 될 수 있다. 문제를 풀 수 있는 가장 그럴듯한 단계를 선택하라. 예를 들면, 위험분석(아마도 Kepner-Tregoe를 사용하는)은 복잡하고 값비싼 해결 방법들에 대한 유일한 비용효과적이다. 사회에 대한 본질적 가치나 이윤들은 정확한 금전적 도식에 거의 포함되지 않기 때문에 최종 결정은 투자회수(ROI)의 기초에 엄격히 근거되지 말아야만 한다. 이것은 중/단기적인 비용이나 실행의 결과들을 비교하는데 도움이 될 것이다.

점검표는 두 가지의 목적이 있다. 최종 아이디어를 개선하기 위한 마지막 기회를 제공하고 또 이 분석의 결과들은 최종 선택을 용이하게 한다.

표 10.6 최종아이디어 선택의 점검표

____ 보다 상급의 해결책을 얻기 위해 아이디어들이 결합될 수 있나?
____ 동급의 다른 아이디어들이 동시에 또는 순차적으로 모두 실행 될 수 있나?
____ 아이디어들이 문제를 얼마나 잘 해결하거나 설계 목표에 잘 맞는가? 7점제 시스템을 사용하라. (표 10.4)
____ 아이디어들이 모든 요구를 만족시키는가? 그렇다면 다음으로 가고/아니면 점검사항으로 가서 아이디어들이 만족하는 모든 부가적인 선호들에 따라, 특히 가치가 부가되면서도 비용이 증가되지 않는다면, 아이디어들을 순위 정하라.
____ 최고의 3개 아이디어를 가지고 실행 시 발생할 위험 분석을 하여라.
____ 비용/가치 분석을 실시하여라.

표 10.7에 그 예가 주어져 있다. 선택된 해결책을 실행하기위해 행해져야 할 행동들과 특정인들에게 이 책임을 배분하는 것에 대한 결정 즉시 이 마지막 평가 행위의 뒤를 잇는다.

"인터넷을 통한 컴퓨터에서 개인 정보유출을 막을 수 있을까?"에 대한 아이디어 평가의 예를 보여준다.

표 10.7 최종 아이디어 선택의 사례 연구

1단계 : 순위를 매기기 위한 평가기준을 모두 나열한다.

① 실행가능성 ② 효과 ③ 비용 ④ 안전성 ⑤ 편의성 ⑥ 소요시간

2단계 : 2안 비교순위 결정법에 의해 평가기준의 순위를 결정한다.

판정기준	얻은 투표	총 투표수
① 실행 가능성	11111	5
② 효과	11111	5
③ 비용	111	3
④ 안전성	11	2
⑤ 편의성	1	1
⑥ 소요시간	1111	4

3단계 : 상위 몇 개의 평가기준을 선택하여 가중치를 총합이 1이 되도록 할당한다.

- 상위 평가기준인 실행가능성, 효과, 소요시간, 비용.
- 가중치(실행가능성, 효과, 소요시간, 비용) = 0.3 : 0.3 : 0.2 : 0.2
- 가중치의 총합은 1이 되도록 만든다.

평가기준 / 아이디어	실행가능성	효과	소요시간	비용	비용	최종순위
	가중치:0.3	가중치:0.3	가중치:0.2	가중치:0.2		
보안 기능이 있는 프로그램 이용한 인증 강화						
회원가입 시 이용 약관 유심히 읽기						
정체 모를 사이트 회원등록 자제						
신뢰가 가지 않는 프로그램 인스톨 삼가						
회원가입 시 원하지 않는 전자우편 수신 안함.						

❁ 표 10.7 최종 아이디어 선택의 사례 연구(계속)

4단계 : 가중순위행렬을 만들고, 가장 왼쪽 열에 순위가 매겨질 해결 방안들을 적고, 평가기준들과 가중치를 적는다.

5단계 : 각 평가기준(안정성, 가격, 차제미관, 승차감)에 대하여 해결방안들을 비교순위결정 방법에 의하여 투표한다.

평가기준 / 아이디어	실행가능성	효과	소요시간	비용	총점	최종순위
	가중치:0.3	가중치:0.3	가중치:0.2	가중치:0.2		
보안 기능의 프로그램 이용한 인증 강화	1	2	1	0		
회원가입 시 이용 약관 유심히 읽기	1	1	2	2		
정체 모를 사이트 회원등록 자제	3	1	3	3		
신뢰가 가지 않는 프로그램 인스톨 삼가	4	5	3	3		
회원가입 시 원치 않는 전자우편 수신 안함.	1	1	1	2		

6단계 : 얻은 투표수에 평가기준의 가중치를 곱하여 가중 점수를 얻는다.

평가기준 / 아이디어	실행가능성	효과	소요시간	비용	총점	최종순위
	가중치:0.3	가중치:0.3	가중치:0.2	가중치:0.2		
보안 기능의 프로그램 이용한 인증 강화	1(0.3)	2(0.6)	1(0.2)	0(0)		
회원가입 시 이용 약관 유심히 읽기	1(0.3)	1(0.3)	2(0.4)	2(0.4)		
정체 모를 사이트 회원등록 자제	3(0.9)	1(0.3)	3(0.6)	3(0.6)		
신뢰가 가지 않는 프로그램 인스톨 삼가	4(1.2)	5(1.5)	3(0.6)	3(0.6)		
회원가입 시 원치 않는 전자우편 수신 안함.	1(0.3)	1(0.3)	1(0.2)	2(0.4)		

7단계 : 각 해결방안에 대하여 가중 점수들을 다 더하여 총점을 얻는다.

표 10.7 최종 아이디어 선택의 사례 연구(계속)

아이디어 \ 평가기준	실행가능성	효과	소요시간	비용	총점	최종순위
	가중치:0.3	가중치:0.3	가중치:0.2	가중치:0.2		
보안 기능의 프로그램 이용한 인증 강화	1(0.3)	2(0.6)	1(0.2)	0(0)	1.1	
회원가입 시 이용 약관 유심히 읽기	1(0.3)	1(0.3)	2(0.4)	2(0.4)	1.4	
정체 모를 사이트 회원등록 자제	3(0.9)	1(0.3)	3(0.6)	3(0.6)	2.4	
신뢰가 가지 않는 프로그램 인스톨 삼가	4(1.2)	5(1.5)	3(0.6)	3(0.6)	3.9	
회원가입 시 원치 않는 전자우편 수신 안함.	1(0.3)	1(0.3)	1(0.2)	2(0.4)	1.2	

8단계 : 총점에 의거하여 최종 순위를 매기고 맨 마지막 열에 최종순위를 적는다.

아이디어 \ 평가기준	실행가능성	효과	소요시간	비용	총점	최종순위
	가중치:0.3	가중치:0.3	가중치:0.2	가중치:0.2		
보안 기능의 프로그램 이용한 인증 강화	1(0.3)	2(0.6)	1(0.2)	0(0)	1.1	5
회원가입 시 이용 약관 유심히 읽기	1(0.3)	1(0.3)	2(0.4)	2(0.4)	1.4	3
정체 모를 사이트 회원등록 자제	3(0.9)	1(0.3)	3(0.6)	3(0.6)	2.4	2
신뢰가 가지 않는 프로그램 인스톨 삼가	4(1.2)	5(1.5)	3(0.6)	3(0.6)	3.9	1
회원가입 시 원치 않는 전자우편 수신 안함.	1(0.3)	1(0.3)	1(0.2)	2(0.4)	1.2	4

9단계 : 최종 순위가 타당한지를 검토한다.

10단계 : 최고 아이디어
출처를 알 수 없거나 신뢰가 가지 않는 프로그램의 인스톨을 삼간다.

참고문헌

10.1 Mary F. Belenky et al., *Women's Ways of Knowing: The Development of Self, Voice, and Mind*, BasicBooks, New York, 1986. These researchers found that Perry's model may not be valid for female students.

10.2 ✓ Stephen D. Brookfield, *Developing Critical Thinkers — Challenging Adults to Explore Alternative Ways of Thinking and Acting*, Jossey- Bass, San Franciso, 1988. This book shows that critical thinking is a productive process enabling people to be more effective and innovative. Available by the same author and publisher is an audio tape, *Becoming Critical Thinkers: Learning to Recognize Assumptions That Shape Ideas and Actions*, 1991.

10.3 Michael J. French, *Invention and Evolution: Design in Nature and Engineering*, Cambridge University Press, New York, 1988. This paperbak book contains many examples of designs and products. Judgment and design decision making are taught implicitly by example.

10.4 ✓ H. B. Gelatt, *Creative Decision Making: Using Positive Uncertainty*, Crisp Publications, Los Altos, California, 1991. This workbook encourages exploration of rational and intuitive techniques to make the best decisions.

10.5 Myron Peretz Glazer and Penina Migdal Glazer, *The Whistleblowers: Exposing Corruption in Government and Industry*, BasicBooks, New York, 1989. This paperback summarizes the values and experiences (and the price paid) of sixty-four courageous ethical resisters and their spouses.

10.6 Spencer Johnson, *"Yes" or "No": The Guide to Better Decisions*, Harper Business, New York, 1992. The fictional story of a businessman's hike up a mountain teaches important decision-making concepts.

10.7 Joanne G. Kurfiss, *Critical Thinking: Theory, Research, Practice, and Possibilities*, ASHE-ERIC Higher Education Report 2, Clearing House on Higher Education, George Washington University, 1988. This report surveys theories and research into current college practices of teaching critical thinking as argument skills, cognitive processes, and intellectual development.

10.8 William Perry, *Forms of Intellectual and Ethical Development in the College Years*: A Scheme, Holt, Austin, Texas, 1970. The Perry model detailed here forms the basis of much current research in critical thinking.

10.9 Henry Petroski, *Design Paradigms: Case Histories of Error and Judgment in Engineering*, Cambridge University Press, New York, 1994. This book presents studies of famous engineering failures.

연습문제

10.1 ✓ 가정에 대한 점검

앤과 바나비가 시체로 깨어진 유리와 함께 1층에 있는 수영장 안에서 발견되었다. 무슨 일이 발생 되었는지에 대해 줄거리를 작성하라.

10.2 ★ 전화의 영향력 ★

전화벨이 두 번 울릴 때까지 받지 않고 기다려보라. 이것이 여러분을 어떻게 느끼게 하는가? 두 번을 기다리기 어려운가? 여러분에게 전화가 얼마나 많은 영향력을 가지고 있는가? 여러분은 만약 그 전화를 받지 않으면 중요한 또는 긴급을 요하는 전화를 놓칠 수 있다고 생각하는 사람을 어떻게 설득할 수 있겠는가? 또한 여러분은 전화 통화시 무슨 통화 기법을 바탕으로 대화하는가?

10.3 ★ 텔레비전 프로그램에 대한 평가 ★

가. 혼자서 또는 그룹으로 하나의 텔레비전 프로그램을 나중에 재시청하기 위해 VCR에 녹화를 하면서 시청하라. 그 프로그램이 끝난 뒤, 긍정과 부정적인 면을 기본으로 하여 시청 소감을 재

빨리 평가하라. 이러한 평가를 글로 써보자.

나. 뉴스를 포함한 TV 프로그램을 평가하기 위한 사고적 기준들을 개발하라. 또한 여러분은 비판이나 기준을 선택하는데 무슨 근거를 바탕으로 하는지 여러분의 가치를 고려하라. 가능하다면 여러분이 기준 목록을 작성 시 다른 세대의 그룹들로 이루어진 사람들을 동반하라.

다. 이제 여러분은 녹화된 프로그램을 다시 상영하고 작성된 기준 목록을 사용하여 평가하라. 이 시점에서 여러분의 평가가 달라졌는가? 기준 목록을 작성한 이후 여러분은 무엇이 좋은 프로그램을 만들며 어떤 프로그램들이 그냥 시간 소비용 또는 최악의 경우 무의식적 쓰레기인지에 대해 약간의 영감을 얻었는가? 나이에 따른 기준의 차이가 존재하거나 공통적 기준이 존재하는가?

라. 왜 여러분은 특정 선호 프로그램을 좋아하는가? 여러분은 여러분이 시청하는 프로그램이 다수의 교육적인 프로그램을 포함하지 않는 것에 대해 죄책감을 느끼는가?

10.4 ✓ 비평 방법

여러분이 누군가를 비평하여야만 할 시나리오를 작성하는데 다음에 따라 구성하라. 먼저 두 개의 긍정문을 사용하여 시작하라. 그리고 여러분이 바꾸길 원하는 항목에 대해 소원문을 작성하라. 그다음 다른 사람에 대해 또 다른 긍정문을 작성하라. 마지막으로 희망적이고 협력적이며 긍정적인 문장을 사용하여 결론을 맺어라. 여기 하나의 예를 들어 보면:

비난적 문장: 아, 너는 지독한 냄새가 난다. 왜 너는 담배를 끊지 않느냐!

보다 나은 문장: 당신은 저를 기쁘게 만드는 그 무언가가 있어서 저는 당신의 방문에 늘 감사드립니다. 그리고 저의 깨끗이 닦인 마루를 지나서 걸어오실 때 당신이 운동화를 벗는 것을 잊지 않으심에 심심한 사의를 표합니다. 저는 당신이 이와 같은 방법으로 당신의 건강을 돌볼 수 있고 금연을 할 수 있기 바랍니다. 이것은 최소한 당신의 인내력을 증가시킬 수 있고 그래서 다음번 마라톤 경주에서 당신이 승리 할 수 있다고 전 믿어 의심치 않습니다. 우리 사회에 협력과 격려를 위한 사항들을 우리 한번 만들어 봅시다. 저는 기꺼

이 저급의 음식을 취하지 않을 것이며 이러한 방법으로 우리 모두는 승리자가 될 것입니다!

10.5 ✓ 비평을 수용하는 방법

우울하게 느끼기 쉽다. 비난을 받았을 때, 자기 방어적인 것이 당연하다. 비난을 자기 발전의 기회로 받아들이는 것은 특이할 만큼 결코 쉽지 않다. 특별 하라! 비난을 받았을 때 하나의 상황을 생각하라. 그러나 방어적인 사고나 상처를 받기보단 여러분 자신을 그 상황의 밖에 두고 그 비난에 대해 분석하라. 그런 비난의 근거가 있는가? 무슨 상황이 이 비난을 가져왔나? 향후 이 상황을 모면하기 위해 여러분은 무엇을 바꾸어야만 하는가? 만약 그 비난에 대해 충분한 근거가 제시되지 않는다면 가상적으로 종이쪽지에 이것을 썼다고 생각하고 그리고 쓰레기통에 던져 넣는 상상을 하거나 변기에 내러버리는 상상을 하라. 그리고는 그 문제들을 내버려 두어라.

10.6 기준과 의결권(의사결정법)

가. 3명으로 그룹을 구성하여 의사결정법에 있어서 특별한 기준의 부족으로 문제가 야기된 경험을 토론하고 서로 나누어 보아라. 어떻게 그 문제가 해결되었나? 그 경험으로부터 무엇을 배웠나?

나. 6명으로 그룹을 구성하여 다음에 오는 사람들 중 한 사람을 선택하여 그에게 요구되는 중요한 기준 10개를 정하여 하나의 목록을 작성하는 브레인스토밍을 하여라: 대법원 판사; 대통령; 시장이나 군수; 관할 교육청 교육 심의관; 유엔 상주 대한민국 대사. 그 목록으로부터 가장 중요한 기준 10개를 뽑아 그 안에 일치하는 사항을 도출하기가 쉬운가? 또는 어려운가?

10.7 ★ 개인적 가치 ★

가. 여러분은 어떻게 5살 어린이에게 돈을 지불하지 않고 사탕가게에서 사탕을 갖는 것이 옳지 않다고 설명하고자 하는가? 만약 그 어린이가 여러분의 동생이거나 여러분 동생의 친구 또는 낯선 어린이라면 여러분의 설명이 달라지겠는가? 왜 달라지는가? 또는 왜 달라지지 않았는가? 만약 그 어린이가 청소년이라면 어떻게 하겠는가?

나. 좋은 이름은 얼마만큼의 가치가 있는가? 이 질문에 대하여 여

러분의 친구들과 그리고 다양한 세대로 구성된 그룹과 브레인스토밍하여라. 그 해답들이 제각각인가? 또는 공통점이 있는가? 무슨 가치들이 토론에 참석한 사람들에 의해 표현되었나?

다. 만약 학생들이 시험에서 부정이 발각되었을 때, 주어진 사항을 철저히 배우고 이해하지 못했기 때문에 부정을 하려 하였다는 관점에서 본다면 누가 더 손해인지 토론하라. 무엇이 학습의 목표인가, 인간관계? 아니면 장래?

11

Chapter

아이디어 실행 및 관찰

- 생산자의 역할로서 아이디어의 실천 단계
  단계 1 – 아이디어 전파: 전략 수립과 수용 도출 작업
  단계 2 – 전술적 작업 계획: 누가 무엇을 언제 왜 하는가?; 각종 시간표와 예산들; 위험도 평가
  단계 3 – 실행 과정 관찰; 학습내용의 최종평가
- 현장 체험 예제
- 시간관리 – 태만과 시간 낭비 요인들에 대한 대책
- 심화학습: 참고문헌, 연습문제, 복습, 실천사항 점검목록

어느 날 한 프로그래머가 유닉스에서 C언어로 프로그래밍을 하던 중이었다. 그는 운영체제에서 제공하는 기본적인 편집기를 사용하며, 매우 뛰어난 프로그래머이기 때문에 회사에서 많은 보수를 받고 있었다. 그 동안 검색 기능을 사용하거나 복사 등 편집기의 편리 기능을 사용함에 불편을 느껴왔지만 대안이 없었기에 그냥 사용하여 왔다. 프로그램을 작성하다 보면 많은 부분이 복사 되거나, 검색되어야 할 필요가 있고, 또한 메일 검색이나 메일 전송, 그리고 디렉토리 내에 있는 파일 정리와 같은 디렉토리 서비스 기능이 필요로 하다. 그러므로 많은 프로그래머가 많은 응용 프로그램을 즉, 편집기, 메일 검색기, 파일 정리용 터미널 등과 같은, 윈도우에 작동시켜서 사용한다. 하지만 이것은 많은 불필요한 컴퓨터 연산 자원을 낭비할 뿐만 아니라 많은 응용 프로그램을 익혀야 하는 불편도 감수해야 한다. 조금 더 쉽게 검색을 한다거나, 쉬운 명령어들, 그리고 편집기 기능 외에 메일 검색이나 전송, 또는 디렉터리 편집기능 등 다른 기능을 갖춘 편집기가 있었으면 하는 생각이 떠올랐다. 좀 더 구체적으로 생각을 정리하여 제법 그럴듯한 편집기에 대한 아이디어를 도출하였다. 정말로 이러한 편집기가 개발되어 사용된다면 얼마나 편리할까? 라는 생각을 하며 계속되는 프로그래밍에 다시 빠져들어 새로운 편집기에 대한 생각은 잊어 버렸다.

세상에서 가장 어려운 것은 본인의 생각을 실천에 옮기는 것이다.

Johann Wolfgang von Goethe, 독일 철학자 및 시인

여러분이 사용하는 이동전화기가 불편한 적은 없었나? 또한 그 불편한 점에 대한 더 개선된 생각을 가진 적은 없었는가? 분명히 있었을 것이다. 만약 없었다면 여러분이 즐겨하는 컴퓨터 게임에 대하여 잠시 이야기

해보자. 아무리 크게 유행하고 있거나, 한순간 그 게임에 몰입될 만큼 재미있는 게임이라 하더라도 여러분은 그 게임의 모순이나 아니면 불편한 점을 발견하였던 경험이 있었을 것이다. 그리고 그에 대한 조금 더 개선된 생각을 가졌었을 것이다 비록 그 순간이었지만.

자! 지금 우리가 위의 이야기와 창의적 문제 해결과정에 비유하여 검토하여 보자. 우리는 탐험가와 탐정으로서 문제를 정의하였고, 예술가로서 어떻게 그 문제를 해결해야 할지에 대한 흥미있는 생각들을 도출해 냈다. 또한 공학인으로, 이러한 생각들을 보다 실현가능한 생각들로 만들기 위하였고, 마침내 판사와 같은 마음으로 생각들을 정리 및 순위를 결정하여 최고의 해결책을 결정하였다. 그런데 여기서 멈춘다면 위에 서술된 프로그래머와 다를 것이 없다. 한걸음 더 나아가 지금까지의 우리의 노력에 대한 결실을 수확해야할 필요가 있다. 이것이 바로 우리가 생산자가 되어야 하는 시점이다. 이 과정은 당신의 정열과 인내, 그리고 주도면밀한 기획력과 자아 훈련뿐만 아니라 대인관계 능력까지도 필요로 하게 된다.

다시 한 번 강조하지만 혁신은 개선에 필요한 생각을 실행한 후에 얻어지는 산물임을 명심하며 이번 장에서 어떻게 문제 해결에 필요한 생각을 실행에 옮기는지 살펴보도록 하자.

생산자의 역할

그림 11.1 생산자의 마음 자세

그림 11.1에서처럼 생산자의 마음 자세는 잘 계획된 행동을 취하는 것이다. 그럼 무엇이 생산자들의 특징인가? 대항하여야할 무엇인가를 가지고 있는 관리자이고 또 좋은 의사소통의 화술을 지니며 전략을 따른다. 이론적 과학적 인식 방법의 체계적인 면에서 도입자인 패러다임의 선구자로서 그들은 많은 용기를 갖고 있으며 다른 말로 강심장의 소유자라 할 수 있다. 생산자들은 양심을 가지며 낙천적이고 또 절대 포기하지 않는다. 자! 지금부터 생산자들의 이러한 태도가 우리에게 우리의 생각을 실천하는데 어떻게 도움이 되는지 살펴보도록 하자. 실행을 한다는 것은 시간을 소비하며 여러 중요 단계를 거친다. 비록 B 사분면과 C 사분면의 사고, 지배적 사고면과 직관적 사고면, 강조되지만 실행이란 본래 새로우며 잘 구성되어 있지 않은 전체의 사고력을 요구하기 때문에 생산자들은 총체

적 창의적 문제 해결 과정을 이용한다.

워싱턴 D.C.에 위치한 미국 국가 문서 보관소의 전 책임자였으며 미시건 대학교의 도서 정보학부의 학장이신 로버트 워너 박사는 디어본 캠퍼스의 우등생들에 대한 연설에서 다음과 같이 언급하였다.

> **불가능해 보이는 꿈을 꿈꾸시오! 무엇인가가 여러분들에게 충분히 중요하다고 생각이 들면 비록 많은 방해나 장애물이 여러분들에게 맞설지라도 위험을 감수하고 실행하십시오. 실행하여야만 하는 좋은 이유를 들고, 관련된 사람들과 좋은 관계를 가지며 열심히 수행하고, 약간의 행운에 보태어 여러분들의 인생 경력에 보탬이 되는 것들을 하십시오. 그러면 여러분들의 불가능해 보였던 꿈들이 현실로 이루어 질 것입니다!**

사람들은 그들이 목표하지 않는 것을 거의 이루지 못한다.

Henry David Thorea
작가, 공학자, 자연주의자

사람들은 많은 아이디어를 제안하지만 대부분의 아이디어는 그 어떤 곳에도 쓰이지 않는다. 아직 실행된 적이 없는 정말 좋은 아이디어를 자주 가져 본적이 있는가? 이것은 하루에 한 번 이상 있을 수 있는 일이다. 아이디어를 갖는 것은 별로 어렵지 않은 것이다. 단지 그 아이디어를 실행하는 것이 무척 어려운 것이다. 왜냐하면 실행은 보다 많은 노력을 그저 요구한다. 강한 D 사고면을 갖는 그래서 많은 혁신적인 아이디어를 도출하는 많은 사람들은 거의 B 사고면의 생각을 원하지 않는다. 그러므로 세밀한 것까지 집중하고 기획하는 것은 특히 어렵다. 계획을 수립하는 단계는 생략될 수 없고 또 좋은 결과를 얻기 위해 서둘러질 수 없는 단계이기 때문에 해결방안에 대한 실행은 아주 주의깊게 계획이 수립되어져야 한다. 이 장은 아무래도 회원들 간에 좋은 의사소통 능력을 갖는 강한 B 사고면의 사고자들로 구성된 팀이 보다 유리한 장이 될 것이다.

위기관리

주의깊게 실행 계획을 수립하여도, 모든 것이 완전하고 순조롭게 잘 되어가리라 생각하지 말아야 할 것이다. 사람들과 변화 그리고 위험과 불확실성에 대응해야하고, 그러므로 실행에 반대를 또한 예상할 수 있다. 반대를 극복하고 수락을 받기 위해 사용될 전략들에 대해 앞으로 고찰해 보자. 반대란 특히 혁신적인 아이디어를 실행하려 할 때 사람들에게 보다 많은 변화를 요구하게 되기 때문에 더욱 더 당연히 생기게 된다. 사람들은 종종 변화를 위협으로 간주한다. 아이디어 실행 또한 실행이 완료될 때까지 여러분이나 실행 과정에 동반되는 가까운 동료들이 전체적인 문제로 인해 아프거나 지칠 수 있기 때문에 어렵다. 즉, 능률이 떨어지고 정신적 육체적인 에너지가 고갈 되어진다. 반대로, 여러분은 크게 흥분되거나 여러분의 해결책을 실행하고픈 마음에 전술적 계획을 세우고 또 그것을 지원하는데 요구되는 주의를 간과하기 쉽다.

비록 생산자들이 위험을 최소화 하려고 노력할지라도 그들은 그들의 아이디어들이 실행되는 것을 관찰하도록 과제가 부여된다. 그러므로 그들은 커다란 개인적인 희생을 치르게 되며 무언가 새로운 일을 할 때 수반되는 위험들을 짊어지게 된다. 6장에서 여러분들은 포스트잇의 발명가인 Art Fry에 대해 논의가 있었다. 여기에서 그가 어떻게 3M을 설복시키고 그의 아이디어를 실행 시켰는지 그 이야기를 하고 가자.

포스트잇 노트는 결코 짧은 한 순간의 성공이 아니다. 첫째, Art Fry는 그의 상사에게 그의 아이디어를 전파하여야 했다. 제프리 니콜슨은 처음에는 가격이 비쌀 수 있다는 생각에 꽤나 부정적이었다. 하지만 한번쯤 시험해 볼만한 가치가 있다는 데는 동의하였다. 두 개의 모델이 회사 내 샘플로 주어졌고 비서들이 이 노트를 사용하게 되었을 때 각 부서의 부서장들도 역시 사용하기 원하기 시작했다. 머지않아 3M 회사 직원들은 이 아이디어에 설득되었다. 또한 그들은 다양한 면에서 실제적으로 사용될 수 있도록 많은 개선책을 제안했다.

그 당시 3M은 두루마리 형태의 제품이나 테이프 형태의 제품만을 생산하고 있었기 때문에 메모 종이 형태의 이 제품을 어떻게 생산하느냐가 그 다음 문제였다. 여기서 개인적인 참여가 실제로 도입되었다. 우여곡절 끝에 Art Fry는 그의 집 지하에 조립 기계를 고안하여 설치하여야만 하였다. 모든 게 완성되었을 때 그의 집 지하실 한쪽 벽은 그 기계를 꺼내기 위해 허물어 져야 했다.

Art Fry가 처음 고안을 한 후 3년이 지난 1977년, 3M은 4대 도시에서 눈에 띄는 화려한 광고물과 신문에 대형 광고를 통해 이 제품의 시장성에 대한 시험을 막 시작하였다. 그런데 그 시험은 완전히 실패를 하였기에 회사는 그 제품을 사장하기로 결정하였다. 하지만, Art Fry와 그의 상사는 사무용품 대리점 사람들에게 다른 접근을 하도록 설득하기 시작하였다. 즉, 그들은 고객들에게 무엇이 문제였는지 물어볼 필요가 있었다. 이 노트를 써본 사람들은 이것을 좋아했으며 더 원했고 그렇지 않은 사람들은 즉, 안 써본 사람들은 그게 무엇인지 잘 모른다는 사실이었다. 그들은 이제품은 팔리기 전에 사용해본 경험이 있어야만 되는 제품이라는 것을 깨달았다. 그래서 그다음 영업적인 테스트로 수천 개의 샘플들이 뿌려졌다. 회사는 50%의 재 구매는 커다란 성공이라고 예상했지만 놀랍게도 94%의 재 구매를 가져왔고 판매는 날개를 달았다. 2년 후 판매는 전국적이 되었고 캐나다를 가로질렀다. 그리고 그 다음해에는 유럽을 수놓았다. 포스트잇은 3M의 가장 성공한 사무용품들 중 하나가 되었다.

무엇인가 판매를 할 땐 양쪽면을 보여라. 그리고 보편적이고 약간 회의적으로 행동하라.
Benjamin Franklin

이 이야기의 교훈은 너무 쉽게 포기하지 말라 라는 것이다. 개인적 참여를 계속 유지하고 다른 주의의 도움을 받아라. 많은 창의적 아이디어들이 시작 후 바로 실패한다. 단지 반대와 장애를 극복하기위해 계속 일하고 지속하면 여러분은 성공할 것이다. B 사고면을 사용하는 지식창출의 4번째 단계(제3장 정신적 유형에서 지식창출모델)인 새로운 지식을 적용해 얻은 실제 경험은 판매에 결정적임에 주목하라. 사람들은 스스로 포스트잇이 얼마나 그 자신들에게 유용한지 알 필요가 있었다. 한번 그 편리성에 걸려들기만 하면 그들은 단지 그냥 구매하는 것 이상으로 비싸도 구매하였다. 3M이 포스트잇의 기본개념에 대해 특허를 갖지 않은 것은 흥미있는 일이다.

여러분의 해결방안을 실행하기위해 여러분에게 필요한 첫 번째 일은 그 해결방안의 실행과정에서 어떤 부분이 여러분의 책임인가와 어떤 부분이 다른 사람들에 의해 실행되어져야 하는가를 분석하는 것이다. 달리 말하면, 여러분은 여러분의 전략을 수립하여야 한다. 여러분은 다른 사람들이 여러분의 해결안을 받아들이고 자금을 제공하고 또 실행에 참여하도록 여러분의 아이디어로부터의 얻어지는 보상에 대해 다른 사람들을 납득시켜야만 하는가? 여러분과 여러분의 팀이 전체 실행 과정에 대해 책임을 져야 하는가? 그렇다면 여러분은 그 해결방안이 계획된 대로 진행되고 있는지를 점검하여야만 한다. 또한 창의적 문제 해결 과정을 평가하고 그리고 얻어진 교훈들에 대해 평하라. 이제 차례대로 이 세 가지 책임에 대해 논의하여 보자.

하늘아래 어떠한 사람에게 어떠한 것을 하도록 하는 유일한 방법이 있는데, 그것은 바로 그 사람이 그것을 하고 싶어 하도록 만드는 것이다.

Dale Carnegi

실행 전략수립(아이디어 의식화)

여러분의 아이디어에 대하여 수락을 얻기 위해서는 치밀한 계획을 수립하여야 한다. 여러분이 목표로 한 청중을 분석하고, 그들이 얻을 수 있는 보상에 대해 목록을 작성하고, 어떻게 효과적인 의식화 발표 자료를 만들지에 대해 전략을 개발하여라. 모든 지식을 사용하도록 전체 뇌를 사용하라. 하지만 여러분이 여러분의 실행 전략을 개발하기 위해 C 사고면의 사고에 집중하라.

상황을 분석하고 여러분의 접근법을 계획하라 여러분의 해결방안의 실행에 대한 여러분의 공략 계획은 여러분의 처한 상황에 의존할 것이다. 여러분은 여러분의 조직이 갖고 있는 문제를 풀도록 도울 수 있는 혁신적인 아이디어를 갖고 있나? 이 경우라면 경영진에게 여러분의 아이디어를 이야기하라. 만약 여러분의 팀이 어떤 주어진 문제를 풀려하고 있다면 몇몇 팀 동료들은 일의 연속성과 그 동안 쌓여진 지식을 위해 실행 팀의 일부가 될 수 있고 또 그 문제들 중 가장 큰 문제는 사람들로 하여금 그 해결책을 받아들이도록 할지도 모른다. 여러분이 새로운 벤처에 자금을 공급받도록 또는 특허를 취득하기위해 도움을 받도록 자금주를 설득해야만 하는 제품의 발명가인가? 아마도 여러분의 아이디어가 실행되도록 하기 위해 가족 일원에게 말하여야 한다. 모든 이런 경우들에는 여러분이 해야 할 최우선 목표는 여러분의 아이디어가 주는 보상에 대해 여러분의 청중을 설득하는 것이다. 누가 여러분의 청중인가 그리고 그들이 무엇을 여러분으로부터 원하는지를 결정하라. 효과적인 접근 방법을 계획하기위해 제5장에 있는 요령을 사용하여라.

왜 상대를 설득시키는 계획(의식화 계획)을 수립할 필요가 있는가? 상대를 설득시키는 방법에 대한 계획은 여러분으로 하여금 상대를 설득시킬 방법을 준비하도록 할 것이다. 여러분이 세상에서 최고인 아이디어를 낼 수 있지만 이 아이디어가 변변치 못하게 준비된다면 그 결과는 실행에 옮겨지지 못할지도 모른다. 좋은 설득 계획에 따른 발표는 때로 그저 보통인 아이디어를 실행에 옮기도록 설득하기도 한다. 우리는 잘 발표된 그저 평범한 아이디어들이 수용되어 실행되도록 받아들여진 경우를 수 없이 보아 왔다. 그러므로 여러분도 상대를 설득시키는 전략들을 알 필요가 있고 또 효과적인 발표를 이끌어 내기 위해 필요한 기술들을 도입할 필요가 있다.

아이디어로부터 얻어지는 보상목록 설득에 필요한 계획의 발표에 가장 중심에 있는 부분이 바로 이 아이디어로부터 얻어지는 보상의 목록이다. 여러분의 아이디어나 그 해결책을 실행함으로 해서 얻어지는 보상이 무엇인가? 어떤 불만족스러웠던 상황이 해결될 수 있는가? 이러한 장점들이 여러분의 청중에게 어떻게 직접적으로 보상이 되겠으며, 그들이 여러분의 계획을 받아들이도록 용기를 북돋겠는가? 생각할 수 있는 한 많은 직접/간접적인 보상에 대해 브레인스토밍을 하여라. 최종 평가표 (한번이라도 사용된 적이 있다면)의 결과들과 판단 기준 목록들을 다시 찾아보아라. 이것은 여러분의 아이디어의 강도를 더하는 좋은 시발점이 될 것이다. 만약 여러분의 팀이 아이디어를 평가는 여러 과정을 거쳤다면 여러분은 왜 여러분의 아이디어가 가장 가능성 높은 해결방안이 된 이유를 잘 알 것이다.

이러한 보상들을 여러분의 청중들이 쉽게 이해할 수 있도록 말속에 포함시켜 넣어 사용하라. 보상목록을 가짐으로 해서 자신의 동기 부여로도 쓰일 수 있고 또 실행이 돌발적이고 감추어져 있던 문제들로 전락될 때도 절대 포기하지 않도록 용기를 북돋아 줄 수 있다. 여러분의 아이디어에 반대하는 사람들에 의해 가져올 수 있는 논쟁들에 대해서도 생각하고 또 논쟁하려 하여라. 그들은 여러분의 아이디어에 대해 어느 정도 인지하고 있는가? 잘못 이해하고 있는 것들에 대해 정정을 하여야 할 필요가 있는가? 또는 기존의 기대들에 의지할 수 있는가?

아이디어 의식화의 원칙

여러분의 아이디어를 인지하도록 하는 의식화의 일반적인 원칙들에 대해 찾아보자. 이 의식화는 절대 한 번의 협상이 아니라는 것을 명심하라. 수락을 받아내고 반대를 극복하는 전체적인 상황에서 고려하라. 여러분의 아이디어에 대한 의식화의 성공은 여러분의 특성, 명성, 청렴성, 그리고 여러분의 멋진 이름과 같은 여러분의 성품에도 의존한다. 이러한 것들을 급한 아이디어 의식화로 망치게 하지 말아야 한다. 절대 재치의 논쟁에서 승리로 이것을 간주하지 마라. 오랜 시간의 관계에 의해 고려하라. 여러분이 아이디어나 제품을 인지시키려 할 때 구매자들 또는 청중들은 여러분이 그들에게 제공하리라고 기대하는 관련된 서비스에 매우 많은 관심을 갖는다. 표 11.1은 몇몇 아이디어 의식화의 원칙들을 기억하도록 요약해 놓았다.

반대에 대한 대응과 수용을 도출하기

Bowling Green시의 경찰서에서 마약 판매상을 붙잡기 위해 산타 클로스 복장의 사복 마약단속단원을 배치하였을 때 이 혁신적이고 결과적으로 대성공인 접근 방법은 오하이오주의 주민들을 꽤 자극하였다. 문제 해결뿐만 아니라 이해시키고 또 그 사고에 따른 혁신적인 해결책에 폭넓은 지지를 얻는 혁신적인 사고의 훈련은 모든 사람들에 의해 필요로 해진다.

여러분이 여러분의 아이디어에 대한 의식화 즉, 여러분의 아이디어를 상대에게 인지시키는 방법을 개발하였듯이 반대에 대해서도 정중하게 대응해야 한다. 실행과정의 한 시점에서 반대에 부딪친다고 놀랄 필요가 없다. 특히 매우 혁신적인 아이디어를 실현시키려 한다면 당연히 예상하라. 한 실제적인 예로 왼쪽의 이야기를 참조하라. 여러분의 아이디어에 반대하는 사람은 다양한 이유를 가질 수 있다. 표 11.2는 이러한 가능한 반대 이유들을 요약하고, 수용시키는 방법들의 여러 아이디어를 싣고 있다.

다음에 오는 문단은 새로운 아이디어를 쉽게 받아들이도록 도와주는 방법들이다. 이것들은 묵시적인 지식을 습득하는 지식창출의 단계에 직접적으로 관련된다.

표 11.1 아이디어 의식화의 원칙

1. **너무 과하게 인지시키려 하지 마라.** 보편타당하게 하라. 자만하지 말고 과장하지 마라. 여러분의 청중이 말하고자 하는 것에 귀 기울여라. 상대에게 아이디어가 인지되면 즉, 아이디어 의식화가 이루어지면 바로 멈추고 더 이상 인지에 따른 부담을 주지 마라. 만약 여러분이 사고를 의식화시키기 위해 계속 이야기 한다면 상대방은 그들의 마음을 바꿀지도 모른다.
2. **너무 빨리 포기하지 마라.** 아이디어 의식화에 기대한것 보다 더 오래 걸릴 수 있다. 콜럼버스가 그의 배를 손에 넣기까지 페르디난드와 이사벨라를 설득시키는데 2년이나 걸렸다. Chester Carlson이 제록스의 문서처리 과정에 대한 아이디어를 의식화 시키는데 7년이나 걸렸다. 만약 여러분이 가치 있는 아이디어를 가지고 있다면 끈기 있게 주장하라. 다른 접근법에 의해 시도하라 이것이 성공할 수도 있다.
3. **적당한 시기를 지켜라.** 인내하라. 적당한 순간을 노려라. 상대방이 피곤하거나 역정이 난 때 또는 좋지 않을 때 아이디어를 인지시키려 하지마라. 상사가 막 금전적으로 나쁜 소식을 듣고 난 뒤 바로는 그에게 가지마라. 물론 그 문제에 대해 완벽한 해결책을 갖고 있다면 최고의 순간이 되겠지만. 그리고 여러분 또한 좋은 기분을 유지하고 있음을 확신하라. 과제 중에는, 주중이 월요일이나 금요일보다 좋고 오전의 중간이나 오후의 중간쯤이 점심 바로 전이나 귀가 바로 전 보다 좋다.
4. **간략하고 요점만.** 제5장에서 효과적인 30초 분량의 메시지 전달을 준비하는 방법에 대해 대략적인 설명이 있었다. 사람들은 바쁘다. 30초에 여러분은 상대방의 모든 흥미를 파악해야 하고 여러분의 아이디어를 인지시켜야만 할 것이다. 여러분의 청중을 따분하게 만드는 것은 여러분의 아이디어 의식화에 치명적일 것이다.
5. **시각화의 도움으로 주도면밀한 발표 자료를 계획하라.** 이 방법에 의해 사람들은 여러분의 아이디어를 더 잘 형상화할 수 있고 기억할 수 있다. 시각화 자료들이 좋은 내용을 담고 있는지 쉽게 이해될 수 있는지 그리고 사용되는 모든 장비들이 각자의 순서에 맞게 설치되어 있는지 점검하라.
6. **여러분의 아이디어가 쉽게 수용되도록 만들어라.** 여러분의 아이디어와 그에 따른 변화가 여러분의 청중에게 가져올 보상에 대하여 강조하라. 괜찮다면 어떻게 여러분의 아이디어가 실행되어지는지 상세하게 기술하라. 청중 속에 여러분의 아이디어를 지지할 수 있는 사람을 두어라.
7. **논쟁과 대응을 피하라.** 반대를 예상하고 논쟁을 피하라. 좋은 내용에서 토론을 끝내고 다른 날 다시 되돌아 와라. 또한 아이디어의 최소한 몇몇 부분이 수용되도록 기꺼이 타협할 여부가 있는지 고려하여라.

- 아이디어들은 시도해 볼만하다 — 작은 시제용 프로그램이나 시험용 시장을 이용하여 실행과 보상에 대해 설명 될 수 있다.
- 혁신은 철회 가능하다 — 그 아이디어가 제대로 작용하지 않으면 많은 장애 없이 원래대로 되돌아 갈 수 있다.
- 아이디어는 세분화될 수 있다 — 아이디어는 매번 작은 변화를 요구하는 단계들로 쉽게 실행 될 수 있다.
- 여러분은 이미 존재하는 것에 부가하여 할 수 있다 — 아이디어는 향상을 대표하지 급진적인 변화를 의미하지는 않는다. 즉 이전에 이루어진 투자를 최대화하고 사람들이 이미 친숙한 것들과 관련되어진다. 그 공동체의 문화에 동질적이고 장기간의 목표와도 어울린다.
- 아이디어는 구체적이다 — 아이디어는 보여질 수 있고 느껴질 수 있는 실질적인 그 무엇이다. 아이디어는 막연하고 공허한 보상이 아닌 유형의

표 11.2 아이디어에 대한 반대 이유와 수용을 이끌어 내는 방법

1. **이해 부족.** 비평은 단지 누군가가 "나는 당신이 무엇을 하는지 또 왜하는지 모르겠다." 일 수 있다. 여러분은 여러분의 아이디어를 여러분의 청중이 이해하도록 문장별로 설명하도록 하라. 강조적이도록 하라.
2. **직접적 보상 부재.** 여러분의 아이디어는 여러분의 반대자들에게 직접적으로 보상을 많이 줄 수 있을 것 같지 않다. 많은 사람들이 처음에는 무엇이 그들에게 보상이 되느냐고 묻는다. 여러분의 청중의 선호도를 고려하라.
3. **규칙을 따르지 않는다.** 사람들 특히 B 사고면의 사고를 갖는 사람들이나 집단들은 그들의 전통적인 방법에서 모든 일처리를 가져가려 한다. 청중들과 호의적으로 동의하고 그들의 관심을 대변하는 법적 권리를 따르는 태도를 갖도록 하라. 그들의 논쟁에 귀 기울여 들어라. 즉, 그들의 과제와 여러분의 아이디어를 결합할 수 있는 아이디어를 가져올 수 있나. 여러분의 실행 계획과 예산에 대해 형식을 갖추어 설명하라. 실행에 동반될 수 있는 협조자를 찾아라. 모든 것을 혼자 하려 하지 마라. 공동의 보상을 강조하고 그 공동체의 모든 면에서 후원자가 되는 것은 피하라. 긍정적인 사고는 널리 퍼질 수 있다.
4. **편견과 충성심들.** 사람들이 여러분의 아이디어에 아무런 생각도 갖지 않을 수 있다. 그들은 아마도 잠재 의식된 편견 때문에 단지 여러분에 무관심 하다. 이것은 극복해야할 또 다른 하나의 장애물로 인생의 단순한 일면이다. 만약 여러분이 젊거나 늙거나 또는 비주류이라면 이러한 반대에 의존할 수 있다. 여러분은 공통의 장을 찾을 수 있나? 여러분은 한 순간에 하나씩 주류의 그룹에서 챔피언을 찾을 수 있나? 또한 사람들은 다른 충성심이나 참여를 가질 수 있다. 여러분은 여러분의 동료보다 더 좋은 아이디어를 가질 수 있다. 하지만 그의 상사가 그의 할머니라면 그녀는 여러분의 것에 앞서서 그의 아이디어를 지원할지도 모른다. 대중적 익숙함들이 중요하다. 때로 신뢰를 얻기까지 여러 해가 걸릴 수도 있다. 극동의 국가들과 사업을 하고자 했던 미국의 기업체들이 찾아냈던 것처럼. 개인적으로 반대를 취하지 말고 객관적으로 답하라. 응답하지 말고 조용히 그리고 친절하게 남아 있어라. 무엇보다도 위압적이거나 맞받아치거나 반대를 조롱하거나 하지 마라. 좋은 심성의 유머는 적대적인 순간을 날려 버릴 것이다.
5. **부여된 비평.** 사람들은 여러분의 아이디어에 대해 의도가 불순한 비평으로 가져갈 수 있다. 이것은 조직 내에서 매우 심각한 걸림돌이며 예민함과 외교적 수완을 요하는 일이다. 연속적인 발전의 태도에 용기를 북돋을 수 있는 사항이 세워져 있다면 도움이 될 것이다.
6. **변화의 두려움.** 사람들은 여러분의 아이디어가 그들의 사회적 지위와 영향력 그리고 직업의 변화와 손실에 대해 두려워할지도 모른다. 이 요소의 영향력을 과소평가 하지 마라. 여러분의 계획과 발표에 이들에 대한 고려들이 들어 있도록 하라. 이런 점들이 옳고 심각하게 취해질 만하다는 것을 인식해라. 여러분의 아이디어의 긍정적인 면에 집중하라. 즉, 비록 모든 사람들이 개선된 조건에 익숙해질 때까지 짧은 시간동안의 보다 많은 어려움이 있을 수 있겠지만 여러분의 아이디어는 개인적으로나 회사 차원에서나 많은 보상을 실현하리라는 것을 강조하라.

결과를 가져오고 또한 이것은 강력한 공공의 가치와 동반된 사람들에게 좋은 잠재 가치의 증가를 가질 것이다.

만약 이러한 우선순위의 조건이나 접근 방법이 주어지지 않는다면 여러분 스스로 그 과제를 수행할 수 있는지 여부를 조사하여라. 무리하지 않게 한편에서 수행하라. 여러분의 과제가 잘 수행 될 때까지 대중적인 초점을 받지 않도록 하라. 많은 성공한 작은 회사들은 이러한 방법을 택하여 왔다. 이들은 이들의 강력하고 대형의 경쟁자들에게 주목받기 전에 시장 점유율을 끌어 올렸다.

팀별 활동 11.1 : 반대를 물리치기

4명을 한 팀으로 해서, 표 11.2에 나열된 반대 목록 중에 하나의 이유를 선택하라. 전에 하였던 브레인스토밍과 창조적 아이디어 평가 연습으로부터 라면 더욱 좋겠지만 아무튼 하나의 좋은 아이디어를 뽑아라. 그리고는 그 반대 목록을 선택한 2명의 팀원에게 다른 두 명의 팀원이 아이디어를 인지시키려 시도 할 때 사용할 짧은 재치 있는 말을 준비하여라. 이제 역할을 바꾸어서 반복하는데 같거나 다른 반대의 이유를 선택해도 좋다. 최종적으로 연습의 결과를 평가하라. 여러분을 반대의 관점에 내기가, 긍정적인 내용을 내기가, 또 여러분의 아이디어를 인지시키기가 쉬웠는가?

자기 자신에 대한 동기부여

때때로 변화를 받아들여야하는 가장 중요한 사람은 바로 여러분 자신이다! 또는 여러분이 이 첨단의 아이디어에 대한 고독한 성취자의 위치에 처하게 될 수도 있다. 자기 자신의 동기 부여와 용기를 북돋기 위해 표 11.3의 목록을 이용하라. 그리고는 여기에 최선을 다하라. 여러분은 실행에 옮기는 생산자라는 사실에 발을 들여 놓아라. 만약 여러분이 태만한 성격을 가졌다면 이장의 마지막에 있는 시간 관리 절을 공부하라. 용기를 얻기 위해 성공한 사람들에 관하여 자료를 읽어도 좋다. 여러분의 공동체에 무엇이 좋은가 찾아보고 요약하라. 어떻게 이러한 것들이 이루어졌나? 대부분의 경우 누군가가 좋은 아이디어를 갖고 그 아이디어를 실행할 수 있는 사람을 설득시켰기 때문이라는 것이 그 답일 것이다. 여러분은 여러분 주위에 많은 예를 찾을 수 있다. 여기 우리의 경험에 대한 사례가 있다.

만약 여러분의 문제해결 숙제가 고객에 대한 개념적 공학 설계를 개발하는 것이었다면 여러분의 팀이 해야 할 유일한 실행 행동은 효과적인 최종 보고 발표를 준비하는 것이다. 여러분은 아마도 여러분의 과제 결과가 받아들여지고 실행되도록 도움을 줄 수 있는 여러분의 설계와 발표의

표 11.3 자기 동기 부여를 위한 점검목록

___ 나는 설득시킬 좋은 계획을 갖고 있다.
___ 나는 지난날의 성공이 자랑스럽다.
___ 커다란 잠재적 수익이 있다.
___ 나는 하나 또는 여러 지지자들로부터 격려를 받고 있다.
___ 나는 내 자신을 믿는다.
___ 나는 대단한 아이디어라고 내 아이디어에 믿음을 갖는다.
___ 나는 의지할 대안 B를 갖고 있다.
___ 나는 성공해야만 한다. 성공 외엔 대안이 없다.

사례연구 11.1: 운동 전용도로

네 명의 어린아이들을 거느린 가족으로서 우리는 스위스에서 휴가를 보내고 있었고, 그곳에서 유행 중이었던 운동 산책을 정말 즐겼다. 마을에는 산책로가 하나씩 있었고, 사람들은 밤낮을 가리지 않고 밖에서 운동을 했다. 우리가 사우스다코다의 브루킹즈에 있는 집으로 돌아왔을 때, 한 아이가 "우리 마을에도 그런 운동 산책로가 있으면 어떨까요?"라고 말했다. 스위스의 산책로는 보통 숲속에 있었기 때문에 가능했지만 사우스다코다에서는 그늘을 마련하는 것이 문제가 될 수 있었다. 사우스다코다의 여름은 스위스보다 훨씬 더 덥다. 또한 스위스에서는 큰 생명보험회사가 표지판 설치와 시설들을 지원하고 있었다. 우리는 여러 가지 '운동 스테이션'에서 운동할 때의 사진들을 모아서 놀이 시설에 전시했다. 놀랍게도, 이 아이디어의 반응은 아주 좋았다. 그런 다음 스위스 후원 보험회사로부터 산책로에 대한 자료를 얻었다. 각 스테이션의 운동 안내문은 독일에서 저작권을 갖고 있었기 때문에 우리는 그 자료를 번역해서 그 안내 내용이 담긴 새로운 초안을 만들었다. 한 미술가가 이 초안을 개선시켰고, 3M사는 그늘을 마련할 수 있게 나무가 있는 땅을 기증했고, 주 방위군은 산책로와 운동스테이션을 건설했다. 그렇게 하여 마을에는 비용을 적게 들인 운동 산책로 - 미국에서는 최초 - 가 생기게 되었다.

이 이야기에는 후속편이 있다. 몇 개월 뒤, 정확히 우리가 테네시로 이사한 지 2주 뒤, 우리는 스위스의 운동 산책로에 대하여 지역 주민과 나눈 대화를 실은 칼럼니스트의 기사를 일간지에서 읽었다. 우리는 그 칼럼니스트와 연결하여 그 유쾌한 중년의 스위스 부부와 연락하게 되었다. 남편들은 매우 바쁘기 때문에 프리다와 모니카는 이 아이디어를 녹스빌 시에 팔아보기로 했다. 시가 관료적 형식주의에 빠져 있어 진척이 늦었지만 이웃 마을 사람들이 그것에 대한 소문을 들었다. 어느 날 밤 두 명의 아내들이 이 산책로에 대해서 오크리지 시의회에 무릎을 덜덜 떨고 심장박동도 빨라진 채 설명하게 되었다. 마침내 일년 뒤 마을에는 안전한 산책로가 경찰서 옆 아름다운 공원에 생기게 되었다. 그리고 그 두 가족은 그 일을 하는 동안 평생 친구가 되었다.

관점에 더하여 고객에게 가치를 더하는 실행에 관한 다음 절을 공부하고 싶어 할지도 모른다.

✓ 팀 활동 11.2 : 아이디어 의식화 계획

평가의 단계에서 최종 또는 최고의 해법으로 아이디어 의식화와 보상의 목록을 준비하라. 여러분이 목표한 대상자와 그에 필요한 발표 형식을 고려하여라. 여러분은 어떤 잠재적인 반대를 발표하여야 하는가? 어떤 가치가 향상된 면을 여러분은 강조할 것인가?

작업계획과 실행

앞 절에서 논의된 것처럼 창의적 사고와 혁신적인 해법을 의식화시키고 과제의 최종 발표 자료를 만드는 것이 생산자로서 여러분이 해야 할 모든 일인 것일지도 모른다. 이 경우 작업계획을 세우고 실제적으로 실행을 하는 과정은 다른 사람의 책임이 될 수 있다. 하지만 여러분이 그 해법을 실행하는 일을 부여받은 바로 그 사람이라면 어떻게 하겠는가? 여러분은 그 실제적 실행을 준비하는 것에 대해 어떻게 진행시키겠는가? 여기서 압도적인 사고면의 우선순위는 B 사고면이다. 왜냐하면 작업계획은 정확히 실행을 위해 필요한 단계들(누가 무엇을 언제 어디서 왜하는가?)과 정확히 맞아 떨어지기 때문이다. 또한 생산자로서 여러분은 가능한 실패에 대한 방지를 시간계획표 준비와 예산 조정을 통하여 발표한다. 실행은 구조적인 문제가 아니기 때문에 여러분은 대인 접대와 상황 그리고 다른 아이디어들을 고려하는 다른 다섯 가지의 창의적 문제 해결 방안의 마음자세를 사용하리라 준비하여야만 한다.

> 여러분의 집에 가장 큰 방은 개량을 위한 방이고 가장 큰 창문은 기회의 창이다.
> Roger Millken,
> 포춘이 정한 500대 기업의 CEO

우리는 잠시 후에 다양한 작업계획 모델에 논의할 것이다. 하지만 먼저 여러분이 표 11.4에 주어진 간단한 사례를 조사하고자 하기 바란다. 심각하

표 11.4 작업계획의 예: 담배 끊기

1. 왜 당신은 담배를 끊고자 하는가? 비흡연가인 당신이 되도록 도움을 주는 이유들을 되도록 많이 나열하여라. 무엇이 방해물인가? 즉, 당신이 극복해야할 흡연의 이유들은 무엇인가? 당신 자신에 대해 계획을 설득하기위해 당신이 극복해야할 장애에 대한 분석과 그 설득력 있는 보상의 목록을 당신은 필요할 것이다.
2. 저 타르, 저 니코틴 함유의 담배로 바꾸어라. 향후 2~3주에 하루 금연의 날을 정하라. 이날을 달력에 표시하고 마음에 실천할 준비를 하라.
3. 최소한 2주 동안 당신의 흡연 습관을 도식화하라. 하루 중 언제 몇 개의 담배를 피웠는지 기록하라. 이 목록을 계속하고 아침 커피와 함께하는 담배와 같이 가장 피우고 싶어 하는 담배에서 그냥 피우는 담배까지 순위를 정하라. 무의식적인 습관에서 결정적 판단을 경험하도록 가져갈 때 습관은 쉽게 바뀔 수 있다. 즉, 그냥 담배를 피울 때와 피워야되나를 고민하면서 피울 때는 다르다.
4. 습관적으로 피우는 담배를 없애라. 이것은 가장 중요한 것일 수도, 그저 중간정도일 수도, 또 가장 하찮은 것일 수도 있다. 민트, 껌, 생강절임, 과일 말림, 견과류, 싱싱한 야채 줄기, 팝콘 또는 입 헹굼 등 입속의 대용품을 공급하여 담배 대신 사용하여라. 당신은 쉬운 첫 번째 단계와 함께 당신의 계획을 실천하기 시작하고 있다.
5. 매일 밤, 최소한 10번, 보상의 목록으로부터 비흡연에 대한 이유를 하나씩 반복하라. 보다 건강해지고 좀 더 매력적인 당신으로 보여지도록 하여라. 당신은 당신의 동기를 유지하고 있고 또 당신의 노력을 지지 하도록 당신의 잠재의식 속에 집어넣고 있다.
6. 금연의 날에 금연하라. 흡연에 대한 충동이 다시 시작될 때 다른 대체를 시도하라. 먼 길을 걷기, 테니스 운동, 영화 감상등과 같은 바쁜 이벤트들을 연속적으로 갖기 위해 친구나 가족을 끌어들여라. 당신이 사랑하는 그들과 당신 자신에게 흡연의 쇼킹한 위험성에 놓인 당신 자신에 대해 계속 머릿속에 떠오르게 하여라. 장기간의 보상과 그 결과를 찾아보는 것으로 당신의 동기를 단단히 하여라.
7. 성공에 따른 일간 또는 주간 보상 체제를 구축하라. 즉, 금연으로 절약한 돈으로 무언가 구매할 수 있거나 가치 있게 기여할 수 있는 당신 자신을 무언가 특별하게 여겨라. 만약 당신이 유혹에 빠져든다면 그것은 당신의 계획을 포기하는 이유가 아니다. 그것으로부터 배운 실패의 이유를 분석하라. 즉, 그렇게 만드는 요소를 제거하고 자신을 용서하고 또다시 시작하라. 당신이 따르고 있는 체계를 보다 강화할 수 있는가? 의료적인 도움을 포함하여 당신에게 용기를 줄 수 있는 다른 도움을 모을 수 있는가? 당신의 친구들이나 가족들과 진정한 조직적인 노력으로 만들 수 있나? 당신은 좋은 계획을 갖고 있고 반드시 성공하리라 당신 자신을 믿어라!

게 여러분이 정말 나쁜 습관을 바꾸기 바란다고 말하고 싶다. 여러분이 정말 전투적인 계획을 채택하지 않으면 여러분의 목표를 이룰 수 없다. 여기 설명은 미국 암 협회가 권고한 금연 계획으로부터 우리가 채택해온 것에 관한 것이다. 어떻게 이 계획이 변화의 문제를 나타내고 동기를 강화하는가?

실행 전략들

작업 계획의 목적은 아이디어나 해결방안이 제대로 시행될 것이란 것, 즉, 올바르고 주어진 예산안에서 제때에 시행되리란 것을 확신하는 것이다. 그 작업 계획에 대해 다양한 절차들이 이용될 수 있는데 문제의 난이도가 어떤 접근 방법이 쓰일지를 결정하게 된다. 예를 들자면, 많은 사람들과 과제들을 동반하는 매우 복잡한 실행은 작업 계획과 진척 관찰을 위해 PERT(Program Evaluation and Review Technique) 도표를 도입하여야 한다. 반면에 일반적 복잡성을 지닌 문제들은 흐름도(flow chart)에 의해 다루어 질 수 있다. 그리고 단순 과제들은 시간/과제 분석의 Gant chart 또는 5-W 질문법 이외에 다른 어떤 것도 필요치 않다. 여러분이 복잡하고 위험스럽고 또 금전적인 실행을 다루고 있을 때 여러분은 여러분의 작업 계획의 일부분으로 위험분석 전략을 포함하고 싶어할지도 모른다. 실행을 성공으로 이끌 수 있도록 도울 수 있는 자원들을 고려하라. 다음에 오는 내용은 이러한 전략들에 대한 간략한 요약들이다.

모방(Copycat) 만약 여러분의 아이디어가 전에 성공적으로 실행되었던 것과 비슷하다면 단순히 그 과정을 복사하고 약간의 수정만으로도 시간과 문제들을 줄일 수 있다.

잘 조직된 체제에서 모든 구성 요소들은 서로 돕기 위해 함께 작업한다.

W. Edwards Deming
품질 전문가

5-W법(The 5-W method) "누가, 무엇을, 어디서, 언제, 그리고 왜" 라는 질문을 요구한다. 필요한 실행 과제들을 브레인스토밍하고 목록화하는 것으로 시작하라. 그리고는 각각의 과제에 대해 일련의 질문들을 하라: 누가 이 과제를 할 것인가? 그들이 무엇을 할 것인가? 언제 어디서 그들이 이것을 할 것인가? 특별히 각각의 질문에 답하라. 다음으로, 각각의 질문에 대해 왜라고 물어 보라. 왜 이 사람들이 이 특별한 과제를 하여야만 하는가? 왜라고 질문하는 것에 의해 여러분은 중요치 않은 활동이 간과되는 것을 확신하는 각각의 행동에 대한 판단과 이유를 제공한다. 마지막으로, 실행에 대해 전진을 얻거나 주고 행동의 계획을 세워라. 중요 장면을 그림으로 그려 줄거리를 만드는 스토리보드의 형식이 이 방법과 함께 아주 잘

사용될 수 있다. "어떻게"는 한정 또는 지정되지 않는다는 것에 주목하라. 만약 여러분이 사람들에게 그들에게 지정된 과제를 시행하는데 있어 그들 고유의 결정 방법을 허락함에 불편하다면 당신의 지시를 단지 외형적으로 확대하는 방향으로만 제한하도록 하라. 대부분의 경우 여러분이 그들의 과제를 행하는데 있어 그들의 의사와 결정을 존중할 때 훨씬 더 좋은 능률과 협조를 얻을 수 있다. 즉, 그 과제의 세심한 간섭을 피하라. 하지만, 이것이 확실한 절차가 뒤따르는 과제에 결정적인 경우 이런 것을 지정하여야 하고 왜 그런지 설명하는 것을 확실히 하라.

흐름도(Flow Charts) 이것은 실행 중에 순차적으로 실시되어져야만 하는 모든 행동들을 도식적으로 나타낸다. 흐름도의 기본 요소들은 직사각형으로 지정되는 활동들과 다이아몬드로 표시되는 결정 시점들 그리고 그 순서를 나타내는 화살표들이다. 그러면 이 흐름도는 아이디어를 실행하는 안내자로서 사용된다. 각각의 활동에 대한 시간평가들이 이 흐름도에 추가될 수 있는데 이것은 동시적인 활동들과 사전 요구사항들을 보이는데 유용하다.

프로그램 평가와 복습의 기법(PERT: Program Evaluation and Review Technique) 이 방법은 크고 복잡한 공학적인 과제들을 위해 과제를 계획하는 도구일 뿐만 아니라 진척을 관찰하는 도구이다. 한 과제의 시작이나 완성과 같은 사건과 그에 연결된 과제의 실제적 능률과 같은 활동들에 의해 구성된다. 시간평가들이 각각의 활동에 따라 구해진다. 완성된 도표는 내부적으로 연결된 활동들의 연결망으로 표현되며 또 병목지점들과 과제를 성공적으로 완성하기에 결정적인 경로들을 구별할 수 있다. 복잡한 연결망들은 수천 개의 활동들과 사건들을 추적할 수 있는 컴퓨터 프로그램에 의해 다루어진다. PERT 연결망을 설정하는 가장 어려운 부분은 지정된 사건들의 완성에 앞서 행해지는 모든 행적들을 구별하는 것이다. 비록 세밀히 계획하는 이러한 형태가 상당한 노력을 요구한다 하더라도 꽤 일반적 형태의 실행을 이끌고 있다.

시간/과제 분석도표(Time/task analysis or Gantt chart) 이것은 가장 단순한 작업계획 형식들 중 하나이며 각 실행 과제의 시간적인 요구들을 가시적으로 표현한다. 전형적으로 아이디어를 실행하기위해 완료되어져야만 하는 모든 과제는 상단을 가로지르는 시간의 척도와 함께 줄쳐진 도표의 왼쪽 열에 나열된다. 그리고는 각 과제를 완료하는데 걸리는 시간뿐만 아니라 완료의 목표 날짜까지도 가능한 한 정확히 평가 된다. 이러한 평가

표 11.5 태양광 집속 장치 개발을 위한 시간/과제 분석도표

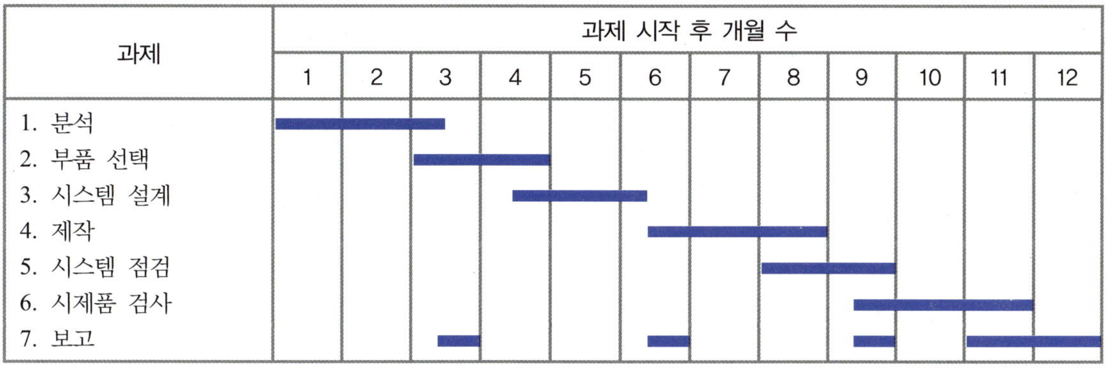

들은 실제적이어야 하며 각 과제를 완수하는데 걸리는 시간을 과소평가하는 일반적인 실수의 대부분이기도 하다. 각 과제를 위해 시간의 줄이 시작일부터 계획된 완료 날까지 그려진다. 이 도표는 동시적인 또는 겹쳐지는 시간의 활동들을 분명히게 보여준다. 표 11.5에 미국 에너지부에 제안된 연구 과제에서 사용된 일례가 보여진다.

만약 여러분이 그 작업을 하도록 정해진 유일한 사람이라면 여전히 여러분은 작업계획을 만들고 무엇이 언제 완료될 필요가 있는지 나열할 필요가 있다. 얼마나 많은 시간이 걸릴지 그리고 각각의 과제가 완료되는데 필요로 하는 항목들을 무엇이 제공하는지 평가하라. 또한 여러분은 어디가 보다 많은 정보나 훈련을 필요로 하는 곳인지 또는 어디에서 동반되는 다른 사람들을 찾기 위한 곳인지 찾아라. 동료들 중 누구라도 특별 훈련을 필요로 하는가? 성공적인 실행을 위해 시간표에 이러한 행동들을 포함하는 것을 확인하라. 만약 여러분이 태만한 자라면 매일 무엇을 하기로 계획하였는지 여러분의 마음속에 새겨야 한다. 시작 날짜와 이성적 완료일을 설정하고 실행이 제 경로에 있는지 어떤지를 가늠하도록 장기적인 과제의 표석으로 여분의 날들을 추가하라.

예산 기획(Cost budget) 작업계획으로부터의 정보는 실행 예산의 기획을 준비하는데 매우 유용하다. 여러분이 누가 무엇을 얼마나 오래할지 알 때 여러분은 인건비를 계산하기 쉽다. 대개 한 작업의 비용이 첫째 다양한 비용의 범주 속에서, 특히 봉급과 임금 (수당을 포함하여), 장비, 물질과 조달물들, 여행, 그리고 컴퓨터와 전화를 포함한 통신비등의 비용 범주, 평가된다면 이것은 가장 쉬운 비용에 대한 예산기획일 것이다. 그 후에 각 범주에 대한 총계는 계산될 수 있다. 요구되는 자금들이 조달 가능한가? 외부로부터 자금이 조달된 경우 여러분은 잡비로 일정 비율을 포함할 수

있어야 할지도 모른다. 최대 금액이 총 예산에 정해져 있으면 같은 용도의 물건이라도 질과 편리에 따라 가격이 다른 것처럼 다른 과제들과 그들의 평가된 비용들 사이에 다양한 조정과 절충이 만들어져야 할 필요가 생길지도 모른다. 만약 예산이 실행에 심각하게 위협적이지 않을 수 없다면 작업계획의 첫 번째 행동 중의 하나로 자금 확충이 추가되어져야 할지도 모른다. 자금 확충 그 자체가 또 하나의 창의적 문제 해결을 요구하는 새로운 문제이다. 예산을 확대하는 과제는 비슷한 과제의 예산 기획의 전례와 정의된 형식을 따르고 필요한 회계 정보를 갖고 있는 전문가와 함께 일하면 훨씬 수월하다.

위험 분석(Risk analysis) 위험 분석을 위해 많은 기술들이 이용 가능하다. 가능한 어려움들을 예상하고 대응책을 개발하는 실행의 과정 중에 다양한 방법을 사용하여 얻어진다. 잠재적 문제의 분석법으로도 알려진 Kepner-Tregoe 문제 해결 방법이나 가능한 실패에 대한 높은 확률을 갖는 부분을 분석하기 위한 FMEA 기술들이 좋은 예들이다.

팀 활동 11.3 : 작업 계획

팀 활동 11.2의 실행 문제에서 작업계획을 준비하라. 이것은 실제적인 실행을 동반할 수도 있거나 최종 과제 발표를 준비하기 위한 특별한 외형이 될 수도 있다. 누가 무엇을 언제 왜 그리고 어디서 해야 할 필요가 있는지 결정하라. 적당한 도표, 시간표, 그리고 예산 편성표와 시청각 장비들을 준비하라.

실행관찰과 최종과제평가

여러분의 아이디어가 받아들여지고, 작업계획서가 준비되어 승인되었고, 또 이 과제에 대해 자금 지원을 받았으며, 실행에 대한 작업은 각각의 수행할 사람들에게 배정되어 실행되고 있다. 그러므로 여러분은 이제 단 하나의 책임 있는 일, 그 해결방안이 실제로 작용하는지 확인하는 일이 남아 있다. 작은 과제에서는 실행의 성공 여부를 개인적인 점검을 하는 제도를 통해 가능하다. 문제의 형태와 조직의 형태에 따라 여러분은 실행관찰 계획을 작업계획의 일부분으로 처리할 필요가 있을 수 있다. 관찰 계획에 관해서는 복잡할 것이 없다. 여러분의 차량을 유지 보수하는 도구로 아마도 이것을 사용하고 있을지도 모르고 여러분이 여러 개의 과외와 같

여러분이 할 수 있다고 생각하든 아니든 간에 여러분이 옳다.
Henry Ford

은 아르바이트들을 유지하기 위해 사용하고 있을지도 모른다. 관찰 계획은 사후점검이나 예방차원의 관리의 일부분으로 일들이 잘 진행되고 있는지 확인하는 정기적인 점검을 제공한다. 그리고 최종적으로 결과들을 보여줄 뿐만 아니라 배움의 경험으로서 창의적 문제 해결 방법의 전체 과정을 보여준다.

실행관찰과 사후점검

때때로 창의적 문제 해결 팀은 그 실행의 장기적인 관찰에 대해 책임을 지는 경우가 있다. 먼저 그 해결 방안이 올바르게 실행되었다고 확신할 수 있는 절차가 필요하다. 그 문제가 다른 문제들을 야기하지 않고 해결되었나? 새로이 나타난 변화에 색다른 저항은 없었나? 또 있었다면 잘 처리되었나? 더 잘 맞도록 그 해결 방안에 수정이 가해졌나? 반드시 첫 번째 논평은 해결방안이 실행 안료된 후 2주안에 계획되어져야만 하고 사후점검은 6개월에서 12개월 후에 이루어져야만 한다.

아마도 문제를 정의하는데 참여하였던 분들이 해결방안의 실행을 관찰하는데 가장 적격이고 사후점검의 책임이 부여될 수 있다. 제조공장에서는 SPC(Statistical Process Control)이라는 통계적 공정 제어 방법들은 해결방안으로 얻어진 개선을 증명하기 위해 많은 자료를 만들어 낸다. 이러한 진단 도구들은 장기간에 걸쳐 연속적인 관찰을 제공하고, 실행으로 발생할지 모를 새로운 문제들을 지적하고, 또 실행 중 의도적으로나 비의도적으로나 만들어진 변경들을 식별하기위해 지정된 계획아래 실시되어야한다. 특별한 실험들도 마찬가지로 기대된 결과를 확인하도록 요구될 수 있다.

다음에 오는 과제들은 대부분 확인 과정의 일부분이다:

- 모든 요구되는 변화들을 적당한 그림으로 만들어라.
- 모든 요구되는 변화들을 영향 받은 공정들이나 절차들안에 만들어라.
- 낡은 문서, 그림, 장비 그리고 물건들을 파기하라.
- 모든 지위에 있는 모든 사람들 개개인이 변화에 의해 영향 받을 수 있음을 고지하라.
- 쉽게 철회할 수 있는 상황들에 대해서 감사 기능들을 설정하라.

관찰 팀은 다음의 과제들에 대해 책임이 주어질 수 있다:

- 중간지점에서 논평을 시행하고 목표를 유지하기위해 필요하다면 적당한

점검들을 하여라.

- 개선에 대해 고객의견을 얻어라.
- 성공적인 해법이나 변화에 폭 넓은 응용을 조사하라.
- 변화에 대한 고용자들의 찬반 의견을 얻어라.
- 장기간 연관된 요구사항들이, 예를 들면, 고용자 교육, 새 지침서 개발, 컴퓨터와 소프트웨어 업데이트(갱신), 그리고 관리 절차들, 실행되었는지 관찰하라.
- 조직 내의 창조적인 풍토를 개선하고 평가하라.

여러분은 조직 내에 계속적인 개선과 혁신을 위한 아이디어들을 평가하고 받을 수 있는 선호하는 풍토, 메커니즘, 또는 팀을 가지고 있는가? 혁신에 필요한 조직 풍토에 대한 논의를 찾아보아라.

학습에 대한 최종평가

여러분이 창의적 문제 해결 전체 과정 동안 관련 저널을 구독하거나 메모와 같은 요약들을 해 놓았다면 이것은 매우 유익할 것이다. 과제가 완전히 종결되면 그 결과와 여러분의 성취도에 대한 짧은 요약을 작성하라. 그리고는 자리에 앉아 그 실행 과정이 여러분을 위해 무엇을 하였나 되돌아보아라.

- 무엇을 배웠나?
- 이것이 여러분을 성장하도록 도와주었나?
- 이 아이디어를 다른 곳에 사용할 수 있겠나?
- 여러분이 정한 목표를 모두 아니면 어느 정도 성취하였나?
- 이 실행 과정이 사람들에게 대화하는데 어떠한 도움이 되었나?
- 이 실행 과정이 여러분의 미래의 기회에 보탬이 되었나?

만약 그 해결 방안이 올바르게 작용하지 않았다하더라도 여전히 여러분은 그 경험으로부터 무엇을 배울 수 있었는지 여러분 자신에게 물어 볼 수 있다. 때로 너무 쉬운 것으로부터 보다는 소위 실패로부터 보다 많은 것을 배울 수 있다.

- 생산자로서, 불필요한 싸움을 피할 수 있었을 만한 곳을 반영하라.
- 만약 여러분이 감독, 관리자, 또는 지도자로서 그 과제에 참여 되었다면 여러분은 어디에서 여러분의 동료들에게 긍정적인 답변을 줄 수 있었는

지 구분해 보아라.

- 성취와 학습에 초점을 두고 계속 여러분의 동료들을 도와라. 팀의 종합적인 기여를 인식함으로 팀원들 사이에 서로 돕도록 용기를 북돋아라.

파일로 여러분의 요약과 결론을 보관하라. 여러분이 향후 좀 더 창의적 문제 해결 과정에 많은 경험을 가지게 될 때 이 과제 파일들은 매우 가치 있는 자료집이 될 것이다. 이것은 여러분이 더욱 효율적이도록 도울 것이다. 왜냐하면 여러분은 잘 작용한 아이디어들은 재사용하고 그렇지 못한 아이디어들은 개선을 하거나 회피할 것이기 때문이다. 여러분의 생산지적인 마음자세를 더욱 개발하고 발전시키는 과정으로서 다음 절에서 논의할 시간 관리 기법들에 대해 조사해 보자.

✓ 팀 활동 11.4 : 과제 결과의 발표

여러분의 창의적 문제 해결 과제를 결론내릴 뿐만 아니라 여러분의 능력을 연습할 또 다른 기회를 얻기 위해 최종 팀 발표 자료를 준비하라. 남들과 다른 장점을 얻기 위해 여러분의 팀 동료들의 사고의 우선순위를 사용하라. 해결 방안의 실행 과정 중에 다양한 사람들은 다양한 임무를 수행할 수 있고 다양한 단계의 지도력을 발휘할 수 있다. 모든 동료들이 이 최종 발표에 관련되어 반드시 참여하여야 하고 실질적인 기여를 하여야 한다. 여러분의 팀 과제의 주제와, 정상 수업이나 학술대회 자습 또는 고객에 의해 지정된 문제 등과 같은 설정에 따라 여러분은 가능하면 비디오나 시각화 장비를 사용하면서 구술발표 농담 또는 문서형식의 보고서와 같은 적당한 형식을 취할 수 있다.

이 발표 자료는 반드시 다음을 포함하여야 한다:

1. 문제와 목표에 대한 요약
2. 창의적 문제 해결 공정의 서술
3. 최적화된 해결 방안
4. 보상 목록
5. 작업계획
6. 위험 방지책과 해결방안과 변화를 받아들이도록 대상자를 고무시키는 방법
7. 실행 결과의 서술 (가능하면 모의 과제로부터)
8. 학습내용 평가 (또는, 해결방안의 성공을 측정하는 방법)

발표 시에는 열중하고 긍정적이어라! 마침내, 무슨 아이디어가 특별히 효과적이고 창조적이었는지에 기반을 두고 발표를 평가하라. 다른 사람들에 의해 사용된 아이디어들을 적어라. 언젠가 여러분 자신이 이 아이디어를 사용하려 할지도 모른다.

사례연구 11.2: 작업장에 적용된 창의적 문제 해결 방안

이 간단한 사례 연구는 오하이오 샌더키스에 있는 회사인 델코-새시스(Delco-Chassis)의 공개 강좌에 참여한 한 학생이 1991년 가을에 쓴 것으로서, 그 공개강좌는 공학 전공의 비정규 학생들이 계속 일을 하면서 학사 학위를 취득할 수 있는 공학 시범 프로그램의 일부였다. 엘렌은 이 사례 연구를 "생각하는 리포트"(이것은 수업시간에 배운 것과 현장에서의 적용이나 상황을 연관시키는 것을 목적으로 한 학과 숙제였다)의 주제로 선정했다.

"실내 온도 절충안"
엘렌 스탠튼

문제의 배경: 작업장의 생산성을 높이려는 목적으로 우리는 사무실 환경에 관심을 가졌다. 나의 직함은 디자이너이고 CADD(Computer Aided Design Drafting)소프트웨어로 일을 한다. 대부분의 시간 동안 나는 CADD 작업대나 그 옆의 책상에서 일을 한다. 나의 작업 공간은 두 개의 보조 작업대가 있는 사방 16피트 넓이이다. 두 명의 오퍼레이터도 우리의 문제해결 팀원이다. 우리의 문제는 에어컨이다. 그것은 컴퓨터 단말기가 있는 공간을 시원하게 하기 위해서 천장에 설치되었다. 온도는 실내의 자동 온도 조절기에 의해서 맞추어지므로, 실내 환경은 밖에 있는 더 큰 사무실과는 따로 조절될 수 있다.

문제의 정의: 먼저, 우리는 그룹 구성원을 대상으로 설문조사를 실시하였다. 에어컨은 나에게는 너무 차가운 바람을 보낸다. 에어콘이 정지한 동안에는 폴라 베어씨에게는 그다지 시원하지 않다. 제3의 인물에게는 알레르기 비염의 악화를 초래한다. "탐정"으로서 우리는 그 문제의 변수들을 알아내려고 흡연하는 동료를 사무실로 데리고 와서 우리는 에어컨이 켜져 있는 동안 바람이 방향유도날개가 있는 통풍구로부터 불어나오며, 인접한 통풍구는 공기가 들어가는 흡입구라는 것을 관찰했다.
온도계와 스톱워치를 사용한 실험에 의하여, 우리는 특정 온도를 맞춰 두면, ON과 OFF주기가 일정하다는 것을 알았다. 그 주기는 바깥 사무실 온도가 변하고 열린 문을 통해 우리 방의 공기와 섞이기 때문에 날마다 바뀐다. 어떤 날을 정해서, 자동 온도 조절 장치를 74도로 맞춰두었다. 냉방은 75도에 시작되어 12분간 계속되었다. 73도가 되자 정지하더니 12분 동안 꺼져 있었다. 이 주기가 예상대로 반복된다. 온도를 76도에 맞춰 두었더니 77도에서 냉방이 시작되고 10분간 계속되다가, 75도에 정지하여 28분간 꺼져 있었다.

아이디어 제안: 우리는 아무도 보지 않을 때 자동 온도 조절 장치의 세팅을 몰래 바꾸는 것을 그만두고 우리 그룹은 구두로 브레인스토밍을 시작했다. 우리가 받아들인 하나의 조건은 에어컨을 교체하지는 않겠다는 것이었다. 하지만 그것의 효과를 바꿔보기로 하였다. 우리는 다음과 같은 아이디어를 찾아냈다.:

- 벽을 없앤다.
- 시스템을 끈다.
- 공기 흐름을 판지로 바꾼다.
- 구멍을 낸 상자 커버로 공기흐름을 퍼뜨린다.
- 공기 흐름을 퍼뜨리기 위해서 통풍구를 덮는 팔랑개비를 설치한다.
- ON 주기는 짧고, OFF주기는 길어지도록 온도를 높이 맞춘다.
- 통풍구 방향유도날개의 방향을 바꾸어서 반대 방향을 향하도록 한다.

창의적 아이디어 개선: 우리는 그것들을 조직화함으로써 아이디어를 설계하기 시작했다.

간단 :

- 시스템 끄기

- 온도를 올려서 설정하기
- 통풍구 방향유도날개 방향 바꾸기

보통 :

- 판지로 공기 흐름을 바꾸기
- 구멍을 많이 낸 판지로 공기 흐름을 퍼뜨리기
- 팔랑개비로 공기흐름을 퍼뜨리기

어려움 :

- 벽을 없애기

우리는 같은 범위 내에서는 서로 다른 아이디어를 결합하거나 수정하지 않기로 했다.

아이디어 평가: "판사"로서 우리는 평가 판단기준을 정하고 선택했다. 최적의 쾌적 상태, 낮은 비용, 빠른 실행, 쉬운 작동, 해결의 간단성, 그리고 해결의 효과성. 우리는 이 아이디어들을 다음처럼 등급을 매겼다.

1. 통풍구 방향유도날개 방향 바꾸기(간단)
2. 판지로 공기흐름 바꾸기(솜씨가 필요하지만 냉기를 줄여준다)
3. 온도를 올려서 설정(ON 주기를 줄여주지만, 폴라 베어씨는 불편하다)
4. 구멍을 낸 판지 상자(부피가 크고 보기 좋지 않다)
5. 팔랑개비(보기엔 좋지만 정신이 산만하다)
6. 벽 없애기(다른 노동자의 시간과 비용이 든다)
7. 시스템 끄기(컴퓨터는 방안의 작업자들이 불쾌해지는 열을 발산하기 때문에 비현실적이다)

해결방안 실행: 우리는 1에서 3까지의 항목을 선택하고 실행했다. 우리는 다음 단계로 넘어가기 전에 각 단계마다 결과를 검토했다.

1. 통풍구 방향 바꾸기 → 결과는 제한적이었다. 바람이 반대쪽 벽으로 빗나가서 결과는 만족스럽지 못했다. 작업자들은 여전히 바람을 차갑게 느끼고 있었다.
2. 방향유도날개에 식탁 매트를 테이프로 붙여서 흐름을 바꾸기 → 이렇게 하니까 바람이 열린 문 쪽으로 흘러간다. 실내 환경이 나아졌지만 문 밖 작업자들이 바람이 차다고 불평한다.
3. 온도 설정을 올리고 식탁 매트를 붙여두기 → ON 주기가 짧아지고 바람은 폴라 베어 씨는 OFF 주기 동안 몹시 더워했다.

최종 평가: 우리는 몇 가지 추가적인 "설계"를 해야 했다. 에디슨의 시행착오적 기술에 의해 우리는 개선된 해결방안을 손에 쥐었다. 폴라 베어 씨는 개인용 선풍기를 가져와서 OFF 주기 동안 시원하게 지내고, 온도 설정을 높여서 ON주기를 짧게 하면 된다는 것이다. 이 해결방안은 완벽하지 않지만 관련된 모든 사람들의 요구사항을 절충시키는 주목할 만한 실행방법이었다. 이 해결방안은 가장 영향을 많이 받는 세 사람이 문제해결 팀의 일원이었기 때문에 받아들여졌다. 이 해결 방안은 조직에 "비용을 부담시키지 않았기" 때문에 관리자의 승인을 필요로 하지도 않았다.

해설: 이것은 창의적 문제 해결 과정을 학습하고 있던 학생에 의해 이루어진 훌륭하고도 실제적인 적용이었다. 동료들은 이전에 창의적 문제 해결 학습이나 경험이 한 번도 없었다. "엔지니어"의 마음가짐에 시간을 더 들임으로써, 팀은 높은 품질의 해결방안을 보다 빨리 찾아낼 수 있었을 것이다.

시간관리

형편없는 시간관리는 좋은 생산자가 되려는데 또는 어떠한 일을 완성하는 데 심각한 방해물이다. 우등 학급을 포함한 많은 학생들은 태만이 학창시절 그들의 성공과 목표를 성취하는 데에 부정적인 영향을 주었다고 말하곤 한다.

계획수립

자료수집 계획수립은 여러분의 인생 목표와 우선순위의 분석과 함께 시작되어야만 한다. 사람들은 대개 그들이 실제로 원하는 것에 시간을 쓰려 한다. 질문은 "여러분은 여러분의 우선순위와 목표와 잘 맞출 수 있는 것이 있는가?" 이다. 여러분은 단기적인 목표보다는 장기적인 목표를 주의 깊게 살펴보아야만 한다. 또한 여러분의 단기적인 목표가 여러분의 장기적인 목표를 가로막지 않도록 확실히 하라. 무엇이 여러분의 우선순위인가? 실제로 지금 여러분은 어떻게 시간을 보내고 있나?

팀 활동 11.5 : 시간관련 자료

1. 여러분의 1년에서 대략 10년 정도의 장기적인 목표들을 작성하라.
2. 올해 안에 이룰 수 있을 것 같은 단기적인 목표들을 작성하라.
3. 우선순위의 목록을 작성하라.
4. 15분 간격으로 주중 이틀 연속으로 일일 시간 일지를 완성하라.
5. 하나의 주간 업무 계획표를 완성하거나 여러분이 학생이라면 학급 또는 학습 시간표를 완성하라.

여러분이 여러분의 주간 시간표를 작성할 때 여러분의 하루 중 생체 활력 주기를 함께 고려하라. 여러분은 여러분의 가장 중요한 일을 아침 5시 일어날 때하는가 아니면 오후에 서서히 시작하여 남들이 잠들었을 때 최고의 능률에 도달하게 하는가? 선택할 수 있다면 더 좋은 민첩성과 학습효과를 내도록 여러분의 가장 중요한 업무나 수업들을 여러분의 최고의 활력 주기 시간에 두도록 계획하고, 일상적인 업무는 저 활력 주기에 두도록 계획하라. 많은 사람들의 경우, 낮 시간대의 1시간 정신적 활동은 야간 시간대의 1시간 30분의 학습이나 공부의 가치가 있다.

우선순위 무엇이 인생의 중요한 몇 가지인가? 교육은 젊은 시절에 시작

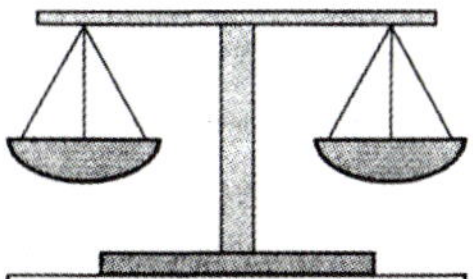

ASPECTS OF A BALANCED LIFE

해서 상당한 시간적 구속을 한다. 비록 하나나 여러 개의 학습 활동이 노년에 이르기까지 잘 살도록 끊임없이 계속되어야 할지라도 나중에는 업무와 경력으로 그 중심이 옮겨 간다. 균형 잡힌 삶이란 정신적인 것, 경제적인 것, 직업적인 것, 가정적인 것, 사회적인 것, 자기 자신에 관한 것, 건강, 그리고 여가가 잘 균형을 이룬 삶이다. 균형 잡힌 삶을 살기위해 나열된 모든 관점에서 시간을 조정하라.

주간 시간 계획 한주에 여러분이 일반적으로 행하는 모든 일상적인 일들을 포함하라. 즉, 업무, 통학, 쇼핑, 모임, 학습, 사회활동 시간, 오락과 운동, 취미, 식사 준비, 집안 정비, 회계기록의 부기, 서신왕래, 식사, 수면, 건강, 개인적 보살핌 등등이 그 일상적인 일이다. 만약 여러분이 학생이라면, 일반적인 대학의 각 수업은 한 시간의 수업시간 또는 실험과목의 경우 학점 당 주간 배정 시간에 대해 2시간의 공부를 요한다. 대학의 신입생들은 첫 학기 시작 바로는 이런 형태의 규율에, 즉, 주간 시간 계획에 잘 따른다는 것이 중요하다. 만약 여러분이 2주간 덜 열심히 공부한다면 여러분은 따라잡기 위해 특별한 노력을 하는 습관을 들여야 한다. 여러분이 고등학교시절 많은 공부를 하지 않고 상위의 성적을 받았었고 대학에 입학하여 좋은 학습 습관을 세우지 않았다면 충격 속에 빠질 수도 있을 것이다.

> 평생 학습 형태로의 전환으로서, 수업시간은 무엇을 배워야 하고 학습을 평가하기 위함이다. 많은 학습이 개인적으로나 단체적 학습 시간에 일어난다.

지금 여러분의 우선순위 목록을 들여다보자. 지금 당장 여러분의 인생에 업무나 학습을 제외한 그 무엇이 중요한 것들인가? 여러분은 가족의 책무를 가지고 있나? 그렇다면 여러분의 시간 계획표에 이것을 위해 시간을 책정하라. 그럼 여러분의 신앙생활은 어떤가? 여러분의 종교 활동을 표시하라. 여러분의 건강은? 정상 식사와 수면 그리고 운동을 위해 여러분의 시간표에 이런 시간(에어로빅은 최소한 30분씩 한주에 3번이 기본)을 채워 넣어라. 남을 돕는 것을 포함한 사회 활동이나 여가는? 여러분은 시간표에 점유되어 있지 않은 시간에 달리기를 하는가? 여러분의 사회활동은 다른 항목과 결합될 수 있나? 여러분의 가족이나 친구들과 함께 운동할 수 있나? 여러분의 식사시간이 사교활동을 유지하기 위해 사용될 수 있나? 여러분과 여러분의 특수 관계인은 종교적 활동과 취미 활동을 함께 할 수 있나? 여러분의 주간 시간표에 여러분의 우선순위를 포함시킬 수 있도록 하는 해결방안을 내기 위해 몇몇 창의적인 사고들이 필요하다.

금융에 관해서는 어떤가? 여러분이 만약 직장과 학업을 병행한다면 두 가지 모두를 충분한 통학 시간과 함께 계획하어야만 한다. 이 경우 여러분은 수업에 따른 부하를 줄여야만 할 것이다. 시작점을 여러분에게 줄 수 있는 공식이 여기 있다.

학점시간의 부하 = 1/3[48-(주당 업무시간의 수)]

여러분은 수업을 들으며 차차 수업의 부하를 조정할 수 있다. 직장생활하면서 공부를 계속하고 있다면 오락과 같은 다른 분야에서 일시적으로 시간을 줄여야만 한다. TV 시청은 종종 끊기 좋은 일상적인 일이다. 여러분은 혹시 차를 구매하는데 빌린 융자를 갚기 위해 단지 일하고 있나? 차를 포기하고 한 해 일찍 졸업함으로 가능한 재정적 이익을 계산하라. 다른 말로, 여러분이 교육적 선택이나 미래의 직업을 심각하게 제한할 수 있는 무거운 빚의 장기적인 고통을 고려할 때 직업대신 대출은 좋은 선택인가?

마지막으로, 여러분은 개인적 보살핌과 관리 같은 여러분 자신을 위해 시간을 계획해야만 한다. 이것은 개인적 치장 그리고 세탁 집안 가꾸기 고지서를 포함한 우편물 정리 등을 하는 것뿐만 아니라 계획하고 평가하는 것까지의 다양한 집안 잡일을 포함한다. 또한 일주일에 한 시간은 단지 여러분 자신을 위해 계획하여 낮잠이나 사색 회상 자신에 대한 특별한 대접 취미에 탐닉 또는 욕조에 몸 담그기 등을 즐겨라. 생체활력의 고갈이나 창의적 사고력 저하를 막기 위해, 여러분의 주간 계획안에서 다른 정렬을 실험하는 동안 다양한 활동들 사이에 숨 쉴 수 있는 공간에 여러분 자신을 남겨 두어라. 여러분은 무엇인가 잘못 가면 이것도 잘못 갈 거라는 머피의 법칙을 만나게 될 것이다. 여러분이 고정적으로 여유를 가진다면 인생은 덜 고통스러울 것이다. 한주를 위해 최고 버전의 시간표를 시도하라. 기본적인 결점들은 빨리 분명히 나타나게 될거며 필요하면 시간표의 내용을 바꾸어라. 여러분이 너무 경직되어 있거나 아니면 너무 가볍다면 시간표를 계속 엄수하는데 새로운 몇몇 태도를 배워야만할 지도 모른다.

목표를 향한 전진 여러분의 장기적인 목표의 목록을 완성된 주간 계획표와 비교하라. 여러분의 최상위 3개의 목표를 이루는데 관련된 계획표상의 모든 항목에 동그라미 표시를 하라. 많은 동그라미를 가진다면 여러분 자신에게 유익한 것이다. 그렇지 못하다면 여러분의 목표와 일간 활동을 평가할 필요가 있다. 여러분을 여러분의 목표로 인도할 일간 계획표에 활동들을 섞지 않는다면 여러분은 이러한 목표에 도달 할 수 없고 고통과 불만족에 머무를 것이다. 여러분은 엔지니어가 되고 싶은데 완전히 음악이나 사회학 분야만 수강한다면 여러분의 활동은 여러분을 여러분의 목표로 향하도록 인도 할 수 없을 것이다. 왜 여러분은 이러한 과목을 선택했으며 왜 엔지니어가 되고 싶은가? 이것이 여러분의 개인적 목표인가 또는 누군가의 강압에 의한 것인가? 아마도 여러분은 여러분의 목표를 수정할 필요

내 아버지는 최고 높은 산을 오르실 수 있으시고, 내 아버지는 가장 깊은 바다를 헤엄치실 수 있으시고, 내 아버지는 가장 빠른 비행기를 조종하실 수 있으시고, 내 아버지는 가장 사나운 호랑이와 싸우실 수 있으시지만, 대부분의 시간 그는 그냥 쓰레기를 치우신다.

무명

가 있다. 여러분은 작가가 되고 싶고 여러분의 현재 업무가 주중에 여러분을 약간의 휴식도 주지 않는다면 여러분은 글쓰기 위한 시간을 만들기 위해 여러분의 인생을 재구성해야 한다. 여러분의 시간을 생각하고 계획하고 관리하는 것은 아마도 재미없는 일이겠지만 이것들이 바로 여러분의 야망을 채워줄 그러한 방법들이다. 이러한 형태의 목표 평가를 최소한 일 년에 한 번, 아마도 그 해의 말이나 여러분의 생일에 하라.

개성과 사고 형태

여러분이 시간 관리에 문제를 가지고 있다면 이것은 아마도 여러분의 개성의 일부분이거나 생각의 선호 형태일지도 모른다. 표 11.6에 시간 관리의 문제와 그 해결책을 요약하였다. 여기서 여러분은 하나의 스타일 이상인 특성을 가질 수 있다. 좋은 시간 관리를 통해 서로 다른 재능들 간의

표 11.6 다른 개인적 스타일에 대한 시간 관리 해법

개성 A	처음에 모든 것이 올바르게 되어야 하는 완벽주의자. 모든 것을 논리적으로 정돈하고, 잘 집중하고, 맡은바 소임을 다하기 위해 시간을 추가해서 일한다.
문제	우아하거나 섬세하지 못하다. 직무를 수행하는데 필요한 시간을 과소평가한다.
해결책	세심해야함을 잊지 말고 자주 우선순위를 재설정하고 재검토하라. 너무 심각하지 않으면서 직무를 꼼꼼하게 하는 법을 배워라. 소모한 시간을 실제적으로 계산하라.
개성 B	확고부동하며 신뢰할 만하고 시간을 잘 지키지만 타인의 시간 부족에 관대한 성격 소유자이다.
문제	다시 시간표를 작성하는 것에 역정을 내며 엄격하며 미결될 일을 포함한 시간 일정에 대해 융통성 없다.
해결책	보다 많은 융통성을 배우고 시간 사용을 분석하여라. 필요시 시간을 추가해서 일하라. 일하는데 상습적인 것을 피하고 새로운 방법을 찾아라.
개성 C	제안을 받아들이고 시간적 문제를 주지하는 팀 동료로 사교적인 사람이다.
문제	남에게 일을 부여하고, 태만한 경향이 있고, 잡담을 하느라 시간을 소비한다.
해결책	우선순위를 정하고 계획하기위해 시간일정과 달력을 보는 습관을 들이고, 해야 할 일의 목록을 만들고 따르며, 따분하더라도 서면의 명령을 따라야 한다. 주의를 집중하기위해 귀 기울이는 습관을 들이고 어디서 시간을 허비하는지 분석하기위해 시간일지를 사용하라.
개성 D	직무가 필요로 하면 어려움도 올바로 헤쳐 나가며 정력적이며 장시간 일하며 큰 그림을 볼 줄 아는 수완가이다.
문제	전술적으로 계획하는 것과 시간 사용에 대한 분석에 참을성이 없다. 충돌과 압박을 가져올지 모르는 시간적 요구를 과소평가한다.
해결책	주의해서 계획하는 습관을 기르고, B 사고면의 사고를 회피함으로 오는 심각한 결과에 주의하라. 후속 평가 절차를 세우고, 분석으로부터 배워라. 타인의 충고를 받아들여라.

상호작용과 기능들을 배가 할 수 있다. 이 절의 목적은 여러분에게 적합한 시간관리 전략들을 찾는 것이다.

하루의 우선순위: 긴급한 일과 중요한 일의 분리

매일 이른 아침 첫 번째 또는 밤늦은 저녁 마지막 여러분의 활동으로서 하루의 해야 할 일들의 목록을 만드는데 약간의 시간을 사용하는 습관을 들이도록 하여라. 이 목록은 여러분의 주간 일정표로부터 주어진 정보를 가지고 출발한다. 어제에 끝내지 못한 일, 약속, 기대치 않았던 항목들과 같은 것들이 목록에 추가될 것이다. 이러한 항목들은 3개의 다른 우선순위 범주에 따라 분류될 수 있다.

- 1 순위 – 반드시 실행되어져야 할 일들
- 2 순위 – 하기는 해야 할 일들
- 3 순위 – 필요하면 연기해도 되는 일들

여러분은 어떤 것은 완료되어야 하고 어떤 것은 무시될 수 있는지 어떻게 결정하는가? 하루에 수많은 긴급한 일들을 하느라 매우 중요한 일을 하는 근처도 못 가볼 때 우리는 서글퍼 한다. 여기에 좀 더 많은 중요한 일을 하고 긴급한 일을 조금 덜 하는 방법이 있는데 이것이 여러분의 하루 일과표에서 우선순위를 정할 수 있도록 도울 수 있다.

빈 백지위에 그날에 해야 할 생각나는 모든 일들을 나열하라. 그리고 남아 있는 빈 여백에 다음에 그려진 것처럼 커다란 직사각형을 그리고 네 개의 사분면으로 그 직사각형을 나누어라. 양축과 각각의 사분면을 그림에서처럼 기호를 붙여라. 자 이제 순서대로 각각의 사분면에 대해 논해보자. 그러므로 여러분은 어떤 범주(또는 사분면)안으로 여러분이 적어 넣은 특별한 일이나 항목이 들어갈지 결정할 수 있다.

	긴 급	비 긴 급
중 요 한	I	II
일 상 적	III	IV

범주 I — 중요하고 긴급한. 이 범주의 일정은 반드시 실시되어져야 하는데 빠르면 빠를수록 더 좋다. 이들은 여러분의 우선순위에 1 순위의 활동들일 거다. 여러분의 목록에 이렇게 표시하라. 여러분이 한번 좋은 시간관리 습관을 기르면 위험천만하고 마감일 임박한 과제들은 범주 II의 창의적 사고로 예방되기 때문에 이 범주는 큰 문제가 되지 않는다.

범주 II — 중요하지만 긴급치 않은. 여기의 항목들은 심각한 시간 관리 목표물들이고, 계획수립 예방 준비 관계 맺기 기회탐색 오락 그리고 하루에 끝날 수 없는 큰 과제들(학기말 보고서, 집 재정비, 크리스마스 쇼핑, 기타 등등)을 포함한다. 여기의 항목들은 긴급하지 않기 때문에 조금씩 조금씩 미루어지지만, 늦추어지면 긴급해지거나 여러분이 창의적으로 또는 잘 할 수 없게 될 것이다. 우선순위 1이나 2에 놓여있는 여러분의 하루 활동들 중에 가능하다면 범주 II의 항목들을 많이 처리하여라. 주중에 이런 일들을 끝내면 주말이 덜 바쁠 것이다. 이런 일들을 대신할 수 있는 사람을 찾으면 여러분 대신 위임시켜라. 눈덩이처럼 불어나기 전 일찍, 문제들이 조그마할 때 이 일들을 시작하면 큰 어려움이 없이 통제 할 수 있을 것이다. 또한 여러분이 그 과제를 진행하면서 여러분의 잠재의식적 마음이 더 좋은 아이디어를 도출할 수도 있고 그래서 좋은 해결책이 되어 도울 수도 있다. 많은 범주 II의 항목들이 장기적인 목표를 문서화하는 것과 결부될 수 있다. 그러므로 이 항목들을 여러분의 주간 일정표에 계획으로 잡아야 한다. 최소한 하루일정의 반을 범주 II의 안에서 보내도록 시도하라.

범주 III — 중요치 않지만 긴급한. 이 범주의 항목들은 실제적인 시간 낭비의 요소들이 될 수 있다. 여러분이 이 범주의 일을 처리하고 있다면 실질적인 것을 하나도 못 이루게 될 것이다. 왜? 사실 이것들은 중요치 않기 때문이다! 사람들이 여러분에게 이들이 중요하게 믿도록 만들지라도 이들을 결정하는 데에 여러분이 가지고 있는 판단력과 현명함을 사용하여라. 제발 다른 사람들이 여러분의 시간을 빼앗거나 압박하게 두지 마라. 광고인들을 눈여겨봐라. "오늘 이것을 사라. 그렇지 않으면 너는 일생에 한번뿐인 기회를 놓칠 것이다."라는 게임의 주인이다. 이것이 정말로 진실인지 어떤지를 결정할 때는 비판적인 사고를 사용해라. 여러분은 이 범주에 알맞은 항목들과 무엇을 해야만 할 것인가? 대부분은 쓰레기통으로 들어가거나 여러분의 일정표에 줄그어져 지워질 것이다. 만약 사람들이나 전화통화에 의해 자주 방해를 받으면 여러분의 시간의 20%이하로 제한하는 시스템을 장치하라.

범주 IV — 중요치도 긴급하지도 않은. 하찮은 일, 바쁜 일, 그리고 재미있는 활동들을 이 범주에서 찾을 것이다. 만약 여러분이 휴식을 취할 시간을 가진다면 이 범주로 항목들을 집어넣어라. 많은 날들, 이 항목들이 아무런 문제없이 무시될 수 있다.

시간 낭비 요소와 태만을 다루기

자주 질문하라:
바로 지금 무엇을 위해 나의 귀중한 시간을 쓸까?

우리는 막 긴급하지만 하찮은 것에 의해서 계획수립의 결핍이 큰 시간 낭비의 요소로 될 수 있다는 것을 보았다. 우리가 돌아볼 필요가 있는 그 밖의 어떤 다른 시간 낭비 요소들이 있는가? 어떻게 가장 큰 시간 낭비 요소인 태만을 다루어야 하나? 표 11.7은 시간 낭비 요소들의 항목들이다. 여러분과 관련이 있는지 어떤지 살펴보아라. 표 11.8은 일정을 계획하는 요령을 알려준다.

표 11.7 시간 낭비 요소

태도: 흥미의 결핍, 의견 청취의 나쁜 습관, 불필요한 완벽 주의가 여기로 간주 된다. C 사고면을 사용하는 다른 것들을 위해 대인관계와 고려를 무시하면서, 이것은 모든 것을 소비하는 몇몇의 활동에 대부분의 초점을 맞추고, B 사고면을 사용하는 것들을 세밀히 하기 위해 너무 많은 주의를 기울이는 불균형의 신호이다.

자아 훈련의 부족: 수양의 부족은 화(노여움), 조급, 무비판, 그리고 부주의를 가져온다. 이것은 B와 C 사고면의 생각들의 회피를 동반할 수도 있다. 수양부족의 몇몇 항목들은 인과관계를 가져올 수도 있는데 예를 들면, 계획 수립의 부족이 어떤 문제의 근원일 때, 아니라고 말할 수 없는 사람은 다양한 책임소재가 있는 일들에 필요이상으로 관여되기 쉽고, 따라서 이것으로 화를 내는 스트레스를 받게 되게 된다.

방해: 험담, 방문객, 전화, 광고성 우편물, 뿐만 아니라 음악, TV, 파티, 친구들이 여기에 속한다. 이 항목들은 선택을 할 때 우선순위와 더불어 현명한 지혜와 판단력을 가지고 다루어야 한다. 즐거움, 여유, 사회적 대응 등은 어떤 한계 안에서 이상적이다. C 사고면의 것에 집중은 장/단기적인 목표를 포함하도록 이끄는 다른 활동들과 반드시 균형이 맞아야 한다.

계획부족: 이 요소들은 기다림, 비생산적인 모임, 그리고 불필요한 실수의 결과들이다. B와 D 사고면의 결합된 사고 부족은 업무나 기타 다른 일에 비효율성을 가져온다. 일에 앞서 수분간의 사고는 많은 시간을 절약한다. 쇼핑 리스트나 일의 진행 순서 표를 만드는 습관을 들여라.

정보 미사용과 대화 부족: 좋은 대화는 타인과 함께 살거나 일할 때 필요로 해진다. 한 팀은 각 팀원 자신이 무엇을 해야 할지 알 수 있을 때만이 잘 기능한다. 우리는 종종 정보가 불충분하거나 너무 혼란스러워서 어떤 특정 항목을 어디에서 시작해야 할지 모를 때 시간을 허비한다. 최소한, 삶을 구성하고 B와 C 사고면의 기술인 좋은 대화를 유지하는 어떤 기본적인 시스템이 시간 허비를 막기 위해 장기적인 방법으로 가야한다.

표 11.7 시간 낭비 요소(계속)

무체계: B 사고면 사고의 일반적인 부주의에 의한 모든 증상들이 - 예를 들면, 혼란스런 작업공간, 잘못 분류된 항목들, 나쁜 암기 방법, 그리고 나쁜 일정 계획 습관들 - 여기에 속한다. 첫째 단계로, 의료 진찰 결과를 포함하는 건강, 재정, 세금, 보험, 학교 기록, 그리고 직업정보에 관련된 중요 기록들을 관리할 수 있는 한 단순 자료정리 및 보관 시스템을 구축하여라. 또한 여러분에게 월간 업무들을 떠올리게 하는 수첩을 만들어라. 중요한 문서 업무를 컴퓨터 문서인 파일로 작성하고 영구 보존 저장 장치에 수록하여라.

태만: "나중에 하자"라고 말하는 태도가 여기에 속한다. 시간을 허비하고 여러분의 활동을 중요하고 긴급한 상황의 범주로 이끄는 주된 이유들이다. 게으른 사람들은 그들이 불쾌하거나 어렵다고 보는 일을 하는 것을 미루는 습관을 계속 거듭한다. 이들은 결정 못하는 우유부단한 개성을 지닐 수도 있다. 즉, 이들은 실패할지도 모른다는 두려움을 가질 수 있다. 이들은 누군가 이들에게 지시한 것을 하고 싶어하지 않는 직권적인 문제를 가질 수도 있다. 여러분은 이러한 문제를 어떻게 극복할 것인가? 방해가 없다면 그 직무를 수행하는데 실제로 필요로 하는 시간을 계산하는 능력을 키워라. 계획했던 시간을 그것의 반 이하로 가져가는 방법을 찾을 때 대개 커다란 놀라움이 된다. 불편한 일을 재빨리 끝냈을 때 여러분 자신에게 스스로 보상하여라. 여러분이 보다 창의적으로 되도록 학습함으로써, 실패의 두려움을 극복하기가 한결 쉬어질 것이다. 큰 직무를 작은 역할이나 일로 나누도록 하고, 그러고 나서 한 번에 하나씩 그 작은 일들을 처리하여라. 여러분이 여러분의 일에 대한 성취들이 많아짐을 보면서 자신에 칭찬과 격려를 하여라.

표 11.8 일정 잡는 요령

1. 여러분의 일간, 주간, 그리고 월간 시간 계획 속에 계획을 수립하는데 필요한 시간을 포함하라.
2. 너무 많은 일을 계획하지 말라. 25% 만큼은 휴식으로 남겨 두어라.
3. 할 일이 너무 많으면 도움을 받아라. 위임하는 것을 배워라. 너무 많은 일을 자원봉사자에게 맡기지 말라. 새로운 일을 받으면 여러분의 책임 하에 있는 다른 일들 중에 하나를 버려라.
4. 광고성 우편물은 두 번 다시 처리하지 않도록 순간 순간 잘 처리하라.
5. 컴퓨터 앞에서의 일이나 학습은 매 두 시간 후 휴식을 취하라.
6. 여러분의 작업공간을 효율적으로 배치하고, 바로 처리하는 법을 배우고, 하찮은 일들을 배제하라.

참고문헌

11.1 Mortimer V. dler, *How to Speak, How to Listen*, Macmillan, New York, 1983. This book talks about two essential business skills —sales talk (including establishing your credibility, the use of persuasion, and giving effective lectures) and active listening.

11.2 Marion E. Haynes, *Personal Time Management*, Crisp Publicatios, Los Altos, California, 1987. This book is recommended for college students.

11.3 Victor Kiam, *Going for It! How to Succeed as an Entrepreneur*, Morrow, New York, 1986. Here you can find very good insight into the art of selling—which is not seen as a one-shot activity but something that needs to be done continuously.

11.4 Alfie Kohn, *No Contest—The Case against Competition: Why We Lose in Our Race to Win*, Houghton Mifflin, Boston, 1986. The author shows that gaining success by making others fail is an unproductive way to work or learn, whereas cooperation makes people happier, better communicators, more secure, and more productive.

11.5 Sunny Schlengler and Roberta Roesch, *How to Be Organized in Spite of Yourself: Time and Space Management that Works with Your Personal Style*, New American Library, New York, 1989. This book offers practical time and space management hints for ten types of people: perfectionist, hopper, allergic to detail, fence-sitter, cliff-hanger, everything out, nothing out, right angler, pack rat, or total slob.

11.6 ✓ Anthony M. Starfield, Karl A. Smith, and Andrew L. Bleloch, *How to Model It—Problem Solving for the Computer Age*, McGraw-Hill, New York, 1990. This book contains a nice chapter on how to build a PERT chart and identify critical paths. This small softcover book also exemplifies thinking processes and decision points in problem solving.

연습문제

11.1 시간 관리

시간 관리에 대한 토론으로부터 여러분이 생각하기에 즉각적인 결과를 위해 여러분에게 가장 많은 이익을 가져올 것이라는 예상을 뽑아보자. 실행계획을 작성하여 3주간의 시한으로 이것을 실행해 보아라. 여러분이 실행으로부터 얻은 결과에 대한 평가와 그 실행으로 배운 내용을 간략히 문서로 작성하라.

11.2 몸 관리

여러분은 좋은 신체적 체형을 갖고 있는가? 건강에 좋은 음식을 섭취하고 있는가? 지금이 건강에 나쁜 습관을 버리고 좋은 습관을 계발하기에 적기이다. 여러분이 바꾸고 싶은 항목을 선택하고 실행 계획을 작성하라. 시간표와 실행으로 얻어질 이익 목록 그리고 대의적 목표를 만들고 실행하라. 한 예로써, 금연 계획을 회상하여 보아라.

11.3 ✓ 역할 모델

오늘날의 역사와 사회는 그들의 생각과 그들의 이익을 위해 당당히 맞서는 또는 죽음도 불사하는 사람들인 "생산자들"로 가득 차 있다. 역할 모델을 찾아내고 이 사람을 여러분은 얼마나 숭배하는지 서술하라. 무엇에 여러분은 판단을 근거로 하고 있나, 즉, 여러분의 기준은 무엇인가? 자 이제 또 다른 사람, 즉, 인종적 환경과 믿음과 교육과 성별 그리고 나이 등이 처음 사람과 매우 다른 사람을 상대로 이러한 과정을 반복해 보아라. 이러한 다른점들에도 불구하고 무슨 생산자적인 특징들을 그들은 갖고 있는가? 그들의 인생 역전에 가장 큰 특이점들은 무엇인가? 여러분 생각에 특히 중요하다고 생각되는 이러한 생산자들의 특성은 무엇인가 구별하여 보아라. 즉, 여러분은 여러분의 인생의 일부분으로 어떻게 이것을 만들 수 있겠는지 서술하여 보아라.

11.4 ✓ 판매/의식화 기술의 분석

가. 시장이나 비즈니스의 세계로 부터 영업 기술들에 대해 구별해 보아라. 무엇이 그들을 효율적으로 또는 비효율적으로 만드는가? 무엇이 그 목적인가? 어떻게 그들은 소비자들의 요구에 대처하는가? 어떻게 여러분은 이러한 형태의 접근에 대처할 수 있겠는가? 간략한 에세이 형태로 서술하라.

나. 지난 몇 주간 여러분에게 배달된 선전 및 광고성 우편물들을 들춰보고 되도록 많은 자선단체에서 여러분에게 기부를 요구하는 우편물들을 골라내라. 그리고 그 내용들을 분석하라. 여러분을 설득하고 여러분에게 호소하기 위해 어떠한 접근법이 사용되었는지 찾아내라. 어떤 접근법들이 여러분에게 부정적이거나 불쾌하게 느껴지었나? 최고와 최악의 경우를 찾아내고 2분 발표를 위해 요약하라.

다. 여러분은 어떻게 어린이들에게 과대광고에 맞서 소비자들을 분별하도록 교육시킬 수 있는가? 주제를 연구하고 요약하라.

라. 무슨 판매기술(의식화 기술 또는 설득 기술)을 여러분은 성공적인 이력서에서 인식할 수 있겠는가?

11.5 여러분 자신을 알리기

여러분은 다른 여러 사람들 속에서 어떻게 나타낼 수 있는가? 여러분은 긍정적인 자신의 이미지를 포함시키고 있는가? 여러분이 어떻게 다른 사람들에게 반응하는지 지켜보아라. 혹시 여러분은 여러분 자신에 대해 특히 칭찬에 대해 경멸적 또는 너무 낮추는 언사를 사용하지는 않는가? 여러분의 친구들과 서로 관찰하고 용기를 북돋기 위한 일련의 과정을 만들어라. 여러분은 어떻게 이것을 실행할지 간단한 요약문을 작성하라.

11.6 판매 계획

앞장의 아이디어 다듬기나 아이디어 판단의 과정에서 나온 최고의 아이디어들 중 하나를 선택하고 상대에 대한 의식화 계획으로 발전시켜라. 이로부터 얻을 수 있는 이익을 표시하고 또한 반대를 극복하고 수락을 받아내기 위해 여러분은 무엇을 해야 하는지 표시하라. 여러분의 청중이나 고객들은 누구이며 그들의 관심을 모을지 결정하라.

03 Part

The Engineering Design Process

12

Chapter

공학적 설계의 기본 개념

- 엔지니어링 디자인이 무엇을 의미하는지 이해한다.
- 엔지니어링 디자인 프로세스의 단계들을 이해한다.
- 성공적인 엔지니어의 속성들에 대해서 알게된다.
- 이 책의 목적을 이해한다.

> 엔지니어(명사) 1. 디자인, 건축, 기계의 사용에 능숙한 사람 2. 인간의 필요를 반족시키기 위해 과학적 시식과 기술의 혁신적이고 질서정연한 응용을 통해 기계나 시스템 프로세스를 만들어 내는 사람(미국 대학 사전)

잠시 시간을 내서 위에 나와 있는 두 가지 정의들을 읽어 보고 분석해 보라. 여러분이 공학도라면 이 정의가 여러분에게 적용된다고 생각하는가? 첫 번째 정의는 디자인과 건축이라는 용어를 사용한다. 사람들은 스스로를 디자이너로 생각하기를 좋아한다. 왜 그럴까? 그 답은 아마도 건축이라는 용어와 두 번째 정의의 혁신의 합성에 있을 것이다. 혁신과 창의성을 새로운 것은 만들어내기 위해 적용하는 것은 가치 있는 프로세스이다. 엔지니어가 되는 것의 위대함은 창의적인 디자이너가 되도록 만든다는 것이다. 이러한 방식으로 일반적으로 직업을 바라보지는 않는다. 인테리어 디자인, 패션 디자인, 웹페이지 디자인 등의 창의성과 관련된 디자인과 엔지니어링 디자인의 차이점은 무엇일까? 그 답은 두 번째 정의 "...과학적 지식과 기술의 질서정연한 적용...."에서 찾을 수 있다. 공학도로서 여러분은 수학과 과학 기본기술에 대해 상당한 공부를 해왔지만, 아마도 창의적이고 혁신적인 디자인에 대해서는 제한적으로만 알고 있을 것이다.

정의는 또한 다소 상반되는 혁신적이며 질서정연한 용어를 사용하고 있다. 만약에 정해진 질서정연한 과학적인 원칙과 절차를 사용하는 방법이 있다면, 혁신과 창의성과는 거리가 있어 보인다. 진실은 두 개념이 서로 경쟁하고 있지만 좋은 엔지니어는 이것을 인식하고 두 가지 개념을 효과적으로 사용한다. 이 정의는 엔지니어는 인간의 필요를 충족시키기 위해 디자인을 한다는 중요하지만 자주 간과되는 개념을 나타낸다. 시스템을 디자인 할 때는 사용자의 필요를 정의하고, 윤리적인 기술의 응용에 대해서도 고려할 필요가 있음을 나타낸다.

다시 한 번 말하지만 이 책은 전기공학과 컴퓨터 엔지니어들이 효과적인 디자이너가 되는 것을 도와주고, 전문적인 관행을 이해하고, 디자인 프로젝트를 실행하는 지침들을 제공하기 위한 것이다. 이 장은 공학적 설계가 인식되는 과정들과 성공적인 엔지니어링 디자인, 즉 공학적 설계에 대한 개요를 담고 있다.

엔지니어링 디자인 프로세스

엔지니어링과 기술인증위원회(ABET: Accreditation of Engineering & Technology) 아래와 같은 엔지니어링 디자인에 대한 정의를 하고 있다.(ABE03)

> 엔지니어링 디자인은 시스템과 부속품, 프로세스 등의 필요를 맞추기 위해 디자인 하는 과정이다. 기초과학, 수학, 공학 등에서 기술된 목표를 이루기 위해 자원을 최대한 변환하는 (종종 반복되는) 의사결정 과정이다. 디자인 프로세스의 기본 요소 중에는 목적과 기준, 종합, 분석, 건축, 테스팅과 평가 등을 구축하는 것이 들어간다.

이러한 정의는 엔지니어링 디자인에서 프로세스에서 다른 단계들은 다시 점검하고 각 단계에서 실행가능한 일들은 필요한대로 업데이트 되어야 한다. 현실적인 문제들은 많은 잠재적인 해결책과 함께 뒤얽혀 있다. 목표는 한 가지 해결책을 찾는 것이 아니고, 가능한 자원을 활용하면서 주어진 제약조건들을 최고로 만족시키는 해결책을 찾는 것이다. 해결책을 찾기 위한 개선사항들을 끊임없이 평가하는데 명확한 판단과 의사결정 기술, 인내심의 응용이 필요하다. 이 정의는 디자인 프로세스의 몇 가지 공통적인 요소들-기준의 설정, 종합, 건축, 평가 등을 포함한다.

디자인 프로세스는 콘셉트에서 얻어진 아이디어에서 최종 시스템의 구현에 이르는 과정과 주어진 제약조건 하에서 고객의 욕구를 가장 잘 만족시키는 문제해결 방법들에서 필요한 단계들을 나타낸다. 이것은 저녁을 준비하는 것과 같은 일상생활의 프로세스와 별 반 다르지 않다. 여러분이 지금 배가 고프고 1시간 후에 시작하는 영화를 보기 전에 저녁을 먹어야 한다면 제약조건은 시간, 돈, 음식, 여러분의 취향과, 그리고 여러분이 건강에 민감하다면 영양정보가 변수들이 될 것이다. 브레인스토밍을 하고 집에서 저녁을 먹기로, 식당을 가기로, 극장에서 먹을 무엇인가를 구입하는 선택을 했다고 가정하자. 이러한 선택의 근거에는 최고라고 평가한 것에 따른 해결책을 선정하는 것이다. 해결해야 될 문제가 있고 제약조건, 선택할 수 있는 몇 가지 해결책이 있다는 점에서 디자인 프로세스의 각 단계들의 철학적인 면과 유사하다.

관련 용어는 **제품 실현 프로세스**라고 알려져 있다. 제품 실현 프로세스는 기업가 정신, 시장조사, 재무적인 계획, 제품 가격결정, 시장전략 등을 포함하기에 시야가 더 넓다. 많은 기술들은 시간의 흐름에 따라 신화된 나름의 디자인 프로세스를 가지고 있고 현장에서 실행하는 사람들에 의해 유용하다고 받아들여지고 있다. 예를 들면, IC 회로 디자인, 임베디드 시스템, 소프트웨어 시스템에 다른 방법론들이 적용되고 있지만 요구사항 분석, 기술적 디자인, 시스템 테스트와 같은 공통점도 가지고 있다. 디자인 프로세스는 계속 진화하고 있다. 이것이 사실인 분야는 소프트웨어 디자인 분야이다. 왜냐하면 끊임없이 변화하는 소프트웨어의 속성과 거대한 소프트웨어 프로젝트가 부과하는 특별한 도전들 때문에 그렇다.

크로스[Cro00]는 디자인 프로세스를 두 가지 규범적인 것과 기술적인 것으로 나누었다. 이름이 암시하듯이 **규범적인 디자인 프로세스**는 시스템을 구축하는데 정확한 프로세스를 정하거나 시스템적인 조리법을 알려준다. 규범적인 디자인 프로세스는 알고리즘적 성격을 가지고 있고 논리적 순서를 플로우차트 형태로 표현한다. 규범적인 프로세스의 예는 그림12.1이다. 디자인 프로세스의 앞 단계에서 문제와 요구사항이 결정된다. 문제의 요구조건을 만족시키는지 확인하기 위해 의사블록(decision block)이 요구조건이 검토된 부분에서는 들어간다. **기술적인 프로세스**는 덜 형식적이고 정확한 결과에 대한 덜 강조를 하면서 전형적인 활동들을 묘사한다. 규범적인 디자인과 기술적인 디자인의 차이는 언제나 명확하지는 않다. 하지만, 어떤 프로세스들은 다른 쪽보다는 더 강력하게 연관되어 있다. Cross는 디자인 프로세스는 상식으로 여겨지기 때문에 간과되고 결과적으

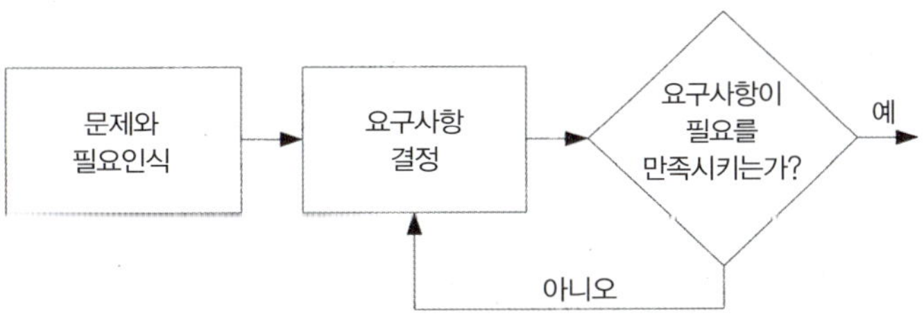

그림 12.1 문제 인식과 요구사항 선택을 위한 규범적인 디자인 프로세스

로 결과물 산출에 실패한다고 중요한 지적을 하고 있다. Cross는 디자인 프로세스에 따라야 하는 중요한 두 가지 이유를 언급한다. (1) 사고 프로세스를 공식화함으로 좋은 절차들을 밟도록 해서 보다 낫고 조금 더 혁신적인 해결책을 찾을 수 있게 되고, (2) 팀의 모든 멤버들이 디자인 프로세스에서 어느 단계에 와 있는지 동시에 이해할 수 있도록 알려준다.

문제 디자인에 광범위하게 사용가능한 기술적인 프로세스가 그림 12.2에 있다. 완벽한 세상에서는, 프로세스는 문제인식에서 시작한다. 그 다음에 시계방향으로 연구, 요구사항 단계로 넘어가고 시스템이나 기계가 전달되어서 서비스 되는 단계(유지보수 단계)까지 가게 된다. 필요 할 때마다 다른 디자인 팀이 들어가서 디자인이 중복되게 되는 현실을 무시하기 때문에 비현실적이다. 결과적으로, 각각 다른 디자인 프로세스 단계에서 전이가 가능하도록 연결고리가 삽입된다.

물론, 특정 단계에서 전이는 비합리적이거나 비용이 매우 많이 든다. 실제적으로 문제인식단계에서 시스템 통합단계로 넘어가면서 디자인 컨셉을 잡지 않고 하는 것은 불가능하다.

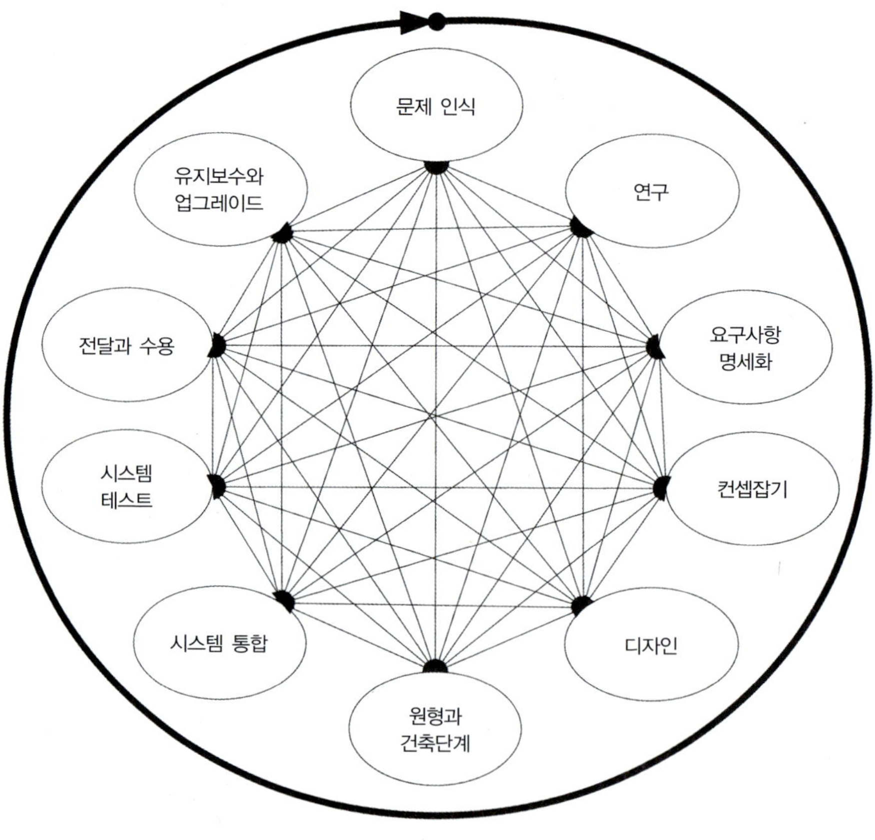

그림 12.2 디자인 프로세스의 기술적인 개관

엔지니어들에게는 프로세스 상에서 문제 인식, 연구, 세부 요구사항, 컨셉잡기 등 가까운 단계들을 왔다 갔다 하기가 더 쉽다. 이것은 모델에서 가까운 단계로 옮겨 갈 수 없다고 말하는 것은 아니다. 예를 들면, 디자인 단계에서 소비자의 요구가 변경될 수 있다. 그러면 필요를 다시 점검해야 하고, 요구사항 수정, 시스템 디자인이 새롭게 필요한데 이 모든 것은 상당한 비용과 시간이 든다. 연구에 의하면 [그림 12.3]에서 보듯이 프로젝트 기간이 늘어날수록 실수를 고치는데 드는 비용이 지수적으로 증가함을 알 수 있다.

디자인 프로세스의 요소들

그림 12.2에 나오는 디자인 프로세스의 거의 모든 단계들이 마지막 유지보수 단계만 제외하고 여기서 다루어진다. 첫 **문제인식** 단계의 목표는 문제와 고객의 필요를 알아내는 것이다. 이것은 다양한 방식으로 이루어지는데 어떤 사람이 여러분에게 새로운 아이디어를 가지고 다가오거나 고객이 해결해야 할 문제를 가지고 올 수 있다. 어느 경우이든, 제품, 기계와 시스템(지금부터 전반에 걸쳐 사용되는 시스템들로 사용되는 용어들)에 맞는 진짜 요구가 무엇인지 아는 것이 중요하다. 정확하게 필요가 무엇인지 알아내지 못하게 되면, 전형적으로 다시 디자인해야 되거나 최악의 경우에는 프로젝트의 포기까지 가는 등 전체 단계에 걸친 안 좋은 영향을 미친다.

연구단계에서는 디자인팀이 기본 엔지니어링과 과학적 원칙들과 관련된 기술들에 대한 연구를 수행한다. 이 단계의 목표는 문제에 대해서 전문가가 되고 새롭고 혁신적이 해결책을 개발해서 시간과 돈을 줄이는 것이다.

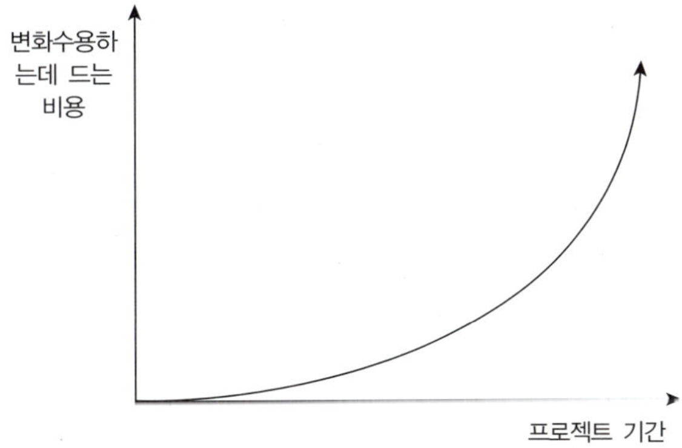

그림 12.3 프로젝트 기간이 길어질수록 디자인 변경을 하는데 드는 비용은 지수적으로 증가

요구사항 명세화(requirements specification) 단계는 고객에 의해서 받아들여지고 성공하기 위해서는 시스템이 해야 하는 것이 무엇인지 상세화한다. 해결책이 어떻게 구현될 것인가 보다는 시스템에 요구되는 것들에 집중하는 것이 중요하다. 이것은 쉽지 않은데 왜냐하면 엔지니어들이 해결책에 집중하고 프로세스 상에서 구현하는 것을 초기 단계에 제안하기 때문이다. 공학교육이 문제를 상세화하기 보다는 해결에 집중하기 때문에 놀라운 일은 아니다. 요구사항은 전체 프로젝트를 이끄는 사명선언서와 같고, 잘만 개발된다면 해결책을 개발하는데 있어서 창의성과 혁신에 대한 유연성을 제공해 준다.

컨셉잡기(concept generation) 단계에서는, 문제에 대한 가능한 여러 해결책들이 개발된다. 좋은 디자인은 문제에 대한 해결책이 여러 가지이고 목표는 요구사항을 가장 잘 만족시키면서 제약사항들을 고려하는 끝이 열려있는(open-ended) 것이다. 이 단계에서는 왕성한 창의성이 필요한데, 경쟁적인 대안들을 중대하게 평가하면서 조정된다.

디자인 단계에서는, 팀이 궁극적으로는 상세한 시스템 디자인을 만들어내는 기술적인 해결책을 반복해서 개발한다. 완성되면, 모든 주요 시스템들과 서브시스템들은 적용되는 특정 기술에 의존하는 적합한 모델이 결정되고 기술된다.

원형(prototyping)과 건축단계에서는 시스템의 다른 요소들이 건축되고 테스트된다. 빠른 원형화 작업에서는, 목표는 시스템의 일부를 모델화해서 최종 구현단계에서 적용될 작동하는 것을 보여주어야 한다. 시스템이 진화하면서 많은 원형은 버려지거나 수정된다. 실험하고, 컨셉의 원칙들을 나타내고, 이해를 증진하는 단계이다. 원형은 프로세스 상에서 어디서나 사용가능하다. 컨셉잡기 단계 이후에 고객에게 원형을 보여 주거나 디자인 단계에서 디자인 아이디어나 최종 시스템이 테스트되고 개발되면서 사용될 수 있다.

시스템 통합(System Integration)에서는, 모든 서브시스템이 전체로 작동하는 시스템을 만들기 위해 합쳐진다. 이 단계는 많은 디자인의 도구들이 인터페이스화 되어야 하고, 팀이 이 모든 것들이 작동하도록 만들기 위해 일해야 되기 때문에 도전적이고 시간이 오래 걸린다. 디자인 단계에서 시스템 통합을 돕기 위해 취해진 노력들은 서브시스템들 간의 인터페이스와 작동여부를 명확하게 커뮤니케이션해야 한다. 시스템 통합은 테스트 단계와 밀접하게 연관되어 있고, 모든 시스템이 모든 요구사항들을 충족시키는지 테스트 된다.

궁극적으로 시스템이 고객에게 전달되고, 서로 합의된 절차에 의해 테스트 될 것이다. 개발은 시스템이 서비스 들어가면 종료되는 것이 아니고, **유지보수 단계**에 들어가 유지되고, 업그레이드되고, 새로운 기능을 추가하고, 디자인상의 문제들이 해결된다. 디자인 단계들을 이해하고 따라가는 것은 성공적인 시스템 개발의 개연성을 높여준다. 이 프로세스들이 유연하고, 설계자가 각 다른 단계들 사이에서 시스템을 구현하기 위해 변화가 필요하다. 디자인은 중복되는 프로세스이고 주어진 모든 단계에서 필요한 것들은 완전히 이해하지 못해 시스템이 진화하면서 다른 단계들을 다시 밟아야 할 수도 있다. 그것이 여러분이 첫 번째 시도에서 최고의 시스템을 만들 수 없다는 의미는 아니다. 가능하면 그렇게 되도록 노력하되 유연성과 디자인을 기꺼이 바꾸려고 하는 것이 필요하다.

기술에 한정된(Technology-Specific) 디자인 프로세스

특별한 프로세스가 기술에 한정된 다양한 응용범위들을 위해 개발되었다. 그러한 예는 VLSI(very large scale integration) 디자인이다. 전형적인 VLSI 디자인 프로세스가 그림 12.4에 주어져 있다. 이 모델에서는 시스템 요구사항이 시스템 구조를 개발하기 위해 사용된다. 시스템 구조는 주요 구조적 단위들로 구성되어서 통합된 회로를 만든다. 각 기능적 단위들은 게이트 논리 수준(gate logic level)에서 디자인되고 결과적으로 (트랜지스터) 회로수준에서 디자인되고 최종적으로 회로 요소들은 실리콘 칩에 구현된다. 이것은 구분과 결합(divide-and-conquer)에 의한 디자인 접근의 탁월한 예시이다. 복잡한 시스템은 하부 단계로 나누어지고 각 부분들은 디자인 목표가 달성 될 때 까지 분해된다.

다음으로, 그림 12.5에 나온 임베디드 컴퓨터 시스템을 위한 디자인 프로세스를 고려하자. 임베디드 시스템은 하드웨어와 소프트웨어의 결합으로 이루어져서 보다 큰 시스템에 끼어 넣어져서 특정한 응용에 한정된 작동을 한다. 임베디드 시스템은 자동차, DVD 플레이어, 디지털 카메라등과 같은 응용제품들에 사용된다. 성과의 이슈가 임베디드 시스템을 지배한다. 디자이너는 소프트웨어와 하드웨어의 과업을 나누어서 최고의 성과를

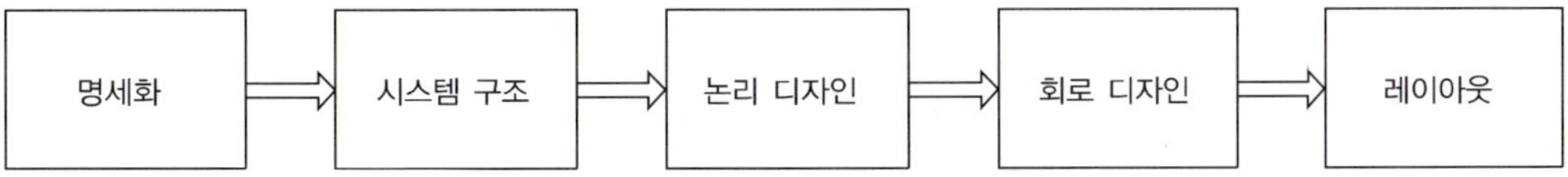

그림 12.4 집적회로(VLSI) 디자인 프로세스

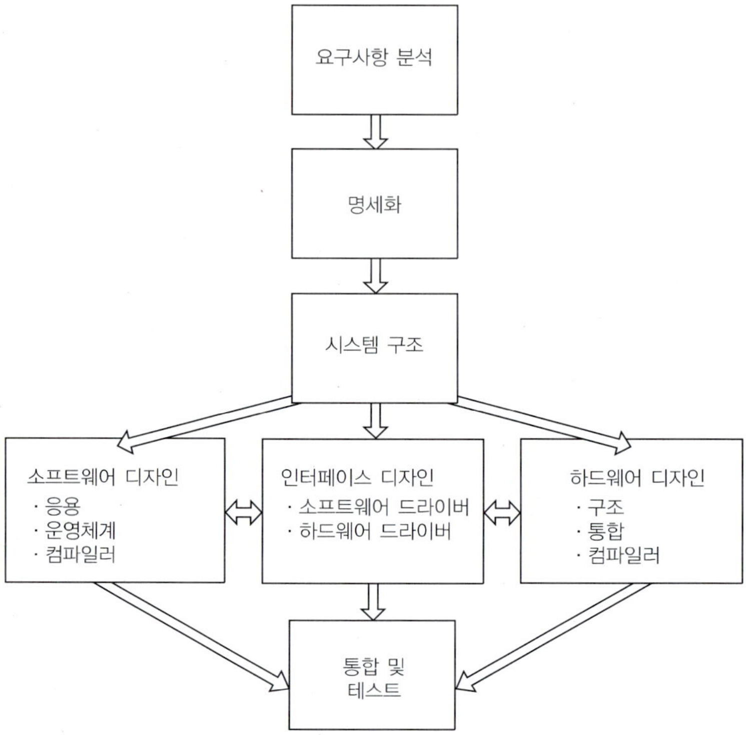

그림 12.5 임베디드 시스템 디자인 프로세스

달성해야 한다. 디자인 프로세스는 요구사항을 수집하는 단계, 명세화 단계, 구조적 디자인 단계 등 다소 규범적이다. 그러한 프로세스는 별개의 소프트웨어와 하드웨어 디자인 블록으로 이루어져서 인터페이스 디자인에 의해 결합된 임베디드 시스템의 독특한 성격을 나타낸다.

소프트웨어 공학 분야는 오늘날에도 다른 디자인 프로세스모델의 개발이 활발하게 유입되고 있는 분야이다. 이것은 소프트웨어의 복잡한 성격 때문이기도 하고 컴퓨터 과학자와 엔지니어들이 높은 수준의 소프트웨어 시스템을 개발하는데 실패했기 때문이기도 하다. 또한 다른 다양한 이유들이 있다. 많은 다양한 소프트웨어 개발자들에 의해 개발된 소프트웨어 프로그램 코드의 순수한 크기는 쉽게 백만 줄을 넘는다. 다른 어려운 점은 업그레이드 디자인과 소프트웨어 재사용을 하는데 있다. 만약 백만 줄이 넘는 코드가 개발된 이후에 필요사항이 변경되고 기본구조 또는 업그레이드되어야 할 대상이 바뀐다면 어떻게 되겠는가?

그림 12.6에 보이는 연쇄적 모델은 처음 제안되었고 가장 잘 알려진 소프트웨어 디자인 프로세스들 중의 하나이다. 이것은 개발이 처음 단계부터 사용자의 필요가 분석되고 요구사항 개발, 디자인, 테스트, 유지보수의

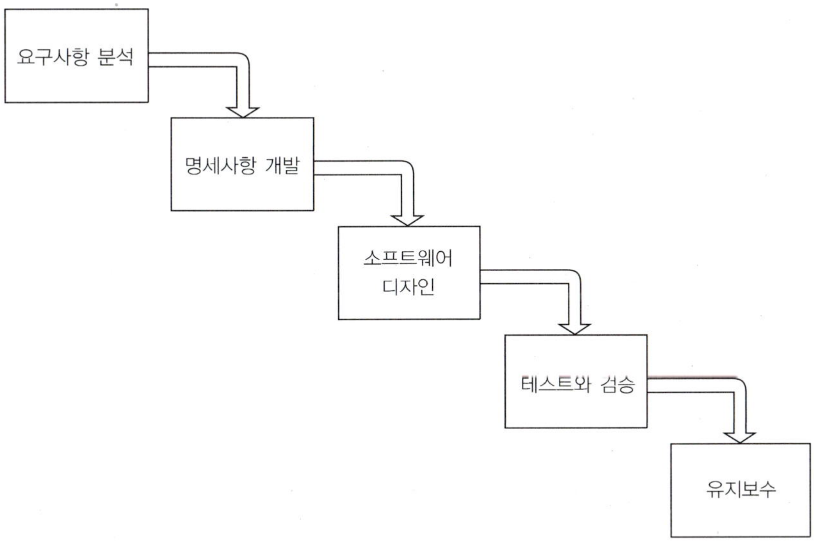

그림 12.6 연쇄적 소프트웨어 개발 방법. 이 모델에서는 개발이 요구사항 분석부터 시작해서 각 다음 단계로 진행되어서 유지보수로 마무리가 된다.

단계를 선형적으로 따라가는 규범적인 모델이다. 이 구조는 잘 정의되고 덜 복잡한 소프트웨어 응용에 적합하지만 단계별로 이동할 수 없다는 점 때문에 복잡함이 더해지면 실패하게 된다. 보다 유연하고 기술적인 소프트에어 디자인 프로세스는 나선형 모델로 알려진 것이다. 그 모델은 필요에 따라 단계들을 다시 거치는 모델이다. **급진적인(extreme) 프로그래밍**은 보다 최근의 논란의 여지가 있는 소프트웨어 개발 프로세스이다. 상대적으로 소수의 소프트웨어 개발자들이 엄격한 규칙을 따르면서 빠르게 프로그램을 개발한다. 나선형 모델과 급진적인 프로그래밍은 이 장의 마지막 문제에서 좀더 자세하게 검토될 것이다.

세계적인 엔지니어

디자인 프로세스를 이해하고 강력한 기술적인 수완이 필요한 효과적으로 디자인하는 것은 엔지니어에게 중요하다. 하지만, 이 능력자체는 효과적인 실행하는 엔지니어가 되는 데는 부족하다. 펜실베니아 주립대학의 공학 교육 발전을 위한 Leonhard 센터는, 다양한 산업을 컨설팅하면서 세계적인 엔지니어가 어떤 사람인지 구체적으로 기술했다. 표 12.1에서 성공적인 엔지니어의 특징들을 보여준다. 여섯 가지 중요한 속성을 가지고 있는데 (1)

세상을 이해하고 (2) 굳건하게 안정적이고 (3) 기술적으로 넓고 (4) 그룹작업에 능숙하고 (5) 다재다능하고 (6) 고객 지향적이다. 이러한 묘사는 엔지니어들은 그룹작업에 효과적이어야 한다는 것을 말하는데 왜냐하면 대부분의 프로젝트들이 팀으로 이루어지기 때문이다. 그것뿐만 아니라 많은 프로젝트들은 다양한 기술적인 학습이 필요하고 마케팅, 재무, 인사부서, 기술지원, 서비스 등 다기능의 조직에서 실행된다. 또한 엔지니어는 다재다능해야 하고, 혁신적이고, 윤리적 원칙들을 이해하고, 고객 지향적 이

표 12.1 국제적 공학자 (저작권 소유 Leonhard Center for the Advancement of Engineering Education, 펜실베니아 주립 대학)

I. 세상을 인식하기
- 문화적 차이, 환경적 고민, 윤리적 원칙들에 민감
- 시장 기회에 깨어있고(기술수준이 높고 낮고)
- 경쟁적인 재능, 업무 윤리, 동기부여에 대해 알고 있는

II. 굳건하게 안정적이고
- 선택된 엔지니어링 분야에 대해 기본이 충분히 훈련되었고
- 역사적 관점을 유지하고 엔지니어링에 영향을 줄 수 있는 과학적 진보에 대해 알고 있다
- 엄청난 속도로 지식이 증가함을 인식하고 경력을 통해 계속적으로 배우려고 한다

III. 기술적으로 넓고
- 현실의 문제들은 여러 전문 분야에 걸쳐있다는 것을 이해하고
- 좁게 보고 하나의 해결책을 찾으려고 하는 것이 아니라 넓게 생각하고, 다양한 선택의 관점에서 이슈를 바라본다.
- 여러 분야에 정통해 있고
- 시스템 모델링과 중요한 요소를 찾아내는 데에 훈련되어 있다. 요구 사항을 만족시키는 것은 물론 분석을 검토하거나 연장하기 위해 실험들을 디자인할 필요를 이해한다.
- 현재 닥친 문제를 해결하기 위해 필요한 학문 분야를 받아들일 심리적 준비가 되어 있다.

IV. 그룹 작업에 능숙하고
- 종종 여러 전문 분야에 걸친 다기능의 속성을 가진 공통의 창의적인 목표를 공동으로 해결해 가는 사람들 안에서 협조적이다
- 구두와 서면 커뮤니케이션에 능하다
- 전문가의 조언을 구하고 사용하려고 한다
- 모든 노력의 단계들 마다 시간의 중요성을 알고 시간을 효율적으로 사용할 필요를 깨닫고 있다.
- 결정적인 많은 경우의 예를 보면, 일반 경영, 마케팅, 재무, 법무, 인사조직, 생산, 서비스 그리고 특히 품질 등을 이해하고 존경한다

V. 다재다능하고
- 제품과 서비스 개발에 혁신적인
- 일반적으로 엔지니어링을 문제 해결에 적용가능하다고 보고
- 미국 인구의 80%를 고용하는 제조업에서 엔지니어링 졸업자의 전형적인 시각 이상으로 재정 서비스, 헬스케어, 운송등을 포함한 보다 넓게 엔지니어링을 고려해서 엔지니어링 기술이 경제에서 그 분야의 생산성 증대에 놀랍게 기여한다.

VI. 고객 지향적이다.
- 사업성공의 유일한 보장은 고객을 찾아서 만족시키는 것이라는 것을 알고
- 제품과 서비스의 비용대비 효과가 세계적 시장에서 테스트보다 높아야 한다는 것을 이해한다.

어야 하는 점을 다루고 있는데 이것들은 이 책에서 전체에서 강조되는 내용들이다.

공학설계의 전개 방향

디지털 카메라, 핸드폰, 우주왕복선등 다양한 기술들을 통합하는 복잡한 시스템을 생각해보자. 디지털 카메라는 카메라 패키지 자체와 임베디드 전기공학, 광학, 기계적인 렌즈 조합 등의 합성이다. 임베디드 전기공학은 이미지 센서, 디지털 디스플레이, 디지털 인터페이스 회로, 플래시 메모리 저장, 시스템 통제 소프트웨어, 사용자 인터페이스 등이 있다. 이러한 시스템의 요소들을 통합하고 수용 가능한 시간 틀 안에서 대용량의 이미지 데이터를 기록하고 전송하는 것은 큰 도전이다. 핸드폰은 사이즈는 줄었지만 작동하는지 여부에서는 동시에 기술적으로 엄청 복잡해진 시스템의 좋은 예이다. 핸드폰은 디지털 데이터 커뮤니케이션, 안테나, 안전한 데이터 전송 암호화, 사용자 인터페이스 디스플레이, 인터넷 접속성 등을 포함한다. 다른 반대쪽 스펙트럼에는 대용량 우주 왕복선과 같은 우주, 군대 시스템이다. 두 번의 우주 왕복선 사고에도 불구하고, 우주왕복선의 안전성과 신뢰성에 대한 요구사항은 놀랍게 높아지고 있다. 그러한 시스템을 구현하는 것은 다수의 사람들이 다양한 분야에서 서로 다른 조직들을 위해서 일하면서 이루어진다. 이 세 가지 기술 모두 대규모 팀으로 개발되고 다양한

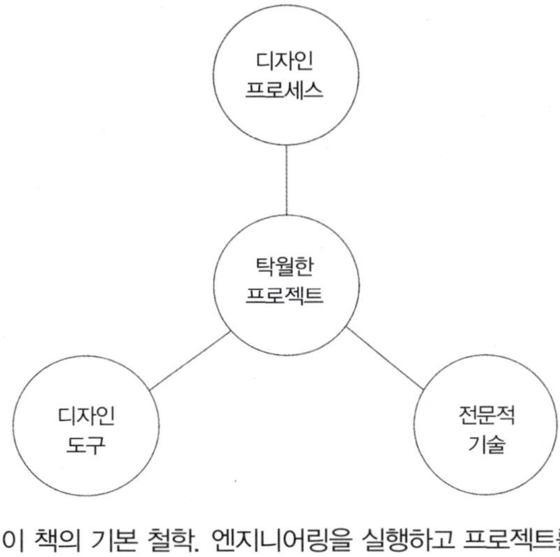

그림 12.7 이 책의 기본 철학. 엔지니어링을 실행하고 프로젝트를 디자인하는데 성공하기 위해서는 디자인 프로세스, 강한 기술적 디자인 도구, 전문적 기술을 이해할 필요가 있다.

학습을 포함한다. 개발할 때 사용되는 프로세스들과 관행들은 이 책이 다루고자 하는 기본적인 것들의 응용을 나타낸다. 당신이 이 책이 끝날 때 우주왕복선을 디자인 하게 되지는 않겠지만, 우주왕복선의 부품과 같은 상대적으로 복잡한 시스템 디자인에 적용하고 통합할 수 있는 디자인 원칙들을 적용할 수 있기 바란다.

컴퓨터와 전기공학을 전공하는 학생들에게 디자인 원칙들의 응용들을 가르쳐서 전문적인 경력으로 갈 수 있도록 돕는 것이다. 많은 공학 교육은 수학, 과학, 공학, 문제해결에 집중되어 있다. 높은 기술적 분야에 들어올 필요가 중요한 주제들이다. 하지만, 성공을 위해서는 시스템 디자인, 혁신, 윤리적인 원칙, 팀워크, 강력한 커뮤니케이션 기술 등이 동일하게 중요하다.

여기서는 이 장을 마치고 위대한 디자인의 길로 들어서기 위한 몇 가지 생각들이 있다. 재미있고, 도전적이고, 때로는 혼란스럽고, 궁극적으로는 보상이 있는 여행을 떠나게 된다. 엔지니어들이 작업하는 시스템은 계속적으로 그리고 점점 더 복잡해지고 여러 전문 분야에 걸친 속성을 가지고 있다. 이 단원에 나오는 예제들은 아날로그 전기공학, 디지털 전기공학, 전기 시스템 이론, 소프트웨어 시스템 등에서 나온다. 이 네 가지 분야가 전기공학과 컴퓨터 공학 교육에서 흔한 네 가지 구성 요소이다. 마지막으로, 디자인의 중요성에 대해 Robert Hayes가 한 말을 고려해 보라.

> **15년 전에, 기업들은 가격경쟁을 했다. 오늘날은 품질이다. 내일은 디자인이다.**
>
> – Robet Hayes, Harvard Business School, 1991

이 말은 무슨 의미인가? 세상이 점점 개인과 기업은 지적 자본과 새롭고 혁신적인 제품을 만들어 낼 수 있는 능력으로 경쟁하는 지식기반 사회로 변화되어 간다는 것은 명확하다. 디자인이 이 모든 것이다. 가격과 품질이 중요하지 않다는 의미가 아니다. 그들은 물론 중요하다. 사실 디자인의 품질과 신뢰성은 이 단원의 한 부분이다. 품질과 가격이 동일하다면, 성공적인 제품은 디자인적 요소에 의해 구별될 것이다. 이것이 의미하는 바는 디자인이 제품의 개발과 성공에 중요한 역할을 하게 될 것이라는 점이다. Hayes가 예상하던 미래는 현재이다. 디자인은 일용품처럼 여겨지는 제품을 진정 고유하고 수익을 낼 수 있는 제품으로 차별화시키는 요소이다.

요약 및 추가 독서

엔지니어링 디자인은 문제에 적용된 제약사항을 만족시키면서 최종 소비자의 필요를 가장 잘 충족시켜주는 해결책을 창의성과 기술적 지식을 사용해서 만들어 내는 반복적인 과정이다. 모든 상황과 기술에 적용할 수 있는 유일한 디자인 프로세스는 존재하지 않는다. 그러나 고려해야할 기술에 관계없이 많은 부분은 공통된다. 디자인이 열매 맺기 위해서는 디자인 도구와 전문적인 기술들, 디자인을 완성하기 위한 프로세스에 대한 명확한 이해가 잘 조합되어야 한다. 이 단원의 목적은 여러분이 이러한 영역에서 능숙함을 개발하도록 도와서 디자인 프로젝트에서 탁월함을 추구하는 효과적인 엔지니어가 되도록 돕는 것이다.

Nigel Cross[Cro00]의 엔지니어링 디자인 방법론은 규범적인 것과 기술적인 디자인 프로세스의 차이점들을 잘 보여주고 다양한 종류의 프로세스들을 보다 자세히 다루고 있다. 또한 효과적인 디자이너의 인지적인 특성들을 언급하고 있다. 소프트웨어 엔지니어링 프로세스 개발 방법론에 관한 많은 좋은 책들이 있다. Ian Sommerville[Som01]의 소프트웨어 엔지니어링은 폭포 모델과 나선형 모델등 다른 소프트웨어 디자인 프로세스 모델을 다루고 있다. 많은 현재 소프트웨어 엔지니어링 교과서들도 마찬가지이다. 캐스케이드 모델의 원래 참고문헌은 Royce[Roy70]이다. Michael Kelly[Kel01]의 혁신의 예술(The Art of Innovation)도 IDEO로 잘 알려진 디자인 회사의 활동들을 묘사하고 있고 그들의 디자인 관행을 묘사하고 있는 읽을 만한 내용이다. 또한 ABC Newsline 프로그램도 ABC 홈페이지 구입 가능한 IDEO[ABC01]에 대한 볼만한 내용을 만들었다. 톰 피터스[Pet97]의 혁신의 순환(Circle of Innovation)도 디자인의 중요성과 사업영역에서 현재 트렌드에 대한 그의 관점을 제공해주는 유명한 책이다.

연습문제

12.1 여러분의 언어로 규범적인 디자인 프로세스와 기술적인 디자인 프로세스의 차이점을 말하라. 각각의 예를 들어라.

12.2 디자인 프로세스에서의 문제 인식, 연구, 요구사항 명세단계의 각각의 관계에 대해서 얘기하라.

12.3 디자인 프로세스에서 컨셉 잡기와 디자인 단계의 관계에 대해 말하라.

12.4 문제 인식, 연구, 상세화, 컨셉, 디자인 단계들을 포함하는 규범적인 디자인 프로세스를 수행하라. 결과는 Flowchart로 표시되어야 하고 필요하면 의사결정 블록과 반복을 포함해야 한다.

12.5 VLSI와 임베디드 시스템 디자인 프로세스의 주요 차이점에 대해 말하라.

12.6 도서관이나 인터넷을 이용하여, 나선형 소프트웨어 디자인 프로세스에 대한 연구를 수행하라.

a) 나선형 소프트웨어 디자인 프로세스의 주요한 단계들의 개요를 나타내라

b) 연쇄적 모델과 비교하여 장점과 단점을 비교하라.

12.7 도서관이나 인터넷을 이용하여, 극단적인 프로그래밍 디자인 프로세스에 대한 연구를 하라.

a) 극단적인 프로그래밍 패러다임의 중요한 특징들을 나타내라

b) 이 소프트웨어 개발 모델의 찬반 양론은 무엇인가?

12.8 **프로젝트 응용.** 프로젝트와 팀 선정의 준비단계에서 여러분이 관심을 가지고 추구하고 있는 5가지 기술이나 엔지니어링 주제를 리스트로 만드시오. 또한, 여러분이 프로젝트 팀에 기여하는 장점과 단점을 리스트화 하라.

13 Chapter 공학적 설계요소

- 전기공학과 컴퓨터 공학도들이 수행하는 프로젝트들의 종류에 대해 이해한다.
- 프로젝트 선정에 대한 기준을 이해하고 적용할 수 있다.
- 최종 사용자의 필요를 어떻게 결정하고, 기록하고, 순서 매길지 알 수 있다.
- 연구 설문을 수행하는데 사용가능한 자원들을 안다.
- 프로젝트 컨셉을 선정하고 문제 기술서를 개발한다.

> 모든 문제에는 간단하고, 깔끔하고 잘못된 해결책이 있다.
>
> – H.L. Mencken

전통적으로, 회사는 회계, 엔지니어링, 재무, 제조, 마케팅 등 자원을 기능으로 분류했다. 프로젝트에 필요한 자원들을 정렬하고 중요한 가치가 있는 프로젝트들 위주로 정리하는 것은 보다 더 효과적이다. 전통적인 부서들과 중간관리 층은 중요성이 줄어들고 있고 프로젝트의 중요성은 증가하고 있음을 나타내고 있다. 중요한 디자인 프로젝트는 경영과 프로젝트 수행의 경험을 얻을 수 있는 너무나 중요한 기회를 제공해 준다. 최초이자 또한 가장 중요한 의사결정은 수행해야 할 과제를 선정하는 것이다.

이장의 목적은 프로젝트 선정단계에서의 실제적인 지침을 제공하는 것이다. 디자인과 엔지니어링 프로젝트의 내용들을 다루어지고, 디자인의 원칙들을 실행에 옮기고 싶어 하는 엔지니어링 학생들에 의해 프로젝트가 어떻게 수행되어야 하는지에 대한 조언들이 나온다. 이 장은 최종 사용자의 필요를 어떻게 인식하고 배경이 되는 연구를 어떻게 수행하는 지에 대한 지침들을 제공한다. 이 모든 정보들은 문제 기술서에 나타나 있고 그 안에는 필요들, 프로젝트의 목표, 기술에 대한 연구들이 포함된다.

엔지니어링 디자인 프로젝트

이 장은 현업에 있는 엔지니어와 학생들이 과제에서 접하게 되는 프로젝트 종류와 디자인의 분류를 알려준다. 현실에서는, 카테고리에 딱 들어맞지 않지만 카테고리 조합의 일부에 들어간다. 디자인 프로젝트의 목표는 주어진 필요를 충족시키기 위한 새로운 가공품(시스템, 부속품, 또는 프로세스)을 창조해내는 것이다. 디자인의 영역 안에서, 넓게 창조적인, 별도의, 일상적인 디자인[Cro00] 세 가지로 분류가 되는 다양한 종류의 디자인이 있다.

창의적인 디자인(Creative Designs)은 새롭고 혁신적인 제품들을 나타낸다. 창의적인 디자인의 예는 Palm Pilot PDA(Personal Digital Assitant)이다. PDA의 아이디어는 꽤 오래 동안 있어왔지만, Apple Newton으로 알려진 초기 기술개발 시도는 성공적이지 못했다. 주된 원인은 신뢰할 수 없고 소비자들을 혼돈스럽게 만든 필기체 인식의 결과이다. 하지만, Palm 회사는 단순화된 필기체 언어, Graffiti 개발하는 창의적인 아이디어로 자연스러운 필기체 인식에 대한 필요를 없앴다. Palm Pilot은 창조적인 디자인의 대표적인 예이다 - 단순하고(4가지 기본기능), 당신의 지갑에 들어가고, 사용하기 쉽다. 이 혁신은 손으로 들고 다니는 컴퓨팅 산업을 야기 시켰다.

변형적인 디자인(Variant Designs)은 현존하는 디자인의 변형이다. 의도는 기존 시스템의 성능을 개선시키거나 기능을 추가하는 것이다. 많은 엔지니어링 프로젝트들은 이 분류에 속한다. 예를 들면, 목표는 정확성을 높이거나 시스템의 산출물을 높이는 것이다.

일상적인 디자인(Routine Designs)은 이론과 실제가 잘 개발된 기구들의 디자인을 나타낸다. 예를 들면 DC 전원 공급기, 아날로그와 디지털 필터들, 계산기나 비교측정기와 같은 기본적인 디지털 부속품들이다. 일상적인 디자인은 보다 복잡하고 창조적인 디자인이나 변화하는 디자인의 부속품들인 경우가 있다.

이러한 세 가지 디자인 분류가운데, 다양한 다른 종류의 프로젝트들이 존재한다. 시스템 엔지니어링과 시스템 통합 프로젝트들은 많은 하위 시스템들을 보다 큰 시스템으로 통합하는 것을 말한다. 이것들은 창의적인 디자인이나 변형적 디자인일 수 있지만, 전형적으로 대규모이고 많은 인력과 기술들을 포함한다는 점에서 독특한 도전들을 가지고 있다. 좋은 디자인 프로세스에 대한 고수는 이들의 성공에 그 중요성을 둔다. 엔지니어들은 사용자의 필요들과 기술된 필요사항들을 시스템이 만족시키는지를 확인하는 것을 목표로 하는 시스템 테스트에 참가한다. 우주와 군사적인 환경에서 사용되는 시스템들의 테스트를 포함한다.

실험적 디자인 프로젝트의 목표는 시스템의 특성을 결정하는 실험적 단계들이나 도구를 디자인 하는 것이다. 예를 들면, 엔지니어링 팀은 다양한 운영조건하에서 시스템을 테스트할 것이다. 이 장에서 나오는 예 13.3에 나오는 프로젝트가 그러한 경우이다. 군대 환경에서 기가비트 이더넷(Ethernet) 기술의 실행가능성을 테스트해보기 위한 일련의 실험들을 디자인하는 것이다. 그 테스트는 온도, 진동 등 환경적인 요인들의 영향을 조사했고 나중에 이 데이터들을 이더넷 보드의 운영 수명을 예상하는데 사용했다. 이 프로젝트를 마치면서, 그 팀은 기술의 가능한 운영 범위 안에서 조언들을 했다.

프로젝트 분석의 목적은 현존하는 시스템을 분석해서 개선하거나 수정하기 위한 것이다. 예를 들면, 시스템이나 프로세스가 알려지지 않은 이유 때문에 어떤 분야에서 실패할 수 있다. 실패 모드 효과(failure mode effects)와 분석기술 같은 도구들이 실패의 원인을 파악하기 위해 이러한 경우에 사용된다. 기술 평가 프로젝트에서는, 기술들은 주어진 애플리케이션에서 사용 가능한지 결정하기 위해 평가된다. 기술들이 기존 시스템을 개선할 수 있는지, 또는 운영 성과를 특징짓는 것들을 결정하기 위해서이다.

연구 프로젝트의 목적은 새로운 기술을 발견하거나 창조하는 목적을 가지고 연구를 수행하거나 실험하는 것이다. 이것과 다른 유형들의 근본적인 차이는 궁극적 결과물이 알려지지 않는다는 것이다. 많은 엔지니어링 연구들은 응용연구 분류에 속한다. 이것은 새로운 기술이나 시스템을 기본적인 연구에서 개발된 이론과 현존하는 기술에 근거해서 만드는 것이다. 기본적인 연구는 필요한 의도적인 애플리케이션을 염두에 두지 않는 새로운 과학적인 원칙들의 개발을 강조한다. 기본적인 연구는 매우 소중하지만 디자인 프로젝트의 전통적인 일부분은 아니다.

프로젝트 아이디어의 출처

여러분은 상황에 따라 다르지만, 프로젝트를 파악하고 선정할 수 있는 기회를 가질 수 있다. 아래 리스트는 프로젝트 아이디어를 얻을 수 있는 장소들을 알려준다.

- 산업 후원 프로젝트들. 많은 회사들이 만약 당신이 그 회사를 위해 인턴으로 일했었다면 프로젝트를 후원할 것이고 후원하는 것을 좋아한다.
- 국경 없는 엔지니어들(www.ewb-usa.org). 이 단체는 개발도상국의 삶의

수준을 높이기 위한 학생들의 프로젝트를 후원한다.

- www.FreeRandD.com 이곳은 비즈니스와 학생 팀들이 프로젝트에 협력할 수 있도록 정보교환 장소역할을 한다. 사업체들은 중요한 프로젝트 아이디어를 공지하고, 학생들은 이력서와 프로젝트에 대한 관심을 올린다.
- 여러분의 캠퍼스와 지역사회. 우리 학교에서는 일단의 학생 팀들이 다른 단과대에 아이디어를 얻기 위해 요청하면서 새로운 프로젝트들을 인식했다. 지역사회에 박물관과 연구기관들에 아이디어를 얻기 위해 접근하는 데에도 성공적이었다.
- 브레인스토밍. 동료들과 어울려서 프로젝트 아이디어에 대해 브레인스토밍하라. 여러분의 얼마나 많은 프로젝트 아이디어들을 좋은 브레인스토밍 세션에서 개발할 수 있는지 알게 되면 놀랄 것이다. 프로젝트 아이디어만을 고려하지 말고, 문제들과 가능한 해결책들이 무엇인지 브레인스토밍해보라.

프로젝트 실행가능성과 선정기준

이 부분은 프로젝트의 실행가능성을 점검할 때 고려해야 할 질문들을 제공한다. George H. Heilmeier(Texas Instruments에서 CTO(Chief Technology Officer)를 지낸 전기공학자이며 국방 고급연구 프로젝트 에이전시의 책임자, Bellcore의 CEO)가 새로운 프로젝트를 할때 던져야 할 질문들을 정리했다[Sha94]. Heilmeier는 모든 프로젝트는 조직의 목적에 부합해 하고, 아래와 같은 질문을 던지면서 적용했다.

- 무엇을 하려고 하는가? 전문용어를 사용하지 말고 목표를 구체화하라
- 오늘은 그것이 어떻게 되었는가, 지금 관행의 제한요소는 무엇인가?
- 당신의 접근 방식에서 새로운 것은 무엇인가, 그리고 그것이 왜 성공적일 것이라고 생각하는가?
- 만약 당신이 성공한다면, 어떤 차이가 생길까?
- 위험요소와 이득은 무엇인가?
- 비용은 얼마가 드는가? 시간은 얼마나 걸리는가?
- 성공여부를 확인하기 위해 치러야할 중간시험과 최종 시험은 무엇인가?

Heilmeier는 그가 수행했던 프로젝트들을 성공적으로 끝낼 수 있었던 요

인이 이 질문들에 솔직하게 답하고 숙련된 프로젝트 관리 프로세스 고수한 덕분이라고 말한다.

두 번째 관점은 조직적인 프로젝트 관리 관점[Gra02] 아래와 같은 프로젝트 선정 기준을 제시한다.

- 프로젝트는 반드시 조직의 미션과 비전에 부합해야 한다. 믿거나 말거나, 조직들은 이 기준에 부합하지 않는 프로젝트에 돈을 허비한다. 솔직히, 프로젝트에는 위험요소가 있고, 이 기준에 프로젝트가 얼마나 부합하는지 정확히 평가하기 어려운 부분이 있다. 조직의 새로운 엔지니어들에게는 프로젝트가 미션과 목표에 상대적으로 얼마나 부합하는지 평가하기 어렵지만 여러분이 이와 같은 상황이라면 질문들을 하는 것을 두려워하지 마라. 초보자들은 고도로 능숙하고 프로젝트와 밀접하게 연관되어 있는 사람이 자주 간과하게 되는 아주 기본적인 질문들을 던진다.
- 원금회수가 되어야 한다. 프로젝트가 수익을 내기 위해서는 경제성 분석이 따라주어야 한다. 마케팅과 재무 분석을 요구하는 이 내용의 많은 부분은 본 교재와는 관련이 없다.
- 선정 기준을 가지고 있어야 한다. 경쟁적인 프로젝트들 가운데 선정하는데 견고한 기준을 채택해야 한다. 이 장의 마지막에 있는 [예 13.1]은 프로젝트 선정기준의 응용을 보여준다.
- 프로젝트의 목표는 SMART 해야 한다. 현명하고(smart), 측정가능하고(measurable), 할당할 수 있고(assignable), 현실적이고(realistic), 시간과 관련(time-related)되어야 한다. 다음 장은 구체적이고 측정 가능한 프로젝트 요구사항들을 어떻게 결정하는지 다루고 있다. 할당가능하고, 현실적이고, 시간과 관련되어야 한다는 것들은 프로젝트 관리와 관련된 내용으로 여기서는 다루어지지 않는다. 목적은 과업이 그룹들과 개인들에게 할당되어서 현실적으로 주어진 시간 안에 마칠 수 있어야 한다.

아래의 예는 분석적 계층 프로세스(AHP: Analytical Hierarchy Process)로 알려진 방법을 이용하는 프로젝트 선정 모델을 보여준다.

예 13.1 중요한 디자인에 대한 프로젝트 선정 모델

여러분이 중요한 디자인 팀의 일원이고 경쟁적인 프로젝트 아이디어로부터 프로젝트를 선정할 수 있는 기회가 있다고 생각해 보자. AHP를 사용해서 의사결정을 하는 단계는 결정을 내리게 하는 기준들을 정하고, 기준들의 상대적 가중치를 결정하고, 대안을 검토하고(이 경우에는 프로젝트 컨셉), 각 대안들에 대한 가중치들을 계산해서 결정을 검토하는 것이다.

1단계: 선정 기준 결정하기

기준을 정하기 위해, 팀원들의 흥미를 끄는 아래의 기준들을 결정하기 위해 브레인스토밍 한다고 가정하자.

A - 팀의 기술에 적합성
B - 기술적 복잡성
C - 창의성
D - 시장 잠재력
E - 기업 후원

2단계: 기준들의 가중치 정하기

팀이 서로 짝지어 비교하면서 가중치를 결정한다고 하자. 그렇게 하기 위해서는, 팀은 시스템적으로 각 기준들을 다른 모든 것들과 비교하고, 아래의 상대적 중요도를 적용한다.

1=동일한, 3=적당한, 5=강한, 7=매우 강한, 9=극단적인

결론은 아래와 같다.

기준	A	B	C	D	E	가중치
A	1	5	5	3	3	0.52
B	1/5	1	3	1/3	1/3	0.12
C	1/5	1/3	1	1	3	0.09
D	1/3	3	1	1	5	0.18
E	1/3	3	1/3	1/5	1	0/09

팀이 프로젝트 선정에서 중요한 것이 무엇인지 결정하는 것은 중요한 단계이지만 자주 간과되는 부분이다. 팀의 기술(기준 A)에 부합하는 것이 가장 중요하고 그 다음은 시장 잠재력이다.

3단계: 기준을 갖고 상대적으로 대안들을 평가하고 결정하기.

팀이 3가지 가능한 프로젝트 아이디어들을 결정했다고 하자.: 1-IEEE가 후원하는 로봇 경쟁, 2-기업이 후원하는 새로운 테스트 프로토콜을 디자인하는 프로젝트, 3-잃어버린 물건들의 위치를 찾아주는 물건 찾아주는 기구. 그리고 팀은 각 프로젝트들을 평가하는 단계로 간다. 이러한 평가는 다음 단계의 의사결정 매트릭스에 반영된다.

4단계: 대안들의 점수 합산하기

아래의 의사결정 매트릭스를 만들고 대안들의 점수가 결정된다.

선정 기준	가중치	대안		
		프로젝트1	프로젝트2	프로젝트3
A(기술의 적합성)	0.52	0.40	0.20	0.40
B(기술적 복잡성)	0.12	0.40	0.30	0.30
C(창의성)	0.09	0.45	0.20	0.35
D(시장 잠재력)	0.18	0.05	0.35	0.60
E(산업 후원)	0.09	0.00	1.0	0.00
점수		0.31	0.31	0.38

5단계: 결정을 검토하라.

프로젝트 3(잃어버린 물건 찾아주는 기구)가 팀원들이 정한 가중치에 의해 세 가지 옵션 중에서 가장 높은 점수를 받았다. 팀의 기술에 잘 맞고, 좋은 시장 잠재력을 가지고 있는 문제를 해결하고자 하는 욕구와도 잘 맞는다. 나머지 두 프로젝트는 동점으로 나왔다.

필요 인식

고객, 손님, 책임자가 해결해야 될 문제를 가지고 온다면, 문제에 대한 해결책이 가져야 하는 요구사항과 필요들을 결정해야 한다. 다른 말로 하면, 고객의 소리를 결정하는 것이다. 단순한 것처럼 생각되지만 고객에게 여러분이 정한 것에 대해 물어보아라.

예를 들어, 고객이 다음과 같은 요구사항을 가지고 여러분에게 온다고 하자: 대학교 앞의 교통이 항상 정체가 되니 대학교 앞의 북쪽 방향에서 교차로로 나가는 새로운 차선을 디자인해주기 바란다. 그래서 여러분은 새 차선을 그리고 교차로에서 만나게 그린다. 그런데, 3개월 후에 교통정체가 약간 해소되었긴 한데 아직도 큰 문제이다. 그러면 무엇이 잘못되었는가?

여러분은 요구되는 것을 했지만 문제는 해결되지 않았다. 그것은 여러분이 잘못된 문제를 풀었다는 의미이다. 진짜 문제는 입구에서 교통의 흐름을 개선하는 것이었다. 이 경우에는, 고객이 문제와 해결책을 한 문장으로 동시에 주었다. 조심스럽게 실현가능성을 연구하고 추가적인 차선이 문제를 완화할 것이라는 것이 해결책이었다면 문제가 없었겠지만 여기서는 그러지 못했다. 이 가정적인 상황은 실질적인 연구가 없었거나 기반이 되는 가정이 변화되었기 때문에 실제로는 일어나지 않았다. 요점은 정확한 문제가 정해져야 하고 해결되어야 한다는 점이다.

고객이 교통의 흐름을 개선시켜달라고 했더라면 더 좋았을 것이다. 그렇게 되었더라면 상황을 분석할 기회가 있었고 다른 디자인 선택들을 개발할 수 있었기 때문이다. 이런 상황에서 해야 할 질문들은 이렇다.: 추가적인 교통량이 얼마나 되는가? 언제 발생하는가? 차들은 어디서 오는가? 교차로에서 인내할 만한 대기시간은 얼마인가? 이다. 몇 개의 추가적인 즉, 고객이 필요할 수도 있고, 신호체계가 잘못되었을 수도 있고, 새로운 입구가 적은 비용으로 설치되어서 흐름을 좋게 했을 수도 있다.

배운 교훈은 고객들은 문제들과 해결책을 동시에 포장해서 가져온다는 점이다. 공간 디자인이 되면, 문제해결이 가능한 모든 해결책들의 공간은 줄어들 수밖에 없다. 가정을 잘 검토하고 문제의 뿌리에 접근하는 질문들을 던져라. 명확히 하는 질문들을 하고, 분석하고, 요구의 일부를 골라서, 해결책이 아닌 문제에 집중하라.

연구자들과 현업에 있는 사람들은 필요를 끌어내는 문제들을 검토하는데 이것은 좋은 엔지니어링 요구사항 명세서를 만드는데 중요한 선수과정이다. Ulrich와 Eppinger[Ulr03]는 다음의 다섯 단계를 이용해서 고객의 소리를 얻는 단계들을 제안한다.

(1) 사용자로부터 원데이터(raw data)를 얻는다; (2) 필요의 관점에서 원데이터를 해석한다; (3) 필요를 구조화한다; (4) 필요의 상대적 중요성을 결정한다; (5) 결과물과 프로세스를 검토한다. 각각의 단계들은 다음 섹션에서 다루어진다.

1단계 : 사용자로부터 원데이터(raw data)를 얻는다

슈퍼바이저, 주요 사용자, 그리고 고객 회사와의 인터뷰를 통해 이루어진다. 새로운 제품이 개발된 경우에는, 포커스 그룹이 자주 채택된다. 인터뷰와 포커스 그룹의 장점은 사용자와의 대화 할 기회를 통해 새로운 아이디어나 컨셉, 필요들이 생길 수 있기 때문이다. 다른 선택은 직접적인 관찰이다. 팀이 나가서 실제 사용 중인 시스템을 분석하고 그것을 발전시킬 컨셉들을 개발하는 것이다. IDEO 회사는 혁신적이고 성공적인 회사로 새로운 제품들과 시스템들을 디자인한다. 주로 성공적인 혁신적인 제품을 생산하는데 직접 관찰에 의존하다.[Kel01] 예를 들면, IDEO는 병원에서 사용중인 의료 기구를 새롭게 생산해 달라는 요구를 고객으로부터 받았다. 고객으로부터의 중요한 요구는 한쪽 팔만 사용해서 기구를 조정할 수 있도

그림 13.1 고객과 커뮤니케이션하는 어려움(딜버트 만화)

록 해달라는 것이었다. 왜냐하면 조작자의 다른 한 팔은 과정 중에 자유로워야 했기 때문이다. 직접 관찰을 통해, IDEO 디자인 팀은 기존의 장비가 한손만 사용하도록 만들어졌지만, 비실용적이었고 조작자는 실제로는 두 손을 다 사용하고 있었다. IDEO는 한손 펌프보다 잘 사용할 수 있는 두 손 펌프를 디자인하고 개발했다. 그 제품은 더 잘 작동했고, 조용했고, 읽기가 편리했고, 정확도를 높였다. 이것은 문제 명세화의 일부로 고객이 문제를 명확하게 하는 또 다른 예이다.

Ulrich와 Eppinger는 인터뷰 중에 물어볼 다음 질문들을 제공했다.

- 언제 그리고 왜 이 제품(시스템)을 사용하는지?
- 제품을 사용하는 일반적인 세션을 함께 겪어본다.
- 현 제품에 대해 좋아하는 부분은?
- 현 제품에 대해 싫어하는 부분은 무엇인가?
- 제품을 구입할 때 어떤 이슈들을 검토하는가?
- 제품에 어떤 개선을 만들겠는가?

2단계 : 필요의 관점에서 원 데이터를 해석한다

이 단계에서는 원 데이터가 고객의 필요로 해석된다. 필요들은 시스템이 어떻게 작동하는가가 아니라 무엇을 해야 하는가로 표현된다. 고객들의 필요들은 마케팅 필요사항 또는 마케팅 명세화로 알려져 있다. 예를 들면, "시스템은 고품질의 오디오를 가져야 한다."는 소비자 입장에서 성과를 고려한 필요와 마케팅 요구사항이다. 그러나 어떻게 그것을 이뤄야할지는 언급하지 않는다. 마케팅 요구사항은 고객의 언어로 짧은 문장으로 표현한다. 숫자적인 목표가 없고 시스템을 위한 존재로 묘사된다. 다른 마케팅 요구사항의 예는 "시스템은 사용하기 편해야 한다." 그리고 "시스템은 달리는 사람이 떨어뜨렸을 때도 멀쩡해야 한다." 등이 있다.

3단계 : 필요를 구조화한다

마케팅 요구사항은 문제가 필요로 하는 구체적인 세부항목으로 일반적인 것부터 아주 구체적인 것까지 연속적인 단계로 표현된다. 기능적 유사성으로 묶여지고 (다음 단계인)중요성의 구조화로 묶여지지 않는다. 이런 구조화는 목적트리(objective tree)라고 불린다. 달리는 사람이 사용할 의도를 가진 휴대 가능한 오디오 기구의 목적트리 예는 그림 13.2에 나온다. 세

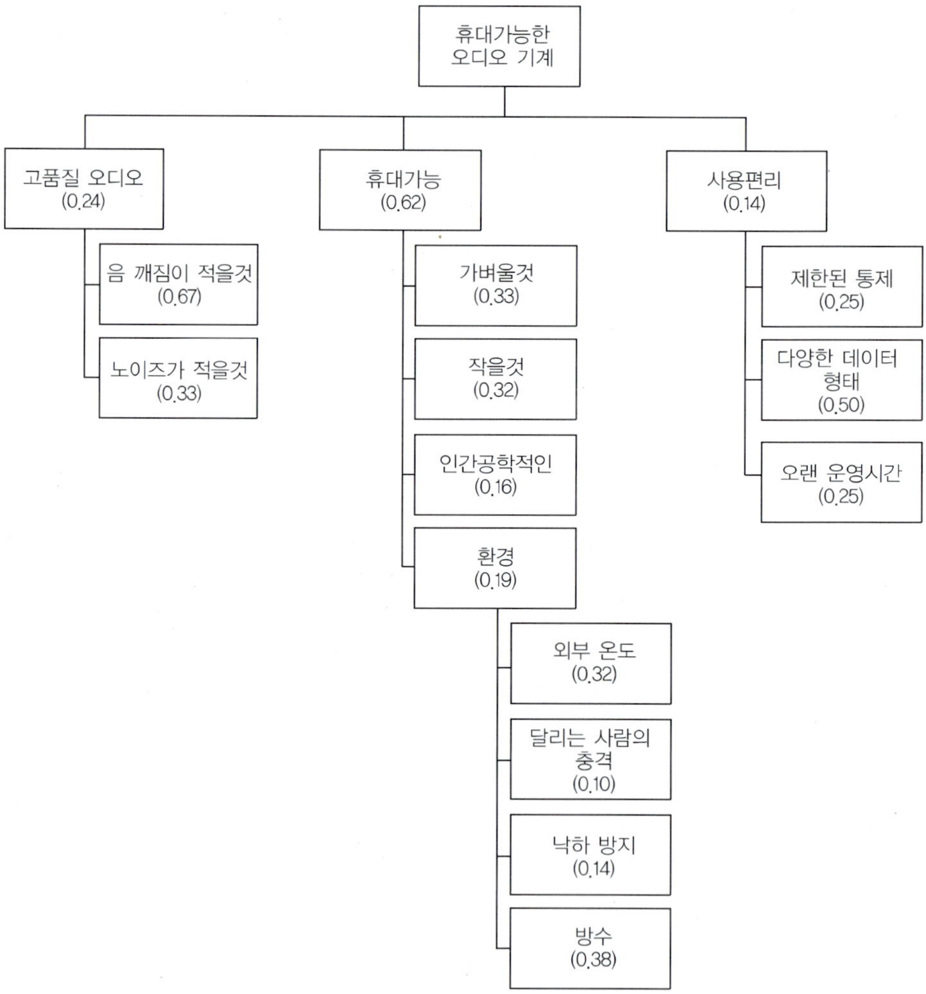

그림 13.2 달리는 사람이 휴대 가능한 오디오 기구에 대한 목적트리. 가중치는 필요의 상대적 중요성을 각 단계에서 반영하며 프로세스의 4단계에서 결정된다.

가지 높은 수준의 목적은 고품질의 오디오, 휴대가능, 사용하기 쉬운 것이다. 각각은 높은 수준을 지원하는 특성들로 또 나누어진다. 예를 들면, 휴대 가능한 것은 가볍고, 작고, 인체공학적이고, 환경에서 작동 가능한 것으로 나눠진다. 환경적 필요는 그것들을 지원하는 필요들로 또 나눠진다.

4단계 : 필요의 상대적 중요성을 결정한다

필요의 상대적 중요성은 사용자의 필요에 따른다. 예 13.1에서 보듯이 쌍을 이루어서 비교하는 것은 상대적 중요성을 정하고 필요의 가중치를 매기는데 좋은 방법이다.

쌍을 이루어서 비교하면, 모든 필요들은 구조에서 동급인 다른 필요들과 시스템적으로 비교된다. 표 13.1에 쌍을 이루어서 비교하는 것의 예가 나온다. 각각의 필요에 따른 결과적 가중치를 볼 수 있다. 휴대 가능한 것이 가장 중요한 필요임을 알려준다. 그 뒤로 품질과 사용하기 쉬운 것이다. 가중치들은 그림 13.2의 목적트리에서도 반영된다. 게다가, 구조에서 각 아래 단계는 비교되고 결과는 그림 13.2에 반영된다. 순위들은 다음 장에서 디자인 대안들을 비교할 때 사용된다.

5단계: 결과물과 프로세스를 검토한다

디자인 프로세스에서 하부단계들은 좋은 결정을 내리기 위한 방법들이다. 이 기술은 필요인식기술과 다르지 않다. 약간의 주관성과 판단이 들어가지만, 최종 결과는 의미가 통하는지 결정하기 위해 검토해야 한다. 목적은 전제들을 도전하고, 문제를 충분히 인식하고, 정보를 가지고 의사결정하는 것이다.

이 단계의 세 가지 결과물은 필요를 인식하는 마케팅 요구사항, 필요를 수직적으로 반영하는 목적 트리, 필요의 상대적 중요성 대한 순서들이다. 이 단계는 학생 디자인 프로젝트에는 적용되지 않는 것처럼 보일 수

표 13.1 휴대 가능한 오디오 기구의 가장 높은 차원의 필요들을 순서 매기기 위한 짝을 이루어 비교하는 행렬

	고품질	휴대가능	사용편리	가중치
고품질 오디오	1	1/3	2	0.24
휴대가능	3	1	4	0.62
사용편리	1/2	1/4	1	0.14

있다. 그러나 현실에서는 그렇다. 이 장에서의 질문들은 기업이 후원하는 프로젝트들을 할 때는 확실한 후보들이다. 회사가 후원하는 프로젝트가 아니라면 사용자의 필요는 아직 고려되어야 한다. 예를 들면, 시스템의 잠재적 사용자들인 친구들이나 직장동료들에게 질문 할 수 있다. 포커스 그룹을 형성하고, 설문을 진행하고, 인터넷 게시판, 토론 그룹들이 정보를 얻기 위해 사용될 수 있다.

설문 조사

프로젝트 컨셉을 정하면서 철저한 설문조사를 하는 것은 중요하다. 그렇게 하는데 실패하는 것은 기존의 부품, 지식, 관행, 기술들을 잘 이용하지 못하고 돈과 시간을 새로운 축을 만드는데 낭비하는 꼴이다. 연구단계에서, 경쟁하는 시스템과 기술들을 인식한 후 이것을 바탕으로 프로젝트의 컨셉이 다듬어지고 경우에 따라서는 버려지기도 한다. 설문조사의 성격과 전략은 프로젝트의 성격에 따라 달라진다. 일반적으로, 목표는 과학적 원칙들에 대한 이해들을 개발하고 특정분야에서 최신 분야와의 유사성을 보여준다. 설문에서 해야 할 질문들은 아래와 같다.

- 이 컨셉의 기본 원리는 무엇인가?
- 지금 현재는 어떻게 되고 있는가?
- 현재 디자인과 기술의 한계는 무엇인가?
- 당신의 컨셉과 기존의 기술과의 유사점과 차이점은 무엇인가?
- 디자인과 관련된 현존하는 특허를 받은 기술이 있는가? 그렇다면, 그것들은 무엇이고 왜 해당 되는가?

인터넷 검색

인터넷은 연구를 하는데 강력하고, 빠르고, 쉽게 접근 가능한 원천이다. 많은 탁월한 검색엔진들이 자료들을 찾는데 중요한 것은 잘 알려진 검색엔진을 넘어서고 설문에서 인터넷을 넘어서는 것이다.

인터넷의 위험요인 중 하나는 또한 멋진 일은, 실제적으로 누구나 자료를 올릴 수 있다는 점이다. 신뢰할만하고 믿을 수 있는지 확인하기 위해 웹사이트를 분석하는 것은 중요하다. 신뢰성을 어떻게 평가하는지 지침들을 제공하는 자료들이 있다.[Mci02,Sch98] 그리고 약간의 상식이 오래간 유지되어야 한다. 검토해야 할 중요한 것 중 하나는 저자이다. 저자가 명확하게 밝혀져 있고 관련된 사람들은 리스트가 되어 있어야 한다. 주의 깊게 정보가 주관적인 정보인지 제품을 위한 가능한 상업적인 정보인지 분간하라. 믿을 수 있는 사이트는 원천이 되는 자료들의 레퍼런스를 명확하게 제공해야 한다. 다른 단계는 웹사이트의 내용을 출력 형태이던지 아니면 다른 믿을 수 있는 형태로 확인하는 것이다.

가능한 검색엔진이 여러 개 있지만, 그중에 하나를 고르는 일은 쉽지 않은 일이다. 또한, 다른 종류의 검색엔진들도 있다: 텍스트(텍스트나 핵심 단어들만 찾는다. 주제의 제목이나 모든 페이지 텍스트 검색), 색인(니렉토리로 구분된 정보), 메타 서치(다른 검색엔진을 찾는 엔진들), 그리고 일반 언어 프로세싱(일반적인 질문을 허용하는). 테스트해 볼 만한 일부 검색 엔진들은 www.altavista.com, www.askjeeves.com, www.google.com, www.kartoo.com, 그리고 www.yahoo.com 등이 있다. 도서관 사서들의 인터넷 색인, www.lii.org은 도서관 사서들에 의해 선택되고 평가된 후 모아진 자료들이다. 그 사이트에 의하면, "잘 정리된 믿을 수 있고, 신뢰할만한 도서관 사서들이 정한 인터넷 자원이다."라고 말한다. 이 정보는 급속히 바뀌며 출판 시점의 현재 정보를 나타낸다.

전기공학과 컴퓨터 공학 자료들

주요 검색엔진들이 인터넷에서 사용가능한 모든 정보를 찾아주지는 않는다는 것을 알아라. 특별한 검색 능력을 가진 전기공학과 컴퓨터 공학 디자인과 관련된 사이트들이 있다.

- EE 제품 센터, www.EEProductCenter.com. 전기 부속품과 그 제조업체를 확인할 수 있는 사이트이다. 제품 정보와 응용 노트로 연결이 된다. 키워드 검색엔진이 있으며, 부속품을 찾기 위한 트리 구조로 된 검색도 있다. 예를 들면, op amps로 시작할 수 있으며 하위 카테고리로 정확성과 빠른 속도로 철저히 조사할 수 있다.
- Circuit Cellar, www.CircuitCellar.com. 잡지의 자매 웹사이트는 디자이너들을 위한 위대한 참고자료이다. 임베디드 시스템과 개별지도 기사(tutorial articles)들과 프로젝트 아이디어들이 있는 전기 공학 프로젝트들을 강조한다.
- 데이터시트 카탈로그, www.DatasheetCatalog.com. 전자부품과 반도체들의 데이터시트 원천.

- Dr.Dobbs, www.ddj.com. 잡지와 자매 사이트는 소프트웨어 개발자들을 위한 조언들과 개별지도를 포함하는 유용한 원천이다.
- EE Times, www.EETimes.com. 전기공학 분야의 업계 신문으로 현재의 기술 개발에 대한 정보를 다룬다.
- 전자공학 디자인 잡지, www.EDNmag.com. 최신 제품에 대한 정보를 제공해주는 전기 디자인 엔지니어를 위한 무료잡지. 웹 사이트는 기술적 자원과 디자인 아이디어 섹션 몇 가지로 분류된다.
- On Semiconductor(반도체), www.Onsemi.com. On Semiconductor(반도체)는 다양한 종류의 응용들을 위한 반도체들을 공급하는 업체로 전력 관리를 전문으로 한다. 웹사이트는 15,000개 이상의 부속품에 대한 검색 가능한 데이터 베이스를 제공하고 다른 애플리케이션들에 근거한 부속품 선정에 대한 가이드라인을 제공해준다.
- The Thomas Register, www.ThomasRegister.com. 북미의 회사들과 제품들을 찾는 출처이다. 디자인 프로젝트에서 사용되는 부품들과 장비들에 대한 검색을 가능하게 해준다. 검색 기준에 맞는 회사들을 소개해 주고 그들이 만드는 제품에 대해서도 소개한다.

또한, 전자 부품들을 만드는 제조업체들은 그들 제품들에 대한 제품 데이터 시트와 응용노트를 제공하는 웹사이트를 가지고 있다. 응용 노트는 실제 응용에서 부품들을 어떻게 사용해야 하는지 보여준다. Dallas Semiconductor, Fairchild Semiconductor, Motorola, Texas Instrumenst 등이 예이다.

정부 자료들

- 미국 노동통계청, http://stats.bls.gov. 소비자들의 소비에 대한 중요한 자료들을 가지고 있다. 얼마나 많은 사람들이 소비하고 있고 그들이 어디에 소비하고 있는지 등에 대한 자료들을 제공한다. 다른 산업분야들에서의 고용 예상과 특정 산업에 대한 프로파일을 제공한다.
- 미국 정부 공식 웹포털, www.FirstGov.gov. 모든 미국 정부 웹 자료들의 입구이다.
- 미국 특허청, www.uspto.gov. 1790년까지 거슬러 올라가는 모든 특허들의 검색 가능한 데이터베이스이다. 전문에 대한 텍스트 검색은 1976년부터 가능하다. 이미지는 1790년부터 가능하다. 특허와 상표권, 저작권에 대한 기본정보들이 있다.

저널과 컨퍼런스 논문들

검색은 최신 이론이나 응용에 자세한 기술적인 정보가 필요할 때 저널과 컨퍼런스 논문들을 포함해야 한다.

- ACM(Association for Computing Machinery) 디지털 도서관, www.acm.org. ACM 저널과 컨퍼런스 논문들에 대한 논문 요약을 제공한다.
- Compendex, www.engineeringvillage2.org. 1970년까지 거슬러 올라가는 자료들에 대한 다양한 엔지니어링 분야에 대한 저널과 컨퍼런스 논문들에 대한 색인을 제공한다.
- IEEE(Institute of Elcetrical and Electronics Engineers)전자공학 도서관 www.ieee.org. 모든 IEEE저널과 거래, 잡지, 1998년 이후로 출간된 컨퍼런스 정기 구독물 등에 대한 요약을 제공한다(구독자에게는 전문을 제공). IEEE 표준에 대한 요약본은 공식적으로 가능하다.

필요와 목표 명세서

문제 명세의 두 부분은 필요와 목표 명세서로 나누어진다. 필요를 기록하는 것은 프로젝트의 필요를 인식하고 동기부여하며 다음과 같아야 한다.

- 언급되는 필요를 간단하고 명확하게 표현해야 한다.
- 문제에 해결책을 제공해서는 안 된다.
- 섹션 13.4에서 정리된 것처럼 지지하는 정보들을 모아서 제공한다.
- 필요를 지원하는 관련된 통계나 사례들을 제공한다.
- 현재의 한계를 묘사한다.
- 필요를 이해하는데 필요한 프로세스들을 묘사하라. 보통 사람들은 잘 이해하지 못하는 특정한 필요를 가진 기업후원 프로젝트에서는 특히나 중요하다.

목표 명세서는 한 두 문장이나 한 두 문단 범위로 하는게 일반적이고 다음과 같아야 한다.

- 필요를 충족시키기 위해 제안된 것을 요약한다.
- 사전준비적 디자인 목표들을 제공한다.(자세한 요구사항은 후에 개발된다)

- 기술적 해결에 대한 사전준비적 묘사를 제공하라. 실행에 관한 자세한 언급은 피하라. 자주 입력과 출력 행동에 대해 묘사된다. 일반적으로 완벽한 해결책은 엔지니어링 요구사항이 완전히 정해지기 전까지는 공개되지 않는다. 예 13.2-13.4에서 필요와 목표 명세서의 예가 나온다.

예 13.2 iPod 핸즈프리 기구의 필요와 목표명세서. Al-Busaidi, Bellavia, 그리고 Roseborough[Alb07]에 의한 디자인 리포트의 요약

필요 : 애플 내부자에 의하면, 1030만명의 사람들이 2004년말 현재 아이팟을 소유하고 있다. 많은 사용자들이 자동차를 운전하면서 사용한다. 국립 고속도로 교통 안전청의 추정에 의하면 운전자의 부주의가 모든 자동차 사고의 20~30% 원인을 제공한다. 연간 120만 사고이다. 한 조사 연구는 운전자의 부주의로 인한 손해가 매년 10,000명의 죽음과 $400억에 달한다. 아이팟은 운전자에게 핸드폰처럼 운전하면서 길을 보고, 아이팟을 조종하면서 주의를 분산시킬 수 있다. 사용자가 음악을 선정할 때 길에서 주의를 분산시키지 않는 새로운 시스템이 필요하다.

목표 : 이 프로젝트의 목표는 운전을 하면서 보다 안전하게 사용할 수 있는 핸즈프리로 조절할 수 있는 아이팟을 디자인하고 시제품을 만드는 것이다. 기계는 사용자와 반응하면서, 구어체를 사용할 것이다. 사용자는 간단한 명령들을 아이팟을 사용하기 위해 할 것이다. 그 대가로, 기계는 아이팟 스크린에 나오는 노래 제목들과 같은 정보를 말로 커뮤니케이션할 것이다.

예 13.3 실험적인 디자인 문제의 필요와 목표. Esek, Hunt, Lewis에 의한 인텔 Pro 1000XF 서버 테스팅 디자인 보고서[Ese03]

필요 : 후원하는 기업이 상업적 기가비트 이더넷 광섬유 기계의 군사적 환경에서의 데이터 커뮤니케이션 성능을 조사하고 있다. 제안된 시스템은 Intel Pro 1000XF 서버 카드를 사용한다. 운영환경이 까다롭고 기계의 성능과 수명의 효과는 아직 알려지지 않았다. 고객은 군사적 환경에서 인텔 Pro XF 카드와 관련된 커넥터와 케이블의 광학적 전력 마진(optical power margin)을 이해하고 싶어 한다.

목표 : 이 프로젝트의 목표는 실험적인 도구를 디자인하고 온도변화의 영향과 광학적 전력 마진과 시스템의 운영수명을 결정하는 과정들을 테스트하는 것이다.

예 13.4 들고 다니는 공중정찰의 필요와 목적. Andre, Kolb, Thaler에 의한 PASS 디자인 보고서 요약

필요 : 전 세계에서 항상 위급상황은 발생한다. 미국에서는 매년 2,000,000건의 화재가 발생한다. 펜실베니아 특별한 응급상황 대처 팀은 바리케이드를 친 용의자나 인질극 상황의 90건 이상에 대하여 전술상의 비행을 다루고 있다. 기록된 100건 이상의 폭동이 미국에서 지난 100년 동안 있었다. LA 폭동은 $10억 손해를 가져왔다. 이런 상황들에 대해 공중에서 볼 수 있다면 지상에 있는 응급상황 담당자들에게는 큰 도움이 될 것이다. 예를 들면, 경찰은 공중정찰로 많은 군중들이나 인질극 상황을 안전한 거리에서 관찰할 수 있게 있고 모니터하고 그 장면을 법정에서 증거로 사용할 수 있다. 소방관들은 공중정찰을 화재로 손실을 입은 건물을 조사하고 다른 고층빌딩의 창문들을 통해 생존자를 찾는데 사용한다. 대도시에서는 응급상황을 다루는 조직들이 공중정찰을 위해 헬리콥터를 사용한다. 그런데, 작은 도시들에서는 그 장소에 도착하는데 시간이 너무 오래 걸리거나 사용하기에 비용이 부담스럽다. 가장 저렴한 2인용 헬리콥터는 $40만 이상의 비용이 소요되고, 새 헬리콥터는 $100만 이상의 비용이 들고 시간당 운행하는데만 $400-$10,000이 든다. 응급상황 담당자들에게 응급상황에 대해 머리위의 정찰을 할 수 있는 저가의 공중정찰 기계에 대한 수요가 있다.

목표 : 이 프로젝트의 목표는 응급상황 담당자들에게 위급상황에 대한 공중 관점을 제공해주는 작은 지방정부도 수용할 수 있는 기구를 디자인하는 것이다. 이 기구는 신속하게 배치되고 비디오를 녹화하고 기록하여 정리할 것이다. 카메라는 pan 기능과 zoom 기능이 있어서 희생자와 용의자를 쉽게 인식할 수 있도록 하는 기능을 가지고 있다.

프로젝트 응용: 문제 명세서

이 장의 요소들을 통합하는 문제명세화의 포맷은 아래와 같다:

- 필요. 프로젝트의 필요들을 인식하는 보고서
- 목적. 인식된 필요들을 충족시키기 위해 제안된 컨셉들을 묘사한다.
- 배경. 상대적 기술들과 시스템에 대한 설문을 요약. 목적은 13.5 섹션에서 다루어진 문제들에 대한 기본적인 질문들에 답하는 것이다. 내용과

길이는 다양한데 프로젝트에 따라 다르다.

• 마케팅 요구사항. 사용자의 필요를 묘사하는 짧은 문장
• 목적트리. 필요의 상대적 가중치를 적용한 구조적 유사성에 기반한 필요의 구조적 반영

요약 및 추가 독서

이 장은 엔지니어들이 주로 맡게 되는 프로젝트들을 언급하고 프로젝트를 선정할 때 질문해야 할 지침들을 제공해준다. 디자인 프로젝트의 성공은 사용자의 필요와 시스템에 대한 욕구를 적절히 결정하는데 있다. Ulrich와 Eppinger이 개발한 필요인식의 단계들을 언급했다. 이 과정의 세 가지 결과물은 (1)고객의 필요를 인식하는 마케팅 요구사항, (2)요구를 구조적으로 반영하는 목적트리, (3)필요의 상대적 중요성에 대한 순서이다. 컨셉과 관련 기술에 대해 조사하는 것은 중요하고, 연구를 수행하는데 주의해야 할 부분들이 제공되었다. 마지막으로, 문제명세화의 포맷으로 디자인 프로젝트의 필요, 목적, 설문연구를 요약한다.

Griffin과 Hauser[Gri93]와 Ulrich와 Eppinger[Ulr03]의 연구는 고객의 소리를 어떻게 얻을 것인지에 대한 읽을만하고 보다 더 상세화된 내용들이다. 필요를 인식하고 목적트리[Cro00]를 개발하는데 관련된 다른 디자인 책들도 있다. Cagan과 Vogel[Cag02]는 제품 개발에 대한 통합된 신제품 개발(iNPD:integrated new product development)로 알려진 프로세스를 제안한다. 그들이 "프로젝트 정의의 흐릿한 처음과 끝"이라고 말하는 것을 어떻게 항해해 갈것인지 방법을 제공한다.

연습문제

13.1 여러분의 언어로, 창조적, 변화하는, 일상적인 디자인의 차이를 말하라.

13.2 프로젝트 선정할 때 사용하는 세 가지 지침들을 열거하라.

13.3 고객이 아래와 같은 요구사항을 가지고 온다고 가정하자: 나무에서 사

과를 수확하는 기계의 팔을 디자인하라. 이 문제에서 가정은 무엇인가? 가정을 없애기 위해 요구를 다시 써라.(이 문제는 원래 Edward Debon[Deb70]에 의해 제기되었다)

13.4 고객이 아래와 같은 요구사항을 가지고 왔다고 가정하자: 원거리의 볼트를 측정해서 중앙 서버로 전송하는 RS-232 네트워크된 컴퓨터 측정 시스템을 디자인하라. 이 문장에서 가정은 무엇인가? 고객에게 문제의 문장에 대해 더 명확하게 하기 위해 물어 볼 질문의 리스트를 만늘어라.

13.5 마케팅 요구사항은 무엇을 요구하는 것인가 묘사하라.

13.6 목적트리(objective tree)의 목적은 무엇이고 어떻게 개발되는가?

13.7 차고 문 열개(garage door opener)의 필요는 다음과 같은 것으로 결정되었다: 안전, 속도, 안전성, 신뢰성, 저소음. 필요들의 상대적 중요성을 짝을 이루어 비교하는 방식을 통해 표를 만들라. 상대적 비교를 하는데 여러분의 판단을 사용하라.

13.8 컴퓨터 프린터, 디지털 카메라, 전동 나사돌리개, 전동칫솔과 같은 일상용품을 디자인하는 것을 고려하라. 선정된 제품에 대한 고객의 필요를 결정하라. 다음의 내용을 다루어야 한다. (1)마케팅 요구사항, (2)목적트리, (3)짝을 이루어 비교하는 소비자의 필요에 대한 순위를 정해라.

13.9 Project Application. 예 13.1에 나온 프로젝트 컨셉을 선정에 사용할 기준을 고르고, 브레인스토밍 한 후 프로젝트 컨셉을 만들기 위해 검색하라. 예 13.1에 나온 기준들과 다른 3~5가지 컨셉을 순위를 정해라.

13.10 Project Application. 선정된 프로젝트를 위한 필요를 결정하라. 결과는 마케팅 요구사항, 목적트리, 필요 순위에 대한 리스트여야 한다.

13.11 **Project Application.** 섹션 13.5에 나오는 지침을 따르는 당신의 프로젝트를 위한 설문조사를 시행하라. 결과는 설문조사의 결과를 요약하는 것이어야 한다.

13.12 **Project Application.** 한 섹션 13.7에 나타난 문제 보고서에 대한 당신의 프로젝트 컨셉을 만들어라. 이 장에서 나온 적절한 프로세스들을 적용하라.

14 Chapter 제안 조건

- 공학적 요구사항의 특성을 이해하고 이러한 특성을 지니고 형식에 맞는 요구사항으로 발전시키는 방법을 안다.
- 전기 전자 그리고 컴퓨터 분야에 공통적으로 특화된 공학적 요구사항들과 친숙해 진다.
- 완벽한 요구사항 명세화의 특성을 이해하고 또한 이렇게 개발하는 각 단계들을 안다.
- 설계 분기점(design tradeoffs)을 인식하기 위한 향상된 요구사항 분석을 할 수 있다.

명세화란 특별한 것들에 대한 구체적이고 정확한 문장으로 완성되어져야할 무인가에 대한 전체적인 실명문이다.

요구사항 명세화는 설계가 성공적이기 위해 만족되어져야만 하는 그러한 명세들을 구체화한 것이다. 사실, 이것은 개발의 모든 단계들을 이끌고 명세화가 이루어졌을 때 설계목표에 대한 구체적이며 완벽한 비젼이 되어야만 하는 일종의 임무 지침서이다. 효과적인 요구사항 명세화는 모든 중요한 요구사항들을 인식하여야하지만 설계팀이 혁신적인 해법을 발전시킬수 있도록 충분한 융통성을 주어야 한다. 또한 이것은 공학도 영업담당 그리고 고객과 같은 설계에 참여된 모든 사람들에게 대화의 창구 역할을 제공한다. 모든 부서들은 더욱 발전된 방향으로 나아가기 전에 반드시 그 정의된 요구사항에 동의하여야 한다. 때때로 이 요구사항 명세화는 일종의 법적인 구속력이 있는 문서로 개발자와 고객 사이에 역할을 한다.

요구사항 정립 과정의 전반적 견해

이 장의 핵심인 요구사항 명세화는 고객이나 최종 사용자의 요구사항을 만족시켜야만 하는 공학적 영업적 요구사항들의 집합이다. 그림 3.1은 "IEEE 시스템 요구사항 명세화를 개발하는 지침서"에서 발췌한 요구사항 명세화를 개발하기 위한 과정을 설명한다[IEEE Std. 1233-1998]. 이 과정은 이 장에서 가장 중요하며 고객 환경 그리고 기술 집단으로 그 3개의 중심 그룹을 구성하고 있다. 고객으로부터의 요구는 바로 앞장에서 설명한 영업적 요구 사항들을 포함한다. 환경이란 설계에 영향을 미치거나 제한하는 각종 표준들과 제약들의 형태로 요구사항에 소개된다. 기술 집단으로부터의 요구는 시스템을 설계하고 개발하고 시험하고 생산 및 유지하는데 가장 책임적인 엔지니어들의 지식에 기본한다.

공학적 요구사항

완전한 요구사항 명세화를 개발하기에 앞서 개발자들은 개별적인 공학적 요구사항들을 먼저 결정할 필요가 있다. 공학적 요구사항들이란 설계의 기술적인 필요를 설명하는 짧은 문장들이다. 하나의 단순한 예를 들자면 "이 시스템은 50와트의 전원을 공급할 수 있어야 한다."이다. 이절에서는 공학적 요구사항의 희망적인 특성과 요구사항들을 분류하는 방법들을 보여 준다.

공학적 요구사항의 특성

각각의 공학적 요구사항은 아래의 4가지 특성을 가져야 한다.

추상성 : 이것은 그 주어진 요구사항이 어떻게 실현될 것인가가 아니라 무엇을 할 것인가를 구체화하여야만 한다는 것을 의미한다. 절대적으로 필요한 것이 아니라면 요구사항은 구현에 대하여 언급해서는 안 된다.

검증가능성 : 검증은 요구사항이 최종 시스템을 실현하는데 요구되는 설명이나 측정하는 방법을 의미하여야 한다. 이렇게 하는 것은 그 요구사항에 대하여 시스템이 시험되고 검증되도록 한다. 만약 그 요구사항에 대하여

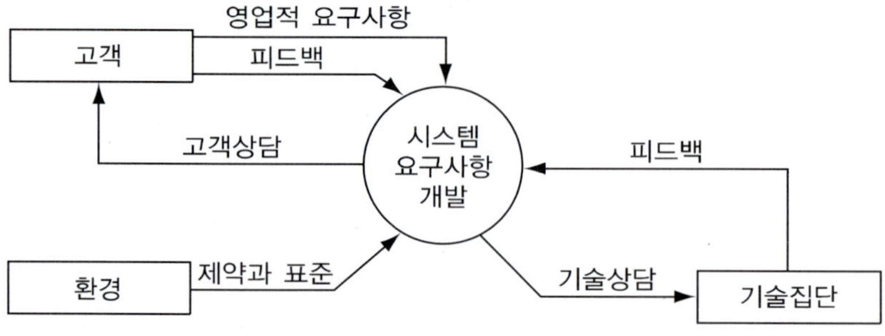

그림 14.1 IEEE Std. 1233-1998에서 발췌된 요구사항 명세화 개발 과정

검증할 방법이 없다면 이것은 요구사항이 될 수 없다는 것이 그 아이디어이다. 검증이란 "우리가 올바로 시스템을 만들고 있는가?"라는 질문에 답하는 것에 이용된다.

모호성 배제 : 각각의 요구사항은 최소한 하나의 모호하지 않은 의미를 가져야 하고 짧고 완전한 문장으로 언급될 수 있어야만 한다.

출처 규명성 : 요구사항은 출처를 더듬을 수 있는 영업적 요구사항이어야 한다. 만약 설계가 고객의 요구들을 만족하지 않는다면 이것은 성공할 수 없을 것이다.

기타 부가적 특성 – 현실성

위의 4가지 특성들에 더하여 요구사항들은 현실적이거나 정당성에 대하여 충분한 근거를 제시하여야 한다. 이것은 IEEE 표준에 특성으로 정의되어 있지는 않지만 종종 바라보아야할 중요한 사항이다. 현실적이기 위해서는 그 목표가 기술적으로 실현 가능하다는 것을 설명할 수 있는 방법이 있어야만 한다. 예를 들면, 요구사항은 어느 로봇이 1,600,000Km/h의 속도로 이동할 수 있다는 것을 제시할 수 있다. 이것은 검증할 수 있고 애매모호하지 않고 추상성을 가질 수 있다. 하지만 구현 불가능한 것이다. 현실적 목표들은 약간의 연구나 공학적 노하우, 창조성, 또는 시스템 모델링 등과 함께 결정될 수 있다. 이렇게 하는 일방적 방법은 최종 시스템에 대한 하나의 해법을 가정하는 것이다. 물론 이것은 추상적 특성을 위반하지만, 다르게 말하자면, 목표하는 요구사항들은 특정 요구사항이 실현 가능하다는 것을 보여주기 위해 개발된 실험적 시스템이나 모델인 실제적인 프로토타입에 그 근거를 가질 수 있다. 이것이 그림 14.1에서 기술적 집단이 요구사항 개발 프로세스로 피드백하는 방법이다.

유사 시스템과 그들의 성능을 차별할 수 있는 벤치마킹을 사용하는 것은 현실적 목표들에 대한 참고적 근거를 제공한다. 일반적으로 첫 단계 설계에서 잘 설계된 상품이나 시스템들의 성능을 능가하기는 매우 어렵다. 이 경쟁에서 여러분을 승리하도록 허락하는 예외적인 것이 바로 혁신적이고 새로운 접근법들이다. 경쟁 우위적인 벤치마크들이 비슷하지만 반드시 같을 필요없는 생산품으로부터 얻어질 수도 있다. 특수한 기술이나 바로 전 세대 시스템으로부터 얻어진 경험 또한 현실적인 목표를 선택하는 안내의 역할을 제공한다. 말하자면, 영업망을 유지하거나 얻으려하는 조직체는 종종 개발팀이 한때 비현실적이라고 믿어졌던 새로운 성능이나 새로운 세대의 제품을 개발하도록 압력 한다. 때때로 요구사항의 기술적 실현 가능성을 결정하는 것이 불가능한 것으로 비춰질 수 있을지도 모른다. 이런 경우 요구사항들은 그 요구사항을 만드는 어느 정도의 허용한계를 가져야만 하고 개발이 진척됨에 따라 갱신되어져야만 한다.

제약사항

그림 14.1의 요구사항 과정으로 입력되는 것 중 하나가 표준들과 제약사항들 모두의 근원으로 작용하는 환경이다. 현실에서는 모든 공학적 요구사항들이 설계에 일종의 제약사항을 부여하지만 설계에 있어 이 제약사항은 하나의 특별한 형태의 요구사항이다. 제약사항은 설계에 영향을 끼치거나 제한하는 환경이나 이해관계자에 의해 부여된 설계결정서이다. 제약적 요구사항들은 종종 추상적 특성을 위반한다.

표준

표준은 그 이름이 정확하게 의미하듯 상호운용성을 보장하는 것들을 수행하는 표준적이거나 성립된 하나의 방법이다. 표준을 배제하고 기술의 이용에는 명백하게 불가능하지 않다면 심각한 제약이 따를 수 있다. 표준들은 가정의 배관 시설물에서부터 현대적 컴퓨터의 모듈에까지 제품들이 함께 작동할 수 있도록 확신을 준다. 만약 모든 컴퓨터 생산자가 RS-232나 TCP/IP 그리고 USB와 같은 상호간 성립된 프로토콜을 사용하는 대신 각자 자신의 고유한 통신 방법을 가진다면 컴퓨터들은 프린트를 하거나 메일은 전송하고 또 인터넷을 검색하는데 매우 어렵게 되었을 것이다. 더구나 표준은 사람들이 매일 사용하는 건강이나 안전용품들 신뢰할 수 있도록 한다. 표준을 인지하고 따르는 것은 좋은 공학적 실천의 예견된 부분이다.

이 장의 핵심은 요구사항들에 영향을 끼치고 궁극적으로 설계에 영향을 미칠 표준들을 식별하는데 있다. 무슨 표준이 여러분의 프로젝트에 적당하며 어떻게 여러분은 그들을 사용하는가? 사용자 단계와 실행 단계 그리고 개발 단계에 따라 표준에 상호 반응하는 수준이 다르다.

사용자 단계에서, 표준들은 설계단계에 단순히 넣어지고 표준에 대한 자세하고 기술적인 지식은 일반적으로 반드시 필요한 것은 아니다. 예를 들면, 이미지를 재생하는 프로그램을 개발하는데 있어 JPEG-2000과 같은 표준형식에 대해 자세히 알 필요 보다는 그 소프트웨어가 포함된 라이브러리를 사용하기만 하면 된다.

실행 단계에서 표준의 상세한 내용을 이해할 필요가 있다. 실행 단계에서 표준들은 요구사항과 설계에 가장 영향을 미칠 수 있다. 예를 들면, 컴퓨터 주변기기의 디바이스 드라이버를 개발 중일 때 여러분은 여기에 관련된 표준들에 정통해야 한다.

새로운 표준들이 끊임없이 개발되고 기존의 것들은 수정되어 개발 단계에서 최종 단계로 이끈다. 표준에 의존하여 다른 집단들이나 전문가 집단들 그리고 협력사들로부터 모인 엔지니어들이 공정을 만드는 표준들의 일부분씩을 맡게 된다. 많은 참여자들은 이 과정에서 자신들의 상품이나 서비스에 좀 더 많은 이익을 얻기 위해 노력한다. 표준의 세계를 조종하기는 매우 어렵다. 즉, 그들은 매우 상세히 기술되며 그 표준의 제한된 부분이 프로젝트에 응용 된다. 부가적으로 많은 표준들을 사용하려면 비용을 지불해야 하는데 반드시 그러한 것은 아니다. 다음에 오는 방법은 표준을 식별하고 사용하는데 필요한 충고이다. 첫째, 적용할 표준에 대하여 연구하여라. 모든 표준을 관리하는 단체들은 가상의 웹사이트를 가지고 거기에 그들의 표준에 관한 기본적인 정보를 제공한다. IEEE의 Xplore 데이터베이스는 방대한 표준들을 가지고 있으며 무료로 그 요약본을 검색할 수 있기 때문에 처음 시작하기 좋은 웹사이트이다. 또한 많은 회사와 대학들이 완전한 표준들의 데이터베이스에 접근하여 검색할 수 있는 권한을 가지고 있다. 둘째, 관여할 것으로 기대되는 단계를 결정하여라. 주어진 문제에 대한 여러분의 분석으로부터 관련되는 표준을 예측할 수 있는가? 또는 여러분은 실행단계에서 깊이 있는 지식을 개발할 필요가 있다고 보는가? 후자의 경우라면 여러분은 적용할 표준에 대하여 자세한 정보를 얻을 필요가 있다. 마침내, 여러분은 여러분의 고객에게 설문하는 것을 고려하여야 한다. 고객들은 그들 내부적인 표준이나 따라야 할 지침이 있을 수 있으며 관련된 표준에 정통한 사람이 있을 수 있다.

아래의 목록은 프로젝트에 적용되거나 요구사항에 포함되어야할 일종의 표준 형태를 기술한다.

- **안전** : 안전에 관한 표준들은 안전을 위한 설계 방법과 그들이 어떻게 안전한지 확인하기 위한 시험 절차 방법들을 기술한다.
- **시험** : 종종 시험에 관한 표준들은 안전과 관련이 되지만 그 범위가 더 넓다. 예를 들면, 표준화된 벤치마크 테스트들이 연산 성능을 비교하기 위해 이용된다. 하나의 유명한 테스트는 SPEC(Standard Performance Evaluation Corporation) 벤치마크 이다.

- **신뢰성** : 신뢰성 관련 표준들은 다양한 급의 시스템을 위하여 일반적인 신뢰성 원리들과 설계방법을 포함한다. 또 다른 실질적인 면은 IEEE나 군사용 신뢰성 표준의 전자기기 신뢰성 평가에 있다.
- **통신** : 이것은 어떻게 컴퓨터, 전화 그리고 인공위성 통신등과 같은 전자 시스템들이 통신을 하며 정보를 전달하는지를 포함한다.
- **데이터 형식** : 표준 데이터 형식들은 시스템이나 소프트웨어가 정보를 적절히 주고 받을 수 있도록 한다. 이미지, 비디오, 그리고 데이터베이스 관련 표준들이 그 예이다.
- **문서화** : 기술 보고용 문서를 위한 표준이 있다. 여기에 더하여, 문서화 과정들이나 사업화관련 표준이 있는데 그 예로 잘 알려진 ISO(International Standards Organization) 9000과 그 부수적 표준들이 있다.
- **설계 방법** : 몇몇의 표준이 정립되었는데 소프트웨어 설계 방법론과 Hardware Description Language(HDL) 그리고 Unified Modeling Language (UML) 등이 그 좋은 예이다.
- **프로그래밍 언어** : 프로그래밍 언어 구문 관련 표준이 정립되었는데 소프트웨어를 시스템이나 컴파일러 사이에서 어느 정도 수준의 이식성을 유지시켜주기 위해서 이다.
- **커넥터 표준** : 케이블 커넥터 관련 표준들은 매우 일반적이고 시스템들이 쉽게 연결되고 생산될 수 있도록 한다.
- **메타표준** : 몇몇 표준들은 메타표준이라 알려진 여러 표준들의 조합으로 만들어 진다. 예를 들면 RS-232표준은 실제적으로 커넥터의 물리적 크기를 설명하는 기계적인 표준과 전압과 통신을 구현하는 절차 그리고 각각의 핀과 그 기능적 표준을 정의하는 전자적인 표준의 조합이다.

공학적 요구사항들을 인식하기

아래에 정리된 요구사항들을 인식하기 위한 수많은 테크닉들이 있다.

- 구조화된 워크숍과 브레인스토밍 시간
- 면접, 관찰, 그리고 질문표인 앙케트
- 사용 중인 기구나 공정의 관찰
- 경쟁 우위의 벤치마킹이나 시장 분석
- 원형 제작이나 시뮬레이션
- 연구나 기술 문서의 탐독

많은 요구사항들이 설계와 관련하여 지적될 수 있을 수 있지만 어떤 것을 포함할지를 알기는 상당한 노력이 필요하다. 이절의 나머지 부분은 전자와 컴퓨터 분야에서 지적될 수 있는 다양한 형태의 공학적 요구사항들을 서술하기 위해 사용될 것이다. 성능의 범주와 기능에 대한 요구사항들은 종종 상당히 중요하기도 하고 다른 요구사항들과 묶여지기도 하기에 알파벳 순서로 먼저 기술되어질 것이다. 여기에 쓰인 요구사항의 분류는 모든 가능성을 정의하고 내포하는 수단이며 설계팀은 특별한 상황에 응용할 수 있는 이들을 신중히 결정할 필요가 있다. 특정 응용에서 필요한 요구사항의 검증을 위해 신중한 주의가 요구된다.

성능

이러한 요구사항들은 시스템이나 기구의 성능에 절대적인 면을 나타낸다. 이들은 종종 시간, 정밀도, 출력, 또는 오류율에 의해 특징지어 진다.

기능성

이 요구사항은 시스템이 실행해야만 하는 기능들의 형태를 기술한다. 입력, 출력, 그리고 시스템이 입력을 가지고 실행한 변환을 제공한다. 또한 이들은 기능적 설계 기술과 관련된다.

경제성

경제적 요구사항들은 개발(설계, 생산, 유지)과 그 시스템을 판매하는데 관련된 모든 비용들을 포함한다. 여기에 얼마나 사용자의 비용을 절감시켰나 또는 이익에 기여했나 등 최종 시스템의 경제적인 효과도 종종 포함될 수 있다.

에너지

가상적으로 모든 시스템들은 에너지를 생산하거나 소비한다. 그래서 에너지 요구사항을 갖는다. 에너지 소비는 그 시스템이 소비하는 전원의 총량이며 최대, 최소, 또는 평균값에 의해 표시될 수 있다.

작동 수명은 주어진 전원으로부터 그 시스템이 얼마나 오래 작동하는가를 말한다. 건전지에 의해 전원이 주어지는 디바이스의 경우 운용 시간은 매우 치명적이며 주어진 전원에 대해 작동 수명은 아주 중요한 요구사항이다.

전원 특성은 전류 전압 임피던스 주파수 위상 그리고 전원 요구사항

등의 입력/출력 전원의 특성으로 언급된다.

환경적 요인

이 요구사항은 설계가 미치는 지구자원의 이용과 외부환경에의 영향으로 표현된다. 그 예로, 에너지 사용 정도는 하나의 중요한 요소이다.

자원의 재활용은 자원을 다른 생산품에 재사용하기 위해 그 생산품을 그 구성 물질로 분해하는 능력이라 할 수 있다. 유럽의 국가들은 소비품들의 재활용에 관한 규정을 가지고 있다. 대부분의 경우 어떤 생산품의 생산자는 그 생산품의 수명이 다하였을 때 안전한 폐기를 책임져야 한다.

건강과 안전

최종 생산품에 의해 어떠한 사람의 건강과 안전에 영향을 받는다면 특별히 중요한 고려 요소이다. 예를 들면, IEEE와 ANSI 표준은 무선 주파수의 전자기파에 노출에 의한 안전 수준에 대하여 지침을 마련하였다.

법률적 요인

설계는 특히 생산품을 판매 목적으로 한다면 현존하는 특허나 지적재산권 그리고 상표등록들을 침범하지 말아야 한다. 특허 검색을 하여야 하는데 이것은 미국 정부의 특허사무소 웹사이트, www.uspto.gov에서 이용할 수 있다.

보안과 사생활 제약이 민감한 데이터나 개인 통신을 다루는 시스템에 적용될 수 있다. 해커에 의한 악의적 공격에 맞서기 위한 시스템의 능력은 또 다른 고려 사항이며 방화벽을 사용하거나 다른 보호 측정 장치를 이용하는 것이 될 수 도 있다.

유지능력

개발된 시스템의 유지 보수와 다른 시스템과의 호환성 여부가 자주 거론된다. 시스템을 개발하는데 미래의 응용 프로그램에 재사용될 수 있도록 설계되어져야 할까? 이것은 다른 프로그램에게 사용될 만큼 충분히 융통성 있고 신뢰성 있는 모듈을 설계하는 것이 그 목적인 소프트웨어 개발에서 공통적인 일이다.

제품이 사용된 이후 유지보수는 시작된다. 소프트웨어 설계의 경우 정기적으로 소프트웨어가 갱신되어져야하고 보수되어져야 하기 때문에 이것은 중요한 고려 대상이다. 하드웨어적인 면에서 보면 유지보수는 플럭인 모듈을 이용함으로써 쉽게 제거되고 교체될 수 있다.

회사에 의해서 부여된 시스템 개발에 내부적인 제한이 있을 수 있는데 이것은 시스템 유지보수 능력이나 그들의 내부적인 숙련정도에 근간한다.

생산력

많은 공학적 조직들에서 사용된 적이 있는 유용한 생산 개발 패러다임은 "벽을 넘어 설계를 던져라" 였다. 이것이 의미하는 바는 설계와 개발팀이 새로운 상품을 개발하여 제품의 생산능력을 고려하지 말고 이것을 생산팀에게 넘겨 제품을 생산하게 하라. 그러면 생산팀은 그 설계를 제조하는 방법을 만들 것이며 많은 경우 주요 부분의 재설계 없이 되어진 적이 없다. 다행히 이것은 제품개발의 모든 면들이 공정을 통해 고려되는 대단히 더욱 좋은 동시 수행 공학적 실행 방법을 주었다.

운용성

운용성관련 요구사항들은 시스템이 운용되는 물리적인 환경을 말한다. 특성들로는 온도, 습도, 전자기파, 충격, 그리고 진동 등이 있다. 하지만 이러한 것들은 증명하기가 꽤 까다롭고 그러기위해 특수한 장비를 요구할 수도 있다.

정치적 요인

정치적 요구사항들은 정치적, 정부관련, 또는 노동조합과 관련한 조직과의 연계성을 말한다. 정부 승인이나 무역장벽을 풀고 조합단체에 사용될 시스템의 승인을 결정하는 것 등이 그 예이다.

신뢰성과 이용성

이것은 시스템이 잘 운용되는 시간의 기대되는 수명을 언급한다. 신뢰성의 측정은 실패율과 실패에 대한 평균 시간을 포함한다.

사회적 문화적 요인

이것은 크게 의도된 사회나 사용자에 의해 제품의 사용에 따른 이익, 위험, 그리고 제품을 사용하는 정도등과 같은 면을 말한다. 예를 들면, 로봇은 노동자들을 위험하고 반복적인 업무에서 자유롭게 하면서 생산 품질을 향상시키는데 엄청난 이익을 가져왔다. 하지만 자동화가 이루어지면서 노동자들의 위치를 바꾸었고 많은 실직자들을 배출시켰다.

어떤 시스템이 공학자, 기술자, 노동자, 의사, 변호사, 그리고 일반 대중에게 모두 사용될 수 있을까? 각각의 그룹은 각각의 문화와 교육적인 배경을 가지며 혁신을 받아들이는 의지도 다르게 갖는다.

사용도

사용도에 관한 요구사항들은 시스템의 사용에 있어서 쉬운 정도를 말한다. 비록 꽤 일반적이긴 하지만 이들을 증명하기가 때때로 어렵기도 하다. 이것은 최종사용자나 사용자 그룹에 의해 그 제품을 배우고 만족하는데 걸리는 시간을 말한다. 검증을 돕기 위해 조건들이 여러 메뉴에 걸쳐 표시될 수 있고, 사용에 대한 예견된 시간 그리고 사용자가 허용하는 범위의 오류에 대한 수와 형태가 표시된다.

요구사항 명세화의 개발

요구사항 명세화는 모든 시스템 요구사항에 대한 완전한 집합이다. 이 요구사항 명세화를 개발하는 데 있어 각 단계들은 다음과 같다:

- 고객이나 환경 그리고 기술적 집단으로부터 요구사항들을 인식하라.
- 공학적 요구사항이 잘 형성되었는지 확인하라.
- 요구사항을 잘 정리하라. 비슷한 요구사항이 중복될 수 있으며 공학적 요구사항들과 영업적 요구사항들 사이에 연관성이 인식되어야만 한다. 요구사항들의 모음은 이 절에서 논의된 특성들을 포함해야 한다.
- 모든 요구사항들이 관련자들의 요구사항들을 확실히 만족시킨다는 것이 증명된 요구사항 명세화를 검증하라.

요구사항 명세화의 특성

요구사항 명세화의 희망하는 특성들은 다음과 같다.

1. **정형화된 집합.** 공학적 요구사항들 사이에 중복성이나 겹치는 것이 있어서는 안 된다. 수학에서의 직교 벡터가 그 비슷한 예이다. 예를 들면, 2차원 직교좌표 공간에서의 x와 y축들은 서로 다른 축에 좌표 성분이 영인 직교 벡터들이다. 모든 요구사항들은 중복성없이 직교적이

어야 한다.

2. **완전한 집합.** 완전한 요구사항 명세화는 최종 사용자의 모든 필요성과 또한 시스템 실행을 위해 요구되는 모든 필요성들을 말한다. 완전한 집합을 정의하는 것에 대한 실패는 모든 요구들이 나열되지 못하는 부족한 명세화를 가져온다.
3. **일치.** 공학적 요구사항들은 자기 모순적이지 말아야 한다.
4. **범위.** 요구사항 명세화의 범위는 인지되어야 한다. 목표값을 위해 최소 수용 가능한 범위를 결정하라. 즉, 필요한 모든 것을 넘는 범위는 잠재적 해법들에 대한 설계공간을 제한한다. 불필요한 범위를 적용하는 것은 과도한 명세화를 가져온다.
5. **변경 허용.** 요구사항들은 전형적으로 발전해 가는 것으로 고려된다. 이것은 거기에 프로젝트 초기에 많은 미지의 것들이 있고 또 그렇게 요구사항에 대한 평가가 만들어졌기 때문이다. 원래의 요구사항들은 기본 요구사항이라 말한다. 이 평가는 변화가 모든 영향력을 주는 부분들에 의해 토론되고 일치되는 한 개발진보로 바뀐다. 요구사항들의 버전들은 추적되어져야 하고 수정이 발생할 때마다 인지되어야만 한다.

요구사항의 합법성

우리가 앞 절에서 접한 공학적 요구사항의 중요한 특성은 검증여부였다. 검증은 그 시스템이 올바로 개발되고 있는지 여부에 대한 질문이나 또는 "우리가 제품을 올바로 만들고 있는가?"에 답하도록 찾아가는 것이다. 연관된 개념은 합법성에 관한 것, 즉 "우리가 올바른 제품을 만들고 있는가?"라는 질문에 답하여 가는 것이다. 좀 더 형식적으로 말하자면, 합법성이란 시스템이 사용자의 요구(이것이 맞는가?)들을 만족하는지 어떤지를 결정하는 과정이다. 이것은 검증보다 범위에서 더욱 일반적이고 더욱 보여주기 어렵다. 요구사항의 합법성은 사람들로 만들어진 팀에 의해 요구사항들을 고찰함으로서 수행된다. 합법성은 긍정적으로 다음 질문에 답할 수 있는 것에 의해 설명 된다[Som01]:

- 각각 개별적인 공학적 요구사항을 위해서 추적 가능하며 검증 가능한 특성들이 존재하는가? 각각의 요구사항이 현실적이며 기술적으로 가능한가?
- 요구사항 명세화를 위해 정형화, 완전화, 그리고 일치의 특성들이 존재하는가?

하나의 완전한 요구사항 명세화는 마케팅과 엔지니어링 두 분야의 모든 요구사항들을 그들의 연관성에 따라 포함한다. 엔지니어링과 마케팅 요구사항들 사이의 연관성은 모든 마케팅 요구사항들이 설계에 의해 기술되어졌다는 것이 확신되도록 서술되어질 필요가 있다. 마케팅과 엔지니어링 요구사항들 사이의 연관성은 하나의 사상 또는 대응이라 불린다. 왜냐하면 수학적 사상의 개념처럼, 마케팅 요구사항의 영역의 어떤 요소들이 어떤 엔지니어링 요구사항 영역의 요소들에 관계되는지 정의하기 때문이다.

연습문제

14.1 공학적 요구사항의 4가지 특성에 대하여 간략히 설명하라.

14.2 표준의 사용에 3단계를 구별하고 서로에 의해 무슨 의미를 가지는지 설명하라.

14.3 검증과 합법성 사이의 차이점을 설명하라.

14.4 검증은 가능하지만 합법성은 불가한 프로젝트의 예를 들어라.

참고문헌

14.1 [IEEE Std. 1233-1998] IEEE Guide for Developing System Requirements Specification, IEEE Standard 1233, 1998

14.2 [Som01] I. Sommerville, Software Engineering, 6th ed., Addison Wesley, 2001

찾아보기

기타